Gesundheitliche Eigenverantwortung im Kontext der Lebensspanne

Peter Enste

Gesundheitliche Eigenverantwortung im Kontext der Lebensspanne

Eine Mixed Methods Studie mit Fokus auf die Lebensphase Alter

Peter Enste
Dortmund, Deutschland

Zugl. Disseration, Ruhr-Universität Bochum, 2018

ISBN 978-3-658-23081-4 ISBN 978-3-658-23082-1 (eBook)
https://doi.org/10.1007/978-3-658-23082-1

Die Deutsche Nationalbibliothek verzeichnet diese Publikation in der Deutschen Nationalbibliografie; detaillierte bibliografische Daten sind im Internet über http://dnb.d-nb.de abrufbar.

Springer VS

Springer VS ist ein Imprint der eingetragenen Gesellschaft Springer Fachmedien Wiesbaden GmbH und ist ein Teil von Springer Nature
Die Anschrift der Gesellschaft ist: Abraham-Lincoln-Str. 46, 65189 Wiesbaden, Germany

Danksagung

Selbstverständlich wurde die vorliegende Arbeit von mir eigenständig verfasst. Trotzdem gibt es bei einem Prozess, der sich über mehr als vier Jahre erstreckt, eine Reihe von „Wegbegleitern", die mich auf unterschiedlichste Art und Weise unterstützt haben. Besonders hervorheben möchte ich an dieser Stelle Josef Hilbert, der mich mit konstruktivem Input und ständiger Motivation unterstützt hat, und Yeung Ja Yang, die mich gerade in der Anfangsphase ermutigt hat, mich auf das für mich „methodische Neuland" einzulassen und mir mit Rat und Tat zur Seite stand. Für den wissenschaftlichen Diskurs im Rahmen der Betreuung und der damit verbundenen Unterstützung danke ich Rolf Heinze. In diesem Zusammenhang danke ich ebenfalls Katja Sabisch für die zeitnahe Erstellung des Zweitgutachtens.

Aus Gründen der Anonymisierung kann ich nicht diejenigen Personen nennen, die mich bei der Rekrutierung der quantitativen und qualitativen Stichprobe tatkräftig unterstützt haben. Ich hoffe, sie wissen, dass sie in erheblichem Maße zum Gelingen der Arbeit beigetragen haben. Dankeschön!

Ganz besonderer Dank geht an die älteren Menschen, die bereit waren, sich auf das lange Interview einzulassen und mir in diesem Zusammenhang teilweise sehr emotional aus ihrem Leben erzählt haben. Diese Gespräche haben mich nachhaltig -nicht nur aus wissenschaftlicher Perspektive- tief beeindruckt.

Natürlich möchte ich mich auch bei allen lieben Menschen bedanken, die mich in irgendeiner Form unterstützt haben: Familie, Freundeskreis sowie Kolleginnen und Kollegen. Dies gilt im Besonderen für Doris Potthoff für kritische Durchsicht und Diskussion.

Zu guter Letzt geht der größte Dank an meine liebe Frau Diana, die mich die ganzen vier Jahre mit allen Höhen und Tiefen „ertragen" hat und viele inhaltliche Diskussionen mit mir geführt hat. Sie hat immer an mich geglaubt und mit mir gemeinsam nach Lösungswegen scheinbar unüberwindbarer Probleme gesucht. Dabei hat sie immer wieder neue Wege der Motivation gefunden („What a doozy!").

Inhalt

Abbildungsverzeichnis

Tabellenverzeichnis

Abkürzungen

ALLBUS	Allgemeine Bevölkerungsumfrage der Sozialwissenschaften
DEAS	Deutscher Alterssurvey
ebd.	Ebenda
GAS	Generali Altersstudie
GEDA	Gesundheit in Deutschland aktuell
GKV	Gesetzliche Krankenversicherung
HAPA	Health Action Process Aproach
MM	Mixed Methods
OPS	Modell der Optimierung der primären und sekundären Kontrolle
RKI	Robert Koch-Institut
SD	Standardabweichung
SGB V	Fünftes Sozialgesetzbuch
SN	Signifikanzniveau
SOK	Modell der Selektion, Optimierung und Kompensation
SPSS	IBM SPSS Statistics 22
SWE	Selbstwirksamkeitserwartung
WHO	World Health Organisation

1 Eigenverantwortung im Gesundheitsbereich

„Jeder ist für alles vor allen verantwortlich"
F. M. Dostojewski (1821 – 1881)

Die vorliegende explorative Arbeit thematisiert den Aspekt der gesundheitlichen Eigenverantwortung. Das voran gestellte Zitat eines der bedeutendsten Schriftsteller Russlands lässt die enorme Komplexität der Begrifflichkeit erahnen. In gesundheitspolitischen Debatten genießt der Gebrauch des Wortes eine sehr hohe Popularität. Es scheint, als sei der Ruf nach mehr Eigenverantwortung zu einem zentralen Schlüsselbegriff in der modernen Sozialstaatsdebatte geworden. Es fällt allerdings auf, dass eine Vielzahl unterschiedlicher Maßnahmen mit gesundheitlicher Eigenverantwortung in Verbindung gebracht wird: Eigenbeteiligung an Gesundheitskosten, verantwortungsvolles gesundheitsrelevantes Verhalten oder Sanktionierung bei Risikoverhalten seien an dieser Stelle beispielhaft genannt. Es lässt sich keine einheitliche definitorische Linie finden und es besteht die Gefahr, dass bei einem solchen interpretatorischen Spielraum wichtige Aspekte des Begriffes außer Acht gelassen werden (Marckmann 2010). Dementsprechend gibt es auch keine empirischen Studien, die sich ausführlich dieser Thematik widmen. Generell lassen sich zwei unterschiedliche Richtungen identifizieren, die BRINKMANN & SCHNEE wie folgt beschreiben:

> „Während die einen sich unter Eigenverantwortung eine bessere und den Wünschen der Versicherten entsprechende Steuerung des Gesundheitswesens versprechen, fürchten die anderen ein Aushöhlen der Sozialversicherung." (ebd. 2003: 85)

Dieses Zitat drückt das ambivalente Empfinden aus, das der Begriff in der Debatte um die Erneuerung des Sozialstaates in der Diskussion auslöst. Oder anders gesagt: Eigenverantwortung wird zum Balanceakt, der sich zwischen den beiden Polen Solidarität und Subsidiarität hin und her bewegt. Doch was denkt eigentlich die Bevölkerung über gesundheitliche Eigenverantwortung? Und was denken die Menschen, deren Leben durch Krankheit bestimmt ist? Können nicht-gesunde Menschen überhaupt Verantwortung für etwas übernehmen, was sie gar nicht (mehr) besitzen? Geht dementsprechend die eigene Verantwortungsübernahme zurück, wenn eine oder mehrere Krankheiten den Lebensalltag mitbestimmen? Haben diese Entwicklungsprozesse zur Folge, dass sich Eigenverantwortung für die Gesundheit im Lebenslauf individuell höchst unterschiedlich entwickelt? Und welche Punkte im Leben lassen sich ausmachen, die einen prägenden Einfluss auf

P. Enste, *Gesundheitliche Eigenverantwortung im Kontext der Lebensspanne*,
https://doi.org/10.1007/978-3-658-23082-1_1

die Entwicklung von gesundheitlicher Eigenverantwortung haben? Welche weiteren Akteure werden als verantwortlich für die eigene Gesundheit angesehen? Diese Fragen bleiben in den gesundheitspolitischen Debatten um das Thema Eigenverantwortung weitestgehend unbeantwortet. Mit dem Ziel, einen großen Teil dieser Fragen zu berücksichtigen und im Anschluss auch zu beantworten, fokussiert diese Arbeit die leitende Fragestellung: Wie wird Verantwortung für die eigene Gesundheit in der Lebensphase Alter wahrgenommen?

Dabei gilt es, gesellschaftliche Veränderungstrends zu berücksichtigen. Mit dem demografischen Wandel und der Digitalisierung lassen sich in den letzten Jahren zwei Trends beschreiben, die für den Bereich der Gesundheit grundlegende Veränderungstendenzen skizzieren, die einerseits Chancen, andererseits aber auch Herausforderungen mit sich bringen. Mit dem demografischen Wandel und der damit verbundenen Veränderung der Gesellschaftsstruktur treten vor allem Fragen nach gesundheitlicher Eigenverantwortung im höheren Lebensalter in den Vordergrund. Schon in den nächsten Jahren wird sich die Anzahl der Menschen jenseits des 80. Lebensjahres merklich erhöhen. Die Generali Altersstudie (GAS) 2017 thematisiert den Begriff der Verantwortung im höheren Lebensalter bereits in der Einleitung. Zwar wird nicht explizit von gesundheitlicher Eigenverantwortung gesprochen, allerdings wird Gesundheit als ein zentrales Handlungsfeld ausgemacht, in dem Selbstverantwortung und Mitverantwortung auch noch im hohen Lebensalter umgesetzt werden kann (Kruse 2017a). Dies rückt die Frage in den Vordergrund, wie und in welchem Ausmaß ältere Menschen dazu beitragen können, den eigenen Gesundheitszustand und die Gesundheit von anderen –trotz oder gerade weil schon altersbedingte Funktionseinschränkungen und Alterskrankheiten sich bemerkbar machen- positiv zu beeinflussen.

Die Digitalisierung bringt ebenfalls merklich Veränderungen für den Bereich der Gesundheit mit sich. In der Debatte rund um das Thema Telemedizin spielt das Thema des eigenverantwortlichen Patienten eine zentrale Rolle: Patienten übernehmen die Kontrolle von bestimmten medizinischen Parametern wie Blutdruck, Blutzucker oder EKG selbst und übermitteln die Werte an den zuständigen Arzt. Zudem haben durch die zunehmende Digitalisierung der Alltagswelt Produkte wie Fitnessarmbänder oder GPS-Tracker den Weg in den Massenmarkt und die damit verbundene Alltagstauglichkeit gefunden (Heinze & Hilbert 2016). Diese Entwicklungen betreffen sicherlich momentan noch nicht im besonderen Ausmaß die jetzige Generation der Hochaltrigen: Viele Technologien werden von einem großen Teil der älteren Menschen noch nicht genutzt. Für die zukünftigen Generationen wird sich dies allerdings ändern, so dass gesundheitliche Eigenverantwortung im Kontext der Digitalisierung ganz neue Facetten bereithält. Schon heute unterstützen einige Krankenkassen die Anschaffung von Fitnesstrackern und bieten diverse Boni an, wenn die Versicherten ihre erhobenen Daten der jeweiligen Krankenkasse zu Verfügung stellen. Dabei ergibt sich eine Reihe von ethischen und moralischen Fragestellungen, die schon jetzt zu kontroversen Diskussionen führen: Auch wenn heutzutage die gesundheitsbezogenen Daten ausschließlich für Bonussysteme genutzt werden, liegt es nahe, dass in Zukunft auch laut über negative Sanktionen in Form von Beitragserhöhungen nachgedacht wird, wenn diese Daten eben nicht zur Verfügung gestellt werden. Unter Gerechtigkeitsaspekte stellt sich die Frage, ob durch ein solches Vorgehen nicht sowieso schon kranke Menschen benachteiligt werden. Gleichzeitig wird ein Standard, welche Verhaltensweisen als gesundheitsfördernd eingestuft werden, kritisch hinterfragt: Verhält sich ein 25-jähriger Mann, der zweimal die Woche ins Fitnessstudio geht und seine Daten an die Krankenkasse übermittelt gesundheitsbewusster als eine 75-jährige Frau, die täglich ihren Spaziergang absolviert? Und: Werden durch solche Anreize letztendlich gesundheitliche Ungleichheiten gefördert, weil die modernen Technologien in der Regel von gesundheitsbewussten meist einkommensstärkeren Personen genutzt werden und die Entwicklungen an den vulnerablen Gruppen eher vorbeiläuft?

Schon diese Überlegungen zeigen die enorme Komplexität und Vielzahl der unterschiedlichen Aspekte, die die Auseinandersetzung mit der Thematik der gesundheitlichen Eigenverantwortung beinhaltet. Gleichzeitig ist damit zu rechnen, dass vor allem im Alter die Wahrnehmung und das Empfinden von Eigenverantwortung sehr durch individuelle Lebens(ver)läufe geprägt sind, so dass sich auch hier die Heterogenität des Alters wiederfinden lässt. Mit der Entwicklungspsychologie der Lebensspanne liegt ein theoretischer Rahmen vor, der im Rahmen der psychologischen Lebenslaufforschung einen Schwerpunkt auf individuelle Entwicklungseinflüsse während des Lebens setzt. Dementsprechend wird ein zentraler Fokus auf das Individuum gesetzt, gleichzeitig wird für die Zukunft eine breitere interdisziplinäre Öffnung angestrebt (Mayer & Diewald 2007; Wahl & Kruse 2014). Dieser Öffnungsprozess wird mit der vorliegenden Arbeit unterstützt, indem soziologische Konzepte in die Interpretation der Ergebnisse mit einfließen. Dass eine Kombination sinnvoll erscheint, kommt in dem folgenden Zitat zum Ausdruck: „Lebensläufe sind gesellschaftlich geformt und prägen sich individuell aus (Backes 2013: 39).“

Bislang gibt es keine dem Autor bekannte Studie, die die empirischen Zusammenhänge der gesundheitlichen Eigenverantwortung näher beleuchtet. In der vorliegenden Arbeit wurde daher ein explorativer Mixed-Methods Ansatz gewählt, um ein möglichst breites Spektrum der unterschiedlichen Dimensionen zu erfassen.

Nach dieser Forschungslogik wurde auf das Formulieren von Forschungshypothesen im Vorfeld verzichtet, sondern mit gezielten Fragestellungen gearbeitet, um im Anschluss im Rahmen der Interpretation der Ergebnisse Forschungshypothesen zu generieren (Bortz & Döring 2016; Kuckartz 2011). In einer schriftlichen Befragung wurden 365 ältere Menschen bundesweit zum Thema der gesundheitlichen Eigenverantwortung befragt. Dieser Schritt diente dem Ziel, definitorische Lücken und mögliche Zusammenhänge zu anderen gesundheitsbezogenen Themen zu erschließen. Im Anschluss erfolgte eine qualitative Befragung, in der 18 problemzentrierte Interviews mit älteren Menschen die Entwicklung von gesundheitlicher Eigenverantwortung im Kontext der Lebensspanne thematisieren.

1.1 Aufbau der Arbeit

Die vorliegende Arbeit lässt sich in drei aufeinander aufbauende Teile gliedern: Im ersten Teil (Kapitel 2 bis 5) wird der theoretische Hintergrund der zu bearbeitenden Fragestellung erörtert. Teil II (Kapitel 6 bis 9) beinhaltet den empirischen Teil der Studie und den Abschluss bildet mit Teil III (Kapitel 10) die Diskussion der Ergebnisse. Die vorangegangene Einleitung dient der Einführung in die Thematik der gesundheitlichen Eigenverantwortung im Kontext der Lebensspanne und erläutert in Grundzügen die Fragestellung der Arbeit.

Teil I beginnt mit einer Beschreibung der Zielgruppe der älteren Menschen, bei der zum einen die grundlegende Unterscheidung zwischen Alter und Altern erläutert wird und zum anderen anhand der Analyse von Sekundärdaten die Lebenssituation älterer Menschen in Deutschland beschrieben wird (Kapitel 2). Im Anschluss erfolgt eine wissenschaftliche Auseinandersetzung mit dem Begriff der Verantwortung. Hierbei stehen die Entstehungsgeschichte des Begriffes und seine Bedeutungsebenen, Formen der Verantwortungszuweisung und Verantwortungsabwehr, die Entstehung von Verantwortung im menschlichen Lebenslauf sowie die Heranführung an die Begrifflichkeit Eigenverantwortung im Mittelpunkt der Betrachtung (Kapitel 3). Im weiteren Verlauf des theoretischen Hintergrundes werden die vorangegangenen Betrachtungen mit dem Gesundheitsbegriff in Verbindung gebracht. Es wird erörtert, welche Konsequenzen sich für Verantwortungsobjekt, -subjekt und –instanz ergeben. Des Weiteren werden Hindernisse und Barrieren für die Übernahme von gesundheitlicher Eigenverantwortung thematisiert (Kapitel 4). Den Abschluss des Theorieteils bildet die Betrachtung der Entwicklungspsychologie der Lebenspanne, in dem ein besonderer Fokus auf die Umsetzung von Lebenszielen und unterschiedliche Entwicklungseinflüsse gesetzt wird (Kapitel 5).

Die empirische Untersuchung in Teil II wird mit einer ausführlichen Beschreibung des Forschungsdesigns eingeleitet. Zunächst wird die weiter oben beschriebene Fragestellung konkretisiert. In der Folge wird ein besonderer Fokus auf die generellen Aspekte von Mixed Methods Studien gesetzt, um im Anschluss die Erhebungsinstrumente und Auswertungsverfahren der quantitativen und qualitativen Erhebung sowie den Prozess der Datenzusammenführung detailliert zu beschreiben (Kapitel 6). Die quantitative Untersuchung befasst sich mit der Fragestellung, was ältere Menschen unter Eigenverantwortung für die Gesundheit verstehen, wie sie diese umsetzen und welche Attributionsmuster entstehen. Hierzu wird eine Stichprobe von 365 Personen von Personen ab 60 Jahre mit deskriptiven und multivariaten Verfahren ausgewertet (Kapitel 7). Die qualitative Untersuchung baut auf den Ergebnissen von Kapitel 7 auf und widmet sich primär der Frage, welche Faktoren im Lebenslauf von Individuen identifiziert werden können, die einen Einfluss auf die Entwicklung von gesundheitlicher Eigenverantwortung haben. Hierzu werden 18 problemzentrierte Interviews mit älteren Menschen ausgewertet (Kapitel 8). Den Abschluss der empirischen Untersuchung bildet die Zusammenführung der Ergebnisse von quantitativer und qualitativer Befragung, in dem verschiedenartige Fälle in der Tiefe analysiert und miteinander verglichen werden (Kapitel 9).

Den abschließenden Teil III beinhaltet die Diskussion (Kapitel 10), in der im ersten Schritt die Forschungsfragen auf der Basis der erzielten Ergebnisse beantwortet werden. Im nächsten Schritt findet eine kritische Auseinandersetzung mit dem gewählten Forschungsdesign statt. Es schließt sich die Hypothesengenerierung verbunden mit einer Einordnung in die bestehende Forschungslandschaft an. Den Abschluss der Arbeit bilden Schlussfolgerungen für Wissenschaft und Praxis, die aus den zentralen Ergebnissen dieser Arbeit gezogen werden können.

2 Die demografische Alterung in Deutschland

Die Lebensphase Alter hat in den letzten Jahren in gesellschaftlichem und wissenschaftlichem Kontext einen Bedeutungszuwachs erfahren. In keiner anderen Epoche war das Interesse am Alter(n) so hoch wie in der heutigen Zeit (Wahl & Heyl 2004). Die Gründe hierfür liegen auf der Hand: Der demografische Wandel und die damit verbundene Alterung der Gesellschaft sind heutzutage in aller Munde und haben durch eine medienwirksame Verbreitung die Öffentlichkeit längst erreicht. Dabei handelt es sich allerdings keineswegs um ein neues Phänomen: Bereits seit 1970 altern nahezu alle westlichen Industrienationen, allerdings in unterschiedlichem Ausmaß. Die anfänglichen nahezu ausschließlich negativen Konnotationen im Sinne von Alter als Last und Bedrohung, weichen in den letzten Jahren zunehmend einer Sichtweise, die das Alter auch als Chance für Gesellschaft und Wirtschaft begreift (Heinze et al. 2011). Doch was genau ist unter einer Alterung der Gesellschaft zu verstehen? Die Literatur liefert keine eindeutige Definition, es lassen sich allerdings Gemeinsamkeiten innerhalb der verschiedenen Richtungen identifizieren. Demnach altert eine Gesellschaft immer dann, wenn sich die Altersverteilung innerhalb eines bestimmten Zeitraums in Richtung der höheren Altersgruppen verändert (Dinkel 2008). Oder anders ausgedrückt: Eine Gesellschaft altert, wenn sich der relative Anteil der älteren Bevölkerung in einer Gesellschaft innerhalb eines bestimmten Zeitraums erhöht.

Die Gründe für diese Entwicklungen lassen sich eindeutig identifizieren: Zum einen führt eine niedrige Geburtenziffer dazu, dass sich die Anzahl der Individuen der jüngsten Generation nicht erhöht. Zum anderen sorgt ein kontinuierlicher Anstieg der Lebenserwartung dafür, dass die Anzahl (vor allem) der Hochaltrigen[1] merklich zunimmt (Dinkel 2008). Hier gilt es zu beachten, dass zu Beginn des letzten Jahrhunderts der Anstieg der Lebenserwartung in erster Linie durch das Herabsinken der Kindersterblichkeit erreicht wurde. Im weiteren Verlauf liegt der Anstieg der Lebenserwartung vorrangig in der Verringerung der Sterblichkeit der mittleren und höheren Altersgruppen begründet (Kruse & Wahl 2010).

Aber was ist nun eigentlich unter dem Begriff „Alter" zu verstehen? In einem Einführungsaufsatz über die Soziologie des Alters merkt BACKES an:

---

1 Wenn in der Arbeit von Hochaltrigen gesprochen wird, sind Personen gemeint, die 80 Jahre und älter sind.

P. Enste, *Gesundheitliche Eigenverantwortung im Kontext der Lebensspanne*,
https://doi.org/10.1007/978-3-658-23082-1_2

> „Das Alter(n) ist eine Herausforderung und Chance nicht nur individuell und im Kontext sozialer Netze wie etwa der Familie, sondern auf allen gesellschaftlichen Ebenen. Es kann als Herausforderung und Chance im Sinne einer weitreichenden gesellschaftlichen und individuellen Entwicklungsaufgabe genutzt werden.“ (ebd. 2005: 349)

Diese Ausführung macht deutlich, dass das Alter ein komplexes Konstrukt ist und eine eindimensionale Betrachtung auf die Lebensphase nicht ausreichend ist, so dass Differenzierungen notwendig werden.

2.1 Differenzierung des Alter(n)s

Zunächst kann zwischen Altern und Alter unterschieden werden. Unter Altern ist ein lebenslanger Prozess zu verstehen, der bereits mit der Geburt des Individuums beginnt. Demgegenüber bezeichnet Alter eine Lebensphase, dessen Eintrittsgrenze vor allem durch gesellschaftliche Konventionen definiert wird. So wurden und werden in vielen Gesellschaften Menschen als alt bezeichnet, wenn sie die Erwerbsphase beendet haben (Kruse 2017b).

Allerdings spiegelt die Sichtweise eines dreigeteilten Lebenslaufes, in dem das Alter neben der Ausbildungs- und der anschließenden Erwerbsphase die Freizeitphase bildet, nicht mehr die Strukturen heutiger Gesellschaften wider und gilt in der Gerontologie als überholt (Kolland & Wanka 2014). Eine prominente Neuordnung geht auf LASLETT zurück, der die Altersphase in das dritte und vierte Lebensalter unterteilt:

> „Am Anfang steht die Zeit der Abhängigkeit, Sozialisation, Unreife und Erziehung; zweitens folgt die Zeit der Unabhängigkeit, Reife und Verantwortung, des Verdienens und Sparens, drittens die Zeit der persönlichen Erfüllung und viertens die Zeit der unabänderlichen Abhängigkeit, der Altersschwäche und des Todes.“ (ebd. 1995: 35)

Die dritte Phase ist demnach durch ein hohes Maß an persönlichem Wohlbefinden, Gesundheit und Aktivität gekennzeichnet. Erst die anschließende vierte Phase kann als vulnerable Phase bezeichnet werden, ausgelöst durch einen zunehmenden Rückgang von physischen, psychischen und sozialen Ressourcen. Die Folgen sind abnehmende Selbstständigkeit und Verlust an sozialer Integration. Auf den Gesundheitszustand bezogen bedeutet dies, dass Personen im dritten Lebensalter weitestgehend ohne Krankheiten, Behinderungen und Einschränkungen leben, während das vierte Lebensalter durch zunehmende altersbedingte Funktionseinschränkungen und Multimorbidität gekennzeichnet ist. Eintritts- und Austrittgrenzen lassen sich nicht am chronologischen Alter festmachen, sie orientieren sich vielmehr an den persönlichen Lebenslagen der Betroffenen (Laslett 1995).

KOLLAND & WANKA weisen darauf hin, dass diese zweigeteilte Betrachtung der Lebensphase Alter mit Problemen behaftet ist:

> „Die Vorstellung von der Lebensphase Alter als eine, die aus zwei Phasen besteht, ist zwar eine, die das Alter differenziert, bleibt aber in einer binären Sichtweise stecken und schafft damit eine problematische Zäsur. Die zweigeteilte Sichtweise auf das Alter wird einerseits der Pluralisierung des Erwachsenenlebens nicht gerecht und erzeugt über die Grenzziehung zwischen drittem und viertem Lebensalter Formen sozialer Inklusion/Exklusion. Sich im dritten Lebensalter zu befinden heißt nicht nur, sich in einer materiell besseren Lebenslage zu befinden, sondern heißt auch, sich nicht alt zu fühlen und nicht zu den Alten zu gehören. Die Alten sind demnach jene, die gebrechlich sind, die sich selbst alt fühlen." (ebd. 2014: 192)

Demnach besteht durch die Zweiteilung eine Gefahr, das vierte Alter zu stigmatisieren und mit Attributen wie gebrechlich und krank zu versehen. Eine solche Sichtweise, die gekennzeichnet ist durch ein „nicht altern wollen" kann dazu führen, dass die dritte Lebensphasen nicht nur mit individuellen Freiheiten, sondern auch mit Unsicherheiten und Ambivalenzen verbunden ist (Kolland & Wanka 2014). Somit ist ein noch differenzierter Blick auf die beiden Lebensphasen des Alters notwendig. Entgegen der eigentlichen Absicht von LASLETT, beide Lebensphasen nicht am chronologischen Alter festzumachen, wird sehr häufig eine Einteilung vorgenommen, die das junge Alter, also das dritte Lebensalter, mit der Zeit zwischen dem 60. und 80. Lebensjahr festmacht. Personen, die 80 Jahre und älter sind, werden dem vierten Lebensalter zugerechnet. GILLEARD & HIGGS zeigen auf, dass sich die heutigen Generationen der beiden Lebensphasen deutlich voneinander unterscheiden und machen dies an den drei Faktoren Schicht, Kohorte und Generation deutlich: Aufgrund der Bildungsexpansion weisen die heutigen Personen, die dem dritten Lebensalter zuzurechnen sind, einen höheren Bildungsstand auf, als die jetzigen Personen im vierten Lebensalter. Dies schlägt sich im sozioökonomischen Status nieder. Sie gehören der Kohorte der „Babyboomer" an und haben aktiv am wirtschaftlichen Aufschwung nach dem zweiten Weltkrieg teilgenommen, einhergehend mit einem Wertewandel durch die 68-er Generation. Damit einher geht die Generationszugehörigkeit, die durch das Erleben ähnlicher Erfahrungen gekennzeichnet ist (ebd. 2008). Aber auch innerhalb der jeweiligen Altersphasen ist zunehmend eine Differenzierung zu beobachten. Bedingt durch Individualisierungsprozesse sowie plurale Verlaufsformen werden Lebensläufe und Lebensphasen unterschiedlich gestaltet und gelebt, so dass innerhalb einer Altersgruppe sehr unterschiedliche Lebensverlaufsformen zu beobachten sind (Köcher & Bruttel 2012).

Vom Alter abzugrenzen ist der Begriff des Alterns. Altern bezeichnet einen lebenslangen Prozess, der in jeder Phase des Lebens durch Gewinne und Verluste gekennzeichnet ist (vgl. Kapitel 5.1). Hierbei kann zwischen drei Formen des Alterns unterschieden werden (Kruse 2017b): (1) Das physiologisch-biologische Altern ist in erster Linie durch Verluste gekennzeichnet, die sich durch eine verringerte Anpassungs- und Restitutionsfähigkeit äußern und zu einer höheren Verletzlichkeit und Anfälligkeit von älteren Menschen führen. (2) Das psychologische Altern beinhaltet sowohl Gewinne als auch Verluste. Funktionen, die auf Erfahrung und Wissen beruhen, können sich positiv entwickeln, hingegen nehmen die Funktionen des Kurzzeitgedächtnisses und des schnellen Denkens ab. (3) Das soziale Altern ist zum einen durch den Verlust bedeutender sozialer Rollen gekennzeichnet (z. B. Ausscheiden aus dem Berufsleben), zum anderen zeichnet es sich durch gewonnene Freiheit und das Bereitstellen von unterschiedlichen Ressourcen aus, die gesellschaftlich genutzt werden können. Hierzu merkt KRUSE an:

> „Die soziale Dimension zeigt aber auch, dass der Einfluss kultureller Deutungen des Alterns auf den gesellschaftlichen und individuellen Umgang mit Alter stark ausgeprägt ist. Erst allmählich setzt sich in unserer Gesellschaft ein kultureller Entwurf des Alterns durch, der die seelisch-geistigen und sozialkommunikativen Stärken älterer Menschen berücksichtigt und in diesen eine Grundlage für die Lösung von gesellschaftlich relevanten Fragen sieht." (ebd. 2017b: 22)

Die Ausführungen zeigen auf, dass sowohl das Alter als auch das Altern durch Pluralisierung und Heterogenität gekennzeichnet sind. Wie sich diese Differenziertheit in Deutschland abbildet, soll in der Folge näher betrachtet werden.

2.2 Die dreifache Alterung der Bevölkerung

In der Gerontologie spricht man von der dreifachen Alterung der Gesellschaft (Tews 1993). Dreifach, weil (1) der Anteil der älteren Menschen an der Gesamtbevölkerung steigt und (2) die absolute Anzahl der älteren Menschen steigt und (3) sowohl der Anteil als auch die absolute Anzahl der Hochaltrigen ansteigen. Diese Aussagen sollen in der Folge näher erörtert werden. Die folgende Abbildung zeigt die Entwicklung der Bevölkerungsstruktur in dem Zeitraum von 1980 bis 2015:

Abbildung 1: Zusammensetzung der Bevölkerung nach Altersklassen in den Jahren 1980, 2000 und 2015 (in %)

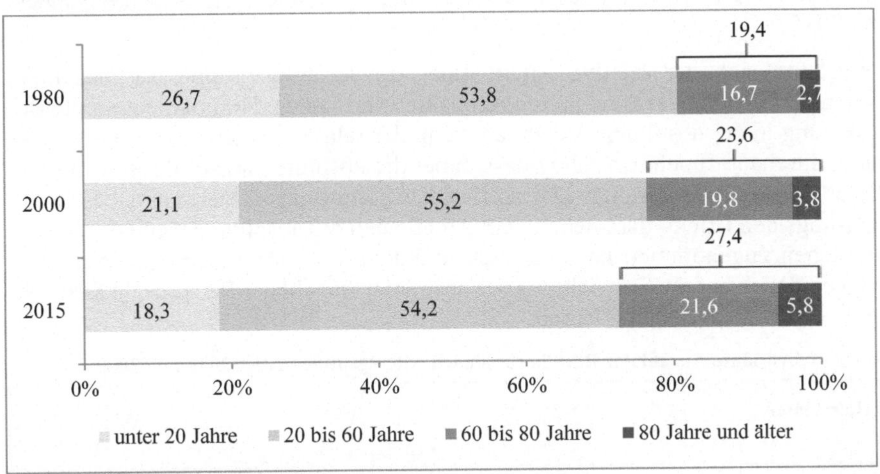

Quelle: Eigene Darstellung, nach Statistisches Bundesamt 2016

Während sich der Anteil der Personen im erwerbsfähigen Alter (20 bis 60 Jahre) über den Zeitraum von 35 Jahren nur geringfügig verändert hat, zeigt sich bei den jungen und alten Altersgruppen ein anderes Bild: Während im Jahr 1980 noch mehr als jeder Vierte in Deutschland unter 20 Jahren war, ist der Anteilswert im Laufe der Zeit kontinuierlich zurückgegangen und liegt im Jahr 2015 bei 18,3 %. Dementsprechend gegensätzlich verläuft die Entwicklung der Anteilswerte in den älteren Klassen. Im Jahr 1980 war etwa jede fünfte Person in Deutschland 60 Jahre und älter. Im Jahr 2015 ist mit 27,4 % schon mehr als jeder Vierte älter als 60 Jahre. Innerhalb dieser Altersklasse verläuft die Entwicklung wie folgt: Während 1980 noch 16,7 % der Altersgruppe 60 bis 80 Jahre zuzurechnen sind, steigt der Anteilswert kontinuierlich an und liegt im Jahr 2015 bei 21,6 %. Gleichzeitig steigt im selben Zeitraum der Anteilswert der hochaltrigen Personen von 2,7 % auf 5,8 % (Statistisches Bundesamt 2016).

Der demografische Wandel wird oftmals als Zukunftsszenario beschrieben. Die Zahlen skizzieren allerdings eindeutig, dass sich Deutschland bereits mitten in diesem Entwicklungsprozess befindet. Laut der Bevölkerungsprognose des Statistischen Bundesamtes wird sich dieser Trend auch in der Zukunft fortsetzen: Im Jahr 2060 wird mit 33 % jede dritte Person in Deutschland 60 Jahre oder älter sein. Besonders bedeutsam ist die Entwicklung des Anteils der Hochaltrigen: 13 % der Bevölkerung in Deutschland wird 80 Jahre und älter sein. Dementsprechend wird der Anteil der Personen unter 20 Jahren auf 16 % abfallen und auch der Anteil der Personen zwischen 20 und 60 Jahren wird auf 51 % sinken (Statistisches Bundesamt 2015).

Vergrößert sich der relative Anteil einer Bevölkerungsgruppe, ist dies nicht zwangsläufig mit einer Bevölkerungszunahme verbunden. Nimmt die gesamte Bevölkerung in der absoluten Anzahl ab, kann der relative Anteil einer Altersklasse dabei durchaus zunehmen, ohne dass dabei die absolute Anzahl der Personen in dieser Altersklasse ansteigt. Die dreifache Alterung der Gesellschaft beschreibt allerdings den Effekt, dass neben dem Anteil auch die absolute Anzahl der älteren Menschen zugenommen hat und auch in Zukunft weiter zunehmen wird. Dies zeigt ein Blick auf die Entwicklung der absoluten Anzahl der Personen in Deutschland verschiedener Altersklassen:

Tabelle 1: Absolute Anzahl der Bevölkerung nach Altersgruppen 2013, 2030 und 2060

<table>
<tr><th rowspan="2">Altersklasse</th><th colspan="2">2013</th><th colspan="2">2030</th><th colspan="2">2060</th></tr>
<tr><th colspan="6">Millionen Personen</th></tr>
<tr><td>Unter 20 Jahre</td><td colspan="2">14,7</td><td colspan="2">13,8</td><td colspan="2">10,9</td></tr>
<tr><td>20 – 64 Jahre</td><td colspan="2">49,2</td><td colspan="2">43,6</td><td colspan="2">34,3</td></tr>
<tr><td>65 – 79 Jahre</td><td>12,5</td><td rowspan="2">16,9</td><td>15,6</td><td rowspan="2">21,8</td><td>13,5</td><td rowspan="2">22,3</td></tr>
<tr><td>80 Jahre und älter</td><td>4,4</td><td>6,2</td><td>8,8</td></tr>
<tr><td>Gesamt</td><td colspan="2">80,8</td><td colspan="2">79,2</td><td colspan="2">67,6</td></tr>
</table>

Quelle: Eigene Darstellung, nach Statistisches Bundesamt 2015

Die Gesamtzahl der Bevölkerung in Deutschland wird nach der Berechnung des Statistischen Bundesamtes von 2013 bis 2060 von 80,8 Millionen auf 67,6 Millionen Personen abnehmen. Das entspricht einem Verlust von 13,2 Millionen. Der Rückgang der Bevölkerung spiegelt sich in den Altersklassen bis 64 Jahre wider: Sowohl die Anzahl der Personen unter 20 Jahre als auch die Zahl der Personen zwischen 20 und 64 Jahre nimmt in diesem Zeitraum kontinuierlich ab. Anders verhält es sich in den Klassen der älteren Bevölkerung: Insgesamt gesehen steigt die Zahl der Personen, die 65 Jahre und älter sind, von 2013 bis 2060 auf 5,4 Millionen an. Von 2013 bis 2030 wächst die Zahl von 16,9 Millionen auf 21,8 Millionen an, sowohl in der Altersklasse 65 – 79 Jahre als auch in der Klasse der Hochaltrigen lässt sich ein Anstieg verzeichnen. Von 2030 bis 2060 ändert sich dieses Bild: Während die Zahl der Personen von 65 – 79 Jahre von 15,6 Millionen auf 13,5 Millionen abnimmt, steigt die Anzahl der Hochaltrigen auf 8,8 Millionen an. Nach dieser Prognose ist bis zum Jahr 2060 demzufolge mit einer Verdopplung der Anzahl der Hochaltrigen zu rechnen. Diese Zahlen machen deutlich, dass vor allem die gesundheitliche Versorgung dieser hohen Anzahl älterer Menschen vor zentralen finanziellen Herausforderungen steht. Gleichzeitig liefern sie eine Erklärung, warum das Thema der Eigenverantwortung in Debatten um Kostenersparnisse im Gesundheitssystem so in den Fokus geraten ist. In der Folge wird nun erörtert, wie sich die Lebensbedingungen von älteren Menschen in Deutschland beschreiben lassen.

2.3 Haushaltsstrukturen und soziale Netzwerke im Alter

Lebensformen, Haushaltszusammensetzungen und soziale Beziehungen verändern sich merklich mit steigendem Lebensalter, wie die folgenden Ausführungen zeigen.

Tabelle 2: Familienstand der Bevölkerung 55 – 85 Jahre im Jahr 2014 (in %) (n=6.001)

Altersklasse	Familienstand	Frauen	Männer	Gesamt
55 – 69 Jahre	Ledig	5,1	8,0	6,6
	Verheiratet	67,5	76,0	71,6
	Geschieden/ getrennt lebend	16,2	13,3	14,8
	Verwitwet	11,2	2,7	7,1
70 – 85 Jahre	Ledig	5,4	3,3	4,5
	Verheiratet	51,7	78,1	63,5
	Geschieden/ getrennt lebend	9,3	6,4	8,0
	Verwitwet	33,6	12,2	24,0

Quelle: DEAS 2014

Aus der Tabelle 2 ist zu erkennen, dass der überwiegende Teil der Personen von 55 – 85 Jahren gemeinsam in der Ehe alt wird. Allerdings lassen sich deutliche geschlechtsspezifische Unterschiede ausmachen: Während sowohl in der jüngeren als auch in der älteren Altersklasse ungefähr Dreiviertel der Männer verheiratet sind, sinkt der Anteilswert der Frauen von 67,5 % auf 51,7 %. Dieser Rückgang ist in erster Linie durch die Tatsache zu erklären, dass viele Frauen in dieser Altersgruppe ihren Partner überleben, was sich auch in dem deutlichen Anstieg des Anteilswerts der verwitweten Frauen niederschlägt. In der höheren Altersklasse ist jede dritte Frau verwitwet. Durch den kontinuierlichen Anstieg der Lebenserwartung beider Geschlechter lässt sich in der Entwicklung allerdings folgender Trend erkennen:

> „Wer es schafft, in jüngeren Jahren eine stabile Partnerschaft zu etablieren und diese aufrecht zu erhalten, kann damit rechnen, einen Großteil des Alters gemeinsam mit dem Partner zu verbringen. Das Hinausschieben der Verwitwung in ein höheres Alter bedeutet vor allem für Frauen eine markante Veränderung der Altersphase, da meistens der Mann vor ihnen stirbt. Während in früheren Jahrzehnten häufig schon die Lebenssituation der 60- und 70-jährigen Frauen mit dem Bild der alleinstehenden Witwe charakterisiert werden konnte, erscheint heute für die Altersgruppe das Bild der älteren Ehefrau angemessener.“ (Engstler & Klaus 2017: 211)

Demnach kann festgehalten werden, dass die überwiegende Phase des dritten Alters meist mit dem Lebenspartner verbracht wird. Hat das Lebensalter die Phase der Hochaltrigkeit erreicht, steigt die Wahrscheinlichkeit, dass (meist der männliche) Partner stirbt. Diese Entwicklungen spiegeln sich in der Zusammensetzung der Haushalte, in denen Senioren in Deutschland leben, wider.

Abbildung 2: Haushaltsgrößen der älteren Bevölkerung in Deutschland 2015 (in %)

	Einpersonenhaushalt	Zweipersonenehaushalt	Dreipersonenhaushalt und mehr
80 Jahre und älter	51,1	43,2	5,7
70 - 79 Jahre	30,1	64,4	5,5
60 - 69 Jahre	22,9	64,5	12,6

0% 10% 20% 30% 40% 50% 60% 70% 80% 90% 100%

Quelle: Statistisches Bundesamt 2016, eigene Berechnung

Deutlich wird, dass der Anteil der Einpersonenhaushalte mit steigendem Lebensalter zunimmt: Während in der Altersklasse 60 – 69 Jahre mit 22,9 % annähernd jeder vierte Haushalt mit nur einer Person besetzt ist, steigt der Anteil in der folgenden Altersgruppe auf 30,1 % an und erreicht in der Gruppe der Hochaltrigen den Höhepunkt: Mit 51,1 % sind mehr als die Hälfte der Haushalte Einpersonenhaushalte. Der Anteil der Haushalte mit zwei Personen in den ersten beiden Altersklassen ist annähernd gleich groß: Fast Zweidrittel der Haushalte in beiden Klassen sind Zweipersonenhaushalte. In der Gruppe der Hochaltrigen sinkt der Anteil deutlich auf 43,2 %. 12,6 % der Haushalte in der Altersklasse 60 – 69 Jahre bestehen aus drei Personen und mehr. In den höheren Altersklassen macht diese Haushaltsgröße lediglich 5 % aus (Statistisches Bundesamt 2016). Mit steigendem Lebensalter steigt demzufolge die Singularisierung und es stellt sich die Frage nach weiteren sozialen Kontakten von älteren Menschen. Hier ergibt sich folgendes Bild:

Tabelle 3: Anzahl von Personen im engen Netzwerk (n=5.880)

Altersklasse	Frauen	Männer	Gesamt
55 – 69 Jahre	5,1	4,7	4,9
70 – 85 Jahre	4,4	4,5	4,5

Quelle: DEAS 2014

Es ist zu erkennen, dass die Anzahl des engen sozialen Netzes mit steigendem Lebensalter leicht rückläufig ist. In der jüngeren Altersklasse liegt die Zahl der Personen bei 4,9 und sinkt in der älteren Altersgruppe auf 4,5 Personen ab. Es gibt keine gravierenden geschlechtsspezifischen Unterschiede. Ob die zunehmende Singularisierung einhergeht mit einem steigenden Gefühl von Einsamkeit, wird in der folgenden Tabelle deutlich:

Tabelle 4: Anteil von Personen mit Einsamkeitsempfinden (in %) (n=4.216)

Altersklasse	Frauen	Männer	Gesamt
55 – 69 Jahre	8,5	10,5	9,5
70 – 85 Jahre	8,0	6,1	7,1

Quelle: DEAS 2014

In der jüngeren Altersklasse fühlt sich etwa jede zehnte Person einsam, wobei der Anteil der Männer mit 10,5 % etwas höher liegt als der Anteil der Frauen (8,5 %). Im Zusammenhang mit den Ergebnissen aus Abbildung 2 erscheint die Tatsache zunächst paradox: Mit steigendem Lebensalter nimmt die Singularisierung zu, gleichzeitig nimmt aber das selbstwahrgenommene Einsamkeitsempfinden ab. Erklärungsansätze gehen davon aus, dass mit steigendem Lebensalter die Qualität der bestehenden sozialen Beziehungen zunimmt und hochaltrige Menschen eher nach Harmonie streben und Konflikte vermeiden (Böger et al. 2017).

2.4 Gesundheit, Krankheit und Prävention

Obwohl Alter und Krankheit nicht in einem unmittelbaren Zusammenhang stehen, lassen sich altersbedingte Funktionseinschränkungen nicht leugnen. Diese sind aber nicht unbedingt gleichzusetzen mit Krankheit und Multimorbidität. Dennoch steigt mit wachsendem Lebensalter die Gefahr, an einer oder mehreren Krankheiten zu leiden, wie die nachstehenden Zahlen zeigen:

Tabelle 5: Anzahl der selbstberichteten Erkrankungen (in %) (n=4.219)

Altersklasse	Erkrankungen	Frauen	Männer	Gesamt
55 – 69 Jahre	0 – 1	35,7	33,1	34,4
	2 – 4	49,4	53,2	51,2
	5+	14,9	13,7	14,3
70 – 85 Jahre	0 – 1	19,5	15,9	17,9
	2 – 4	56,3	57,3	56,7
	5+	24,2	26,9	25,4

Quelle: Eigene Darstellung, nach DEAS 2014

In der jungen Altersklasse ist noch ein Drittel von keiner oder einer Erkrankung betroffen, in der höheren Altersklasse sinkt dieser Anteil auf

17,9 % ab. Etwas mehr als die Hälfte in der jüngeren Altersklasse gibt an, an zwei bis vier Krankheiten zu leiden. Der Anteil steigt moderat in der höheren Altersklasse auf 56,7 % an. Die größten Unterschiede sind bei der Multimorbidität auszumachen: Während in der jungen Altersklasse nur 14,3 % angeben, an mindestens fünf Erkrankungen zu leiden, ist es in der höheren Altersklasse bereits jeder Vierte. Deutliche Geschlechtsunterschiede lassen sich in der hohen Altersklasse ausmachen. Hier sind mit 19,5 % die Frauen (gegenüber 15,9 % der Männer) häufiger von keiner oder nur einer Krankheit betroffen. Dementsprechend höher ist der Anteil der Männer in der Gruppe der Personen mit mindestens fünf Erkrankungen. Es zeigt sich demnach, dass mit steigendem Lebensalter auch die Anzahl von Personen zunimmt, die unter Multimorbidität leiden. Doch wie wird diese objektive Verschlechterung des Gesundheitszustandes von den älteren Menschen wahrgenommen? Ein Blick auf den subjektiven Gesundheitszustand zeigt folgendes Bild:

Tabelle 6: Subjektiver Gesundheitszustand von älteren Menschen (in %) (n=5.994)

Altersklasse	Einschätzung	Frauen	Männer	Gesamt
55 – 69 Jahre	Gut	55,4	51,8	53,6
	Mittel	33,3	35,6	34,4
	Schlecht	11,4	12,6	12,0
70 – 85 Jahre	Gut	43,5	45,8	44,6
	Mittel	39,8	42,2	40,9
	Schlecht	16,6	12,0	14,6

Quelle: DEAS 2014

In der Altersklasse 55 – 69 Jahre bewertet mit 53,6 % mehr als die Hälfte der Personen ihren Gesundheitszustand als gut, wobei der Anteil der Frauen etwas höher liegt als der der Männer. 12,0 % der Altersklasse geben an, dass ihr Gesundheitszustand schlecht ist. In der Altersklasse 70 – 85 Jahre bewerten noch 44,6 % ihren Gesundheitszustand gut. Auch hier lassen sich geschlechtsspezifische Unterschiede beobachten: Der Anteil der Männer, die ihren Gesundheitszustand gut bewerten liegt leicht über dem Wert der Frauen, dementsprechend bewertet mit 16,6 % ein höherer Anteil an Frauen ihren Gesundheitszustand schlecht (gegenüber 12,0 % der Männer).

Somit ergibt sich eine Diskrepanz zwischen objektivem und subjektivem Gesundheitszustand: Der Anteil der Personen, die ihren Gesundheitszustand gut bewerten, liegt deutlich höher als der Anteilswert der Personen, die an keiner oder einer Erkrankung leiden. Dieses Ergebnis lässt die Schlussfolgerung zu, dass man sich im Alter auch gesund fühlen kann, obwohl man unter einer oder mehreren Erkrankungen leidet. Dieses Phänomen wird in der Gerontologie als Wohlbefindlichkeitsparadoxon beschrieben (Baltes & Baltes 1990; Staudinger 2000).

Obgleich das Alter mit Verlusten im Bereich der Gesundheit verbunden ist, bestehen in jedem Alter Präventionspotenziale (Kruse 2017b). Wie diese Potenziale genutzt werden, soll an den Beispielen Vorsorge und sportliche Aktivität erörtert werden.

Tabelle 7: Inanspruchnahme von Vorsorgeuntersuchungen (in %) (n=4.181/4.144/4.158)

Altersklasse	Vorsorge	Frauen	Männer	Gesamt
55 – 69 Jahre	Grippeschutzimpfung	36,8	33,8	35,3
	Krebsvorsorgeuntersuchung	80,5	58,3	69,8
	Gesundheits-Check-Up	67,3	66,5	66,9
70 – 85 Jahre	Grippeschutzimpfung	52,6	55,4	53,9
	Krebsvorsorgeuntersuchung	59,0	66,0	62,2
	Gesundheits-Check-Up	66,1	66,8	66,4

Quelle: DEAS 2014

In der Gruppe der 55 – 69-Jährigen geht etwa jeder Dritte zur Grippeschutzimpfung, mit geringfügigen geschlechtsspezifischen Unterschieden. In der höheren Altersklasse steigt der Anteilswert, so dass sowohl jede zweite Frau als auch jeder zweite Mann an der Grippeschutzimpfung teilnimmt. Anders verhält es sich bei den Krebsvorsorgeuntersuchungen: Hier lassen sich deutliche geschlechtsspezifische Unterschiede ausmachen. Während in der jüngeren Altersklasse mehr als 80 % der Frauen zur Vorsorge gehen, sind es bei den Männern keine 60 %. In der höheren Altersklasse dreht sich dieses Bild allerdings. Mit 66 % gegenüber 55 % nehmen anteilig mehr Männer an Krebsvorsorgeuntersuchungen teil. Bei dem generellen Gesundheits-Check-Up zeigt sich ein relativ einheitliches Bild. In beiden Altersklassen nehmen etwa Zweidrittel regelmäßig teil, ohne nennenswerte geschlechtsspezifische Unterschiede. Für sportliche Aktivitäten im Alter ergibt sich folgendes Bild:

Tabelle 8: Sportliche Aktivität im Alter (in %) (n=5.998)

Altersklasse	Frequenz	Frauen	Männer	Gesamt
55 – 69 Jahre	Mehrmals in der Woche	40,3	35,9	38,1
	Einmal in der Woche	21,1	14,4	17,8
	Seltener/ Nie	38,7	49,7	44,0
70 – 85 Jahre	Mehrmals in der Woche	28,2	31,8	29,8
	Einmal in der Woche	19,4	12,6	16,4
	Seltener/ Nie	52,4	55,6	53,9

Quelle: DEAS 2014

Die Zahlen der Tabelle 8 verdeutlichen, dass in beiden Altersklassen der größte Anteil eher selten bis gar nicht sportlich aktiv ist. In der jüngeren Altersklasse liegt der Anteilswert bei 44,0 % und steigt in der höheren Altersklasse auf 53,9 % an.

Die Gruppe der Personen, die mehrmals in der Woche sportlich aktiv ist, kommt in der jüngeren Klasse auf 38,1 %. In der höheren Altersklasse ist noch fast jeder Dritte (29,8 %) mehrmals in der Woche mit sportlichen Aktivitäten beschäftigt. Es zeigen sich außerdem geschlechtsspezifische Unterschiede: In der jüngeren Altersklasse sind Frauen deutlich sportlich aktiver als Männer. 61,4 % der Frauen geben an, mindestens einmal in der Woche sportlich aktiv zu sein, bei den Männern ist es nur jeder Zweite (50,3 %). Mit 40,3 % sind Frauen zudem häufiger mehrmals in der Woche sportlich aktiv als Männer (35,9 %). In der höheren Altersgruppe hingegen dreht sich dieses Verhältnis: Mit 31,8 % sind die Männer aktiver als die Frauen (28,2 %). Dieses Ergebnis relativiert sich allerdings bei der gesamten Betrachtung des Anteils, die mindestens einmal in der Woche aktiv sind: Hier sind mit 47,6 % die Frauen gegenüber 44,4 % der Männer in der Überhand. Vergleicht man die Ergebnisse mit vorangegangenen Erhebungen des DEAS lässt sich eine deutliche Zunahme von sportlichen Aktivitäten für die Gruppe der älteren Menschen für den Zeitraum von 1996 bis 2014 ausmachen (Spuling et al. 2017). Geht man von einem Zusammenhang zwischen gesundheitsrelevantem Verhalten und Eigenverantwortung aus, sind diese Zahlen besonders interessant für die Fragestellung der Arbeit, weil sie vor diesem Hintergrund Hinweise liefern, dass auch die Eigenverantwortung durch die Zugehörigkeit einer Alterskohorte bestimmt wird und in den letzten Jahren angestiegen ist.

2.5 Pflegebedürftigkeit im Alter

Wie bereits weiter oben festgestellt bedeutet alt sein nicht unbedingt krank und gebrechlich, dennoch erhöht sich die Wahrscheinlichkeit, mit steigendem Alter auf Hilfe und Pflege angewiesen zu sein, wie aus der Pflegestatistik 2015 zu erkennen ist: Insgesamt waren im Jahr 2015 2,9 Millionen Menschen pflegebedürftig, 87 % davon waren 60 Jahre und älter. Das entspricht einer Anzahl von 2,5 Millionen Menschen. Ein Blick auf die Pflegequoten[2] zeigt:

[2] Die Pflegequote gibt den Anteil der Pflegebedürftigen einer bestimmten Bevölkerungsgruppe an.

Tabelle 9: Pflegequoten nach Altersklassen zum Jahresende 2015 (in %)

Altersklasse	Frauen	Männer	Gesamt
60 – 69 Jahre	2,4	2,6	2,5
70 – 79 Jahre	8,1	7,2	7,7
80 Jahre und älter	38,6	25,1	33,8

Quelle: Eigene Berechnung, nach Statistisches Bundesamt 2017

Die Tabelle verdeutlicht, dass sich mit steigendem Lebensalter der Anteil der Pflegebedürftigen merklich erhöht. In der Gruppe der jungen Alten liegt der Anteil der Pflegebedürftigen lediglich bei 2,5 %. Zugleich lassen sich keine signifikanten geschlechtsspezifischen Unterschiede erkennen. In der Altersgruppe 70 – 79 Jahre steigt der Anteilswert auf 7,7 % an. Mit 8,1 % liegt die Pflegequote bei den Frauen höher als bei den Männern (7,2 %). Zu einem deutlichen Anstieg kommt es bei den Hochaltrigen: Mit 33,8 % ist jeder Dritte der hochaltrigen Personen pflegebedürftig. Zudem lassen sich geschlechtsspezifische Unterschiede ausmachen: Mit 38,6 % liegt der Anteil der pflegebedürftigen Frauen deutlich höher als bei den Männern (25,1 %). Durch den weiter oben beschriebenen Anstieg der Zahl der Hochaltrigen Personen lässt sich zudem im zeitlichen Verlauf ein Anstieg der Anzahl der Pflegebedürftigen verzeichnen. Im Vergleich 2015 zu 2013 ist ein Anstieg von 8,9 % ausmachen. Noch deutlicher zeigt sich die Entwicklung beim Vergleich der Jahre 2001 und 2015: In diesem Zeitraum ist die Zahl der Pflegebedürftigen um 40,2 % gestiegen (Statistisches Bundesamt 2017). Der Aspekt der Pflegebedürftigkeit ist insofern relevant, als dass sich die Frage stellt, wie ältere Menschen den Verlust von Autonomie in ihr eigenes Konzept der gesundheitlichen Eigenverantwortung kompensieren und integrieren können.

Diese Ergebnisse führen zu der Frage, welche Wohnformen ältere Menschen bevorzugen und wie ältere Menschen leben, auch unter dem Aspekt, wenn sie bereits von Pflegebedürftigkeit betroffen sind.

2.6 Die Wohnsituation von älteren Menschen

Trotz der Tatsache, dass mit steigendem Alter auch die Wahrscheinlichkeit zunimmt, auf Pflege und Hilfe angewiesen zu sein, möchte der überwiegende Teil der älteren Menschen in den eigenen vier Wänden alt werden. Dies gilt ebenfalls unter der Voraussetzung auf Hilfe und Pflege angewiesen zu sein, wie folgende Zahlen zeigen: 59 % der älteren Menschen wünschen sich, in den eigenen vier Wänden von einem ambulanten Pflegedienst versorgt zu werden, 32 % können sich vorstellen in einer eigenen Wohnung in einem Seniorenheim zu leben. Ein Fünftel der Befragten (20 %) würde die Pflege von unmittelbaren Verwandten

(Kinder, Enkel) in Erwägung ziehen. Auch alternative neuere Wohnformen werden in Zukunft eine deutlich größere Rolle spielen: 19 % können sich darauf einlassen, in einem Mehrgenerationenhaus zu leben und 12 % haben Interesse an einer Wohngemeinschaft mit anderen älteren Menschen (Generali Deutschland AG 2012). Doch wie verhalten sich Wunsch und Realität?

In der Realität wird der überwiegende Teil der älteren Menschen in den eigenen vier Wänden alt. Mehr als 90 % der Personen ab 65 Jahre lebt in privaten Wohnungen, bundesweit gibt es etwa 900 gemeinschaftliche Wohnprojekte, die von ca. 27.000 älteren Menschen bewohnt werden (Heinze 2017). Hinsichtlich der Wohnsituation liegen Wunsch und Realität offensichtlich nah beieinander. Dies gilt ebenso für den Fall, dass bereits eine Pflegebedürftigkeit eingetreten ist: Insgesamt gibt es 2,5 Millionen Pflegebedürftige, die 60 Jahre und älter sind. Mit 1,7 Millionen werden 70 % davon zu Hause versorgt. Demgegenüber werden 748.132 Personen vollstationär in Heimen versorgt, was 30 % der Pflegebedürftigen entspricht. Gleichzeitig verändert sich das Verhältnis von ambulanter und stationärer Versorgung mit steigendem Lebensalter: Während in der Altersklasse 60 – 69 Jahre nur jeder fünfte Pflegebedürftige in einem Heim untergebracht ist, steigt der Anteilswert in der Gruppe 90 Jahre und älter auf 43 % (Statistisches Bundesamt 2017).

Dementsprechend gerät die Wohnung oder der Ort, an dem die ältere Person lebt, mit steigendem Lebensalter und abnehmender Mobilität mehr und mehr zum Lebensmittelpunkt vor allem von Hochaltrigen. Die Wohnsituation wird dabei von einem großen Teil der älteren Menschen als positiv bewertet. Dabei fällt auf, dass mit steigendem Lebensalter auch die Bewertung positiver ausfällt: Während 88 % der 40 – 54-Jährigen eine positive Bewertung abgeben, steigt der Anteilswert auf 92 % in der Altersgruppe 70 – 85 Jahre. Diese Zahlen lassen allerdings nicht den Schluss zu, dass der Bedarf an altersgerechten Wohnformen gedeckt ist. Vielmehr ergeben sich wiederum Hinweise auf das Wohlbefindlichkeitsparadoxon, wonach eine stabile Bewertung der Lebenssituation nicht einhergehen muss mit den objektiven Gegebenheiten (Nowossadeck & Engstler 2017). Die GAS 2017 bestätigt dieses Bild, denn trotz hoher Zufriedenheit, werden auch Defizite an der momentanen Wohnsituation gesehen:

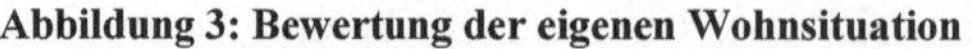

Abbildung 3: Bewertung der eigenen Wohnsituation

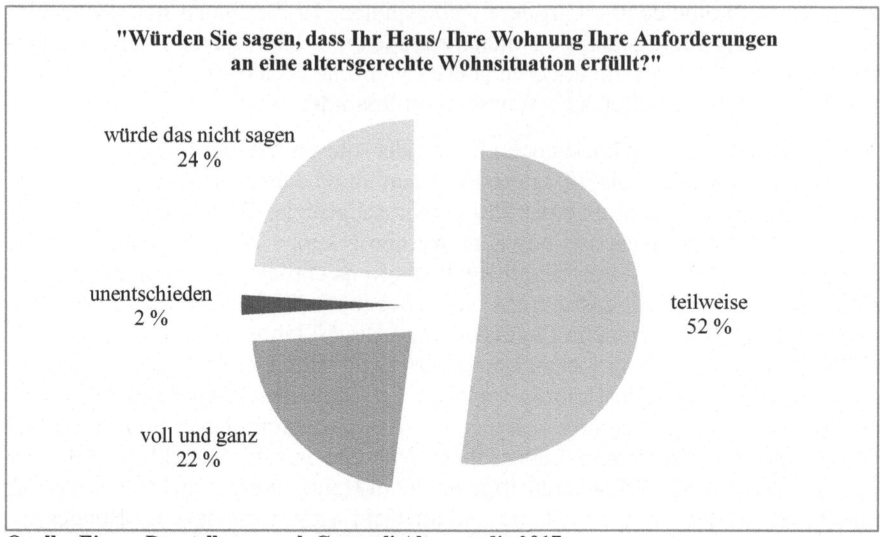

Quelle: Eigene Darstellung, nach Generali Altersstudie 2017

Über Dreiviertel der Befragten sehen zumindest Defizite bei der Beurteilung, ob ihre jetzige Wohnsituation ihren Vorstellungen vom altengerechten Wohnen entspricht. Nur 22 % gehen davon aus, dass ihre jetzige Wohnsituation nach ihren Vorstellungen altengerecht ist. Nach den Vorstellungen von älteren Menschen zeichnet sich eine altengerechte Wohnsituation in erster Linie durch eine gute Infrastruktur mit Nähe zu Einkaufsmöglichkeiten und Ärzten, Barrierefreiheit, eine schöne und ruhige Umgebung, verbunden mit Kosten, die ohne Probleme mit den Alterseinkünften finanziert werden können, aus (Generali Deutschland AG 2017). Aber wie sieht die wirtschaftliche Situation der älteren Menschen aus?

2.7 Einkommen und Armut im Alter

Die Einkommenssituation der älteren Menschen hat sich in den vergangenen Jahren positiv entwickelt. Obwohl bestimmte Gruppen innerhalb der älteren Menschen durchaus von Altersarmut betroffen sein können, geht es dem größeren Teil der älteren Menschen in finanzieller Hinsicht gut (Enste 2011a). Ein Blick auf die Daten der Einkommens- und Verbraucherstichprobe bestätigt den anhaltenden Trend:

Tabelle 10: Haushaltsnettoeinkommen der Haushalte älterer Menschen (in Euro)

	Alter des Haupteinkommensbeziehers				
	55 – 64	**65 – 69**	**70 – 79**	**80+**	**HH Gesamt**
EVS 2003	3.092	2.536	2.146	2.005	2.833
EVS 2008	2.993 (-3,2 %)	2.551 (+0,6 %)	2.484 (+15,8 %)	2.285 (+14,0 %)	2.914 (+2,9 %)
EVS 2013	3.323 (+11,0 %)	2.644 (+3,6 %)	2.599 (+4,6 %)	2.449 (+7,2 %)	3.132 (+7,5 %)

Quelle: Eigene Berechnung, nach Statistisches Bundesamt 2007, 2010 und 2015

Es zeigt sich, dass das Haushaltsnettoeinkommen der jungen Alten über dem Durchschnitt der Gesamthaushalte in Deutschland liegt. Dies ist insofern nicht verwunderlich, als dass viele Personen aus dieser Altersklasse noch aktiv im Berufsleben stehen. Mit steigendem Lebensalter nimmt das Einkommen zwar ab, im zeitlichen Vergleich hat sich allerdings in allen Altersklassen die Einkommenssituation positiv entwickelt. Jedoch fallen die Wachstumsraten der mittleren Klassen des Alters geringer aus, als die durchschnittliche Wachstumsrate der Gesamthaushalte. Doch wie weiter oben bereits erwähnt, gibt es Unterschiede innerhalb der Altersgruppe, so dass ein differenzierter Blick notwendig ist, um diese zu erfassen. Haushalte mit zwei Einkommensbeziehern verfügen in der Regel über ein höheres Einkommen als Singlehaushalte. In der Folge werden daher die Haushaltsnettoeinkommen von älteren Paarhaushalten und alleinlebenden älteren Frauen betrachtet, um die finanzielle Heterogenität der älteren Menschen zu verdeutlichen:

Tabelle 11: Haushaltsnettoeinkommen der Paare älterer Menschen (in Euro)

	Alter des Haupteinkommensbeziehers				
	55 – 64	**65 – 69**	**70 – 79**	**80+**	**HH Gesamt**
EVS 2003	3.443	2.885	2.819	2.684	3.460
EVS 2008	3.647 (+5,9 %)	3.249 (+12,6 %)	3.015 (7,0 %)	2.947 (9,8 %)	3.662 (+5,8 %)
EVS 2013	4.105 (+12,6 %)	3.353 (+3,2 %)	3.252 (+7,8 %)	3.063 (+3,9 %)	3.975 (+8,5 %)

Quelle: Eigene Berechnung, nach Statistisches Bundesamt 2007, 2010 und 2015

Wie zu erwarten liegt das durchschnittliche Haushaltsnettoeinkommen der älteren Paarhaushalte über dem Einkommen der gesamten älteren Haushalte. Während die Wachstumsraten für den Zeitraum 2003 bis 2008 überdurchschnittlich waren, hat sich dieses Bild in der EVS 2013 gedreht: Lediglich für die jungen Alten lässt sich eine überdurchschnittliche Wachstumsrate verzeichnen. Zusammenfassend kann allerdings festgehalten werden, dass sich das durchschnittliche Haushaltsnettoeinkommen der älteren Paarhaushalte in allen Altersklassen positiv entwickelt hat. Ein anderes Bild ergibt sich bei der Betrachtung der Haushaltsnettoeinkommen von alleinlebenden Frauen:

Tabelle 12: Haushaltsnettoeinkommen der alleinlebenden älteren Frauen (in Euro)

	Alter des Haupteinkommensbeziehers				
	55 – 64	**65 – 69**	**70 – 79**	**80+**	**HH Gesamt**
EVS 2003	1.684	1.613	1.520	1.476	1.570
EVS 2008	1.581 (-6,1 %)	1.577 (-2,2 %)	1.657 (+9,0 %)	1.575 (+6,7 %)	1.629 (+3,8 %)
EVS 2013	1.856 (+17,4 %)	1.635 (+3,7 %)	1.719 (+3,7 %)	1.693 (+7,5 %)	1.763 (+8,25 %)

Quelle: Eigene Berechnung, nach Statistisches Bundesamt 2007, 2010 und 2015

Während sich im Vergleich der Jahre 2003 und 2008 für die jungen Altersklassen negative Trends abzeichneten, hat sich diese Entwicklung mit der EVS 2013 gewandelt. In allen Altersklassen lassen sich positive Wachstumsraten ausmachen, allerdings sind die Wachstumsraten für alle Altersklassen ab 65 Jahre unterdurchschnittlich. Gerade diese Gruppe hat ein erhöhtes Risiko, in Altersarmut abzurutschen, wie auch ein Blick auf die Armutsquoten bestätigt. Wenn Armut ein Problem der älteren Menschen ist, trifft es meistens Frauen:

Tabelle 13: Objektive Armutsquoten der Bevölkerung 55 – 85 Jahre im Jahr 2014 (in %) (n=5.400)

Altersklasse	Frauen	Männer	Gesamt
55 – 69 Jahre	12,8	12,1	12,4
70 – 85 Jahre	16,9	8,8	13,2

Quelle: DEAS 2014

Die objektive Armutsquote stellt den Anteil der Bevölkerung dar, der über weniger als 60% des Medianeinkommens verfügt. Die Tabelle 13 skizziert, dass es geschlechtsspezifische Unterschiede gibt. Während die Armutsquoten in der Altersklasse 55 – 69 Jahre mit 12,8 % der Frauen und 12,1 % der Männer sehr nah beieinanderliegen, sind in der höheren Altersgruppe deutliche Unterschiede zu erkennen. Während bei den Männern der Anteil auf 8,8 % sinkt, steigt der Anteilswert bei den Frauen auf 16,9 % an. Im Vergleich zu anderen Altersgruppen lässt sich nicht feststellen, dass ältere Menschen häufiger von Armut betroffen sind als Personen in jüngeren Altersklassen. Durch den Rückbau der sozialen Sicherungssysteme und die zunehmende Bedeutung von privater Vorsorge bei gleichzeitiger Zunahme von diskontinuierlichen Erwerbsverläufen ist allerdings in Zukunft mit einem Anstieg der Armutsquoten im Alter zu rechnen (Lejeune et al. 2017). Auch hierzeigt sich, dass der Gruppe der älteren alleinlebenden Frauen eine besondere Aufmerksamkeit geschenkt werden muss, die im Rahmen der zusammenfassenden Implikationen näher erläutert wird. Doch zunächst wird mit der Selbstwahrnehmung ein weiterer wichtiger Aspekt vorgestellt.

2.8 Selbstwahrnehmung der Lebensphase Alter

Bei der Analyse der gesundheitlichen Eigenverantwortung und zur Beschreibung der Lebenssituation von älteren Menschen gehört der Aspekt, wie sie ihr eigenes Älterwerden erleben. Das Älterwerden kann dabei als multidimensionaler und multidirektionaler Prozess verstanden werden. Die Multidirektionalität ist dadurch gekennzeichnet, dass die zweite Lebenshälfte sowohl aus Gewinnen als auch aus Verlusten in unterschiedlichen Lebensbereichen besteht. Die Multidimensionalität veranschaulicht dabei die Tatsache, dass die Gewinne und Verluste gleichzeitig bestehen können (Beyer et al. 2017).

Dementsprechend unterschiedlich kann die eigene Wahrnehmung über das Alter ausfallen. Wie sich das Verhältnis der individuellen Altersbilder bei älteren Menschen gestaltet, zeigt die Abbildung 4:

Abbildung 4: Verlustorientierte versus gewinnorientierte individuelle Altersbilder (in %) (n=4.288)

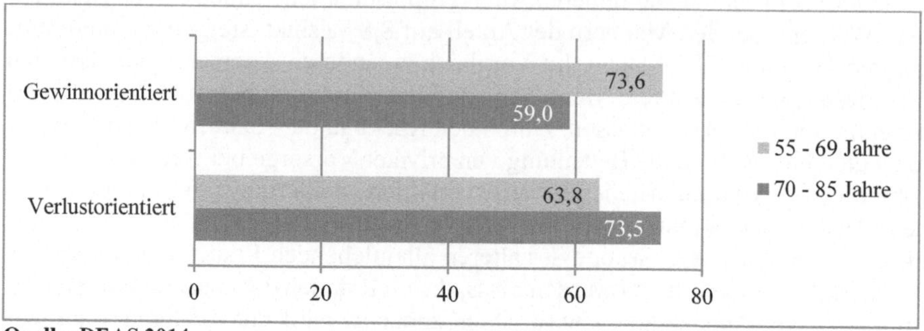

Quelle: DEAS 2014

In der jüngeren Altersklasse überwiegen die gewinnorientierten Altersbilder mit 73,6 %. Allerdings geben auch deutlich mehr als die Hälfte (63,8 %) an, ein verlustorientiertes Bild vom Alter zu haben. Mit steigendem Lebensalter dreht sich dieses Verhältnis: In der höheren Altersklasse liegt bei fast Dreiviertel ein verlustorientiertes Altersbild vor. Mit 59 % geben allerdings auch mehr als die Hälfte der Befragten ein gewinnorientiertes Altersbild an.

Wie zufrieden ältere Menschen mit ihrem Leben und ihrer Lebenssituation sind, drücken folgende Zahlen aus:

Tabelle 14: Anteil von Personen mit hoher Lebenszufriedenheit (in %) (n=4.258)

Altersklasse	Frauen	Männer	Gesamt
55 – 69 Jahre	79,0	75,5	77,3
70 – 85 Jahre	76,7	84,3	80,1

Quelle: DEAS 2014

Die Daten lassen den Schluss zu, dass ältere Menschen in Deutschland im Durchschnitt eine hohe Lebenszufriedenheit aufweisen. In der Gruppe der jungen Alten sind mehr als Dreiviertel der Befragten sehr zufrieden, in der älteren Gruppe steigt dieser Wert weiter an (80,1 %). Es zeigen sich zudem deutliche geschlechtsspezifische Differenzen: Während in der jüngeren Gruppe der Anteil der Frauen mit 79 % höher als bei den Männern (75,5 %) liegt, dreht sich mit steigendem Alter das Bild. Bei den Frauen sinkt der Anteilswert in der höheren Altersklasse auf 76,6 %, während er bei den Männern auf 84,3 % ansteigt. Ein Grund für die geschlechtsspezifischen Unterschiede vor allem in der höheren Altersklasse kann in dem deutlich höheren Anteil weiblicher verwitweter Personen liegen (vgl. Tab 1), da der Verlust des Partners das Wohlbefinden einer Person maßgeblich beeinflussen kann (Wolff & Tesch-Römer 2017).

2.9 Zusammenfassende Implikationen

Deutschland befindet sich seit den 70er Jahren auf dem Weg zu einer alternden Gesellschaft: Ist zum jetzigen Zeitpunkt noch jeder vierte Person älter als 60 Jahre, wird es im Jahr 2060 bereits jeder Dritte sein. Man spricht in diesem Zusammenhang von einer dreifachen Alterung, weil neben dem prozentualen Anteil der älteren Bevölkerung auch die absolute Anzahl älterer Menschen deutlich anwächst und vor allem der Anteil und die Anzahl von hochaltrigen Menschen deutlich anwachsen. Vor allem die Zunahme der Lebenserwartung lassen eine Dreiteilung des Lebenslaufes als nicht mehr zweckmäßig erscheinen. Durch die verlängerte Lebenszeit umfasst die Spanne des Alters nicht selten 40 Jahre, so dass sich eine Unterscheidung zwischen drittem und viertem Lebensalter durchgesetzt hat.

Auch innerhalb der Altersgruppen gibt es Unterschiede: Bei der Gruppe der älteren Menschen handelt es sich nicht um eine homogene Gruppe. Vielmehr zeigt sich, dass im Alter Lebensläufe sehr unterschiedlich gestaltet und gelebt werden, so dass sich die Gruppe der älteren Menschen durch ein hohes Maß an Heterogenität auszeichnet. Diese Vielschichtigkeit des Alters lässt sich mit Zahlen beschreiben: Mit steigendem Lebensalter geht eine zunehmende Singularisierung einher. Während in der jüngeren Klasse der älteren Menschen die meisten Menschen in Partnerschaften zusammenleben, steigt in den höheren Altersklassen der Anteil der Personen, die alleine leben. Dies lässt sich vorrangig durch die Tatsache erklären, dass mit steigendem Lebensalter die Gefahr zunimmt, dass ein Partner stirbt. Diese Entwicklung schlägt sich in der Zusammensetzung der Haushalte nieder: In den höheren Altersklassen ist bereits mehr als jeder zweite Haushalt mit älteren Menschen ein Einpersonenhaushalt. Gleichzeitig lässt sich beschreiben, dass die Anzahl der Personen im engeren sozialen Netzwerk mit etwa fünf Personen über die gesamte Altersphase relativ stabil bleibt. Weniger als 10 % der älteren Menschen leiden unter Einsamkeit, wobei der Anteil der Personen mit Einsamkeitsempfinden mit steigendem Lebensalter abnimmt.

Alter ist nicht unbedingt gleichzusetzen mit Krankheit, obwohl mit steigendem Lebensalter auch das Risiko steigt, an einer oder mehreren Erkrankungen zu leiden. In der Gruppe der jungen Alten gibt noch jeder Dritte an, an keiner oder nur einer Krankheit zu leiden. In der älteren Gruppe sinkt der Anteilswert unter 20 %. Gleichzeitig leidet jeder Vierte an fünf Erkrankungen oder mehr. Es kann außerdem festgehalten werden, dass rund Zweidrittel regelmäßig an Vorsorgeuntersuchungen teilnehmen. Bei der sportlichen Aktivität ist ein deutlicher Rückgang mit steigendem Lebensalter zu verzeichnen. Mit der Zunahme von Erkrankungen bei steigendem Lebensalter ist ebenfalls ein erhöhtes Risiko verbunden, pflegebedürftig zu werden. Während in der Altersklasse 60 – 69 Jahre die Pflegequote bei 2,4 % liegt, steigt sie kontinuierlich an, so dass sich bei Gruppe der Hochaltrigen der Anteil der pflegebedürftigen Personen bei 38,6 % liegt. Trotz steigendem Risiko, im Alter auf Pflege angewiesen zu sein, möchte mit 90 % der überwiegende Teil der älteren Menschen in den eigenen vier Wänden alt werden. Dieser Wunsch spiegelt sich dementsprechend in der Realität wider: 70 % der pflegebedürftigen älteren Menschen wird zu Hause versorgt, allerdings steigt der Anteil der Personen, die in Heimen untergebracht sind, mit steigendem Lebensalter. Mit abnehmendem Aktivitätsradius aufgrund von altersbedingter Funktionseinschränkungen wird die Wohnung im Alter zunehmend zum Lebensmittelpunkt. Dabei bleibt festzuhalten, dass über 90 % der älteren Menschen ihre Wohnsituation positiv bewerten. Allerdings geben nur etwa die Hälfte der Älteren an, dass ihre Wohnung einer altersgerechten Wohnsituation entspricht.

Unter finanziellen Aspekten lebt die jetzige Generation der älteren Menschen weitestgehend in einer guten Situation. Allerdings macht sich auch hier die Vielschichtigkeit des Alters bemerkbar: Während Paarhaushalte teilweise über überdurchschnittliche Einkommen verfügen, gibt es Teile der älteren Bevölkerung, die durchaus mit Altersarmut konfrontiert sind oder sein werden. Dies gilt vor allem für alleinstehende ältere Frauen.

Abschließend kann festgehalten werden, dass die Lebensphase Alter zu jedem Zeitpunkt durch Gewinne und Verluste gekennzeichnet ist, die dabei zeitgleich auftreten können. Wie diese wahrgenommen werden lässt sich anhand der individuellen Altersbilder zeigen. Bei den jüngeren Alten überwiegt das gewinnorientierte Altersbild, mit steigendem Lebensalter dreht sich diese Bild, so dass das hohe Lebensalter eher durch ein verlustorientiertes Altersbild geprägt ist. Die individuellen Altersbilder spiegeln allerdings nicht die individuelle Lebenszufriedenheit wider: Über Dreiviertel der jungen Alten geben an, mit ihrem Leben und ihrer Situation zufrieden zu sein, wobei Frauen eine positivere Bewertung abgeben als Männer. Mit steigendem Alter nimmt der Anteilswert der zufriedenen Personen weiter zu und übersteigt die 80 %-Marke. Außerdem drehen sich die geschlechtsspezifischen Unterscheidungen: In der höheren Altersklasse liegt der Anteilswert der zufriedenen Personen bei den Männern höher als bei den Frauen.

Die Datenlage über die Lebenssituation älterer Menschen in Deutschland liefert zentrale Grundlagen für die Fragestellung der vorliegenden Forschungsarbeit. Vor dem Hintergrund des demografischen Wandels zeigt sich die Relevanz schon durch die Tatsache, dass sich in absehbarer Zeit die Anzahl der älteren Menschen maßgeblich erhöhen wird. Wie die Einleitung gezeigt hat, gerät der Aspekt der Eigenverantwortung zunehmend in den Fokus der Debatte um die Zukunft des

Sozialstaates. Durch den Anstieg der Anzahl älterer Menschen steigt der Kreis der Personen, die einem höheren Risiko ausgesetzt sind, auf gesundheitliche und pflegerische Leistungen angewiesen zu sein. Gleichzeitig wird auch von diesen Personen ein höheres Maß an gesundheitlicher Eigenverantwortung eingefordert. An dieser Stelle offenbart sich die Dringlichkeit nach einer definitorischen Eingrenzung des Begriffes und der Bestimmung von Einflussgrößen und Dimensionen, die das Konstrukt näher kennzeichnen. Dieser Schritt wird mit dem folgenden Kapitel 3 eingeleitet.

Auch die Heterogenität und Vielschichtigkeit der Altersgruppe muss bei der Fragestellung berücksichtigt werden. Aus den vorliegenden Daten ergeben sich schon zum jetzigen Zeitpunkt deutliche Hinweise darauf, dass der Gruppe der Hochaltrigen und sozial benachteiligten älteren Menschen ein besonderes Augenmerk geschenkt werden muss, denn es hat sich gezeigt, dass mit zunehmendem Alter das Risiko steigt, an mehreren Krankheiten zu leiden. Gleichzeitig nimmt mit steigendem Alter auch die Teilnahme an sportlichen Aktivitäten ab. Die wachsende Kluft zwischen finanziell gut gestellten älteren Menschen und Personen, die im Alter in Gefahr laufen, unter Altersarmut zu leiden, macht deutlich, dass eine Betrachtung von gesundheitlicher Eigenverantwortung nur unter dem Gesichtspunkt der erweiterten finanziellen Eigenbeteiligung an Behandlungskosten nicht zielführend ist und weite Teile des komplexen Konstrukts der Eigenverantwortung außer Acht lässt.

Ferner wird deutlich, dass sich die Heterogenität der Zielgruppe in den individuellen Lebensläufen und Biografien der älteren Menschen widerspiegelt. Durch eine ausführliche Analyse von individuellen Biografien ergeben sich Hinweise auf eventuelle Kontinuitäten oder Umbrüche, die einen Einfluss auf die Gesundheit und das Gesundheitsverhalten haben. Die sich hieraus ergebenden Fragestellungen sollen mit Hilfe einzelner biografischer Analysen beantwortet werden.

3 Verantwortung – Annäherung an ein komplexes Konstrukt

Gleich zu Anfang sei darauf hingewiesen, dass es sich bei dem Begriff „Verantwortung“ um ein hoch komplexes Konstrukt handelt. Diese Tatsache birgt die Gefahr, dass man sich bei der Auseinandersetzung mit der Begrifflichkeit in Einzelheiten verläuft und den eigentlichen Kern aus den Augen verliert. KASCHUBE macht deutlich, dass der Begriff selbstverständlich im alltäglichen Sprachgebrauch verwendet wird, dabei allerdings eine Reihe von ambivalenten Konnotationen in sich trägt:

> „Verantwortung ist ein schillernder Begriff mit unterschiedlichsten Konnotationen. Die Schwierigkeit, eine angemessene Definition zu finden, gründet in der Geläufigkeit des Begriffs. Im Gegensatz zu anderen wissenschaftlichen Begriffen ist Verantwortung ein Teil unserer Alltagswelt und Alltagssprache: verantwortungsbewusst, verantwortlich oder unverantwortlich.“ (ebd. 2006: 18)

KAUFMANN geht der Frage nach, warum der Begriff zunehmend in unseren alltäglichen Sprachgebrauch und in die unterschiedlichsten Handlungsbereiche durchdringt:

> „Philosophen und Theologen, welche ´Verantwortung´ etwas als notwendiges Korrelat menschlicher Freiheit oder Personalität und deren Zusammenhang als das ´Wesen´ des Menschen bestimmen, verdrängen den Tatbestand, dass eben dies erst seit kurzem geschieht. Für den Wissenssoziologen drängt sich dagegen die Vermutung auf, dass reale Veränderungen der Karriere des Begriffes förderlich sind. Seine empathische Aufladung lässt überdies vermuten, dass diese Veränderungen Veränderungen problematischer Natur sind, dass also die Forderung nach ´Verantwortung´ mit der (möglicherweise vergeblichen) Hoffnung verbunden wird, dass durch ´Verantwortung´ schwerwiegende gesellschaftliche Probleme gelöst werden können.“ (ebd. 1989: 205)

Demnach ist Verantwortung als eine Art „Allzweckmittel“ zu verstehen, das immer dann zum Einsatz kommt, wenn schwerwiegende Probleme gelöst werden müssen. Eine ähnlich inflationäre Verwendung des Begriffes beschreibt STAHL mit fast schon sarkastischem Unterton:

> „Der Begriff der Verantwortung ist in der öffentlichen Diskussion zu einem zentralen Mittel zum Transport von Aussagen über Ethik und Moral geworden. Die Forderung nach Verantwortung und das Signalisieren der Bereit-

P. Enste, *Gesundheitliche Eigenverantwortung im Kontext der Lebensspanne*,
https://doi.org/10.1007/978-3-658-23082-1_3

> schaft, Verantwortung zu übernehmen, gehören zum Standardrepertoire öffentlicher Diskurse, so beispielsweise in der Politik, aber auch in der Wirtschaft." (ebd. 2000: 225)

Auf eine offensichtliche Diskrepanz zwischen Verwendung und definitorischer Abgrenzung weist RIED hin:

> „Dem hochfrequenten Gebrauch dieses Begriffes steht allerdings ein bemerkenswerter Mangel an systematischer Reflexion über seine semantische Füllung und seine pragmatische Verwendung gegenüber. Zwar ist die Verknüpfung des Eigenverantwortungspostulats mit bestimmten, im allgemeinen als liberal gekennzeichneten philosophisch-politischen Ideen fest in der Debatte und der öffentlichen Meinung verankert, aber ein tiefer gehendes Bewusstsein für Gehalt der Vokabel und die Bedeutung der mit ihr verbundenen Vorstellungen lassen die Äußerungen und Verlautbarungen der Diskutanten und Akteure allzu häufig vermissen." (ebd. 2008: 49)

Ein wenig Licht in das „definitorische Dunkel" bringt AUHAGEN, indem sie eine Definition liefert:

> „Verantwortung ist ein soziales Phänomen unter Menschen mit dem Charakter eines Interpretationskonstruktes. […] Verantwortung schließt Aspekte der Moral, der Handlung und der Berücksichtigung der Handlungsfolgen ein: Ein Mensch handelt verantwortlich, wenn er unter Berücksichtigung ethisch-moralischer Gesichtspunkte handelt und bereit ist, für die Folgen beziehungsweise Konsequenzen einzustehen." (ebd. 1999: 37)

Demnach steht Verantwortung immer im Zusammenhang mit einer Handlung. In diesem Zusammenhang ist der Begriff auch fester Bestandteil der Alltagswelt geworden: Jemand, der nach bestem Gewissen und vorbildlich handelt, handelt verantwortlich. Dementsprechend wird ein unüberlegtes oder egoistisches Handeln, bei dem der Handelnde scheinbar nicht die Konsequenzen für sich und seine Umwelt im Blick hat, als unverantwortlich bezeichnet. Die Begrifflichkeiten „verantwortlich" und „unverantwortlich" dienen also dazu, die moralische Qualität einer Handlung oder eines Handelnden zu charakterisieren (Birnbacher 1995). Gleichzeitig übernehmen Personen für einen bestimmten Vorfall oder ein Ereignis die Verantwortung und ziehen daraus Konsequenzen. Diese können sowohl positiv als auch negativ sein. Es zeigt sich schnell, dass es eine Vielzahl von unterschiedlichen Verwendungen des Begriffes in unserer Alltagswelt gibt und aus diesen unterschiedlichen Verwendungs- und Deutungsweisen resultiert die weiter oben beschriebene Durchdringung des Begriffes in die Alltagssprache. Genau daher ergibt sich die Schwierigkeit einer einheitlichen definitorischen Abgrenzung.

Von daher erscheint es sinnvoll, am Anfang einen kurzen Blick auf die Entstehungsgeschichte des Begriffes zu werfen, um im Anschluss unter besonderem

Blickwinkel der gesundheitlichen Fragestellung die verschiedenen Dimensionen der Verantwortungsthematik zu erörtern. Dieser Aufbau orientiert sich an einer Dreiteilung, die AUHAGEN (2001) vorschlägt, um das interdisziplinäre Feld der Verantwortungsforschung zu kategorisieren: Zum einen können Arbeiten ausgemacht werden, die sich mit dem Grundphänomen und der Konzeption von Verantwortung auseinandersetzen. Der zweite Forschungszweig beschäftigt sich mit der Frage, ob jemand verantwortlich ist oder nicht, während der dritte Zweig bestimmte Handlungsfelder der Verantwortung thematisiert.

3.1 Der Begriff Verantwortung im historischen Kontext

Ursprünglich taucht die Auseinandersetzung mit dem Konzept der Verantwortung bereits in der römischen Rechtslehre auf und wurde von dort auf den Bereich der Moral übertragen. „Sich verantworten“ wird dabei als ein reaktives Legitimationskonzept verstanden, dessen Kernaussage wie folgt lautet: Jemand hat offensichtlich gegen ein bestehendes Recht oder eine Norm verstoßen und hat sich dafür zu verantworten, in dem er rechtfertigende Erklärungen für sein Verhalten vorbringt (Heidbrink 2003). Diese Interpretation geht somit auf die ursprüngliche Bedeutung des Verbes „verantworten“ zurück. Demnach bedeutet „sich verantworten“ vor einem Gericht für eine Sache eintreten oder sich selbst vor einer Rechenschaft fordernden Instanz zu rechtfertigen (Reuter 2011). Der Begriff Verantwortung hat demnach seinen Ursprung in der Rechtslehre und wurde erst später auf andere Alltagsbereiche übertragen. KAUFMANN beschreibt dieses Phänomen als nicht unüblich, weist aber gleichzeitig auf Gefahren hin und mahnt indirekt zur Besonnenheit bei wissenschaftlichen Abhandlungen, die sich mit dem Begriff der Verantwortung beschäftigen:

> „Dass eng umschriebene Rechtsbegriffe ihren Bedeutungshorizont erweitern und sich zu abstrakten gesellschaftlichen Wertideen entwickeln, lässt sich an zahlreichen Beispielen – die prominentesten sind wohl ′Freiheit′ und ′Sicherheit′- belegen. Die gesellschaftspolitische Karriere des Begriffs ′Verantwortung′ scheint noch im Gange, so dass bei einer soziologischen Untersuchung besondere Vorsicht geboten ist.“ (ebd. 1989: 204)

Im klassischen Verständnis bestand der Verantwortungsprozess folglich aus drei aufeinanderfolgenden Teilen: Zuerst ereignet sich ein Vorfall. Im zweiten Schritt wird der für den Vorfall Verantwortliche ausfindig gemacht und angehört. Im dritten und letzten Schritt wird der Verantwortliche von einer Instanz mit Sanktionen belegt, um gegebenenfalls Wiedergutmachung zu leisten. Der Unterschied zum heutigen Verständnis ist leicht zu erkennen: Erst wenn sich ein Vorfall ereignet hat, kann jemand hierfür zur Verantwortung gezogen werden. Verantwortung im klassischen Sinne bezieht sich demnach immer auf Handlungen, die in der Vergangenheit liegen. In christlichen Gesellschaften geht der Ursprung des Begriffes auf den Glauben zurück: Man muss sein eigenes Tun und Handeln vor Gott verantworten und ihm somit Rechenschaft ablegen. Mit fortschreitender Zeitrechnung dehnte sich der Verantwortungsbegriff von der „jüngsten Gerichtsbarkeit" auf das öffentliche Gericht aus. Durch das Nachlassen und Schwinden von religiösen Bindungen und Handlungsregularien wurden Veränderungen in der Verantwortungszuweisung notwendig. An die Stelle von Gott traten nun zunehmend Richter, vor denen sich die Menschen für begangene Taten rechtfertigen mussten (Schmidt 2008).

Durch die Verbindung von Rechtfertigung und Verantwortung stellt sicht die Frage nach der Zurechenbarkeit. Bereits im dritten Buch der Nikomachischen Ethik greift Aristoteles diese Frage auf und gibt eine Antwort mit seinen Ausarbeitungen zur Imputationslehre. Demnach besteht Zurechenbarkeit, wenn eine Handlung freiwillig, wissentlich und willentlich ausgeführt wird (Birnbacher 2001; Heidbrink 2010; Werner 2002). Freiwilligkeit wird verstanden als Abwesenheit von äußerer Gewalt und innerem Zwang. Es muss also eine alternative Handlungsmöglichkeit geben und die Freiheit der Entscheidung muss gegeben sein. Wissentlich bedeutet, dass die Person, die zur Verantwortung gezogen werden soll, alle absehbaren Umstände der Handlung kennen und verstehen muss. Aristoteles legt damit den Grundstein für das kausale Zurechnungsprinzip (Heidbrink 2003). Doch bevor auf diese Thematik eingegangen wird, erscheint eine weitere definitorische Herleitung und Eingrenzung sinnvoll.

Festzuhalten bleibt, dass sich der Verantwortungsbegriff zunächst nur auf bereits begangene Handlungen bezog. Ein Wandel vollzog sich ab dem 20. Jahrhundert im Interpretationsraum des Begriffes, als die prospektive Betrachtungsweise mitgedacht wurde. Die zeitliche Phase der Verantwortung wird dabei ausgedehnt, so dass die Verantwortung sich auch auf Dinge bezieht, die erst in der Zukunft passieren werden (Schmidt 2008). Nach diesem Prinzip unterscheidet JONAS grundlegend zwischen zwei Formen von Verantwortung: Zum einen benennt er die Verantwortung als kausale Zurechnung für begangene Taten. Diese entspricht der weiter oben beschriebenen retrospektiven Verantwortung. Zum anderen benennt er die Verantwortung für Zu-Tuendes, also für Dinge oder Handlungen, die in der Zukunft liegen und bislang noch nicht passiert sind (Jonas 1979).

3.2 Die temporäre Ausdehnung von Verantwortung

Mit der Ausweitung des Verantwortungsbegriffes auf Handlungen, die in der Zukunft liegen, steigt auch die Komplexität des Begriffes. Es lässt sich eine bipolare Grundstruktur erkennen, da Verantwortung einerseits zugerechnet und übertragen, andererseits gleichwohl übernommen und somit aktiv ausgeführt werden kann. Wird die Verantwortung extern zugerechnet spricht man von passiver oder negativer Verantwortung. Da der Bezug in diesem Fall in der Regel zu in der Vergangenheit liegenden Handlungen hergestellt werden kann, spricht man in Bezug auf die temporale Dimension wie bereits weiter oben eingeführt von der retrospektiven oder Ex-post-Verantwortung (Heidbrink 2010). Als typisches Beispiel kann an dieser Stelle die Verantwortung vor Gericht genannt werden: Für eine in der Vergangenheit begangene Handlung, wie beispielsweise ein Diebstahlsdelikt, muss sich der Delinquent vor Gericht verantworten, weil davon ausgegangen wird, dass er gegen bestehendes Gesetz verstoßen hat.

Wird Verantwortung aktiv ausgeführt, ergreift eine Person die Initiative, um Schadenfolgen zu vermeiden oder bestehende Zustände zu verbessern. Man spricht in diesem Fall von aktiver oder positiver Verantwortung. Da die Handlungen häufig in der Zukunft liegen und vor allem auch die Handlungskonsequenzen mitgedacht werden, wird sie prospektive oder Ex-ante-Verantwortung genannt (Heidbrink 2010, 2017). Es geht in diesem Zusammenhang also nicht um die klassische retrospektive Verantwortungsfrage, wer für einen entstandenen Schaden zur Verantwortung gezogen werden soll, vielmehr stellt sich bei der prospektiven Verantwortung die Frage, wer für die Übernahme und die Erledigung bestimmter Aufgaben die Verantwortung trägt. An dieser Stelle verdeutlicht ein Beispiel die Situation: Der Hausbesitzer, der im Winter den Gehweg von Eis und Schnee befreit, handelt im Sinne der prospektiven Verantwortung, weil er mit dieser Handlung vermeiden will, dass jemand vor seinem Haus ausrutscht und sich möglicherweise eine schwerwiegende Verletzung zuzieht.

Die Beispiele machen deutlich: Es lässt sich eine sachliche Differenz zwischen prospektiver und retrospektiver Verantwortung ausmachen:

> „Während die Ex-post Verantwortung primär handlungsbezogen ist und ihr Fundament in der Umsetzung von Prinzipien und Regeln hat, ist die Ex-ante-Verantwortung primär ereignis- und zustandsbezogen; ihr Ziel besteht vor allem in der Herstellung bestimmter Güter und der Vermeidung bestimmter Übel.“ (Heidbrink 2010: 9)

Bei der retrospektiven Verantwortung handelt die Person dementsprechend aus dem Motiv, bestehende Pflichten umzusetzen. Der Erfolg oder der Misserfolg der Handlung stehen nicht im Mittelpunkt der Betrachtung. Anders ist es hingegen bei der prospektiven Verantwortung: Hier handelt die Person, weil sie beispielsweise ein mögliches Übel verhindern möchte. Das mögliche Ergebnis der Handlung spielt somit bereits bei der Planung der Handlung eine sehr große Rolle. Sie wird deshalb auch Aufgabenverantwortung genannt, bei der „ein erwünschter, in der Zukunft zu realisierender Zielzustand betrachtet (Koch 2003)" wird. Anders ausgedrückt wird Verantwortung einerseits als Selbstverpflichtung und andererseits als soziale Zuschreibung verstanden (Kaufmann 1989). Das Beispiel mit dem Hausbesitzer macht allerdings deutlich, dass prospektive und retrospektive Verantwortung sich sehr häufig bedingen und die Unterschiede nicht immer trennscharf sind: Der Hausbesitzer ist verpflichtet, den Gehweg im Winter zu räumen, um (prospektiv) zu verhindern, dass Unfälle passieren können. Kommt er dieser Pflicht nicht nach und jemand verletzt sich, weil er im Vorfeld nicht gehandelt habe, kann er (retrospektiv) zur Verantwortung gezogen werden.

3.3 Dimensionen und Bedeutungsebenen

Neben der temporären Dimension lässt sich der Verantwortungsbegriff unter dem Gesichtspunkt der Relationen betrachten. Im Grundprinzip lassen sich drei Relationen erkennen: Jemand (das Verantwortungssubjekt) ist für eine bestimmte Sache (das Verantwortungsobjekt) vor einer Instanz (die Verantwortungsinstanz) verantwortlich.

Abbildung 5: Das klassische Dreiecksmodell der Verantwortung

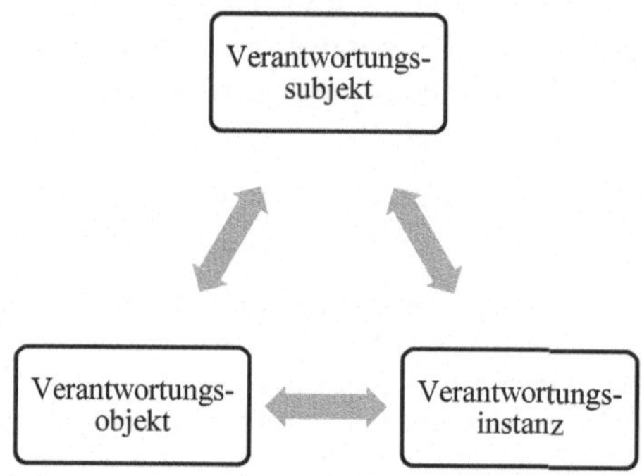

Quelle: Eigene Darstellung

Mit einem Beispiel aus dem Bereich der retrospektiven Verantwortung lässt sich das in Abbildung 5 dargestellte „Verantwortungsdreieck" sehr leicht erklären:

Nach einem Bankraub (Objekt) wurde der Bankräuber (Subjekt) verhaftet und hat sich nun vor Gericht (Instanz) für sein Verhalten zu verantworten und ihm werden dementsprechend Sanktionen auferlegt.

HÖFFE (1993) fügt noch eine weitere Relation hinzu: Er erweitert das bestehende Dreieck um die Relation des Normhintergrunds, die als Beurteilungskriterium verstanden werden kann. Im Beispiel des sich zu verantwortenden Bankräubers entspricht dieses Kriterium dem Gesetz, das beschreibt, dass die begangene Tat nicht rechtmäßig ist.

Andere Autoren halten weitere Dimensionen für beachtenswert. Lenk (1992) beispielsweise ordnet dem Verantwortungsbegriff insgesamt sechs Dimensionen zu: Demnach ist (1) jemand (2) für eine Handlung (3) gegenüber einem bestimmten Adressaten (4) vor einer Instanz (5) auf der Basis eines normativen Kriteriums (6) im Rahmen eines bestimmten Handlungsbereichs verantwortlich. Die höchste Anzahl an Dimensionen identifiziert ROPOHL (1994), der auf insgesamt sieben Dimensionen kommt. Demzufolge entsteht die „7W-Frage“: (1) Wer verantwortet (2) was, (3) wofür, (4) weswegen, (5) wovor, (6) wann und (7) wie? Interessanterweise wird in dieser Einteilung der weiter oben ausführlich dargestellten temporären Relation eine eigene Dimension zugedacht. Diese Zuordnung wird auch kritisch gesehen. SOMBETZKI (2014) sieht in der temporären Dimension kein eigenes Relationselement, sondern eine Subkategorie des Verantwortungsobjekts:

> „Der Zeitpunkt der Verantwortungsübernahme, also Prospektivität oder Retrospektivität, stellt im Gegensatz zu Ropohls Vermutung kein Relationselement dar, da hierfür bereits ein Verantwortungsgegenstand existieren muss. Man muss bereits wissen wofür jemand Rede und Antwort steht, um angeben zu können, wann er dies tut, ob die fragliche Verantwortlichkeit also prospektiv oder retrospektiv ist. […] Die Erfassung des Zeitpunkts der Verantwortungsübernahme ist von der Bestimmung eines Verantwortungsobjektes zwar abhängig, jedoch nichtsdestotrotz notwendig.“ (ebd. 2014: 64f)

So groß streckenweise die Uneinigkeit der Autoren über die Zuordnung bestimmter Relationen ist, lässt sich dennoch erkennen, dass die Grundstruktur aller Modelle auf das Dreiecksmodell mit den Dimensionen Subjekt, Objekt und Instanz zurückzuführen ist. Daher wird diesem Modell im weiteren Verlauf der Fragestellung eine besondere Bedeutung zugedacht.

Einen anderen Ordnungsgesichtspunkt bringt JONAS (1979) ins Spiel: Er unterscheidet zwischen vertraglicher, natürlicher und selbstgewählter Verantwortung und bezieht sich dabei auf die Quelle der Verantwortung. Die vertragliche Vereinbarung beruht auf Vereinbarungen, die durch die Übernahme einer Aufgabe oder eines Amtes getroffen werden. Demnach ist diese Übernahme der Verantwortung temporär gebunden, weil sie durch das Abschließen der Aufgabe endet. JONAS spricht in diesem Zusammenhang von künstlicher Verantwortung. Die natürliche Verantwortung hingegen ist unwiderruflich und unkündbar. Das klassische Beispiel für die Form ist die Verantwortung, die Eltern gegenüber ihrem Kind haben. Sie ist außerdem nicht reziprok und beinhaltet ein jeweiliges Machtverhältnis: Durch die Macht, die Eltern gegenüber ihrem Kind haben, haben sie gleichzeitig die Pflicht zur Verantwortung. Eben diese Macht kennzeichnet auch die dritte Form: Die selbstgewählte Verantwortung des Politikers. Hier ist allerdings das Verhältnis von Macht und Verantwortung umgekehrt. Der Politiker strebt nach Macht, um Verantwortung übernehmen zu können.

Ein anderer Blickwinkel ergibt sich durch die Betrachtung der Sinnhaftigkeit von Verantwortung. Auf der Suche nach unterschiedlichen Grundformen stellt HEIDBRINK (2010) die Frage nach dem Sinn von Verantwortung und kann anhand dieser Logik drei unterschiedliche Formen identifizieren:

- Responsibility als *ethischer Sinn* von Verantwortung: Akteure stehen aufgrund moralischer Prinzipien für die Folgen ihrer Handlungen ein.
- Liaibility als *rechtlicher Sinn* von Verantwortung: Akteure können auf der Grundlage von Gesetzen und Regeln für ihre Handlungen sanktioniert werden.
- Accountability als *sozialer Sinn* von Verantwortung: Akteure kümmern sich aufgrund von bestehenden Erwartungen und persönlicher Bereitschaft um bestimmte Aufgaben, die nicht als selbstverständlich anzusehen sind.

Alle drei Formen sind nicht völlig getrennt voneinander zu betrachten und schließen sich demnach nicht gegenseitig aus, was wiederum am Beispiel des Hausbesitzers deutlich gemacht werden kann. Im rechtlichen Sinn ist er verantwortlich den Gehweg von Schnee zu befreien, weil er sonst aufgrund der bestehenden Rechtslage bestraft werden kann. Er handelt allerdings auch aus ethischem Sinn, weil er nicht möchte, dass jemand vor seinem Haus stürzt. Hier befürchtet er nicht die rechtlichen Konsequenzen, sondern vielmehr entspricht es seiner moralischen Überzeugung, Schaden von anderen abzuwenden. Genauso entspricht es seinem moralischen Prinzip, nicht den Schnee auf das Nachbarsgrundstück zu fegen. Im sozialen Sinn der Verantwortung handelt er, wenn er zusätzlich noch den Gehweg des Nachbarn fegt, weil er weiß, dass dieser aufgrund seines hohen Alters dazu nicht mehr in der Lage ist.

Eine weitere Betrachtungsebene bringt BIERHOFF (1995) ins Spiel. Er unterscheidet aus psychologischer Betrachtung zwei Verwendungsweisen des Begriffes Verantwortung. Verantwortung kann zum einen ein sozial-kognitives Urteil und zum anderen ein moralisches Verpflichtungsgefühl ausdrücken. Die Gemeinsamkeit beider Verwendungsweisen liegt in dem Zugrundelegen eines moralischen Verhaltensstandards. Im Fall der sozialen Kognition kommt der Verantwortung die Rolle zu, ein Fremd- oder Selbsturteil über das Verantwortungssubjekt bezüglich eines Handlungskontextes abzugeben („Da es Schnee gegeben hat, ist Person A dafür verantwortlich, dass der Gehweg vor seinem Haus geräumt wird.“). Daher kann man auch von Verantwortungsurteilen sprechen. Das moralische Verpflichtungsgefühl hingegen beschreibt ein überdauerndes Verantwortungsgefühl bezogen auf gesellschaftlich-kulturelle Vorgaben. Deshalb spricht man in diesem Fall von Verantwortungsbewusstsein („Herr A. ist –auch bei widrigen Witterungsverhältnissen- für die Sicherheit der Personen, die den Gehweg vor seinem Haus benutzen, verantwortlich.“).

3.4 Zuweisung und Grenzen von Verantwortung

Zunächst stellt sich die Frage, auf welche Art und Weise Verantwortung zugeschrieben werden kann. Man kann zwischen einer deskriptiven und einer normativen Zuweisung unterscheiden. Erstgenannte liegt vor, wenn Personen anderen Personen bestimmte Handlungen zurechnen und sie somit als Verursacher ausmachen, aber keine Wertung vornehmen. Bei der normativen Verantwortung hingegen wird eine Wertung vorgenommen, die in der Regel die Schuld oder den Fehler der Person, die sich zu verantworten hat, impliziert. Im Alltagsgebrauch wird in der Regel von einer normativen Zuschreibung ausgegangen (Auhagen 1999).

Des Weiteren kann die Frage gestellt werden, zu welchem Zweck Personen anderen Personen Verantwortung zuweisen. Hierbei lassen sich im Prinzip zwei Stoßrichtungen ausmachen: Die Zuweisung kann zum einen dazu dienen, das Verhalten von Menschen zu beeinflussen, oder zum anderen Menschen für eine begangene Handlung zu sanktionieren. Vertreter der ersten Position verfolgen dabei den Ansatz, dass letztendlich das erzielte Ergebnis wichtig ist. Anreiz und Strafe für eine Handlung dienen quasi als Verhaltensregulierung. Vertreter der zweiten Position sehen in Anreiz und Strafe eine Möglichkeit, Gerechtigkeit wiederherzustellen (Koch 2014).

Zur Beantwortung der Frage, ob eine Person für eine bestimmte Handlung zur Verantwortung gezogen werden kann, wurde bereits weiter oben der Begriff der kausalen Zurechenbarkeit eingeführt: Der Bankräuber kann nur für eine Tat zur

Verantwortung gezogen werden, wenn er sie auch nachweislich begangen hat. Entweder er gesteht die Tat oder er kann aufgrund eindeutiger Beweise wie Sicherheitskamerabilder oder Zeugenaussagen der Tat überführt werden. Gleichzeitig muss er wissentlich und willentlich gehandelt haben. Willentlich heißt in diesem Zusammenhang, dass er seine Tat aus freiem Willen begangen hat und nicht dazu gezwungen wurde. Wissentlich setzt voraus, dass er bereits im Vorfeld der Tat wusste, dass ein Bankraub eine strafbare Handlung ist, für die er sich vor dem Gericht zu verantworten hat. Dies macht sich gleichfalls in der rechtlichen Beurteilung von Verantwortlichkeit bemerkbar:

> „Auch in unserem Rechtssystem wird einer Person nur dann Schuld für eine Verfehlung zugewiesen, wenn die Freiheit der Entscheidung nicht wegen vorübergehender oder dauerhafter Einschränkung der geistigen Kräfte (z. B. durch Geisteskrankheiten, Demenz, Drogen, Übermüdung u.a.) bezweifelt werden muss oder durch starke Affekte bzw. Zwang eingeschränkt war." (Montada 2008: 589)

Es stellt sich demnach vor Gericht die Frage der Schuldfähigkeit, die in direktem Zusammenhang mit der Verantwortungszuweisung steht: Nur wenn eindeutig ein Zusammenhang zwischen Ursache und Folge ausgemacht werden kann, kann jemand zur rechtlichen Verantwortung gezogen werden. JONAS (1979) spricht in diesem Zusammenhang von der ursächlichen Zurechenbarkeit.

Auf den ersten Blick scheint das Beispiel mit dem Bankräuber sehr schnell Klarheit in die diffuse Diskussion um Verantwortungszuschreibung gebracht zu haben. Bei genauerer Betrachtung erscheint die Sache aber komplizierter: Was ist, wenn der Bankräuber tatsächlich nicht weiß, dass eine solche Tat verboten ist, weil er kognitiv nicht in der Lage ist, dieses zu verstehen? Oder hat der Bankräuber tatsächlich aus freien Stücken gehandelt, wenn er mit dem Bankraub Lösegeld für seine entführten Kinder besorgen wollte, er somit seinerseits ebenfalls Opfer eines Verbrechens geworden ist? Diese ethischen und moralischen Fragen machen deutlich, dass auch die Zurechnung von Verantwortung eine sehr komplexe Angelegenheit ist und eine eindeutige Benennung mit Schwierigkeiten behaftet ist. KAUFMANN (1989) benennt drei individuelle Voraussetzungskategorien, welche Personen zu verantwortlichem Handeln befähigen: Sie müssen erstens die kognitiven Fähigkeiten besitzen, die Problemlage differenziert zu erfassen. Sie müssen zweitens ein hohes Maß an moralischen Fähigkeiten besitzen. Er spricht in diesem Zusammenhang von der normativen Selbstverpflichtung des verantwortungsvollen Handelnden. Hiermit ist gemeint, dass der Handelnde bestimmte Regeln akzeptiert und verinnerlicht und auch bereit ist, eigene Interessen gegen Interessen, die mit dem Aufgabenbereich der Verantwortungsebene im Zusammenhang stehen, zurückzustellen. Diese beiden Kategorien reichen allerdings oftmals nicht aus, um Verantwortlichkeit zu erzeugen. Diesbezüglich ist noch die dritte Voraussetzungskategorie notwendig: Kommunikative Fähigkeit. Durch sie gelingt es dem Verantwortungsträger, das entgegengebrachte Vertrauen aufrechtzuerhalten. Eine ähnliche Unterteilung allerdings mit anderer Akzentuierung nimmt SOMBETZKI (2014) vor. Sie schlägt eine Kategorisierung vor, in der drei grundlegende Bedingungen zur Verantwortungszuschreibung und –übernahme enthalten sind: Kommunikationsfähigkeit, Handlungsfähigkeit und Urteilskraft.

Da Verantwortung als ein Prozess des Rede- und Antwortstehens ist, erscheint Kommunikationsfähigkeit im Sinne des dialogischen Prinzips als logische Grundvoraussetzung zur Verantwortungsübernahme. Kommunikation bezieht sich dabei nicht nur auf die Sprachlichkeit. Komplexer wird die Angelegenheit bei der Handlungsfähigkeit. Zunächst erscheint es folgerichtig, dass Handlungsfähigkeit als Grundvoraussetzung gegeben sein muss, da eine Handlung das Verantwortungsobjekt bildet. Die Kategorie der Handlungsfähigkeit lässt sich in fünf Unterkategorien unterteilen. Die erste Unterkategorie bildet das Folgebewusstsein, das beschreibt, dass intentionales Handeln einhergeht mit einem vorausschauenden Agieren (ebd., 2014). Das bedeutet allerdings auch, dass derjenige, der eine Verantwortung für eine bestimmte Sache übernimmt oder zugewiesen bekommt, ebenfalls die zu dem Zeitpunkt der Verantwortungsübernahme noch nicht vorhersehbaren Konsequenzen, seien sie positiv oder negativ, zugeschrieben bekommt (Kuhn 2014). Die zweite Unterkategorie bildet die Kontextwahrnehmung. Sie wird verstanden als Blick für das Ganze. Verantwortung kann demnach nur zugeschrieben oder übernommen werden, wenn die komplette Situation erfasst wird und in den jeweiligen Handlungskontext eingeordnet werden kann (Banzhaf 2002). Die dritte Unterkategorie bildet die Wahrnehmung der Individualität als Einheit, sie bezeichnet die raum-zeitlich stabile „Ich-Identität“ der Handelnden. Als vierte Unterkategorie ist die Einflussmöglichkeit zu sehen. Das Handlungssubjekt muss demnach in der Lage sein und die Möglichkeit dazu haben, den Sachverhalt mit seiner Handlung zu beeinflussen. Die fünfte und letzte Unterkategorie bildet die bereits weiter oben angesprochene Freiheit der Handlung (Sombetzki 2014). Eine Diskussion, ob menschliches Handeln generell aus freiem Willen oder letztendlich nicht aus Vorbestimmung erfolgt, führt an dieser Stelle zu weit und ist unter dem Gesichtspunkt der Fragestellung auch nicht zielführend. Nicht umsonst wird die Determinismus-Indeterminismus-Debatte in der Philosophie als eine unlösbare Frage gesehen. Die hier gemeinte Handlungsfreiheit bezieht sich vielmehr auf die konkrete Situation, es müssen also unterschiedliche Handlungsoptionen zur Verfügung stehen. So wird sie als Bedingung für verantwortliches Handeln angesehen (Auhagen 1999).

Als dritte und letzte Bedingung für die Verantwortungsübernahme ist die Urteilskraft zu nennen: „Verantwortung beruht […] auf Urteilskraft, die dem Verantwortlichen die Gründe und Kriterien an die Hand reicht, mit deren Hilfe er sein Handeln als Rede-und-Antwort-Stehen beurteilen kann (Sombetzki 2014: 58)."

Der Frage der Bedingungen, die für die Verantwortungsübernahme notwendig sind, schließt sich die Frage nach möglichen Grenzen von Verantwortungszuschreibung an. BIRNBACHER (1995, 2003) identifiziert drei mögliche Grenzen der Verantwortung. Er führt erstens an, dass die Übernahme von Verantwortung in der Regel mit einem aktiven Tun und nicht nur mit dem bloßen Unterlassen von bestimmten Handlungen verbunden ist. Diese „aktiven Schritte" sind nicht selten mit Kosten verbunden:

> „Die Bedeutung dieses zunächst rein begrifflichen Merkmals liegt, ökonomisch gesprochen, in den Kosten und Opportunitätskosten, die die Übernahme und Wahrnehmung von Verantwortung für das Verantwortungssubjekt mit sich bringt. Sowohl die Übernahme als auch die Ausführung von Handlungspflichten werden für das Verantwortungssubjekt tendenziell einen höheren Aufwand und weitergehende Einschränkungen in der Verfolgung anderweitiger Interessen bedeuten als die Übernahme und Ausführung bloßer Unterlassungspflichten." (ebd. 2003: 83)

Die Übernahme von Verantwortung ist somit in der Regel mit zusätzlichen Kosten und einem Mehraufwand an Leistung verbunden. Ist das Verantwortungssubjekt nicht bereit oder vielleicht auch nicht in der Lage aufgrund von materiellen oder körperlichen Einschränkungen diesen Mehraufwand aufzubringen, sind der Verantwortungsübernahme -je nach Einzelfall teilweise auch unüberwindbare- Grenzen gesetzt. BIRNBACHER führt zweitens die Grenze des begrenzten Könnens an. Er führt an, dass Verantwortung an subjektive und objektive Macht gebunden ist. Der subjektive Faktor bestimmt dabei, ob die äußeren Bedingungen es überhaupt zulassen, dass das Verantwortungssubjekt auf den Verantwortungsgegenstand Einfluss nehmen kann. Ist diese Einflussnahme in irgendeiner Form durch einen äußeren Einfluss verwehrt, sind der Zuweisung von Verantwortung unüberwindbare Grenzen gesetzt. Der subjektive Faktor hängt von den individuellen Fähigkeiten des Verantwortungssubjekts ab. Er bestimmt, in welchem Maße das Subjekt den Eingriffsspielraum nutzen kann:

> „Für unseren Charakter etwa sind wir stets nur so weit –aber auch genau so weit- verantwortlich, wie wir dessen Entwicklung durch willentliches Aufsuchen und Meiden potentiell prägender Einflüsse und Erlebnisse steuern können." (ebd. 2003: 84)

Als dritte Grenze benennt BIRNBACHER die mangelnde menschliche Voraussicht. Hiermit ist gemeint, dass es in vielen Bereichen nicht möglich ist, alle potenziellen Risiken abzuschätzen, sei ihr Eintritt auch noch so gering. Er setzt somit die weiter oben genannten Unterkategorien der Handlungsfähigkeit „Folgebewusstsein" und „Kontextwahrnehmung" klare Grenzen.

Ähnlich argumentiert HEIDBRINK. Er beobachtet „eine Verschiebung der Maßstäbe, nach denen Verantwortung eingefordert wird (ebd. 2008: 4)". Seiner Ansicht nach müssen Menschen in zunehmendem Maße für Dinge Verantwortung übernehmen, die sie nicht verursacht haben. Dies kann an einem Beispiel erläutert werden: Obwohl im Normalfall eine Einzelperson keine Schuld an klimabedingten Umweltkatastrophen trägt, wird der Ruf nach Verantwortung des Einzelnen und dem damit verbundenen umweltbewussten und nachhaltigen Handeln immer lauter. Der kausale Schuldzusammenhang wird durchbrochen und es ergeben sich Konsequenzen für die Verantwortungszuweisung:

> „Wo jemand keinen Einfluss auf Entwicklungen nehmen kann, weil er nicht zum Handeln in der Lage ist, trägt er auch keine Verantwortung für das Zustandekommen und den Fortgang dieser Entwicklungen. Dies ist überall dort der Fall, wo Zwangslagen herrschen, die das Handeln einer Person so einschränken, dass diese nicht anders handeln kann als sie tut. Hierzu gehören Krankheit Schwäche und Not, aber auch hinderliche Lebensumstände wie Unterversorgung, geringe Bildung oder Intelligenz, mangelnde Einsichtsfähigkeit und fehlendes Wissen." (ebd. 2008: 4)

Die Ausführungen von BIRNBACHER und HEIDBRINK lassen sich am oben genannten Beispiel der Nachhaltigkeit für die Umwelt konkretisieren. Nehmen wir als Beispiel wieder unseren Hausbesitzer, der bereits weiter oben angeführt wurde. Er kann sich umweltbewusst verhalten, in dem er sein Haus klimabewusst umbaut und das Heizsystem auf erneuerbare Energien umstellt. Das ist zunächst aber mit einem Mehraufwand an Kosten verbunden und er kann dies nur tun, wenn er über die finanziellen Ressourcen verfügt. Außerdem muss er in der Lage sein, sich mit der Thematik umfangreich zu beschäftigen, um nötige Informationen zum Thema zu sammeln. Lebt er allerdings in einer finanziellen Notlage, kann man von ihm nicht erwarten, dass er diese Baumaßnahmen vornimmt.

3.5 Formen der Verantwortungsabwehr

Verantwortungsabwehr kann als Kehrseite der Verantwortungsübernahme bezeichnet werden. Dementsprechend tritt auch sie in allen Bereichen des sozialen Lebens auf und kann als eine Art Abwehrmechanismus verstanden werden. Um das Phänomen der Verantwortungsabwehr zu erfassen, unterscheidet MONTADA (2001) prinzipiell zwischen Verantwortung, bei der das Verantwortungssubjekt für jemand anderes Verantwortung übernimmt und Verantwortung, bei der das Verantwortungssubjekt Verantwortung für seine eigenen Handlungen und deren Konsequenzen übernimmt. Dementsprechend unterschiedlich können die möglichen Gründe für eine Verantwortungsabwehr sein. Verantwortung gegenüber anderen kann beispielsweise abgewehrt werden, wenn es einen Konflikt zwischen den eigenen Interessen und den Interessen derer gibt, für die die Verantwortung übernommen werden sollen oder wenn eine negative Haltung gegenüber dem Verantwortungsobjekt eingenommen wird. Noch vielschichtiger sind die Gründe bei der Verantwortungsabwehr für eigene Handlungen. Wird die Handlung oder die Konsequenz der Handlung als positiv wahrgenommen, kann die Abwehr beispielsweise erfolgen, um bescheiden zu wirken oder aber als ehrlich, wenn die Handlung tatsächlich nicht von einem selbst durchgeführt worden ist und die Abwehr damit rechtmäßig ist. SCHMITT, MONTADA & DALBERT (1991) konnten in einer Studie drei Strategien feststellen, in denen der eigentliche Prozess der Verantwortungsabwehr beschrieben wird. Sie untersuchten prosoziales Verhalten gegenüber Menschen der Dritten Welt, Gastarbeitern, Behinderten und älteren Menschen. Die erste beobachtete Strategie kann als Notlagenleugnung beschrieben werden, in der die Notlage oder die Hilfebedürftigkeit bagatellisiert wird. In der Strategie des Selbstverschuldungsvorwurfes wird die Notlage oder Hilfsbedürftigkeit der anderen Person als selbstverschuldet wahrgenommen. Die dritte Strategie ist gekennzeichnet durch das Abschieben der Verantwortung auf andere Personen, die als kompetent und verantwortlich ausgemacht werden.

Weitere Varianten von Abwehrprozessen lassen sich wie folgt beschreiben (Bierhoff 2006; Montada 2001):

- Verneinung von Handlungsfreiheit: In diesem Fall kommt es auf die subjektive Bewertung der Situation des potenziellen Verantwortungssubjektes an. Empfindet dieses die Situation etwa für zu zeitintensiv, schwierig oder gefährlich, wird die Übernahme von Verantwortung abgewehrt.
- Fehlende Vorhersagbarkeit der Konsequenzen: Hier wird die Übernahme von Verantwortung ausgeschlossen, weil die Folgen einer damit verbundenen Handlung nicht abgeschätzt werden können. Deutlich wird dieser Abwehrprozess beim Beispiel der Hilfe beim Verkehrsunfall. Ein direktes Eingreifen wird vermieden, weil die Person sich nicht als kompetent empfindet, Sofortmaßnahmen einzuleiten. Sie weicht möglicherweise auf indirekte Hilfsmaßnahmen aus und verständigt den Notarzt. Die eigentliche Verantwortung wird also abgegeben oder zumindest stark reduziert.

- Diffusion der Verantwortung: In diesem Fall wird die Verantwortung auf mehrere Personen verteilt, so dass sich der eigene Teil der Verantwortung reduziert. Dieser Prozess lässt sich ebenfalls am Beispiel der Hilfe beim Verkehrsunfall beschreiben. Der Abwehrprozess kann einsetzen, wenn eine große Gruppe potenzieller Helfer vor Ort ist und sich somit die Hilfsbereitschaft und die damit verbundene Übernahme von Verantwortung deutlich reduziert. In der Folge führt dies oftmals zu einem Ausbleiben der Verantwortungshandlung.
- Mangelnde Sozialisation, Reife oder kognitive Einschränkungen: In dieser Kategorie werden alle Abwehrprozesse subsumiert, die aufgrund von mangelnder Entwicklung oder Störungen im Entwicklungsprozess eine Einschränkung in den im Kapitel zuvor genannten Grundvoraussetzungen zur Verantwortungsübernahme bedingen.

Letztendlich können die genannten Abwehrprozesse zu einer Neubewertung der Handlungsmöglichkeiten und der Verantwortung führen, so dass die eigentliche Entscheidung, ob Verantwortung übernommen oder abgewehrt wird, als Prozess beschrieben werden kann, in dem Vor- und Nachteile miteinander abgewägt werden. MONTADA merkt hierzu an, dass generell die Verantwortungsübernahme aufwendig und kostenintensiv sein kann, gleichzeitig aber auch positive Effekte wie gesellschaftliche Anerkennung oder Sinngebung mit sich bringt. Von daher kann eine Verantwortungsabwehr nicht generell mit der Vermeidung von Kosten in Zusammenhang gebracht werden:

> „Therefore, denial of resposibility not only avoids costs, it may also imply renunications of social status, self-worth and meaning of life. This balancing of costs and benefits hast to be made in every situation. Insofar as subjects have some decisional control about accepting or refusing responsibilities, they are responsible for these decisions." (ebd. 2001: 89)

Diese Ausführungen können am konkreten Beispiel beschrieben werden: Bei der Rettung eines scheinbar ertrinkenden Schwimmers aus einem reißenden Fluss steht der potenzielle Retter vor der Entscheidung, ob er Verantwortung für diese Situation übernehmen will. Eine Rettung ist für ihn zunächst mit einem sehr hohen Aufwand verbunden. Er wird seinen geplanten Tagesablauf in dieser Situation ändern müssen. Im schlimmsten Fall bezahlt er die Aktion mit dem eigenen Leben. Auf der anderen Seite kann er davon ausgehen, dass er bei einer gelungenen Rettung als Held gefeiert wird und ein sehr hohes Maß an gesellschaftlicher Anerkennung erhält. Dieses Beispiel beschreibt sicherlich eine Extrem-Situation. Es gibt allerdings auch zahlreiche Alltagssituation, in denen es zu ähnlichen Abwägungsprozessen kommt, wie Beispiele aus der Konsumentenverantwortung zeigen. Sehr häufig stehen Konsumenten vor der Entscheidung, ob sie sich für das scheinbar günstige Produkt entscheiden, dabei aber in Kauf nehmen, dass durch die Konsumhandlung die Ausbeutung anderer Menschen oder der Umwelt unterstützt werden. So ist es letztendlich eine individuelle Entscheidung, ob das Verhalten an moralischen Vorstellungen ausgerichtet wird oder ob es zu einem Rechtfertigungsprozess kommt, der die Diskrepanz zwischen moralischer Vorstellung und eigener Handlung beschreibt (Symmank & Hoffmann 2017).

Abschließend zeigt sich, dass der Entscheidungsprozess individuell unterschiedlich verläuft und durch die moralischen Wertvorstellungen der jeweiligen Person beeinflusst und gesteuert wird. Dies führt zu der Frage, wie Verantwortung entsteht.

3.6 Wie entsteht Verantwortung?

Die Frage, wie Verantwortung und die damit verbundene Übernahme von Verantwortung entsteht, ist bislang nur unzureichend beantwortet worden. HEIDBRINK äußert sich in einem Interview wie folgt:

> „Generell gilt […], dass Verantwortung wie alle moralischen Eigenschaften schwer erlernbar ist und sich nicht allein durch Vorschriften oder Leitbilder umsetzen lässt. Verantwortung entsteht im Handeln und muss vor allem auf diesem Weg weitergegeben werden (ebd.2011: o.S.)."

Tendenziell lassen sich in den Debatten drei Argumentationsstränge finden: Verantwortungsattribution kann erstens im Zusammenhang mit sozialen Fähigkeiten, zweitens in Verbindung mit gesellschaftlichen Normen und drittens im Zusammenspiel mit moralischer Entwicklung beschrieben werden (Kaschube 2006).

Daraus lassen sich Grundvoraussetzungen ableiten, damit überhaupt verantwortliches Handeln entstehen kann: Verantwortung benötigt die Existenz einer sozialen Gemeinschaft sowie das Eingebettetsein in ein bestehendes Wertesystem (Auhagen 1999). Da Verantwortung als eine bestimmte Haltung beschrieben werden kann, die Menschen in konkreten Situationen einnehmen, ist davon auszugehen, dass ein Mensch nicht von Geburt an Verantwortung in sich trägt, sondern erst im Laufe seines Heranwachsens entwickelt. Hierbei handelt es sich um einen Prozess, der durch eine Reihe von Faktoren beeinflusst wird: Verarbeitung und Sammeln von Erfahrungen, Möglichkeiten, bestimmte Dinge zu lernen und das soziale Umfeld als Ganzes seien an dieser Stelle beispielhaft genannt. Die Vorläufer von Verantwortung etablieren sich bereits im frühen Kindesalter. Schon Kleinkinder sind in der Lage, einen Auftrag entgegenzunehmen und auszuführen:

> „Es ist eine wohlbekannte Tatsache, daß Kinder mit der Schulreife auch zu verstehen beginnen, was es bedeutet, wenn wir sie auffordern, einen Auftrag auszuführen, etwa einen Gegenstand zu holen oder ein Fenster zu schließen. Sie zeigen es uns, indem sie den Auftrag zu erfüllen trachten, auch dann, wenn sie dabei auf Hindernisse stoßen. Wenn ihnen dies nicht gelingt, so zeigen sie Zeichen der Beunruhigung, im Grenzfall schlechten Gewissens. Wir schließen daraus, daß sie die Erfüllung des Auftrags als Pflicht erleben, mit anderen Worten: daß sie sich verantwortlich fühlen." (Aebli 1989: 192)

Hieraus verfestigt sich die bereits weiter oben beschriebene Erkenntnis: Verantwortung entsteht immer im Kontext von sozialen Interaktionen und menschlichem Handeln: DUNN (1988) beschäftigte sich mit der Interaktion von Kleinkindern im Familienverbund und konnte Indizien zur Übernahme von Verantwortung identifizieren: Ab dem zweiten Lebensjahr verstehen Kleinkinder Regeln des Zusammenlebens und können erkennen, was es heißt, diese Regeln zu verletzen. Ab dem dritten Lebensjahr sind sie in der Lage, ihre begangenen Taten zu verleugnen und/oder anderen Personen aus ihrem Lebensumfeld zuzuschreiben. Somit sind sie auch in der Lage, sich selbst als Urheber einer bestimmten Wirkung zu identifizieren: Sie erkennen, dass sie es sind, die ihren Bruder geärgert und zum Weinen gebracht haben und können es auch bereuen, denn „in der Verantwortlichkeit für die Folgen des eigenen Handelns ist ein Stück Verantwortlichkeit für den anderen, der die Folgen meines Handelns erlebt, enthalten (Aebli 1989: 193)." GOODNOW & WARTON (1992) beschreiben, dass Kinder zwischen verschiedenen Verantwortungskonzepten unterscheiden können. Bei anstehender Hausarbeit unterscheiden sie beispielsweise zwischen Verantwortungsübernahme für Dinge, die sie selbst verursacht haben (direkt verursachte Verantwortung) und Verantwortung für bestimmte Aufgaben, die sie auch ohne Erinnerung erledigen (eigenständig regulierte Verantwortung) (Auhagen 1999; ebd. 1992).

Nach AEBLI (1989) sind zwei weitere Entwicklungsprozesse notwendig, damit Verantwortung im weiter oben beschriebenen Sinn entstehen kann. Es handelt sich hierbei erstens um einen Vorgang der Verinnerlichung und Internalisierung, der auch als Bildung eines individuellen Gewissens beschrieben werden kann und zweitens um einen Vorgang der Objektivierung, der in Verbindung zu Normen des Gesetzes und des Rechtes steht.

Die Herausbildung eines individuellen Gewissens steht in direktem Zusammenhang mit der Entwicklung von Moral. NUNNER-WINKLER beginnt einen Einführungsaufsatz über Moralentwicklung mit einer kurzen aber prägnanten Definition: Demnach versteht man unter Moral „(Verhaltens-)Regeln, die als verpflichtend gelten (ebd.2007: 315)." Gleichzeitig weist die Autorin daraufhin, dass diese Definition eine Reihe von Fragen aufwirft, insbesondere bezüglich der Begründung, den Inhalten und den Geltungsbereichen der Verhaltensregeln. Sie stellt außerdem einen sehr engen Bezug zur Verantwortung her, indem sie dem Begriff ein Alleinstellungsmerkmal in der Verantwortungsdebatte zuweist:

> „Gegenüber dieser Aufsplittung in unterschiedliche Typen von Verantwortung möchte ich zunächst an einem einheitlichen Verantwortungskonzept festhalten: es gibt nur eine Verantwortlichkeit, nämlich die, moralische Pflichten zu erfüllen. Differenzierungen ergeben sich dann aus der unterschiedlichen Struktur verschiedener moralischer Pflichten, insbesondere negativer bzw. positiver Pflichten, sowie aufgrund der Tatsache, daß menschliches Handeln sich nicht nur im zwischenmenschlichen Nahbereich abspielt, sondern in Organisationen und Institutionen stattfindet oder über einen Markt vermittelt mit den Handlungen anderer zusammenwirkt." (Nunner-Winkler 1989: 169f.)

Somit zeigt sich, dass Verantwortung nicht eine angeborene Eigenschaft ist, sondern im Laufe des Entwicklungsprozesses entsteht. Bei der Internalisierung nehmen Kinder Normen und Werte, die zuerst von externen Instanzen der Umwelt (meist also in den ersten Lebensjahren von Eltern und anderen Familienmitgliedern) vertreten werden, in ihr eigenes Denken und Handeln auf:

> „Es hat die Norm verinnerlicht. Es wird fähig, sich selbst Aufträge zu erteilen, und es verlangt von sich, diese zu erfüllen. Ein Element des Gewissens ist erwacht. Genau gleich im Falles des Erlebnisses der Fürsorge und des eigenen Sorgens für jemanden. Der junge Mensch identifiziert sich mit der Person, die für ihn sorgt, und er lernt dabei, in ähnlicher Weise für andere zu sorgen. Er erlebt, daß es seiner Mutter und seinem Vater nicht gleichgültig ist, wie es ihm geht, und er entwickelt durch Internalisierung die gleiche Haltung der Verantwortlichkeit gegenüber der Person oder der Sache, die in seiner Obhut stehen." (Aebli 1989: 195)

Die Objektivierung geht noch einen Schritt weiter: Neben rein individuellen Zielsetzungen erlebt der junge Mensch, dass es auch bestimmte Zielsetzungen gibt, deren Erreichen nicht nur individuell, sondern auch von anderen Menschen als wichtig empfunden werden:

> „Sie werden zu Prinzipien oder zu objektiven Werten. Ihre Gültigkeit ist dem individuellen Wollen enthoben. Sie gelten unbedingt. Das nennen wir die Objektivierung der Zielsetzungen zu unbedingt gültigen Werten. Wenn wir diese als Maßstab an andere Handlungen anlegen, nennen wir sie Normen." (Aebli 1989: 194)

Bedeutsam ist an dieser Stelle die Unterscheidung von moralischen und konventionellen Normen. Schon in frühen Lebensjahren sind Kinder in der Lage, diese Unterscheidung vorzunehmen. Während moralischen Normen („Ich darf andere nicht schlagen", „Ich darf nicht stehlen") Rechte und Fairness sichern, regeln konventionelle Normen (Verhaltensregeln, Tischmanieren) eher die soziale Ordnung und Gemeinschaft. Interessanterweise wird das Abweichen von moralischen Normen als schlecht angesehen, wenn es nicht gesetzlich geregelt und offiziell erlaubt wäre. Ein Verstoß gegen konventionelle Normen hingegen wird als erlaubt angesehen, wenn Autoritäten ein abnormes Verhalten erlauben würden. Moralische Normen werden als Richtlinien für das eigene Verhalten gesehen (Montada 2008). Zur Einhaltung von Normen merkt MONTADA an:

> „Ob Normen eingehalten werden, hängt ab vom Aufbau normativer Überzeugungen sowie der Motivation und den Fähigkeiten, diesen zu entsprechen. Allerdings gibt es auch Gründe, Normen zu beachten, die nicht als richtig anerkannt werden, um Kritik und Sanktionen zu vermeiden oder dadurch Schaden zu erleiden." (ebd. 2008: 605)

Es wird deutlich, dass verantwortliches Handeln das Zusammenwirken von unterschiedlichen seelisch-geistigen Ebenen benötigt, welches JONAS (1979) als eine Trias beschreibt: Verantwortliches Handeln benötigt erstens eine rationale Überzeugung, Dinge tun oder lassen zu müssen, zweitens eine emotionale Bereitschaft, die Handlung durchzuführen und drittens die Überzeugung, mit seinem Handeln auch eine gewünschte Wirkung zu erzielen.

Abschließend stellt sich die Frage, ob es bestimmte Dispositionen in der Persönlichkeit von Individuen gibt, die sich auf die Entwicklung und Entstehung von Verantwortung auswirken. BIERHOFF (2003) beschäftigt sich mit der Frage, wie Unterschiede in dem Maß der Eigenverantwortungsübernahme entstehen können und auf welchen Persönlichkeitsmerkmalen sie beruhen. Er legt seinen Überlegungen die „Big Five Theorie der Persönlichkeit" zugrunde, die besagt, dass fünf Dimensionen eine Persönlichkeitsstruktur umfassend beschreiben. Die sogenannten „Big Five" lassen sich wie folgt inhaltlich charakterisieren (Asendorpf 2011; Asendorpf & Neyer 2012; McCrae & Costa 2008):

- Der Faktor *Extraversion* lässt sich in positiver Ausrichtung mit Eigenschaften wie gesellig, liebevoll, freundlich und redselig beschreiben. Die negative Seite der Skala beschreibt Eigenschaften, die kennzeichnen, sich in Gesellschaft nicht wohl zu fühlen.

- Der Faktor *Verträglichkeit* ist auf der positiven Seite durch Vertrauen charakterisiert. Die negative Seite beschreibt eine arrogante und narzisstische Grundhaltung.
- Der Faktor *Gewissenhaftigkeit* ist in seiner positiven Richtung durch Eigenschaften wie ehrgeizig und leistungsmotiviert geprägt. Die negative Richtung impliziert eher nachlässige, unkontrollierte und faule Verhaltensweisen.
- Der Faktor *Neurotizismus* beschreibt in hoher Ausprägung eine unsichere, ängstliche, depressive aber auch launische Persönlichkeit. Der Gegenpol kann mit emotionaler Stabilität beschrieben werden.
- Der Faktor *Offenheit* kann als Bereitschaft und Neugier, sich von Erfahrungen beeindrucken und sich auf neue Situation einzulassen, beschrieben werden. Hohe Offenheit ist durch Eigenschaften wie Interesse und Phantasie gekennzeichnet.

BIERHOFF überprüft die Forschungshypothese, dass Extraversion, Verträglichkeit, Gewissenhaftigkeit und Offenheit einen positiven Zusammenhang mit Verantwortung aufweisen. Einen Bezug zwischen Verantwortung und Neurotizismus sieht er nicht. Mehrere Untersuchungen (Bierhoff 2003; Bierhoff et al. 2005) bestätigen die Forschungshypothese: In der ersten Untersuchung wird mit einem Fragebogen zur Erfassung der sozialen Verantwortung gearbeitet, der darauf abzielt das Verantwortungsbewusstsein zu messen: „Es lässt sich auf einem mittleren Niveau zwischen abstrakten Verantwortungsappellen einerseits und der Verantwortung für konkrete Handlungsweisen andererseits einordnen (ebd. 2003: 51).“ Daraus ergeben sich die beiden Dimensionen Erfüllung der berechtigten Erwartungen anderer und Befolgung der sozialen Spielregeln, die sich mit Themen wie Anstrengungsbereitschaft, Beharrungsvermögen, Pflichtbewusstsein, Interesse an öffentlichen Angelegenheiten usw. messen lassen. In der Untersuchung zeigt sich, dass Extraversion einen Zusammenhang zur Verantwortung aufweist, das gilt primär für die Dimension der Erfüllung der sozialen Erwartungen. Auch Verträglichkeit hängt leicht mit Verantwortung zusammen, primär bedingt durch die Dimension der Einhaltung der sozialen Regeln. Der Zusammenhang erscheint einleuchtend: „Das macht auch Sinn, da Verträglichkeit vermutlich durch die Einhaltung der sozialen Konventionen gefördert wird (ebd. 2003: 53).“ Der stärkste Zusammenhang besteht zwischen Verantwortung und Gewissenhaftigkeit, das gilt für beide Dimensionen. Besonders hervorzuheben ist die hohe Korrelation der Einzelaussage aus der Skala der Gewissenhaftigkeit „Ich habe eine Reihe von klaren Zielen und arbeite systematisch auf sie zu“. Verantwortung weist demnach einen hohen Bezug zur Zielsetzung auf. Ferner zeigt die Untersuchung, dass Neurotizismus und

Offenheit weitgehend unabhängig von Verantwortung sind. In weiteren Untersuchungen (Bierhoff et al. 2005) wird zusätzlich eine entwickelte Skala zur Messung von Eigenverantwortung eingesetzt, die in Verbindung zu Konstrukten wie Zielbindung, Selbstwirksamkeit, Leistungsmotivation, soziale Verantwortung und den oben genannten Persönlichkeitseigenschaften „Big Five" gesetzt wird. Es ergeben sich Zusammenhänge zu den Konstrukten Zielbindung, Selbstwirksamkeit und Leistungsmotivation. Positive Zusammenhänge zu den Persönlichkeitseigenschaften ergeben sich für Gewissenhaftigkeit, Offenheit und Extraversion. Hieraus ergibt sich, dass das Konstrukt Eigenverantwortung sowohl kognitive als auch motivationale Komponenten enthält. In der Interpretation der Ergebnisse liefern die Autoren der Studien nahezu eine Definition für den Begriff Eigenverantwortung:

> „Eigenverantwortung lässt sich als Grundlage des intentionalen Handelns beschreiben, das an erster Stelle Selbstbestimmung zum Ausdruck bringt und neben Zielbindung und Planung auch auf Selbstkontrolle beruht. Eigenverantwortung hat ferner eine Gemeinsamkeit mit sozialer Verantwortung, die vermutlich dadurch zustande kommt, dass Verantwortung immer auch einen sozialen Bezug aufweist." (Bierhoff et al. 2005: 15)

Weiter schlussfolgern die Autoren, dass Eigenverantwortung von sozialer Verantwortung abzugrenzen ist. Zwar weisen beide Konstrukte gemeinsame Korrelate und beide Skalen immerhin auch eine mäßige Korrelation miteinander auf, es ergeben sich aber auch unterschiedliche Korrelationsmuster zu den Persönlichkeitsmerkmalen: Während sowohl Eigenverantwortung als auch soziale Verantwortung mit Gewissenhaftigkeit und Extraversion korrelieren, besteht einerseits ein signifikanter Zusammenhang zwischen Eigenverantwortung und Offenheit und andererseits zwischen sozialer Verantwortung und Verträglichkeit:

> „Die Unterschiede in den Big Five-Korrelaten lassen sich dahingehend akzentuieren, dass Eigenverantwortung eine besondere Offenheit gegenüber der Umwelt beinhaltet, während soziale Verantwortung Vertrauen, Verlässlichkeit und Solidarität impliziert, wie sie in der Verträglichkeit enthalten sind." (Bierhoff et al. 2005: 15)

AUHAGEN fasst die Ergebnisse mehrerer Studien zusammen, die sich mit der Frage beschäftigen, ob es eine Disposition zur Verantwortung gibt. Sie kann folgende Persönlichkeitseigenschaften für verantwortungsbewusste Menschen ausmachen:

> „Verantwortungsbewußte Personen fühlen sich relativ stark in die Gesellschaft eingebunden. Sie sind besonders beeinflußt von der sie umgebenden Kultur. Dies heißt allerdings nicht, daß es sich um Individuen handelt, die

> unkritisch gesellschaftliche Werte übernehmen – eher besitzen sie gedanklichen und handlungsbezogenen Spielraum. Solche Menschen sind keine angepaßten Konformisten, und sie sind auch nicht egoistisch auf sich selbst bezogen. In der Gemeinschaft mit anderen Menschen ziehen sie es vor, ihr Verhalten selbst zu regulieren, anstatt es von anderen bestimmen zu lassen. Das Prinzip des sozialen Austausches, wie du mir, so ich dir, spielt bei den Verantwortungsbewußten eine untergeordnete Rolle. Sie setzen sich auch dann für andere ein, wenn sie keine Gegenleistung erwarten." (ebd.1999: 55)

Die Ausführungen bringen einen deutlichen Zusammenhang zwischen Verantwortung und sozialer Einbindung und deren Einfluss auf das Individuum zum Ausdruck. Verantwortungsübernahme entsteht nicht aus dem Kalkül, eine entsprechende Gegenleistung zu erwarten, sondern versteht sich als selbstverständliche Maßnahme, um ein gemeinsames Zusammenleben sicherzustellen.

3.7 Eigenverantwortung und Abgrenzungen

Wie bereits weiter oben gesehen, gehen mit dem Begriff Verantwortung eine Reihe von weiteren Begriffen einher, die teilweise synonym verwendet werden, während andere Autoren eine strikte Trennung der Begrifflichkeiten fordern. In den folgenden Ausführungen erfolgt zunächst eine Auseinandersetzung mit dem Begriff der Eigenverantwortung. Bei der Suche nach einer allgemeinen Definition des Begriffes wird man in der protestantischen Ethik fündig. Demnach wird Eigenverantwortung als die Verantwortung des Einzelnen gesehen, jeweils das Beste aus dem zu machen, was möglich ist. Damit einhergeht die Bereitschaft zur Entsagung, die systematische Selbstkontrolle und das Streben nach Perfektion (Weber 1904). WEBER liefert mit diesen Ausführungen eine wenig komplexe Definition, die sich hervorragend als Einstieg in die Thematik eignet. Verantwortung wird einerseits individuell zugewiesen und ist an bestimmte Bedingungen und Erwartungen geknüpft, andererseits werden aber auch schon Grenzen der Eigenverantwortung angedeutet: Selbstverständlich muss der Einzelne sein Bestes geben, er muss allerdings nur so viel investieren, wie für ihn möglich ist. Hier ergeben sich deutliche Parallelen zu denen zuvor besprochenen Grenzen der Verantwortungszuweisung. Offen bleibt in dieser Definition allerdings die Frage, was das Beste ist und wer dafür den Maßstab vorgibt. Am Beispiel der politischen Verantwortung liefert WEBER zudem eine Unterscheidung von Verantwortung und Eigenverantwortung. Verantwortung beschreibt er am Beispiel eines ehrenhaften Beamten, der pflichtgetreu einen Befehl ausführt, „als ob er seiner eigenen Überzeugung entspräche: ohne diese im höchsten Sinne sittliche Disziplin und Selbstverleugnung zerfiele der ganze Apparat (ebd. 1988: 524)." Der politischen Führungsperson ordnet er hingegen den Begriff der Eigenverantwortung zu: Er handelt ausschließlich eigenverantwortlich, er kann die Verantwortung nicht ablehnen oder auf andere Personen abwälzen.

Wie bereits vorangehend mehrfach beschrieben bezieht sich Eigenverantwortung in der Regel immer auf eine bestimmte Handlung. Daher ist es auch nicht verwunderlich, dass zahlreiche Arbeiten aus dem Bereich der Arbeitsorganisation sich mit dieser Thematik beschäftigen. Hier lassen sich weitere Interpretations- und Definitionsversuche finden: Unter der Annahme, dass eigenverantwortliches Handeln in komplexen Gesellschaften zunehmend an Bedeutung gewinnen wird, kann Eigenverantwortung als Erfolgskriterium für erfolgreiches Handeln gesehen werden. In Anlehnung an die Weber´sche Definition ist eigenverantwortliches erfolgreiches Handeln durch das Abwägen unterschiedlicher Möglichkeiten und der Entscheidung für die beste Handlungsoption geprägt (Bierhoff et al. 2005). Auch aus dieser Sichtweise wird noch nicht näher geklärt, was unter der besten Handlungsoption zu sehen ist. Bezieht man sich auf Arbeitsprozesse eines Einzelnen, der in einem Unternehmen arbeitet, können beispielsweise die Interessen des Einzelnen von den Interessen des Unternehmens abweichen: Die beste Handlungsoption für das Individuum muss nicht deckungsgleich mit der besten Handlungsoption des Unternehmens sein.

Nähern wir uns zuerst der Begrifflichkeit: KOCH, KASCHUBE & FISCH (2003) nehmen in ihren Forschungen zur Eigenverantwortung in Organisationen den Begriff genauer unter die Lupe. Sie trennen den Begriff in die beiden Anteile „Eigen" und „Verantwortung". Durch den ersten Teil des Wortes wird demnach Ziel- und Handlungsorientierung ausgedrückt. Eine Person bleibt nicht auf der Ebene der Einstellungen stehen, sondern wird aktiv, um eine bestimmte Sache in die Tat umzusetzen. Mit der Begrifflichkeit „Verantwortung" kommt die moralische Verpflichtung für die Handlung ins Spiel: „Mit Eigenverantwortung ist also nicht nur eine energetische Tat gemeint, sondern auch eine wohlüberlegte und folgenreiche (ebd. 2003: 3)." Eigenverantwortung wird demnach verstanden als eine Kombination aus Eigeninitiative und der Absicht, Konsequenzen für sein Handeln zu tragen. Eigenverantwortung bietet also einerseits die Chance, sein Leben individuell zu gestalten und ist somit mit einem hohen Maß an individueller Freiheit verbunden, birgt aber andererseits die Gefahr, die Konsequenzen für ein Scheitern des individuellen Lebensentwurfes allein tragen zu müssen.

Entgegen der vielfachen synonymen Verwendung der Begriffe Selbst- und Eigenverantwortung, trennt HEIDBRINK (2006) beide Begriffe voneinander. Er untersucht die Rolle der Eigenverantwortung im Zusammenhang mit der Zivilgesellschaft. Zivilgesellschaft steht dabei für ein intermediäres Konstrukt zwischen staatlicher Regierung und gesellschaftlicher Selbstorganisation, das die Aufgabe hat, kollektiv Konflikte zu bewältigen und öffentliche Willensbildung zu fördern. In diesem Zusammenhang kann Eigenverantwortung neben Selbstverantwortung und Mitverantwortung als einer der drei Hauptpfeiler der Verantwortung beschrieben gesehen werden, auf denen das Prinzip der Zivilgesellschaft beruht. Die Selbstverantwortung regelt den Umgang, die Begründung und die Einsicht in bestehende Handlungsregeln und –pflichten. Die Eigenverantwortung zielt auf das Erfüllen von persönlichen Handlungszielen und zeigt sich verantwortlich für eine autonome Lebensführung ab. Die Mitverantwortung regelt, dass die Individuen einer Gesellschaft am Gemeinwesen partizipieren und sich für das Gemeinwohl engagieren. Erst durch eine funktionierende Kombination aus individueller Selbstverantwortung, persönlicher Eigenverantwortung und sozialpolitischer Mitverantwortung kann eine zivile Verantwortungsgesellschaft entstehen und sich tragen. Auch SOMBETZKI (2014) spricht sich für eine Trennung der Begrifflichkeiten aus:

> „Kurz gesagt ist die Selbstverantwortung eine Verantwortung, die ich für mein Selbst trage und Eigenverantwortung stellt eine Verantwortung, die ich für etwas mir Eigenes trage, dar. Zwar lässt sich mit dem mir Eigenen in bestimmten Situationen auf das Selbst verweisen, insofern das individuelle Selbst als Untergruppe der Dinge, für die man Eigenverantwortung tragen kann, zu begreifen ist. Allerdings trägt ein Einzelner darüber hinaus für eine ganze Reihe anderer Dinge Eigenverantwortung, d. h. Selbst und Eigen referieren zunächst auf unterschiedliche Handlungsobjekte." (ebd. 2014: 72)

Bezogen auf die weiter oben eingeführten Verantwortungsrelationen bedeutet dies, dass sich Eigenverantwortung und Selbstverantwortung bezüglich ihrer Relationen voneinander unterscheiden. Bei der Selbstverantwortung sind Verantwortungssubjekt und Verantwortungsobjekt deckungsgleich: Man übernimmt quasi die Verantwortung für sich selbst als Ganzes. Anders sieht es bei der Eigenverantwortung aus: Hier bildet das Selbst das Handlungssubjekt, während das Verantwortungsobjekt eine ganz bestimmte mir eigene Sache bildet.

KRUSE (2011) sieht in der Selbstverantwortung einen der drei grundlegenden Verantwortungsbezüge, die sich für das menschliche Leben identifizieren lassen. Neben der Verantwortung vor Anderen und vor der Schöpfung können der Selbstverantwortung folgende Kriterien zugewiesen:

> „Selbstverantwortung beschreibt dabei die Fähigkeit und Bereitschaft des Individuums, den Alltag in einer den eigenen Leitbildern eines guten Lebens entsprechenden, den eigenen Bedürfnissen, Normen und Werten folgenden Art und Weise zu gestalten und sich reflektiert mit der eigenen Person (Wer bin ich? Was möchte ich tun?) sowie mit den Anforderungen und Möglichkeiten der persönlichen Lebenssituation auseinanderzusetzen.“ (ebd. 2011: 292)

Davon abgrenzen lässt sich der Begriff der persönlichen Verantwortung. Das Konzept der persönlichen Verantwortung behandelt die Frage, welche Rolle Verantwortung im Selbst- und Fremdbild einer Person spielt. SCHLENKER entwickelte sein Modell, um Verantwortlichkeiten in Organisationen zu beschreiben. In der Tradition psychologischer Theorien zur Verantwortungszuschreibung entsteht Verantwortung, wenn eine Person für eine bestimmte Handlung verantwortlich gemacht wird, die sie beeinflussen kann und für die es bestimmte Vorgaben gibt. Es entsteht das Dreiecksmodell der Verantwortung, wenn eine Person (1) in einem bestimmten Fall (2) unter einer Vorgabe (3) von sich selbst oder von anderen verantwortlich gemacht wird. Das Maß der Verantwortung wird bestimmt durch die Summe der Beziehungen zwischen den drei Elementen: Die Person-Fall-Beziehung beschreibt, in welchem Maße die Person in den bestimmten Fall eingreifen kann. Sie ist gekennzeichnet durch die Handlungskontrolle der Person. Die Person-Vorgabe-Beziehung beschreibt, in welchem Maße die Handlungsvorschrift verbindlich für die ausführende Person ist. Demnach sind Vorgaben zu verstehen als für die jeweilige Organisation geltende Handlungsvorschriften. Dies kann zum einen eine schriftlich festgelegte Arbeitsanweisung sein, es kann sich aber auch um unausgesprochene Erwartungen oder ungeschriebene Gesetze der Organisation handeln. Letztendlich regelt die Vorgabe-Fall-Beziehung, inwieweit die Handlungsvorschrift auf den bestimmten Fall anzuwenden ist (Schlenker et al. 1994; Schlenker 1997). Persönliche Verantwortung ist also gekennzeichnet durch eine klar definierte Handlungsvorschrift, die einer Person eindeutig Verantwortung für eine bestimmte Handlung zuweist. Sie grenzt sich somit beispielsweise vom Extrarollenverhalten in Organisationen ab, welches auf Freiwilligkeit und Abwesenheit von formellen Vorschriften beruht. Demnach ist persönliche Verantwortung auch nicht mit Eigenverantwortung gleichzusetzen. Beide Begriffe lassen sich klar voneinander abgrenzen: Während bei der persönlichen Verantwortung der Handelnde nach klaren Vorschriften, die speziell für sein bestimmtes Handeln definiert sind, agiert, gibt es beim eigenverantwortlichen Handeln diese klaren Vorschriften nicht. Der Handelnde agiert nach selbst gewählten Zielen oder aber nach Zielen der Organisation, die er sich selbst zu Eigen gemacht hat. Eigenverantwortung geht dementsprechend einher mit Moral und Gewissenhaftigkeit (Koch & Kaschube 2000).

3.8 Zusammenfassende Implikationen

Zusammenfassend kann festgehalten werden, dass der moderne Verantwortungsbegriff mehrdimensional angelegt ist. Er besitzt sowohl eine prospektive als auch eine retrospektive Dimension. Die retrospektive Dimension bezieht sich dabei auf Handlungen, die in der Vergangenheit liegen und für die sich eine Person zu verantworten hat, sie wird quasi zur Rechenschaft gezogen. Daher wird sie auch Zurechnungs- oder Rechenschaftsverantwortung genannt. Die Dimension der prospektiven Verantwortung hingegen bezieht sich auf Handlungen, die in der Zukunft liegen. Eine Person legt ein bestimmtes Verhalten an den Tag, um in der Zukunft bestimmte Ziele zu erreichen oder mögliche Folgeschäden zu vermeiden. Sie wird auch Aufgaben- oder Zuständigkeitsverantwortung genannt. Demnach steht Verantwortung immer im direkten Zusammenhang mit einer Handlung. Betrachtet man die Relationen des Verantwortungsbegriffes, ergeben sich in der Grundform drei Elemente: Das Verantwortungssubjekt, das Verantwortung trägt, das Verantwortungsobjekt, für das Verantwortung übernommen wird und die Verantwortungsinstanz, vor der das Subjekt sich zu verantworten hat. Diese Konstellation lässt sich auch als das Dreiecksmodell der Verantwortung beschreiben. Der Begriff der kausalen Zurechenbarkeit ist von besonderer Bedeutung bei der Beschreibung von Verantwortungsübernahme: Eine Person kann zur Verantwortung gezogen werden für eine Handlung, die sie selbst willentlich und wissentlich begangen hat. Demzufolge müssen Personen bestimmte Voraussetzungen mitbringen, damit sie verantwortlich handeln können. Sie müssen beispielsweise kognitiv in der Lage sein, das Problem zu erfassen, sie müssen über ein hohes Maß an Moral verfügen und die Fähigkeit zur Kommunikation besitzen. Sogleich stellt sich die Frage nach den Grenzen der Verantwortungsübernahme. So darf der Mehraufwand für eine verantwortungsbewusste Handlung nicht unzumutbar sein und es kann nicht erwartet werden, dass eine Person in jeder Situation das volle Maß an Folgeabschätzungen richtig erfassen kann. Mit der Zunahme von globalen Problemen wird zudem das Prinzip der kausalen Zurechenbarkeit immer öfter durchbrochen, indem Menschen für bestimmte Problemlagen aus moralischer und sozialer Sicht Verantwortung übernehmen müssen, die sich nicht verursacht haben. Die Verantwortungsübernahme kann auch vom Individuum bewusst abgelehnt werden. Die Motive hierfür sind unterschiedlich: Diffusion auf andere Personen, fehlende moralische oder kognitive Grundvoraussetzungen oder das Leugnen der Problemlage seien beispielhaft genannt. Verantwortung bekommt ein Mensch nicht bereits in die Wiege gelegt, sondern entwickelt sich im Lebenslauf. Demnach wird der Entwicklungsprozess maßgeblich durch die Sozialisation geprägt. Außerdem gibt es bestimmte Persönlichkeitsmerkmale, die die Einstellung zur Verantwortung positiv oder negativ begünstigen. Des Weiteren kann zwischen den Begriffen Eigenverantwortung, Selbstverantwortung und persönlicher Verantwortung unterschieden werden. Während bei der Selbstverantwortung Verantwortungsobjekt und –subjekt deckungsgleich sind, wird bei der Eigenverantwortung für ein der Person eigenes Objekt Verantwortung übernommen. Persönliche Verantwortung hingegen ist gekennzeichnet durch klare Handlungsvorschriften.

Für die vorliegende Arbeit bedeutet dies, dass bei der empirischen Annäherung an den Bereich der gesundheitlichen Verantwortung alle Dimensionsebenen des komplexen Konstrukts Eigenverantwortung berücksichtigt werden sollten, so dass es zwingend erforderlich ist, am Anfang der empirischen Phasen einen besonderen Fokus auf die definitorische Abgrenzung des Begriffes der gesundheitlichen Eigenverantwortung zu setzen. Gleichzeitig zeigt sich, dass sowohl die individuelle Ebene als auch der gesellschaftliche Kontext berücksichtigt werden müssen. Für den Bereich der gesundheitlichen Eigenverantwortung existieren zum jetzigen Zeitpunkt keine empirischen Forschungsarbeiten, so dass bewusst ein exploratives Vorgehen gewählt wird. Es zeigt sich allerdings, dass eine breite Forschungslandschaft zur Eigenverantwortung im Kontext der Arbeit und Arbeitsorganisation entstanden ist. Da sich allerdings Verantwortungssubjekt und -instanz in den Bereichen Gesundheit und Arbeit deutlich voneinander unterscheiden, ist nicht davon auszugehen, dass sich die empirische Basis der Arbeiten zur Eigenverantwortung nahtlos auf den Bereich der Gesundheit übertragen lässt. Dennoch ergeben sich aus den Arbeiten der Arbeitsorganisation wichtige Erkenntnisse, die bei der Beantwortung der Forschungsfragen berücksichtigt werden. Durch die explorative Vorgehensweise finden sich diese Erkenntnisse in Form von offenen Forschungshypothesen wieder, die im Rahmen des quantitativen Untersuchungsschrittes formuliert und getestet werden.

4 Verantwortung für die eigene Gesundheit

In der Literatur wird darauf hingewiesen, dass das Thema Eigenverantwortung von Bürgern in den unterschiedlichsten Themen- und Lebensbereichen diskutiert wird: Typische Beispiele hierfür sind Diskussionen um die Thematiken Alterssicherung, Krankenversorgung und Arbeitsorganisation (Bierhoff et al. 2005). Im gesundheitspolitischen Diskurs verwendet fehlt allerdings eine einheitliche Definition und eine klare thematische Abgrenzung (Aust et al. 2006; Nolting et al. 2004). Trotz dieser Prämisse genießt der Begriff auch im Zusammenhang mit Gesundheit einen sehr hohen disziplin- und grenzübergreifenden Stellenwert, wie SCHMIDT verdeutlicht:

> „Health responsibility features prominently in political philosophy, and has become more pronounced in policy and practice: countries with public healthcare systems such as Germany emphasise ist role, as do Medicaid programmes in the US States of West Virginia and Florida.“ (ebd. 2009: 21)

Sehr häufig wird der Begriff unter dem Aspekt der Finanzierung definiert und diskutiert: Stärkere Eigenverantwortung im Bereich der Gesundheit bedeutet demzufolge eine finanzielle Verlagerung von der Solidargemeinschaft auf das Individuum. Eine solche Umverteilung kann beispielsweise durch den Ausbau von privater Vorsorge durch die Ausgliederung bestimmter Leistungen der gesetzlichen Krankenversicherung, die Ausweitung der Risikobeteiligung der Versicherten durch frei wählbare Tarifsysteme oder die Beitragsbemessung anhand von Kriterien, die sich nach dem persönlichen Gesundheitsverhalten des Individuums richtet, geschehen (Bertelsmann Stiftung 2004).

Es gibt zudem Positionen, die den Eigenverantwortungsaspekt im Zusammenhang mit Gerechtigkeit im Gesundheitswesen sehen. Auch in diesem Diskurs steht zunächst der Finanzierungsgedanke im Vordergrund: Nach dieser Auffassung entsteht durch ein individuelles un-eigenverantwortliches Verhalten oder Handeln Ungerechtigkeit im Gesundheitssystem. Durch die Einführung eines Sanktionssystems könnte dieser Ungerechtigkeit entgegengewirkt werden und längerfristig ein gesteigertes Gesundheitsbewusstsein erreicht werden (Walach et al. 2005).

Es gibt gleichwohl kritische Stimmen zum Thema Eigenverantwortung für die Gesundheit. SCHMIDT (2010) kritisiert beispielsweise die Debatte der Eigenverantwortung und die damit verbundenen positiven Erwartungen: Weder die minder

P. Enste, *Gesundheitliche Eigenverantwortung im Kontext der Lebensspanne*,
https://doi.org/10.1007/978-3-658-23082-1_4

ausgeprägte Eigenverantwortung in der Bevölkerung, die nachweisbare Wirkungen von politischen Fördermaßnahmen noch die positiven Kosteneffekte auf den Gesundheitssektor seien empirisch belegt.

Zudem laufen positive Gesundheitskonzepte in Gefahr, das „Nicht-Gesunde“ oder eben die Krankheit zu diskreditieren:

> „Aus ethischer Sicht stellt sich weiter die Frage, inwiefern Prävention und Gesundheitsförderung nicht zur gängigen Glorifizierung von Gesundheit und damit im gleichen Zuge zur Diabolisierung von Krankheit beitragen – mit allen negativen Folgen für die Menschen, die dem Gesundheitsideal nicht entsprechen.“ (Hafen 2013: 285)

Was bedeutet nun Verantwortung für die eigene Gesundheit? Die Beantwortung scheint zunächst sehr einfach, doch bei genauerer Betrachtung gerät man sehr leicht ins Stolpern aufgrund der enormen Komplexität des Verantwortungsbegriffes. Der Satz „Ich übernehme Verantwortung für meine Gesundheit“ erhält aufgrund der bipolaren Grundstruktur des Begriffes eine Doppeldeutung. Er kann zum einen ausdrücken „Ich bin aufgrund eines Fehlverhalten krank geworden und habe jetzt dafür die Konsequenzen zu tragen“. Eine solche Interpretation deckt sich mit dem Begriff der retrospektiven Verantwortung. Der Satz kann sich aber zum anderen auch auf die prospektive Verantwortung beziehen. Dann wäre er in etwa so zu interpretieren: „Ich bin dafür verantwortlich, dass ich nicht krank werde.“ Gleichzeitig macht dieses Beispiel wiederum deutlich, dass beide Formen der Verantwortung in direktem Bezug zu einander stehen: Nur weil die prospektive Verantwortung vorausgesetzt wird, kommt es überhaupt erst zur Zuweisung der retrospektiven Verantwortung.

Rückblickend auf die in Kapitel 3.3 ausgemachten Relationsebenen der Verantwortung lässt sich das klassische Dreiecksmodell der Verantwortung auch auf die gesundheitliche Eigenverantwortung übertragen. In seiner Grundtendenz lässt sich das Dreieck wie folgt beschreiben: Das Verantwortungssubjekt bildet das Individuum. Wie bereits weiter oben festgestellt, lässt sich für die Eigenverantwortung eine Besonderheit ausmachen, da Verantwortungssubjekt und –objekt deckungsgleich sind. Das Verantwortungsobjekt, also die Gesundheit, ist ein Bestandteil des Verantwortungssubjekts. Die Verantwortungsinstanz wird beschrieben, als der Teil, vor dem sich das Individuum zu verantworten hat. Spätestens an dieser Stelle gerät die einfache Zuordnung in Stocken und eine genauere Betrachtung wird notwendig.

4.1 Objekt – Wofür wird Verantwortung übernommen?

Das Verantwortungsobjekt bildet die Gesundheit des Individuums oder eben des Verantwortungssubjektes. Bei der Suche nach einer geeigneten Definition des Begriffes Gesundheit lassen sich drei zentrale Akteure und Instanzen bestimmen, die einen wesentlichen Beitrag dazu leisten, den individuellen Gesundheitszustand zu definieren (Siegrist 2015): Als *erste Instanz* lässt sich die Medizin ausmachen, die anhand von objektiven Normen zwischen normalen und pathogenen Werten unterscheiden kann. Das Ergebnis dieses Bewertungsprozesses bestimmt den objektiven Gesundheitszustand eines Individuums. Im persönlichen Kontakt wird die Instanz vertreten durch alle medizinischen Akteure, die im direkten Kontakt mit dem jeweiligen Individuum stehen. Aus Sicht der Verantwortungsrelationen erscheint aber auch eine Unterscheidung von objektiver und subjektiver Gesundheit sehr wichtig zu sein. Diese Betrachtung führt zu der *zweiten Instanz*, nämlich dem Individuum selbst, das sich gesund oder krank fühlen kann. Betrachtet man verschiedene Altersklassen zeigen sich oftmals Unterschiede zwischen der Beurteilung des subjektiven und des objektiven Gesundheitszustands: Anders formuliert bedeutet dies: Sehr häufig fühlen sich eigentlich per Diagnose kranke Menschen gesund und umgekehrt. Generell zeigen Untersuchungen, dass viele ältere Menschen ihre Gesundheit positiv bewerten. Vor dem Hintergrund der Fragestellung bedeutet dies also, dass es mit steigendem Alter Lebensalter zu Differenzen zwischen dem subjektiven Gesundheitsempfinden und der körperlichen Gesundheit kommen kann: Alte Menschen können sich trotz dem Vorliegen von mehreren Krankheiten gesund fühlen (Wurm & Saß 2015). Als *dritte Instanz* kann die Gesellschaft mit ihren gesetzlichen Regelungen und Leistungen identifiziert werden:

> „In jeder Form menschlichen Zusammenlebens, die auf Dauer angelegt ist, stellt das zuverlässige Erbringen von Leistungen ein grundlegendes Erfordernis dar. Leistungsfähigkeit ist ein zentrales Kriterium aktiver Teilnahme am gesellschaftlichen Leben, und insbesondere an wirtschaftlicher Produktivität. Häufiges, weit verbreitetes Kranksein bedroht tendenziell die kollektive Leistungsfähigkeit und erzeugt unproduktive Kosten, die es zu kontrollieren gilt. […] Gesellschaftliche Akteure wachen jedoch auch unterhalb der Schwelle gesetzlicher Bestimmungen anhand normativer Erwartungen über die Einhaltung von 'Normalität', indem sie abweichendes Verhalten stigmatisieren." (Siegrist 2015: 54f)

Gleichzeitig ergibt sich ein Problem. In einer Abhandlung über die möglichen Grenzen der Verantwortung stellt BIRNBACHER fest:

> „Niemand kann sich oder andere für Personen, Tiere, Sachen bzw. für die Verwirklichung oder Verhinderung bestimmter Ereignisse und Zustände

> verantwortlich halten, von denen er annimmt, dass sie in Zukunft nicht oder nicht mehr existieren." (ebd.1995: 146)

Die vorliegende Arbeit setzt einen besonderen Fokus auf die Gruppe der älteren Menschen, so dass sich einige Besonderheiten ergeben, die berücksichtigt werden müssen: Vor allem unter dem Gesichtspunkt der Endlichkeit des Lebens und dem damit in Verbindung stehenden Abbau des Gesundheitszustandes ergibt sich ein Dilemma für kranke oder alternde Menschen, wenn man das Zitat auf die Verantwortung für die eigene Gesundheit überträgt. Auf die Zukunft betrachtet kann nicht davon ausgegangen werden, dass Gesundheit dauerhaft existiert und es wäre illusorisch anzunehmen, im Laufe des Lebens nicht der Gefahr ausgesetzt zu sein, mit steigendem Lebensalter an einer oder mehreren Krankheiten zu erkranken. Dieser Problematik muss sich der Verantwortungsbegriff im Bereich der Gesundheit stellen.

Sie ergibt sich allerdings nur, wenn man Gesundheit als das Gegenteil von Krankheit betrachtet: Nach dieser Logik ist ein Mensch nur dann gesund, wenn er frei von jeder Form von Krankheit ist. Eine Lösung für dieses scheinbare Dilemma liefern moderne Definitionen des Gesundheitsbegriffes: Gesundheit bedeutet dabei weit mehr als nur die Abwesenheit von Krankheiten, sondern lässt sich als mehrdimensionales Konstrukt beschreiben, das sowohl physische als auch psychische Komponenten umfasst (Seiffge-Krenke 2008). Diese Mehrdimensionalität kommt ebenfalls in der heutzutage weit verbreiteten Definition der Weltgesundheitsorganisation zum Ausdruck, die den zweiten Satz der 1946 formulierten Verfassung der WHO bildet: „Health is a state of complete physical , mental and social well-being and not merely the absence of disease or infirmity (WHO 1946)."

Während Konzepte zur Gesundheit lange Zeit auf die Verbesserung der Lebensbedingungen abzielten, lässt sich hier mittlerweile ein deutlicher Perspektivwechsel verzeichnen:

> „Von einem objektivierendem Blick auf den Körper und den gesellschaftlichen Bedingungen des Krankwerdens ausgehend steht nun mehr und mehr der gesunde Bürger, seine Person, sein Verhalten, seine riskanten Lebensstile, sein Wissen und seine Handlungsmuster im Vordergrund der Problembearbeitung. Krankheit und Gesundheit werden somit zur Frage des verantwortungsvollen Handelns des Einzelnen. Die Frage nach dem richtigen Maß an Bewegung, Ernährung und der verantwortungsvolle Umgang mit Genussmitteln, dass [sic.] Wissen um die Risiken und das Vermeiden von Risikoverhalten werden zu zentralen Bestimmungen eines gesellschaftlichen Gesundheitskonzepts." (Hansens 2010: 91f.)

Diese Definition stellt das eigene Verhalten im Zusammenhang mit dem Gesundheitszustand in den Vordergrund der Betrachtung. Gleichzeitig thematisiert sie das verantwortungsvolle Handeln als zentrales Steuerungsmodell, um den Gesundheitszustand maßgeblich mitzubestimmen. Auch KRUSE spricht von einem Wandel hin zu einem aktivitätsbetonten neuen Gesundheitsmodell:

> „Im Gegensatz zum klassischen Modell betont das neue Gesundheitsmodell bei der Auswahl von (lebenslaufbezogenen) Indikatoren von Gesundheit sehr viel stärker die Aktivität des Individuums, dessen Lebenszufriedenheit, dessen subjektiv wahrgenommene Gesundheit wie auch dessen gesundheitsbewusstes Verhalten. Hingegen orientieren sich die im klassischen Modell enthaltenen Indikatoren an einem Gesundheitsbegriff, der Störungen bzw. das Freisein von Störungen in den Mittelpunkt rückt." (ebd. 2007a: 338)

Die Grundlage für dieses neue Gesundheitsmodell bilden vier Konzepte, die in der Folge thematisiert werden sollen: (1) Kompression der Morbidität, (2) Aktive Lebenserwartung, (3) Subjektiv wahrgenommene Gesundheit und (4) Bildung als Humankapital.

Das Konzept der *Kompression der Morbidität* geht davon aus, dass sich die Phase, die ein Mensch mit chronischen Krankheiten verbringt, in naher Zukunft deutlich verringern und der überwiegende Teil der Lebenszeit bei guter Gesundheit verbracht wird (Fries 1980; Fries et al. 2011; Vita et al. 1998). Somit verschiebt sich auch der Zeitpunkt des Eintritts der Erstmanifestation einer chronischen Krankheit in den Bereich der letzten Lebensjahre. Insgesamt geht die Kompressionsthese davon aus, dass die Morbidität abnimmt. Man spricht in diesem Zusammenhang auch von einem Zugewinn an gesunden Jahren. Im aktivitätsbetonten Gesundheitsmodell zielt diese Komponente folglich auf eine Verbesserung des objektiven Gesundheitszustands ab.

Die *aktive Lebenserwartung* kann als die Zeit definiert werden, die ein Individuum frei von Pflegebedürftigkeit verbringt. Demgegenüber kann die Zeit der inaktiven Lebenserwartung gestellt werden, die durch Pflegebedürftigkeit und den Prozess des Sterbens gekennzeichnet ist (Heigl 2002). Aktive Lebenserwartung ist im Sinne des Konzeptes nicht gleichzusetzen mit der völligen Abwesenheit von Krankheit, sondern beschreibt vielmehr die Zeit, in der ein Individuum nicht durch eine oder mehrere Krankheiten eingeschränkt ist. Eine Person kann durchaus an einer oder mehreren Erkrankungen leiden, die Symptome müssen allerdings nicht so stark ausgeprägt sein, dass sie zu massiven Einschränkungen im Lebensalltag der Person führen.

Die *subjektiv wahrgenommene Gesundheit* lässt sich von dem objektiven Gesundheitszustand eines Individuums abgrenzen:

> „Subjektive Gesundheit ist damit jener Gesundheitszustand, den eine Person individuell erlebt, während mit objektiver Gesundheit der medizinisch diagnostizierte Gesundheitszustand bezeichnet wird." (Wurm et al. 2009: 79)

Die subjektiv wahrgenommene Gesundheit kann demnach als Abbild des persönlichen und sozialen Empfindens eines Individuums wahrgenommen werden. Sie beinhaltet somit die Überzeugung, inwieweit die Gesundheit durch eigenes Handeln beeinflussbar ist und leistet einen entscheidenden Beitrag über die aktive Teilhabe am gesellschaftlichen Leben (Lange 2014). Hier lässt sich ein deutlicher Bezug zu der eingangs erwähnten Problematik, ob ein Individuum überhaupt für seine Gesundheit Verantwortung übernehmen kann, wenn es gar nicht mehr gesund ist, erkennen: Laut dem Konzept der subjektiv wahrgenommenen Gesundheit kann ein Individuum trotz eingetretener gesundheitlicher Einschränkungen seinen Gesundheitszustand subjektiv sehr wohl als positiv bewerten und umgekehrt. Vor allem für die Lebensphase Alter ist dies von zentraler Bedeutung:

> „Mag sich auch mit steigendem Alter die objektive Gesundheit oft merklich verschlechtern, nimmt demgegenüber das subjektive Gesundheitserleben nicht unbedingt im selben Maße ab. Dies bedeutet, dass sich der objektive und der subjektive Gesundheitszustand mit steigendem Alter stärker voneinander unterscheiden als in jüngeren Lebensjahren. Deshalb wird gerade im höheren Lebensalter die subjektive Gesundheit als wichtige ergänzende Gesundheitsinformation angesehen, der ein eigenständiger Erklärungswert zukommt." (Wurm et al. 2009: 79)

Das Phänomen des positiv beurteilten selbstwahrgenommenem Gesundheitszustands trotz eingetretener Funktionseinschränkungen oder Krankheitszeichen kann als Ausdruck psychologischer Widerstandsfähigkeit bewertet werden und wird als Resilienz bezeichnet (Staudinger et al. 1995). Der Begriff der Resilienz entstand im Rahmen von Studien, in denen untersucht wurde, warum ein Teil von Kindern aus benachteiligten und schwierigen Familienverhältnissen trotzdem normale bis hin zu positiven Entwicklungsverläufen aufweisen können. Es lassen sich zwei Resilienztypen identifizieren: Zum einen handelt es sich um die Wiederherstellung von normalen Funktionsfähigkeiten nach dem Durchlaufen von Traumata und zum anderen beschreibt Resilienz die Erhaltung bestimmter Funktionsfähigkeit trotz vorliegender beeinträchtigender Lebensumstände. Vor dem Hintergrund des Lebensspannenansatzes (vgl. Kapitel 5) geht Resilienz eng einher mit dem Begriff der Plastizität, der die Möglichkeiten beschreibt, mit Anforderungen und Herausforderungen der eigenen Entwicklung umzugehen (Staudinger & Greve 2007). Schnell wird die Relevanz des Begriffes für die Lebensphase Alter deutlich, da diese durch eine Vielzahl von Verlusten und Einschränkungen gekennzeichnet ist. Es wird aber auch deutlich, dass gerade für das Alter eine dritte Form von

Resilienz hinzugefügt werden muss, die durch eine Art Verlustmanagement gekennzeichnet ist:

> „Mit zunehmendem Alter gibt es mehr und mehr beeinträchtigende Ereignisse, die den Charakter nicht umkehrbarer Verluste tragen; sei es der Verlust von Personen oder der Verlust von körperlichen, geistigen und auch sozialen Funktionen. Auch der erfolgreiche Umgang mit dieser für das Alter so typischen Situation fällt unter die Überschrift der Resilienzkonstellation.“ (Staudinger & Greve 2007: 118)

Bei der Einschätzung der eigenen Gesundheit von älteren Menschen lassen sich sowohl Unter- als auch Überschätzungen ausmachen. Psychische und soziale Belastungen korrelieren bei einigen älteren Menschen höher mit einer negativen Einschätzung der Gesundheit als im mittleren Lebensalter, was die Unterschätzung erklärt. Überschätzungen werden beispielsweise durch eine im Alter auszumachende reduzierte Erwartungshaltung an die Gesundheit erklärt (Zank et al. 1997).

Gleichzeitig bedeutet dies aber nicht, dass das „subjektive sich gesund fühlen“ unbedingt einher gehen muss mit der vollständigen Abwesenheit von Krankheiten:

> „Auch ein chronisch kranker Mensch kann sich gesund fühlen und ein erfülltes Leben führen. Dieser Mensch bezeichnet sich selbst vielleicht als gesund, weil er die Herausforderungen des Lebens meistert, über ein unterstützendes soziales Netzwerk verfügt und insgesamt zufrieden ist.“ (Hartung 2011: 235)

Gerade für das Alter ist dies von entscheidender Bedeutung: Da altersbedingte Funktionseinschränkungen oder auch Formen der Multimorbidität mit steigendem Lebensalter zunehmend wahrscheinlicher werden, bedeutet dies aber nicht zwangsläufig, sich selbst als krank und gebrechlich zu fühlen, sondern geht vielmehr mit der Akzeptanz und der Adaption eines Selbstbildes im Alter einher. Zudem zeigt sich ein Zusammenhang zwischen subjektivem Gesundheitszustand und gesundheitsrelevantem Verhalten: Personen, die ihre subjektive Gesundheit hoch einschätzen, weisen eine höhere Motivation auf, etwas für ihre Gesundheit zu tun oder schädigendes Risikoverhalten zu verändern, als Personen mit niedriger subjektiver Gesundheit (Benyamini 2011). Der Begriff des subjektiven Gesundheitszustandes steht in engem Zusammenhang mit dem Begriff der Lebensqualität und wird teilweise sogar synonym verwendet. Was sich genau hinter dem Begriff der Lebensqualität verbirgt, ist aufgrund der Komplexität der Begrifflichkeit äußerst schwer: „Every one has an opinion about their quality of life, but no one knows precisely what it means in general (Netuveli & Blane 2008: 113).“ LAWTON

(1991) beschreibt Lebensqualität als ein vierdimensionales Konstrukt, das sich aus den Komponenten subjektives Wohlbefinden, der erlebten Lebensqualität, der sozial wahrgenommenen Umwelt und der eigenen Verhaltenskompetenz zusammensetzt. Ein besonderer Stellenwert wird der differenzierten Betrachtung der Umweltbedingungen gegeben: Es wird zwischen den objektiv gegebenen Lebensumständen und der subjektiv erlebten Umwelt unterschieden. Demzufolge ergibt sich folgende Definition:

> „Quality of Life is the multidimensional evaluation, by both intrapersonal and social-normative criteria, of the person-environment system of an individual in time past, current, and anticipated." (Lawton 1991: 6)

Anders als Wohlstand, Lebensstandard oder Wohlbefinden, die jeweils entweder eine materielle oder eine immaterielle Komponente beinhalten, kann Lebensqualität demnach als ein multidimensionales Konzept aufgefasst werden, „das sowohl materielle wie auch immaterielle, objektive und subjektive, individuelle und kollektive Wohlfahrtskomponenten gleichzeitig umfaßt und das 'besser' gegenüber dem 'mehr' betont (Noll 2000: 3)." Moderne Konzepte der Lebensqualitätsforschung beinhalten auch den Bereich der Eigenverantwortung der Bürger als kollektiven Wert: Die Bürger werden nicht ausschließlich als Empfänger von Wohlfahrt verstanden, sondern werden zur aktiven Mitgestaltung einer gemeinsamen Lebensqualität aufgefordert (ebd. 2000).

Das vierte Konzept des neuen Gesundheitsbegriffes umfasst die Dimension der Bildung. Der *Humankapitalhypothese* liegt die Annahme zugrunde, dass Gesundheit positiv mit Bildung korreliert und im Umkehrschluss, dass ein niedriges Bildungsniveau einhergeht mit einem erhöhten Mortalitäts- und Morbiditätsrisiko. Diese Annahme konnte bereits mehrfach empirisch belegt werden (Amaducci et al. 1998; Mirowsky & Ross 1998; Mirowsky & Ross 2015). Demnach ist Bildung ein prägender Faktor für die Ermöglichung eines gesundheitsfördernden Lebensstils, nicht zuletzt auch durch die Tatsache, dass eine hohe Bildung sich positiv auf das Vertrauen, durch gesundheitsrelevantes Verhalten seinen Gesundheitszustand positiv zu beeinflussen können, auswirkt. Gleichzeitig wird durch die in den frühen Lebensjahren durch die Eltern vermittelte Bildung der gesundheitsförderliche Lebensstil eines Individuums entscheidend mitgeprägt.

Wendet man diesen auf mehrere Dimensionen angelegten Gesundheitsbegriff an, ergibt sich ein breites Spektrum an Verantwortlichkeiten für das Individuum. Aus prospektiver Sicht hat das Individuum durch sein Verhalten dafür zu sorgen, seinen Gesundheitszustand möglichst lange zu erhalten. Die Aktivitäten, die dafür in Frage kommen, können unter dem Begriff „gesundheitsrelevantes Verhalten" subsummiert werden und sollen im folgenden Kapitel im Rahmen der Zuordnung des

Verantwortungssubjektes thematisiert werden. An dieser Stelle soll vielmehr die retrospektive Verantwortung eines Individuums für die Gesundheit näher beleuchtet werden. Wie bereits weiter oben erwähnt, erfolgt bei der retrospektiven Verantwortungszuschreibung ein zur Rechenschaft ziehen für Handlungen, die in der Vergangenheit liegen und einen maßgeblichen Einfluss auf das Verantwortungsobjekt haben. Folgt man dieser Logik, können Individuen für ihre persönlichen Verhaltensweisen zur Rechenschaft gezogen werden, wenn sie einen Einfluss auf den Gesundheitszustand haben. Es kommt quasi zu einer Verschiebung des Verantwortungsobjektes von Gesundheit zu „Nicht-Gesundheit“ aufgrund persönlichen Verhaltens in der Vergangenheit. Durch diesen Aspekt gerät die so genannte Kostenverantwortung stark in den Vordergrund. Der Glücksegalitarismus vertritt in diesem Kontext die Position, dass nur Personen, die unverschuldet gesundheitliche Leistungen in Anspruch nehmen müssen, einen legitimen Anspruch auf Übernahme der Kosten haben. Alle Personen, die aufgrund eines selbstgewählten Verhaltens in eine gesellschaftliche Notlage geraten sind, müssen nach dieser Theorie selbst für die entstandenen Kosten aufkommen. In diesem Zusammenhang wird zwischen *brute luck* und *option luck* unterschieden (Buyx 2005; Cappelen & Norheim 2005): Ersteres liegt vor, wenn Personen nicht selbstverschuldet an einer Krankheit leiden. Eine Tumorerkrankung aufgrund genetischer Vorbelastungen oder eine Diabetes mellitus Typ I Erkrankung sind typische Beispiele für diese Form. Da die erkrankten Personen keinen Einfluss auf das Eintreten der Erkrankungen haben, müssen sie sich auch nicht an den entstehenden Kosten beteiligen. Sie haben schlichtweg „reines Pech“, dass es sie erwischt hat. Anders sieht es bei Fällen der zweiten Option aus: Personen haben quasi die Folgen ihres Verhaltens in Kauf genommen, es handelt sich also um „kalkuliertes Pech“. Der Extremsportler, der sich bei einer gewagten Ski-Abfahrt ein Bein bricht, hat die Folgen bewusst in Kauf genommen und hat dementsprechend auch für seine Behandlung selbst aufzukommen. Und der Diabetes mellitus Typ II Patient, der aufgrund seines Ernährungsverhalten an Diabetes erkrankt ist, muss ebenfalls die finanziellen Konsequenzen für die Behandlung tragen. Wichtig dabei ist, dass das Verhalten, was zum kalkulierten Pech geführt hat, nicht im Vorfeld verurteilt wird:

> „Kalkuliertes Pech oder Glück wird in diesen Theorien als prinzipiell unproblematisch angesehen, da sie sich als *liberal*-egalitäre Theorien verstehen. Einerseits ist es moralisch geboten, die richtige Art von Gleichheit sicherzustellen. Andererseits soll die Tatsache nicht verleugnet werden, dass die Menschen unterschiedliche Vorstellungen vom guten oder erstrebenswerten Leben haben. So möchte der eine gerne Eishockey spielen, der andere lieber Kitesurfing betreiben. Der eine hört gerne Mozart und trinkt dazu Kölsch, der andere hört die Beatles und trinkt dazu ein Pils. In solchen

> individuellen Entscheidungen möchten diese Theorien die größtmögliche Entscheidungsfreiheit zulassen. Diese darf aber nicht auf die Kosten der relevanten Gleichheit gehen, die stets gewährleistet sein muss.“ (Schmidt-Petri 2011: 5f.)

Welche Probleme eine solche Unterscheidung zwischen reinem und kalkuliertem Pech im Bereich des gesundheitsrelevanten Verhaltens mit sich bringt, soll im folgenden Kapitel näher beleuchtet werden, wenn die Schwierigkeiten bei der Zuweisung von gesundheitlicher Verantwortung thematisiert werden.

4.2 Subjekt – Wer übernimmt Verantwortung?

Bei der Frage nach dem Verantwortungssubjekt wird die Frageerörtert, wer Verantwortung für die Gesundheit übernimmt. In dieser allgemeinen Form ergibt sich ein breites Spektrum an Personen und Institutionen, denen ein gewisses Maß an Mitverantwortung für die Gesundheit zugewiesen kann: Bei Personen, die im Berufsleben stehen und einer Reihe von gesundheitsgefährdenden Situationen ausgesetzt sind, liegt es in der Verantwortung des Arbeitgebers, die Standards des Arbeitsschutzes einzuhalten und gegebenenfalls im Betrieb gesundheitsfördernde Maßnahmen anzubieten, um die Gesundheit der Mitarbeiter möglichst lange aufrechtzuerhalten. Auch ein Mensch, der sich für einen operativen Eingriff in ein Krankenhaus begibt, verlässt sich darauf, dass die Belegschaft des Krankenhauses ihren Job gewissenhaft verrichtet. Somit obliegt ein großes Maß an Verantwortung nicht mehr beim Patienten, sondern bei den Ärzten und dem Pflegeteam des Krankenhauses. Geht es aber um den Bereich der Eigenverantwortung ist die Zuweisung des Verantwortungssubjektes leicht zu beantworten: Das Subjekt bildet das Individuum, das für seine eigene Gesundheit verantwortlich ist. Hierbei ist zu beachten, dass wie bereits im Kapitel zuvor angesprochen, Gesundheit nicht ausschließlich das Nichtvorhandensein von Krankheit bedeutet, sondern ein umfassendes Konzept umschreibt, das auf das Zusammenwirken von Körper, Geist und Gemeinschaftsgefühl abzielt. Ferner ist Gesundheit auch nicht als ein statischer Zustand zu verstehen, sondern vielmehr als ein dynamischer Prozess, der durch eine ständige Wechselwirkung zwischen Individuum und seiner Umwelt gekennzeichnet ist (Faltermaier 2009). Gesundheitsverhalten lässt sich somit als ein Zusammenspiel zwischen Verhütung von Krankheiten und Förderung und Wiederherstellung von Gesundheit beschreiben:

> „Ein Gesundheitsverhalten wird ausgeführt, um den Gesundheitszustand aufrechtzuerhalten, um ihn zu verbessern oder um einer Verschlechterung entgegenzuwirken. Gleichbedeutend mit der Ausführung eines Gesundheitsverhaltens ist die Unterlassung eines Risikoverhaltens.“ (Reuter & Schwarzer 2009: 34)

Zunächst einmal kann festgehalten werden, dass es das absolute Gesundheitsverhalten nicht gibt. Als klassisches Beispiel kann hier der moderate Konsum von Alkohol genannt werden: So gibt es Untersuchungen, die einerseits ein erhöhtes Krebsrisiko attestieren, andererseits konnten aber auch Schutzeffekte durch moderaten Konsum bei koronaren Herzerkrankungen nachgewiesen werden (Renner & Staudinger 2008). Ob ein Verhalten als gesundheitsförderlich einzustufen ist hängt demnach maßgeblich vom Beurteilungskriterium ab:

> „Aufgrund der breiten Auffächerung möglicher Kriterien kann ein und dasselbe Verhalten je nach angewendetem Kriterium als ´gesund´ oder als ´riskant´ klassifiziert werden. [...] Die Liste und Rangreihe der Gesundheits- und Risikoverhaltensweisen variiert damit in Abhängigkeit davon, welches Kriterium (Gesamtmortalität oder –morbidität, spezifische Funktionseinschränkung, spezifisches Erkrankungsrisiko etc.) herangezogen wird." (Renner & Staudinger 2008: 193)

Es gibt eine Reihe von unterschiedlichen Ansätzen, die das Gesundheitsverhalten von Menschen zu erklären versuchen. In diesem Zusammenhang wurden unterschiedliche Modelle entwickelt, die teilweise aufeinander aufbauen und versuchen, auf die Defizite und Schwächen des Vorgängers zu reagieren. Generell lassen sich alle Modelle in zwei Klassen unterteilen: Die kontinuierlichen Modelle und die dynamischen Stadienmodelle (Schwarzer 2004). Zu den am meisten zitierten kontinuierlichen Modellen gehört das in den 50er Jahren entwickelte Health Belief-Modell. Es entstand bei der Suche einer Antwort auf die Fragen, warum die amerikanische Bevölkerung sehr wenig Gebrauch von Vorsorgeuntersuchungen machte. Das Modell beschreibt die Wahrscheinlichkeit, dass eine Person ein bestimmtes Verhalten zeigt, als eine Funktion aus unterschiedlichen Gesundheitsüberzeugungen und –meinungen. Zum einen wirkt sich die wahrgenommene Bedrohung einer bestimmten Krankheit auf das Gesundheitsverhalten aus. Diese setzt sich zusammen aus der subjektiv empfundenen Anfälligkeit gegenüber einer bestimmten Erkrankung und dem wahrgenommenen Schweregrad der Folgen, die die bestimmte Krankheit auf den Betroffenen hat. Zum anderen wird das Gesundheitsverhalten durch das Abschätzen von Kosten und Nutzen der eventuell geplanten gesundheitsfördernden Maßnahme beeinflusst. In der Weiterentwicklung dieses Modells wird ein mögliches Handlungssignal ins Spiel gebracht: Hierbei handelt es sich um einen auslösendes Signal, das sowohl interner (z.B. ein auffälliges körperliches Symptom) oder auch externer Natur (z.B. eine Medienkampagne „Sport tut gut") sein kann (Stroebe & Stroebe 1998).

Die empirische Überprüfung des Modells konnte zwar Zusammenhänge zwischen den Komponenten und dem Gesundheitsverhalten zeigen, diese waren allerdings weitaus weniger ausgeprägt, als dass man von einem umfassenden Erklärungsansatz sprechen konnte. SCHWARZER (2004) fasst die Kritik am Health Belief Modell zusammen: Wesentliche Vermittlungsgrößen wie Intention und Kompetenzerwartung werden nicht berücksichtigt; der Einfluss der Bedrohung wird in diesem Modell überbewertet. Untersuchungen haben gezeigt, dass Angstappelle nur einen begrenzten Einfluss auf die Motivation haben, das Verhalten zu verändern. Ein Handlungsanstoß wirkt vielmehr auf die Intention als auf die Bedrohung. Außerdem lassen sich Aufrechterhaltung der Maßnahme und Rückfall in gewohnte Verhaltensweisen mit diesem Modell nicht erklären.

In den 70er Jahren wurde von AJZEN & FISHBEIN die Theorie des überlegten Handelns (Theory of Reasoned Action) entwickelt. Der Grundgedanke der Theorie besteht darin, dass ein bestimmtes Verhalten auf die Absicht, dieses Verhalten auch wirklich durchzuführen, zurückzuführen ist. Diese Absicht wird durch zwei Faktoren beeinflusst: Die Einstellung gegenüber einer bestimmten Handlung und der subjektiven Norm. Die Einstellung wiederum setzt sich zusammen aus der individuellen Überzeugung der Person über die Auswirkung des geplanten Handelns („Wenn ich mich mehr bewege, werde ich deutlich fitter.“) und deren Bewertung („Es ist gut für mich, wenn ich fit bin.“). Der zweite Faktor der Verhaltensabsicht ist die subjektive Norm. Diese bildet sich aus dem Zusammenwirken normativer Überzeugungen („Meine Freunde haben mir gesagt, ich müsse mich mehr bewegen“) und der Motivation, den Wünschen anderer auch Folge zu leisten („Ich werde tun, was meine Freunde von mir erwarten.“). Aber auch dieses Modell musste sich der Kritik stellen, eine Reihe von wichtigen Faktoren bei der Verhaltensänderung keinerlei oder nur unzureichend Beachtung zu verleihen (Dlugosch 1994; Stroebe & Stroebe 1998).

Mit der Theory of Planned Behavior greift AJZEN diese Kritik auf und erweitert das Modell um die Variable der Kontrollüberzeugung, die beschreibt, wie einfach oder schwierig die konkrete Ausführung der geplanten Verhaltensänderung ist. Nach diesem Modell wird die Intention zur Verhaltensänderung durch die Determinanten Einstellung, subjektive Norm und wahrgenommene Verhaltenskontrolle bestimmt. Letztere kann nach AJZEN dabei einen Einfluss auf die Intention oder direkt auf das Verhalten haben (Schwarzer 2004). Diese Unterscheidung lässt sich am einfachsten mit einem konkreten Beispiel verdeutlichen: Wenn jemand eine Fahrradtour unternehmen möchte, er aber denkt, dass es in Kürze einen Regenschauer geben wird, kann das Einfluss auf seine Absicht haben und er bleibt wahrscheinlich zu Hause. Beginnt er aber die Tour und schon nach kurzer Zeit bemerkt er einen Defekt am Rad, der eine Weiterfahrt unmöglich macht, wirkt sich das trotz ausreichender Absicht negativ auf das Verhalten aus. Wahrgenommene Verhaltenskontrolle wird in diesem Modell als übergeordnetes Konstrukt beschrieben.

Es setzt sich aus den Komponenten Selbstwirksamkeitserwartung und Kontrollierbarkeit zusammen. Je nach Anwendungsbereich wird entweder ein Gesamtwert betrachtet oder zwei einzelne Werte ermittelt (Ajzen 2002).

Ein hohes Maß an Aufmerksamkeit hat in den letzten Jahren das sozial-kognitive Prozessmodell des Gesundheitsverhaltens (HAPA) erhalten, das als Hybridmodell verstanden werden kann, weil es sowohl lineare als auch Stadienannahmen miteinander kombiniert: Nach diesem Modell durchläuft ein Mensch zunächst einen Entscheidungsprozess, an dessen Ende schließlich die Zielsetzung steht, die Verhaltensänderung durchzuführen. Diese Phase des Prozesses ist von unterschiedlichen Kognitionen geleitet:

- Die *Risikowahrnehmung* gibt die subjektive Einschätzung einer Person an, inwieweit sie von bestimmten Krankheiten oder Gefahren betroffen ist.
- Die *Ergebniserwartung* kann als der Prozess des Abschätzens von Vor- und Nachteilen der Intervention beschrieben werden.
- Die *Selbstwirksamkeitserwartung* bezeichnet die persönliche Einschätzung der Kompetenzen, die Intervention durchführen zu können.

Die Zielsetzung stellt das Ende der Motivationsphase da, die Person wechselt vom „Non-Intender" zum „Intender". In der sich anschließenden volitionalen Phase wird das Vorhaben geplant. Auch auf diese Phase hat die Selbstwirksamkeitserwartung einen hohen Einfluss. Nach dieser Phase wird der Plan in die Tat umgesetzt, die Person wird also zum „Aktiven". Um das neu ausgeführte Gesundheitsverhalten langfristig zu implementieren, müssen soziale Ressourcen genutzt werden und Barrieren gemeistert werden, damit es nicht zum Abbruch (postaktionale Zielentbindung, Disengagement) kommt. Über den gesamten Prozess und alle Stadien ist der große Einfluss der Selbstwirksamkeitserwartung zu erkennen (Lippke & Renneberg 2006).

Gerade dem Aspekt der Selbstwirksamkeitserwartung wird im Bereich der Prävention und Gesundheitsförderung ein besonderes Maß an Bedeutung zugewiesen: Selbstwirksamkeit kann als zentrale Komponente für körperliche Aktivität im Alter angesehen werden (Leonhardt & Laekeman 2010; McAuley et al. 2007). Eine Definition des Begriffes lautet wie folgt: „Selbstwirksamkeitserwartung wird definiert als die subjektive Gewissheit, neue oder schwierige Anforderungssituationen aufgrund eigener Kompetenz bewältigen zu können (Schwarzer, 2004, S. 12)." Demzufolge ist der Begriff gleichbedeutend mit subjektiver Kompetenzerwartung.

Seinen Ursprung findet der Begriff in der sozial-kognitiven Theorie von BANDURA, die besagt, dass aktionale Prozesse in erster Linie durch die beiden subjektiven Überzeugungen Konsequenz- und Kompetenzerwartung gesteuert werden (ebd., 1977, 2001; 2004). Die Konsequenzerwartungen beschreiben in einem universellen Zusammenhang ein notwendiges Verhalten, um ein bestimmtes Resultat zu erreichen („Wenn man ausreichend trainiert, kann man die Beweglichkeit der Gelenke bis ins hohe Lebensalter beibehalten"). Im Gegensatz dazu beinhaltet die Kompetenzerwartung einen individuellen Bezug zu der Person („Ich fühle mich in der Lage, auch in meinem hohen Lebensalter noch Bewegungsübungen täglich durchzuführen"). Letzteres wird auch als Selbstwirksamkeitserwartung beschrieben (Schwarzer, 2004). Selbstwirksamkeit ist nicht eine angeborene Fähigkeit, sie entsteht vielmehr in der aktiven Auseinandersetzung eines Individuums mit seiner Umwelt. Bestimmte Erfahrungen im Lebensverlauf wie die Bewältigung von herausfordernden Aufgaben oder das Erhalten von Rückmeldungen über das eigene Handeln können die Bildung von Selbstwirksamkeit positiv beeinflussen. Frustration oder Unterforderungen können sich hingegen negativ auf die Herausbildung von Selbstwirksamkeit auswirken (Winkel et al. 2006).

Mehrere Studien belegen den Zusammenhang von Selbstwirksamkeitserwartung und körperlicher Aktivität: DZEWALTOWSKI, NOBLE & SHAW konnten feststellen, dass die Selbstwirksamkeitserwartung ein zuverlässiger Prädiktor für körperliche Aktivität ist (Dzewaltowski et al. 1990). Auch bei älteren Menschen konnten Langzeiteffekte nachgewiesen werden, die den positiven Einfluss von Selbstwirksamkeitserwartung auf die körperliche Aktivität belegen (McAuley et al. 2003; McAuley et al. 2007). Ein theoretischer Zusammenhang zwischen Selbstwirksamkeitserwartung und Eigenverantwortung im Bereich der Arbeits- und Organisationspsychologie lässt sich folgendermaßen herleiten: Da die Selbstwirksamkeitserwartung bestimmt, ob man sich auf eine bestimmte Situation einlässt oder auch nicht, muss sie auch einen Einfluss auf den Faktor der Eigenverantwortung für das bestimmte Handeln haben (Bierhoff et al., 2005).

Die Variablen in den einzelnen Modellen des gesundheitsrelevanten Verhaltens variieren, es lassen sich allerdings drei gemeinsame theoretische Konstrukte erkennen, die in allen Modellen auftauchen: Risikowahrnehmungen, die sich auf die Schwere der Krankheit beziehen, Selbstwirksamkeitserwartungen, die das Vertrauen in die eigenen Fähigkeiten beschreiben und persönliche Kosten-Nutzen-Abschätzungen, die subjektiven Barrieren gegen gesundheitsbezogenes Verhalten berücksichtigen (Kals & Montada 2001; Kals 2001). Gleichzeitig kann festgestellt werden, dass alle gängigen Modelle, die gesundheitsrelevantes Verhalten beschreiben, das Konstrukt der Verantwortung meiden. KALS beschreibt diese Tatsache als durchaus nachvollziehbar:

> „Yes it seems reasonable to do this because the adoption of responsibility is construed by these three key constructs […] and because traditional health behaviour can be understood as an adoption of responsibility for the protection of one´s own health.“ (ebd. 2001: 129)

Sie schlägt deshalb ein Gesundheitsmodell vor, das zum einen nicht nur den Schutz des Individuums fokussiert, sondern auch den Schutz anderer umfasst und zum anderen auch Verantwortungsurteile beinhaltet. Das „Health Model of Responsibility“ umfasst dabei vier verantwortungsbezogene Konstrukte:

Abbildung 6: Health Model of Responsibility

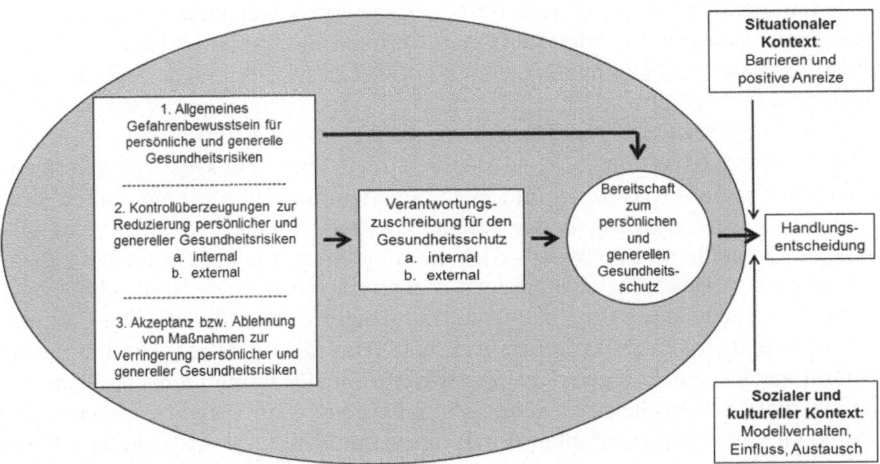

Quelle: Eigene Darstellung, nach Kals 2001

Das Modell wurde im Rahmen der spezifischen Gesundheitsverhalten Ernährung und Krebsprävention empirisch überprüft. Es lässt sich allerdings auch auf das allgemeine Gesundheitsverhalten übertragen. Vor diesem Hintergrund ist die Abbildung des Modells folgendermaßen zu interpretieren: Im Mittelpunkt des Modells steht die Handlungsentscheidung für ein individuelles und ein allgemeines Gesundheitsverhalten. Das individuelle Gesundheitsverhalten bezieht sich dabei auf konkrete Handlungsentscheidung, die das individuelle Verhalten einer Person betreffen. Beim Ernährungsverhalten können dies beispielsweise Kauf- und Konsumentscheidungen für bestimmte Nahrungsmittel sein. Das allgemeine Gesundheitsverhalten drückt sich beispielsweise im Engagement für ein generelles Gesundheitsverhalten aus. Beeinflusst wird die Umsetzung des Verhaltens zum einen durch situationale Kontextvariablen: Diese können sowohl negativ gerichtet sein in Form von Barrieren und Defiziten (z.B. finanzieller oder zeitlicher Natur) als auch positiv (sozialer Austausch, kultureller Einfluss). Die Prädiktorvariable bildet in dem Modell die Bereitschaft zum Gesundheitsschutz. Die gilt sowohl auf individueller als auch auf allgemeiner Ebene. Hierbei handelt es sich „nicht um singuläre Einzelentscheidungen, sondern um grundlegende Commitments für ein Bündel von Verhaltensweisen [...], etwa um die Bereitschaft sich so zu ernähren, wie es von Experten empfohlen wird (Kals et al. 2010: 477)." Das hier zitierte Beispiel ist aus dem Modell übernommen, das das Ernährungsverhalten beschreibt. Es zeigt sich aber, dass es sich problemlos auf andere Bereiche aus dem Bereich des gesundheitsrelevanten Verhaltens übertragen lässt. Eine wichtige Rolle bei der Vorhersage, ob sich für oder gegen ein gesundheitsrelevantes Verhalten entschieden wird, spielt die Verantwortungszuschreibung: Hier kann zwischen internalen und externalen Verantwortlichkeiten unterschieden werden. Bei den internalen Verantwortlichkeiten liegt die Verantwortung bei der eigenen Person, bei der externalen Verantwortlichkeitsattribution wird die Verantwortung auf externe Instanzen wie zum Beispiel Hausarzt oder Gesundheitssystem übertragen. Einen maßgeblichen Einfluss auf die Verantwortungsübernahme haben drei Schlüsselvariable: Das allgemeine Gefahrenbewusstsein für persönliche und allgemeine Gesundheitsrisiken kann auch als subjektives Risikomaß für die eigene und allgemeine Gesundheitsgefährdung bezeichnet werden. Die Kontrollüberzeugungen zur Reduzierung persönlicher und allgemeiner Gesundheitsrisiken können sowohl eine internale als auch eine externale Ausprägung haben. Die internalen Kontrollmechanismen liegen dabei in der Kontrolle des Individuums und sind als Maßnahmen zu verstehen, mit denen das Individuum aktiv seine Gesundheit fördern kann (Bewegungsverhalten, Ernährungsverhalten etc.). Als externale Kontrollmechanismen werden Maßnahmen bezeichnet, die unter der Kontrolle anderer Organisationen und der Umwelt liegen. Die Verbreitung von Wissen über das richtige Maß an Bewegung oder die richtige Ernährungsweise kann dazu gezählt werden. Als dritte Variable ist die Akzeptanz von Argumenten, die gegen die Umsetzung von Maßnahmen zur Verringerung des eigenen und allgemeinen Gesundheitsrisikos sprechen, anzusehen. Ein klassisches Beispiel sind Kosten-Nutzen-Abwägungen, in denen die Kosten zu hoch eingeschätzt werden, so dass das Verhalten nicht ausgeführt wird. (Kals 1998; Kals & Montada 2001; Kals 2001; Kals et al. 2010). Des Weiteren kann mit dem Modell nachgewiesen werden, wie hoch der jeweilige Einfluss der unterschiedlichen Schlüsselvariablen auf die Verantwortungszuschreibung ist:

> „Verantwortung wird besonders dann zugeschrieben, wenn ein allgemeines Bewusstsein für die Gesundheitsrisiken besteht, zugleich Kontrollüberzeugungen zur Reduktion dieser Risiken hoch ausgeprägt sind und Argumente,

> die gegen die Umsetzung dieser Gesundheitsmaßnahmen sprechen, abgelehnt werden." (Kals et al. 2010: 479)

Zusammenfassend lässt sich konstatieren, dass dieses Modell neben der individuellen Komponente auch die soziale Dimension und die damit verbundene Attribution von Verantwortung betont:

> „Die soziale Dimension und auch die Verantwortungsübernahme für den Schutz anderer sind ebenfalls wichtige Prädiktoren. Dies bedeutet, dass die Verantwortungsübernahme nicht auf den Schutz der eigenen Gesundheit beschränkt ist, sondern in Interaktion und Austausch mit anderen gebildet wird und auch den Schutz und die Verantwortungsübernahme für andere mit einschließt." (Kals et al. 2010: 479)

Diese weiter gefasste Definition von sozialer Verantwortung ist in diesem Kontext neu. Eigenverantwortung heißt demnach nicht nur Verantwortung für seine eigene Gesundheit zu übernehmen, sondern auch für die Gesundheit von anderen Menschen. RIED weist vor diesem Hintergrund darauf hin, dass Verantwortung nicht nur als Pflicht des Subjektes zu sehen ist, wie es sich in vielen Imperativen und Appellen niederschlägt, die das Eigenverantwortungspostulat fordern. Vielmehr kann Eigenverantwortung auch als Recht des Subjekts verstanden werden, autonom handeln zu können und dabei sowohl die daraus resultieren positiven wie auch negativen Konsequenzen vertreten zu können (ebd. 2008). Ähnlich argumentiert HEIDBRINK, wenn er darauf hinweist, dass Verantwortung „nicht nur durch eine legitimatorische und rechtliche Dimension gekennzeichnet, sondern auch durch eine genuin moralische Dimension, die darin besteht, dass Akteure sich aus intrinsischen Überzeugungen und Werthaltungen für bestimmte Ziele einsetzen und für die Verbesserung bestehender Zustände engagieren (ebd. 2007: 8)."

4.3 Instanz – Vor wem wird Verantwortung übernommen?

Es stellt sich nicht nur die Frage, wovor Verantwortung übernommen wird, sondern auch die Frage, welche Richtlinien den Prozess der Verantwortungsübernahme und –zuweisung regeln. SCHMIDT (2012) unterscheidet zwischen zwei unterschiedlichen Aspekten von Eigenverantwortung im Zusammenhang mit Gesundheit: Zum einen kann der Appell an die Eigenverantwortung einen nicht-normativen Charakter haben, indem deutlich gemacht wird, dass das eigene Verhalten einen zentralen Einfluss auf den Gesundheitszustand hat. Eigenverantwortung stärken hat nach dieser Interpretation etwas zu tun mit Stärkung von Empowerment und zielt darauf ab, die Handlung des Individuums hinsichtlich eines gesundheitsrelevanten Verhaltens zu steuern. Nach dieser Interpretation hat man sich in erster Linie vor sich selbst zu verantworten und die Richtlinie ist geregelt durch den eigenen Anspruch an ein erfülltes gesundes Leben. Das Sprichwort „Jeder ist seines Glückes Schmid“ beschreibt sehr treffend die Bedeutung der nicht-normativen Betrachtung.

Der andere Betrachtungswinkel geht davon aus, dass individuelle gesundheitsrelevante Handlungen auch Konsequenzen für andere haben können und ist gekennzeichnet durch einen normativen Charakter. Personen sind nicht nur verantwortlich vor sich selbst, sondern auch vor der Solidargemeinschaft bzw. den Kostenträgern des Gesundheitswesens. Sehr häufig wird diese Sicht der Eigenverantwortung im Zusammenhang mit Effizienzsteigerung im Gesundheitswesen durch Reduzierung von Gesundheitsleistungen diskutiert. In der Folge soll nun erörtert werden welche normativen Regelungen einer solchen Betrachtung von Eigenverantwortung zu Grunde liegen und wo die Grenzen von der Zuweisung von Verantwortung im Bereich der Gesundheit liegen.

4.3.1 Rechtliche Regelungen zur Eigenverantwortung

Zunächst wird es notwendig sein, zu untersuchen welche Regeln oder Vorschriften den Umgang mit der gesundheitlichen Eigenverantwortung im gesetzlichen Kontext festlegen. Das Wort „Eigenverantwortung“ taucht im fünften Sozialgesetzbuch gleich im ersten Paragraph auf, der mit den Worten „Solidarität und Eigenverantwortung“ betitelt ist. In der Fassung, die bis zum Jahr 2015 Gültigkeit besaß, ergibt sich folgender Wortlaut:

> „Die Krankenversicherung als Solidargemeinschaft hat die Aufgabe, die Gesundheit der Versicherten zu erhalten, wiederherzustellen oder ihren Gesundheitszustand zu bessern. Die Versicherten sind für ihre Gesundheit mitverantwortlich; sie sollen durch eine gesundheitsbewußte Lebensführung, durch frühzeitige Beteiligung an gesundheitlichen Vorsorgemaßnahmen sowie durch aktive Mitwirkung an Krankenbehandlung und Rehabilitation dazu beitragen, den Eintritt von Krankheit und Behinderung zu vermeiden oder ihre Folgen zu überwinden. Die Krankenkassen haben den Versicherten dabei durch Aufklärung, Beratung und Leistungen zu helfen und auf gesunde Lebensverhältnisse hinzuwirken.“ (§ 1 SGB V, alte Fassung bis 2015)

Im ersten Teil des Paragraphen werden den Krankenversicherungen verschiedene Rollen zugewiesen: Ihre primäre Aufgabe lassen sich mit den Begriffen Prävention und Gesundheitsförderung (Gesundheit erhalten und verbessern) sowie Kuration (Gesundheit wiederherstellen) beschreiben. Gleichzeitig wird den versicherten Personen eine prospektive Mitverantwortung zugewiesen. Diese bezieht sich in erster Linie auf gesundheitsrelevantes Verhalten, Teilnahme an Vorsorgeuntersuchung und einer ausreichenden Compliance. Unterstützung erhalten sie dabei durch ihre Krankenkasse, die ihre Mitglieder aufklären, beraten und mit Leistungen helfen soll. Den Individuen wird somit ein hohes Maß an Verantwortung zugewiesen, SCHMIDT sieht in der Zuweisung allerdings eher eine Legitimation zum Rückbau des Gesundheitswesens, der mit Vorsicht zu genießen ist:

> „Die konkrete Zuteilung der Verantwortlichkeiten kann über die Mitverantwortung vornehmlich privatisiert und die gesellschaftlichen Gesundheits-Risiken (z.B. Armut, Arbeitslosigkeit, Bildungsbenachteiligung) in die individuelle Eigenverantwortung überführt werden." (ebd. 2007: 87f.)

Noch konkreter wird der Paragraph I durch die Neufassung aus dem Jahr 2015: Mit dem in Kraft getretenen Präventionsgesetztes erhält der erste Paragraph eine Ergänzung. Nach dem ersten Satz wird in die neue Fassung folgender Satz eingefügt: „Das umfasst auch die Förderung der gesundheitlichen Eigenkompetenz und Eigenverantwortung der Versicherten", so dass sich im Gesamten folgender Wortlaut ergibt:

> „Die Krankenversicherung als Solidargemeinschaft hat die Aufgabe, die Gesundheit der Versicherten zu erhalten, wiederherzustellen oder ihren Gesundheitszustand zu bessern. Das umfasst auch die Förderung der gesundheitlichen Eigenkompetenz und Eigenverantwortung der Versicherten. Die Versicherten sind für ihre Gesundheit mitverantwortlich; sie sollen durch eine gesundheitsbewußte Lebensführung, durch frühzeitige Beteiligung an gesundheitlichen Vorsorgemaßnahmen sowie durch aktive Mitwirkung an Krankenbehandlung und Rehabilitation dazu beitragen, den Eintritt von Krankheit und Behinderung zu vermeiden oder ihre Folgen zu überwinden. Die Krankenkassen haben den Versicherten dabei durch Aufklärung, Beratung und Leistungen zu helfen und auf gesunde Lebensverhältnisse hinzuwirken." (§ 1 SGB V, Neufassung 2015)

Diese Änderung verfolgt letztendlich zwei Ziele: Zum einen wird durch die explizite Nennung im Text die Eigenverantwortung der Menschen stärker betont. In der vorherigen Fassung wurde Eigenverantwortung bis dahin lediglich in der Überschrift genannt, eine genauere Spezifizierung im Text an sich blieb allerdings aus. Zum anderen wird durch den Zusatz allerdings auch hervorgehoben, dass es Kernaufgabe der GKV ist, die Eigenverantwortung der Mitglieder zu fördern.

Auch im zweiten Paragraph des SGB V, der mit der Überschrift „Leistungen" versehen ist, wird die Eigenverantwortung explizit genannt:

> „Die Krankenkassen stellen den Versicherten die im Dritten Kapitel genannten Leistungen unter Beachtung des Wirtschaftlichkeitsgebots (§ 12) zur Verfügung, soweit diese Leistungen nicht der Eigenverantwortung der Versicherten zugerechnet werden. Behandlungsmethoden, Arznei- und Heilmittel der besonderen Therapierichtungen sind nicht ausgeschlossen. Qualität und Wirksamkeit der Leistungen haben dem allgemein anerkannten Stand der medizinischen Erkenntnisse zu entsprechen und den medizinischen Fortschritt zu berücksichtigen." (§ 2 Abs. 1 SGB V)

Die Eigenverantwortung wird in diesem Zusammenhang als Einschränkung der Solidarpflicht der Krankenkassen gesehen: Liegt eine Leistung nicht im Leistungsumfang der gesetzlichen Krankenversicherungen, ist sie vom Versicherten selbst zu tragen. Eine nähere Ausführung oder Erklärung erfolgt an dieser Stelle allerdings nicht. Während in §1 eher die prospektive Eigenverantwortung angesprochen wird, zielen die Ausführungen in §2 eher auf finanzielle Aspekte ab. Man kann in diesem Zusammenhang auch von wirtschaftlicher Eigenverantwortung sprechen (Schneider 2008).

Die retrospektive Eigenverantwortung der Versicherten wird in dem Paragraph 52 „Leistungsbeschränkung bei Selbstverschulden" thematisiert:

> „(1) Haben sich Versicherte eine Krankheit vorsätzlich oder bei einem von ihnen begangenen Verbrechen oder vorsätzlichen Vergehen zugezogen, kann die Krankenkasse sie an den Kosten der Leistungen in angemessener Höhe beteiligen und das Krankengeld ganz oder teilweise für die Dauer dieser Krankheit versagen und zurückfordern.
>
> (2) Haben sich Versicherte eine Krankheit durch eine medizinisch nicht indizierte ästhetische Operation, eine Tätowierung oder ein Piercing zugezogen, hat die Krankenkasse die Versicherten in angemessener Höhe an den Kosten zu beteiligen und das Krankengeld für die Dauer dieser Behandlung ganz oder teilweise zu versagen oder zurückzufordern." (§ 52 Abs. 1-2 SGB V)

Im ersten Abschnitt wird ebenfalls die wirtschaftliche Eigenverantwortung angesprochen, sie steht allerdings in direktem Zusammenhang mit einer in der Vergangenheit durchgeführten oder unterlassenen Handlung und einer daraus resultierenden Erkrankung, die einen medizinischen Eingriff erfordert. Im zweiten Absatz werden diese Ausführungen konkretisiert und präzisiert. Beim Vergleich der beiden Absätze fällt eine bemerkenswerte Besonderheit auf: Im ersten Absatz wird den Krankenkassen ein Ermessensspielraum eingeräumt, während im zweiten Absatz die Krankenkassen verpflichtet werden, die Versicherten an den Kosten zu beteiligen. Diese Unterscheidung lässt Raum für Interpretationen:

> „Die Einräumung dieses Ermessensspielraums hatte aber nach den bisherigen Erfahrungen dazu geführt, dass die Krankenkassen allenfalls in seltenen Einzelfällen von der Möglichkeit des §52 Abs. 1 gebraucht gemacht hatten. Um den Maßnahmenkatalog in Bezug auf die Regelung in Absatz 2 damit mehr Durchsetzungskraft zu verleihen, hat sich der Gesetzgeber jedenfalls in Bezug auf Absatz 2 dann für eine obligate Rechtsfolgenregelung entschieden.“ (Wienke 2009: 170)

SCHNEIDER (2008) stolpert in seinen Ausführungen zur Eigenverantwortung im Krankenversicherungsgesetz über die Begrifflichkeit „vorsätzlich“: So kennt die Rechtsprechung neben dem absichtlichen Verhalten und dem sichereren Wissen auch den Eventualvorsatz, der durch die Elemente des „den Schaden für möglich halten“ und „das billigend in Kauf nehmen“ gekennzeichnet ist. Beinhaltet der §52 auch den Eventualvorsatz, bedeutet dies für die Praxis, dass der Anwendungsbereich durchaus ausgedehnt werden könnte. Zur Frage steht demnach, ob nicht auch übermäßiger Alkoholkonsum, Rauchen oder das Ausüben von gefährlichen Extremsportarten als vorsätzliches Verhalten anzusehen sind. Im Sinne des Eventualvorsatzes sind hier in der Regel die Gefahren, die die ausgeführte Handlung mit sich bringt bekannt, trotzdem wird nicht davon Abstand gehalten, sie auszuführen.

Dass die Ausformulierung von Paragraphen sehr häufig mit Spitzfindigkeiten verbunden ist, zeigt ebenfalls das nächste Beispiel: Auch die politische Debatte um die Neuregelung des Paragraphen 52 aus dem Jahr 2007 zeigt die Brisanz der Diskussion um retrospektive gesundheitliche Eigenverantwortung: Absatz 2 enthielt in der ersten Fassung eine Formulierung, die für reichlich Diskussion gesorgt hat. Während in der geltenden Fassung konkret die nicht indizierte ästhetische Operation, die Tätowierung und das Piercing als Indikationsgrund genannt werden, wurden diese in der ersten Fassung noch als beispielhaft genannt. Der Gesetzgeber war der Meinung, dass sich Versicherte bei einer Schönheitsoperation, einem Piercing oder einer Tätowierung selbstgewählt einem gesundheitlichen Risiko aussetzen. Die daraus häufig resultierenden gesundheitlichen Schäden müssten aber von der Solidargemeinschaft abgedeckt werden. Um diesem Missstand entgegenzuwirken, sollten Versicherten in diesem Fall selbst für die entstandenen Kosten aufkommen. Die vorgeschlagene Beispielsregelung ließ allerdings sehr viel Interpretationsspielraum. Sehr schnell entbrannte die Diskussion, dass es eine Reihe von weiteren Beispielen gäbe, in denen Versicherte selbstgewählt sich gesundheitlichen Risiken aussetzen: Rauchen, Diabetes oder Risikosportarten sind typische Beispiele. Kritiker der Neuregelung sahen in dem Gesetz den Anfang vom Ende des Solidarprinzips oder zweifelten den genannten Nachweis der kausalen Verursachung an (Wienke 2009). Es stellt sich zudem die Frage, wie die Krankenkassen erfahren, dass eine Krankheit auf einen der oben genannten Eingriffe zurückzuführen ist. Dieses Verfahren ist durch die in §294a ABS. 2 beschriebene Mitteilungspflicht der Ärzte und Krankenhäuser geregelt, die verpflichtet sind bei vorliegenden Anhaltspunkten die Krankenkassen zu informieren. Unter dem Gesichtspunkt des Vertrauensverhältnisses zwischen Arzt und Patient ist diese Regelung durchaus kritisch zu sehen (Alber & Bayerl 2013; Huster 2010).

4.3.2 Gesundheitliche Eigenverantwortung im Spannungsfeld zwischen Solidarität und Subsidiarität?

Während die rechtliche Lage durch Gesetztestexte eindeutig geregelt ist, gestaltet sich die Frage im Bereich der Verantwortung vor der Gesellschaft schwieriger, weil es keine eindeutigen und klar definierten Regeln gibt. Beim genaueren Betrachten fällt der Blick unmittelbar auf die beiden Grundprinzipien des deutschen Gesundheitssystems Solidarität und Subsidiarität. Die Frage, die sich stellt, ist wie sich Eigenverantwortung im Kontext beider Begriffe positionieren lässt. Das Verhältnis von Eigenverantwortung, Solidarität und Subsidiarität im Kontext moderner Wohlfahrtsstaaten beschreibt NULLMEIER wie folgt:

> „Eigenverantwortung ist angesichts einer über soziale Interaktionen und Interdependenzen kausal höchst verflochtenen Welt nicht in Eigenverantwortung, also in Beschränkung auf das eigene Handeln, zu erlangen. Sie verlangt vielmehr nach Verbindlichkeiten, die nur in gemeinsamer Verantwortung erzeugt und gesichert werden können. Eigenverantwortung ist nur in einem Raum gemeinsamer Verantwortung zu erreichen, ja sie realisiert sich in gemeinsamer Verantwortung.“ (ebd. 2006: 177)

Es lässt sich erkennen, dass Eigenverantwortung nicht auf die individuelle Ebene zu reduzieren ist, sondern immer im sozialen Kontext gesehen werden muss. Wie lassen sich in diesem Zusammenhang die beiden Grundprinzipien des deutschen Gesundheitssystems Solidarität und Subsidiarität mit dem Begriff Eigenverantwortung in Verbindung setzen? Auf den ersten Blick erscheinen die Begrifflichkeiten zunächst gegensätzlich: Wer Eigenverantwortung übernimmt, entlastet andere von der Übernahme von Verantwortung. Oder im Sinne des Subsidiaritätsprinzips gesprochen: Was die kleinste Einheit -in diesem Fall eben das Individuum- selbst leisten kann, muss nicht von der Solidargemeinschaft übernommen werden. Demnach wäre der Ruf nach Eigenverantwortung als Abschwächung des Solidarprinzips zu sehen. Doch so einfach ist die Sache nicht, denn andererseits bietet das Subsidiaritätsprinzip dem Individuum aber auch den Schutz, dass die höher geordnete Einheit dazu verpflichtet ist, die unter geordnete Einheit zu unterstützen, wenn diese dazu alleine nicht mehr in der Lage ist.

Es ist allerdings nicht genau geklärt, wer sich im Gesundheitssystem wem und inwieweit subsidiär verhalten soll:

> „Mit der Verlagerung von Verantwortung, vor allem im Sinne der Kostenübernahme, aus dem Bereich der Solidargemeinschaft der GKV in den individuellen Bereich wird die positive Funktion der Subsidiarität in diesen Fällen deutlich reduziert. Bislang hatte der jeweils übergeordnete Kreis die Beweislast für sein Eingreifen zu übernehmen. Dagegen bestünde nun eine Beweispflicht für die übergeordneten Kreise, dass sie nicht mehr eingreifen, d.h. sie müssten begründen, warum sie ihrer Pflicht zur Unterstützung nicht mehr oder nur in sehr eingeschränktem Rahmen nachkommen." (Dörries & Arnold 2013: 200)

Im Ulmer Papier der Bundesärztekammer (2008), das die gesundheitspolitischen Leitsätze der Ärzteschaft definiert, wird der Eigenverantwortung aus Patientenperspektive ein eigenes Kapitel gewidmet: Das sechste Kapitel trägt den Titel „Eigenverantwortung der Patienten stärken." Hier wird ein Bezug zum Subsidiaritätsprinzip hergestellt und festgestellt, dass die Aufgaben der Gesundheits- und Sozialpolitik darauf abzielen müssen, die individuelle Verantwortungsbereitschaft der Menschen zu fördern und zu unterstützen. Gleichzeitig wird auf die spezielle Problemlage finanzschwacher Bevölkerungsgruppen verwiesen. Im Weiteren werden konkrete Handlungsfelder genannt:

> „Versicherte müssen ihrer eigenen Verantwortung für sich und die Solidargemeinschaft nachkommen, indem sie z.B. durch Prävention und Gesundheitsvorsorge aktiv zur Risikominderung beitragen. Die behutsame Etablierung von Eigenverantwortung verbunden mit Kostentransparenz kann mittelfristig zu mehr gesundheitsbewusstem Verhalten anreizen. Voraussetzung für die Übernahme von Eigenverantwortung bildet der leichte Zugang zu Informationen sowie Aufklärung. Dies sollt bereits in den Kindergärten und Schulen mittels eines Fachs Gesundheitskunde erfolgen." (ebd. 2008: 24f)

Gesundheitsfördernde Maßnahmen sollen demnach im Lebenslauf möglichst früh vermittelt und etabliert werden, um das Gesundheitsbewusstsein im Reifungsprozess des Individuums zu fördern. Ein besonderer Schwerpunkt soll dabei auf den Bereich der Ernährung gesetzt werden, indem eine Kennzeichnung gesundheitsschädlicher Substanzen gefordert wird. Darüber hinaus schlägt die Bundesärztekammer einer Selbstbeteiligung bei der Krankenversicherung vor, wobei mit besonderem Fokus auf soziale Ungleichheiten unterschiedliche Strategien für verschiedene Versichertengruppen entwickelt werden sollen. Eine Konkretisierung, wie solche Strategien aussehen können, bleibt an dieser Stelle allerdings aus. Auch im zweiten Teil des Papiers, in dem die Finanzierung thematisiert wird, findet die Eigenverantwortung der Patienten mehrfach Erwähnung. Mit besonderem Verweis auf die Berücksichtigung sozial benachteiligter Menschen wird eine Erweiterung der Eigenbeteiligungsformen gefordert:

> „Die Eigenverantwortung der Versicherten und die Inanspruchnahme solidarisch finanzierter Leistungen müssen in einem ausgewogenen Verhältnis zueinanderstehen. Große Risiken müssen selbstverständlich umfassend abgesichert sein. Aber Versicherte müssen ihrer Verantwortung für die Solidargemeinschaft entsprechen, indem sie z.B. durch Prävention und Gesundheitsvorsorge aktiv zur Risikominderung beitragen. Auch die Eigenbeteiligung und eine der Patientensouveränität angemessene Weiterentwicklung der Gestaltungsfreiheit bei Leistungen und Tarifen, so beispielsweise eine Beitragsminderung des Versichertenbeitrags durch individuellen Leistungsausschluss für selbstverantwortlich finanzierbare Leistungen oder Beitragsminderung bei nicht chronisch Kranken für selbst gewählte Leistungsbegrenzung durch Festzuschüsse, stärken die Eigenverantwortung." (ebd. 2008: 33)

Es fällt auf, dass Eigenverantwortung im ersten Satz mit finanzieller Eigenbeteiligung gleichgesetzt wird, die im ausgewogenen Rahmen mit solidarisch finanzierten Leistungen stehen muss. Über Art und Höhe des Verhältnisses wird allerdings keine Aussage getroffen. Gleichzeitig wird im weiteren Verlauf darauf hingewiesen, dass die Patienten im Sinne der sozialen Verantwortung handeln und mit Vorsorgemaßnahmen zur eigenen Risikominderung beitragen müssen. Des Weiteren wird sich dafür ausgesprochen, mit finanziellen Anreizen bei der Tarifgestaltung der Versicherungsbeiträge die Eigenverantwortung der Patienten zu erhöhen.

Dieser solidarische Appel an die Verpflichtung des Einzelnen darf allerdings nicht so interpretiert werden, dass das Individuum erst eine Leistung erbringen muss, um Anspruch auf eine gesundheitliche Leistung zu haben. Eine solche Interpretation entspräche nicht dem Solidarprinzip, das das deutsche Gesundheitssystem prägt. Vielmehr ist ein dialogisches Prinzip zu erkennen:

> „Anders als bei durch Barmherzigkeit oder Wohlfahrt geleitetem Verhalten sorgen wir allerdings in einem solidarischen Gefüge nicht nur für eine bestimmte benachteiligte Gruppe von Menschen, sondern wir sorgen *füreinander.* Aus Solidarität folgt also einerseits auch eine gewisse Verpflichtung des Einzelnen der Gemeinschaft gegenüber, eine ′obligatio in solidum′: ′eine Verpflichtung fürs Ganze′. […] Trotzdem ist das Individuum aufgrund seiner Obligation in solidum dazu angehalten, aktiv zum System beizutragen und nicht nur passiver Empfänger wohltätiger Maßnahmen zu sein. In der Gesundheitsversorgung, und nicht nur da, bedeutet ein solches

> aktives Beitragen die Wahrnehmung von Eigenverantwortung." (Buyx 2005: 280)

Es besteht also einerseits das Recht auf Gesundheitsversorgung, andererseits aber auch die Pflicht gegenüber der Solidargemeinschaft, sich gesund zu verhalten. Dies beinhaltet auch ein Verzicht auf den eigenen Vorteil, wenn sich dieser ungünstig gegenüber der Gemeinschaft auswirkt. Für den Gesundheitsbereich sehen DÖRRIES & ARNOLD folgendes Problem:

> „Zwar gilt für den Bereich des Gesundheitswesens im Wesentlichen die Bereitschaft zur Solidarität als akzeptiert und das Solidarsystem grundsätzlich intakt, jedoch ist angesichts der Individualisierungsprozesse der letzten Jahrzehnte zu fragen, auf welche Vorstellungen und Wahrnehmungen von Solidarität für die Gestaltung von Eigenverantwortung gegenwärtig zurückgegriffen werden kann." (ebd. 2013: 198)

Diese Wandlungen der klassischen Solidaritätsvorstellungen erfordern somit auch eine Neujustierung der Subsidiaritätsvorstellungen. HEINZE, KLIE & KRUSE (2015) weisen in diesem Zusammenhang daraufhin, dass Subsidiarität nicht als Element zum Abbau des Sozialstaates zu verstehen ist. Subsidiarität bedeutet nicht die Enthaltsamkeit des Staates, sondern beschreibt vielmehr das Verhältnis zwischen Bürgern und Staat in der Sozialstaatsdebatte: Aufgaben, die von kleinen Netzwerken selbst erledigt werden können, sollen nicht Aufgabe des Staates sein, gleichzeitig müssen sich die Akteure dieser oftmals selbstorganisierten Netzwerke aber im Sinne der Daseinsfürsorge auf den Staat verlassen können. Gleichzeitig machen die Autoren deutlich, dass das Verhältnis von Solidarität und Subsidiarität auch im Kontext von ökonomischen Rahmenbedingungen zu sehen ist:

> „Die Solidaritätsgemeinschaft schwindet gerade in sozioökonomischen Umbruchphasen, der vielen Bevölkerungsgruppen offensichtlich Probleme bereitet und zu neuen sozialen Schließungsprozessen führt. Zudem hat sich die Polarisierung zwischen arm und reich verschärft, ohne dass sich parallel dazu eine kollektive Solidarität herauskristallisiert hätte. [...] Vor allem gering qualifizierte Erwerbstätige aus bildungsfernen Schichten rutschen durch die beschleunigten Globalisierungsprozesse in soziale Ausgrenzungen, verbunden mit geringem Einkommen bzw. Transferzahlungen und schlechter Wohnsituation. Von diesen Gruppen sind kaum selbstorganisierte Aktivitäten zur Lebensgestaltung oder Hilfen für andere zu erwarten, zumindest nicht ohne entsprechende Unterstützung." (ebd. 2015: 135f)

Dementsprechend muss der Staat als Aktivator auftreten und die notwendige Infrastruktur bereitstellen. Für den Bereich der Gesundheit ergibt sich ein doppeltes

Dilemma mit besonderer Herausforderung: Gerade die im Zitat beschriebenen vulnerablen Gruppen müssen nicht nur besonders aktiviert und motiviert werden, oftmals sind sie auch mit steigendem Lebensalter durch sozialbedingte gesundheitliche Ungleichheiten benachteiligt und eingeschränkt.

4.3.3 Gesundheitliche Eigenverantwortung im Kontext von Priorisierung

Sehr häufig taucht gesundheitliche Eigenverantwortung im Zusammenhang mit der Priorisierungsdebatte auf. Ausgehend von dem Befund, dass durch die demografische Entwicklung und die Leistungsdynamik des medizinischen Fortschritts die Kostensteigerung im Gesundheitssystem auch in Zukunft zunehmen wird, wird über Mittel und Möglichkeiten debattiert, eine gerechte Verteilung von Ressourcen im Gesundheitswesen zu erreichen. Im Grundsatz ergeben sich drei Möglichkeiten, wie mit möglicher Mittelknappheit umgegangen werden kann (Fuchs 2010; Marckmann 2016): (1) Eine *Effizienzsteigerung* kann dazu beitragen, Wirtschaftlichkeitsreserven im Gesundheitssystem zu mobilisieren. Hierbei handelt es sich allerdings um Rationalisierungsprozesse, die sehr aufwändig sind und nicht selten an strukturelle Veränderungen im Versorgungssystem gebunden sind. Eine Reduzierung der Kosten durch Effizienzsteigerung ist also in der Regel mit einer zeitlichen Verzögerung versehen und ohne Erfolgsgarantie. (2) Eine *erhöhte Mittelzuweisung* ist in vielfacher Weise aus ethischer Sicht mit Problemen behaftet: Die Erhöhung der Mittel im Gesundheitswesen darf nicht mit Einschränkungen ähnlich moralisch relevanter Gütern wie z. B. Bildung oder Ausgaben für soziale Zwecke einhergehen. Dabei ist außerdem zu bedenken, dass beispielsweise Bildung und Einkommenslage zentrale Determinanten des Gesundheitszustandes sind. (3) Eine *Leistungsbegrenzung* liegt vor, wenn einem Patienten eine medizinische Leistung aus Kostengründen verwehrt wird.

Punkt 1 und Punkt 2 beschreiben die Begriffe Rationalisierung und Rationierung im Gesundheitswesen. Im Zusammenspiel mit dem weiteren Begriff Priorisierung gewinnen sie zunehmend Popularität in Debatten um die Zukunft und die damit zusammenhängende Finanzierbarkeit von gesundheitlichen Leistungen. Eine Definition für den Begriff Priorisierung liefert die Ärzteschaft:

> „Priorisierung im Gesundheitswesen bedeutet die Festlegung einer Vorrangigkeit, damit die Verteilungsgerechtigkeit im Gesundheitswesen erhöht werden kann. Priorisierung bedeutet nicht den Ausschluss von medizinisch notwendigen Leistungen, sondern eine Abstufung der Leistungsgewährung nach Vorrangigkeitskriterien." (Hoppe 2011: 119)

Priorisierung ist demnach deutlich abzugrenzen von Rationierung, was mit dem Vorenthalten medizinischer Leistungen gleichzusetzen ist. Sie ist vielmehr ein Instrument, dass neben der Rationalisierung benutzt werden kann, um begrenzte

Ressourcen gerecht zu verteilen (Fuchs et al. 2009). Den Zusammenhang aller drei Begriffe formuliert HUSTER in folgender Fragestellung:

> „Können durch die Ausnutzung von Effizienzreserven ohne Verlust an Versorgungsqualität Ressourcen in dem Umfang eingespart werden (Rationalisierung), dass wir trotz der zukünftigen Herausforderung durch den medizinischen Fortschritt und die demografische Entwicklung nicht über Leistungsbeschränkungen (Rationierung) und Versorgungsprioritäten (Priorisierung) nachdenken müssen, die eine sozial differenzierende Wirkung haben? Diese Frage gehört zu den umstrittensten Punkten in der Diskussion über die Zukunft der GKV." (ebd. 2011: 28)

Gleichzeitig beschreibt er das Verhältnis der drei Begrifflichkeiten: Da Rationalisierungsinstrumente in der Regel verfügbare Ressourcen begrenzen und ihre Verwendung dabei offenlassen, ergibt sich immer die Gefahr, auf diesem Wege eine verdeckte implizite Rationierung zu bewirken. Dieses scheinbare Dilemma ist demnach durch die Regelung von Versorgungsprioritäten zu lösen: Sind Leistungsbeschränkungen auf Dauer unumgänglich, müssen Untersuchungs- und Behandlungsmaßnahmen anhand von Indikatoren in eine Rangfolge von Notwendigkeit und Dringlichkeit gebracht werden. Auf der Suche nach geeigneten Indikatoren wird immer wieder das Kriterium der Eigenverantwortung ins Spiel gebracht. Diese Debatte wird sehr kontrovers geführt und von Gegnern werden zahlreiche Argumente aufgeführt, die dagegensprechen:

> „Im Versorgungssystem liegt das schon daran, dass Eigenverantwortung als Priorisierungskriterium kaum zu operationalisieren ist: Wer kann schon mit Sicherheit sagen, dass der Herzinfarkt ohne die falsche Ernährung nicht eingetreten wäre?" (Huster 2011: 63)

Neben der beschriebenen Problematik der kausalen Verursachung, wird darauf hingewiesen, dass das gesundheitsrelevante Verhalten einer Person nicht ausschließlich der individuellen Eigenverantwortung zuzurechnen ist, sondern mehrere Faktoren berücksichtigt werden müssen:

> „Individuelle Verhaltensweisen und Wahlentscheidungen sind zudem sehr unterschiedlich stark von kulturellen und sozialen Randbedingungen geprägt. Während punktuelle gesundheitsriskante Entscheidungen – etwa zur Ausübung einer besonders unfallträchtigen Sportart – ohne Weiteres mitsamt ihren Konsequenzen der Eigenverantwortung zugeschrieben werden können, haben Lebensstile wie das Ernährungs- und Bewegungsverhalten eine sehr viel längere und kompliziertere Genese." (Huster 2011: 65)

So werden viele Grundlagen für gesundheitsrelevantes Verhalten bereits in der Kindheit festgelegt oder sind durch soziale Einflüsse wie Wohngegend oder Lebensumstände geprägt, so dass eine Verantwortungszuweisung ausschließlich auf das Individuum als nicht gerecht anzusehen ist.

Einen möglichen Konflikt zwischen Ärzten und der Allgemeinbevölkerung hinsichtlich dem Aspekt der Eigenverantwortung als Priorisierungkriterium können DIEDERICH & SCHREIER ausmachen: Während Ärzte Vorbehalte äußern und sich in einer Art Kontrollfunktion hineingedrängt fühlen, die das Arzt-Patienten-Verhältnis maßgeblich negativ beeinflussen, steht nach ihrer Untersuchung die Mehrheit der Bevölkerung hinter einem solchen Vorgehen. Sie können allerdings auch sozio-demografische Unterschiede im Antwortverhalten ausmachen (ebd. 2010).

Ein Beispiel, wo das Kriterium der Eigenverantwortung im Rahmen von Priorisierung in der Medizin eingesetzt wird, kann am Beispiel der Lebertransplantation verdeutlicht werden. Ist die Leberschädigung aufgrund einer alkoholbedingten Leberzirrhose aufgetreten, muss eine sechsmonatige Alkoholabstinenz nachgewiesen werden, um in die Warteliste für ein Spenderorgan aufgenommen zu werden (Lauerer et al. 2013; Manns 2013). Der Bezug zur Eigenverantwortung ist in diesem Beispiel deutlich gegeben: Der potenzielle Organ-Empfänger hat es in seiner eigenen Hand, ob er eine Chance auf ein neues Organ erhält. Eigenverantwortung bezieht sich hier sehr konkret auf gesundheitsrelevantes Verhalten, in diesem Fall auf das Weglassen toxischer Substanzen. Hält er sich an diese Vorschrift, wird er positiv sanktioniert und bekommt einen Platz auf der Warteliste für Spenderorgane. Schafft er es nicht, die Grenze von sechs Monaten einzuhalten, erhält er eine negative Sanktionierung und bekommt keinen Platz auf der Warteliste.

Dieses Beispiel zeigt allerdings auch deutlich die kontroverse Diskussion um das Thema Priorisierung in der Medizin. Die Befürworter der Sechs-Monats-Regel führen sowohl patientenorientierte als auch allokationsorientierte Gründe an: Durch die Alkohol-Abstinenz während der Einhaltung der Regel kann sich die Leberfunktion durchaus verbessern, so dass eine Operation nicht mehr notwendig erscheint. Des Weiteren wird angeführt, dass durch die Regel eine effektive Nutzung von sowieso schon zu knappen Spenderorganen erreicht wird, weil sich durch die Abstinenz die Überlebenschancen nach Transplantation erhöhen. Kritiker bezweifeln allerdings, dass eine starre zeitliche Vorgabe von sechs Monaten sinnvoll ist, da die Schwere der Lebererkrankung nicht berücksichtigt wird. Eine Erholung kann demnach je nach Ausprägung der Erkrankung sowohl früher als auch später eintreten. Außerdem werden durch die Regel Patienten von einer lebensrettenden Maßnahme ausgeschlossen, was mit einer enormen ethischen Tragweite verbunden ist. Es wird angeführt, dass in diesem Zusammenhang ein eindeutiger evidenzbasierter Nachweis vorliegen muss, dass die Überlebenszeit rückfälliger Patienten durch erneuten Alkoholkonsum deutlich verkürzt wird. Die Datenlage gibt dies allerdings nicht her (Greif-Higer 2015; Marckmann 2015).

4.3.4 Gesundheitsnormen und Gesundheitskompetenzen als Basis für gesundheitliche Eigenverantwortung

Mit der Herausbildung der bürgerlichen Gesellschaft, die sich zeitlich in den Übergang von Mittelalter zur Neuzeit einordnen lässt, ist auch ein Verlust der Dominanz des bis dahin geltenden religiösen Weltbildes zu beobachten. Gesundheit wurde bis zu diesem Zeitpunkt eher als göttliche Fügung und von daher als wenig beeinflussbar gesehen. Dementsprechend wurde Krankheit als Strafe Gottes angesehen, quasi als Buße für ein bis dahin sündhaftes Leben. Gesundheit war dem Schicksal ausgesetzt, so dass ein gesellschaftlicher Diskurs nicht als notwendig gesehen wurde. Erst mit voranschreitender Säkularisierung änderte sich auch die Vorstellung, dass der Gesundheitszustand allein in den Händen Gottes liegt. Hinzu kommt die Annahme, dass Gesundheit durch entsprechende Maßnahmen beeinflussbar ist:

> „Entsprechend den bürgerlichen Wertvorstellungen, dass der Einzelne und die Gesellschaft für die Lebensumstände verantwortlich sind, wurde im Zeitalter der Aufklärung die Selbstverantwortung für die Gesundheit propagiert. Durch Vernunft und entsprechendes Verhalten ist Krankheit zu vermeiden und Leben zu verlängern." (Faltermaier 1994: 70f.)

So wurde ab Mitte des 18. Jahrhunderts den Themen Gesundheit und Gesunderhaltung ein hohes Maß an Aufmerksamkeit geteilt. Die Ärzteschaft klärte ihr vorwiegend bürgerliches Patientenklientel darüber auf, wie man den Körper in erster Linie durch einen einfachen und angemessenen Lebensstil möglichst selbst gesund halten kann. Ein großes Problem wurde in den neu entstandenen Lebensverhältnissen gesehen:

> „Nur durch die schädlichen Einflüsse der Zivilisation, der städtischen Lebensverhältnisse, durch das Leben in Luxus und Laster bei den wohlhabenden Schichten einerseits und übermäßiger Arbeit, mangelnder Ausgleich und Armut bei den arbeitenden Schichten andererseits, werden die Menschen krank. […] Daher wurde in der bürgerlichen Gesellschaft die Gesundheit zum Problem." (Faltermaier 1994: 70)

Das Gesundheitsprogramm der Ärzte propagierte zu dieser Zeit den Lebensstil, der den Regeln der Diätetik entspricht: Die Regeln für ein natürliches Leben stammen aus der Antike und konzentrieren sich auf das Individuum und seine Vernunft. Gesundheit wird in diesen Schriften als Voraussetzung für ein tätiges und moralisches Leben verstanden, dessen wesentliche Bestandteile Selbstregulation und Selbstdisziplin sind. Diese Phase endet Mitte des 19. Jahrhunderts: Zu diesem Zeitpunkt gibt die Schulmedizin den Bereich der Aufklärung und Prävention auf und konzentriert sich auf die Fokussierung der Medizin als reine Naturwissenschaft. Das Modell der Selbstregulation von Gesundheit wird durch das Modell der medizinischen Kontrolle über den kranken Körper abgelöst (Faltermaier 1994). Dieses Modell war darauf ausgerichtet, Krankheiten zu bekämpfen und bildet die Basis für das biomedizinische Modell, das in weiten Teilen der Medizin noch heute seine Gültigkeit hat. Demnach besitzt jede Krankheit eine spezifische Ursache und zeichnet sich durch eine bestimmte Grundschädigung aus, bedingt durch Fehlsteuerungen bei physiologischen und biochemischen Abläufen. Der Arzt ist in diesem Modell der Experte, der die Krankheit heilen kann, der Patient hingegen gerät zum passiven Objekt, an dem sich die Krankheit manifestiert. Diese Denkweise spiegelt sich auch in dem vorliegenden Gesundheitsbewusstsein wider: Gesundheit oder Krankheit werden als gegebene Zustände hingenommen, denen man sich fügen muss und auf die man selbst wenig Einflussmöglichkeiten hat (Hurrelmann & Richter 2013; Richter & Hurrelmann 2016). Nach RICHTER & HURRELMANN ist eine solche Sichtweise zu eingeschränkt und führt dazu, Gesundheit und Krankheit nur auf biologische Prozesse und Fehlverläufe im Körper zu reduzieren:

> „Die Tendenz, Gesundheit und Krankheit auf biologische Faktoren zu reduzieren, führt so zu einer Unterschätzung des Einflusses sozialer Faktoren. Sie kann auch ebenso wenig erklären, wie gesellschaftliche Muster der Verteilung von Gesundheit und Krankheit entstehen." (ebd. 2016: 9)

Mit dem bereits weiter oben diskutierten Gesundheitsbegriff der WHO aus dem Jahr 1946 erweitert sich die Sichtweise deutlich. Besonders hervorzuheben sind in diesem Zusammenhang die subjektive Einschätzung und das persönliche Empfinden des Gesundheitszustands. Mit dieser Definition wird das Individuum selbst quasi zum Experten für den eigenen Körper und tritt aus der im biomedizinischen Modell passiven Rolle ein in eine aktive Rolle. Gleichzeitig bedeutet dies auch, dass mit dieser Definition der WHO die Menschen in der Lage sind, aktiv an ihrer Gesundheit mitwirken zu können gegebenenfalls sogar sollen. Gesundheit wird somit zur individuellen und staatlichen Aufgabe, um die sich alle Akteure im Rahmen ihrer Möglichkeiten kümmern müssen, um ein Gleichgewicht in der Solidarität herzustellen. Der Appell an die Verantwortung der Akteure ist deutlich zu erkennen und liest sich folgendermaßen:

> „Die Zukunft unseres Zugangs zur Krankenversorgung und unserer Solidarsysteme wird davon abhängen, ob wir bereit sind, sowohl in die persönliche als auch in die gesellschaftliche ´gemeinsame´ Gesundheit zu investieren. Wir dürfen eine der größten Leistungen unserer Gesellschaften, die Solidarität zwischen ´Gesund´ und ´Krank´ nicht aufs Spiel setzen, indem wir die gesellschaftliche Investition in die Gesellschaft verweigern. Sonst werden gesunde Menschen immer weniger bereit sein, für kranke Menschen aufzukommen, besonders wenn immer wieder vermittelt wird, dass diese Menschen selbst an ihrer Krankheit schuld sind.“ (Kickbusch & Hartung 2014: 226)

In diesem Zusammenhang sehen KICKBUSCH & HARTUNG auch die Solidarität als eine der treibenden Kernelemente eines neuen Gesundheitsbewusstseins. Gleichzeitig ist Gesundheit ein positiver Begriff und im Sinne der Salutogenese steht nicht mehr die Frage im Vordergrund, welche Faktoren krankmachen, sondern es dreht sich um die Frage nach den Faktoren, die Gesundheit möglichst lange erhalten. Diese positive Sicht auf Gesundheit und das damit verbundene Erleben und Genießen spiegelt sich in dem Wellness-Trend der letzten Jahre wider. FALTERMEIER betrachtet den Begriff „Gesundheitsbewusstsein“ aus entwicklungspsychologischer Sicht:

> „Ich verstehe unter Gesundheitsbewusstsein zunächst ein komplexes Aggregat von subjektiven Vorstellungen von der eigenen Gesundheit, die kognitive, emotionale und motivationale Momente beinhalten, die sich auf das eigene Selbst (als Person, Körper) und das Verhältnis zur sozialen und materiellen Umwelt beziehen, die sich in ständiger biographischer Entwicklung befinden und sozial abgestimmt werden.“ (ebd. 1994: 163)

Gesundheitsbewusstsein ist demzufolge gekennzeichnet durch sieben Komponenten (Faltermaier 1994):

1. **Die subjektive Bedeutung von Gesundheit:** Darunter ist der Stellenwert zu verstehen, den die Gesundheit im Leben eines Menschen einnimmt. Diese Komponente erfährt einen starken Bezug zur Biografie und ist demnach auch stetig veränder- und beeinflussbar. Die Komponente spielt eine wesentliche Rolle bei den Motivationsprozessen zu gesundheitsrelevantem Verhalten: Je höher die Bedeutung der subjektiven Gesundheit ausgeprägt ist, desto größer ist die Motivation, seine Gesundheit möglichst lange zu erhalten.

2. **Das subjektive Konzept von Gesundheit:** Gesundheit ist ein multikomplexer Begriff, somit ist davon auszugehen, dass die Individuen unterschiedliche durch die eigene Biografie geprägte Definition für sich selbst zum Begriff entwickelt haben.
3. **Das Körperbewusstsein:** Hiermit ist sowohl das Wahrnehmen körperlicher Empfindungen und Beschwerden gemeint, als auch die Konstruktion des Körpers als Ganzes gemeint. Das Körperbewusstsein kann durch biografische Ereignisse verändert werden und ist daher mit emotionalen Aspekten wie Angst, Lust oder Unbehagen verknüpft. Es ist davon auszugehen, dass die interindividuellen Unterschiede beträchtlich sind.
4. **Die Wahrnehmung gesundheitlicher Risiken und Belastungen:** Diese Komponente beschreibt eine Personen-Umwelt-Interaktion. Zum einen ist die Wahrnehmung von Umständen der Lebensumwelt, die Einfluss auf die Gesundheit haben können, gemeint. Zum anderen ist die Wahrnehmung des eigenen Verhaltens in Bezug auf gesundheitliche Auswirkungen gemeint.
5. **Die Wahrnehmung gesundheitlicher Ressourcen:** Hierunter sind sowohl körpereigene Widerstandressourcen zu sehen, als auch umweltbedingte Ressourcen, die vom Individuum als besonders wichtig für das eigene Leben und zur Gesunderhaltung wahrgenommen werden. Neben biografischen Aspekten können auch soziale Verhältnisse und kulturelle Systeme Einfluss auf die Wahrnehmung haben.
6. **Das subjektive Konzept von Krankheit:** Es besteht ein enger Zusammenhang dieser Komponente zum subjektiven Gesundheitsbegriff. Sehr häufig wird Krankheit intensiver wahrgenommen. Die Einstellung zur Krankheit ist im Wesentlichen dadurch geprägt, welche Erfahrungen man mit Krankheiten an sich oder an Personen aus dem engeren Umfeld gemacht hat.
7. **Soziale Abstimmungen und Vergleiche:** Mit dieser Komponente ist die Interaktion zwischen dem individuellen Konzept des Gesundheitsbewusstseins einer Person und dem Austausch über Gesundheitsvorstellungen mit der Gesellschaft gemeint. Kulturell bedingte Vorstellungen, nicht selten über mediale Kanäle übertragen, prägen auch das individuelle Gesundheitsbild. Durch den Vergleich und den Austausch der Gesundheitsvorstellungen mit anderen Individuen kommt es zur eigenen Profilbildung.

Es zeigt sich, dass alle Komponenten einen starken Bezug zur individuellen Biografie aufweisen, so dass davon auszugehen ist, dass das Gesundheitsbewusstsein in einer Gesellschaft sehr heterogen ausgeprägt ist. Neben individuellen biografischen Erlebnissen prägen aber auch gesamtgesellschaftliche Ereignisse das Gesundheitsbewusstsein von ganzen Bevölkerungsgruppen. Kriege oder Naturkatastrophen können an dieser Stelle beispielshaft genannt werden, in denen die akute Bedrohung der eigenen Gesundheit sehr deutlich werden kann. Das Gesundheitsbewusstsein bildet die Basis für gesundheitsrelevantes Verhalten[3].

4.4 Grenzen bei gesundheitlicher Eigenverantwortung

Bereits weiter oben wurde die Diskussion aufgegriffen, ob gesundheitsrelevantes Fehlverhalten sanktioniert werden soll. Vor allem unter dem ständig wachsenden finanziellen Druck, dem das Gesundheitssystem ausgesetzt ist, ist die Versuchung groß, nach alternativen finanziellen Zuschüssen in Form von höherer Kostenbeteiligung zu suchen:

> „Given the well-documented relationship between lifestyle, disease burden an healthcare costs, it makes economic an medical sense to hold individuals morally responsible for their health-related choices.“ (Resnik 2007: 444)

RESNIK nennt in seinen Ausführungen allerdings drei Gründe, die gegen eine solche Vorgehensweise sprechen: Zum einen sieht er einen zentralen Konflikt in der ärztlichen Pflicht, für die Gesundheit der Gesellschaft mit besonderem Blick auf sozial-benachteiligte Menschen zu sorgen und einer Sanktionierung von gesundheitsschädigendem Verhalten. Zum anderen führt er an, dass Menschen aus persönlichen oder kulturellen Gründen vielleicht nicht in der Lage sind, gesundheitsrelevantes Verhalten an den Tag zu legen. Überdies sieht er eine große Schwierigkeit bei der Etablierung eines Bewertungssystems, bei der alle Faktoren berücksichtigt werden, da die Entstehung von Krankheiten oftmals ein komplexer Mix aus unterschiedlichen Faktoren ist (ebd. 2010). STEINBROOK bekräftigt das letztgenannte Argument:

> „Although personal responsibility for health and for obtaining health care may ssem intuitively attractive, the design and implemantation of specific insurance initiatives may be complicated. Before such plans are implemented, it would be best to evaluate them rigorously in a controlled trial

---

[3] FALTERMEIER vermeidet in diesem Zusammenhang den Begriff „Verhalten“ und entscheidet sich für den Begriff „Gesundheitshandeln“ (siehe dazu ebd. 1994: 172f.). In dieser Arbeit wird sich weiter für die Verwendung der Begrifflichkeit „gesundheitsrelevantes Verhalten“ entschieden.

> conducted by an independent group. If they do not improve health or save money, or have unanticipated negative effects, they can be discarded or revised.“ (ebd. 2006: 756)

MARCKMANN, MÖHRLE & BLUM (Marckmann et al. 2004; Marckmann 2010) konkretisieren die Diskussion und identifiziert ebenfalls drei Problemfelder bei der retrospektiven Zuschreibung von Verantwortung im Gesundheitsbereich: (1) Das Problem der kausalen Verursachung; (2) das Problem der Entscheidungsautonomie und (3) das Problem des normativen Standards. Ausgehend von der Annahme, dass Patienten an den Kosten der Behandlung beteiligt werden, wenn diese aufgrund eines selbstgewählten Gesundheitsrisikos auftreten, ergibt sich das Problem der kausalen Verursachung, da diese sich nur in seltenen Fällen eindeutig nachweisen lässt. Treten also nach einer ästhetischen Schönheitsoperation Entzündungen an der Wunde auf, die weitere medizinische Eingriffe notwendig machen, lassen sich die unerwünschten Nebenwirkungen eindeutig auf eine willentliche Entscheidung des Menschen, der der Operation zugestimmt hat, zurückführen. Schwieriger wird es aber bei der Hepatitisinfektion, die nach einem Besuch in einem Tätowierungsstudio aufgetreten ist. Hier lässt sich in der Regel nicht eindeutig klären, ob die Infektion in unmittelbarem Zusammenhang mit der Entscheidung des Individuums steht. Ob in diesem Zusammenhang von einem Selbstverschulden gesprochen werden kann, ist somit deutlich in Frage gestellt. MARCKMANN spricht von „einem multifaktoriellen Ursachengeflecht, bei dem sich die relative Bedeutung von 1) genetischer Veranlagung, 2) nicht oder nur selten eingeschränkt beeinflussbaren Umweltfaktoren und 3) dem gesundheitsbezogenen Verhalten des Individuums nicht genau bestimmen lässt (Marckmann 2010: 217)“.

Des Weiteren können Menschen nur zur Verantwortung gezogen werden, wenn sie nicht in ihrer Entscheidungsfreiheit eingeschränkt werden, woraus sich das Problem der Entscheidungsautonomie ergibt. Es gibt mehrere Gründe, die die Entscheidungsfreiheit in dieser Situation einschränken können wie zum Beispiel der Gesundheitszustand, die sozioökonomische Lage oder äußere Einflüsse, die auf das Individuum wirken (Marckmann 2010). Es stellt sich folglich die Frage, ob eine erwachsene Person für ein gesundheitswidriges Verhalten zur Verantwortung gezogen werden kann, wenn der Ursprung des Fehlverhaltens beispielsweise in der fehlenden Bildung oder in der Armut in der Kindheit zu sehen ist. DREHER & DREHER (1999) weisen darauf hin, dass der Aufbau von Krankheitskonzepten in Lernprozesse eingebunden ist, die sich über den gesamten Lebenslauf entwickeln. Somit ist der Beginn des Rollenerlernens schon in der Kindheit zu sehen. SCHMIDT (2010) beschreibt die wichtige Rolle der Lebensbedingungen und des sozialen Umfeldes im Entwicklungsprozess von gesundheitlichen Kompetenzen: Der Gesundheitszustand eines Menschen wird vielmehr durch die soziale Lage bestimmt als durch die persönliche Leistung eines Einzelnen. Ein Fokus auf mehr eigenverantwortliches Handeln ignoriert die Tatsache, dass die erforderlichen Rahmenbedingungen, Fähigkeiten und Möglichkeiten ungerecht verteilt sind. Eine Entstaatlichung würde diese Problematik noch weiter verschärfen. Die Problematik kann zudem anhand des Bedingungsverhältnisses zwischen prospektiver und retrospektiver Eigenverantwortung beschrieben werden.

Als drittes Problemfeld lässt sich das *Problem des normativen Standards* identifizieren. Hiermit ist gemeint, dass mittels eines normativen Standards festgelegt werden muss, für welche Form von selbstverursachter Krankheitsfolgen ein Individuum zur Rechenschaft gezogen werden kann. An dieser Stelle ergeben sich Fragen auf zwei Ebenen: Zum einen geht es darum, wer als legitime Steuerungsinstanz für die Standardsetzung auszumachen ist und zum anderen geht es um die inhaltliche Dimension der Standardsetzung. Dass beide Fragen eng miteinander in Beziehung stehen, zeigt HÖFLING:

> „Wie schwierig eine Politik konsistenter Standardsetzung in inhaltlicher Hinsicht ist, zeigen die Diskussionen um die Akzeptanz bzw. Bekämpfung des Tabak- und Alkoholkonsums ebenso wie die Auseinandersetzungen um die Einführung eines Tempolimits auf Autobahnen (hier lässt sich die Gesellschaft die ´freie Fahrt für freie Bürger´ jedes Jahr ein paar Hundert Menschenleben kosten). Gerade weil aber die Selektion von ´Eigenverantwortungs-Risiken´ so schwierig ist, kommt der Kompetenzfrage besondere Bedeutung zu." (ebd. 2009: 520)

Bei der inhaltlichen Dimension der normativen Standards zeigt sich, dass es wenig sinnvoll ist, alle selbstverschuldeten Krankheitsfolgen aus der Regelversorgung auszuschließen:

> „So lassen sich zum Beispiel die basalen Unfallrisiken des Alltags (wie der Sturz auf einer Treppe), die ohne Zweifel auf das eigene Verhalten zurückzuführen sind, auch bei größter Vorsicht nicht mit Sicherheit vermeiden, sodass es wenig plausibel erscheint, dem Einzelnen die Verantwortung für die gesundheitlichen und finanziellen Folgen aufzubürden." (Marckmann 2010: 218)

Auch eine Selektion von bestimmten Risiken ist nicht ohne Schwierigkeiten, wie MARCKMANN zeigt:

> „An erster Stelle genannt werden immer wieder Risikosportarten oder durch das Rauchen bedingte Krankheiten die nicht unerheblichen Gesund-

> heitsrisiken für eine werdende Mutter, bedingt durch die heut meist eigenverantwortlich getroffene Entscheidung, Kinder haben zu wollen, bleiben hingegen unerwähnt." (ebd. 2010: 218)

Ein normativer Standard muss demnach unterscheiden zwischen normalen Risiken, die dem täglichen Risiko zuzurechnen sind und Risiken, die selbstgewählt dem Kriterium der Eigenverantwortung zuzuschreiben sind. Die Grenze dabei kann fließend und muss nicht immer trennscharf sein: Eine Sportart kann sowohl gesundheitsförderlich sein als auch mit einem deutlich höheren Risiko, eine Verletzung zu erleiden, verbunden sein. Bei der Festlegung eines normativen Standards muss man sich mit der Frage auseinandersetzen, was als gesellschaftlich akzeptierter Lebensstil anzusehen ist und was nicht. Diskussionen im Sinne von Gerechtigkeitsaspekten sind an dieser Stelle vorprogrammiert. Aus diesen Gründen plädiert MARCKMANN auch für eine Fokussierung der prospektiven Eigenverantwortung im Bereich der Gesundheit:

> „Den Einzelnen im Nachhinein für eine Gesundheitsstörung verantwortlich zu machen, ist mit mindestens drei, kaum zu überwindenden Schwierigkeiten verbunden, und zwar im Hinblick auf die kausale Verursachung, die Entscheidungsautonomie und den zugrunde liegenden normativen Standard. [...] Anstatt Menschen retrospektiv für gesundheitsschädigendes Verhalten zu bestrafen, sollte man prospektiv die Eigenverantwortung und Gesundheitsmüdigkeit der Versicherten stärken (im Sinne eines 'Empowerment') – nicht nur der Solidargemeinschaft zuliebe, sondern im wohlverstandene Eigeninteresse des Einzelnen." (ebd. 2010: 219)

Eine solche prospektive Sichtweise setzt den Schwerpunkt der Handlung folglich auf Ereignisse, die in der Zukunft liegen. Eigenverantwortung für die Gesundheit im prospektiven Sinne bedeutet also, sein Leben möglichst so auszurichten, dass keine Krankheiten entstehen können. Aus dieser Betrachtungsweise ergeben sich zahlreiche Besonderheiten für die Lebensphase Alter, die im folgenden Kapitel erörtert werden.

4.5 Verantwortung für die eigene Gesundheit im Alter

Was bedeutet nun gesundheitliche Eigenverantwortung für das dritte und vierte Lebensalter? Anknüpfend an die im vorherigen Kapitel erwähnten Ausführungen MARCKMANNs, werden vor allem die Probleme bei der Beurteilung der retrospektiven Verantwortung mit besonderem Fokus auf ältere Menschen deutlich: Wer kann schon mit Sicherheit sagen, dass der im Alter entstandene Diabetes tatsächlich auf eine „selbstverschuldete" in voran gegangenen Lebensabschnitten geführte Lebensweise zurückzuführen ist? Viel zu groß ist der Einfluss von externen

Faktoren wie kulturelles Umfeld, gesundheitsbedingte Sozialisation oder Lebensumwelt, so dass sich nicht mit Sicherheit sagen lässt, warum der Diabetes entstanden ist, zudem meist ein Zusammenwirken von mehreren Faktoren für die Entstehung einer Krankheit verantwortlich ist.

Auch die Betrachtung der prospektiven Verantwortung ist nicht eindeutig: Mit steigendem Lebensalter steigt die Gefahr, mit körperlichen Einschränkungen konfrontiert zu werden, so dass man im Extremfall Verantwortung für die Gesundheit übernehmen soll, die eigentlich aber gar nicht mehr vorhanden ist. In der Phase der Hochaltrigkeit wird zu dem die Konfrontation mit der eigenen Endlichkeit des Lebens bewusster. Der Fokus von gesundheitsrelevanten präventiven Handlungen im Alter erhält folglich eine andere Akzentuierung. Bei der allgemeinen Beschreibung von Zielen von Prävention und Gesundheitsförderung im Alter lassen sich wichtige Erkenntnisse aus der bereits weiter oben beschriebenen „Kompressionsthese der Morbidität" ziehen: Sie geht davon aus, dass sich die Phase der chronischen Krankheit in Zukunft deutlich verringern wird und der überwiegende Teil der Lebenszeit bei guter Gesundheit verbracht wird. Um dieses Ziel zu erreichen, sind Prävention und Gesundheitsförderung für Personen im höheren Lebensalter darauf ausgerichtet, Krankheiten und Funktionseinschränkungen zu vermeiden, Unabhängigkeit und aktive Lebensgestaltung zu erhalten oder und ein dementsprechendes Unterstützungssystem auszubauen. Die hinzu gewonnenen aktiven Lebensjahre zeichnen sich möglichst durch eine eigenverantwortliche Lebensführung aus (Kruse 2007b).

Aber wie kann eine solche eigenverantwortliche Lebensführung im dritten und vierten Lebensalter aussehen? Rückblickend mehrfach angesprochen, geht die Übernahme von Verantwortung immer einher mit einer konkreten Handlung. Ein scheinbares Dilemma ergibt sich für Personen, die aufgrund von körperlichen Einschränkungen nicht oder nur stark eingeschränkt in der Lage sind, eigenständig Handlungen auszuführen: Obwohl Alter nicht gleichzusetzen ist mit Krankheit, lassen sich altersbedingte Funktionseinschränkungen nicht leugnen, so dass in der Regel davon auszugehen ist, dass eine 80-jährige Person nicht mehr körperlich so leistungsfähig ist, wie eine Person im Alter von 30 Jahren. Denken wir an dieser Stelle einmal an eine Extremsituation und stellen uns die Frage, ob eine hochaltrige bettlägerige Person, die bei vielen Dingen des täglichen Lebens auf Hilfe angewiesen ist, überhaupt Verantwortung für die eigene Gesundheit übernehmen kann, wenn sie nicht in der Lage ist, Handlungen eigenständig auszuführen? Die Antwort auf diese Frage lässt sich in der Produktivitätsdebatte finden: Handlungen sind stets produktiv. Produktivität von Individuen wird allerdings vielfach nur unter ökonomischen Gesichtspunkten diskutiert: Menschen sind produktiv, wenn sie ihre Arbeitskraft zur Verfügung stellen oder eigenständig Dinge produzieren. Diese Betrachtung des Begriffes fokussiert Produktivität als Bewertungsmaßstab für Arbeitsleistung. Dass eine solche eindimensionale Betrachtung gerade vor dem Hintergrund gerontologischer Debatte sehr problematisch bis nahezu gefährlich werden kann, mahnt M. BALTES an:

> „Kurz gesagt, wenn wir einer arbeitsorientierten Definition von Produktivität das Hauptgewicht geben, werden wir den Unterschiedlichkeiten, den vielen Gesichtern eines sinnvollen Alters nicht gerecht. Gefordert werden von mir also nicht nur den unterschiedlichen gesundheitlichen Ressourcen alter Menschen Rechnung tragende Modelle, sondern auch zusätzliche Definitionen von Produktivität, d.h. eine Taxonomie von multiplen Zielen des Alters, die alle den Sinn des Alters bestimmen können. Ansonsten besteht die Gefahr, dass der Ruf nach Produktivität vielleicht sogar für die Sinngebung des letzten Kapitels unseres Lebens hinderlich sein kann." (ebd. 1996: 402)

Gleichzeitig weist sie sie daraufhin, dass gerade für ältere Menschen eine arbeitsorientierte Interpretation von Produktivität mit negativen Konsequenzen behaftet ist, weil sie nahelegt, dass eine gute Selbstdarstellung im Alter einhergeht mit „dauernd beschäftigt" zu sein. STAUDINGER (1996) schlägt einen mehrdimensionalen psychologischen Produktivitätsbegriff vor, der durch vier Komponenten gekennzeichnet ist: Die manuelle Produktivität fokussiert den eher „klassischen Bereich" der Produktivität und bezeichnet beispielsweise Herstellungsprozesse von Gegenständen oder das Verrichten von Arbeit. Als zweite Form führt sie die geistige Produktivität an: „Menschen haben Ideen, verfassen Bücher, geben Ratschläge, lösen Probleme (ebd. 1996: 345)." Komplexer wird es bei der dritten Form, der emotionalen Produktivität. Hiermit ist gemeint, dass ein Mensch beispielsweise durch seine eigene emotionale Verfassung und deren Ausdruck durch Gefühle wie Zufriedenheit oder glücklich sein eine positive Ausstrahlung für andere Menschen bilden kann. Eine direkte Form der emotionalen Produktivität ergibt sich, wenn man direkten Einfluss auf die Entstehung positiver Emotionen seines Gegenübers nimmt. Die vierte Form ist die motivationale Produktivität. Sie bezeichnet Prozesse, in denen einerseits Ziele und Werte das eigene Leben, andererseits aber auch das Leben anderer positiv beeinflussen können. Sie ist gekennzeichnet durch eine Vorbildfunktion für die Werte und Ziele anderer Menschen:

> „Was bedeutet es zum Beispiel für einen 40jährigen Arbeitnehmer einen 70jährigen Rentner zu kennen, der trotz gesundheitlicher Einschränkungen zufrieden und in Harmonie seine Tage verbringt? Könnte dies nicht eine Lebensperspektive aufzeigen, die auch auf die Lust am gegenwärtigen Leben und Arbeiten zurückstrahlt?" (ebd. 1996: 346)

Diese Ausführungen machen deutlich, dass auch hochaltrige Menschen sehr wohl produktiv sein können. Dies gilt vor allem für die Bereiche der emotionalen und motivationalen Produktivität: Im Extremfall kann somit die weiter oben beschriebene bettlägerigere Person hoch produktiv sein, in dem sie durch sein kooperatives Verhalten der Pflegeperson Wertschätzung vermittelt und damit aufzeigt, dass es auch in scheinbar aussichtslosen Situationen eine Lebensperspektive geben kann.

Es kann weiterhin festgehalten werden, dass Produktivität im Besonderen im höheren Lebensalter nicht nur von den physischen und psychischen internalen Ressourcen eines Individuums abhängig ist. Externale Komponenten wie materielle und sozial-interaktive Ressourcen erfahren mit steigendem Lebensalter einen Bedeutungszuwachs. Ein ausgewogenes Zusammenspiel von internalen und externalen Ressourcen führt zum Erhalt von psychologischer Produktivität bis ins hohe Lebensalter. Somit wird der Gesellschaft im Sinne von Kontextgestaltung ein hohes Maß an Verantwortung zugeschrieben, um Produktivität im Alter zu unterstützen und zu fördern (Staudinger & Kessler 2012).

Diese Argumentation lässt sich auf die gesundheitliche Eigenverantwortung übertragen: Laut KRUSE & WAHL besteht zunächst eine gesellschaftliche Verantwortung darin, im Sinne der Daseinsfürsorge Rahmenbedingungen zu schaffen, um Personen zu einem eigenständigen Leben zu befähigen. Jeder Mensch hat allerdings Eigenverantwortung zu übernehmen. Sie regelt, was Menschen während der gesamten Lebensspanne dazu beisteuern können, um Kompetenz, Selbstständigkeit und Lebensqualität auch bin ins hohe Alter zu bewahren. Die Autoren weisen demnach ausführlich darauf hin dass, dass Personen in höheren Lebensaltern Eigenverantwortung für ihre Gesundheit tragen sollen (Kruse & Wahl 2010).

Eine ähnliche Argumentation verfolgt das WHO-Konzept des „Aktiven Alterns“: Politik und Gesellschaft sind dafür verantwortlich, Rahmenbedingungen zu schaffen, damit älteren Menschen gesund und aktiv am gesellschaftlichen Leben teilnehmen können. Hierzu zählen ebenso Maßnahmen aus den Bereichen Prävention und Gesundheitsförderung. Das Individuum steht seinerseits in der Pflicht, diese Maßnahmen anzunehmen und Verantwortung für sein Handeln zu übernehmen. Idealerweise beginnt der Prozess des eigenverantwortlichen Handelns nicht erst im späten Erwachsenenalter, sondern vollstreckt sich über die gesamte Lebensspanne eines Menschen (WHO, 2002).

KRUSE weist der Selbstverantwortung gerade in der Altersphase eine besondere Rolle zu und nennt dazu drei Gründe: Erstens können Verlusterfahrungen, die im hohen Lebensalter vermehrt gesammelt werden, dazu führen, dass sich die Bindung und damit auch verbunden die Selbstverantwortung für das eigene Leben verringern. Zweitens können negative Altersstereotypen dazu beitragen, dass die Selbstverantwortung von älteren Menschen grundlegend in Frage gestellt wird. Eine überhöhte Unterstützung als Konsequenz würde in diesem Fall eher Abhängigkeit als Unabhängigkeit fördern. Drittens ist die Ausprägung der Selbstverantwortung sehr stark abhängig von den individuellen Rahmenbedingungen. Ein Verweis auf soziale Ungleichheiten im Alter zeigt auf, dass gerade für die älteren Altersklassen die Rolle des Staates als „Rahmenbedingungsgeber" unerlässlich wird (ebd. 2005).

Hier entsteht ein direkter Bezug von individuellen Rahmenbedingungen und Gesundheit, wie sich mit der Kumulationsthese erklären lässt: Gesundheitliche Einschränkungen können von einkommensstärkeren Personen durch den Einsatz von ökonomischen Ressourcen und in früheren Lebensphase angesammeltes soziales Kapital besser kompensiert werden, als einkommensschwache Personen dazu in der Lage sind. Durch die Kumulation verschärfen sich gesundheitliche Ungleichheiten besonders in der Phase der Hochaltrigkeit (Clemens 2008; von dem Knesebeck & Schäfer 2009).

Somit wird die Betrachtung der individuellen Biografien von älteren Menschen notwendig: Handlungen, die sich auf die Gegenwart beziehen, sind sehr stark durch Erfahrungen aus der Vergangenheit beeinflusst. Darüber hinaus bilden die Erfahrungen der Vergangenheit die Grundlage der Erwartungshaltung, die an die Zukunft gerichtet ist. Die Zukunft kann in diesem Sinne als Fortsetzung der Vergangenheit interpretiert werden (Kruse 2000, 2000). Somit dürfen Entwicklungsprozesse nicht losgelöst vom Kontext betrachtet werden:

> „Die Entwicklung im Lebenslauf und die in der Biographie gewonnenen Erfahrungen sind von historischen, kulturellen und sozialen Ereignissen, Situationen und Entwicklungen beeinflußt und dürfen nicht losgelöst von diesen betrachtet werden. Die Aussage, daß der ältere Mensch von seiner Biographie her verstanden werde müsse, ist zu spezifizieren: Er ist von seiner Biographie in ihrem spezifischen historischen, kulturellen und sozialen Kontext her zu verstehen." (Kruse 1994: 33)

Vor diesem Hintergrund merkt KRUSE an, dass der in früheren Lebensjahren gelebte Lebensstil einen bedeutenden Einfluss auf die Lebensgestaltung im Alter hat. Er weist allerdings auch darauf hin, dass frühere Verhaltensweisen das Leben im Alter nicht bestimmen müssen und somit durchaus veränderbar sind:

> „Die Bedeutung des in früheren Lebensjahren ausgebildeten Lebensstils für Erleben und Handeln im Alter widerlegt die Annahme alterstypischer Erlebens- und Handlungsweisen. Wir tragen durch unsere Entwicklung im Lebenslauf dazu bei, inwieweit wir im Alter ein aktives, offenes, selbstständi-

> ges und selbstverantwortliches Leben führen. Allerdings dürfen die genannten Beziehungen zwischen früheren und späteren Lebensjahren nicht in der Hinsicht gedeutet werden, daß der in früheren Lebensjahren ausgebildete Lebensstil Erleben und Handeln im Alter determinieren." (ebd. 1999: 4)

Wenn es also darum geht, das Phänomen der Eigenverantwortung der Gesundheit zu beschreiben, ist die Betrachtung ausschließlich einer Altersphase wenig hilfreich. Vielmehr kann ein Blick über die gesamte Lebensspanne des Individuums helfen, den Entwicklungsprozess mit all seinen Höhen und Tiefen als Ganzes zu verstehen.

4.6 Zusammenfassende Implikationen

Das in Kapitel 3 vorgestellte Dreiecksmodell der Verantwortung lässt sich auf den Bereich der Verantwortung für die eigene Gesundheit übertragen. Es ergibt sich allerdings eine Besonderheit: Das Verantwortungsobjekt steht in einem direkten Bezug zum Verantwortungssubjekt oder anders formuliert: Eine Person (Subjekt) übernimmt Verantwortung für seine Gesundheit (Objekt).

Auch bei der näheren Betrachtung des Verantwortungsobjektes Gesundheit geben sich einige Besonderheiten. Es liegt in der Natur der Sache, dass die Gesundheit mit steigendem Lebensalter nachlässt, so dass sich die Frage stellt, ob jemand für etwas verantwortlich sein kann, dass er selbst nicht mehr besitzt. Die Antwort auf die Frage liefern neue Definitionen von Gesundheit, die Gesundheit nicht ausschließlich nur als Abwesenheit von Krankheit definieren. Ein besonderer Schwerpunkt liegt dabei auf dem subjektiven Gesundheitszustand, der beschreibt, wie ein Individuum sich und seine Gesundheit selbst wahrnimmt. Sich subjektiv gesund fühlen muss nicht immer einher gehen mit einer vollständigen Abwesenheit von Krankheit. Ein chronisch Kranker kann sich durchaus gesund fühlen, weil er in der Lage ist, seine Probleme weitestgehend eigenständig zu meistern oder weil er über ein umfassendes soziales Netz verfügt, dass ihm bei Problemen zur Seite steht. Oder anders formuliert: Auch ein alter oder kranker Mensch kann Verantwortung für seine Gesundheit übernehmen, es verschieben sich nur die Gesundheitsziele.

Da Verantwortung immer mit einer aktiven Handlung einhergeht, steht Verantwortung in einer engen Beziehung zum gesundheitsrelevanten Verhalten. Es gibt zahlreiche Modelle, die gesundheitsrelevantes Verhalten in der Entstehung und Ausübung erklären, die meisten meiden allerdings den Verantwortungsbegriff. Lediglich ein Modell greift den Aspekt der Eigenverantwortung auf.

In diesem Modell übernimmt die Variable der Bereitschaft zum individuellen und generellen Gesundheitsschutz eine zentrale Rolle. Sie ist geprägt durch Schlüsselvariablen wie Gefahrenbewusstsein und Kontrollüberzeugungen. Es lassen sich aber auch relevante Variablen finden, die im Modell nicht aufgeführt werden wie zum Beispiel die eigenen subjektiven Konzepte von Gesundheit und Krankheit, die maßgeblich die Ausprägung des Gesundheitsbewusstseins bestimmen: Nur wer Gesundheit selbst wahrnehmen kann, ist auch bereit, Verantwortung zu übernehmen.

Zwei weitere zentrale Aspekte können aus der Analyse der Modelle für den Bereich der Gesundheitsverantwortung abgeleitet werden: Verantwortung geht einher mit einer aktiven Handlung. Ein wichtiger Aspekt, ob eine Handlung in die Tat umgesetzt wird, ist in der Höhe der Selbstwirksamkeitserwartung zu sehen. Schon in Kapitel 3 konnte festgehalten werden, dass die Selbstwirksamkeitserwartung in positiven Zusammenhang mit dem Konstrukt der Eigenverantwortung steht. Weiter zeigen die Modelle, dass Verantwortung immer im sozialen Kontext zu sehen ist. Dies beinhaltet neben der Verantwortung für die eigene Gesundheit auch die Verantwortungsübernahme für die Gesundheit anderer Personen.

Die Verantwortungsinstanz lässt sich in zwei Kategorien gliedern: Zum einen wird Verantwortung gegenüber dem Staat übernommen. Die Verantwortungspflicht ist durch gesetzliche Regelungen (z.B. SGB V, §1) festgeschrieben und ein Verstoß kann unter bestimmten Umständen mit Sanktionen belegt werden. Gemeint ist in diesem Zusammenhang die retrospektive Verantwortung, bei der das Individuum Konsequenzen für bereits passierte Geschehnisse übernimmt. Zum anderen wird Verantwortung gegenüber der Gesellschaft übernommen. Die Übernahme erfolgt aus moralischer Verpflichtung, so dass die Eigenverantwortung als Vermittlungsinstanz zwischen Solidarität und Subsidiarität zu verstehen ist. Hierunter fallen sowohl die prospektive als auch die retrospektive Eigenverantwortung.

Gleichzeitig lassen sich für den Bereich der Gesundheit Grenzen der Verantwortungszuschreibung ausmachen: Mit dem Problem der kausalen Zuschreibung ist die Tatsache gemeint, dass sich in vielen Fällen nicht mit hundertprozentiger Sicherheit sagen lässt, ob beispielsweise ein Fehlverhalten zur Manifestation einer Krankheit geführt hat. Das Problem der Entscheidungsautonomie zweifelt die freie Wahl bei Entscheidungsprozessen an. Ein nicht zu unterschätzender Teil der Gesundheit wird durch bereits bei der Geburt festgelegte Dispositionen bestimmt: Wir haben keinen Einfluss darauf, welche genetischen Dispositionen und mit auf den Weg gegeben werden. Zudem können wir nicht steuern, wie sich die Eltern (in diesem Falle insbesondere die Mutter) während der Schwangerschaft verhält. Das Gesundheitsverhalten Dritter spielt dementsprechend eine sehr große Rolle, wenn es um die gesundheitliche Entwicklung gerade im Kindesalter geht. Mit dem

Problem des normativen Standards wird auf die Schwierigkeit hingewiesen, dass es um mögliches Fehlverhalten sanktionieren zu können, Standards geben muss, die ein „richtiges Verhalten“ definieren. Dies ist sowohl aus rechtlicher als auch aus ethischer Sicht eher bedenklich.

Mit Blick auf die Lebensphase Alter lässt sich festhalten, dass Verantwortung für die eigene Gesundheit übernommen werden kann, selbst wenn diese nicht mehr vollständig vorhanden ist und chronisch durch altersbedingte Funktionseinschränkungen und Alterskrankheiten beeinflusst wird. Der Aspekt, dass die Übernahme von Verantwortung immer mit einer aktiven Handlung verbunden ist, steht nicht im Gegensatz zur Verantwortungsübernahme sogar im sehr hohen Lebensalter. Dies setzt einen erweiterten Produktivitätsbegriff voraus, der Produktivität nicht ausschließlich unter ökonomischen Gesichtspunkten im Sinne von manueller Produktivität betrachtet, sondern auch geistige, emotionale und motivationale Aspekte mit einbezieht. Wie Eigenverantwortung im hohen Alter umgesetzt wird, hängt sehr häufig mit den Erfahrungen zusammen, die im gesamten Lebenslauf gesammelt wurden. Um das Konstrukt der Eigenverantwortung für die Gesundheit möglichst umfangreich zu beschreiben, ist es daher sinnvoll, die gesamte Lebensspanne eines Individuums zu betrachten, so dass der Entwicklungsprozess der Eigenverantwortung nachvollzogen werden kann.

Aus diesen Ergebnissen lassen sich mehrere Konsequenzen für die vorliegende Forschungsarbeit ableiten: Um das Verantwortungsobjekt Gesundheit adäquat zu erfassen, ist es erforderlich, im Rahmen der quantitativen Untersuchung sowohl den objektiven als auch den subjektiven Gesundheitszustand zu erfragen. Dies ergibt sich vor allem vor dem Hintergrund, dass die Untersuchung die Zielgruppe der älteren Menschen in den Fokus stellt. Die Theorie hat gezeigt, dass ältere Menschen sich oftmals subjektiv gesund fühlen, obwohl sie an einer oder mehreren Erkrankungen leiden. Wenn gesundheitliche Eigenverantwortung erfasst wird, müssen dementsprechend subjektive und objektive Aspekte der Gesundheit berücksichtig werden. Eine weitere wichtige Basis liefert das vorgestellte Modell der Eigenverantwortung. Hier zeigt sich, dass die soziale Komponente einen zentralen Aspekt der gesundheitlichen Eigenverantwortung bildet: Eigenverantwortung bedeutet nicht nur für sich, sondern auch für andere Verantwortung zu übernehmen. Vor dem Hintergrund der Fragestellung der Arbeit ergibt sich ein doppelter Blickwinkel: Zum einen erscheint es bedeutsam, zu erfassen, inwieweit ältere Menschen Verantwortung für andere übernehmen und zum anderen, inwieweit sie davon profitieren, dass andere Menschen für sie Verantwortung übernehmen. Im Rahmen dieser Doppelstruktur zeigt sich das Zusammenspiel von Subsidiarität und Solidarität und bedarf einer besonderen Betrachtung im Rahmen der empirischen Untersuchungen. Die Hinweise aus der Theorie, dass Gesundheitsverhalten und die Entwicklung eines Gesundheitsbewusstseins sehr häufig durch individuelle Ereignisse im Leben einer Person bestimmt werden, müssen im Forschungsdesign ebenfalls beachtet werden: Neben der Erfassung der Ist-Situation, wie Eigenverantwortung zum Zeitpunkt der Befragung wahrgenommen wird, sollen biografische Methoden zum Einsatz kommen, um den individuellen Entwicklungsprozess greifbar zu machen.

5 Gesundheit und Eigenverantwortung in der Lebensspanne

Wie bereits weiter oben mehrfach festgestellt, geht die Ausübung von Eigenverantwortung stets mit einer Handlung einher. Das gilt auch für den Bereich der Gesundheit. Mit der Betrachtung der Lebenslaufperspektive lassen sich zwei Ebenen ausmachen, die Einfluss auf das menschliche Handeln haben: Zum einen handeln Individuen unter dem Einfluss struktureller Bedingungen, die gegeben sind durch Organisationen, Politik, Ökonomie, Geschlecht, Alter, Nationalität etc.. Zum anderen werden Handlungen beeinflusst durch die individuelle Sphäre einer Persönlichkeit (Charakter, Lebensziel, Gesundheitszustand, Lebenserfahrung etc.) (Clemens 2010; Williamson et al. 1992). Beide Ebenen sind nicht unabhängig voneinander zu betrachten. So kann beispielsweise durch Veränderungen der strukturellen Bedingungen die individuelle Sphäre maßgeblich beeinflusst und verändert werden (Backes 2013).

Das Konzept der Entwicklungspsychologie der Lebensspanne berücksichtigt beide Betrachtungsebenen und beschreibt Entwicklung als einen lebenslangen Prozess. Da das Individuum ständig auf Veränderungen reagieren muss, ist der Entwicklungsprozess niemals abgeschlossen. Von daher erscheint eine Betrachtung des Konstrukts gesundheitliche Eigenverantwortung im Kontext der Entwicklungspsychologie der Lebensspanne schlüssig: Gesundheit verändert sich ein Leben lang und das Individuum muss sich auf diese Veränderungsprozesse einstellen. Bevor der Entwicklungsprozess der gesundheitlichen Eigenverantwortung über die Lebensspanne beschrieben wird, werden im Folgenden die Kernpunkte der Lebensspannen-Psychologie erläutert.

5.1 Die Grundannahmen der Lebensspannen-Psychologie

Die „traditionelle" Entwicklungspsychologie der letzten 100 Jahre fokussierte vor allem die Lebensphasen der Kindheit und Jugend. Die Ausdehnung auf den Bereich der gesamten Lebensspanne wurde allenfalls als Beiwerk betrachtet, das auf der traditionellen Forschung aufbaut und diese erweitert. Dies gilt vorrangig für Forschungsarbeiten aus dem nordamerikanischen Raum. Betrachtet man allerdings die Tradition der Entwicklungspsychologie in Deutschland ergibt, sich ein anderes Bild:

> „Die Vorstellung einer Wissenschaft, die sich auf die gesamte Lebensspanne bezieht, die Gewinne und Verluste gleichermaßen berücksichtigt und der daran gelegen ist, die Erforschung des Regelhaften und Invarianten

P. Enste, *Gesundheitliche Eigenverantwortung im Kontext der Lebensspanne*,
https://doi.org/10.1007/978-3-658-23082-1_5

> der menschlichen Entwicklung zu verknüpfen mit dem Verständnis der Besonderheiten individueller Biographien, ist keine Beifügung zum Kern des Fachs. Vielmehr geht diese Vorstellung dem vor allem im 19. Jahrhundert dominierenden Interesse an Kindheit, Wachstum und Norm voraus." (Lindenberger 2007: 10)

Ein übergreifender, auf die gesamte Lebensspanne bezogener Ansatz, ist also keinesfalls neu. Als Wegbereiter der Entwicklungspsychologie der Lebensspanne gilt JOHNANN NICOLAUS TETENS. Schon in seinem 1777 veröffentlichten Hauptwerk „Philosophische Versuche über die menschliche Natur und ihre Entwicklung" lassen sich die Grundzüge der heutigen Ausrichtung der Entwicklungspsychologie der Lebensspanne erkennen (Lindenberger & Baltes 1999; Lindenberger 2007; Lindenberger & Staudinger 2012). Diese Grundzüge der modernen Entwicklungspsychologie der Lebensspanne lassen sich wie folgt beschreiben: BALTES, REESE & LIPSITT (1980) identifizieren vier Grundannahmen: Die *erste Grundannahme* bezieht sich auf den Aspekt, dass Entwicklung als lebenslanger Prozess zu sehen ist und sich nicht auf einzelne Lebensabschnitte beschränkt. Entwicklung wird als ein lebenslanger Prozess angesehen, der nicht wie in früheren Wachstums- und Reifungsmodellen mit dem Erreichen der Adoleszenz abgeschlossen ist. Eine solche Betrachtung stellt vor allem spätere Lebensphasen wie das Erwachsenenalter und das Alter als entwicklungsrelevante Lebensphasen in den Vordergrund der Betrachtung. Sie steht damit im Gegensatz zu früheren Entwicklungsmodellen, die den Reifungsprozess zumeist nur bis zum Beginn der Adoleszenz betrachten. Das Alter bildet in diesem Prozess ein bestimmtes Zeitfenster, das sich nicht eindeutig von anderen Lebensphasen abgrenzen lässt. Gleichzeitig wird eine andere Sicht auf die Lebensphase Alter gelegt. Es werden nicht nur die Abbauprozesse und die Verluste, die mit dem Alterungsprozess in Verbindung stehen, beleuchtet. Vielmehr erfolgt ein besonderer Blick auf die Chancen und Potenziale, die aus Sicht der Entwicklung mit dem Alter in Verbindung gebracht werden können.

Die *zweite Grundannahme* beschreibt, dass Entwicklung in diesem Zusammenhang multidirektional und multifunktional anzusehen ist: Entgegen der Annahme klassischer unidirektionaler Stufenmodelle, ist Entwicklung im Sinne der Lebensspanne nicht als Prozess zu sehen, der ausschließlich aus Entwicklungsgewinnen besteht. Vielmehr wird betont, dass Entwicklung zu jedem Zeitpunkt sowohl mit Gewinnen als auch mit Verlusten einhergeht. Nach BRANDTSTÄDTER sind Entwicklungsprozesse folgedessen als Veränderungsprozesse zweiter Ordnung zu verstehen:

> „Entwicklung beinhaltet [...] Änderungen in der Disposition, auf bestimmte exogene oder endogene Einflüsse in einer bestimmten Weise zu

> reagieren. Lernprozesse, Einstellungsänderungen, Reifungsprozesse, nicht zuletzt auch Alternsprozesse gehen typischerweise mit solchen Änderungen zweiter Ordnung einher – mit Veränderungen in der Art und Weise, wie Reize beantwortet, Informationen verarbeitet und Probleme bewältigt werden. Ein so gefasster Entwicklungsbegriff lässt also Aufbau und Abbau, Differenzierung und Entdifferenzierung, Integration und Desintegration, Gewinn und Verlust zu und erscheint insofern gerade für eine lebensspannenumfassende Perspektive angemessen.“ (ebd.2007: 36)

Ein typisches Beispiel ist die berufliche Spezialisierung: Während die Konzentration auf einen bestimmten Bereich mit erheblichen Gewinnen einhergeht, entstehen durch die natürlich gegebene Vernachlässigung anderer Bereiche (in diesem Falle beispielsweise alternative Qualifizierungsangebote) in dieser Richtung Verluste. Die Multifunktionalität lässt sich sehr gut am Modell der gelernten Abhängigkeit beschreiben. Hier wird der Beweis geliefert, dass dasselbe Verhalten einer Person verschiedene zum Teil sogar gegensätzliche Funktionen erfüllen kann. So bringt die Hilfsbedürftigkeit einer Person einerseits den Verlust bestimmter körperlicher Aktivitäten zum Ausdruck. Andererseits kann die damit verbundene Aufmerksamkeit, die der hilfsbedürftigen Person entgegen gebracht wird, zu Gewinnen im sozialen Bereich führen (Freund & Baltes 2005). Die multidirektionalen Entwicklungsverläufe beinhalten ein hohes Maß an intraindividueller Plastizität. Demnach unterschieden sich die Menschen zum Teil deutlich in ihren Entwicklungswegen und beherbergen in allen Lebensabschnitten ein Veränderungspotential, so dass eine Beschreibung von einheitlichen Entwicklungsmustern mit Schwierigkeiten behaftet ist:

> „Letztendlich kann Universalität im strikten Sinne nur bei solchen Entwicklungssequenzen gefunden werden, die als Implikationen formaler, logischer oder begrifflicher Strukturen rekonstruierbar sind […]. In allen anderen Fällen müssen wir prinzipiell eine kontextuelle Variabilität von Entwicklungsmustern unterstellen, wie sie sich in zahlreichen Entwicklungsbereichen manifestiert.“ (Brandtstädter 2007: 41)

Die *dritte Grundannahme* beschreibt die Annahme, dass Entwicklungsprozesse auf mehreren psychischen Dimensionen in unterschiedlichen Lebenskontexten ablaufen. Es gibt beispielsweise eine körperliche, eine kognitive, eine emotionale und eine soziale Dimension. Bei den unterschiedlichen Lebenskontexten lassen sich zum Beispiel Entwicklungsprozesse im Kontext von Beruf, Familie, sozialen Netzwerken, politische Aktivitäten oder Interessensgruppen beschreiben. Ein primäres Anliegen des Lebensspannenansatzes ist dabei ein ganzheitlicher Blickwinkel: Unterschiedliche Dimension und Entwicklungsverläufe werden nicht separiert betrachtet, sondern eben gerade unter dem übergreifenden Blickwinkel, um auch diese Beziehungen, Verhältnisse oder auch Widersprüche zu analysieren (Faltermaier 2002).

Die *vierte Grundannahme* geht davon aus, dass ein Lebensspannenansatz sich nicht nur ausschließlich auf altersbezogene Entwicklungsprozesse beschränkt, sondern neben den ontogenetischen Prozessen auch stärker die gesellschaftlich-historische Perspektive berücksichtigt. Somit erlangen gesellschaftliche, ökologische und historische Einflüsse auf den Entwicklungsprozess eine weitaus größere Bedeutung, als in der klassischen Entwicklungspsychologie (Baltes et al. 1980; Baltes 1990).

Bei der näheren Betrachtung der Grundannahmen wird deutlich, dass die Lebensphase Alter sehr stark in den Mittelpunkt der Betrachtung genommen wird. Dies ist nach BALTES vor allem auf drei Aspekte zurückzuführen: Erstens wird durch die demografische Entwicklung das Alter und das damit verbundene Verständnis über diese Altersphase zunehmend wichtiger, zweitens fokussiert die Gerontologie verstärkt die Forschung nach frühen Anzeichen des Alterns im Lebenslauf und drittens eben auch das Altern von Forschern und Versuchspersonen, die an entwicklungspsychologischen Längsschnittuntersuchungen beteiligt waren (Baltes 1990). Mit besonderem Fokus auf die Lebensphase Alter liegen drei Annahmen zu Grunde, die die Wirkung biologischer und kultureller Einflusssysteme auf die menschliche Entwicklung beschreiben (Baltes 1997; Staudinger & Baltes 2001; Staudinger 2007): Es wird *erstens* angenommen, dass es einen negativen Zusammenhang zwischen biologisch evolutionsbedingten Selektionsvorteilen und dem Lebensalter gibt. Daraus ergibt sich die Konsequenz, dass das menschliche Genom im höheren Lebensalter mehr dysfunktionale Gene enthält als in jüngeren Lebensphasen. Die Begründung dieser Annahme ist in der Evolutionsgeschichte der Menschheit zu sehen: Fruchtbarkeit und Elternschaft sind Ereignisse, die sich in der Regel in der ersten Lebenshälfte eines Individuums abspielen, auch wenn diese Aussage heutzutage nicht immer zutreffend ist und ein Verlagerung der Elternschaft bis in die zweite Lebenshälfte keine Seltenheit mehr ist. Über die gesamte Evolutionsgeschichte blickend ergibt sich allerdings das Bild, dass erst durch den medizinischen Fortschritt und den damit verbundenen Anstieg der Lebenserwartung, Menschen ein Lebensalter erreichen, in denen negative genetische Anlagen ihre Wirkung zeigen.

Die *zweite Annahme* geht davon aus, dass mit dem Lebensalter auch der Bedarf an Kultur ansteigt. Dieser These liegt der anthropologische Kulturbegriff zugrunde, der unter Kultur alle Arten von materiellen, psychologischen, technologischen, institutionellen, symbolischen und sozial-interaktiven Ressourcen, die die Menschheit hervorgebracht hat, zusammenfasst. Mit dem Einsatz von Kultur werden die biologischen Abbauprozesse kompensiert, was dazu führt, dass der Kulturbedarf mit steigendem Lebensalter ebenfalls steigt. Gleichzeitig lässt sich anhand dieser Annahme die unabdingbare Verknüpfung zwischen Kultur und Ontogenese zeigen: Erst durch die ständige Weiterentwicklung und Schaffung neuer Formen von Kultur ist der Anstieg der Lebenserwartung möglich geworden.

Die *dritte Annahme* betont, dass die Wirksamkeit von kulturellen Faktoren als Kompensation mit steigendem Lebensalter abnimmt. Beschreiben lässt sich dies am Beispiel des Lernpotenzials. Selbst mit intensivem Training fällt es älteren Menschen zunehmend schwerer, neue Fertigkeiten zu erlernen und es können nicht die gleichen Resultate erzielt werden, die von jüngeren Menschen realisiert werden.

Daraus folgt, dass Entwicklung über den Lebenslauf gesehen sowohl unter förderlichen als auch unter einschränkenden Bedingungen passiert, die in der Folge näher thematisiert werden sollen.

5.2 Förderungen und Einschränkungen von Entwicklung

Förderungen und Einschränkungen lassen sich dabei nach P. BALTES in drei Kategorien einteilen (Baltes 1990; Brandtstädter & Lindenberger 2007; Brandtstädter 2007; Faltermaier 2002; Kessler et al. 2009): Altersbedingte Einflüsse, geschichtlich bedingte Einflüsse und nicht normative Einflüsse.

Abbildung 7: Das Dreifaktorenmodell der Entwicklungseinflüsse

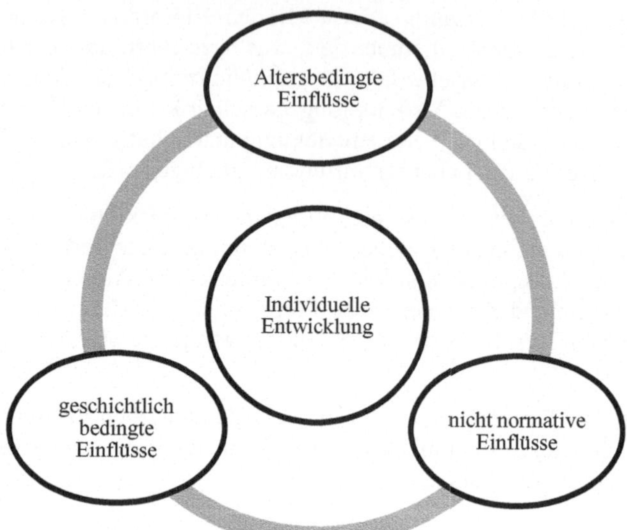

Quelle: Eigene Darstellung, nach Baltes 1990

Dieses Dreifaktorenmodell wirkt während der gesamten Lebenszeit, die Wechselwirkung der unterschiedlichen Faktoren ist für die Ausgestaltung individueller Lebensläufe verantwortlich.

Altersbedingte Einflüsse weisen einen starken Bezug zum chronologischen Alter des Individuums auf und sind aufgrund der zeitlichen Abfolge gut vorhersagbar. Biologische Reifungsprozesse (Pubertät) und altersgestufte Sozialisationsereignisse (Eintritt in den Ruhestand) sind typische Beispiele, die altersbedingte Einflüsse beschreiben.

Geschichtlich bedingte Einflüsse müssen im Kontext der historischen Zeit gesehen werden. Sie wirken in der Regel auf eine gesamte Generation innerhalb einer Gesellschaft. Typische Beispiele für Deutschland sind etwa der Zweite Weltkrieg und die Wiedervereinigung. Die Beispiele machen aber auch deutlich, dass solche Ereignisse zwar die gesamte Bevölkerung betreffen, ihre Auswirkungen allerdings individuell sehr unterschiedlich verlaufen können.

Unter den *nicht normativen Einflüssen* sind alle Einflussarten zusammengefasst, die weder einen altersbedingten noch einen historischen Kontext aufweisen. Sie betreffen in der Regel nicht den überwiegenden Teil einer Population, sondern verlaufen sehr individuell. Daher sind sie sehr schwer vorhersagbar. Typische Beispiele sind plötzlich eintretende Krankheiten, der Verlust einer nahestehenden Person oder aber beispielsweise auch der unerwartete Geldzuwachs durch einen Lottogewinn. Für das Alter sind besonders die so genannten nicht normativen kritischen Lebensereignisse bedeutsam (Krampen & Greve 2008).

Die Auswirkungen kritischer Lebensereignisse auf den Gesundheitszustand werden kontrovers diskutiert: In der Debatte kritische Lebensereignisse versus Alltagswidrigkeiten wird einerseits die These vertreten, dass kritische Lebensereignisse sehr belastend sein können, in der Regel aber nur selten gesundheitlich belastende Effekte zur Folge haben. Weitaus größer seien die Belastungen durch die Summierung der Alltagswidrigkeiten. Als Erklärung für diese Beobachtung werden angemessene Coping-Strategien und soziale Stützsysteme angeführt. Bislang gibt es allerdings sehr wenige Untersuchungen, die die Gruppe der älteren Menschen in den Fokus nehmen. Es zeigen sich Tendenzen, dass Coping in höheren Altersklassen weniger effektiv umgesetzt wird. Die Tatsachen, dass mit steigendem Lebensalter das Risiko kritischer Lebensereignisse zunimmt und ältere Menschen der Gefahr der Singularisierung und Vereinsamung und dem damit verbundenen Wegfall der sozialen Unterstützung ausgesetzt sind, machen deutlich, dass eine differenzierte Sicht auf die höhere Altersklasse notwendig ist (Seiffge-Krenke 2008). Andererseits vertritt die Gegenseite im Diskurs die Position, dass kritische Lebensereignisse nicht getrennt und isoliert von Alltagswidrigkeiten zu betrachten sind. Nach dieser Auffassung werden die Belastungen der kritischen Lebensereignisse häufig erst über Alltagswidrigkeiten sichtbar. Nicht selten sind die Widrigkeiten des Alltags als Vorbote von kritischen Lebensereignissen zu sehen. Am Beispiel der Scheidung wird deutlich, dass ein kritisches Lebensereignis nicht immer abrupt eintreten muss: Hier markiert die Scheidung vielmehr einen Endpunkt eines oftmals langen Prozesses, der durch eine Reihe von Alltagswidrigkeiten gekennzeichnet ist (Filipp 2007).

Weiter bleibt anzumerken, dass in der Entwicklungspsychologie nicht vorrangig und singulär auf die Auswirkungen kritischer Lebensereignisse auf den Gesundheitszustand fokussiert wird. Vielmehr steht im Vordergrund, dass kritische Lebensereignisse als natürliche Entwicklungsinterventionen im Erwachsenenalter einen Einfluss auf die Persönlichkeitsstruktur des Individuums nehmen können:

> „Kritische Lebensereignisse mögen Karriereverläufe beenden, die soziale Integration beeinträchtigen, das Vertrauen in andere nachhaltig erschüttern oder ein beschädigtes Selbstwertgefühl hinterlassen. Umgekehrt mögen sie

> aber auch in einer gestiegenen Selbstwirksamkeit und Bewältigungskompetenz oder einem Zugewinn von Lebenserfahrung und Weisheit zu sehen sein.“ (Filipp 2007: 349)

Es wird deutlich, dass hiermit sowohl negative als auch positive Veränderungen gemeint sein können. COSTA et al. konnten nachweisen, dass beispielsweise der Arbeitsplatzverlust Auswirkungen auf Persönlichkeitsmerkmale der Betroffenen haben kann. Bei Merkmalen, die dem Konstrukt des Neurotizismus zuzuordnen sind, konnte ein Anstieg beobachtet werden, während Persönlichkeitsmerkmale aus den Bereichen Gewissenhaftigkeit und Extraversion eher Abnahmen zu verzeichnen hatten. Sie weisen allerdings auch darauf hin, dass nicht das bloße Eintreten eines kritischen Lebensereignisses zur Veränderung des Persönlichkeitsmerkmales führt, sondern vielmehr die subjektive Bewertung eine ausschlaggebende Rolle spielt (ebd. 2000).

Eine besondere Form von kritischen Lebensereignissen und vor allem für Menschen in höheren Altersklassen von Bedeutung, ist in der Konfrontation mit Grenzsituationen zu sehen. Unter einer Grenzsituation wird ein unwiderruflich eintretendes Ereignis verstanden wie der Verlust des Lebenspartners oder die Konfrontation mit der Diagnose einer unheilbaren Krankheit. Sie besitzen den Charakter einer Endgültigkeit, die JASPERS treffend zum Ausdruck bringt: „Sie sind durch uns nicht zu verändern, sondern nur zur Klarheit zu bringen, ohne sie aus einem Anderen erklären und ableiten zu können (ebd. 1973: 203).“ Da mit steigendem Lebensalter das Risiko wächst, in eine solche unwiderrufliche Situation zu geraten, ist die Bewältigung von Grenzsituation für das höhere Lebensalter von zentraler Bedeutung. Ferner ist dabei anzumerken, dass gerade unerwartete kritische Lebensereignisse ein weitaus höheres Maß an Bewältigungsstrategien erfordern, als planbare antizipierbare Veränderungen (Wrosch & Freund 2001). Vor allem der Verlust des Lebenspartners kann teilweise dramatisch lebensverkürzende Wirkungen auf den Hinterbliebenen haben und ist in der Literatur als „Kummer-Effekt“ bekannt. Verwitwete zeigen gerade in den ersten sechs Monaten nach dem Tod des Partners eine um 36 % höhere Sterberate als Verheiratete. Zudem lassen sich geschlechtsspezifische Unterschiede ausmachen: Bei Männer besteht eine längere Gefährdung, die bis zu zwei Jahre nach dem Tod der Partnerin andauern kann (Seiffge-Krenke 1994).

Den Einfluss von Erfahrungswissen in der Entwicklung von Bewältigungsstrategien in Grenzsituation beschreiben KRUSE & WAHL:

> „Inwieweit Menschen in der Lage sind, mit den Unsicherheiten, die ihre aktuelle Situation bedingt, konstruktiv umzugehen -zum Beispiel in der Hinsicht, dass die Lebenszeit konstruktiv genutzt und verantwortlich ge-

> staltet wird -, hängt nicht zuletzt auch davon ab, inwieweit sie im Lebenslauf mit Grenzsituationen […] konfrontiert waren und es ihnen gelungen ist, in solchen Situationen ihr Lebenswissen zu vertiefen." (ebd. 2010: 149)

Demnach ist davon auszugehen, dass Personen, die bereits mehrfach mit Grenzsituationen im Leben konfrontiert worden sind, durchaus positive Erfahrungen sammeln können, wenn sie in der Lage waren, adäquate Bewältigungsstrategien zu entwickeln. Kann die Krise überwunden werden, die durch die Grenzsituation entstanden ist, kann es zu einem existentiellen Aufschwung kommen, der durch eine stabilere und autonomere Seinsverfassung gekennzeichnet ist (Mundt 2013).

5.3 Entwicklungsziele und Umsetzung

Generell lassen sich Entwicklungsziele von Menschen in drei Kategorien einordnen: Sie können erstens darauf abzielen, das vorhandene Funktionsniveau zu steigern (Zuwachs). Richtet sich das Ziel hin zu einem besseren Zustand, spricht man von Annäherungszielen. Zielt es darauf ab, sich von einem unerwünschten Zustand wegzubewegen, spricht man von Vermeidungszielen. Zweitens können sie darauf abzielen, das Funktionsniveau unter neu aufgetretenen erschwerten Lebensbedingungen beizubehalten (Aufrechterhaltung). Sie können sich aber auch drittens das Ziel setzen, den Verlust von nicht mehr herstellbaren Funktionsniveaus zu regulieren. Über den gesamten Lebenslauf betrachtet sind die Zielsetzungen nicht in allen Lebensphasen gleich verteilt. Während in jungen Lebensjahren der Fokus auf der Steigerung des vorhandenen Funktionsniveaus liegt, nimmt dieser Anteil mit steigendem Lebensalter stetig ab. Dieser Übergang von den zuwachsorientierten Zielen hin zu den erhaltenden und kompensierenden Zielsetzungen wird als übergeordnetes Ziel der Entwicklung im späteren Erwachsenenalter gesehen (Freund 2007a; Lindenberger & Schaefer 2008). Das bedeutet allerdings nicht, dass Entwicklungsgewinne im hohen Alter nicht mehr möglich sind: Es zeigt sich, dass regelmäßige körperliche Trainingseinheiten sogar zu gesundheitlichen Verbesserungen von Personen im sehr hohen Lebensalter führen, wenn die Übungen speziell auf die Zielgruppe angepasst werden (Brach et al. 2009; Kruse 2007b).

Des Weiteren lassen sich zwei Ebenen für Entwicklungsziele lokalisieren: Einerseits die Ebene der sozialen Normen und andererseits die Ebene der persönlichen Ziele. Die erstgenannte Ebene beschreibt Ziele, die sich an altersbezogenen Normen und Werten orientieren. Diese Ziele können durchaus in Konflikt mit den individuellen Wünschen einer Person stehen, sie beschreiben im sozialen Konsens, welche Ziele eine Person in einem bestimmten Altersbereich erfüllen oder verfolgen soll. Typische altersbezogene Ziele sind beispielsweise der Schulabschluss oder der Eintritt in den Ruhestand. In vielen Fällen regeln rechtliche Sanktionen die Einhaltung von solchen sozialen Zielsetzungen. Obwohl die soziale Ebene für das höhere Lebensalter sicherlich nicht zu vernachlässigen ist, gewinnen in dieser Lebensphase die persönlichen Zielen eine höhere Bedeutung (Freund 2007a). Persönliche Ziele dienen dazu, dem Individuum die Möglichkeit zu geben, seine Entwicklung selbst zu gestalten:

> „Persönliche Ziele beruhen auf antizipierten Zuständen und Ereignissen, die für eine Person von individueller Bedeutung sind. Sie zeigen an, wonach eine Person in ihrer gegenwärtigen Lebenssituation strebt und was sie in Zukunft in unterschiedlichen Lebensbereichen erreichen oder auch vermeiden möchte." (Brunstein et al. 2007: 271)

Sie können dabei kurz- oder langfristig angelegt, abstrakt oder sehr konkret formuliert sein. Über die Lebensspanne gesehen, können sich persönliche Ziele auch hinsichtlich ihres Inhalts oder ihrer Verfolgungsstrategie durchaus ändern (Freund 2007a).

Die Definition von persönlichen Zielen steht in unmittelbarem Zusammenhang mit der Bildung eines Lebensplans: Während die Ziele dabei definieren, was genau erreicht werden soll, beschreiben die Strategien den Weg, wie die Ziele erreicht werden sollen. Ziel und Strategie zusammen betrachtet, bilden also Lebenspläne, die den individuellen Lebenslauf oder Teilabschnitte daraus skizzieren. Je nach Lebenssituation müssen diese Pläne modifiziert, umstrukturiert oder verworfen werden und haben dementsprechend auch einen Einfluss auf das subjektive Wohlbefinden der Person, die sich den Lebensplan gesetzt hat. Einerseits vermittelt eine solche Planung das Gefühl, ein erfülltes und selbstbestimmtes Leben zu führen und bietet Orientierungspunkte für die kurz- oder langfristige Ausgestaltung des eigenen Lebens. Sie wirkt sich demzufolge durchaus positiv auf die Lebenszufriedenheit und die emotionale Befindlichkeit aus. Andererseits können Probleme bei der Realisierung der Ziele bis hin zur völligen Aufgabe eines gesetzten Zieles zu Frustrationen und Enttäuschungen führen, die sich negativ auf das subjektive Wohlbefinden auswirken (Brunstein et al. 2007). Kommt es häufiger zu einer Diskrepanz zwischen den eigenen Vorstellungen an das eigene Leben und den tatsächlichen Lebenserfolgen führt dies nicht selten zu einer negativen Lebenseinstellung (Michalos 1980).

Wie bereits weiter oben beschrieben, fokussieren Zielsetzungen im höheren Lebensalter eher auf die Erhaltungs- und Kompensationsfunktionen. In diesem Sinne können die Strategien, die die Zielerreichung beschreiben, als Bewältigungsstrategien bezeichnet werden. Wie ein solcher Bewältigungsprozess im Alter abläuft, lässt sich sehr gut anhand zwei ausgewählter Modelle verdeutlichen: Das Modell der Selektion, Optimierung und Kompensation (SOK) und das Modell der primären und sekundären Kontrolle (OPS). In beiden Modellen wird den persönlichen Zielen eine besondere Rolle zugesprochen. Das SOK-Modell betont in seiner Grundaussage, dass eine erfolgreiche Entwicklung auf dem Zusammenspiel der Prozesse Selektion, Optimierung und Kompensation fußt. Es beschreibt den theoretischen Rahmen zur Konzeptualisierung von Entwicklungsprozessen und ist anwendbar auf den gesamten Lebenslauf (Baltes 1997). Jedem der drei Hauptbegriffe kann ein inhaltlicher Funktionsbereich zugeordnet werden: Selektion bezieht sich auf die Richtung und das Ziel von Entwicklung. Optimierung bezieht sich auf die Ressourcen, die zur Zielerreichung eingesetzt werden. Kompensation beschreibt eine Reaktion auf den Verlust von Ressourcen, mit dem Ziel, den Funktionsstatus weitestgehend aufrechtzuerhalten. Jeder Entwicklungsprozess beinhaltet eine Kombination aus allen drei Funktionen, die durch das Lebensverlaufsskript geregelt ist: Mit steigendem Lebensalter gewinnen beispielsweise die Funktionen Selektion und Kompensation an Bedeutung, während der Optimierung weniger Gewicht geschenkt wird (Staudinger & Baltes 2001).

Das Modell der Optimierung durch primäre und sekundäre Kontrolle (OPS-Modell) baut auf der Basis des SOK-Modells auf. Auch HECKHAUSEN & SCHULZ weisen der Selektion und Kompensation primäre Aufgaben im Entwicklungsprozess zu, sehen jedoch in der Optimierung einen übergeordneten Regulationsprozess. In diesem Modell wird der Selektion die Aufgabe der fokussierten Investition von internen Ressourcen zur Zielerreichung zugewiesen, während sich die Kompensation auf externe Ressourcennutzung bezieht. Um die Entwicklung zu steuern und aktiv zu gestalten, haben Individuen dabei die Möglichkeit, primäre Kontrollmechanismen einzusetzen. Die primäre Kontrolle ist dabei auf die Außenwelt gerichtet. Bei der Selektion kann das Individuum mit dem aktiven Einsatz von eigenen Ressourcen seine Umwelt gemäß den eigenen Zielen gestalten. Typische Beispiele für selektive primäre Kontrolle sind die Auswahl einer Sportart, die man betreiben möchte oder die Wahl der beruflichen Richtung, die man einschlägt. Primäre Kontrollmechanismen, die dem Bereich der Selektion zugeordnet werden, sind dadurch gekennzeichnet, dass sie auf externe Ressourcen zurückgreifen wie zum Beispiel das Wahrnehmen von Hilfeangeboten. Unterstützt wird dieser Prozess durch den Einsatz der sekundären Kontrolle, die den Fokus auf die Innenwelt des Individuums setzt. Durch bestimmte Mechanismen wie Zielabwertung oder Vergleiche ziehen wird versucht, die Motivation zur Zielerreichung aufrechtzuerhalten oder ein mögliches Scheitern abzufedern. Generell gilt dabei: Nur wenn primäre Kontrollmechanismen nicht greifen oder umsetzbar sind, soll auf sekundäre Mechanismen zurückgegriffen werden (Freund & Baltes 2005; Freund

2007b; Heckhausen & Schulz 1995; Heckhausen et al. 2010; Rothgang 2008; Wrosch & Heckhausen 1999).

Über die Lebensspanne gesehen, geht man davon aus, dass die Möglichkeit primäre Kontrolle auszuüben mit steigendem Lebensalter abnimmt, weil beispielsweise durch altersbedingte Funktionseinschränkungen der Handlungsspielraum geringer wird. Gleichzeitig wird die sekundäre Kontrolle immer wichtiger (Rothgang 2008). Als sekundäre Kontrollstrategien werden Verhaltensstrategien bezeichnet, die darauf abzielen in spezifischen alterstypischen Herausforderungen alternative Lösungen zu ermöglichen. Typische Beispiele hierfür sind die Anpassung von persönlichen Erwartungen, das Aufgeben von Aspekten des Selbstbildes, die dem tatsächlichen Selbst nicht mehr entsprechen oder die Aufgabe von Zielen, die realistisch nicht mehr erreicht werden können. Die sekundäre Kontrolle beschäftigt sich dementsprechend mit der kognitiven Anpassung des Individuums an die vorliegenden Lebensbedingungen.

5.4 Wie entsteht Verantwortung für die Gesundheit?

Unter einem Konzept versteht man geordnetes Wissen über komplexe Sachverhalte. Bei der Aufstellung von Gesundheitskonzepten ergibt sich nach dieser Definition eine Besonderheit: Anders als Krankheit, wird Gesundheit oftmals nicht als Besonderheit, sondern als Normalzustand wahrgenommen. Sehr häufig verläuft dementsprechend die Sammlung von Wissen über Gesundheit eher unterbewusst. Gesundheitskonzepte subsumieren Komponenten des Gesundheitsbewusstseins und des aktiven Handelns, die das Ziel verfolgen, Gesundheit zu erhalten beziehungsweise zu fördern. Gesundheitsbewusstsein beinhaltet dabei biografische und kognitive Komponenten, die Wahrnehmung des eigenen Körpers, Risiken und Ressourcen (Dreher & Dreher 1999).

KNÄUPER & SCHWARZER (1999) plädieren bei der Beurteilung von Beziehungen zwischen körperlichen Vorgängen und ihren subjektiven Bewertungen für eine verstärkte Berücksichtigung der Lebensspannenperspektive. Sie weisen daraufhin, dass eine Reihe von Entwicklungsprozessen direkt mit körperlichen Erfahrungen, Erlebnissen oder Veränderungen verbunden sind und einschneidende entwicklungsbezogene Körpererfahrungen darstellen können. Dabei sind vier grundlegende Annahmen zu beachten: Erstens ist das Erleben von Gesundheit und Krankheit über den Lebenslauf betrachtet mit lebenslänglichen Veränderungsprozessen verbunden. Zweitens ist davon auszugehen, dass Erfahrungen, die in früheren Lebensphasen gesammelt wurden, sich auf das Erleben späterer Gesundheitsereignisse auswirken. Drittens gibt es gesundheitsbezogene Ereignisse, die bevorzugt in bestimmten Lebensphasen auftreten. Mit Bezug auf das weiter oben eingeführte Dreifaktoren-Modell kann viertens festgehalten werden, dass es sowohl altersnormative als auch nicht-normative Ereignisse gib.

Jeder Entwicklungsphase können bestimmte normative gesundheitliche Ereignisse zugeordnet werden. In der Kindheit wird quasi „die Basis" für die individuelle Gesundheitsgeschichte gelegt. Da sich Gesundheitsüberzeugungen schon sehr früh im Leben bilden, spielt die Kindheit eine besondere Rolle bei der Betrachtung der Lebensspanne. In der Regel spielen chronische Krankheiten keine Rolle, so dass sie selten Einfluss auf das primäre Entwicklungsziel dieser Phase haben, Unabhängigkeit und Kompetenz in Bezug auf die Umgebung aufzubauen. Diese Phase ist eher durch die typischen Kinderkrankheiten geprägt. Kommt es in Ausnahmefällen allerdings doch zu chronischen oder akuten schweren Krankheiten, hat dies sehr häufig gravierende einschränkende Folgen bei der Ausbildung der Autonomie (Knäuper & Schwarzer 1999). Der Rolle des Elternhauses kommt in dieser Phase der Entwicklung eine besondere Bedeutung zu. Ihre Funktion im Hinblick auf Prävention beschreibt REMMERS wie folgt:

> „Einer lebensgeschichtlich frühzeitigen Aufmerksamkeit für Krankheitsprävention kommt deshalb große Bedeutung zu, weil die Auftretenswahrscheinichkeit gesundheitlicher Beeinträchtigungen durch individuell variierende Risikofaktoren und Risikokonstellationen, aber auch personale, soziale, familiale Ressourcen im Lebenslauf beeinflusst wird. […] Für die frühe Prävention stellen naturgemäß Familien ein erhebliches Potenzial dar, das in Deutschland –unabhängig von mit der Privatheit verbundenen Hemmschwelle- noch zu wenig ausgeschöpft wird." (ebd. 2014: 253)

Die Art des Erziehungsstils der Eltern hat einen nachhaltigen Einfluss auf die Entwicklung der Persönlichkeit des Kindes und infolgedessen auf die Herausbildung von gesundheitsbezogenen Einstellungen. Es hat sich gezeigt, dass ein autoritativer Erziehungsstil, der geprägt ist durch eine akzeptierende Haltung, die klare Strukturen vorgibt, eine positive Persönlichkeitsentwicklung unterstützt. Der Erziehungsstil kann entscheidend dazu beitragen, dass sich Kinder zu eigenständigen, kompetenten und gemeinschaftsfähigen Individuen entwickeln (Faller & Lang 2010). Zudem kann das Gesundheitsverhalten der Eltern einen nachhaltigen Einfluss auf die Gesundheit des Kindes haben, was am Beispiel des Rauchens illustriert werden kann: Sind Kinder regelmäßig Passivrauchbelastung ausgesetzt, erkranken sie häufiger an Mittelohrentzündungen, Atemweginfektionen und Asthma bronchiale. Der soziale Status hat einen starken Einfluss auf die Belastung durch Passivrauchen: Während nur 3,3 % der Kinder aus sozial gut gestellten Haushalten angeben, regelmäßig Passivrauchbelastungen ausgesetzt zu sein, ist es bei den Haushalten mit niedrigem sozialen Status fast jedes vierte Kind (Lampert et al. 2015, 2015).

Wie bereits weiter oben beschrieben, spielen diese Attribute eine wichtige Rolle bei der Entstehung von eigenverantwortlichem Handeln. Gleichzeitig kann ein negativ aufgefasster Erziehungsstil auch die Basis für eine kontraproduktive Persönlichkeitsentwicklung sein. Als ein zentrales Ereignis im Kindesalter kann der Eintritt in die Schule gesehen werden. Er stellt neue Anforderung an die Herausbildung von sozialen und kognitiven Kompetenzen. Der Schulalltag ist strukturiert und vom Individuum wird erwartet, sich an Normen und Regeln zu halten. Außerdem wird das Individuum mit einem strukturierten System der Leistungsbewertung konfrontiert. Dieser Prozess hat einen maßgeblichen Einfluss auf das Selbstkonzept des Betroffenen. Eine negative Bewertung kann das Selbstwertgefühl negativ beeinflussen und Kompensationsversuche können beispielsweise in gesundheitsbezogenes Risikoverhalten ausufern. Andersrum kann sich positive Bewertung positiv auf das Selbstwertgefühl auswirken (Lohaus & Klein-Heßling 2009). Das sich anschließende Jugendalter ist geprägt durch die Identitätsbildung. Zu den zentralen Entwicklungsaufgaben dieser Lebensphase gehören der Aufbau eines Freundeskreises, Übernahme der jeweiligen Geschlechterrolle, Akzeptanz der eigenen körperlichen Erscheinung, emotionale Unabhängigkeit von den Eltern, Auseinandersetzung mit persönlichen Lebenszielen im eigenen Leben und der Aufbau einer Zukunftsperspektive, Selbstfindungsprozesse sowie der Aufbau einer eigenen Identität (Faller & Lang 2010).

Aus gesundheitspsychologischer Sicht spielen Risikoverhaltensweisen in dieser Lebensphase eine prägende Rolle für die Identitätsbildung. Gesundheitsschädigendes Verhalten wie Rauchen oder der Konsum von Alkohol kann sich nachhaltig auf die Gesundheitsentwicklung in späteren Lebensphasen auswirken. Problematisch ist die Tatsache, dass sich Jugendliche häufig nicht den Folgen ihrer Handlungen bewusst sind und zudem unter dem Einfluss von Gruppenzwängen stehen („Rauchen ist cool."). Im mittleren Erwachsenenalter liegt der Fokus der Entwicklung auf dem Aufbau einer beruflichen Karriere und dem Familienleben. Aus dem Blickwinkel der Gesundheit können sich in dieser Lebensphase bereits Verschlechterungszustände bemerkbar machen und somit einen erheblichen Einfluss auf die Entwicklung ausüben (Knäuper & Schwarzer 1999). Andererseits lassen sich protektive Faktoren ausmachen, die einen positiven Einfluss auf den Gesundheitszustand und das Wohlbefinden haben. Untersuchungen haben gezeigt, dass beispielsweise die Ehe eine stabilisierende und gesundheitlich schützende Funktion in dieser Lebensphase einnehmen kann (Kuhlmey et al. 2007; Rogers 1996). Die These der protektiven Wirkung der Ehe wird allerdings durch einen differenzierten Blick relativiert: So zeigt sich zwar bei zunehmender Ehedauer eine relative Verbesserung des Gesundheitszustandes der Partner gegenüber Ledigen, die Erkrankungsrate von Verheirateten liegt allerdings nur unwesentlich unter der von ledigen Personen. Ein statistisch signifikanter Unterschied lässt sich in der Gesundungschance zugunsten der Verheirateten ausmachen, was durch die erhöhte Unterstützung durch den Partner im Krankheitsfall zu erklären ist (Unger 2007). Wird die Ehe als Belastung wahrgenommen („bad marriage"), kann die protektive Funktion ganz aufgehoben werden und in das Gegenteil umschlagen: Studien zeigen, dass sogenannte „bad marriages" zu gesundheitlichen Komplikationen führen können. Das gilt im Besonderen für Herzerkrankungen. Zudem zeigt sich ein geschlechtsspezifischer Unterschied zuungunsten von verheirateten Frauen (Birmingham et al. 2015; Liu & Waite 2014).

Das Alter markiert eine wichtige Phase aus Sicht der Entwicklung. Obwohl heute der überwiegende Teil der älteren Menschen relativ gesund alt wird, lassen sich altersbedingte Funktionseinschränkungen nicht leugnen. Mit dem Alter steigt die Gefahr, an einer oder mehreren Erkrankungen zu leiden an. Gleichzeitig lässt sich aber eine große Verschiedenartigkeit der Gesundheitsverläufe bei älteren Menschen beobachten (Knäuper & Schwarzer 1999). Während in anderen Entwicklungsphasen der Aufbau von Gesund-heitskompetenzen im Vordergrund steht, ist die Altersphase durch den drohenden Verlust von Gesundheit geprägt. Wie bereits weiter oben beschrieben, gilt dies im besonderen Maße für das vierte Lebensalter. Diese Phase kann als die wohl verletzlichste Lebensphase im Erwachsenenalter beschrieben werden. Während in der vorangehenden Phase des dritten Lebensalters drohende Verluste meist erfolgreich kompensiert werden können, ist sie eher durch längere Phasen von einer oder mehreren Krankheiten gekennzeichnet. SCHILLING & WAHL stellen fest:

> „Die verbleibende Lebenszeit wird, je älter wir werden, statistisch gesehen immer stärker durch sogenannte inaktive Lebenserwartung bestimmt, d.h., die Wahrscheinlichkeit immer längerer Phasen an Hilfe- und Pflegebedürftigkeit wird immer höher, je älter wir werden." (ebd. 2014: 202)

Im Hinblick auf die gesundheitliche Eigenverantwortung ist es in dieser Phase also von zentraler Bedeutung, wie Personen ihren Gesundheitszustand wahrnehmen, selbst wenn bereits gesundheitliche Einschränkungen vorliegen. Bereits weiter oben wurde auf den Unterschied zwischen objektivem und subjektivem Gesundheitszustand hingewiesen. Der wahrgenommene Gesundheitszustand bildet eine entscheidende Komponente bei der Bewertung des eigenen Wohlbefindens. Sehr häufig wird in diesem Zusammenhang das sogenannte Wohlbefindensparadoxon aufgeführt, das besagt, dass sich viele Menschen auch unter widrigen Lebensumständen wohlfühlen (Baltes & Baltes 1990; Staudinger 2000). Es gibt Hinweise, dass sich das Paradoxon auf junge Alte übertragen lässt, SCHILLING & WAHL weisen allerdings darauf hin, dass eine Übertragung auf die gesamte Lebensphase Alter fraglich ist:

> „Die wenigen Befunde zur Entwicklung der Lebenszufriedenheit im sehr hohen Alter deuten durchaus auf eine [...] spezifische Verlusttendenz. Zwar tritt diese bei querschnittlichen Vergleichen der durchschnittlichen Lebenszufriedenheit Hochaltriger im Vergleich zu jüngeren Alten kaum zutage, jedoch zeigten längsschnittliche Analysen, die das sehr hohe Alter mit einbezogen, eine sich im sehr hohen Altersbereich beschleunigende Verschlechterungstendenz. Somit bestätigen Befunde längsschnittlicher Untersuchungen zur Lebenszufriedenheit im sehr hohen Alter eher *nicht* die Annahme, dass es Hochaltrigen im Sinne des Wohlbefindensparadoxon bis ins sehr hohe Alter gelingt, ihr Leben mit sich häufenden Verlusterfahrungen positiv zu bewerten." (ebd. 2014: 206)

Vielmehr erscheint es als zentral, wie Personen im Alter mit Krankheit und Verlust umgehen und welche Bewältigungsstrategien sie entwickeln. Dies gilt vor allem für eintretende Einschränkungen, die durch neu auftretende Alterskrankheiten hervorgerufen werden können und nicht selten zum Verlust der Selbstständigkeit führen. Man spricht in diesem Zusammenhang in Anlehnung an das Kleinstkindalter von der zweiten Abhängigkeit im Lebenslauf (Schiffersdecker & Schiffersdecker 2016). Dieser Umgang mit der eigene Hilfe- und Pflegebedürftigkeit und die Konfrontation mit der Endlichkeit des eigenen Lebens rücken vermehrt in den Mittelpunkt der Betrachtung. In diesem Zusammenhang bringen die demografische Entwicklung und der damit verbundene Anstieg der Lebenserwartung eine besondere gesellschaftliche und individuelle Verantwortung mit sich:

> „Die menschliche Kultur hat mit Hilfe von Hygiene, Medizin und hohem Lebensstandard in den ´natürlichen´ Verlauf der menschlichen Entwicklung eingegriffen. Daraus lässt sich eine gesellschaftliche und individuelle Verantwortung definieren, das Begonnene verantwortungsvoll weiterzuführen. Man könnte es gar als unverantwortlich bezeichnen, beim bloßen Hinzufügen von 30 Jahren –also der Quantität- stehen zu bleiben und sich nicht mehr um die Lebensqualität dieser Jahre zu kümmern." (Staudinger 2003: 35)

Diese Aspekte müssen bei der Bewertung der gesundheitlichen Eigenverantwortung von Hochaltrigen zwingend berücksichtigt werden. Auf diesen Bewertungsprozess haben demnach sowohl individuelle als auch gesellschaftliche Faktoren einen zentralen Einfluss: Zum einen wirken bestimmte Persönlichkeitsmerkmale und –eigenschaften, wie Gesundheit oder eben Krankheit im Alter wahrgenommen werden und zum anderen spielt die sowohl eigene als auch generelle Wahrnehmung der Lebensphase Alter eine Rolle. Diese beiden Aspekte sollen in der Folge näher erörtert werden.

5.4.1 Persönlichkeitsentwicklung, Alter und Gesundheit

In der Baltimore-Studie[4] wurden u.a. Untersuchungen zur Persönlichkeitsentwicklung durchgeführt, die auf dem Persönlichkeitsmodell der Big-Five aufbauen. Es zeigte sich eine Konstanz der Persönlichkeit im Alterungsprozess. Es ließen sich allenfalls geringfügige Veränderungen einzelner Persönlichkeitsmerkmale ausmachen (Kruse 1994). Auch neuere Untersuchungen zeigen, dass die Persönlichkeitseigenschaften nach dem 30. Lebensjahr ein hohes Maß an Stabilität aufweisen (Terracciano et al. 2006). Dennoch bestätigen eine Reihe von Untersuchungen, dass es auch im Alter zu Veränderungen der Ausprägungen der Big-Five-Kategorien kommen kann: SPECHT, EGLOFF & SCHMUKLE (2011) zeigten in einer Untersuchung in Deutschland, dass das Alter auf mehrere Kategorien einen signifikanten Einfluss hat:

- **Neurotizismus:** Es zeigte sich ein Anstieg der Werte bis zum 30. Lebensjahr. Danach gingen die Werte wieder leicht zurück, bis das die Lebensphase 60 bis 70 Lebensjahr erreicht war. Danach konnte wiederum ein Anstieg festgestellt werden. Generell handelte es sich aber nur um geringe Effekte.
- **Extraversion:** Im Vergleich zu jüngeren Menschen zeigten sich bei älteren Menschen niedrigere Werte. Auch im Längsschnitt zeigte sich über die Periode von vier Jahren bei älteren Menschen ein deutlicherer Rückgang als bei der jüngeren Population.
- **Offenheit:** Während bei jüngeren Menschen (bis 30 Jahre) die Werte überdurchschnittlich hoch waren, zeigten sich bei älteren Menschen (ab 70 Jahre) unterdurchschnittliche Werte. Es zeigte sich zudem im Längsschnitt, dass mit steigendem Lebensalter auch eine höhere Abnahme über den Zeitraum von vier Jahren zu verzeichnen war.

---

[4] Die Baltimore Longitudinal Study of Ageing ist eine amerikanische Langzeitstudie, die erstmals 1958 erhoben wurde und seitdem kontinuierlich fortgesetzt wurde.

- **Gewissenhaftigkeit:** Im Vergleich zu jüngeren Menschen, zeigten sich bei älteren Menschen höhere Werte.
- **Verträglichkeit:** Hier erwies sich der Einfluss des Alters als sehr komplex. Während jüngere Altersklasse deutlich niedrigere Werte aufwiesen, als Personen im mittleren Lebensalter, konnte für die höheren Altersklassen (Personen ab 70 Jahre) wieder ein Absinken festgestellt werden.

Diese Ergebnisse sind besonders interessant, wenn man sie mit den in Kapitel 2.6 vorgestellten Ergebnissen zum Zusammenhang von Eigenverantwortung und Persönlichkeitseigenschaften vergleicht: Hier kristallisierte sich ein starker Zusammenhang zwischen Eigenverantwortung und Gewissenhaftigkeit heaus. Wenn nun die Eigenschaft der Gewissenhaftigkeit im Alter durch höhere Werte gekennzeichnet ist, ergeben sich Hinweise, dass Eigenverantwortung im höheren Lebensalter ähnlich stark ausgeprägt ist. Ferner gilt allerdings auch, dass Entwicklungsprozesse immer individuell betrachtet werden müssen: So gilt, dass einschneidende Lebensereignisse einen Einfluss auf die Persönlichkeitsmerkmale haben und diese auch durchaus verändern können. Dies verdeutlichen die Ergebnisse der Duke Longitudinal Studie. In dieser Längsschnittstudie wurden die Persönlichkeitseigenschaften der Teilnehmer alle sieben Jahre erfasst. Es wurde deutlich, dass Teilnehmer, die während des Intervalls eine Scheidung miterlebt haben, geschlechtsspezifische Änderungen aufweisen: Bei Männern konnte eine Zunahme des Neurotizismus und eine Abnahme der Extraversion beobachtet werden und bei Frauen das umgekehrte Muster (Staudinger 2008).

Bei der Bewältigung von besonderen Lebenssituationen, zu denen die Konfrontation mit altersbedingten Funktionsverlusten gehört, ist es wichtig, dass die Situation zunächst richtig eingeschätzt und interpretiert wird. Hierbei zeigt sich, dass eine günstige Interpretation in der Regel auch mit einer besseren Bewältigung einhergeht. Dabei handelt es sich um eine Persönlichkeitseigenschaft, die relativ konstant in der Lebensspanne bleibt: Die in der Jugend erhobenen Attributionsmuster werden häufig bis in hohe Lebensalter beibehalten (Schwarzer & Jerusalem 2002). Geht es schließlich um den eigentlichen Bewältigungsprozess kommt das Konstrukt der Selbstwirksamkeitserwartung ins Spiel. Bei der Entstehung von Selbstwirksamkeit lassen sich nach BANDURA (1977, 1997) vier Quellen identifizieren: Erstens können physiologische Zustände und ihre Deutung (z.B. Herzklopfen) das Vertrauen in die eigenen Fähigkeiten beeinflussen. Zweitens spielt die soziale Komponente eine Rolle. Bekommen Personen Zuspruch durch andere, steigt das Vertrauen in die eigenen Fähigkeiten. Als weitere Quelle lässt sich drittens das Modelllernen ausmachen. Wird eine andere Person bei der Überwindung eines Problems beobachtet, kann sich dies positiv auf die Selbstwirksamkeit der beobachtenden Person auswirken. Unter der Betrachtung der Lebenspanne ist vor allem viertens der Punkt der eigenen Erfahrung von Bedeutung. Das Überwinden von schwierigen Situation wird als positives Erlebnis abgespeichert und wirkt sich auch in Zukunft auf anstehende Bewältigungsprozesse positiv aus. Besonders hervorzuheben sind dabei die „mastery experiences“. Hierbei handelt es sich um Situationen, in denen die Person zunächst nicht weiß, wie sie sie bewältigen soll, letztendlich aber doch durch eigene Bemühungen und Anstrengungen einen Lösungsweg findet:

> „Selfdirected mastery experiences are then arranged to reinforce a sense of personal efficacy. Through this form of treatment incapacitated people rapidly lose their fears, they are able to engage in activities they formerly inhibited, and they display generalized reductions of fears toward threats beyond the specifically treated condition.“ (Bandura 1977: 197)

Gerade im Alter haben Selbstwirksamkeitsüberzeugungen einen hohen Einfluss auf das Wahrnehmen von körperlichen Funktionseinschränkungen und somit auch auf die Bewertung des subjektiven Gesundheitszustandes: Personen, die ein hohes Vertrauen in ihre eigenen Fähigkeiten haben, nehmen Funktionseinschränkungen als weniger belastend wahr, als Personen mit niedrigem Vertrauen in die eigenen Fähigkeiten. Somit gilt, dass ein hohes Maß an Selbstwirksamkeitserwartung sich positiv auf den täglichen Aktivitätsgrad auswirkt (Seeman et al. 1999).

5.4.2 Altersselbstbild, Altersfremdbild und Gesundheit

Je überzeugter ein Individuum davon ist, dass Altern ein wenig beeinflussbarer Prozess ist, der vornehmlich mit körperlichen Abbauprozessen verbunden ist, desto weniger wird es davon überzeugt sein, durch das eigene Handeln den Alternsprozess beeinflussen zu können. Der Einfluss von Kompetenzüberzeugen auf das Gesundheitsverhalten wurde bereits weiter vorne diskutiert. Sie bilden zentrale Determinanten bei der Beschreibung von gesundheitsrelevantem Verhalten. Sie zeigen, dass gesundheitliche Normen der sozialen Umwelt einen Einfluss auf das individuelle Gesundheitsverhalten haben. HUY & THIEL weisen allerdings darauf hin, dass dieser Aspekt gerade für den Bereich des höheren Lebensalters bislang nur unzureichend beleuchtet wurde. In ihrer Untersuchung konnten sie nachweisen, dass Personen mit einer positiven stereotypen Wahrnehmung vom Alter ein signifikant besseres Gesundheitsverhalten an den Tag legen, als Personen die sich eher mit einem klassischen defizitorientierten Bild über das Alter identifizieren (ebd. 2009). Ausgehend von der Tatsache, dass die Vorstellungen älterer Menschen über sich selbst nachhaltig durch die Vorstellungen, die in ihrer Umwelt über sie existieren, beeinflusst werden, kann festgehalten werden, dass die Entwicklung der Persönlichkeit im höheren Erwachsenalter durch das Wechselwirkungsverhältnis zwischen Individuum und Gesellschaft geprägt wird. Veränderungsprozesse, die das Alter mit sich bringt, sind demnach für das Individuum von besonderer Bedeutung, wenn das soziale Umfeld diese eindeutig wahrnimmt und darauf reagiert (Kaiser 2008; Rossow 2012). Es ergibt sich also ein Wechselspiel zwischen individuellen und gesellschaftlichen Komponenten. Beide Komponenten formen Altersbilder und werden in der Definition von STAUDINGER berücksichtigt:

> „Unter dem Begriff Altersbild versteht man all die Vorstellungen und Erwartungen zu Eigenschaften, körperlichen Zuständen und Möglichkeiten, die sich im Alter bieten oder mit ihm einhergehen. Das Altersbild bezieht sich im Allgemeinen auf die gesellschaftliche Sicht auf diese Lebensphase und wird dann auch häufig *Altersstereotyp* genannt. Es kann sich jedoch auch auf die Wahrnehmung des eigenen Alters beziehen und sollte dann der Klarheit wegen besser *Altersselbstbild* genannt werden.“ (ebd. 2012: 192)

Altersstereotypen können als kollektive Deutungsmuster verstanden werden, wie ältere Menschen in einer Gesellschaft angesehen werden. Das Altersselbstbild beruht auf individuellen Erfahrungen und ist gezeichnet durch den kulturellen Hintergrund der jeweiligen Person. Beide Formen von Altersbildern können sowohl positiv als auch negativ ausgeprägt sein und somit maßgeblich das gesellschaftliche Zusammenleben beeinflussen: Negative Altersbilder können zu einer erhöhten Altersdiskriminierung beispielsweise im Berufsleben oder in der medizinischen Versorgung führen. Altersdiskriminierung erfolgt allerdings nicht ausschließlich durch jüngere Menschen: So können beispielsweise negative Altersselbststereotypisierungen dazu führen, dass ältere Menschen sich wenig zutrauen (Wurm et al. 2013).

Persönliche Altersbilder können sich über den Lebenslauf gesehen verändern. Der Faktor Gesundheit spielt dabei eine zentrale Rolle (Wurm & Huxhold 2012). Studien belegen, dass Altersbilder im zeitlichen Verlauf einen stärkeren Einfluss auf den Gesundheitszustand haben, als umgekehrt der individuelle Gesundheitszustand Altersbilder prägt (Wurm et al. 2007). Anders formuliert bedeutet dies: Wenn ich ein positives Altersbild in meinem Kopf habe, wirkt sich dies ebenfalls positiv auf meinen Gesundheitszustand aus und umgekehrt. Andererseits ist beispielsweise der Einfluss einer körperlichen Einschränkung im Alter nicht so maßgebend für das Bild, was ich vom Alter im Kopf habe. Gleichzeitig zeigt sich, dass die Einstellung zum eigenen Alter mit zunehmendem Lebensalter negativer wird und wesentlich durch die aktuelle Ressourcenlage des Individuums beeinflusst wird (Schelling & Martin 2008).

5.5 Zusammenfassende Implikationen

Anders als klassische Zweige der Entwicklungspsychologie baut die Entwicklungspsychologie der Lebensspanne auf der Feststellung auf, dass die menschlichen Entwicklungsprozesse nicht mit dem Jugendalter abgeschlossen sind, sondern sich über die gesamte Lebensspanne hinziehen. Während der gesamten Zeit können die Prozesse sowohl positiv als auch negativ verlaufen. Mit dieser Betrachtungsweise gewinnt die Lebensphase Alter eine neue Gewichtung: Während in der früheren Entwicklungspsychologie diese Phase in erster Linie defizitorientiert und mit Entwicklungsverlusten in Verbindung gebracht wurde, sind mit diesem Ansatz Entwicklungsgewinne bis ins hohe Lebensalter durchaus möglich.

Entwicklungsprozesse verlaufen dabei über den gesamten Lebenslauf unter förderlichen und einschränkenden Bedingungen, die sich in drei Kategorien einteilen lassen: Die altersbedingten Einflüsse weisen einen direkten Bezug zum chronologischen Alter auf. Für den Bereich der Gesundheit lassen sich einige markante Punkte im Lebenslauf festmachen: In der Kindheit werden wichtige hygienische Regeln durch das Elternhaus vermittelt. Die Pubertät ist ein weiterer wichtiger Punkt im Leben, der die Einstellung zum eigenen Körper und der Gesundheit prägt. Im Berufsleben haben der Arbeitsplatz und das Berufsfeld einen zentralen Einfluss auf die physische und psychische Gesundheit.

Des Weiteren werden die historisch-bedingten Einflüsse berücksichtigt. Hiermit sind Ereignisse gemeint, die eine gesamte Bevölkerungsgruppe betreffen, ihre Auswirkungen können allerdings sehr unterschiedlich verlaufen. Typische Beispiele, die für den Bereich der Gesundheit eine erhebliche Rolle spielen, sind beispielsweise Kriege und die damit verbundenen Notlagen oder etwa besondere medizinische Errungenschaften, die die Zusammensetzung der Gesellschaft nachhaltig beeinflussen (Entdeckung von Penicillin oder Anti-Baby-Pille).

Als dritte Einflussgröße sind die nicht-normativen Ereignisse anzusehen, die durch ein nicht kalkulierbares Auftreten im Lebenslauf gekennzeichnet sind. Sie können sowohl negativ als auch positiv geartet sein. Für den Gesundheitsbereich lassen sich direkte und indirekte Einflüsse identifizieren: Wird eine Person beispielsweise mit einer Krankheitsdiagnose konfrontiert, hat es direkten Einfluss auf den Entwicklungsprozess der Einstellung zur Gesundheit. Des Weiteren können aber auch Krankheiten von Freunden oder nahen Angehörigen einen indirekten Einfluss nehmen. Als besondere Form werden Grenzsituationen bezeichnet, die durch eine gewisse Unumkehrbarkeit gekennzeichnet sind: Eine Diagnose mit einer unheilbaren Krankheit oder der Verlust des Lebenspartners können als Beispiele genannt werden. Für die Lebensphase Alter gilt, dass Grenzsituationen zwar weiterhin nicht kalkulierbar sind, mit steigendem Lebensalter aber die Wahrscheinlichkeit steigt, sich mit einer Grenzsituation auseinander setzen zu müssen.

Ein erfolgreiches Altern ist generell dadurch gekennzeichnet, inwieweit das Individuum in der Lage ist, auf die beschriebenen Einflussprozesse adäquat zu reagieren. Die persönliche Zielsetzung spielt dabei eine zentrale Rolle. Während in den jüngeren und mittleren Lebensphasen die Zielsetzung eher auf Ausbau und Steigerung von Gesundheit gelegt wird, werden im höheren Lebensalter Erhaltungs- und Kompensationsfunktionen bedeutender. Das erfolgreiche Umsetzen eines Ziels wirkt sich in der Regel positiv auf die Lebenszufriedenheit aus, während die Nichterreichung negative Auswirkungen haben kann. Das SOK-Modell und das darauf aufbauende OPS-Modell beschreiben, wie erfolgreiches Altern umgesetzt werden kann. Beide Modelle fokussieren auf die Umsetzung von persönlichen Zielen. SOK betont dabei, dass ein Entwicklungsprozess gekennzeichnet ist durch die Kombination der Prozesse Selektion von Zielen, Optimierung von Ressourcen und Kompensation als Reaktion auf den Verlust von Ressourcen mit dem Ziel, die Funktion aufrechtzuerhalten. Im Alter dominieren dabei die Prozesse Selektion und Kompensation. Das OPS-Modell weist ebenfalls den Prozessen Selektion und Kompensation eine zentrale Aufgabe zu, sieht allerdings in der Optimierung einen übergeordneten Regulationsprozess. Eine aktive Steuerung des Entwicklungsprozesses erfolgt durch primäre Kontrolle, während sekundäre Kontrolle zum Einsatz kommt, wenn primäre Kontrolle nicht erfolgreich ist. Mit steigendem Lebensalter werden die sekundären Kontrollmechanismen wichtiger.

Für die Fragestellung ist demnach davon auszugehen, dass sich auch die Entstehung von Eigenverantwortung für die Gesundheit über den gesamten Lebenslauf entwickelt und durch unterschiedliche Ereignisse individuell beeinflusst wird. Bei der jetzigen Generation von älteren Menschen spielen beispielsweise Kindheits- oder Jugenderinnerungen an den Krieg oder das Wahrnehmen von Krankheit oder Gesundheit von nahen Familienangehörigen eine wichtige Rolle. Im späteren Verlauf des Lebens können Berufsverläufe und in dieser Phase das Wahrnehmen und der Stellenwert von Gesundheit die Entwicklung von Eigenverantwortung nachhaltig prägen. Nicht zuletzt sind auch persönliche Schicksalsschläge wie zum Beispiel Scheidung, der Verlust eines nahestehenden Menschen oder die Konfrontation mit der Diagnose einer schweren Erkrankung bedeutsam. Wie Individuen die Lebensphase gestalten, mit körperlichen Funktionseinschränkungen umgehen und Verantwortung für ihre Gesundheit übernehmen, ist außerdem durch bestimmte Persönlichkeitseigenschaften und Sichtweisen beeinflusst. Im Alter steigt beispielsweise der Persönlichkeitswert der Gewissenhaftigkeit an, so dass anzunehmen ist, dass die Eigenverantwortung im Sinne der Solidarität zunimmt. Eine zentrale Rolle spielt auch die Selbstwirksamkeit, also das Vertrauen in die eigenen Fähigkeiten, in diesem Falle also das Vertrauen, auch Verantwortung für die Gesundheit übernehmen zu können. Relevant für den Entwicklungsprozess sind außerdem Altersbilder: Eine besondere Rolle spielt das Selbstbild, es beeinflusst beispielsweise das gesundheitsrelevante Verhalten nachhaltig.

6 Das Untersuchungsdesign

Die Offenlegung der methodischen Vorgehensweise in der empirischen Sozialforschung kann im wissenschaftstheoretischen Sinne als ein Teil der Reflexion des Erkenntnisprozesses verstanden werden (Bortz & Döring 2016). In diesem Kapitel werden daher die Fragestellung und das Forschungsdesign der Studie ausführlich beschrieben.

Der theoretische Teil der Arbeit hat gezeigt, dass es bislang kein einheitliches Verständnis zum Gegenstand der gesundheitlichen Eigenverantwortung gibt. Ferner wird deutlich, dass der Zugang zum komplexen Themenfeld eine interdisziplinäre Vorgehensweise erfordert, bei der auf keine bereits existierenden empirischen Forschungsarbeiten zurückgegriffen werden kann. Aus diesen Gründen wird ein exploratives Forschungsdesign gewählt, um empirisches Basiswissen über den relativ unbekannten Forschungsgegenstand zu generieren, aus dem im Anschluss Hypothesen entwickelt werden (Bortz & Döring 2016; Häder 2015; Mayring 2010a; Stein 2014). Bevor das Forschungsdesign dargestellt wird, erfolgt zunächst die Konkretisierung der Fragestellung auf der Basis der aufbereiteten theoretischen Fundierung der Arbeit.

6.1 Konkretisierung der Fragestellung

Vor dem Hintergrund der vorangegangenen theoretischen Fundierung lässt sich festhalten, dass gesundheitliche Eigenverantwortung immer im Zusammenhang mit einer aktiven Handlung steht. Demnach ist Eigenverantwortung durch das bestmögliche Handeln in der jeweiligen Situation gekennzeichnet. Eigenverantwortliches Handeln bedeutet das Abwägen zwischen unterschiedlichen Handlungsoptionen verbunden mit der Auswahl der für sich selbst bestmöglichen Option.

Eine solche Auffassung setzt deutlich andere Akzente, als man sie aus Diskussionen rund um das Thema Eigenverantwortung für die eigene Gesundheit gewohnt ist. Wie bereits weiter oben erwähnt wird in diesem Zusammenhang sehr oft die Begrifflichkeit der retrospektiven Verantwortung angeführt: Aufgrund einer bestimmten Verhaltensweise, die in der Regel in der Vergangenheit oder Gegenwart einzuordnen ist, muss in der Zukunft für die Folgen Verantwortung übernommen werden.

Für den Themenbereich Gesundheit fokussiert die Diskussion dabei sehr häufig auf den Kostenfaktor: Wer sich in seinem früheren Leben „gesundheitsschädlich"

P. Enste, *Gesundheitliche Eigenverantwortung im Kontext der Lebensspanne*,
https://doi.org/10.1007/978-3-658-23082-1_6

verhält (z.B. Rauchen), muss (zumindest für einen Teil) der dadurch entstehenden Behandlungskosten selbst aufkommen. Andersherum werden Leistungsrückzahlungen oder –minderungen bei einer nachweislich gesundheitsfördernden Lebensweise diskutiert.

Im Zentrum dieser Studie steht allerdings eine eher gerontologische und gesundheitssoziologische orientierte Fragestellung, die sich auf der Grundlage der herausgearbeiteten theoretischen Fundierung wie folgt formulieren lässt:

Wie wird Verantwortung für die eigene Gesundheit in der Lebensphase Alter wahrgenommen?

Hinsichtlich dieser Fragestellung lassen sich drei umfassende Zielrichtungen aufzeigen, die den empirischen Teil der Arbeit leiten:

1. Definition aufstellen, was ältere Menschen unter gesundheitlicher Eigenverantwortung verstehen;
2. Faktoren ermitteln, die in Zusammenhang mit gesundheitlicher Eigenverantwortung im Alter stehen;
3. Einflussfaktoren in der Lebensspanne ermitteln, die eine Auswirkung auf das gesundheitsbezogene eigenverantwortliche Handeln haben.

Anhand der Zielsetzungen lässt sich die überleitende Fragestellung in weitere Fragen ableiten und konkretisieren. Punkt 1 ist geleitet von der Fragestellung, was ältere Menschen unter gesundheitlicher Eigenverantwortung verstehen. Hier soll einerseits erörtert werden, ob sich die verschiedenen Betrachtungsmuster von prospektiver und retrospektiver Eigenverantwortung in den Deutungsmustern der Zielgruppe der älteren Menschen wiederfinden lassen, wenn sie aufgefordert werden, den Begriff der gesundheitlichen Eigenverantwortung zu definieren. Andererseits soll erörtert werden, wie sich der Begriff der Solidarität im Konzept der Eigenverantwortung aus Sicht der Zielgruppe wiederfinden lässt.

Mit der Bearbeitung der Fragen, die sich aus dem Punkt 2 ergeben, sollen Faktoren ermittelt werden, die in direktem Zusammenhang mit gesundheitlicher Eigenverantwortung stehen. Der Zusammenhang zwischen Gesundheit und Faktoren wie Alter, Einkommen und Bildung wurde im theoretischen Teil der Arbeit dargestellt. In der empirischen Untersuchung soll die Frage beantwortet werden, ob es auch einen Zusammenhang zwischen den genannten Faktoren und gesundheitlicher Eigenverantwortung gibt. Die Theorie hat zudem gezeigt, dass Gesundheitsverhalten durch Konstrukte wie Selbstwirksamkeitserwartung und Lebensqualität beeinflusst wird. Dementsprechend stellt sich die Frage, ob es einen Zusammenhang dieser Konstrukte und Eigenverantwortung gibt. Weiter soll geklärt werden, wie es sich mit Attributionsmustern verhält. In diesem Zusammenhang soll die These geprüft werden, ob eine abnehmende gesundheitliche Verfassung einhergeht mit einer Verantwortungsdiffusion, bei der die Gesundheitsverantwortung auf andere Akteure verteilt wird.

Der dritte Punkt konzentriert sich auf die Grundannahmen der Entwicklungspsychologie der Lebensspanne. Ausgehend von der Tatsache, dass Entwicklungsprozesse im Sinne von Gewinnen und Verlusten zu jedem Zeitpunkt des Lebens stattfinden können, ist davon auszugehen, dass sich auch die Verantwortung für die eigene Gesundheit im Laufe des Lebens verändert und entwickelt. Auch die Einstellung zur eigenen Gesundheit ist durch Ereignisse und Erlebnisse im eigenen Leben geprägt. Ausgehend von dem Dreifaktoren-Modell soll untersucht werden, welche altersbedingten, historischen und nicht-normativen Faktoren die Entwicklung von gesundheitlicher Eigenverantwortung über die gesamte Lebensspanne beeinflussen. Konkret lassen sich folgende Fragestellungen für die empirische Untersuchung formulieren:

Tabelle 15: Zentrale Fragestellungen der Arbeit

I	**Was verstehen ältere Menschen unter gesundheitlicher Eigenverantwortung?**
	• Steht gesundheitliche Eigenverantwortung auch im höheren Lebensalter in direktem Zusammenhang mit einer Handlung? • Welche Rolle spielt die soziale Komponente?
II	**Welche Faktoren stehen in Zusammenhang mit gesundheitlicher Eigenverantwortung?**
	• Welchen Einfluss haben sozio-demografische Faktoren wie Alter, Geschlecht, Bildung, Einkommen und Haushaltsgröße? • Welchen weiteren Akteuren wird gesundheitliche Verantwortung im Alter zugewiesen? • Welchen Einfluss haben Konstrukte wie Lebensqualität, Gesundheitszustand und Selbstwirksamkeitserwartung? • Besteht ein Zusammenhang zwischen Eigenverantwortung und gesundheitsrelevantem Verhalten?
III	**Wie entwickelt sich gesundheitliche Eigenverantwortung in der Lebensspanne?**
	• Welche Ereignisse im Leben prägen die Einstellung zu Gesundheit und Krankheit? • Ändert sich die Bewertung der Eigenverantwortung im Laufe eines Lebens und was können dafür Ursachen sein? • Wie wird die Lebensphase Alter wahrgenommen?

Quelle: Eigene Darstellung

In der Folge wird nun beschrieben, mit welchem Forschungsdesign diese Fragestellungen beantwortet werden.

6.2 Beschreibung des Forschungsdesigns

Nachdem die Forschungsfrage entwickelt und präzisiert worden ist, stellt sich für jede empirische Forschungsarbeit die Frage nach der Wahl der geeigneten Methoden. Um den Forschungsprozess dieser Arbeit möglichst transparent zu gestalten, sollen die unterschiedlichen Schritte der Studie in einem Forschungsdesign nachvollziehbar beschrieben werden. Das Ziel, das mit diesem Schritt erreicht werden soll, beschreibt KUCKARTZ wie folgt:

> „Mithilfe eines Forschungsdesigns wird möglichst genau beschrieben, wie man bei einem geplanten Forschungsprojekt vorgehen, welche Konzepte man mit welchen Mitteln untersuchen und welche Forschungsteilnehmenden [...] man auf welche Art und Weise auswählen will. Ferner geht es um die Frage, welche Instrumente zum Einsatz kommen sollen, welche Indikatoren man verwenden will und dergleichen mehr. [...] Das Design ist die entscheidende Basis für jede empirische Studie und stellt quasi die Leitlinien und den Fahrplan für die gesamte Untersuchung dar." (ebd. 2011: 62)

Zunächst steht die Auswahl der methodologischen Grundorientierung im Vordergrund. Hierbei kann wissenschaftstheoretisch zwischen quantitativen und qualitativen Methoden unterschieden werden (Friedrichs 1990; Reichertz 2014). Je nach Fragestellung kann allerdings die Kombination beider Ansätze sinnvoll sein. Aufgrund der Komplexität der unterschiedlichen Forschungsfragen dieser Arbeit erscheint ein solches Vorgehen sinnvoll. Daher orientiert sich das methodische Vorgehen dieser Arbeit an den Grundlagen von Mixed Methods (MM), bei dem sowohl quantitative als auch qualitative Forschungsmethoden zum Einsatz kommen. Was genau ist unter dieser Methodenkombination zu verstehen und was bedeutet die dann konkret für die vorliegende Arbeit? Um diese Fragen zu beantworten sei ein kurzer Blick in die Geschichte und die Grundlagen der MM-Forschung erlaubt. MM wird von einigen Autoren neben dem quantitativen und qualitativen als drittes großes Forschungsparadigma im Bereich der empirischen Sozialforschung angesehen (Johnson et al. 2007). Während sich die ersten beiden Ansätze über lange Zeit in einer Konkurrenzsituation befanden und jeder für sich die Überlegenheit beansprucht hat, kann man heute von einem Ergänzungsverhältnis sprechen, deren Schnittmengenfunktion der MM-Ansatz übernimmt:

> „Beide Ansätze werden als legitime Forschungsstrategien in den Human- und Sozialwissenschaften betrachtet. Der sich in den letzten Jahren sich herauskristallisierende Mixed-Methods-Ansatz [...] geht noch einen Schritt über die 'friedliche Koexistenz' qualitativer und quantitativer Studie hinaus: Er befasst sich damit, wie qualitative und quantitative Forschungsmethoden im Rahmen einer einzelnen Studie bzw. ihrer Teilstudien miteinander zu verknüpfen sind, um maximalen Erkenntnisgewinn zu erzielen." (Bortz & Döring 2016: 26f.)

Mittlerweile gibt es zahlreiche Definition, die sich der Erklärung des Begriffes widmen. Eine der bekanntesten stammt von CRESWELL & CLARK, die MM wie folgt beschreiben:

> „Mixed methods research is a research design with philosophical assumptions as well as methods of inquiry. As a methodology, it involves philosophical assumptions that guide the direction of the collection and analysis and the mixture of qualitative and quantitative approaches in many phases of the research process. As a method, it focuses on collecting, analyzing, and mixing both quantitative and qualitative data in a single study or series of studies. Its central premiseis that the use of quantitative and qualitative approaches, in combination, provides a better understanding of research problems than either approach alone." (ebd. 2007: 5)

Mit dieser Definition kommt zum Ausdruck, dass MM sowohl als Methodologie, als auch als Methode zu verstehen ist. So unterschiedlich die gängigen Definitionen von MM auch sind, es lässt sich zumindest eine Gemeinsamkeit erkennen: Alle Definitionen beschrieben unter MM eine Forschungsstrategie, die sowohl quantitative als auch qualitative Forschungsmethoden zur Beantwortung der Forschungsfrage einsetzt.

Zunächst stellt sich die Frage, welches Ziel verfolgt wird, die Forschungsfrage sowohl mit quantitativen als auch qualitativen Methoden zu verfolgen, wenn dabei ein erheblicher Mehraufwand von zeitlichen und nicht selten auch materiellen und finanziellen Ressourcen entsteht. Es besteht Einigkeit darüber, dass durch die Kombination der beiden Ansätze die jeweiligen Stärken und Schwächen wechselseitig ausgeglichen werden sollen (Baur et al. 2017; Kelle 2014).

Auch bei dieser Forschungsarbeit stellt sich demnach vor allem die Frage nach dem Mehrwert, der sich durch Methodenkombination für die Beantwortung der Fragestellung ergibt. Orientiert man sich an den fünf grundlegenden Funktionen (Validierung, Komplementarität, Initiierung, Entwicklung und Erweiterung), denen ein MM-Ansatz zugeordnete werden kann, wird für die vorliegende Arbeit die Funktion der Erweiterung identifiziert. Diese Funktion ist dadurch gekennzeichnet, dass sich der quantitative und qualitative Ansatz auf zwei unterschiedliche Bereiche im Zusammenhang mit einem Gegenstand beziehen (Schreier & Odag 2010). Der Gegenstand ist die gesundheitliche Eigenverantwortung, der quantitative Ansatz bezieht sich auf definitorische Aspekte und Zusammenhänge zu relevanten Konstrukten von Eigenverantwortung, während sich der qualitative Ansatz auf die Entwicklung von Eigenverantwortung im Lebenslauf bezieht.

Bei der Konkretisierung des Forschungsdesigns gilt es zunächst, die Komplexität der unterschiedlichen Designtypen zu berücksichtigen. Seit MM in den letzten Jahrzehnten einen deutlichen Popularitätsschub erhalten hat, wurden immer differenzierte Designtypen im Rahmen von MM entwickelt. KUCKARTZ warnt an dieser Stelle vor einem „Design-Overload (ebd. 2011: 60).“ Von daher erscheint eine Klassifizierung sinnvoll. CRESWELL (2014) identifiziert vier Kriterien, an denen unterschiedliche Designtypen systematisiert werden können: Implementation, Priorität, Integration und die Rolle der theoretischen Perspektive. Die *Implementation* beschreibt die Reihenfolge, in der die Erhebungen stattfinden. Quantitative und qualitative Erhebungen können dabei entweder zeitgleich erfolgen (paralleles Design) oder in Reihenfolge stattfinden (sequenzielles Design). Des Weiteren kann unterschieden werden, welcher Untersuchung *Priorität* eingeräumt wird. Hierbei sind folgende Varianten möglich: Entweder wird die quantitativen oder die qualitative Erhebung bevorzugt oder beide Erhebungen werden gleich gewichtet. Bei der *Integration* geht es darum, an welcher Stelle im Forschungsablauf die unterschiedlichen Datentypen zusammengeführt werden. In den meisten Studien geschieht dies im Rahmen der Analyse, denkbar ist allerdings auch eine Integration in der Datenanalyse (Kombination aus quantitativen und qualitativen Methoden am Beispiel der offenen Frage). Die *Rolle der theoretischen Perspektive* beschreibt, ob das Design eher einen direkten oder einen indirekten Bezug zu einem theoretischen Rahmen vorweist. Die folgende Tabelle zeigt, wie sich die vier Kriterien für die vorliegende Forschungsarbeit einordnen lassen:

Tabelle 16: MM-Kriterien bezogen auf das Forschungsdesign

MM-Kriterium	Funktion im gewählten Forschungsdesign
Implementation	Die quantitative Untersuchung wird zuerst durchgeführt, im Anschluss erfolgt die qualitative Erhebung.
Priorität	Beiden Forschungssträngen wird die gleiche Priorität eingeräumt: QUANT→QUAL
Integration	Die Integration erfolgt bereits in der Befragungsphase. In der quantitativen Befragung werden mehrfach offene Fragen eingesetzt. Die Fallauswahl der qualitativen Fälle erfolgt auf der Basis der Ergebnisse der quantitativen Befragung.
Rolle der theoretischen Perspektive	Die Studie hat einen direkten Bezug zur Theorie: Die Entwicklungspsychologie der Lebensspanne bildet den theoretischen Rahmen der Arbeit.

Quelle: Eigene Darstellung

Anhand dieser Kriterien lässt sich das gewählte Forschungsdesign den sequenziellen Designtypen zuordnen, bei dem die beiden Teilstudien hintereinander gestaffelt durchgeführt werden. Hierbei handelt es sich um ein erklärendes vertiefendes Design: Die Studie beginnt mit der quantitativen Untersuchung. Die anschließende qualitative Befragung greift die Ergebnisse auf, mit dem Ziel den quantitativen Ergebnissen ein vertiefendes Verständnis zu geben. Der gesamte Forschungsprozess stellt sich wie folgt dar:

Tabelle 17: Forschungsdesign der Studie

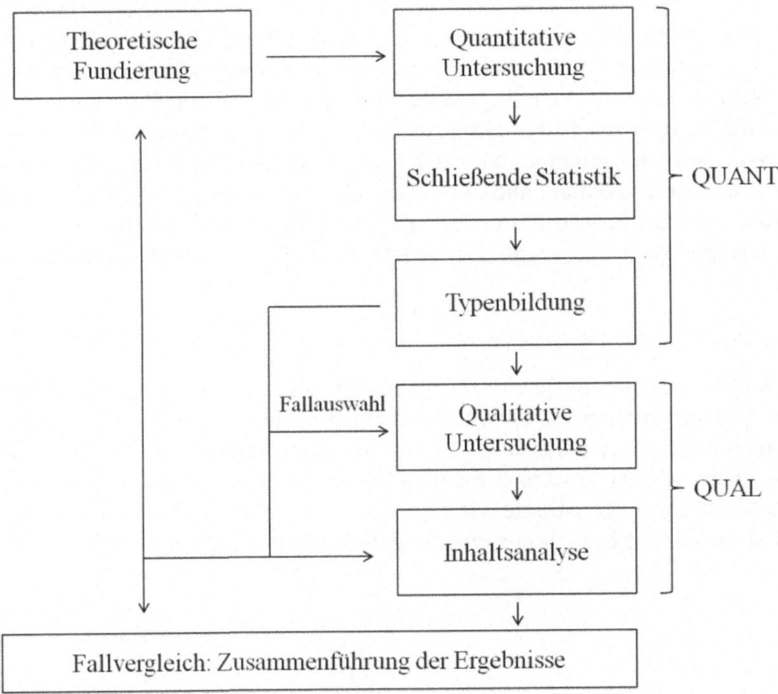

Quelle: Eigene Darstellung

Die Kennzeichnung QUANT und QUAL verdeutlicht, dass dem quantitativen und dem qualitativen Teil der Studie gleiche Priorität eingeräumt wird. Die theoretische Fundierung wurde in den Kapiteln 2-5 ausführlich dargestellt und gliedert sich in zwei Teile. Zum einen werden die Begrifflichkeiten Eigenverantwortung und Gesundheit in den Zusammenhang gebracht und zum anderen wird die Entwicklung von Eigenverantwortung am Beispiel der Entwicklungspsychologie der

Lebensspanne erörtert. Auf Basis dieser Ergebnisse erfolgt die zweigeteilte Datenerhebung. Die Studie beginnt mit einer quantitativen Befragung zur gesundheitlichen Eigenverantwortung. Zum Ende der quantitativen Untersuchung sollen Verantwortungstypen identifiziert werden, auf deren Basis die Fallauswahl der qualitativen Untersuchung erfolgt. In den folgenden Abschnitten werden die quantitativen und qualitativen Methoden vorgestellt, die im Rahmen der Studie zum Einsatz kommen.

6.2.1 Methodik der quantitativen Befragung

Als quantitative Methode kommt eine standardisierte schriftliche Befragung zum Einsatz, deren Entwicklung, Durchführung und Auswertungsprozess in den folgenden Abschnitten ausführlich dargestellt wird. Die schriftliche Befragung war Bestandteil des europäischen Verbundprojektes „MobilityMotivator", das im Rahmen des AAL Joint Programmes von der Europäischen Kommission und dem Bundesministerium für Bildung und Forschung gefördert wurde. Die gesamte Befragung wurde von der Konstruktion des Erhebungs-instruments bis zur Auswertung und Interpretation der Ergebnisse vom Autor dieser Arbeit eigenständig durchgeführt.

6.2.1.1 Konstruktion des Fragebogens

Der Fragebogen enthält zum einen selbstentwickelte Fragen, die primär auf den Aspekt der gesundheitlichen Eigenverantwortung abzielen und in diesem Zusammenhang auch Bezüge zur Erfassung von gesundheitsrelevantem Verhalten beinhalten, als auch standardisierte Erhebungsinstrumente (EUROHIS-QoL und SWE-Skala), mit denen Konstrukte wie Lebensqualität und Selbstwirksamkeit erfasst werden. Insgesamt besteht der Fragebogen aus fünf Themenblöcken:

Tabelle 18: Themenblöcke des quantitativen Erhebungsinstruments

Themenblock	Inhalt	Quelle
Sozio-Demografie	Alter Geschlecht Haushaltsgröße Bildung Einkommen	Eigene Fragen
Eigenverantwortung	Definition Attribution	Eigene Fragen
Gesundheitsverhalten und Gesundheit	Tätigkeiten Umfang Subjektiv Objektiv	Eigene Fragen EUROHIS QoL Eigene Fragen
Aktivität	Ist-Situation Selbsteinschätzung Lebensspanne	Eigene Fragen
Selbstwirksamkeit	Allgemeine Selbstwirksamkeit	SWE-10

Quelle: Eigene Darstellung

Bei der Formulierung der eigenen Fragen wurde sich an den „Zehn Geboten der Frageformulierung" nach PORST (2014) orientiert. Diese zielen beispielsweise darauf ab, verständliche Fragen zu formulieren, doppelte Verneinungen zu unterlassen, Fremd- und Fachwörter zu vermeiden und auf die Verwendung von Unterstellungen und suggestiven Fragen zu verzichten. Zwischen den unterschiedlichen Themenblöcken bilden kurze einfache Einführungstexte die thematische Überleitung. Auch in diesen Textblöcken wird eine möglichst einfache auf fremdwörterverzichtende Sprache benutzt.

Der Themenblock zur *Sozio-Demografie* orientiert sich an standardisierten Erhebungsinstrumenten und beinhaltet alle sozio-demografischen Variablen, die für die Untersuchung benötigt werden. Hierzu gehören das Alter, das Geschlecht, die Haushaltsgröße, der Bildungsstand und das Einkommen.

Der Themenblock zur *Eigenverantwortung* beinhaltet zum einen eine Frage, die sich mit der Definition von Eigenverantwortung beschäftigt. Zum anderen werden die Befragten gebeten, Attribution von Verantwortung zu bewerten. Mit diesem Block soll erfasst werden, was die Befragten unter Eigenverantwortung verstehen, wie hoch sie ihre eigene Verantwortung für die Gesundheit bewerten und wen sie in diesem Zusammenhang sonst noch in Verantwortung sehen.

Im Themenblock *Gesundheitsverhalten und Gesundheit* wird einerseits erfasst, welches Gesundheitsverhalten die Befragten in welcher Intensität ausführen und welche Hinderungsgründe es gibt, nicht mehr für die Gesundheit zu unternehmen. Andererseits werden Maßzahlen für den objektiven und subjektiven Gesundheitszustand ermittelt. Der objektive Gesundheitszustand wird durch die Erfassung von Krankheiten erhoben. Hierbei werden in erster Linie Krankheiten als Antwortmöglichkeiten gegeben, die ein direkten Einfluss auf das Aktivitätsverhalten von Individuen haben (z. B. Krankheiten des Bewegungsapparates, Herz- und Kreislauferkrankungen, Depressionen). Des Weiteren haben die Befragten die Möglichkeit, durch die Option „Weitere" die Liste zu ergänzen. Aus der Variablen wird im weiteren Verlauf der Untersuchung eine neue Variable gebildet, die den objektiven Gesundheitszustand erfasst. Es wird zwischen „keine Erkrankung", „eine Erkrankung" und „mehrere Erkrankungen" unterschieden. Der subjektive Gesundheitszustand wird über die standardisierte Skala EUROHIS-QOL abgefragt. Die Erfassung des subjektiven Gesundheitszustand und die damit verbundene Selbsteinschätzung hat sich in mehrfacher Weise als zuverlässiger Indikator zur Erfassung der individuellen Gesundheitssituation erwiesen (Mossey & Shapiro 1982). Die Skala besteht insgesamt aus acht Items. Der Gesamtscore ergibt sich aus der Summe der Werte, die auf den vier Subskalen erzielt werden. Die Subskalen erfassen mit jeweils zwei Fragen die Bereiche der psychologischen, physischen, sozialen und umweltbezogenen Lebensqualität. Ein Item besteht aus einer themenbezogenen Aussage, die von den Probanden auf einer fünfstufigen Skala bewertet wird, so dass pro Item ein Maximalscore von 5 erreicht werden kann. Bei acht Items ergibt sich ein maximaler Gesamtscore von 40. Bei der Normierung des Erhebungsinstruments ergibt sich für die Personengruppe älter als 60 Jahre ein Mittelwert von 29.34 (Brähler et al. 2007). Mit diesem Themenblock sollen deskriptiv das Gesundheitsverhalten und der Gesundheitszustand der Befragten dargestellt und im Anschluss mögliche Korrelationen zur gesundheitlichen Eigenverantwortung berechnet werden.

Der Themenblock *Selbstwirksamkeit* beinhaltet die Skala zur Allgemeinen Selbstwirksamkeitserwartung (SWE-Skala), die von JERUSALEM & SCHWARZER entwickelt wurde. Die SWE-Skala kommt mittlerweile in über 30 Sprachen zum Einsatz. Sie umfasst insgesamt zehn Items, die auf einer vierstufigen Skala (stimmt nicht, stimmt kaum, stimmt eher, stimmt genau) beantwortet werden müssen. Der Gesamtscore ergibt sich aus der Summe der zehn Einzelwerte der Items, so dass ein Maximalwert von 40 und ein Minimalwert von 10 erreicht werden kann. Ein hoher Testwert steht für eine optimistische Selbstwirksamkeitserwartung. Als Richtwert für den Mittelwert wird der Punktwert 29 angegeben, bei einer Standardabweichung von 5 Punkten (Hinz et al. 2006; Luszczynska et al. 2005; Schwarzer & Jerusalem 1995).

An mehreren Stellen der schriftlichen Befragung kommen offene Fragen zum Einsatz. Genau genommen handelt es sich bei der Methode der offenen Frage um eine Mischform, die sowohl quantitative als auch qualitative Elemente beinhaltet. Die Methode, die in dieser Arbeit zum Einsatz kommt, kann am besten mit dem Prinzip „qualitative Daten quantitativ sichbar machen" beschrieben werden. Zwar entsteht durch den Einsatz von offenen Fragen ein erheblicher Mehr-Aufwand bei der Auswertung, allerdings ergeben sich bei geeigneter Fragestellung auch eine Reihe von Vorteilen, die den Einsatz an verschiedenen Stellen der Befragung rechtfertigen lässt. Zum einen ist häufig das mögliche Antwortspektrum zu groß, um es in vorgefertigte Kategorien zu fassen. Zum anderen kann durch den Einsatz von offenen Fragen bewusst vermieden werden, durch eine Kategorienvorgabe die Befragten in eine bestimmte Antwortrichtung zu lenken (Züll & Menold 2014).

Bei Einstellungsfragen wurde eine bipolare sechsstufige Skala eingesetzt, die durch die Pole der vollen Zustimmung und entgegengesetzt der vollen Ablehnung gekennzeichnet ist. Jede Antwortkategorie wurde in beiden Versionen des Fragebogens beschriftet und um Antwortmuster zu vermeiden, wurden die Ausprägungen der Kategorien (positiv zu negativ, negativ zu positiv) mehrfach gewechselt (Franzen 2014).

Die optische Gestaltung des Fragebogens kann erheblich dazu beitragen, die Rücklaufquote der Befragung möglichst hoch zu halten. Durch ein ansprechendes Design, kann die Motivation der Befragten erhöht werden, an der Befragung teilzunehmen (Klöckner & Friedrichs 2014). Daher wurde bei der Gestaltung des Fragebogens ein besonderer Fokus auf die Bedürfnisse der Zielgruppe der älteren Menschen gesetzt. So wurde die Schriftgröße bei der Papierversion so gewählt, dass sie auch von Personen mit eingeschränkter Sehfunktion bearbeitet werden kann. Durch die Verwendung von schwarzer Schrift auf weißem Hintergrund wurde die Gestaltung möglichst kontrastangenehm durchgeführt. Gleiches gilt für das Online-Befragungstool: Das Design wurde so gewählt, dass es auch auf niedriger Bildschirmauflösung und Tablet PC´s gut sichtbar ist. Es wurde ein einfaches Schwarz-Weiß-Design verwendet mit Schriftgröße 12. Zu Beginn der Befragung wurde darauf hingewiesen, dass durch die Tastenkombination „Strg und +" die

Größe des Schrifttextes angepasst werden kann. In der Regel wurde eine Fragebogenseite so gestaltet, dass die komplette Seite mit allen Fragen auf dem Bildschirm sichtbar war. Soweit möglich wurde auf die Verwendung von Pull-Down Menüs, die Vorkenntnisse im Umgang mit Computern voraussetzen, verzichtet. Auch die Bedienelemente zum Weiterblättern der Seite wurden in ausreichender Größe und kontrastarm gestaltet und mit deutschen Begriffen versehen.

Nach der Konstruktion des Fragebogens wurde ein Pretest durchgeführt. Durch einen Pretest lassen sich Mängel am Erhebungsinstrument reduzieren. Ziel des Pretests ist es, die Datenerhebung bereits vor ihrem eigentlichen Beginn bestmöglich zu optimieren. Ein Pretest ist dabei nicht als einmaliger Prozess, sondern vielmehr als Instrument mit unterschiedlichen Verfahren zu verstehen (Reineke 2014; Weichbold 2014). Der Fragebogen wurde mit zwei Verfahren im Vorfeld getestet. Die erste Version des Fragebogens wurde im Rahmen einer Gruppendiskussion mit sechs älteren Menschen (drei Frauen, drei Männer, zwischen 61 und 82 Jahren) getestet und diskutiert. Hierbei wurden die Fragen auf Verständlichkeit geprüft. Des Weiteren wurden zwei Probanden der Testgruppe gebeten, die Online-Version des Fragebogens in Anwesenheit des Forscherteams auszufüllen und ihre Gedanken dabei laut zu äußern (think-aloud), um einerseits das Frageverständnis offenzulegen und andererseits die Funktion und Bedienbarkeit des Online-Instruments zu testen. Nach der Revision des Fragebogens wurde der Fragebogen unter realen Bedingungen getestet. Hierzu wurde die schriftliche Version des Fragebogens an 32 ältere Menschen mit der Bitte um Ausfüllung verteilt (18 Frauen, 14 Männer, zwischen 59 und 83 Jahre). Ein besonderer Schwerpunkt wurde bei der Auswertung auf das Beantworten der offenen Fragen gelegt, um zu überprüfen, ob sie verständlich formuliert sind. Es konnte festgestellt werden, dass alle offenen Fragen von den Personen des Pretests sinnvoll beantwortet wurden. Die Online Version wurde von fünf älteren Menschen auf Bedienbarkeit getestet. In dieser Phase des Pretests ergaben sich keine weiteren Optimierungsbedarfe, so dass der Fragebogen in dieser Form für einsatzbereit erklärt wurde.

6.2.1.2 Beschreibung der Erhebung

Ziel der Befragung war es, ein möglichst breites Spektrum von älteren Menschen ab 60 Jahre zu befragen, um die Heterogenität der Altersgruppe auch in der Stichprobe abzubilden. Um eine möglichst große Stichprobe zu erhalten, wurde sich für eine postalische und internetbasierte Verbreitung des Fragebogens entschieden. Die Grundgesamtheit zum Zeitpunkt der Befragung bestand aus der Kundendatei des Deutschen Roten Kreuzes der Kreisverbände Mettmann und Düsseldorf

(N=478) und einem verwendeten Online-Panel (N=4.321[5]). Die Befragung wurde im Zeitraum September 2013 bis Januar 2014 durchgeführt. Eine ausführliche Beschreibung der Zusammensetzung der Stichprobe erfolgt in Kapitel 7.1. Bei der Online-Befragung wurde der Panel SosciSurvey genutzt, bei dem es sich um einen nicht-repräsentativen Pool von Interviewpartnern zur Unterstützung der wissenschaftlichen Forschung an Universitäten und Hochschulen handelt. Die Benutzung von Online-Befragungsinstrumenten und der Einsatz von Online-Paneln wird in wissenschaftlichen Zusammenhängen kritisch diskutiert: GÖRITZ & MOSER (2000) führen prinzipiell zwei Repräsentativitätsprobleme an, die sich beim Einsatz von Online-Paneln ergeben können. Erstens kann es zu einer Verzerrung durch mögliche Nichtteilnahme, Verweigerung oder vorzeitigem Ausscheiden kommen. Hierbei handelt es sich allerdings nicht um ein online-spezifisches Phänomen. Deutlicher wiegt das Problem der Verzerrung durch den Auswahlprozess, der sich für die Zielgruppe der Befragung wie folgt beschreiben lässt: Generell ist die Gruppe der älteren Menschen nur bedingt für eine Online-Befragung geeignet, da ein großer Teil nicht online ist und somit nicht an der Befragung teilnehmen kann. Des Weiteren ergibt sich das Problem der Selbstrekrutierung, da die Stichprobe nicht gezielt ausgesucht wird, die Initiative zur Teilnahme geht also nicht vom Befrager sondern vom Befragten aus. Auch WAGNER & HERING (2014) verweisen auf die Problematik der Selbstrekrutierung, betonen aber andererseits neben monetären Aspekten einige Vorteile von Online-Befragungen, die nicht von der Hand zu weisen sind: Die Anonymität des Internets reduziert Interviewer Effekte oder Aspekte der sozialen Erwünschtheit nahezu auf ein Minimum. Zudem können Filterfunktionen optisch ansprechender und bedienungsfreundlicher gelöst werden, als in schriftlichen Befragungen. Des Weiteren wird durch das Wegfallen der manuellen Dateneingabe eine mögliche Fehlerquelle ausgeschlossen.

Es gibt verschiedene Lösungsansätze, die dazu beitragen können, dass Repräsentativitätsproblem der Online-Befragung zu reduzieren (Göritz & Moser 2000). In der Untersuchung wurden die Methoden der „breitgestreuten Bekanntmachung“ und des „Medienbruches“ angewandt. Eine breitgestreute Bekanntmachung soll dazu beitragen, weitere Teilnehmer außerhalb des Panels zu rekrutieren, um der Selbstselektion der Stichprobe entgegenzusteuern. Daher wurde der Link zur Befragung durch mehrere Newsletter und Mailinglisten verschiedener Senioren-Or-

[5] Die Anzahl bezieht sich auf die Personen des Online-Panels, die 60 Jahre und älter sind.

ganisationen bundesweit gestreut, in denen die Seriosität der Befragung zugesichert wurde und um eine Teilnahme gebeten wurde. Ein Medienbruch wurde vollzogen, um der Problematik entgegenzuwirken, dass bislang ein großer Teil der älteren Menschen noch nicht online ist. Daher wurde eine schriftliche Version des Fragebogens erstellt, der über den Kundenverteiler des Kreisverbandes des Deutschen Roten Kreuzes im Großraum Düsseldorf zum Einsatz kam.

Der schriftlichen Version des Fragebogens wurde ein Anschreiben beigefügt, in dem den beteiligten Personen ausdrücklich Anonymität versichert, das grundlegende Ziel der Untersuchung erläutert und eine Kontaktperson genannt wurde, an die sie sich bei möglichen Fragen wenden können. Außerdem lag ein frankierter Rückumschlag bei. Bei der Online-Version wurden diese Informationen auf der Startseite der Erhebung bereitgestellt. Die Feldphase betrug insgesamt 3 Monate.

6.2.1.3 Auswertungsmethoden der quantitativen Befragung

Alle statistischen Berechnungen wurden mit der Software „IBM SPSS Statistics 22“ (SPSS) vorgenommen. Im ersten Schritt der Berechnung erfolgt eine Verdichtung des Datensatzes durch den Einsatz deskriptiver Verfahren. Neben deskriptiven Berechnungen kamen weitere Verfahren zum Einsatz, die in der Folge näher beschrieben werden.

Die *offenen Fragen* wurden nach folgendem Auswertungsverfahren bearbeitet: Es wurde eine quantitative Inhaltsanalyse durchgeführt, bei der das gesamte Datenmaterial auf passende Kodierungen reduziert wurde. Die Codes müssen dabei eindeutig beschrieben werden, trennscharf und wechselseitig exklusiv sein (Züll & Menold 2014). Im ersten Schritt wurden 20 % der Antworten induktiv kategorisiert. Hierbei war es möglich, dass einer Antwort mehrere Codes zugewiesen werden können. Im Anschluss wurde das gesamte Datenmaterial der offenen Frage kodiert. Jeder Code bildete dabei eine neue dichotome Variable. Die Codes wurden in einer Tabelle beschrieben und mit Ankerbeispielen versehen.

Um Zusammenhänge zwischen den Variablen zu erkennen, kommen bi- und multivariate Verfahren zum Einsatz: Bivariate Zusammenhänge werden durch Kreuztabellen veranschaulicht dargestellt. Zur Berechnung des statistischen Zusammenhangs wird der für Ordinalskalen geeignete *Rangkorrelationskoeffizient nach Spearman* angewendet. Das angenommene Signifikanzniveau wird für jede Berechnung angegeben. Für Nominalskalen wird der *Cramer V-Test* angewendet, bei einer Korrelation wird die Irrtumswahrscheinlichkeit für H_0 angegeben.

Durch den Einsatz von *einfaktoriellen Varianzanalysen* können mehrere Mittelwerte miteinander verglichen werden. Die Anwendung dieser Methode bietet sich an mehreren Stellen der Studie an: Wie weiter oben beschrieben beinhaltet der

Fragebogen zwei standardisierte Testbatterien, für den jeweils ein Einzel-Testscore berechnet werden kann. Mit einem Mittelwertvergleich kann beispielsweise berechnet werden, ob sich die durchschnittlichen Testscores der unterschiedlichen Cluster signifikant voneinander unterscheiden. Bei dem eingesetzten Verfahren wird die Wahrscheinlichkeit für das Eintreffen der Null-Hypothese H_0 getestet, gleich mit der Wahrscheinlichkeit, dass sich die Mittelwerte nicht voneinander unterschieden (Baur 2012; Bortz & Schuster 2010; Janssen & Laatz 2016). Bei allen Berechnungen wird ein Signifikanzniveau von 5 % (zweiseitig) angenommen.

Des Weiteren kommen multivariate Verfahren zum Einsatz: Zur Klassifizierung und Bündelung von Daten werden *Clusteranalysen* eingesetzt. Clusteranalysen dienen dazu, ähnliche Strukturen in Daten aufzudecken (Backhaus et al. 2016; Häder 2015). Es wird eine systematische Klassifizierung vorgenommen, indem die Daten nach Maßgaben ihrer Ähnlichkeit in möglichst homogene Gruppen eingeteilt werden (Blasius & Baur 2014; Bortz 1999; Bortz & Schuster 2010). Im Rahmen der Auswertung werden zweimal Clusteranalysen eingesetzt, wobei das methodische Vorgehen jeweils gleich ist: Mit Hilfe einer hierarchischen Clusteranalyse wird zunächst die Anzahl der möglichen Clusterzentren bestimmt, um in der Folge das Ergebnis mit einem nicht-hierarchischen Verfahren zu optimieren (Bortz 1999; Bortz & Schuster 2010). Zu Beginn der Berechnung wird daher mit SPSS eine Zufallsstichprobe gezogen, die sich aus 10 % des gesamten Datensatzes zusammensetzt. Diese Stichprobe wird einer hierarchischen Clusteranalyse unterzogen, um die Anzahl der Clusterzentren zu ermitteln. Im weiteren Schritt wird mit dem K-Means-Verfahren und der Vorgabe der ermittelten Anzahl von Clusterzentren eine Clusteranalyse für den gesamten Datensatz durchgeführt. An dieser Stelle sei darauf hingewiesen, dass der Einsatz von Clusteranalysen ein metrisches Skalenniveau voraussetzt. Die eingesetzten Variablen sind allerdings im statistischen Sinne ordinal skaliert, werden in den Berechnungen jedoch als intervallskaliert angenommen. Ein solches Vorgehen ist durchaus theoretisch begründbar und steht auch im Einklang mit der wissenschaftstheoretischen Grundposition vieler Ansätze der empirischen Sozialforschung. Trotzdem muss dieser Fakt muss bei der Interpretation der Ergebnisse berücksichtigt werden (Baur 2011).

6.2.2 Methodik der qualitativen Erhebung

Die qualitative Befragung wurde im Rahmen eines Eigenprojektes des Westfälischen Instituts für Gesundheit (WIGE) durch die Westfälische Hochschule personell gefördert. Im Rahmen dieser Förderung wurden alle in der Folge beschriebenen Forschungsschritte vom Autor dieser Arbeit eigenständig durchgeführt. Als qualitative Erhebungsmethode kam das problemzentrierte Interview zum Einsatz. Das generierte Textmaterial wurde im Anschluss mit Hilfe einer qualitativen Inhaltsanalyse ausgewertet.

6.2.2.1 Beschreibung des Erhebungsinstruments

Das problemzentrierte Interview kann als eine relativ offene Interviewform bezeichnet werden, bei der dem Interviewer eine aktivere Rolle zugedacht wird als beispielsweise im narrativen Interview. Die Befragten werden zu einer themenbezogenen Stehgreiferzählung aufgefordert, diese kann allerdings vom Interviewer unterbrochen werden, um dem Interview eine andere Richtung zu geben. Während beim narrativen Interview Nachfragen und Unterbrechungen vermieden werden sollen, dienen sie im problemzentrierten Interview vielmehr als Elemente der mitgestaltenden Exploration und Fokussierung (Flick 2016; Häder 2015; Mey & Mruck 2010).

Bei der vorliegenden Arbeit wurde ein besonderer Fokus auf die offene Erzählung gesetzt. Welche Absichten mit dem Einsatz offener Interviewformen verfolgt werden, beschreibt ROSENTHAL wie folgt:

> „Die Entscheidung, eine Form des offen geführten Interviews bei einer Untersuchung anzuwenden, ist […] dem Ziel geschuldet, das zu untersuchende Thema aus der Perspektive der Interviewten zu erfassen und darüber hinaus verstehen und erklären zu können, weshalb eine bestimmte Perspektive eingenommen wird, wie sich diese im Laufe des Lebens entwickelt hat oder auch wie diese im Interviewkontext erzeugt wird." (ebd. 2005: 139f.)

Bezogen auf das Untersuchungsthema Eigenverantwortung bedeutet dies, dass mit der offenen Technik den Interviewten die Möglichkeit gegeben wird, die Perspektive, aus der sie gesundheitliche Eigenverantwortung betrachten, frei zu wählen und nicht durch standardisierte Fragestellungen in bestimmte Richtungen gelenkt zu werden. Sie können frei wählen, welche Aspekte sie für wichtig halten und diese in der freien Erzählung anfügen.

Das problemzentrierte Interview zeichnet sich durch drei Grundpositionen aus (Witzel 1985, 2000): (1) Die Problemorientierung oder Problemzentrierung bildet das zentrale Kriterium der Methode. Die doppelte Bedeutung der Problemzentrierung wird im folgenden Zitat verdeutlicht:

> „Einmal bezieht es sich auf eine gesellschaftlich relevante Problemstellung und ihre theoretische Ausformulierung als elastisch zu handhabendes Vorwissen des Forschers. Zum anderen zielt es auf Strategien, die in der Lage sind die Explikationsmöglichkeiten der Befragten so zu optimieren, daß sie ihre Problemsicht auch gegen die Forscherinterpretation und in den Fragen

> implizit enthaltenen Unterstellungen zur Geltung bringen können.“ (Witzel 1985: 213f.)

Für die vorliegende Arbeit bedeutet dies, dass als gesellschaftliche Problemstellung die gesundheitliche Eigenverantwortung und die damit verbundenen Theorien identifiziert werden können. Anhand der Theorien werden Fragen vorbereitet, die zentrale Elemente der Problemstellung beinhalten, gleichzeitig wird durch die freie Erzählung der Befragten die Möglichkeit gegeben, ihre Sicht der Dinge unvoreingenommen zu äußern. (2) Die Gegenstandsorientierung beschreibt die Flexibilität der Methode. In der vorliegenden Arbeit bezieht sich dieser Aspekt in erster Linie auf unterschiedliche Gesprächstechniken, die in der Feldphase eingesetzt wurden. Je nach Interviewsituation erlaubt es die Methode, auf die unterschiedliche Eloquenz der Befragten einzugehen. Dementsprechend wurde entweder stärker auf Narration gesetzt oder auf Nachfrage im Dialogverfahren. (3) Die Prozessorientierung beschreibt die Entwicklung des Kommunikationsprozesses. Durch die Sensibilität des Interviewers kann während der Interviewsituation ein Vertrauensverhältnis aufgebaut werden, so dass im Laufe des Gesprächs neue Aspekte, Neuformulierungen oder Neuakzentuierung durch den Interviewten eingebracht werden können. Diese aktivierende Gesprächsentwicklung wird besonders durch die biografischen Erzählungen gefördert. Für die Fragestellung dieser Arbeit bedeutet dies, dass die Interviewten sich während des Gesprächs mit der komplexen Begrifflichkeit der gesundheitlichen Eigenverantwortung auseinandersetzen können und der Interviewer als Moderator und Impulsgeber einen direkten Einfluss auf den Kommunikationsprozess ausüben kann.

In der Regel beginnt der Hauptteil des Interviews mit der Formulierung eines Erzählstimulus. Dieser dient dazu, die Erzählung durch den Probanden in Gang zu setzen und eine Stehgreiferzählung hervorzurufen. Der Stimulus soll möglichst offen gehalten werden, vor dem Hintergrund der Fragestellung beinhaltet er zugleich eine thematische Eingrenzung (Küsters 2009; Mey & Mruck 2010). Wenn die Erzählphase offensichtlich durch den Interviewten beendet wird, beginnt der Nachfrageteil, der auf einem Leitfaden basiert. Die Fragen enthalten zentrale Aspekte und Kernaussagen zur Problemstellung, die im Rahmen der theoretischen Fundierung der Arbeit abgeleitet werden.

Zentrale Aspekte, die im Rahmen des Nachfrageteils der vorliegenden Arbeit angesprochen wurden, lassen sich wie folgt formulieren. Definition von Eigenverantwortung, Attribution von Eigenverantwortung, Übernahme von Verantwortung für andere, Lebensereignisse, die Einfluss auf Gesundheit oder Krankheit haben

(Kindheit, Jugend, Erwachsenenalter), Selbstwirksamkeit, Kontrollüberzeugungen, Wahrnehmung der Lebensphase Alter und Zukunftsplanung

6.2.2.2 Auswahl der Stichprobe

Bei der quantitativen Sozialforschung werden oftmals für die Untersuchung relevante Merkmale mit Hilfe einer Stichprobe erhoben, um auf die Verteilung der Merkmale in der Grundgesamtheit zu schließen. Wie gut das gelingt, hängt im Sinne der Repräsentativität davon ab, in welchem Maße die Stichprobe die Grundgesamtheit abbildet. Eine solche Form der Repräsentativität spielt bei der qualitativen Stichprobenziehung allerdings keine Rolle. Vor diesem Hintergrund gerät die qualitative Sozialforschung nicht selten unter den Druck, die Thematik der Stichprobenziehung allzu nachlässig zu behandeln (Kelle 2008; Schreier 2010). Es existieren allerdings zahlreiche Verfahren, die sich mittlerweile etabliert haben und detailliert in ihrer Anwendung beschrieben sind, so dass es teilweise zu Überschneidungen kommt und es schwer fällt eine einheitliche Linie zu erkennen (Coyne 1997; Koerber & McMichael 2008). Generell lassen sich zwei Pole identifizieren, bei dem zum einen abstrakte und zum anderen konkrete Kriterien für die Fallauswahl zu Grunde gelegt werden (Flick 2016). Bei der vorliegenden Arbeit wurde eine kriteriengeleitete Fallauswahl vorgenommen. Diese ist durch theoretische Überlegungen gekennzeichnet, die der Datenerhebung bewusst vorausgehen (Akremi 2014). Im vorliegenden Fall wurden die Kriterien durch eine Kombination von theoretischen Vorüberlegungen und Ergebnissen der quantitativen Untersuchung gebildet. Konkret wurde sich dabei an der Typologisierung orientiert, die nach den Attributionsmustern gebildet wurden. Anhand der typischen Merkmale der unterschiedlichen Verantwortungstypen wurden Kriterienpaare gebildet, die einen Gegensatz und somit die Besonderheiten der einzelnen Typen zum Ausdruck bringen sollten. Eine detaillierte Beschreibung der Auswahlkriterien und der Fälle, die in die Stichprobe einbezogen wurden, findet sich in Kapitel 8.1.

6.2.2.3 Beschreibung der Erhebung

Bei der direkten Befragung von älteren Menschen ergeben sich einige Besonderheiten, die beachtet werden müssen. Aufgrund von altersbedingten Funktionseinschränkungen muss insbesondere bei der Befragung von Hochaltrigen mit einem geringeren Seh- und Hörvermögen, einer verlangsamten Informationsverarbeitung sowie eingeschränkten Gedächtnisfunktionen gerechnet werden. Daher ist es ratsam, auf eine deutliche Aussprache zu achten und den Befragten muss ausreichend Zeit für Überlegungen während des Gesprächs gegeben werden. Zudem ist der Ort der Befragung so zu wählen, dass möglichst wenig Störgeräusche vorhanden sind (Motel-Klingenbiel et al. 2014).

Diese Aspekte wurden im Rahmen der Untersuchung berücksichtigt. Zunächst erfolgte eine telefonische Kontaktaufnahme, bei der den Befragten die Thematik der geplanten Untersuchung und der Ablauf des Interviews ausführlich erläutert wurden. Den Befragten wurde erklärt, dass das Interview auf eine Dauer von mindestens einer Stunde angesetzt wird. Schon bei dieser ersten Kontaktaufnahme wurden ihnen vollste Anonymität zugesichert, so dass keine Rückschlüsse auf Personen gezogen werden konnten. Bei einer Zusage wurden sie um Terminvorschläge gebeten. Hierbei wurde ebenfalls gefragt, ob das Interview bei den Befragten zu Hause stattfinden kann. Dies wurde von allen Befragten bejaht.

Zu Beginn des Interviews wurden nochmals das Thema der Untersuchung und die Methodik des Interviews erläutert. Des Weiteren wurden die Befragten um ihre Zustimmung gebeten, dass das Interview aufgenommen wird und nur für die Zwecke der Forschungsarbeit genutzt wird. Im ersten Schritt wurde ein Kurzfragebogen mit den Befragten ausgefüllt, der Angaben zur Soziodemografie enthielt. Der Hauptteil des Interviews begann mit der freien Formulierung des Erzählstimulus:

„Wenn Sie auf ihr Leben zurückblicken, wie haben Sie Gesundheit und Krankheit wahrgenommen? Ich möchte Sie bitten, mir unter diesen Aspekten ihre Lebensgeschichte zu erzählen. Sie können so früh anfangen, wie sie sich erinnern können. Ich werde Sie dabei wenig unterbrechen.“

Die Erzählphase der Befragten gestaltete sich individuell unterschiedlich, so dass die Interviewtechnik gegebenenfalls zum Dialogverfahren gewechselt wurde, wenn sich abzeichnete, dass eine reine Narration nicht zustande kam. In diesem Fall kam vorzeitig der Interviewleitfaden zum Einsatz oder bestimmte Aspekte der kurzen Narration wurden vom Interviewer aufgegriffen und nachgefragt. Während der Narration fertigte der Interviewer Notizen an, die Nachfragen oder Querverweise auf Aspekte des Leitfadens enthielten. Die Narration wurde nur unterbrochen, um unklare Sachverhalte anzusprechen. Wenn die Narration durch den Befragten beendet wurde, begann der Nachfrageteil, der sich zum einen an den Aufzeichnungen während der Narration und zum anderen an dem Leitfaden orientierte. Im Anschluss an die Erhebung wurden alle Daten vollständig transkribiert. Die Erstellung der dazu benötigten Transkriptionsregeln erfolgte in Anlehnung an gängige Transkriptionssysteme (Dresing & Pehl 2010; Kuckartz 2016):

1. Die Transkription erfolgt wörtlich und sequenziell zeilenweise abwechselnd.

2. Die Rolle des Interviewers wird im Transkript mit „Interviewer“ gekennzeichnet, die Interviewperson (IP) wird zusätzlich durch eine Reihenfolgennummer und das jeweilige Geschlecht gekennzeichnet (z.B. IP2w).
3. Dialekte werden soweit wie möglich in Hochdeutsch übersetzt, sofern dadurch keine Kontextinformationen verloren gehen.
4. Sprache und Interpunktion werden geglättet, es werden keine inhaltlichen Änderungen vorgenommen.
5. Besonders betonte Wörter werden in Großbuchstaben hervorgehoben.
6. Kurze Sprachpausen werden durch „…“ angezeigt, längere Pausen durch […].
7. Nonverbale Äußerungen werden in eckigen Klammern notiert (z.B. [lacht]).

Während des Transkriptionsprozesses wurde zudem eine Anonymisierung vorgenommen. Die Anonymisierung dient dem Zweck, das Material einerseits so zu verändern, dass keine Rückschlüsse auf Personen gezogen werden können und andererseits die Typik des Falles beibehalten wird (Reichertz 2016). Die Namen der Befragten wurden vollständig entfernt und durch das Kürzel IP (Interviewperson) ersetzt und um eine Geschlechtererkennung (m/w) und eine fortlaufende Nummer (1-18) ergänzt. Des Weiteren wurden alle Namen von Personen und Orten, die in den Interviews genannt wurden, mit dem ersten Buchstaben abgekürzt.

6.2.2.4 Auswertungsmethoden der qualitativen Befragung

Als Auswertungsmethode wurde das Instrument der qualitativen Inhaltsanalyse gewählt. Sie sich als Auswertungsmethode für Daten, die im Rahmen qualitativer Forschungsprojekte angefallen sind und zeichnet sich dadurch aus, dass sie in der Lage ist, auch große Datenmengen zu bewältigen und durch ein regelgeleitetes Vorgehen zu strukturieren (Mayring & Fenzl 2014). Den Regeln, die vorab zu formulieren sind, in Rückkopplungsschleifen überarbeitet und während des gesamten Forschungsprozesses konstant zum Einsatz kommen, wird eine besondere Bedeutung zugedacht, um sich der Kritik einer willkürlichen Interpretation des Datenmaterials entgegenzustellen (Mayring 2010b). Obwohl die qualitative Inhaltsanalyse eines der am häufigsten genutzten Auswertungsverfahren ist, entstehen bei der Anwendung oftmals Unsicherheiten, die auf definitorische Unschärfen und Unklarheiten zurückzuführen sind. Generell kann festgehalten werden, dass es „die qualitative Inhaltsanalyse“ nicht gibt. Es subsummiert sich unter der Begrifflichkeit ein Bündel unterschiedlicher Auswertungsverfahren, deren Gemeinsamkeit im Einsatz eines Kategorisierungssystems gesehen werden kann (Schreier 2014). Im Rahmen der vorliegenden Arbeit kommt die inhaltlich-strukturierende

Inhaltsanalyse zum Einsatz. Ihr Ziel und vorgehen beschreibt SCHREIER wie folgt:

> „Kern der inhaltlich-strukturierenden Vorgehensweise ist es, am Material ausgewählte inhaltliche Aspekte zu identifizieren, zu konzeptualisieren und das Material im Hinblick auf solche Aspekte systematisch zu beschreiben – beispielsweise im Hinblick darauf, was zu bestimmten Themen im Rahmen einer Interviewstudie gesagt wird. Diese Aspekte bilden zugleich die Struktur des Kategoriensystems; die verschiedenen Themen werden als Kategorien des Kategoriensystems expliziert." (ebd. 2014: o.S.)

Das Kernstück der Methode bildet demzufolge das Kategoriensystem. In der Theorie gibt es unterschiedliche Auffassungen bezüglich der Fundierung des Kategoriensystems. Es besteht Uneinigkeit, ob die Kategorien ausschließlich theroiegeleitet oder im Verlauf des Forschungsprozesses am Material entwickelt werden können (Mayring 2010c; Steigleder 2008). Bei der Auswertung der vorliegenden Studie wurde sich für eine Kombination aus deduktiv und induktiv gebildeten Kategorien entschieden. Die deduktiven Kategorien wurden aus dem Theorieteil der Arbeit im Vorfeld des Kategorisierungsprozesses gebildet. Die induktiven Kategorien entstanden während des ersten Materialdurchgangs: Induktive Kategorien bilden einerseits Subcodes der deduktiven Kategorien, andererseits bilden sich Inhalte und Sichtweisen ab, die den Theorieteil der Arbeit ergänzen und somit neue Betrachtungsweisen der Thematik zulassen. Die gesamte Vorgehensweise lässt sich wie folgt skizzieren:

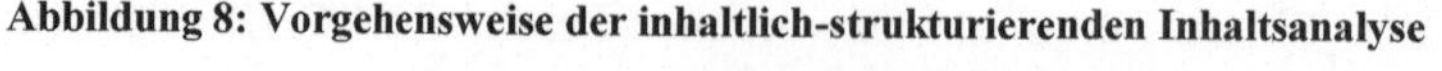

Abbildung 8: Vorgehensweise der inhaltlich-strukturierenden Inhaltsanalyse

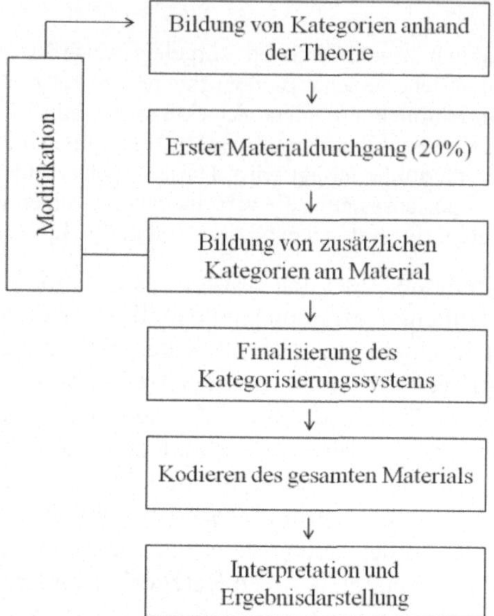

Quelle: Eigene Darstellung, in Anlehnung an Kuckartz (2016), Mayring (2010) & Schreier (2014)

Im ersten Schritt wurden die deduktiven Kategorien anhand der Theorie und der Fragestellung gebildet. Dieser erste Entwurf des Kategoriensystems wurde am Material getestet, indem vier Interviews vollständig kodiert wurden. In diesem Prozess kam es zur weiteren induktiven Kategorienbildung am Material. Nach diesem Testdurchlauf wurde das Kategoriensystem überprüft, überarbeitet und um die induktiven Kategorien ergänzt, so dass nach diesem Schritt das finale Kategoriensystem vorlag. Mit diesem wurde im Anschluss das vollständige Material kategorisiert. Im Anschluss erfolgten die Interpretation und die Ergebnisdarstellung.

Die Auswertung wurde Mithilfe der Software MAXQDA 11 durchgeführt. Die Vorteile, die sich daraus ergeben, beschreibt KUCKARTZ folgerichtig:

> „Die meisten der […] Funktionen bieten zwar ´nur´ Unterstützung für die intellektuelle Auswertungsarbeit und führen keine automatische Analyse durch, doch wird durch die Schnelllebigkeit des Computers und die dadurch möglichen größeren Datensätze durchaus eine neue Stufe qualitativer Datenanalyse erreicht.“ (ebd. 2010: 13)

Der Einsatz der Software ist vor diesem Hintergrund nicht als Eingriff in das Analyseverfahren des Forschers zusehen, sondern vielmehr als Hilfsmittel zur Bewältigung von sehr großem qualitativen Datenvolumen zu verstehen.

6.3 Zusammenführung der Daten

Als letzter Schritt der Auswertung erfolgt das Zusammenführen der quantitativen und qualitativen Daten. Aus dem Forschungsdesign ist zu erkennen, dass in den vorangegangenen Schritten der quantitative und qualitative Forschungsstrang getrennt voneinander analysiert werden. Ein erster Schritt der Integration erfolgt allerdings bereits zu Beginn der qualitativen Interviews, da die quantitativen Ergebnisse die Basis der Stichprobenauswahl im qualitativen Forschungsstrang bilden. Eine solche Vorgehensweise ist typisch für ein sequenzielles Forschungsdesign (Kuckartz 2011; Plano Clark et al. 2010). Während in der qualitativen Auswertung einzelne Fällen anhand von deduktiven und induktiven Kategorien analysiert werden, soll im Teil der Integration ein Fallvergleich stattfinden. Der kontrastive Vergleich unterschiedlicher Transkripte kann als Loslösung und Ausweitung der Einzelfallanalyse angesehen werden (Schütze 1983).

Beim Fallvergleich erfolgt eine direkte Vermischung der quantitativen und qualitativen Daten und Ergebnisse. Im Rahmen der quantitativen Untersuchung werden mit Hilfe einer Clusteranalyse (vgl. Kapitel 6.2.1) unterschiedliche Verantwortungstypen identifiziert. Im ersten Schritt der Datenzusammenführung werden die Teilnehmer der qualitativen Befragung den quantitativ ermittelten Verantwortungstypen zugeordnet. Hierbei ist wichtig zu wissen, dass sich die Fälle des jeweiligen Typus nicht gleichen, sondern ähneln. Ziel der Analyse ist es, die Gemeinsamkeiten der Fälle offenzulegen (Kelle & Kluge 2010). Daher werden für jeden Verantwortungstypus zwei Fälle ausgewählt, die im Anschluss in der Tiefe miteinander verglichen werden. Diese sogenannten Prototypen zeichnen sich dadurch aus, dass sie den jeweiligen Verantwortungstypus und seine Eigenschaften am besten repräsentieren. Um die individuellen Besonderheiten der Prototypen darzulegen, erfolgt zunächst eine biografische Fallbeschreibung der beiden ausgewählten Interviewpersonen auf der Basis der narrativen Erhebung. Die anschließende Fallkontrastierung erfolgt anhand der quantitativen Merkmale, die den jeweiligen Verantwortungstypus kennzeichnen. In einer Matrix wird für die beiden Fallbeispiele die falltypische Merkmalsausprägung analysiert und mit der Bewertung von ++ für „trifft voll zu“ bis – für „trifft gar nicht zu“ gekennzeichnet. Somit können Gemeinsamkeiten und Unterschiede der beiden Fälle sichtbar gemacht werden und im weiteren Schritt näher analysiert werden.

Dieser Analyseschritt ist getragen von der Frage, welche gleichen Eigenschaften trotz möglicher Variationen identifiziert werden können. In der Feinanalyse sollen die Kontexte herausgestellt werden, die die Abweichungen kennzeichnen und mögliche Gründe und Ursachen erörtert werden (Strübing 2014). Für diesen Analyseschritt ist es zwingend erforderlich, neben den beiden ausgewählten Fällen das gesamte Datenmaterial im Blick zu haben, so dass diese Phase der Auswertung durch einen Prozess des permanenten Quervergleichs gekennzeichnet ist. Vor diesem Hintergrund ist die Methodenintegration gekennzeichnet durch ein komplementäres Verständnis von Prozess-Dynamiken, in denen verschiedene Verlaufsmuster erkannt und miteinander ins Verhältnis gesetzt werden, und unterschiedlichen Typen, deren unterschiedliche strukturelle Bedingungen und subjektive Wahrnehmungsformen offengelegt werden (Kühn 2017).

7 Ergebnisse der quantitativen Untersuchung

Im Rahmen der quantitativen Phasen dieser Studie wurde eine schriftliche Befragung durchgeführt, deren Design bereits im Kapitel 5.2.1 ausführlich dargestellt wurde. Im Folgenden werden die Ergebnisse der Befragung dargestellt.

7.1 Beschreibung der Stichprobe

Die Stichprobe umfasst insgesamt 365 Personen, die mindestens 60 Jahre alt sind. Wie bereits weiter oben beschrieben, wurden sowohl eine Online- als auch eine Papierversion des Fragebogens erstellt. 231 Personen haben an der Online-Befragung teilgenommen und 134 Personen haben die schriftliche Version des Fragebogens ausgefüllt. Hiervon sind 53,3 % weiblich und 46,7 % männlich. Die Altersstruktur gestaltet wie folgt:

Abbildung 9: Altersstruktur der Stichprobe (in %) (n=365)

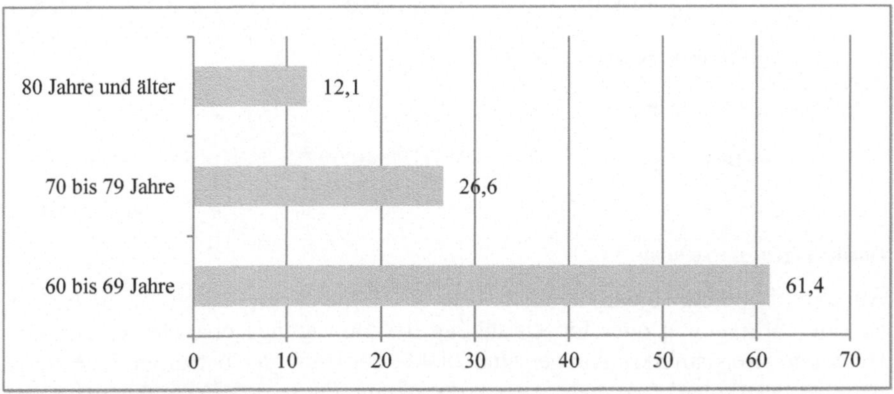

Quelle: Eigene Darstellung

Zu erkennen ist, dass 61,4 % der Altersgruppe „60 bis 69 Jahre an" angehören, 26,6 % sind der Altersgruppe „70 bis 79 Jahre" zuzurechnen und 12,1 % gehören zu der Altersgruppe „80 Jahre und älter". Die Altersspannbreite innerhalb der Stichprobe reicht von 60 bis 96 Jahre. Das Durchschnittsalter liegt bei 69,17 Jahre (Standardabweichung 7,873). Die Haushaltsstruktur gestaltet sich wie folgt: 33,1 % der Befragten leben in Einpersonenhaushalten und 66,9 % in Mehrpersonenhaushalten.

P. Enste, *Gesundheitliche Eigenverantwortung im Kontext der Lebensspanne*,
https://doi.org/10.1007/978-3-658-23082-1_7

Bezüglich des Bildungsniveaus[6] in der Stichprobe zeigt sich folgendes Bild: 13,9 % der Befragten verfügen über ein niedriges Bildungsniveau, 30,3 % können einem mittleren Bildungsniveau zugerechnet werden und 55,8 % haben ein hohes Bildungsniveau.

Wie bereits erwähnt, wurde bei der Ermittlung des objektiven Gesundheitszustandes den Befragten eine Reihe von Krankheiten vorgegeben. Die Befragten wurden gebeten anzugeben, ob sie an den entsprechenden Krankheiten leiden. Mehrfachantworten waren möglich. Für die gesamte Stichprobe ergibt sich folgendes Bild:

Abbildung 10: Krankheiten, an denen die Befragten der Stichprobe leiden (in %) (n=365)

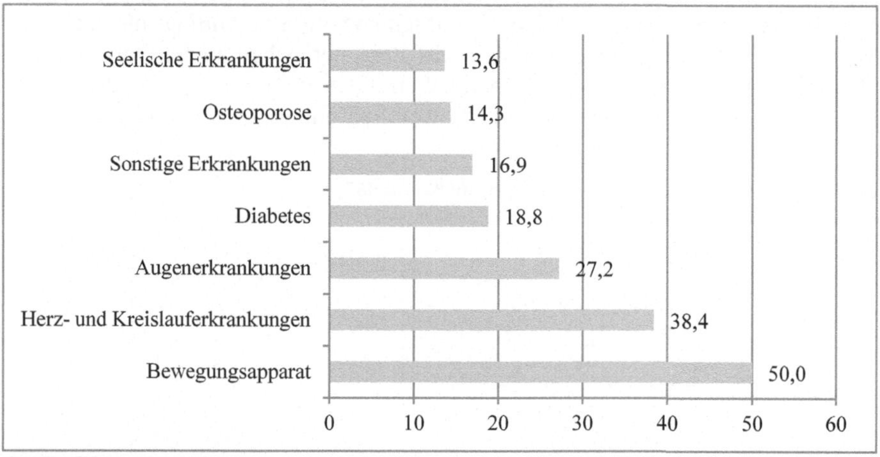

Krankheit	%
Seelische Erkrankungen	13,6
Osteoporose	14,3
Sonstige Erkrankungen	16,9
Diabetes	18,8
Augenerkrankungen	27,2
Herz- und Kreislauferkrankungen	38,4
Bewegungsapparat	50,0

0 10 20 30 40 50 60

Quelle: Eigene Darstellung

Aus der Abbildung 10 wird deutlich, dass die Hälfte der Befragten der Stichprobe an einer Erkrankung oder Einschränkung des Bewegungsapparates leiden. Von Herz- und Kreislauferkrankungen sind 38,4 % der Befragten betroffen. Jede vierte befragte Person leidet an einer Augenerkrankung. Diese drei Erkrankungsformen

6 Das Bildungsniveau wurde wie folgt kategorisiert: Unter der Variablen „niedrig" wurden Personen mit keinem Abschluss, Hauptschulabschluss und Volksschulabschluss zusammengefasst; unter der Variable „mittel" wurden Personen mit mittlerer Reife und einer abgeschlossenen Berufsausbildung zusammen gefasst; Personen mit Abitur und (Fach)-Hochschulreife erhielten die Variable „hoch".

sind in der Stichprobe am häufigsten zu finden. Eine Erklärung benötigt die Kategorie „Sonstige Erkrankungen“: Unter dieser Kategorie wurden alle Krankheiten zusammengefasst, die unter „Sonstiges“ in der Befragung aufgeführt wurde (z.B. Tumorerkrankungen, Magen- und Darmerkrankungen etc.). Aus den gesamten Variablen wurde eine neue Variable mit den Ausprägungen „keine Erkrankung“, „eine Erkrankung“ und „mehrere Erkrankungen“ gebildet. Diese Variable soll den objektiven Gesundheitszustand wiedergeben. Demnach ergibt sich folgendes Bild:

Abbildung 11: Objektiver Gesundheitszustand in der Stichprobe (in %) (n=365)

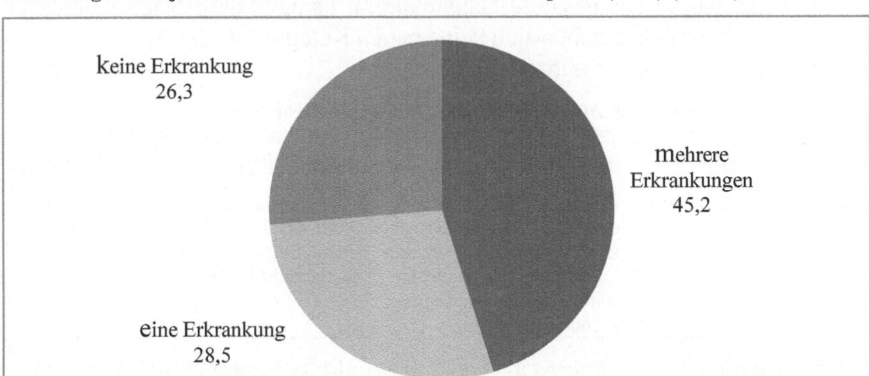

Quelle: Eigene Darstellung

Es lässt sich festhalten, dass Dreiviertel der befragten Personen an mindestens einer Krankheit leiden, ein Viertel hingegen stuft sich selbst als gesund ein. Von den erkrankten Personen leiden 28,5 % an einer Erkrankung und 45,2 % an mehr als einer Erkrankung.

7.2 Definition von Eigenverantwortung

Gemäß der Intention, ein möglichst unbeeinflusstes Meinungsbild in der Befragung zu erfassen, wurden die Befragten gebeten, die Begrifflichkeit „gesundheitliche Eigenverantwortung“ zu definieren. Hierzu wurde die Methodik der offenen Frage gewählt, die lautete:

„Was verstehen Sie unter gesundheitlicher Eigenverantwortung?“

Die offene Frage wurde mit Hilfe einer quantitativen Inhaltsanalyse ausgewertet. Es wurden zunächst 20 % der vorgegebenen Antworten ausgewertet, um ein Kategoriensystem zu entwickeln. Es ergaben sich sieben Antwortkategorien:

- Aktives Gesundheitsverhalten;
- Passives Gesundheitsverhalten;
- Planung;
- Gewissenhaftigkeit;
- Information;
- Selbstbestimmung;
- Compliance.

Im Anschluss wurde das gesamte Datenmaterial kategorisiert. Nach Kodierung des gesamten Materials ergaben sich keine neuen Kategorien. Die Antwortkategorien lassen sich wie folgt beschreiben:

Tabelle 19: Kategoriensystem zur offenen Frage „Eigenverantwortung“

Kategorie	Beschreibung	Ankerbeispiel
Aktives Gesundheitsverhalten	Zu dieser Kategorie werden alle Tätigkeiten gezählt, bei dem die Person aktiv etwas für seine Gesundheit tut: Bewegung, gesunde Ernährung.	„Ich muss etwas tun für meine Gesundheit: z.B. Laufen, Radfahren, Schwimmen. Ohne Bewegung kann man im Alter nicht bleiben.“
Passives Gesundheitsverhalten	Zu dieser Kategorie werden einerseits Kontroll- und Vorsorge-Untersuchungen gezählt, andererseits aber auch Tätigkeiten, die durch das Weglassen bestimmter Noxen gekennzeichnet sind: Wenig Alkohol Trinken, keine Drogen und Zigaretten.	„Ich gehe regelmäßig zu Vorsorgeuntersuchungen.“ „Ich achte darauf, Verhaltensweisen und Gewohnheiten, die nachweislich gesundheitsschädlich sind, zu unterlassen.“
Planung	Diese Kategorie ist gekennzeichnet durch Antworten, die sich mit Lebensplänen auseinandersetzen.	„Ich richte meine Lebensweise im Verhältnis zu meiner Erkrankung aus.“
Gewissenhaftigkeit	In dieser Kategorie wird Eigenverantwortung als eine Form von moralischer Verpflichtung wahrgenommen.	„Ich nehme medizinische Leistungen nur in Anspruch, wenn ich sie auch tatsächlich benötige.“ „Ich kann und darf die gebotene Eigenverantwortung meiner Gesundheit nicht anderen anlasten!“

Information	Zu dieser Kategorie werden alle Tätigkeiten gezählt, bei denen die Person gesundheitsrelevante Informationen sammelt. Hierzu gehören unterschiedliche Informationskanäle: Beratungsgespräche mit medizinischen Fachpersonal, Eigenrecherche im Internet, Büchern und Zeitschriften.	„Unter Eigenverantwortung verstehe ich, dass ich mich regelmäßig informiere, was zur Stabilisierung meiner Gesundheit beiträgt."
Selbstbestimmung	Zu dieser Kategorie werden alle Antworten gezählt, die Selbstbestimmung, Autonomie und Entscheidungsfreiheit im Bezug auf den eigenen Gesundheitszustand und den daraus resultierenden Handlungen zum Ausdruck bringen.	„Ich möchte selber entscheiden, was gut für mich ist."
Compliance	Diese Kategorie ist gekenn-zeichnet durch Aussagen, die ein kooperatives Verhalten im Bezug auf medizinische Behandlung zum Ausdruck bringen.	„Ich nehme die von meinem Arzt verordneten Medikamente regelmäßig ein."

Quelle: Eigene Darstellung

Die Verteilung der Kategorien innerhalb der Stichprobe ergibt folgendes Bild:

Abbildung 12: Kategorien der Eigenverantwortung (in %) (n=365)

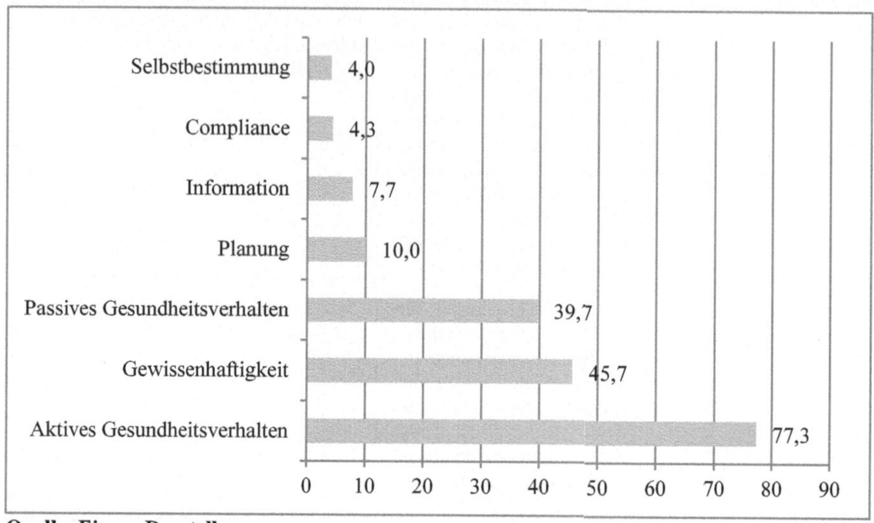

Quelle: Eigene Darstellung

Über dreiviertel der Befragten verstehen unter gesundheitlicher Eigenverantwortung ein aktives Gesundheitsverhalten. Das aktive Gesundheitsverhalten zeichnet sich dabei aus, dass die Person tatsächlich eine bestimmte Tätigkeit ausübt. Hier wurden beispielsweise sportliche Aktivitäten, regelmäßige Bewegung oder eine gesundheitsbewusste Ernährung genannt. Diese Ergebnisse decken sich auch mit der weiter oben getroffenen Feststellung, dass Verantwortung immer in Verbindung mit einer konkreten Handlung steht. Ein hoher Prozentsatz (45,7 %) beschreibt zudem Aspekte der Gewissenhaftigkeit in den Erläuterungen. Gewissenhaftigkeit drückt sich beispielsweise dadurch aus, dass die Befragten angaben, aus einer Art moralischer Verpflichtung gegenüber Mitmenschen und dem Sozialsystem handeln. Die dritthöchste Antwortkategorie bildet das passive Gesundheitsverhalten. Hierrunter lassen sich alle Dinge subsummieren, die nicht mit einer aktiven Handlung verbunden sind, sondern eher durch eine Passivität wie etwas das Weglassen von toxischen Substanzen charakterisiert sind. Deutlich weniger wurden die Kategorien Planung (10,0 %) und Information (7,7 %) genannt. Antworten, die der Kategorie Planung zugerechnet wurden, setzen sich in erster Linie mit Gegenwarts- und Zukunftsplanung auseinander und stellen dabei die Gesundheit in den Vordergrund. Die Kategorie Compliance (4,3 %) bezieht sich auf die Bereich der medizinischen Versorgung und ärztlichen Behandlung. Verantwortungsbewusstes Handeln zeichnet sich hier aus durch die Einhaltung von ärztlichen Ratschlägen, die regelmäßige Einnahme von Medikamenten und das aktive Mitmachen von therapeutischen Maßnahmen. Einen Sonderfall nimmt die Kategorie der Selbstbestimmung ein (4,0 %): Hier werden Aussagen zusammen gefasst, die betonen, eigenständig in gesundheitlichen Fragen bestimmen zu können. Dies geht vom einfachen Mitbestimmungsrecht bei der ärztlichen Behandlung bis hinzu Aussagen, die das Recht auf einen Lebenswandel betonen, der nicht dem allgemein gültigen Verständnis von gesundheitsrelevantem Verhalten entspricht („Recht auf Selbstzerstörung").

Auffällig ist, dass in der Stichprobe niemand Eigenverantwortung in Zusammenhang mit Sanktionierung oder mit dem Vorenthalten von medizinischen Leistungen bei non-konformen Verhalten sieht. Wie ältere Menschen diese Form der retrospektiven gesundheitlichen Eigenverantwortung wahrnehmen, soll daher in der Folge in einem kurzen Exkurs beschrieben werden.

7.2.1 Exkurs: Retrospektive gesundheitliche Eigenverantwortung

In der theoretischen Fundierung wurde erläutert, dass retrospektive Eigenverantwortung dadurch gekennzeichnet ist, dass Verantwortung im ursprünglichen Sinne für bereits durchgeführte Handlungen übernommen wird. Priorisierung in der Medizin, die durch eine Rangfolge anhand bestimmter Kriterien für Behandlungsoptionen gekennzeichnet ist, kann als Beispiel angesehen werden, wo das Prinzip der retrospektiven Verantwortung angewendet wird. Wie die Bevölkerung über gesundheitsrelevantes Verhalten als Priorisierungskriterium denkt, lässt sich mit den Daten der ALLBUS-Befragung[7] 2012 ermitteln. In der Folge werden nun die beiden Priorisierungskriterien „Rauchen" und „Risikoverhalten" differenziert ausgewertet. Zum Vergleich erfolgt zudem eine Auswertung des Kriteriums „Alter". In einer ersten Frage wurde gefragt, ob bei einer anstehenden Herz-Operation einem Patienten, der raucht oder dem Nichtraucher der Vorzug gegeben werden sollte. Das Priorisierungskriterium ist in diesem Fall also das selbstgewählte Gesundheitsverhalten. Es ergibt sich folgendes Bild:

7 Mit der ALLBUS Befragung werden seit 1980 kontinuierlich Daten über Einstellungen, Verhaltensweise und Sozialstruktur der Bevölkerung in Deutschland erhoben.

Abbildung 13: Herz-Operation zuerst für Raucher oder Nichtraucher, differenziert nach Alter (in %) (n=1.556)

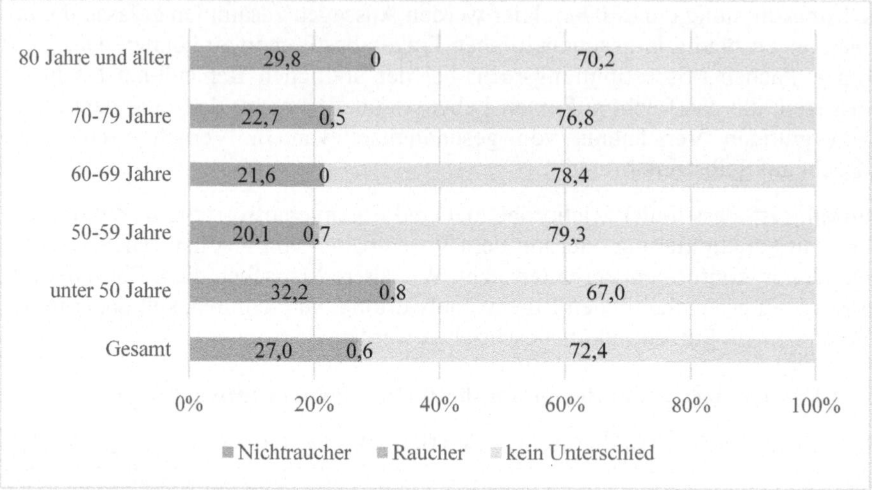

Quelle: ALLBUS 2012, eigene Berechnung

Im gesamten Datensatz liegt der Anteil der Befragten, die keine Unterscheidung vornehmen würden bei 72,4 %. Differenziert nach Altersklassen ergibt sich ein anderes Bild. Während bei Personen unter 50 Jahren Zweidrittel der Befragten keine Unterschiede vornehmen würden, steigt dieser Anteil in der Klasse der jungen Alten auf fast 80 % an. Mit steigendem Lebensalter nähert sich die Verteilung allerdings wieder dem Gesamtdurchschnitt an. Dementsprechend konträr verläuft die Verteilung der Personen, die dem Nichtraucher den Vorzug geben würden. Deutlich unter 1 % ist in allen Altersgruppen der Anteil der Personen, die dem Raucher den Vorzug geben würden. Die Unterschiede sind statistisch signifikant (ρ= .101; SN 0,01). Differenziert nach Bildungsniveau zeigt sich folgendes Ergebnis:

Abbildung 14: Herz-Operation zuerst für Raucher oder Nichtraucher, differenziert nach Bildungsniveau (in %) (n=1.530)

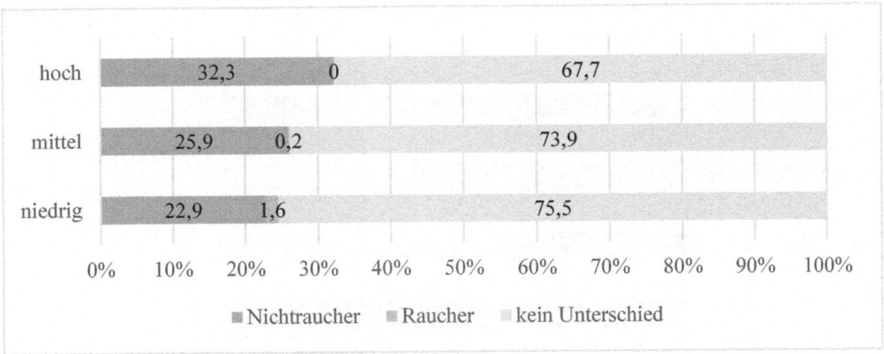

Quelle: ALLBUS 2012, eigene Berechnung

Es ergeben sich signifikante Unterschiede in der Verteilung (ρ= -.074; SN 0,01 zweiseitig). Während in der unteren Bildungsklasse 23 % dem Nichtraucher den Vorzug geben würden, steigt der Anteil in der hohen Bildungsklasse auf 32 % an. Zudem würden 1,6 % in der unteren Bildungsklasse dem Raucher den Vorzug geben. In den beiden höheren Bildungsklassen sinkt dieser Anteil quasi auf 0 %. Nichtsdestotrotz würden in allen Bildungsklassen fast Dreiviertel der Befragten keine Unterscheidung zwischen Raucher und Nichtraucher machen.

In einer weiteren Frage wurde das Priorisierungskriterium Alter ausgewählt. Das zu beurteilende Szenario ähnelt dem vorherigen, allerdings wird ein Kriterium gewählt, dass nicht in der eigenen Entscheidungsgewalt des Betroffenen steht. Es wurde gefragt, ob bei einer Herz-Operation einem jungen oder einem alten Patient der Vorzug gegeben werden sollte.

Abbildung 15: Herz-Operation zuerst für junge oder alte Menschen, differenziert nach Alter (in %) (n=1.576)

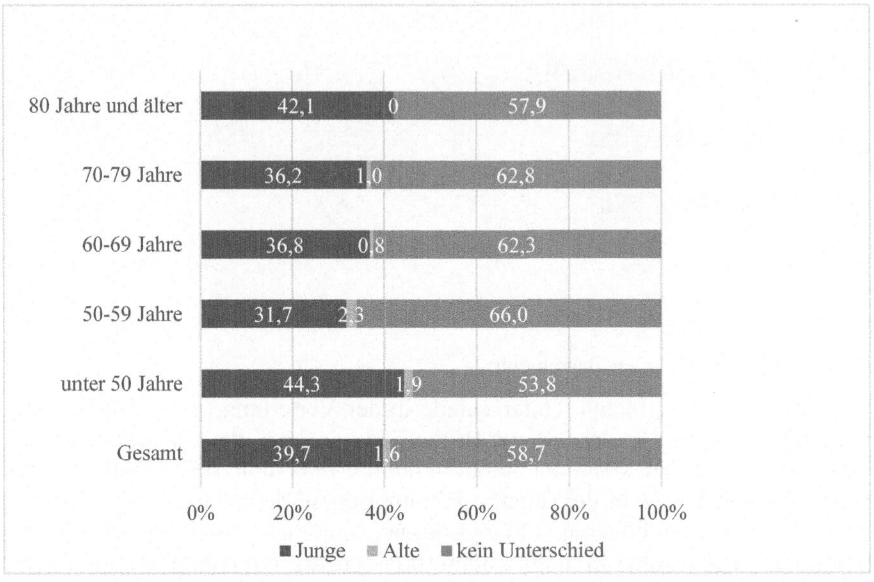

Quelle: ALLBUS 2012, eigene Berechnung

In allen Altersklassen ist mindestens die Hälfte der Befragten der Meinung, dass keine Unterschiede zwischen jung und alt gemacht werden sollten. Allerdings unterscheiden sich die Verteilungen der Altersklassen: Personen unter 50 Jahre würden zu 44,3 % dem jungen Menschen den Vorzug geben. In der folgenden Altersklasse 50 – 59 Jahre geht der Anteil auf 31,7 % zurück. Mit steigendem Lebensalter steigt der Anteil allerdings wieder kontinuierlich an und liegt bei den Hochaltrigen mit 42,1 % annähernd so hoch wie in der Altersklasse der Personen unter 50 Jahre. Die Unterschiede sind statistisch signifikant (ρ= .079; SN 0,01 zweiseitig). Differenziert nach Bildungsniveau wird folgendes Ergebnis deutlich:

Abbildung 16: Herz-Operation zuerst für junge oder alte Menschen, differenziert nach Bildungsniveau (in %) (n=1.550)

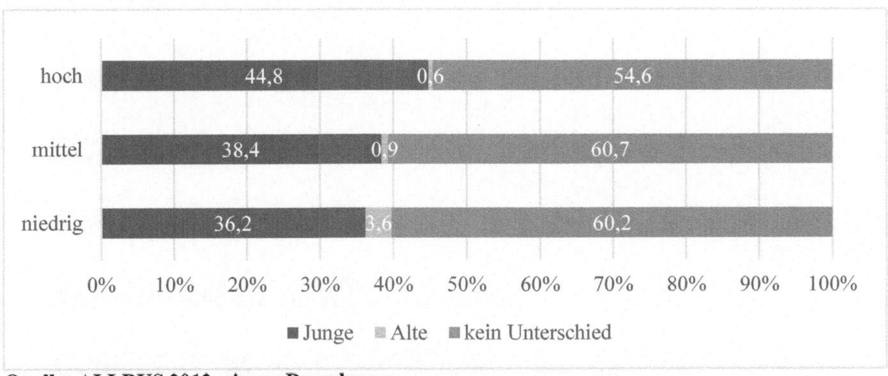

Quelle: ALLBUS 2012, eigene Berechnung

Die Abbildung zeigt, das mit steigendem Bildungsniveau auch der Anteil der Personen, die dem jungen Patient den Vorzug geben würde, zunimmt: In der unteren Bildungsklasse liegt der Wert bei 36,2 % und in der hohen Bildungsklasse bei fast 45 %. Auffällig ist der Anteil in der unteren Bildungsklasse, die dem alten Patienten den Vorzug geben würden: Mit 3,6 % liegt der Wert deutlich höher als in den beiden höheren Klassen, wo er die 1 %-Marke nicht übersteigt. Die Unterschiede sind statistisch signifikant (ρ= -.055; SN 0,05 zweiseitig).

In einer weiteren Frage wurden die Befragten gebeten, die These zu beurteilen, dass Personen medizinische Leistungen erhalten, auch wenn der Eingriff aufgrund eines selbst gewählten Risikoverhaltens notwendig wird.

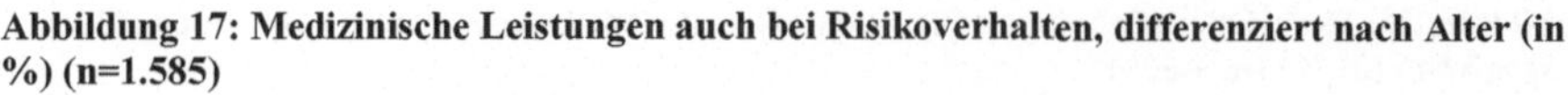

Abbildung 17: Medizinische Leistungen auch bei Risikoverhalten, differenziert nach Alter (in %) (n=1.585)

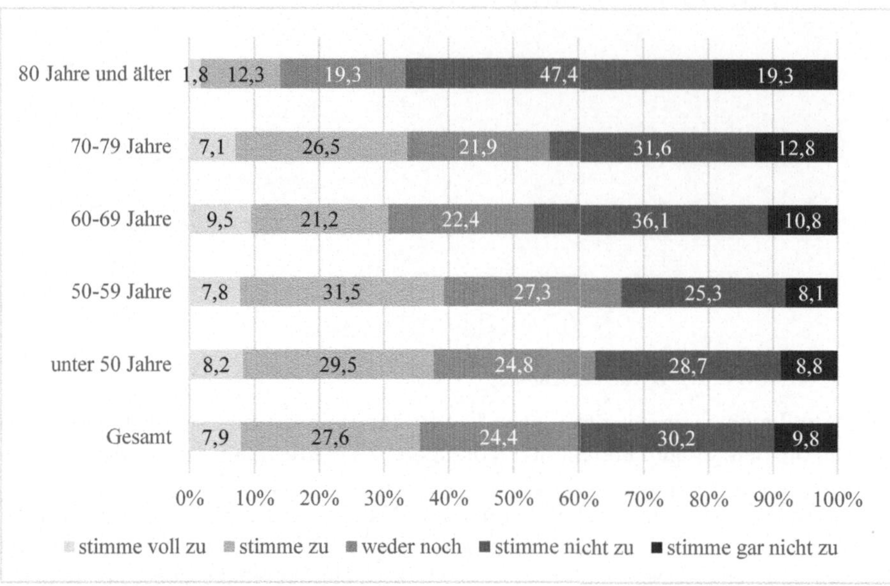

Quelle: ALLBUS 2012, eigene Berechnung

In der gesamten Stichprobe wird die These eher abgelehnt: 40 % der Befragten lehnen die These ab, dem gegenüber stehen 35,5 % Zustimmer. Ein Viertel (24,4 %) nehmen eine neutrale Haltung ein. Es zeigen sich signifikante Unterschiede (ρ= .086; SN 0,01 zweiseitig) in der Verteilung, wenn man verschiedene Altersklassen betrachtet: Besonders deutlich sind diese bei der vollkommenen Ablehnung der These zu sehen. Der prozentuale Anteil steigt mit steigendem Lebensalter kontinuierlich an. Während lediglich 8,8 % der Personen unter 50 Jahre diese These ablehnen, steigt der Anteil bei den Hochaltrigen auf fast 20 % an. Nicht so deutlich sind die Unterschiede bei der Zustimmung: Mit leichten Schwankung liegt der Wert in fast allen Altersgruppen um etwa 40 %, lediglich die Hochaltrigen stimmen der These deutlich weniger zu.

Die Abbildung 17 zeigt die Beurteilung der These differenziert nach dem Bildungsniveau:

Abbildung 18: Medizinische Leistungen auch bei Risikoverhalten, differenziert nach Bildungsniveau (in %) (n=1.557)

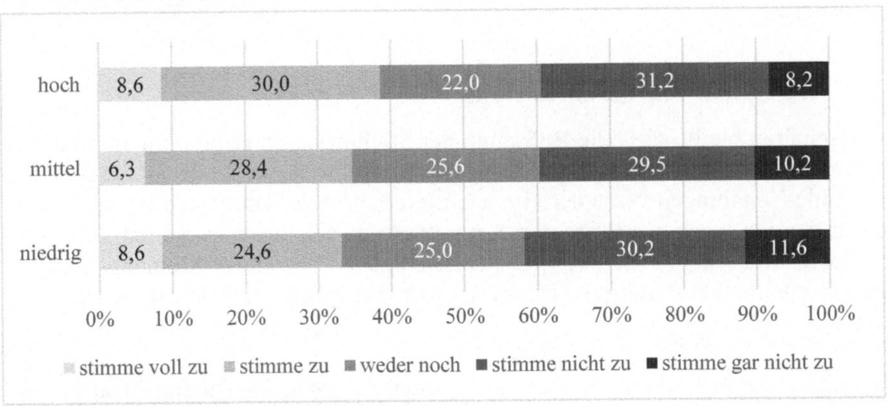

Quelle: ALLBUS 2012, eigene Berechnung

Bezüglich des Bildungsniveaus ergeben sich keine signifikanten Unterschiede (ρ= -.039). Die Verteilung verläuft in allen Kategorien ähnlich. Während die Verteilung in der unteren und mittleren Kategorie nahezu identisch verläuft, steigt in der Kategorie der höheren Bildung der Anteil der Zustimmung leicht an.

Zusammenfassend lässt sich festhalten, dass die Mehrheit der Bevölkerung sowohl „Rauchen" als auch „Alter" als Priorisierungskriterium ablehnt, allerdings mit unterschiedlicher Ausprägung. Während der Anteil der Personen, die beim Kriterium „Alter" keine Unterschiede machen würden knapp über der 50 %-Marke liegt, sind es beim Kriterium „Raucher" annähernd Dreiviertel der Befragten. Das Bildungsniveau hat einen signifikanten Einfluss in beiden Fällen: Mit steigender Bildung steigt auch die Akzeptanz der Priorisoierungskriterien. Er liegt die Vermutung nahe, dass das Ergebnis eventuell durch eigene Interessen beeinflusst wird: Prozentual ist der Anteil der Raucher in sozial niedrigen Schichten höher als in höheren Schichten (Robert Koch-Institut 2015), so dass das Ergebnis so interpretiert werden kann, dass eine Gruppe, die zum größeren Anteil aus Nichtrauchern besteht auch eher dem Nichtraucher den Vorzug bei der Operation geben würde. Nach dieser Logik lässt sich aber nicht folgendes Ergebnis erklären: Mit steigendem Lebensalter steigt auch der Anteil der Personen, die eher dem jüngeren Menschen den Vorzug bei der Operation geben würden. Mit steigendem Alter treten demnach die individuellen Bedürfnisse gegenüber den gemeinschaftlichen Bedürfnissen in den Hintergrund. Ein ähnliches Bild zeigt sich bei der Beurteilung der These, ob Menschen medizinische Leistungen erhalten sollen, auch wenn diese aufgrund von Risikoverhalten notwendig werden. Während die Gesamtbevölkerung dieser These mehrheitlich zustimmt, lehnen die Hochaltrigen die These in der Mehrheit ab.

7.3 Attribution von Verantwortung

Festzuhalten bleibt, dass die Befragten der Stichprobe unter gesundheitlicher Eigenverantwortung in erster Linie Verantwortung für aktuelle oder in der Zukunft liegende Handlungen verstehen. Im nächsten Schritt der Untersuchung soll untersucht werden, wem die Befragten Verantwortung für ihre Gesundheit zuweisen. Daher wurden die Teilnehmer gebeten, anzugeben, wer ihrer Meinung nach für ihre Gesundheit zuständig ist. Die Frage wurde folgendermaßen formuliert:

„Für meine Gesundheit ist verantwortlich…“.

Es folgte eine Auflistung verschiedener Instanzen, die in der Tabelle 20 aufgelistet sind.

Tabelle 20: Vorgabe der Instanzen im Fragebogen bezüglich der Verantwortungszuweisung

Antwortkategorie	Oberbegriff
Ich selber	Eigenverantwortung
Mein Hausarzt	Gesundheitssystem
Der Staat	
Meine Krankenkasse	
Mein Angehörigen	Soziales Umfeld
Freunde und Bekannte	

Quelle: Eigene Darstellung

Die vorgegebenen sechs Instanzen lassen sich drei Oberbegriffen zuordnen. Das Individuum selbst fällt unter die Oberkategorie Eigenverantwortung. Zur Oberkategorie Gesundheitssystem zählen der Hausarzt, die Krankenkasse und der Staat. Die dritte Kategorie bildet das soziale Umfeld, zu der die Angehörigen sowie Freunde und Bekannte des Individuums gerechnet werden. Die so entstandene Aussage (z.B. „Für meine Gesundheit ist verantwortlich..mein Hausarzt“) musste auf einer 6-stufigen Likert-Skala mit dem Spektrum „stimme voll zu“ bis „stimme gar nicht zu“ bewertet werden. Innerhalb der Stichprobe zeigt sich:

Abbildung 19: Verantwortungszuweisung "Ich selber" (in %) (n=361)

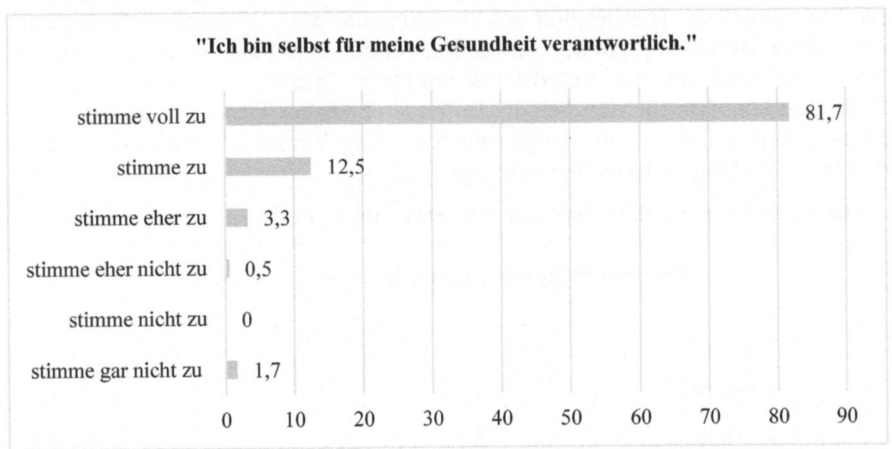

Quelle: Eigene Darstellung

Mit über 80 % weist sich der überwiegende Teil der Befragten selbst ein sehr hohes Maß an Verantwortung für die eigene Gesundheit zu. Mit nur 2,3 % der Befragten ist der Anteil der Personen, die eher in Richtung Ablehnung der These tendieren sehr gering. Als Ablehnung werden die letzten drei Antwortkategorien gewertet. Für die Verantwortungszuweisung an den Hausarzt ergibt sich folgendes Bild:

Abbildung 20: Verantwortungszuweisung „Der Hausarzt" (in %) (n=326)

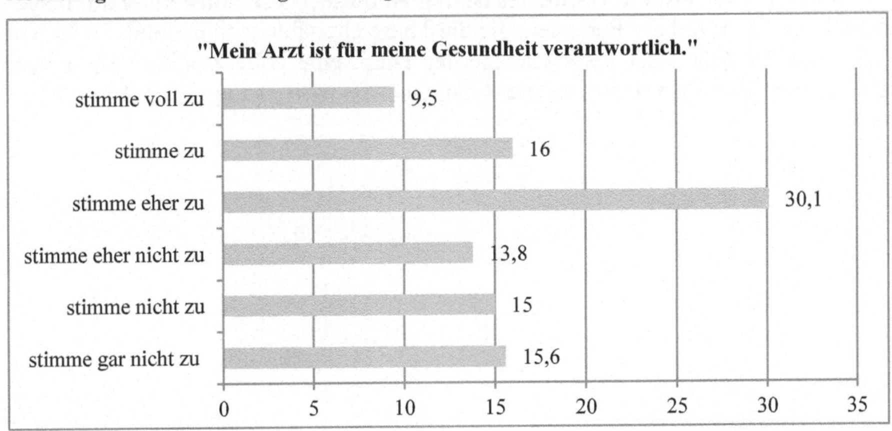

Quelle: Eigene Darstellung

Es zeigt sich ein deutlich differenzierteres Bild: 30 % der Befragten stimmen dieser These leicht zu. Hierbei fällt auf, dass eine nahezu identische Aufteilung auf die anderen Bewertungspunkte erfolgt. Bis auf den Punkt der vollen Zustimmung bewegen sich alle anderen Anteilswerte um 15 %. Zusammenfassend kann festgehalten werden, dass die Mehrheit der Befragten zwar der These zustimmt, die Ablehnung liegt mit 45 % allerdings sehr hoch. Die Verantwortungszuweisung an den Staat wird folgendermaßen bewertet:

Abbildung 21: Verantwortungszuweisung "Der Staat" (in %) (n=310)

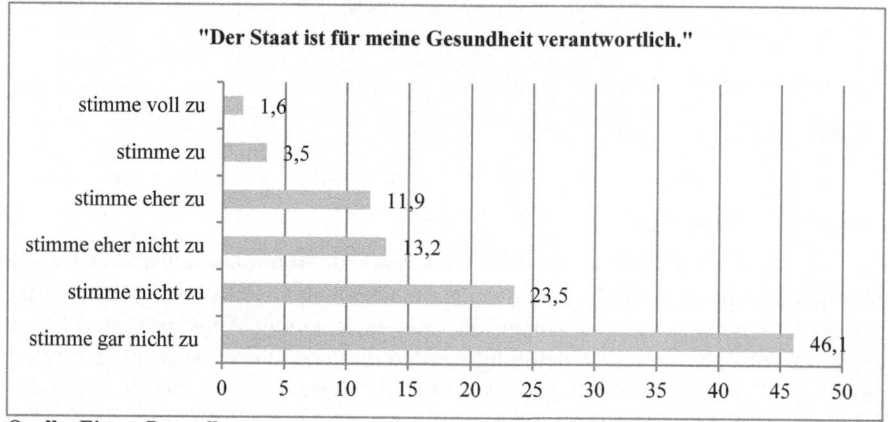

Quelle: Eigene Darstellung

Mit 46,1 % lehnt fast die Hälfte der Befragten diese These vollständig ab. Insgesamt liegt der Anteil der Personen, die die These eher ablehnen bei über 80 %. Mit 1,6 % ist der Anteil der Personen, die der These eine volle Zustimmung geben, eher gering. Die Zuweisung an die Krankenkasse wird in folgender Weise beurteilt:

Abbildung 22: Verantwortungszuweisung "Die Krankenkasse" (in %) (n=320)

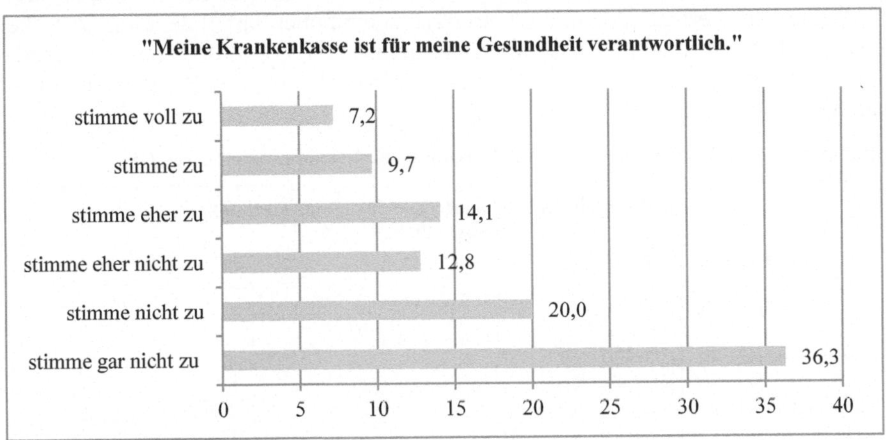

Quelle: Eigene Darstellung

Abbildung 22 zeigt, dass auch hier der überwiegende Teil der Befragten der Krankenkasse eher keine Verantwortung für die Gesundheit zuweisen. Allerdings sind die Ablehnungswerte mit 69,1 % nicht so hoch wie in Abbildung 21. Mit 7,2 % liegt zudem der Anteil der Personen, die der These volle Zustimmung geben höher. Das soziale Umfeld wird folgendermaßen bewertet:

Abbildung 23: Verantwortungszuweisung "Meine Angehörigen" (in %) (n=315)

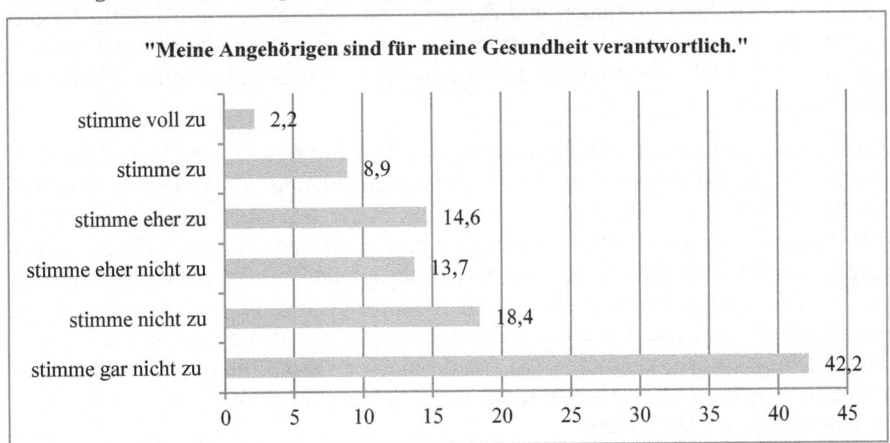

Quelle: Eigene Darstellung

Nur etwa jeder Zehnte der Befragten stimmt dieser These in hoher Ausprägung zu. Bemerkenswert ist zudem, dass mit 42,2 % ein hoher Anteil der Befragten die These vollständig ablehnt. Es stimmen allerdings auch 25,7 % der These in irgendeiner Form zu. Ein noch deutlicheres Bild zeichnet sich bei den Freunden und Bekannten ab:

Abbildung 24: Verantwortungszuweisung "Freunde und Bekannte" (in %) (n=310)

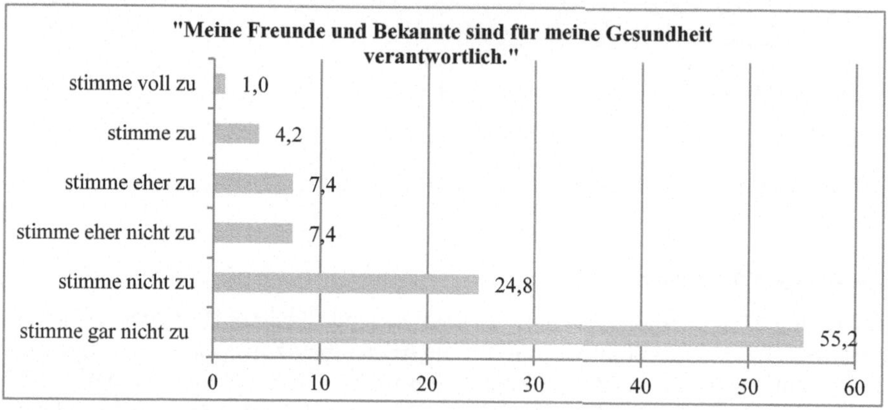

"Meine Freunde und Bekannte sind für meine Gesundheit verantwortlich."

stimme voll zu 1,0
stimme zu 4,2
stimme eher zu 7,4
stimme eher nicht zu 7,4
stimme nicht zu 24,8
stimme gar nicht zu 55,2
0 10 20 30 40 50 60

Quelle: Eigene Darstellung

Aus Abbildung 25 wird ersichtlich, dass über die Hälfte der Befragten (55,2 %) in keinster Weise ihren Freunden und Bekannte ein Maß an Verantwortung für die eigene Gesundheit zuweisen. Sehr hoch sind zudem die Werte in den anderen Kategorien, die Ablehnung ausdrücken, so dass der Anteil der „Zustimmer" lediglich bei 12,6 % liegt.

Zusammenfassend lässt sich dokumentieren, dass der überwiegende Teil der Befragten sich selbst den größten Anteil bei der Zuweisung von Verantwortung für die individuelle Gesundheit gibt. An zweiter Stelle folgt der Hausarzt, dem immerhin noch über die Hälfte der Befragten eine gewisse Form von Mitverantwortung zuweisen. Eine eher untergeordnete Rolle spielen der Staat und die Krankenkassen. Das soziale Umfeld, das durch Angehörige und Freunde und Bekannte repräsentiert wird, spielt ebenfalls eine relativ geringe Rolle. Bevor als weiterer Untersuchungsschritt versucht wird, bestimmte Verantwortungstypen zu identifizieren, soll in der Folge ein differenzierter Blick auf das Kriterium der Eigenverantwortung geworfen werden.

7.4 Ein differenzierter Blick auf Eigenverantwortung

Weil der Schwerpunkt der Untersuchung auf dem Prinzip der gesundheitlichen Eigenverantwortung liegt, soll dieser Aspekt in der Auswertung etwas näher beleuchtet werden. Es wird untersucht, welchen Einfluss die Variablen Geschlecht, Alter, Einkommen, Bildung, Haushaltstyp und Gesundheitszustand auf die Eigenverantwortung haben. Da der Anteilswert bei der Antwortkategorie „stimme nicht zu" bei null Prozent liegt (siehe Abbildung 19) wird zur besseren Übersicht in den folgenden Abbildungen diese Kategorie weggelassen.

Abbildung 25: Eigenverantwortung, differenziert nach Geschlecht (in %) (n=360)

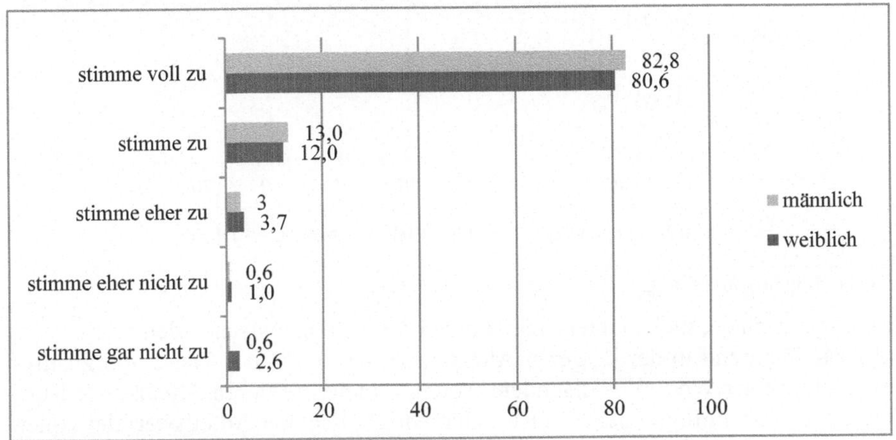

Quelle: Eigene Darstellung

Es zeigt sich, dass es geringfügige Unterschiede in der Antwortverteilung von Männern und Frauen gibt. Während bei der vollen Zustimmung der Anteil der Männer geringfügig höher ist, ergibt sich ein leichter Vorsprung bei den Frauen für die volle Ablehnung der These. Zwischen beiden Variablen ergibt sich keine statistisch signifikante Korrelation (V=.086). Bezüglich der Variable Altersklasse stellt sich heraus:

Abbildung 26: Eigenverantwortung, differenziert nach Altersklassen (in %) (n=361)

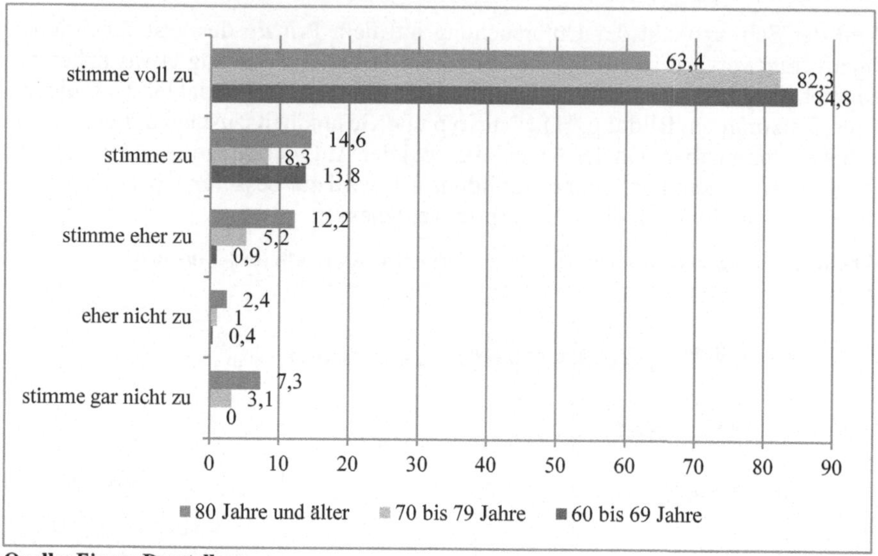

stimme voll zu 63,4 82,3 84,8
stimme zu 14,6 8,3 13,8
stimme eher zu 12,2 5,2 0,9
eher nicht zu 2,4 1 0,4
stimme gar nicht zu 7,3 3,1 0
0 10 20 30 40 50 60 70 80 90
80 Jahre und älter 70 bis 79 Jahre 60 bis 69 Jahre

Quelle: Eigene Darstellung

Es zeigen sich deutliche Unterschiede in der Verteilung zwischen den drei Altersklassen. Während in der jüngeren Altersklasse fast 85 % der These voll zustimmen, nimmt der Wert mit steigendem Alter ab: In der mittleren Altersklasse ist er mit 82,3 % geringfügig kleiner. Deutlich niedriger liegt der Anteilswert der vollen Zustimmung in der hohen Altersklasse: Personen, die 80 Jahre und älter sind, stimmen der These nur noch mit 63,4 % voll zu. Es zeigt sich ein signifikanter statistischer Zusammenhang beider Variablen (ρ= .142; SN 0,01 zweiseitig).

Abbildung 27: Eigenverantwortung, differenziert nach Einkommensquartil (in %) (n=345)

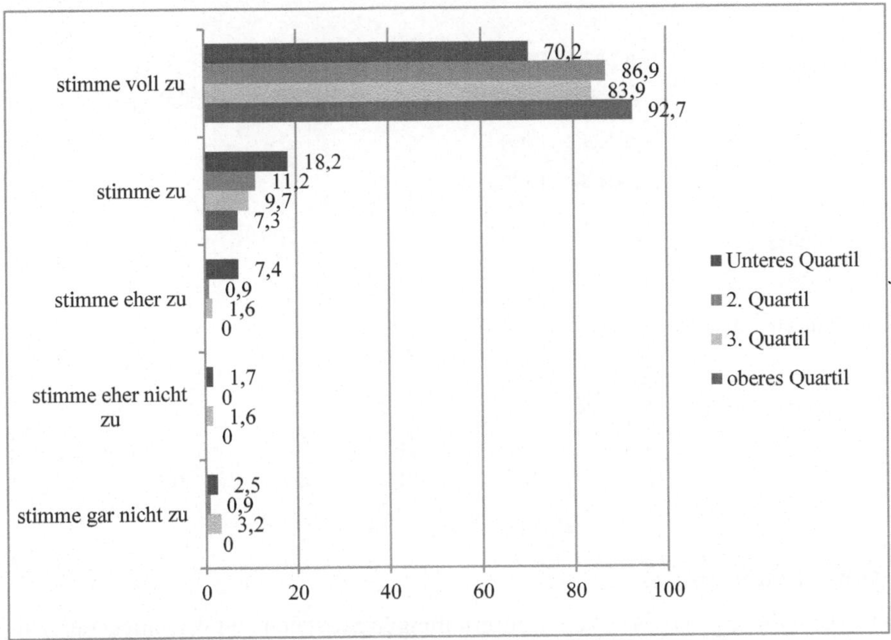

Quelle: Eigene Darstellung

Auch hier zeigt sich auf den ersten Blick, dass die Verteilungen unterschiedlich verlaufen. Auffallend hoch ist die Zustimmung in der oberen Einkommensklasse: Mit 92,7 % in der vollsten Zustimmung und 7,3 % in der zweithöchsten Antwortkategorie stimmen 100 % der Personen aus der höchsten Einkommensklasse der These zu. Das untere Einkommensquartil weist mit 70,2 % den geringsten Wert der vollen Zustimmung auf. Allerdings liegt in dieser Klasse mit 18,2 % der Wert in der zweithöchsten Antwortkategorie sehr hoch, so dass in der unteren Einkommensklasse fast 90 % der Befragten ebenfalls der These eine hohe Zustimmung geben. Der Test ergibt einen signifikanten Zusammenhang beider Variablen (ρ= -.204; SN 0,01 zweiseitig). Bezüglich des Bildungsniveaus zeigt sich:

Abbildung 28: Eigenverantwortung, differenziert nach Bildungsniveau (in %) (n=349)

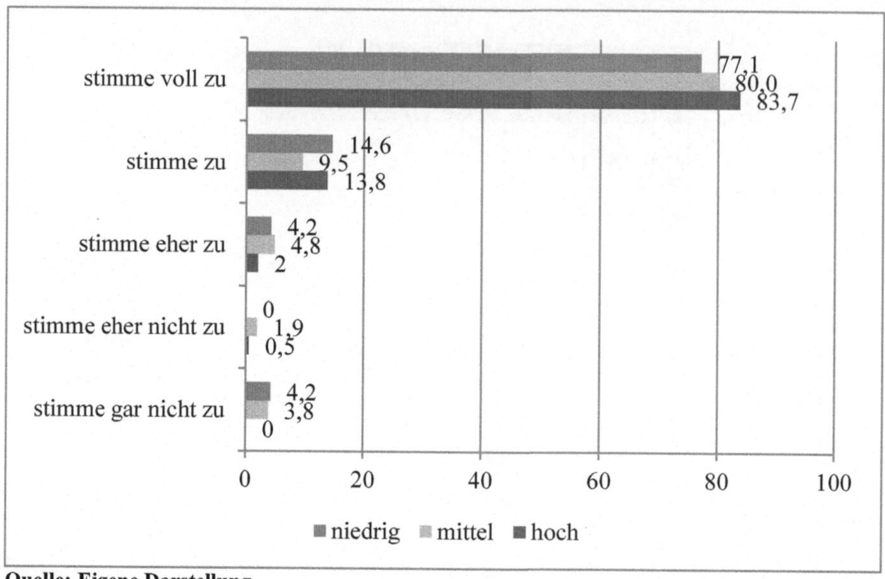

Quelle: Eigene Darstellung

Die Abbildung zeigt, dass sich die Verteilungen zwischen den verschiedenen Bildungsniveaus unterscheiden. Während Personen mit hoher Bildung der These zu 83,7 % zustimmen nimmt der Anteilswert in den folgenden Klassen ab und fällt in der unteren Bildungsklasse auf einen Wert von 77,1 %. Dementsprechend gegenläufig gestaltet sich die Verteilung bei der vollen Ablehnung der These: Während 4,2 % der Personen mit niedrigem Bildungsstand die These voll ablehnen, fällt der Wert in der oberen Bildungsklasse auf null. Es lässt sich allerdings kein statistischer Zusammenhang der beiden Variablen ermitteln (ρ= -.076).

Abbildung 29: Eigenverantwortung, differenziert nach Haushaltstyp (in %) (n=365)

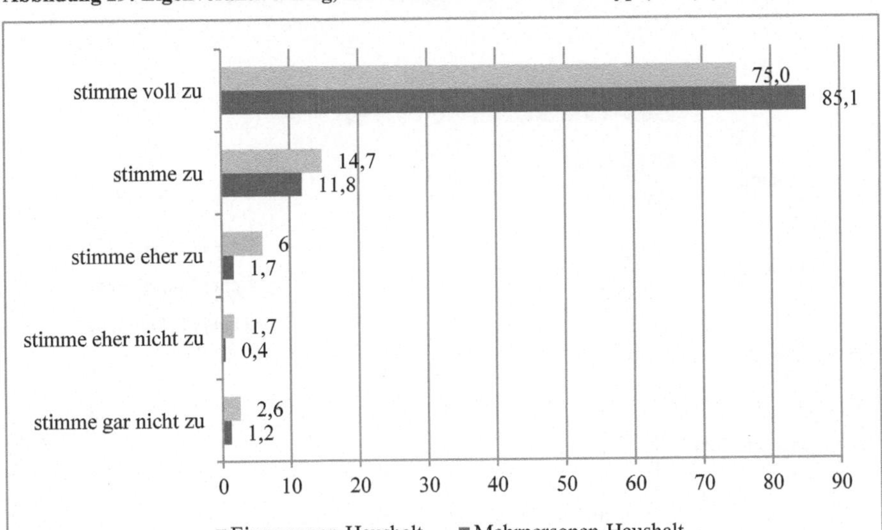

Quelle: Eigene Darstellung

Aus der Abbildung 29 geht hervor, dass es Unterschiede in der Verteilung gibt: Während Dreiviertel der alleinlebenden Personen ihre volle Zustimmung geben sind es bei den Mehrpersonen-Haushalten 85 %. Dementsprechend entgegengesetzt verläuft die Verteilung bei der Ablehnung der These: Prozentual lehnen mehr Single-Haushalte die These ab, als Personen aus Mehrpersonen-Haushalten. Es besteht ein signifikanter Zusammenhang der beiden Variablen Haushaltsgröße und Eigenverantwortung (ρ= -.131; SN 0,05 zweiseitig). Wie sich der Zusammenhang zwischen objektivem Gesundheitszustand und Eigenverantwortung verhält, zeigt die folgende Abbildung:

Abbildung 30: Eigenverantwortung, differenziert nach Gesundheitszustand (in %) (n=352)

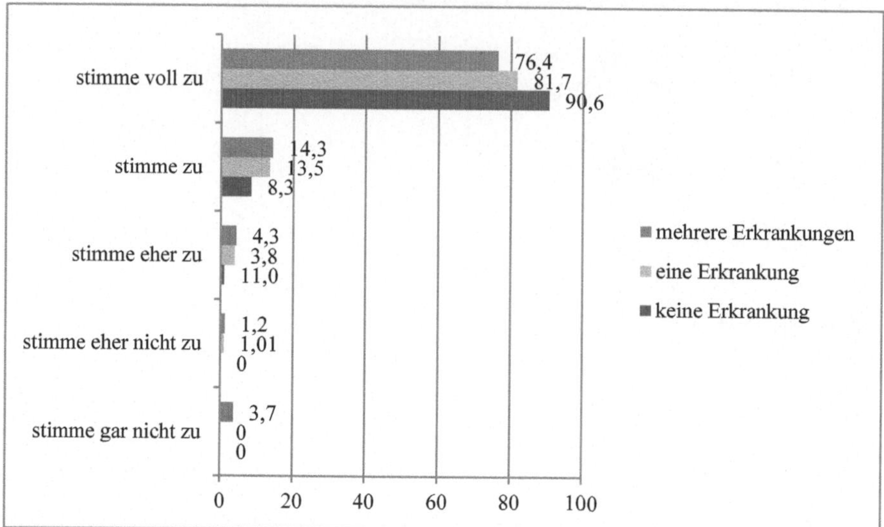

Quelle: Eigene Darstellung

Das Ergebnis ist eindeutig: Von den Personen, die angeben an keiner der aufgeführten Krankheiten zu leiden, stimmen alle tendenziell der These der Eigenverantwortung zu, wobei die volle Zustimmung bei 91 % liegt. Bei den Personen, die an einer Erkrankung leiden, ist die volle Zustimmung mit 81,7 niedriger, bei den Personen mit mehreren Erkrankungen sinkt sie auf 76,4 %. Allerdings stimmen auch die Erkrankte der These tendenziell in der deutlichen Mehrheit zu. Im Test ergibt sich eine statistisch signifikante Korrelation der Variablen Gesundheitszustand und Eigenverantwortung (ρ= .155; SN 0,01 zweiseitig).

Abschließend lässt sich festhalten, dass die Variable Geschlecht keinen Einfluss auf das Kriterium der Eigenverantwortung hat. Sowohl Frauen als auch Männer bewerten die Bedeutung der Eigenverantwortung für die Gesundheit in etwa gleich hoch. Anders verhält es sich mit den Variablen Alter, Einkommen, Bildung, Haushaltstyp und Gesundheitszustand: Jüngere Personen stimmen der These, für die Gesundheit selbst verantwortlich zu sein, mehr zu, als ältere Personen. Ähnlich verhält es sich mit den Variablen Einkommen und Bildung. Je höher das Bildungsniveau und das Einkommen, desto eher wird der These zur gesundheitlichen Eigenverantwortung zugestimmt. Für den Haushaltstyp lässt sich festhalten, dass Personen in Mehrpersonenhaushalten die These der Eigenverantwortung höher bewerten als alleinlebende Personen. Auch der Gesundheitszustand hat einen maßgeblichen Einfluss auf die Eigenverantwortung: Gesunde Personen stimmen der

These zu 100 % zu, bei Personen, die mindestens an einer Krankheit leiden, liegt der Anteilswert niedriger.

7.5 Bildung von Verantwortungstypen

Die vorangegangenen Untersuchungen haben hervorgebracht, dass alle Befragten sich selbst in hohem Maße verantwortlich für die eigene Gesundheit sehen. Es hat sich allerdings auch gezeigt, dass weitere Personen oder Institutionen durchaus ein gewisses Maß an Mitverantwortung zugeteilt wird.

Im nächsten Untersuchungsschritt sollen daher Typen gebildet werden, die ähnliche Attributionsmuster aufweisen. Hierzu wurde das methodische Instrument der Clusteranalyse genutzt. Die im Vorfeld durchgeführte hierarchische Clusteranalyse ergab eine Clusterzentrenanzahl von drei. Im Anschluss wurde das K-Means-Clusterverfahren angewendet. Nach diesem Rechenschritt ergibt sich folgendes Ergebnis:

Tabelle 21: Clusterzentren der endgültigen Lösung Verantwortung (n=308)[8]

	Cluster		
	I	**II**	**III**
Ich selber	1	1	1
Mein Hausarzt	3	3	5
Der Staat	4	4	6
Meine Krankenkasse	3	3	6
Meine Angehörigen	3	5	5
Freunde und Bekannte	4	6	6
n	**71**	**76**	**161**

Quelle: Eigene Berechnung

Die Clusterzentren lassen folgendermaßen beschreiben: Cluster 1 kann als der Verantwortungs-Allrounder bezeichnet werden. Neben sich selbst sieht er den

8 Die Zahlen sind wie folgt zu lesen: Eine 1 bedeutet volle Zustimmung, die Bewertung ist danach abwärts gerichtet bis zur 6, die einer vollen Ablehnung entspricht.

Hausarzt, die Krankenkasse und die Angehörigen in Mitverantwortung für seine Gesundheit. Verantwortung durch den Staat und Freunde und Bekannte lehnt er eher ab. Es fällt auf, dass Personen, die dem Cluster 1 zugerechnet werden, keine der Thesen vollständig ablehnen. Anders verhält es sich bei Cluster 2: Neben der Eigenverantwortung wird den Institutionen des Gesundheitssystems (Hausarzt und Krankenkasse) auch ein gewisses Maß an Verantwortung zugewiesen. Die These, dass der Staat Verantwortung trägt, wird eher abgelehnt. Deutliche Ablehnung erfahren die Thesen zur Verantwortung durch das soziale Umfeld (Angehörige, Freunde und Bekannte). Cluster 3 sieht in erster Linie sich selbst für die eigene Gesundheit verantwortlich. Allen anderen Thesen wird nicht zugestimmt. Dem dritten Cluster können in der Stichprobe die meisten Personen zugerechnet werden (n=161). Cluster 1 (n=71) und Cluster 2 (n=76) beinhaltet in etwa die gleiche Personenzahl. Für die Clusterzentren werden folgende Namen gewählt:

- Cluster I entspricht dem Verantwortungstypus I, der die Verantwortung auf mehrere Institutionen verteilt: „Ich und alles um mich herum“;
- Cluster II entspricht dem Verantwortungstypus II, der sich selbst und das Gesundheitssystem verantwortlich sieht: „Ich und das Gesundheitssystem“;
- Cluster III entspricht dem Verantwortungstypus III, der sich alleinig für seine Gesundheit verantwortlich fühlt: „Ich allein“.

Der Faktor „Eigenverantwortung“ spielt demnach bei allen Verantwortungstypen eine sehr große Rolle, wie auch der Mittelwertvergleich verdeutlicht:

Tabelle 22: Mittelwertvergleich Eigenverantwortung, differenziert nach Verantwortungstypen (n=307)

Cluster	M_{arr}	SD
I: Ich und alles um mich herum	1,28	0,614
II: Ich und das Gesundheitssystem	1,34	0,809
III: Ich allein	1,30	0,895

Quelle: Eigene Berechnung

Der Mittelwertvergleich erzielt keinen signifikanten Unterschied der drei Mittelwerte (0,901). Eine Ausweitung der Verantwortung auf andere Institutionen ist dementsprechend nicht mit einer gleichzeitigen Reduzierung von Eigenverantwortung zu verstehen.

7.5.1 Verantwortungscluster im Zusammenhang mit Geschlecht, Alter, Einkommen, Bildung und Haushaltstyp

Im Anschluss werden die Verantwortungstypen differenziert nach den Kriterien Geschlecht, Alter, Einkommen, Bildungsniveau und Haushaltstyp betrachtet. Für das Geschlecht ergibt sich folgendes Bild:

Tabelle 23: Verantwortungscluster, differenziert nach Geschlecht (in %) (n=308)

Cluster	Geschlecht		Gesamt
	weiblich	männlich	
I: Ich und alles um mich herum	17,8	27,8	23,1
II: Ich und das Gesundheitssystem	28,1	21,6	24,7
III: Ich allein	54,1	50,6	52,3
Gesamt	**100**	**100**	**100**

Quelle: Eigene Berechnung

Unterschiede sind beim Typus I zu erkennen. Nur 17,8 % der Frauen lassen sich diesem Typus zuordnen, gegenüber 27,8 % der männlichen Befragten. Auch beim Typus II sind Unterschiede zu erkennen. Hier liegt der Anteil der Frauen mit 28,1 % höher als bei den Männern (21,6 %). Mit 54,1 % bei den Frauen und 50,6 % bei den Männern sind die Unterscheidungen beim dritten Typus nicht so gravierend. Der Korrelationstest zeigt einen statistischen Zusammenhang zwischen den beiden Variablen (V=.125; p=.091), die Irrtumswahrscheinlichkeit für H_0 liegt allerdings bei 9,1 %. Differenziert nach Alterskategorien zeigt sich folgendes Ergebnis:

Tabelle 24: Verantwortungscluster, differenziert nach Alterskategorien (in %) (n=308)

Cluster	Alterskategorie			Gesamt
	60 bis 69 Jahre	70 bis 79 Jahre	80 Jahre und älter	
I: Ich und alles um mich herum	22,1	21,6	38,1	23,1
II: Ich und das Gesundheitssystem	23,5	28,4	23,8	24,7
III: Ich allein	54,4	50,0	38,1	52,3
Gesamt	**100**	**100**	**100**	**100**

Quelle: Eigene Berechnung

Tabelle zeigt die Verantwortungscluster differenziert nach Alterskategorien. Ein statistischer Zusammenhang ergibt sich nicht (ρ= -.072). Es ist allerdings zu erkennen, dass sich insbesondere die Verteilung innerhalb der Altersklasse der Hochaltrigen von den anderen Alterskategorien unterscheidet. Die Verteilungen in den Altersklassen „60 bis 69 Jahre“ und „70 bis 79 Jahre“ verlaufen ähnlich: In beiden Kategorien dominiert der Verantwortungstypus „Ich allein“, gefolgt von Typus II und Typus I. Anders verläuft die Verteilung in der Altersklasse der Hochaltrigen. Jeweils 38,1 % fallen auf den Typus I und III. Somit ist in dieser Kategorie der Typus, der sich nur allein die Verantwortung zuweist, nicht so deutlich dominant wie in den anderen Altersklassen. Während bis zum Alter von 80 Jahren mehr als die Hälfte sich alleine für die eigene Gesundheit verantwortlich fühlen, sinkt dieser Anteilswert mit steigendem Lebensalter. Ein Mittelwertvergleich des Alters bestätigt dieses Ergebnis:

Tabelle 25: Verantwortungscluster, Mittelwertvergleich des Alters (n=308)

Cluster	M_{arr}	SD
I: Ich und alles um mich herum	68,94	8,206
II: Ich und das Gesundheitssystem	68,17	6,311
III: Ich allein	66,94	6,245

Quelle: Eigene Berechnung

Der Vergleich der Mittelwerte ergibt einen signifikanten Unterschied: Das Durchschnittsalter des dritten Typus ist mit 66,94 Jahren deutlich niedriger als bei den beiden anderen Typen. Auch die Standardabweichung ist niedriger. Das höchste Durchschnittsalter von 68,94 Jahren weist der erste Typus auf, der Verantwortung auf mehrere Bereiche aufteilt. Hier ist zudem die Standardabweichung höher als bei den anderen Typen. Ein Blick auf die Einkommensklassen ergibt folgendes Bild:

Tabelle 26: Verantwortungscluster, differenziert nach Einkommensquatil (in %) (n=297)

Cluster	Einkommensquartil				Gesamt
	I	II	III	IV	
I: Ich und alles um mich herum	24,7	24,4	13,6	30,9	23,6
II: Ich und das Gesundheitssystem	32,3	20,0	28,8	14,5	24,6
III: Ich allein	43,0	55,6	57,6	54,4	51,9
Gesamt	**100**	**100**	**100**	**100**	**100**

Quelle: Eigene Berechnung

Es zeigen sich Unterschiede in den Verteilungen innerhalb der Quartile. Besonders deutlich werden diese bei direkten Vergleich der Quartile I und IV. Während im höheren Quartil über die Hälfte zum Typus III gehören, sind es beim Typus I 43 %. Beim Typus IV (30,9 %) ist zudem der Anteilswert beim „Verantwortungs-Allrounder" höher als bei Typus I (24, %). Beim Verantwortungstypus II verhält es sich umgedreht: Mit 32,3 % ist der Anteil der Personen aus dem niedrigen Quartil deutlich höher als im Typus IV (14,5 %). Der Zusammenhangstest ergibt keinen statistischen Zusammenhang der beiden Variablen(ρ= .071). Differenziert nach Bildungsniveau zeigt sich:

Tabelle 27: Verantwortungscluster, differenziert nach Bildungsniveau (in %) (n=297)

Cluster	Bildungsniveau			Gesamt
	niedrig	mittel	Hoch	
I: Ich und alles um mich herum	30,8	19,5	21,7	21,9
II: Ich und das Gesundheitssystem	30,8	30,5	22,2	25,3
III: Ich allein	38,5	50,0	56,1	52,9
Gesamt	**100**	**100**	**100**	**100**

Quelle: Eigene Berechnung

Während etwas jeder Fünfte mit mittlerem und hohem Bildungsniveau sich dem Typus I zurechnet, ist es in der Klasse der Personen mit niedrigem Bildungsniveau fast jeder Dritte. Ein anderes Bild ergibt sich für den Typus II: Während annähernd jeder Dritte mit niedrigem und mittlerem Bildungsniveau sich diesem Typus zuordnet, liegt der Anteil der Personen mit hohem Bildungsniveau mit 22,2 % deutlich niedriger. Bei der Verteilung des Typus, der sich in alleiniger Verantwortung sieht, ist eine Steigerung mit wachsendem Bildungsniveau zu erkennen: 38,5 % mit niedrigem Bildungsniveau rechnen sich diesem Typus zu. Mit 50,0 % für das mittlere Bildungsniveau und 56,1 % für das hohe Bildungsniveau liegen beide Anteilswerte deutlich höher. Ein statistischer Zusammenhang ergibt sich nicht (ρ= .078).

Tabelle 28: Verantwortungscluster, differenziert nach Haushaltstyp (in %) (n=306)

Cluster	Haushaltstyp		Gesamt
	1 Person	Mehrpersonen	
I: Ich und alles um mich herum	14,1	26,2	22,9
II: Ich und das Gesundheitssystem	31,8	21,7	24,5
III: Ich allein	54,1	52,0	52,6
Gesamt	**100**	**100**	**100**

Quelle: Eigene Berechnung

Die Tabelle zeigt die Verteilung differenziert nach Haushaltstypen. Dabei wird zwischen Einpersonen- und Mehrpersonenhaushalten unterschieden. Während 14,1 % der Befragten von Einpersonenhaushalten sich dem Typus I zuordnen lassen, sind es in Mehrpersonenhaushalten 26,2 %. Entgegengesetzt verhält es sich beim Typus II: Fast jeder Dritte (31,8 %) aus einem Einpersonenhaushalt gehört diesem Typus an, aus den Mehrpersonenhaushalten ist es etwas jeder Fünfte (21,7 %). Der Korrelationstest zeigt einen statistischen Zusammenhang (V=.146; p=.038).

Zusammenfassend kann festgehalten werden, dass sich sowohl für Alter, Einkommen und Bildung kein signifikanter Zusammenhang zur Eigenverantwortung ergibt. Zur Variablen „Alter" kann festgestellt werden, dass es zwar keine signifikanten Unterschiede bezüglich der Verteilung gibt, allerdings ergibt ein Mittelwert-Vergleich der Durschnittwerte der einzelnen Verantwortungstypen einen signifikanten Unterschied: Mit Zunahme der Verantwortungsdiffusion steigt auch das Durchschnittsalter. Für die Variablen Geschlecht und Haushaltstyp ergibt sich ein Zusammenhang, wobei ersterer aufgrund der Irrtumswahrscheinlichkeit unter Vorbehalt angesehen werden muss.

7.5.2 Verantwortungscluster im Zusammenhang mit objektiver und subjektiver Gesundheit

Im nächsten Schritt wird untersucht, welchen Einfluss der Gesundheitszustand auf die Verteilung der Verantwortungscluster hat. Dabei wird zwischen objektivem und subjektivem Gesundheitszustand unterschieden. Der objektive Gesundheitszustand wird anhand von Selbstaussagen erhoben, die im Rahmen der Fragebogenerhebung erfasst wurden. Die Probanden wurden gebeten anzugeben, ob sie an bestimmten Krankheiten leiden. Hierbei wurden folgende Krankheiten erfasst: Zudem wurde den Probanden mit dem Abfragefeld „Sonstiges" die Möglichkeit gegeben, weitere Krankheiten aufzuführen, die nicht in der Vorgabe erwähnt wurden. In der Folge wird ein Proband als objektiv krank geführt, wenn er mindestens an einer Krankheit leidet.

Tabelle 29: Verantwortungscluster, differenziert nach objektivem Gesundheitszustand (in %) (n=303)

Cluster	**Erkrankung**			**Gesamt**
	Keine	**Eine**	**Mehrere**	
I: Ich und alles um mich herum	19,0	18,8	28,9	23,1
II: Ich und das Gesundheitssystem	15,5	30,2	26,6	24,7
III: Ich allein	65,5	51,0	44,5	52,3
Gesamt	**100**	**100**	**100**	**100**

Quelle: Eigene Berechnung

Die Tabelle zeigt eine signifikant unterschiedliche Verteilung anhand der beiden Kriterien „gesund“ und „krank“. Am deutlichsten fällt dieser Unterschied im Cluster der Personen auf, die sich allein für ihre Gesundheit verantwortlich fühlen: Während nicht ganz die Hälfte der kranken Personen diesem Cluster zuzurechnen ist, ist der Anteil mit fast 70 % bei den Gesunden deutlich höher. Dementsprechend mit anderer Tendenz gestaltet sich die Verteilung in den beiden anderen Clustern, wo die Verantwortung auch an andere Personen und Institutionen übertragen wird. Auch der statistische Test zeigt, dass beide Variablen miteinander korrelieren (ρ= -.161; SN 0,01 zweiseitig).

Der subjektive Gesundheitszustand wurde mit der EUROHIS-QoL-Skala ermittelt. Die Skala differenziert den subjektiven Gesundheitszustand mit vier Subskalen, die jeweils durch zwei Items repräsentiert werden. Insgesamt kann ein Maximal-Score von 40 erreicht werden. In der Stichprobe wurden folgende Werte ermittelt:

Tabelle 30: Mittelwertvergleich der EUROHIS-QoL Skala, differenziert nach Verantwortungstypen (n=298)

Cluster	M_{arr}	SD
I: Ich und alles um mich herum	32,04	3,715
II: Ich und das Gesundheitssystem	31,99	3,645
III: Ich allein	32,80	4,872

Quelle: Eigene Berechnung

Der Mittelwert des dritten Typus ist mit 32,80 leicht höher, als die Mittelwerte der anderen Typen. Ein Mittelwertvergleich ergibt allerdings keinen statistisch signifikanten Unterschied (p= .296). Ein differenziertes Bild ergibt sich allerdings bei der Betrachtung der unterschiedlichen Subskalen der QoL-Skala:

Abbildung 31: Vergleich der Scores der Subskalen (n=298)

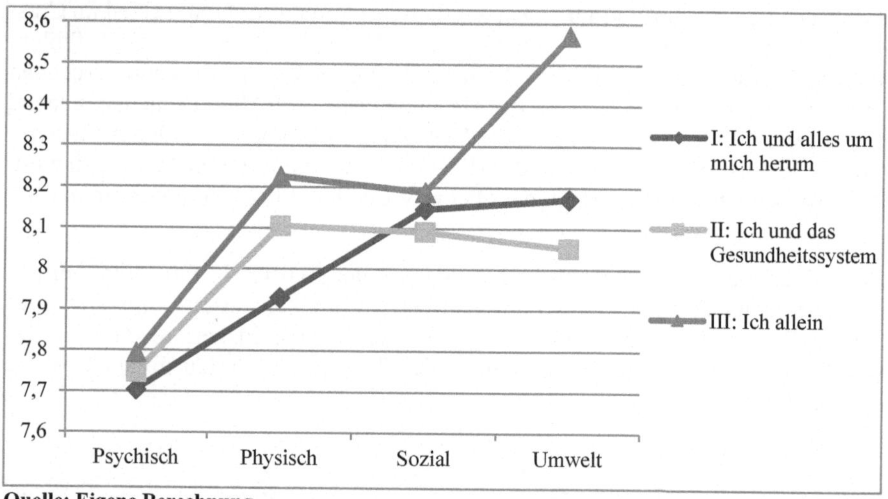

Quelle: Eigene Berechnung

Die Abbildung verdeutlicht, dass die Werte der psychischen Subskala sehr eng zusammenliegen, dies kann ebenso für die Werte der sozialen Subskala festgehalten werden. Größere Differenzen ergeben sich für die beiden anderen Subskalen: Während die Mittelwerte bei den Typen II und III beide über 8,0 liegen, liegt der Mittelwert des Typus, der die Verantwortung auf mehrere verteilt deutlich unter 8,0. Noch deutlicher sind die Unterschiede auf der umweltbezogenen Subskala. Während die Mittelwerte der Typen I und II noch relativ nah zusammenliegen, ergibt sich eine größere Differenz zum Typus III, der sich alleine in der Verantwortung sieht.

Somit lassen sich unterschiedliche Ergebnisse für den objektiven und subjektiven Gesundheitszustand festhalten. Für den objektiven Gesundheitszustand und die Zugehörigkeit zu einem Verantwortungscluster lässt sich ein Zusammenhang nachweisen: Personen, die an mindestens einer Krankheit leiden, tendieren vornehmlich zur Verantwortungsübertragung. Beim subjektiven Gesundheitszustand lässt sich kein Zusammenhang zu den Verantwortungsclustern ausmachen. Lediglich die Betrachtung der unterschiedlichen Subskalen zeigt Unterschiede: Hier fällt auf, dass der Typus, der sich alleine verantwortlich fühlt, einen deutlich höheren Score auf der Subskala Umwelt erreicht.

7.5.3 Verantwortungscluster im Zusammenhang mit Selbstwirksamkeit

Der Zusammenhang zwischen Eigenverantwortung und Selbstwirksamkeit wurde in der theoretischen Fundierung ausführlich beschrieben. Mit der Skala zur Allgemeinen Selbstwirksamkeitserwartung liegt ein Instrument vor, mit dem die individuelle Selbstwirksamkeit valide erfasst werden kann (Hinz et al. 2006). Die Skala wurde in den Fragebogen integriert. Sie enthält zehn Items, bei denen die Probanden Aussagen auf einer vierstufigen Skala bewerten müssen. Die Werte der einzelnen Items werden zu einem Gesamtscore summiert, so dass sich ein maximaler Wert von 40 ergibt. Für die Stichprobe lassen sich folgende Werte protokollieren:

Tabelle 31: Mittelwertvergleich der Selbstwirksamkeitsskala SD-10, differenziert nach Verantwortungstypen (n=296)

Cluster	M_{arr}	SD
I: Ich und alles um mich herum	29,89	4,095
II: Ich und das Gesundheitssystem	30,35	5,706
III: Ich allein	31,64	5,006

Quelle: Eigene Berechnung

Der Mittelwertvergleich bescheinigt einen signifikanten Unterschied (p=.029) bezüglich der durchschnittlichen Testwerte der Selbstwirksamkeitsskala SD-10 für die einzelnen Verantwortungscluster: Bei der Skala können maximal 40 Punkte erlangt werden, der Verantwortungstypus III erreicht mit 31,64 den höchsten Wert. Den zweithöchsten Wert bildet Typus II mit 30,35. Der niedrigste Wert wird von dem ersten Typus eingenommen, der die Verantwortung auf mehrere Subjekte verteilt.

7.5.4 Verantwortungscluster im Zusammenhang mit gesundheitsrelevantem Verhalten

Wie bereits beschrieben steht eine Verantwortungsübernahme immer in enger Beziehung zu einer Handlung. Daher wurde in der Befragung ermittelt, welche Handlungen die Probanden durchführen, die in engem Bezug zur eigenen Gesundheit stehen. Auch hier wurde das Format der offenen Frage gewählt, um die Probanden durch vorgegebene Kategorien nicht in eine Antwortrichtung zu lenken. Der genaue Wortlaut der offenen Frage lautete:

„Was tun Sie selber für die eigene Gesundheit?“

Die Auswertung brachte acht Kategorien hervor, die sich wie folgt beschreiben lassen:

Tabelle 32: Kategorien der offenen Frage „Was tun Sie selber für die eigene Gesundheit“?

Kategorie	Beschreibung	Ankerbeispiel
Ernährung	Diese Kategorie summiert alle Aussagen, die sich auf eine ausgewogene, bewusste und gesunde Ernährung beziehen.	„Ich esse viel Gemüse.“ „Ich esse nur einmal Fleisch in der Woche.“
Vorsorge	In dieser Kategorie werden Aussagen gesammelt, in denen die Probanden angeben, regelmäßig zu Vorsorgeuntersuchungen zu gehen. Dies beinhaltet sowohl vorgegebene Krebsvorsorge als auch Routineuntersuchungen, die vom Hausarzt durchgeführt werden.	„Ich gehe regelmäßig zur Krebsvorsorge.“ „Ich lasse meine Blutwerte regelmäßig von meinem Hausarzt testen.“
Bewegung	Diese Kategorie beinhaltet alle Aussagen, die sich auf das Bewegungsverhalten der Probanden beziehen. Hierbei wurde nicht zwischen der Intensität der Bewegung unterschieden.	„Ich mache viel Sport.“ „Ich nehme lieber die Treppe als den Fahrstuhl.“
Soziale Kontakte	In dieser Kategorie finden sich Aussagen wieder, in denen die Probanden die Wichtigkeit von sozialen Kontakten für die Gesundheit betonen. Hierunter sind sowohl familiäre Kontakte als auch freundschaftliche oder mit Aktivitäten verbundene Kontakte zu verstehen.	„Ich treffe mich viel mit Freunden.“ „Ich unternehme gerne etwas mit anderen gemeinsam.“

Erholung	Diese Kategorie beinhaltet Aussagen, die unter dem Schlagwort Regeneration subsummiert werden können. Das Spektrum ist dabei vielseitig und beinhaltet sowohl einfache Ruhepausen als auch professionelle Methoden wie Yoga, Meditation oder autogenes Training.	„Ich nehme mir die Zeit, mich auch auszuruhen.“ „Ich meditieren fast jeden Tag.“
Verzicht auf toxische Substanzen	In dieser Kategorie werden Aussagen gesammelt, die sich auf den Verzicht gesundheitsschädigender Substanzen beziehen. In erster Linie werden Nikotin und Alkohol genannt, sie beinhaltet aber auch Aussagen, in denen Probanden das Weglassen überflüssiger Medikamente angeben. Aussagen, die sich auf Fleischkonsum beziehen, werden in der Kategorie „Ernährung“ verbucht.	„Ich trinke so gut wie nie Alkohol.“ „Ich nehme nur die notwendigen Medikamente.“
Positives Lebensgefühl	In dieser Kategorie werden alle Aussagen zusammengefasst, die eine Tätigkeit beschreiben, die darauf abzielt eine positive Einstellung zum Leben zu fördern.	„Ich blicke positiv in die Zukunft.“ „Freude am Leben suchen und haben.“
Gewichtskontrolle	Diese Kategorie sammelt alle Aussagen, in denen die Befragten Angaben zur regelmäßigen Kontrolle des Körpergewichts machen, um Über- und Untergewicht zu vermeiden.	„Ich passe auf, dass ich Normal-Gewicht habe.“ „Ich vermeide Übergewicht.“

Quelle: Eigene Darstellung

Die Kategorien verteilen sich folgendermaßen in der Stichprobe:

Abbildung 32: Handlungen, die für die eigene Gesundheit durchgeführt werden (in %) (n=335)

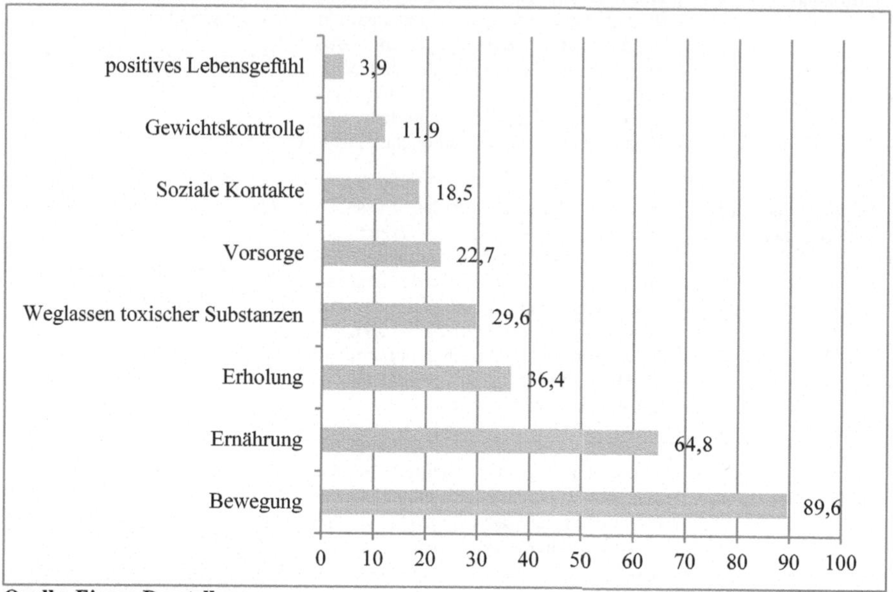

positives Lebensgefühl 3,9
Gewichtskontrolle 11,9
Soziale Kontakte 18,5
Vorsorge 22,7
Weglassen toxischer Substanzen 29,6
Erholung 36,4
Ernährung 64,8
Bewegung 89,6

0 10 20 30 40 50 60 70 80 90 100

Quelle: Eigene Darstellung

Der überwiegende Anteil der Stichprobe tätigt Aussagen, die im Zusammenhang mit Bewegung zu sehen sind (89,6 %). Über die Hälfte der Befragten geben an, auf die Ernährung zu achten (64,8 %). Für mehr als ein Drittel (36,4 %) gehört ausreichende Erholung zu einem wichtigen Bestandteil gesundheitlicher Aktivitäten. Für etwas weniger als ein Drittel (29,6 %) ist es wichtig, bei der Gesundheit auf das Weglassen toxischer Substanzen zu achten. Weniger als 20 % der Befragten geben als gesundheitliche Aktivität die Förderung von sozialen Kontakten (18,5 %), die regelmäßige Gewichtskontrolle (11,9 %) und das Bemühen um ein positives Lebensgefühl (3,9 %) an.

In der Theorie wurde erörtert, dass es einen Zusammenhang zwischen dem Ausführen von gesundheitsrelevanten Handlungen und Faktoren der sozialen Ungleichheit gibt. Ob sich dieser Zusammenhang in dieser Stichprobe bestätigt, soll anhand der Faktoren Bildung und Alter geprüft werden. Exemplarisch werden die Bereiche Bewegung (als aktives Verhalten), Vorsorge (als passives Verhalten) und Ernährung (als Verhalten mit starkem Bezug zur Information) ausgewählt.

Abbildung 33: Gesundheitsrelevantes Verhalten, differenziert nach Bildung (in %) (n=323)

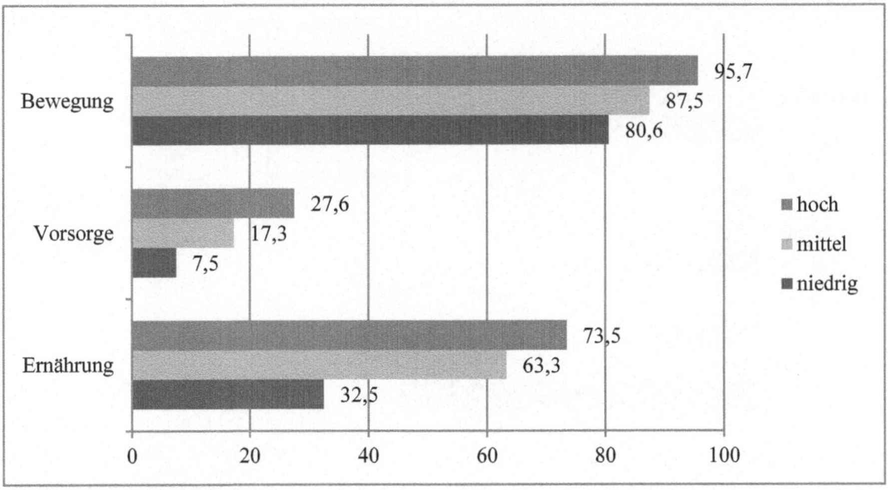

	hoch	mittel	niedrig
Bewegung	95,7	87,5	80,6
Vorsorge	27,6	17,3	7,5
Ernährung	73,5	63,3	32,5

Quelle: Eigene Darstellung

Für den Bereich der Bewegung ist mit sinkendem Bildungsniveau ein Rückgang des Anteilswertes auszumachen: Während Personen mit hohem Bildungsniveau zu 95,7 % angeben, sich regelmäßig zu bewegen, sinkt der Wert in der Gruppe der Personen mit niedrigem Bildungsniveau auf 80,6 %. Ein ähnliches Bild zeigt sich für den Bereich der Vorsorge: Während mehr als jeder Vierte der Personen mit hoher Bildung dieser Kategorie zustimmt, sind es bei den Personen mit niedriger Bildung nur 7,5 %. Noch deutlicher fallen die Unterschiede für den Bereich der Ernährung aus: Dreiviertel der Personen mit hoher Bildung geben an, im Rahmen der gesundheitsrelevanten Handlungen auf die Ernährung zu achten. Der Anteilswert sinkt kontinuierlich ab, so dass in der Gruppe der Personen mit niedriger Bildung nur noch jeder Dritte ist. Für alle drei Faktoren lässt sich ein statistischer Zusammenhang zur Bildung nachweisen (Bewegung: V=.227 p=.000; Vorsorge: V=.191 p=.009; Ernährung: V=.276 p=.000). Differenziert nach Altersklassen ergibt sich folgendes Bild:

Abbildung 34: Gesundheitsrelevantes Verhalten, differenziert nach Alter (in %) (n=323)

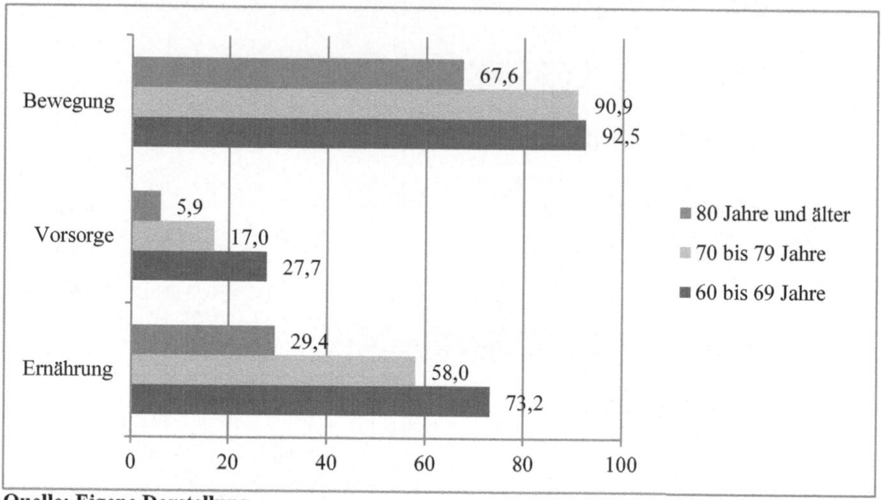

Quelle: Eigene Darstellung

Das Antwortverhalten der Personen, die Bewegung als gesundheitsrelevantes Verhalten angeben, unterscheidet sich innerhalb der Altersklassen, wie folgende Zahlen belegen: Während die Anteilswerte in den beiden jüngeren Altersklassen über 90 % und sehr nahe beieinander liegen, sinkt der Wert in der Gruppe der Hochaltrigen deutlich ab auf 67,6 %. Für den Bereich der Vorsorge lässt sich ebenfalls ein Rückgang des Anteilswerts mit steigendem Lebensalter ausmachen. Der Wert sinkt von 27,7 % in der Gruppe der jungen Alten auf 5,9 % bei den Hochaltrigen. Deutliche altersbezogene Unterschiede zeigen sich für den Bereich Ernährung: Während Dreiviertel der jungen Alten einen besonderen Fokus auf Ernährung setzen, sinkt der Anteilswert mit steigendem Lebensalter deutlich ab. In der Gruppe der Hochaltrigen gibt nicht einmal jeder Dritte an, besonders auf die Ernährung zu achten. Für alle drei Bereiche ergibt sich ebenfalls ein statistischer Zusammenhang (Bewegung: V=.242 p=.000; Vorsorge: V=.242 p=.000; Ernährung: V=.285 p=.000).

Zusammenfassend kann festgehalten werden, dass sich der in der Theorie beschriebene Zusammenhang zwischen gesundheitsrelevantem Verhalten und Determinanten der sozialen Ungleichheit auch in dieser Stichprobe nachweisen lässt. Doch welchen Einfluss haben nun die identifizierten Attributionsmuster auf den Bereich des gesundheitsrelevanten Verhaltens? Innerhalb der Verantwortungstypen gestaltet sich das Antwortverhalten wie folgt, signifikante Korrelationen sind grau hinterlegt:

Tabelle 33: Gesundheitsrelevantes Verhalten, differenziert nach Verantwortungstypen (n=288)

Verhalten	Cluster	Ja	Nein	V	Signi-fikanz
Ernährung	I: Ich und alles um mich herum	62,1	37,9	0.146	0.046
	II: Ich und das Gesundheitssystem	80,8	19,2		
	III: Ich allein	73,2	26,8		
Vorsorge	I: Ich und alles um mich herum	24,2	75,8	0.018	0.954
	II: Ich und das Gesundheitssystem	26,0	74,0		
	III: Ich allein	26,2	73,8		
Bewegung	I: Ich und alles um mich herum	81,8	18,2	0.206	0.002
	II: Ich und das Gesundheitssystem	95,9	4,1		
	III: Ich allein	94,6	5,4		
Soziale Kontakte	I: Ich und alles um mich herum	34,8	65,2	0.190	0.006
	II: Ich und das Gesundheitssystem	20,5	79,5		
	III: Ich allein	15,4	84,6		
Erholung	I: Ich und alles um mich herum	40,9	59,1	0.008	0.992
	II: Ich und das Gesundheitssystem	41,1	58,9		
	III: Ich allein	40,3	59,7		
Weglassen toxischer Substanzen	I: Ich und alles um mich herum	39,4	60,6	0.070	0.493
	II: Ich und das Gesundheitssystem	31,5	68,5		
	III: Ich allein	31,5	68,5		
Gewichtskontrolle	I: Ich und alles um mich herum	13,6	86,4	0.054	0.622
	II: Ich und das Gesundheitssystem	11,0	89,0		
	III: Ich allein	15,4	84,6		
Positives Lebensgefühl	I: Ich und alles um mich herum	3,0	97,0	0.068	0.511
	II: Ich und das Gesundheitssystem	6,8	93,2		
	III: Ich allein	4,0	96,0		

Quelle: Eigene Berechnung

Für den Bereich der Ernährung ist erkennbar, dass sich das Antwortverhalten unterschiedlich gestaltet. Über 80 % des zweiten Typus geben an, auf die Ernährung zu achten. Einen ähnlich hohen Anteilswert erzielt der dritte Typus mit fast 75 %. Deutlich niedriger liegt der Wert beim Typus I, der die Verantwortung auf mehrere

Instanzen verteilt. Der Anteilswert liegt hier bei 62 %. Es ergibt sich ein signifikanter statistischer Zusammenhang der beiden Variablen.

Mit Blick auf die Vorsorge ergibt sich ein einheitliches Bild. Vernachlässigbar klein sind die Unterschiede der Anteilswerte, so dass man festhalten kann, dass in jedem Typus etwas jeder Vierte angibt, für seine Gesundheit zu sorgen, indem er regelmäßig zu Vorsorgeuntersuchungen geht.

Bei der Variablen Bewegung sind Unterschiede in der Verteilung zu sehen: Während bei den Typen II und III 95 % angeben, dass für sie Bewegung zum Gesundheitsverhalten zählt, welches sie regelmäßig ausführen, sind es beim ersten Typus mit 82 % deutlich weniger. Es besteht ein signifikanter Zusammenhang der beiden Variablen.

Sehr unterschiedlich verläuft das Antwortverhalten bezüglich der Rolle von sozialen Kontakten. Während mehr als jeder Dritte des ersten Typus angibt, dass die Pflege von sozialen Kontakten für ihn zum ausgeübten Gesundheitsverhalten gehört, ist es beim zweiten Typus nur noch jeder Fünfte. Beim dritten Typus, der sich alleine verantwortlich fühlt, fällt der Wert weiter auf 15,4 %. Auch hier lässt sich eine signifikante Korrelation zwischen Verantwortungstypus und sozialen Kontakten feststellen.

Bei dem Aspekt der Erholung verläuft die Verteilung annähernd gleich. Für rund 40 % der Befragten gehört ein ausreichendes Maß an Erholung zum Gesundheitsverhalten, welches von ihnen praktiziert wird.

Nicht so eindeutig ist das Bild beim Weglassen von toxischen Substanzen: Ein identisches Antwortverhalten findet sich in den Typen II und III vor. Hier sind es jeweils 31,5 % der Befragten, die den Verzicht auf toxische Substanzen als selbst praktiziertes Gesundheitsverhalten angeben. Beim ersten Typus erreicht der Wert fast die 40 %-Marke. Statistisch gesehen ergibt sich kein signifikanter Zusammenhang. Bei der Gewichtskontrolle ergibt sich ein sehr einheitliches Bild. Die Unterschiede im Antwortverhalten der Befragten fallen relativ gering aus. Dementsprechend ergibt sich keine Korrelation der beiden Variablen. Bei der Variablen positives Lebensgefühl sind die Unterschiede ebenfalls relativ gering, auch der Korrelationstest zeigt keinen statistischen Zusammenhang.

Die Teilergebnisse lassen sich wie folgt zusammenfassen: Signifikante Unterschiede ergeben sich für die Bereiche „Ernährung“, „Bewegung“ und „soziale Kontakte“. Nach eigenen Angaben ist das Bewegungsverhalten der Typen II und III deutlich ausgeprägter als beim Verantwortungstypus I. Da bei der Selbstauskunft in einem Fragebogen immer die Gefahr besteht, gerade bei einem solchen Thema im Sinne der sozialen Erwünschtheit, sein Antwortverhalten anzupassen

(Lautenschlager & Flaherty 1990), wurde im Rahmen der Untersuchung auch die Körpergröße und das Gewicht abgefragt. An dieser Stelle sei angemerkt, dass diese Angaben nicht als Pflichtangaben definiert waren und auf freiwilliger Basis erfolgten. Aus diesen Werten kann somit der Body-Mass-Index der Probanden ermittelt werden. Dieses Verfahren soll nicht zur Überprüfung der Richtigkeit der Angaben zum Bewegungsverhalten herangezogen werden und wäre in diesem Sinne sicherlich nicht zulässig. Vielmehr soll es als Anhaltspunkt dienen, in welchem Ausmaß ein aktives Gesundheitsverhalten in der Praxis umgesetzt wird.

Tabelle 34: Mittelwert des BMI-Index, differenziert nach Verantwortungsclustern (n=299)

Cluster	BMI Durchschnitt
I: Ich und alles um mich herum	28,1290
II: Ich und das Gesundheitssystem	26,9739
III: Ich allein	26,4586

Quelle: Eigene Berechnung

Es zeigt sich, dass es signifikante Unterschiede bei dem Vergleich der drei Mittelwerte gibt (p=.049). Während die Mittelwerte bei den Typen II und III relativ nah zusammenliegen, ist der Mittelwert des ersten Typen deutlich höher. Dieses Ergebnis bestätigt die These, dass der Verantwortungstypus I ein deutlich niedriges Bewegungsverhalten an den Tag legt, als die beiden anderen Typen.

Bei den sozialen Kontakten lässt sich ein anderes Ergebnis feststellen: Mit zunehmender Diffusion von Verantwortung steigt die Bedeutung von sozialen Kontakten im Zusammenhang mit gesundheitsrelevantem Verhalten.

7.5.5 Verantwortungscluster im Zusammenhang mit Definitionen zur gesundheitlichen Eigenverantwortung

In einem weiteren Schritt wird der Fokus auf die Definitionen zur Eigenverantwortung gelegt. Es wird untersucht, ob sich Unterschiede bei der Definition von Eigenverantwortung der Befragten der Cluster ausmachen lassen. Hierzu werden die ermittelten Kategorien der offenen Frage, die allesamt gesundheitsrelevantes Handeln beschreiben, in Verbindung mit den Verantwortungsclustern gesetzt. Hierbei handelt es sich demzufolge nicht wie weiter oben um Tätigkeiten, die die Probanden als selbst praktiziertes Gesundheitsverhalten ausmachen, sondern vielmehr um Aspekte, die von den Probanden als Kennzeichen von Eigenverantwortung für die Gesundheit identifiziert wurden. Statistisch signifikante Unterschiede ergeben sich bei folgenden Kategorien:

Tabelle 35: Definitionskategorien, differenziert nach Verantwortungstypen (n=270)

Verhalten	Cluster	Ja	Nein	V	Signifikanz
Aktives Gesundheitsverhalten	I: Ich und alles um mich herum	74,6	25,4	0.033	0.861
	II: Ich und das Gesundheitssystem	77,1	22,9		
	III: Ich allein	78,1	21,9		
Passives Gesundheitsverhalten	I: Ich und alles um mich herum	44,8	55,6	0.047	0.741
	II: Ich und das Gesundheitssystem	40,0	60,0		
	III: Ich allein	61,3	38,7		
Planung	I: Ich und alles um mich herum	9,5	90,5	0.023	0.933
	II: Ich und das Gesundheitssystem	11,4	88,6		
	III: Ich allein	10,9	89,1		
Soziale Verantwortung	I: Ich und alles um mich herum	65,1	34,9	0.130	0.103
	II: Ich und das Gesundheitssystem	54,7	45,7		
	III: Ich allein	51,1	48,9		
Information	I: Ich und alles um mich herum	7,9	92,1	0.031	0.875
	II: Ich und das Gesundheitssystem	10,0	90,0		
	III: Ich allein	8,0	92,0		
Selbstbestimmung	I: Ich und alles um mich herum	1,6	98,4	0.107	0.214
	II: Ich und das Gesundheitssystem	2,9	97,1		
	III: Ich allein	6,6	93,4		
Compliance	I: Ich und alles um mich herum	6,3	93,7	0.066	0.559
	II: Ich und das Gesundheitssystem	2,9	97,1		
	III: Ich allein	3,6	96,4		

Quelle: Eigene Berechnung

Für das aktive Gesundheitsverhalten lässt sich folgendes feststellen: Während mehr als Dreiviertel der Probanden der Typen II und III aktives Gesundheitsverhalten als Eigenverantwortung definieren, bleibt der Anteilswert des ersten Typus knapp unter der 75 %-Marke. Ein signifikanter Zusammenhang ergibt sich nicht.

Deutlicher sind die Unterschiede beim passiven Gesundheitsverhalten. Den höchsten Anteilswert nimmt der Typus III ein, hier sind 61,3 % der Meinung, dass passives Gesundheitsverhalten Eigenverantwortung bei der Gesundheit ausmacht. Deutlich geringer sind die Werte bei den beiden anderen Typen. Die Ergebnisse des Zusammenhangtestes sind allerdings nicht signifikant.

Aus der Tabelle ist weiter zu erkennen, dass die Anteilswerte bei der Variablen Planung annähernd gleich sind. Es besteht kein Zusammenhang zwischen den beiden Variablen.

Ferner zeigt sich, dass mindestens jeder Zweite jedes Verantwortungstypen Eigenverantwortung für die Gesundheit als ein Aspekt der sozialen Verantwortung definiert. Trotzdem gestaltet sich das Antwortverhalten differenziert: Während die Typen II (54,7 %) und III (51,1 %) relativ nah beieinander liegen, liegt der Anteilswert des ersten Typus deutlich höher. Hier betont etwa jeder dritte Proband die soziale Verantwortung als Aspekt der gesundheitlichen Eigenverantwortung. Im Korrelationstest zeigt sich zwar ein statistischer Zusammenhang, mit 10,3 % liegt die Irrtumswahrscheinlichkeit für H_0 allerdings sehr hoch.

Für die Variable Information zeigt sich in allen drei Verantwortungstypen eine annähernd gleiche Verteilung, es ergibt sich kein statistischer Zusammenhang zwischen den beiden Variablen.

Weniger eindeutig ist das Ergebnis bei der Selbstbestimmung: In allen drei Typen wird der Aspekt der Selbstbestimmung relativ wenig genannt. Es fällt allerdings auf, dass der Anteilswert beim Typus, der sich allein für die Gesundheit verantwortlich fühlt, mit 6,6 % deutlich höher liegt, als bei den anderen Typen. Das Ergebnis des Korrelationstests deutet auf einen statischen Zusammenhang hin, mit 21,4 % liegt die Irrtumswahrscheinlichkeit für H_0 allerdings zu hoch.

Unterschiedlich fällt die Verteilung beim Aspekt der Compliance aus. In allen drei Typen liegt der Wert deutlich unter 10 %, während allerdings die Typen II und III relativ dicht zusammenliegen, fällt mit 6,3 % der Anteilswert des Typus, der ein breites Spektrum an Instanzen für seine Gesundheit verantwortlich sieht, höher aus. Ein statistischer Zusammenhang der beiden Variablen besteht nicht (ρ=-.041).

7.6 Aktivität in der Lebensspanne

Die bisherigen Ergebnisse haben gezeigt, dass ein hoher Zusammenhang zwischen aktivem Gesundheitsverhalten und Verantwortung für die eigene Gesundheit besteht. Zum einen beinhaltet für die Befragten das Wahrnehmen von Eigenverantwortung das Ausführen von gesundheitsrelevantem Verhalten. Zum anderen zeigt sich, dass Bewegung für den größten Teil der Befragten als aktiver Beitrag zum Erhalt oder zur Steigerung der eigenen Gesundheit anzusehen ist. Die positive Auswirkung von Bewegung auf die eigene Gesundheit deckt sich mit der gängigen Forschungslage.

Die Aktivitäten müssen dabei nicht unbedingt sportlicher Natur sein: Schon regelmäßig ausgeführte moderate Freizeitaktivitäten wie regelmäßige Spaziergänge, Fahrradfahren oder bewegungsintensive Hobbies wie Gartenarbeit können das Morbiditäts- und Mortalitätsrisiko senken. In den Gesundheitswissenschaften werden solche Aktivitäten als Lebensstilaktivitäten bezeichnet (Brand & Schlicht 2009). Es kann allerdings festgehalten werden, dass ältere Menschen im Durchschnitt weniger aktiv sind, als Menschen anderer Altersklassen: Fast ein Dreiviertel (73,4 %) der Frauen und Zweidrittel (66,5 %) der Männer in der Altersgruppe ab 65 Jahre sind weniger als 2,5 Stunden in der Woche körperlich aktiv. Dabei zeigt sich ein positiver Zusammenhang zwischen Aktivität und Bildung, der bei Frauen ausgeprägter ist, als bei Männern (Lange 2014). Sportliche Aktivität wird als eine spezifische Form der körperlichen Aktivität angesehen. Zahlreiche Studien bestätigen auch hier, dass sportliche Aktivität vorrangig von jüngeren Altersklassen ausgeübt wird und bei älteren Menschen weniger verbreitet ist (Becker & Schneider 2005). Daraus lässt sich hingegen nicht schließen, dass die sportliche Aktivität eines Individuums über den Lebenslauf abnimmt. In der Regel beruhen die Ergebnisse auf Querschnittanalysen, so dass sich ein großer Teil der Unterschied vielmehr mit Kohorten- als mit Alterseffekten erklären lässt (Klein & Becker 2012). Generell lassen sich vier Faktoren identifizieren, die den altersbezogenen Einfluss auf körperliche Aktivität kennzeichnen: Die physischen Faktoren beschreiben die mit dem Alter abnehmende Leistungsfähigkeit. Die psychischen Faktoren wirken sich auf die altersabhängigen aktivitätsrelevanten Einstellungen und Motivationen aus. Die sozialen Faktoren kennzeichnen das Normbild vom aktiven oder inaktiven Alter, während die ökonomischen Faktoren in erster Linie die Rahmenbedingungen beschreiben. Daneben können Perioden- und Kohorteneffekte die körperliche Aktivität beeinflussen (Breuer & Wicker 2007).

Somit ist davon auszugehen, dass sich verschiedene Muster der Einbettung von Aktivität im Lebenslauf beschreiben lassen. Für den Bereich der sportlichen Aktivität lassen sich drei Kategorien ausmachen: Das erste Muster geht von einer kontinuierlichen Teilnahme am Sport über den gesamten Lebenslauf aus. Das zweite Muster ist geprägt durch eine lebenslange Passivität. Das dritte Muster geht von einem diskontinuierlichen Verlauf aus, in erster Linie bedingt durch sich verändernde Lebensumstände in unterschiedlichen Lebensphasen (Berufseintritt, Ruhestand etc.) (Frogner 1991).

In der vorliegenden Untersuchung wird angenommen, dass sich die Musterverläufe der sportlichen Aktivität auf das generelle Aktivitätsverhalten von Individuen übertragen lassen. Somit wird von drei unterschiedlichen Profilen ausgegangen: Das erste Profil geht von einer lebenslangen Aktivität aus. Das zweite Profil beschreibt das Gegenteil und geht von einer lebenslangen Passivität aus. Das dritte

Profil ist gekennzeichnet durch einen diskontinuierlichen Verlauf. Es wird angenommen, dass sich bei diesem Typ verschiedene Subtypen identifizieren lassen.

7.6.1 Bildung von Aktivitätsclustern in der Lebensspanne

In der Befragung wurden die Probanden gebeten, das Ausmaß ihrer Lebensstilaktivitäten über den Lebenslauf gesehen selbst einzuschätzen. Sie sollten die Lebensabschnitte „Kindheit", „junges Erwachsenenalter", „mittleres Lebensalter" und „Seniorenalter" auf einer vierstufigen Skala („sehr aktiv"; „aktiv"; „weniger aktiv"; „passiv") bewerten. Die hierarchische Clusteranalyse ergab eine Clusterzentrenanzahl von vier. Im weiteren Schritt wurde mit dem K-Means-Verfahren und der Vorgabe von vier Clusterzentren eine Clusteranalyse für den gesamten Datensatz durchgeführt. Die Berechnung zeigt folgendes Bild:

Tabelle 36: Aktivitätscluster in der Lebensspanne (n=365)

	Cluster			
	I	II	III	IV
Kindheit	1	3	3	1
Junges Erwachsenenalter	1	3	3	1
Mittleres Lebensalter	2	4	2	2
Seniorenalter	4	4	1	2

Quelle: Eigene Darstellung

Die vier Cluster lassen sich wie folgt beschreiben:

- Typus I „Von aktiv zu passiv" war in seiner Kindheit und im heranwachsenden Alter eher aktiv. Mit steigendem Lebensalter nimmt sein Aktivitätsgrad dann aber kontinuierlich ab. Im Seniorenalter ist er passiv.
- Typus II „Immer inaktiv" hat sein ganzes Leben lang Bewegung eher vermieden und beschreibt sich selbst als sehr inaktiv.
- Typus III „Von passiv zu aktiv" ist das Gegenteil zum ersten Typen. Er war in jungen Lebensjahren eher inaktiv, erst mit steigendem Lebensalter erhöht sich sein Aktivitätslevel. Auch im Seniorenalter ist er sehr aktiv.
- Typus IV „Typus aktiv" war sein ganzes Leben lang eher aktiv.

Die Verteilung innerhalb der Stichprobe gestaltet sich wie folgt:

Tabelle 37: Verteilung der Aktivitätstypen in der Stichprobe (n=365)

Aktivitätstypus	Häufigkeit	Anteil in %
Typus I: Aktiv zu Passiv	109	29,9
Typus II: Immer Passiv	38	10,4
Typus III: Passiv zu Aktiv	59	16,2
Typus IV: Immer Aktiv	159	43,6
Gesamt	365	100

Quelle: Eigene Darstellung

Am häufigsten ist mit 43.6 % der aktive Typus vertreten, gefolgt von dem Typus „Aktiv zu passiv" (29.9 %). 16.2 % der Befragten lassen sich dem Typus „Passiv zu aktiv" zuordnen und 10.4 % entfallen auf den passiven Typus. Im folgenden Abschnitt findet eine differenziertere Betrachtung der Aktivitätstypen statt.

7.6.2 Aktivitätscluster im Zusammenhang mit Geschlecht, Alter, Einkommen, Bildung und Haushaltstyp

Differenziert nach Geschlecht ergibt sich folgendes Bild:

Tabelle 38: Aktivitätstypen, differenziert nach Geschlecht (in %) (n=364)

Aktivitätstypus	weiblich	männlich	Gesamt
Typus I: Aktiv zu Passiv	26,3	33,5	29,7
Typus II: Immer Passiv	10,8	10,0	10,4
Typus III: Passiv zu Aktiv	21,6	10,0	16,2
Typus IV: Immer Aktiv	41,2	46,5	43,7
Gesamt	100	100	100

Quelle: Eigene Darstellung

Relativ ausgeglichen ist das Verhältnis in den beiden konstanten Aktivitätstypen: Jeweils etwa 10 % beider Geschlechtstypen lassen sich dem passiven Typus zuordnen, beim passiven Typus gibt es mit 46,5 % bei den Männern einen leichten Vorsprung vor den Frauen, die auf 41,2 % kommen. Deutlicher sind die Unterschiede bei den beiden „Wechseltypen": Hier fällt auf, dass der Anteilswert der Männer bei dem Typus, der von aktiv zu passiv wechselt, überdurchschnittlich hoch ist. Beim Typus, der mit steigendem Lebensalter mehr aktiv ist, ergibt sich das entgegengesetzte Bild. Diesem Typus ordnen sich deutlich mehr Frauen als

Männer zu. Der Korrelationstyp zeigt einen signifikanten Zusammenhang der zwischen Aktivitätstyp und Geschlecht (V=.0164; p=.020). Bezüglich der Altersklassen zeigt sich folgendes Ergebnis:

Tabelle 39: Aktivitätstypen, differenziert nach Altersklassen (in %) (n=365)

Aktivitätstypus	Alterskategorie			Gesamt
	60 bis 69 Jahre	70 bis 79 Jahre	80 Jahre und älter	
Typus I: Aktiv zu Passiv	24,6	32,0	52,3	29,9
Typus II: Immer Passiv	11,6	7,2	11,4	10,4
Typus III: Passiv zu Aktiv	18,3	17,5	2,3	16,2
Typus IV: Immer Aktiv	45,5	43,3	34,1	43,6
Gesamt	100	100	100	100

Quelle: Eigene Darstellung

Es zeigt sich eine signifikant unterschiedliche Verteilung (ρ=-.124; SN 0,05). Besonders auffällig sind die Unterschiede in den beiden Typen mit wechselndem Verlauf: Während bei den jungen Alten sich nur jeder Vierte zum Typus zählt, der von aktiv zu passiv wechselt, sind es bei den Hochaltrigen mehr als die Hälfte. Entgegengesetzt verläuft es bei dem Typus, der sich früher eher als passiv beschreibt und im Alter aktiv wird: In den beiden jüngeren Altersklassen sind die Werte relativ gleich (18,3 % und 17,5 %), in der Gruppe der Hochaltrigen fällt der Anteilswert allerdings auf 2,3 %. Die beiden kontinuierlichen Verlaufstypen weisen weniger gravierende Unterschiede auf. Ein anschließender Mittelwertvergleich bestätigt das differenzierte Bild:

Tabelle 40: Mittelwertvergleich der Variable Alter (n=365)

Aktivitätstypus	M_{arr}	SD	Min	Max
Typus I: Aktiv zu Passiv	71,12	8,875	60	92
Typus II: Immer Passiv	68,74	8,958	60	92
Typus III: Passiv zu Aktiv	66,88	5,556	60	85
Typus IV: Immer Aktiv	68,79	7,592	60	96

Quelle: Eigene Darstellung

Vergleich man die Mittelwerte des Alters der unterschiedlichen Gruppen, ergibt sich ein signifikanter Unterschied (p= .007). Mit 71,12 Jahren liegt der Mittelwert des Typus „Aktiv zu passiv" am höchsten. Allerdings ergibt sich ein hoher Wert für die Standardabweichung, was durch die hohe Spannbreite von 60 bis 92 Jahren zu erklären ist. Die gleiche Spannbreite weist der Typus „Immer passiv" auf. Hier liegt der Mittelwert mit 68,74 Jahren allerdings niedriger. Die geringste Spannbreite weist der Typus „Passiv zu Aktiv" auf, gleichzeitig ist der Altersdurchschnitt in dieser Gruppe mit 66,88 Jahren am niedrigsten. Hier ergeben sich Hinweise, dass es sich nicht um Kohorteneffekte handelt, da auch Personen im sehr hohen Lebensalter sich den aktiven Typen zuordnen lassen. So gehört etwa der älteste Proband der Stichprobe (96 Jahre) dem Typ „Immer aktiv" an. Bezüglich der Variable „Einkommen" ergibt sich folgendes Bild:

Tabelle 41: Aktivitätstypen, differenziert nach Einkommensquartilen (in %) (n=347)

Aktivitätstypus	Unteres Quartil	Oberes Quartil	Gesamt
Typus I: Aktiv zu Passiv	39,5	12,7	30,1
Typus II: Immer Passiv	6,5	16,4	10,3
Typus III: Passiv zu Aktiv	11,3	21,8	16,6
Typus IV: Immer Aktiv	42,7	49,1	43,0
Gesamt	100	100	100

Quelle: Eigene Darstellung

Zur besseren Übersicht werden nur das untere und das obere Einkommensquartil dargestellt. Auf den ersten Blick ergeben sich deutliche Unterschiede bei den beiden Aktivitätstypen mit wechselndem Verlauf: Als früher aktiv und im Alter passiv beschreiben sich fast 40 % der Personen aus dem unteren Einkommensquartil, gegenüber 12,7 % aus dem oberen Quartil. Entgegengesetzt verläuft die Entwicklung bei dem Typus, der erst mit dem Alter aktiv wird. Hier liegt mit 21,8 % der Anteilswert des oberen Quartil fast doppelt so hoch wie im unteren Quartil (11,3 %). Es zeigt sich allerdings kein statistischer Zusammenhang zwischen den Variablen „Aktivitätstyp" und „Einkommen" (ρ=.069). Ein ähnliches Bild ergibt sich für die Variable „Bildung":

Tabelle 42: Aktivitätstypen, differenziert nach Bildungsniveau (in %) (n=353)

Aktivitätstypus	Bildungsniveau			Gesamt
	niedrig	mittel	Hoch	
Typus I: Aktiv zu Passiv	42,9	32,7	26,4	30,6
Typus II: Immer Passiv	2,0	10,3	12,7	10,5
Typus III: Passiv zu Aktiv	14,3	15,0	17,3	16,1
Typus IV: Immer Aktiv	40,8	42,1	43,7	42,8
Gesamt	100	100	100	100

Quelle: Eigene Darstellung

Auch hier ergeben sich auf den ersten Blick Unterschiede in der Verteilung. Während etwa nur jeder Vierte der Personen mit hohem Bildungsniveau sich dem aktivitätsnachlassenden Typus zuordnen lässt, sind es bei den Personen mit niedrigem Bildungsniveau 42,9 %. Bei dem immer passiven Typus verläuft die Verteilung in die andere Richtung: Nur 2 % der Personen mit niedrigem Bildungsniveau lassen sich diesem Typus zuordnen, während bei den Personen mit mittlerem und hohem Bildungsniveau der Anteilswert jeweils über der 10 %-Marke liegt. Bei den beiden anderen Aktivitätstypen fallen die Unterschiede deutlich geringer aus. Wie beim Einkommen zeigt sich auch hier kein signifikanter Zusammenhang (ρ=.063). Bei der Betrachtung der Haushaltsstruktur gestaltet sich wie folgt:

Tabelle 43: Aktivitätstypen, differenziert nach Haushaltsstruktur (in %) (n=362)

Aktivitätstypus	Einpersonenhaushalt	Mehrpersonenhaushalt
Typus II: Immer Passiv	10,0	10,3
Typus III: Passiv zu Aktiv	12,5	18,2
Typus IV: Immer Aktiv	41,7	44,6
Gesamt	100	100

Quelle: Eigene Berechnung

Der Korrelationstest zeigt einen Zusammenhang zwischen den Aktivitätstypen und der Haushaltsstruktur (V=.104; p=.270), der aufgrund der hohen Irrtumswahrscheinlichkeit von 27,0 % als nicht signifikant angenommen wird. Unterschiede in der Verteilung sind beim Typus I und Typus III zu erkennen. Während in Einpersonenhaushalten der Anteil vom passiv werdenden Typus mit 35,8 % höher ist als in Mehrpersonenhaushalten (29,6 %), verläuft die Verteilung beim aktiv werdenden Typus entgegengesetzt. Hier liegt der Anteilswert in den Mehrpersonenhaushalten (18,2 %) höher als in den Einpersonenhaushalten (12,5 %). Die Anteilswerte der Typen mit kontinuierlichem Verlauf weisen keine größeren Differenzen auf.

Zusammenfassend kann festgehalten werde, dass das Geschlecht, das Einkommen, das Bildungsniveau und die Haushaltsstruktur keinen signifikanten Einfluss auf die Zugehörigkeit der Aktivitätstypen haben. Anders verhält es sich mit den Altersklassen, da ein signifikanter Zusammenhang zu verzeichnen ist. Besonders deutlich sind die Unterschiede in der Verteilung beim aktivitätsabbauenden Typus zu erkennen, der sich in jungen Jahren als aktiv und im Alter eher als passiv einschätzt. Im Vergleich zu den jungen Alten verdoppelt sich der Anteilswert in der Gruppe der Hochaltrigen.

7.6.3 Aktivitätscluster im Zusammenhang mit objektivem und subjektivem Gesundheitszustand

Im nächsten Untersuchungsschritt wurde der Zusammenhang zwischen Aktivitätstypen und Gesundheitszustand erörtert. Beim objektiven Zusammenhang wurde wie weiter oben die Variable eingesetzt, die zwischen krank und gesund differenziert. Als krank wurden die Personen eingestuft, die mindestens eine der folgenden Krankheiten angegeben haben. Es wurden diese Erkrankungen ausgewählt, weil sie einen direkten Einfluss auf das Bewegungsverhalten haben können: Herz-Kreislauf-Erkrankung, Diabetes, Osteoporose, Augenerkrankung, Erkrankung des Bewegungsapparates, Seelische Erkrankung. Es zeigt sich folgendes Bild:

Tabelle 44: Aktivitätstypen, differenziert nach Gesundheitszustand (in %) (n=356)

Aktivitätstypus	Erkrankungen			Gesamt
	Keine	Eine	Mehrere	
Typus I: Aktiv zu Passiv	15,6	26,0	40,6	29,9
Typus II: Immer Passiv	4,2	10,6	13,9	10,4
Typus III: Passiv zu Aktiv	24,0	19,2	9,7	16,2
Typus IV: Immer Aktiv	56,3	44,2	35,8	43,6
Gesamt	100	100	100	100

Quelle: Eigene Darstellung

Es zeigt sich ein signifikanter Zusammenhang der beiden Variablen (ρ=-.238; SN 0,01). In der Gruppe der Gesunden ordnen sich über die Hälfte dem aktiven Typus zu, während es in der Gruppe der Kranken nur 44,2 % bzw. 35,8 % sind. Noch deutlicher fallen die Unterschiede bei den wechselnden Typen aus: Während sich 15,6 % der Gesunden dem Typus mit Aktivitätsverlust im Alter zuordnen, sind es mehr als ein Viertel der Personen mit einer Erkrankung. Von den Personen mit mehreren Erkrankungen ordnen sich 40,6 % Personen diesem Typus zu. Entgegengesetzt verläuft die Verteilung beim Typus mit Aktivitätsgewinn. Fast ein Viertel der gesunden Personen zählen sich zu diesem Typus, gegenüber 19,2 % der Personen, die an einer Krankheit leiden und 9,7 % der Personen mit mehreren Erkrankungen. Zusammenfassend kann festgehalten werden, dass die Personen, die angeben an keiner Krankheit zu leiden, eher zu den aktiven Typen tendieren und die Personen, die an einer oder mehrerer Krankheiten leiden, prozentual höher in den passiven Typen vertreten sind.

Inwieweit die unterschiedlichen Aktivitätstypen ihre eigene Gesundheit wahrnehmen zeigt sich an der subjektiven Selbsteinschätzung ihres Gesundheitszustandes, der mit der WHO EUROHIS Skala erhoben wurden:

Tabelle 45: Mittelwertvergleich WHO EUROHIS

Aktivitätstypus	**M_{arr}**	**SD**
Typus I: Aktiv zu Passiv	29,58	5,34
Typus II: Immer Passiv	31,29	3,86
Typus III: Passiv zu Aktiv	33,91	3,69
Typus IV: Immer Aktiv	33,21	3,59

Quelle: Eigene Darstellung

Generell lässt sich dokumentieren, dass die beiden passiven Typen ihre Lebensqualität niedriger einstufen als die aktiven Typen. Mit 29,58 Punkten schätzt der Typus „Aktiv zu Passiv“ seine Lebensqualität deutlich niedriger ein, als alle anderen Typen. Die höchste Lebensqualität kann für den Typus „Passiv zu Aktiv“ festgestellt werden. Der Mittelwertvergleich zeigt statistisch signifikante Unterschiede (p=.000). Ein differenzierter Blick entsteht durch die Betrachtung der vier Subskalen:

Abbildung 35: Vergleich der Scores der Subskalen (n=365)

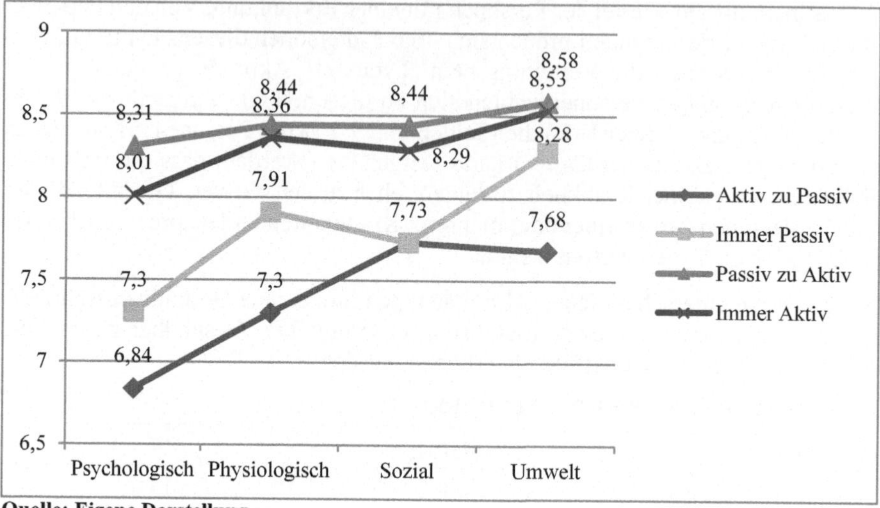

Quelle: Eigene Darstellung

Auf allen Subskalen liegen die Werte der aktiven Typen höher, als die Werte der passiven Typen. Relativ nahe zusammen liegen die Werte auf der Subskala „Sozial“ und „Umwelt“. Bei letztgenannter fällt allerdings der große Abstand des Typus mit Aktivitätsverlust zu den anderen Typen auf. Auch bei der physiologischen Subskala liegt dieser Typus mit Abstand hinter den anderen Typen, hier fällt allerdings auf, dass der immer passive Typus deutlichen Abstand zu den beiden aktiven Typen hält. Besonders deutliche Unterschiede sind auf der psychologischen Subskala zu erkennen. Es ergeben sich Distanzen zwischen den passiven und aktiven Typen. Diese Ergebnisse spiegeln sich ebenfalls beim Vergleich der Mittelwerte der verschiedenen Typen der Selbstwirksamkeitsmessung wieder:

Tabelle 46: Mittelwertvergleich der Selbstwirksamkeitsskala

Aktivitätstypus	**M_{arr}**	**SD**
Typus I: Aktiv zu Passiv	29,76	5,19
Typus II: Immer Passiv	29,35	4,86
Typus III: Passiv zu Aktiv	31,43	5,72
Typus IV: Immer Aktiv	32,20	4,90

Quelle: Eigene Darstellung

Es sind deutliche Unterschiede zwischen den passiven und aktiven Typen zu erkennen. Mit einem Punktwert von 29,35 liegt der Durchschnittswert des Vertrauens in die eigenen Fähigkeiten beim passiven Typus am niedrigsten, gefolgt vom Typus mit negativer Aktivitätsentwicklung (29,76). Die Durchschnittswerte der aktiven Typen liegen beide über der 30-Punkte-Marke. Die Unterschiede sind als statistisch signifikant anzusehen (p=.000).

Zusammenfassend zeigt sich, dass objektiver und subjektiver Gesundheitszustand in direktem Zusammenhang mit der Zugehörigkeit zu einem Aktivitätstypen zu sehen sind. Gleiches gilt für das Konstrukt der Selbstwirksamkeitserwartung. Für die Richtung des Zusammenhangs gilt: Je positiver die Aktivität im Alter eingeschätzt wird, desto gesünder sind die Personen objektiv und subjektiv und desto höher ist das Vertrauen in die eigenen Fähigkeiten.

7.6.4 Aktivitätscluster und selbsteingeschätzte Aktivität im Alltag

Inwieweit sich die Selbsteinschätzung der Bewegungsaktivität über die Lebensspanne mit der tatsächlichen Bewegungsaktivität zum Befragungszeitraum deckt, zeigen die weiteren Untersuchungsschritte[9]. Die Befragten wurden gebeten, mehrere Aktivitäten von einfacher Hausarbeit bis hin zu längeren Bewegungsepisoden in ihrer Häufigkeit einzuschätzen. Zur besseren Übersicht werden nur jeweils die extremen Antwortkategorien im positiven und negativen Bereich dargestellt.

[9] Auch an dieser Stelle sei darauf hingewiesen, dass die Ergebnisse auf Selbsteinschätzungen beruhen und beispielsweise durch Faktoren wie soziale Erwünschtheit verfälscht werden können.

Abbildung 36: Angabe zur Häufigkeit von Hausarbeit (in %)

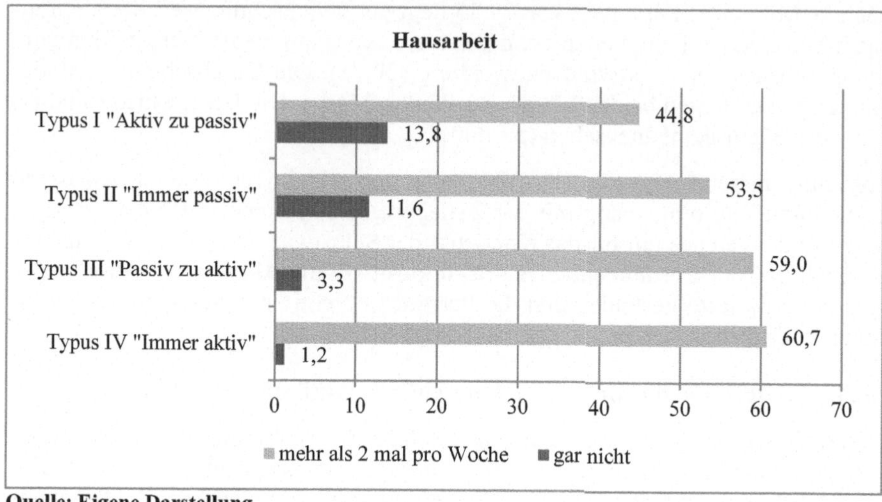

Quelle: Eigene Darstellung

Es zeigen sich signifikante Unterschiede in der Verteilung, die durch den Korrelationstestbestätigt werden (ρ= -.195; SN 0,01): Während fast 60 % der aktiven Typen III und IV angeben, mehr als zwei Mal in der Woche mit Hausarbeit beschäftigt zu sein, sind es bei den passiven Typen deutlich weniger. Das Schlusslicht bildet der Typus, der früher aktiv war und mittlerweile passiv ist mit 44,8 %. Deutlich sind auch die Unterschiede, bei den Personen, die angeben, gar nicht mit Hausarbeit beschäftigt zu sein. Bei den aktiven Gruppen fällt dieser Prozentsatz relativ gering aus, bei den passiven Typen, liegen die Anteilswerte jeweils deutlich über 10 %.

Bei den Bewegungsaktivitäten wird zwischen leichter und intensiver Bewegung unterschieden. Eine leichte Bewegung wird definiert als Aktivität, die sich maximal über einen Zeitraum von 30 Minuten erstreckt. Eine intensive Bewegung zeichnet sich dadurch aus, dass sie mindestens eine halbe Stunde und länger ausgeführt wird.

Abbildung 37: Angabe zur Häufigkeit von leichter Bewegung (in %)

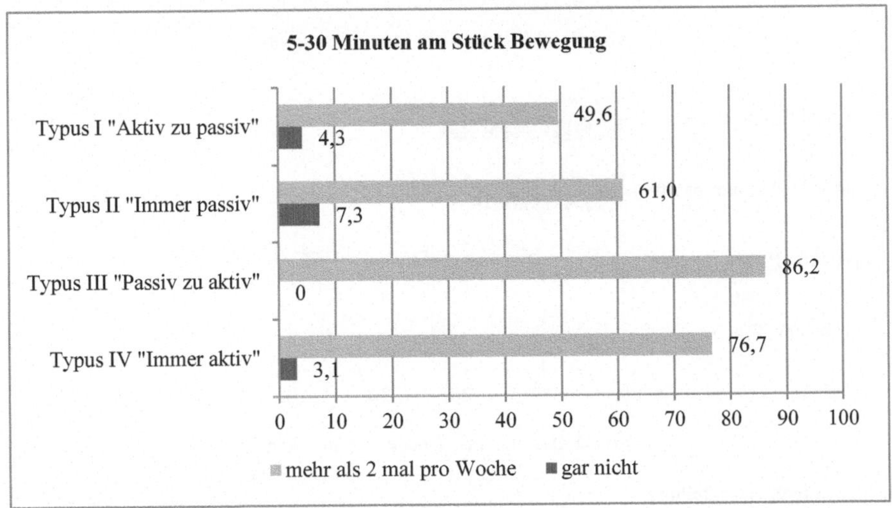

Quelle: Eigene Darstellung

Die Abbildung zeigt, dass sich mindestens die Hälfte der Befragten mehr als zwei Mal in der Woche 5 – 30 Minuten am Stück bewegen. Die Verteilung gestaltet sich allerdings unterschiedlich, wenn man die einzelnen Typen betrachtet. Auch hier fällt ein Unterschied zwischen den passiven und den aktiven Typen auf. Den höchsten Anteilswert nimmt der Typus ein, der mit steigendem Lebensalter an Aktivität zugenommen hat. Hier geben 86,2 % an, leichte Bewegungsaktivitäten mehrmals in der Woche durchzuführen. Beim immer aktiven Typus sind es Dreiviertel. Deutlich niedriger schneiden die passiven Typen ab: 61 % des immer passiven Typus und nur jeder Zweite des Typus „Aktiv zu Passiv“ geben eine hohe Frequenz von leichten Aktivitäten in der Woche an. Der Korrelationstest bestätigt eine Abhängigkeit der beiden Variablen (ρ=-.275; SN 0,01).

Abbildung 38: Angabe zur Häufigkeit von intensiver Bewegung (in %)

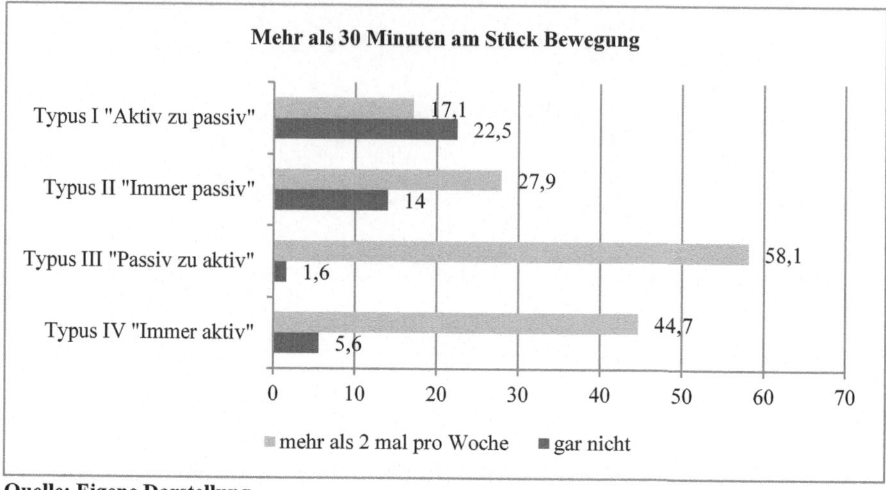

Quelle: Eigene Darstellung

Noch deutlicher sind die Unterschiede bei den intensiven Bewegungsaktivitäten, was auch durch den Sperman-Rho-Test bestätigt wird (ρ=-.302; SN 0,01). Am aktivsten stellt sich hier der Typus heraus, der mit dem Alter aktiver geworden ist. Von diesem Typus geben fast 60 % an mehr als zweimal in der Woche über einen längeren Zeitraum in Bewegung zu sein. Vom aktiven Typus sind es noch 44,7 %. Deutlich geringer fallen die Anteilswerte bei den passiven Typen aus: Jeder Vierte des immer passiven Typus und nicht einmal jeder Fünfte des passiv gewordenen Typus geben an, sich mehrmals in der Woche intensiv zu bewegen. Entgegengesetzt verläuft die Verteilung bei den Personen, die angeben, sich gar nicht intensiv zu bewegen. Bei den aktiven Typen sind diese Anteilswerte mit 1,6 % beim aktiv gewordenen Typus und 5,6 % beim aktiven Typus relativ gering. Deutlich höher liegen die Anteilswerte bei den passiven Typen: 14 % der immer passiven Typus geben an, keine intensiven Bewegungsaktivitäten vorzunehmen, von dem passiv gewordenen Typus sogar jeder Vierte.

Abbildung 39: Angabe zur Häufigkeit von sozialen Kontakten (in %)

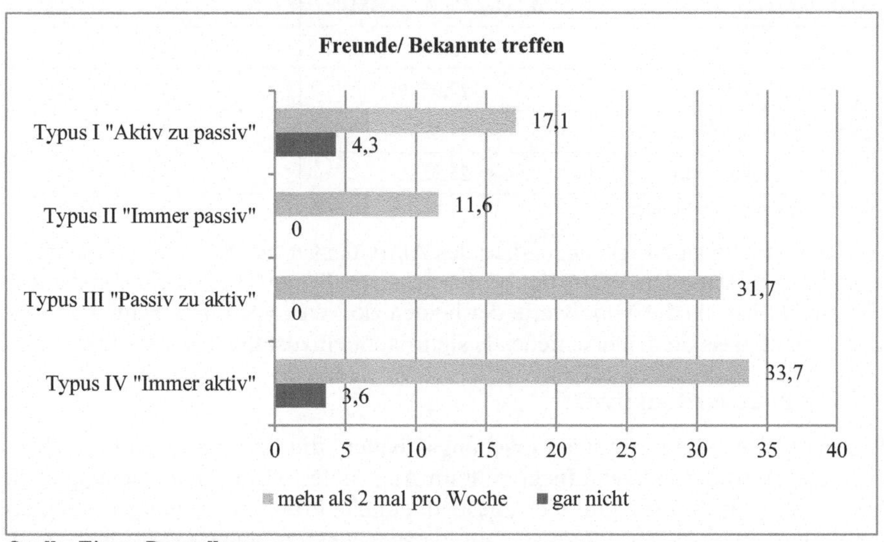

Quelle: Eigene Darstellung

Die Abbildung bestätigt einen Zusammenhang zwischen Aktivitätsgrad und der Wahrnehmung von sozialen Kontakten (ρ=-.226; SN 0,01). Während ungefähr jeweils ein Drittel der aktiven Typen angeben, mehrmals in der Woche Freunde oder Bekannte zu treffen, liegen die Anteilswerte bei den passiven Typen deutlich niedriger. Vom passiv gewordenen Typus geben 17,1 % der Befragten an, in dieser Frequenz sozialen Kontakten nachzugehen, vom passiven Typus sind es lediglich 11,6 %. Sowohl der immer passive als auch der aktiv gewordene Typus geben an, auf jeden Fall sozialen Kontakten nachzugehen. Der Anteil der Personen, die in diesen Gruppen angeben, keine Freunde oder Bekannte zu treffen, liegt jeweils bei 0 %. Auf soziale Kontakte verzichten 3,6 % des immer aktiven und 4,3 % des passiv gewordenen Typus.

Wie auch schon bei den Verantwortungstypen wird in der Folge überprüft, ob ein Zusammenhang zwischen BMI und Aktivitätstypen besteht. Der Mittelwertvergleich ergibt folgendes Bild:

Tabelle 47: BMI-Mittelwertvergleich der Aktivitätstypen (n=356)

Aktivitätstyp	M_{arr} der Variable BMI	SD
Typus I „Aktiv zu passiv“	28,28	4,78
Typus II „Immer passiv“	27,97	5,48
Typus III „Passiv zu aktiv“	25,83	3,94
Typus IV „Immer aktiv“	25,92	4,14

Quelle: Eigene Berechnung

Aus der Tabelle ist zu erkennen, dass das Aktivitätsverhalten im Zusammenhang mit dem BMI steht. Die Werte der beiden passiven Typen liegen dicht beieinander und sind höher als die Mittelwerte der beiden aktiven Typen. Der Mittelwertvergleich zeigt, dass die Unterschiede als signifikant einzustufen sind (p=.000).

7.6.5 Gründe für Inaktivität

Bislang gibt es relativ wenige Forschungsarbeiten, die Informationen über Ursachen und Beweggründe von Inaktivität im Alter liefern. Eine Untersuchung stellt heraus, dass als drei Hauptgründe „gesundheitliche Probleme“, „fehlende Begleitung“ und „mangelndes Interesse“ ausgemacht werden können (Moschny et al. 2011). Auch in dieser Untersuchung konnte bislang gezeigt werden, dass mit dem Eintritt in das Seniorenalter ein Teil der Befragten die Aktivitäten im Alltag deutlich reduziert. Um die Beweggründe für dieses Verhalten zu identifizieren, wurde in einer offenen Frage gefragt, warum die in Kapitel 7.6.4 genannten Aktivitäten nicht häufiger ausgeübt werden. Der genaue Wortlaut der offenen Frage lautet:

„Was hindert Sie daran, die oben genannten Tätigkeiten[10] häufiger durchzuführen?“

Die offene Frage wurde mit Hilfe einer Inhaltsanalyse ausgewertet. Es wurden zunächst

---

[10] In Kapitel 7.6.4 wurde nur ein Teilausschnitt der abgefragten Aktivitäten wiedergegeben. Bei den abgefragten Aktivitäten handelt es sich um folgende sogenannte Alltagsaktivitäten: zu Fuß zum Einkaufen gehen, Hausarbeit, Treppensteigen, 5-30 Minuten am Stück gehen, mehr als 30 Minuten am Stück gehen, Freunde und Bekannte treffen.

20 % der vorgegebenen Antworten ausgewertet, um ein Kategoriensystem zu entwickeln. Nach dem finalen Auswertungsdurchgang konnten fünf Kategorien ermittelt werden:

Tabelle 48: Kategorien für Inaktivitäts-Gründe (n=277)

Kategorie	Inhalt	Ankerbeispiele
Funktionseinschränkungen und Krankheit	In diese Kategorie fallen alle Antwort, die den Rückgang der Aktivität mit dem Alterungsprozess und dem damit verbundenen Funktionsverlust bestimmter Körperfunktionen begründen.	„Ich habe Probleme mit dem Bewegungsapparat.“ „Mein Alter lässt es nicht mehr zu.“
Fehlende Motivation	Hierunter fallen alle Antworten, bei denen die Ursache der Inaktivität nicht auf körperliche Störungen oder äußere Umstände zurückzuführen sind. Hierzu zählen beispielsweise fehlende Motivation, mangelndes Interesse oder keine Lust.	„Bewegung macht mir keinen Spaß.“ „Ich kann mich oft nicht dazu überwinden.“
Aktivität reicht aus	In dieser Kategorie werden alle Aussagen gesammelt, die angeben, dass die Befragten der Meinung sind, bereits genug Aktivitäten auszuüben.	„Ich führe sie oft genug durch, finde ich.“ „Ich halte das, was ich tue, für ausreichend.“
Keine Zeit	In diese Kategorie fallen alle Aussagen, die eine Aktivitätssteigerung aufgrund von Zeitmangel nicht möglich machen.	„Ich habe noch viele andere Dinge im Alltag zu erledigen.“ „Meine anderen Aufgaben lassen es zeitlich nicht zu.“
Die Umgebung lässt es nicht zu	In dieser Kategorie werden Antworten gesammelt, die die mangelnde Aktivität mit den äußeren Begebenheiten begründen. Hierzu zählt beispielsweise die Großstadtwohnung, die in weiter Entfernung zu Naherholungsgebieten liegt wie auch das Fehlen von Sportmöglichkeiten vor Ort.	„Ich habe keine Natur in der Nähe.“ „Oft ist die Entfernung zu groß.“

Quelle: Eigene Darstellung

Auf die Stichprobe bezogen verteilen sich die Antwortkategorien folgendermaßen:

Abbildung 40: Gründe, warum nicht mehr Aktivität ausgeübt wird (in %) (n=277)

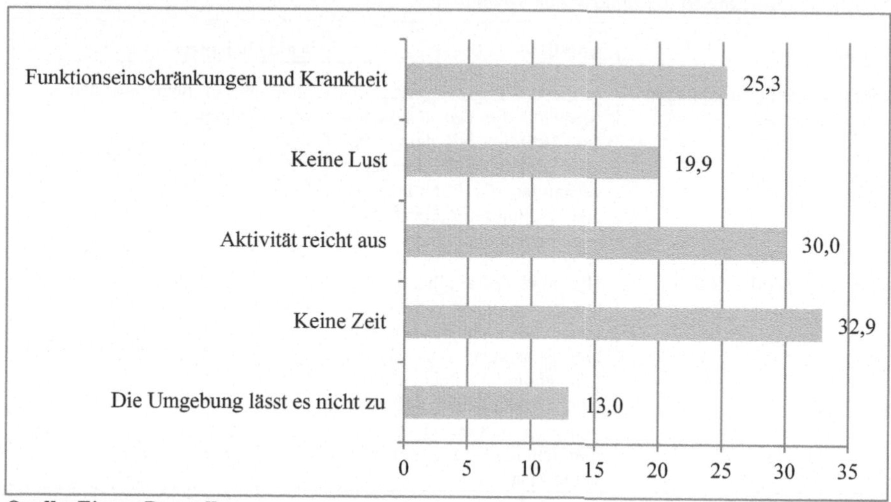

Quelle: Eigene Darstellung

Der Zeitfaktor spielt eine große Rolle bei der Ausübung von gesundheitsbezogenen Aktivitäten: Jeder Dritte gibt an, keine weiteren Aktivitäten auszuüben, weil er keine Zeit habe. 30 % der Befragten sind der Meinung, dass sie genug Aktivitäten ausüben. An dritter Stelle wird als Hinderungsgrund Funktionseinschränkungen und Krankheit genannt. Dieses Argument führt jeder vierte Befragte an. Jeder Fünfte gibt an, keine Lust auf weitere Aktivitäten zu haben. Die Umgebung scheint eine eher untergeordnete Rolle zu spielen. Nur 13 % der Befragten geben an, aufgrund der Umgebung keine weiteren Aktivitäten zu unternehmen. Differenziert nach Aktivitätstypen ergibt sich folgendes Bild:

Abbildung 41: Gründe, warum nicht mehr Aktivität ausgeübt wird, differenziert nach Aktivitätstypen (in %) (n=277)

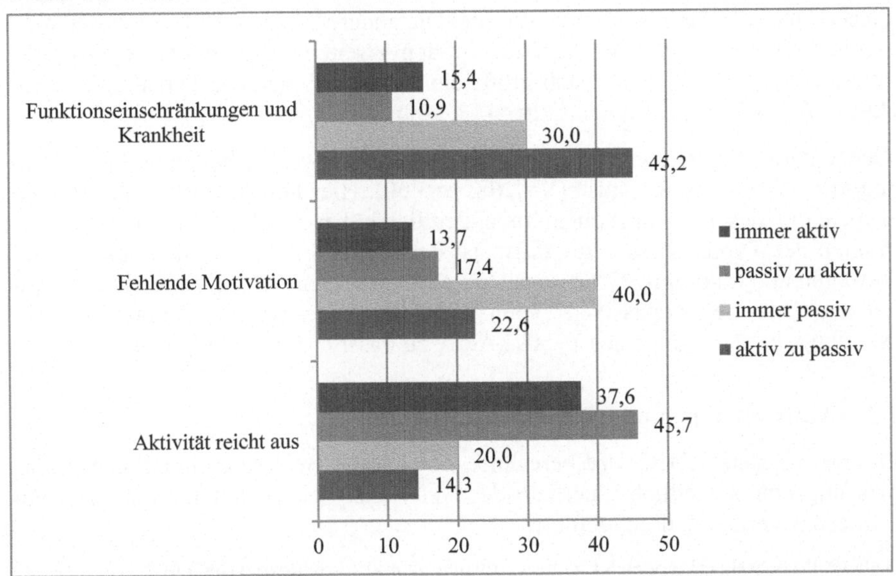

Quelle: Eigene Darstellung

Keine signifikanten Unterschiede ergeben sich für die Antwortkategorien „Keine Zeit“ (V=.139; p=.146)[11] und „Die äußeren Umstände lassen es nicht zu“ (V=.029; p=.971). Zur besseren Übersicht wurden beide Kategorien in der Abbildung nicht dargestellt. Sehr deutlich sind die Unterschiede in der Kategorie „Krankheiten und Funktionseinschränkungen“ (V=.325; p=.000). Ein genereller Unterschied lässt sich zwischen den aktiven und den passiven Typen erkennen. Fast jeder zweite des Typus „Von Aktiv zu Passiv“ gibt an, aufgrund dieser Ursache keine weitere Aktivität ausüben zu können. Beim immer passiven Typus sind es noch 30 %. Die aktiven Typen geben diese Ursache deutlich weniger an: Beim Typus „Passiv zu Aktiv“ liegt der Wert bei 10,9 % und der immer aktive Typus kommt auf 15,4 %.

[11] Das Ergebnis des Korrelationstestes deutet zwar einen Zusammenhang an, der allerdings aufgrund der hohen Irrtumswahrscheinlichkeit von 14,6% als nicht signifikant angenommen wird.

Die Grundtendenz der Inaktivität schlägt sich beim immer passiven Typus in der Antwortkategorie „Fehlende Motivation“ nieder (V=.200; p=.012): 40 % geben dieser Antwortmöglichkeit eine Stimme. Die anderen Typen stimmen dieser Antwortmöglichkeit weitaus weniger zu. Auf dem zweiten Rang steht der Typus „Aktiv zu Passiv“ mit 22,6 %, nach größerem Abstand folgen die Typen „Passiv zu Aktiv“ (17,4 %) und „Immer Aktiv“ (13,7 %).

Genau in die gegengesetzte Richtung erfolgt das Antwortverhalten in der der Kategorie „Aktivität reicht aus“ (V=.268; p=.000). Hier fällt der Anteil der aktiven Typen, die dieser Antwort zustimmen, deutlich höher aus. Fast die Hälfte der Befragten des Typus „Passiv zu Aktiv“ ist der Meinung, dass sie sich ausreichend bewegen und immerhin 37,6 % des aktiven Typus. Deutlich geringer sind die Anteilswerte der beiden passiven Typen: Jeder Fünfte des passiven Typus ist dieser Meinung, in der Gruppe des Typus „Aktiv zu Passiv“ sind es lediglich 14,3 %.

7.7 Aktivitätstypen und Eigenverantwortung

In einem ersten Schritt wird berechnet, ob sich die Bewertung der Eigenverantwortung unterschiedlich innerhalb der Aktivitätstypen gestaltet. Dazu wird ein Mittelwertvergleich durchgeführt:

Tabelle 49: Mittelwertvergleich Eigenverantwortung und Aktivitätstyp (n=360)

Aktivitätstyp	M_{arr} der Variable Eigenverantwortung	SD	Min	Max
Typ „Aktiv zu Passiv“	1.63	1.255	1	6
Typ „Immer Passiv“	1.30	.618	1	3
Typ „Passiv zu Aktiv“	1.10	.305	1	2
Typ „Immer Aktiv“	1.15	.468	1	4
Gesamt	1.30	.813	1	6

Quelle: Eigene Berechnung

Eine einfaktorielle Varianzanalyse bestätigt einen statistischen Zusammenhang (p=.000): Bei der Interpretation der Werte ist die Skalierung der Variable zu beachten: Liegt der Wert sehr nah an dem numerischen Wert 1, der im Fragebogen der vollen Zustimmung entspricht, bedeutet dies, dass die Bewertung der Eigenverantwortung besonders hoch ist. Demnach ist die Bewertung der Eigenverantwortung in den aktiven Bewegungstypen höher als in den passiven Typen. Den höchsten Mittelwert realisiert mit 1,63, was dementsprechend als niedrigste Zustimmung der These der Eigenverantwortung zu werten ist. Die höchste Zustimmung ist beim Typen „Von Passiv zu Aktiv“ vorhanden. In einem weiteren Schritt wird untersucht, ob zudem einen Zusammenhang zwischen den Aktivitätstypen und den Verantwortungstypen besteht:

Abbildung 42: Aktivitätstypen, differenziert nach Verantwortungstypen (in %) (n=308)

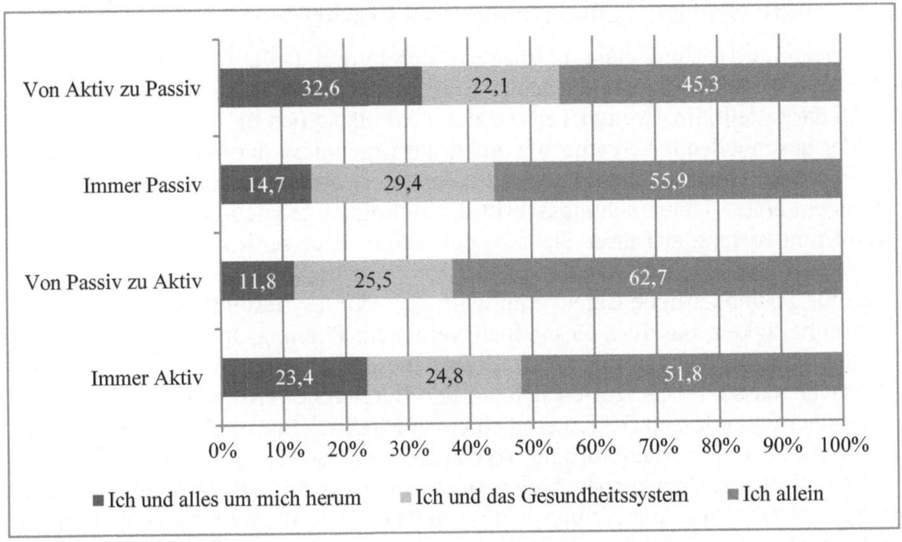

Quelle: Eigene Darstellung

Obwohl der Korrelationstest (ρ= .052) keine signifikante Abhängigkeit der beiden Variablen angibt, zeigen sich Unterschiede in der Verteilung. Besonders deutlich unterscheidet sich die Verteilung der Verantwortungstypen des Aktivitätstypen, der seine Aktivität im Alter reduziert hat, von den anderen drei Aktivitätstypen. Mit 45,3 % sind weniger als die Hälfte der Probanden dieses Aktivitätstypen dem Verantwortungstypen zuzurechnen, der sich in alleiniger Verantwortung sieht. In allen drei anderen Aktivitätstypen gehört mindestens die Hälfte der Probanden diesem Verantwortungstypus an. Besonders hoch liegt der Anteilswert mit 62,7 % beim Typus, der im Alter seine Aktivität gesteigert hat. Dementsprechend umgekehrt gestalten sich die Verteilungen des Verantwortungstypus, der eine starke Form der Diffusion betreibt: Nahezu ein Drittel des Typus „Von Aktiv zu Passiv" gehört diesem Typus an. Deutlich niedriger sind die Anteilswerte der anderen Aktivitätstypen. Mit 11,8 % liegt der Wert beim Typus „Von Passiv zu Aktiv" besonders niedrig. Die niedrigste Spannbreite weist der Typus auf, der sich und das Gesundheitssystem für seine Gesundheit verantwortlich sieht. Mit 22,1 % ist der

Wert beim Typus „Von Aktiv zu Passiv“ am geringsten und mit 29,4 % beim Typus „Immer Passiv“ am höchsten.

7.8 Zusammenfassung der quantitativen Ergebnisse

Die quantitative Untersuchung gliederte sich in drei Teile: Im ersten Teil wurde das Konstrukt der gesundheitlichen Eigenverantwortung deskriptiv und schließend dargestellt, im zweiten Teil wurden Aktivitätstypen im Lebenslauf gebildet. In der abschließenden Synthese wurden die Ergebnisse der beiden Teile zusammengeführt. Um das Konstrukt der Eigenverantwortung zu beschreiben, wurden in einem ersten Untersuchungsschritt die Befragten gebeten, gesundheitliche Eigenverantwortung aus ihrer Sicht zu definieren. Hier zeigt sich ein breites Antwortspektrum. Nach der Häufigkeit der Nennung ergaben sich folgende Kategorien für gesundheitliche Eigenverantwortung: Aktives Gesundheitsverhalten, Gewissenhaftigkeit, passives Gesundheitsverhalten, Planung, Information, Compliance und Selbstbestimmung. Auffällig an dieser Stelle der Auswertung war die Tatsache, dass alle Kategorien sich auf den Bereich der prospektiven Verantwortung übertragen lassen. Um aber auch einen Eindruck auf die Bewertung der retrospektiven Eigenverantwortung von älteren Menschen wurde in einem Zwischenschritt eine themenspezifische Auswertung des ALLBUS-Datensatzes 2012 vorgenommen. Die Auswertung erfolgte anhand der Variablen, die sich mit unterschiedlichen medizinischen Priorisierungskriterien und der Sanktionierung von gesundheitsschädigendem Verhalten befassen. Hier kann zusammengefasst werden, dass mit steigendem Lebensalter auch die Tendenz steigt, individuelle Interessen in den Hintergrund zu setzen und das Sanktionieren von Fehlverhalten zu befürworten.

In einem zweiten Auswertungsschritt wurde die Frage der Verantwortungsattribution näher beleuchtet. Es zeigte sich, dass nahezu alle Befragten sich selbst ein hohes Maß an Eigenverantwortung zuweisen. Während in der in Kapitel 1.1 vorgestellten Untersuchung durchaus unterschiedliche Bewertungen der gesundheitlichen Eigenverantwortung bei Personen im mittleren Lebensalter festgestellt werden konnten, deckt sich dieser Befund mit der in der Theorie beschriebenen Tatsache, dass durch einen im Alter ansteigender Wert der Persönlichkeitseigenschaft Gewissenhaftigkeit auch ein Anstieg der Eigenverantwortung einhergeht. Die Untersuchung zeigte ferner, dass weitere Instanzen, denen Verantwortung für die Gesundheit zugewiesen werden, in der Regel Institutionen aus dem Gesundheitssystem (Hausarzt und Krankenkasse) sind. Weniger hoch wurde die Rolle des Staates und des sozialen Umfeldes bewertet.

Ein differenzierter Blick auf das Kriterium der Eigenverantwortung wurde im dritten Untersuchungsschritt vorgenommen. Es erschlossen sich keine geschlechtsspezifischen Unterschiede in der Bewertung der Eigenverantwortung, anders verhielt es sich hingegen mit den Variablen Alter, Einkommen, Bildung, Haushaltstyp und Gesundheitszustand. Mit steigendem Alter nimmt die Bewertung der Eigenverantwortung ab, mit steigender Bildung und steigendem Einkommen steigt auch die gesundheitliche Eigenverantwortung. Personen, die alleine leben bewerten ihre Eigenverantwortung niedriger als Personen, die mit mehreren Personen in einem Haushalt leben. Für den Gesundheitszustand gilt: Je gesünder eine Person ist, desto mehr fühlt sie sich auch verantwortlich für die eigene Gesundheit.

Mit Hilfe einer Clusteranalyse wurden im vierten Auswertungsschritt drei Verantwortungstypen identifiziert. Der erste Typus verteilt die Verantwortung für seine Gesundheit auf verschiedene Instanzen. Neben sich selbst schreibt er dem Gesundheitssystem, dem Staat und seinem sozialen Umfeld Verantwortung zu. Der zweite Typus verteilt die Verantwortung lediglich auf sich selbst und die Institutionen des Gesundheitssystems. Der dritte Typus sieht sich in alleiniger Verantwortung für seine Gesundheit. Die Variablen Geschlecht, Alter, Einkommen, Bildung und Haushaltsgröße stehen in keinem signifikanten Zusammenhang mit den Verantwortungstypen. Differenzierter verhält es sich mit dem Gesundheitszustand. Während der objektive Gesundheitszustand mit der Zugehörigkeit zu einem Aktivitätstypen korreliert, besteht zwischen den Typen und dem subjektiven Gesundheitszustand kein statistischer Zusammenhang. Oder anders formuliert: Die Tatsache, dass eine Person die Verantwortung für seine Gesundheit auf verschiedene Institutionen verteilt, hat keinen signifikanten Einfluss auf die Lebensqualität. Eine Diffusion der Verantwortung ist in diesem Fall nicht gleichzusetzen mit dem in der theoretischen Fundierung beschriebenen Phänomen der Verantwortungsdiffusion, das überwiegend negativ konnotiert ist. Die Untersuchung zeigt vielmehr, dass Personen, die Verantwortung an andere Institutionen abgeben, trotz gesundheitlicher Einschränkungen (objektiver Gesundheitszustand) im Durschnitt über eine hohe Lebensqualität verfügen (subjektiver Gesundheitszustand). Eine wie in der Theorie beschriebene Diffusion der Verantwortung kann in diesem Sinne also nicht als „Abschiebung von Verantwortung" gewertet werden, sondern vielmehr im Sinne des SOK-Modells als Kompensationsprozess für ein gelingendes und erfolgreiches Altern.

Aufgrund der theoretischen Fundierung war zudem zu erwarten, dass mit Abgabe von Verantwortung die Selbstwirksamkeit sinkt. Dies konnte durch einen Mittelwertvergleich der Werte der Selbstwirksamkeitsskala bestätigt werden: Personen, die sich selbst ausschließlich Verantwortung für die Gesundheit zuweisen, haben auch ein signifikant höheres Vertrauen in ihre eigenen Fähigkeiten.

Ausgehend von der in der Theorie beschriebenen Tatsache, dass die Übernahme von Eigenverantwortung immer mit der Ausübung einer Handlung einhergeht, wurde im fünften Auswertungsschritt getestet, ob es einen Zusammenhang zwischen gesundheitlichem Verhalten und den Verantwortungstypen gibt. Hierzu wurde in einem ersten Schritt mit einer offenen Frage identifiziert, welche Handlungen die befragten für ihre Gesundheit ausüben. Mit Hilfe einer Inhaltsanalyse konnten sieben Dimensionen identifiziert werden: Ernährung, Vorsorge, Bewegung, soziale Kontakte, Erholung, Weglassen toxischer Substanzen und Gewichtskontrolle. Die drei häufigsten Nennungen waren: Bewegung (90 %), Ernährung (65 %) und Erholung (36 %). Bezüglich der Ungleichheitsdeterminanten Bildung und Alter konnte exemplarisch nachgewiesen werden, dass sie einen signifikanten Einfluss auf das Gesundheitsverhalten der Stichprobe haben. Im nächsten Schritt wurde der Zusammenhang zwischen den Dimensionen und den Verantwortungstypen berechnet. Es ergab sich ein statistischer Zusammenhang für die Dimensionen Bewegung und soziale Kontakte, der sich folgendermaßen beschreiben lässt: Je weniger Verantwortung an andere Institutionen abgegeben wird, desto häufiger wurde Bewegung angegeben. Je mehr Verantwortung an andere Institutionen abgeben wird, desto mehr wird der regelmäßige Kontakt zu anderen Menschen als Tätigkeit angesehen, die für die eigene Gesundheit unternommen wird.

Im abschließenden Auswertungsschritt des ersten Teils wurde geprüft, ob es einen Zusammenhang der Definitionskategorien zur Eigenverantwortung und zu den Verantwortungstypen gibt. Hier zeigte sich lediglich ein signifikanter Zusammenhang zwischen den Variablen Verantwortungstypus und sozialer Verantwortung: Der Anteilswert der Personen des Typus, der Verantwortung auf mehrere Institutionen verteilt, war deutlich höher, als die Anteilswerte der beiden anderen Typen. Auffällig war zudem der höhere Anteilswert des Typus, der sich alleine für die Gesundheit verantwortlich fühlt, bei der Variablen der Selbstbestimmung. Wer keine Verantwortung abgibt, beansprucht auch eher das Recht, über sein Leben selbst zu bestimmen. Einen statistisch signifikanten Zusammenhang für beide Variablen ergab sich allerdings nicht.

Dem zweiten Teil der quantitativen Untersuchung liegt die Entwicklungspsychologie der Lebensspanne zugrunde, nach der Entwicklung zu jedem Punkt des Lebens sowohl positiv als auch negativ verlaufen kann. Daher wurden die Befragten gebeten, ihren Aktivitätsstatus rückblickend auf vier Zeitpunkte ihres Lebens zu beurteile: Kindheit, junges Erwachsenenalter, mittleres Lebensalter und Seniorenalter. Mittels einer Clusteranalyse konnten vier unterschiedliche Verlaufsformen identifiziert werden. Aus der Perspektive des Seniorenalters lassen sich diese jeweils in zwei aktive und passive Typen gliedern. Der erste Typus „Aktiv zu passiv“ war in seinen früheren Lebensjahren aktiv und wurde mit steigendem Lebensalter passiv (30 %). Der zweite Typus war sein ganzes Leben eher passiv (10 %). Der dritte Typus „Passiv zu aktiv“ wechselt sein Aktivitätsverhalten mit steigendem Lebensalter hin zu mehr Aktivität (16 %). Der vierte Typus beschreibt sich selbst als immer aktiv (44 %). Im zweiten Auswertungsschritt wurden Zusammenhänge verschiedener Variablen und Aktivitätstypen berechnet. Keine signifikanten Zusammenhänge ergaben sich für die Variablen Geschlecht, Einkommen, Bildungsniveau und Haushaltsstruktur. Einen signifikanten Zusammenhang ließ sich für die Variable Alter ausmachen: Mit steigendem Lebensalter rechneten die Befragten sich eher der Gruppe zu, die im Alter durch einen Aktivitätsverlust gekennzeichnet ist.

Der Zusammenhang zwischen Gesundheitszustand und Aktivitätstypenergab ein einheitliches Bild: Sowohl für den objektiven als auch für den subjektiven Gesundheitszustand ergaben sich signifikante Unterschiede. Für den objektiven Gesundheitszustand zeigte sich, dass eine Person, die an mindestens einer Krankheit leidet, sich eher den passiven Typen zuordnen ließ. Der Vergleich der Mittelwerte des WHO-QoL brachte hervor, dass die Mittelwerte der beiden passiven Typen signifikant niedriger waren als die Mittelwerte der aktiven Bewegungstypen. Der niedrigste Wert stellte sich für den Typus I „Von aktiv zu passiv“ heraus: Personen, die mit steigendem Lebensalter einen Aktivitätsverlust beschreiben, bewerten ihre Lebensqualität deutlich niedriger als Personen, die sich den anderen Aktivitätstypen zuordnen lassen. Dieses Ergebnis wurde auch durch den Mittelwertvergleich der Selbstwirksamkeitsskalen bestätigt: Auch hier zeigten sich signifikante Unterschiede. Die Werte der passiven Typen lagen deutlich unter den Werten der aktiven Aktivitätstypen.

Im nächsten Auswertungsschritt wurde untersucht, ob sich das Einordnen in die Aktivitätstypen mit dem selbsteingeschätzten momentanen Bewegungslevel der Befragten deckt. Zu diesem Zweck sollten die Befragten die Frequenz verschiedener Aktivitäten angeben: Es zeigte sich, dass die aktiven Typen deutlich häufiger bei den genannten Handlungen aktiv sind. Dies gilt für die Bereiche Hausarbeit, Freunde und Bekannte treffen, geringe Aktivitäten (5-30 Minuten am Stück gehen), höhere Aktivtäten (mehr als 30 Minuten am Stück gehen). Besonders deutliche Unterschiede zeigten sich bei den höheren Aktivitäten: Während fast 50 % der Befragten der aktiven Typen angaben, diese Aktivitäten mindestens zweimal in der Woche auszuüben, gaben fast ein Viertel des Typus mit Aktivitätsverlust im Alter an, niemals länger als 30 Minuten aktiv zu sein. Der Mittelwertvergleich der BMI-Werte der unterschiedlichen Typen brachte Werte hervor, die dafür sprechen, dass die aktiven Typen tatsächlich im Alltag aktiver sind: Die Mittelwerte unterschieden sich signifikant, die Werte der aktiven Typen lagen deutlich unter den Werten der passiven Typen.

Im letzten Untersuchungsschritt wurde ausgewertet, was die Befragten daran hindert, mehr Aktivität auszuüben. Die Analyse der offengestellten Frage ergab, dass die Bewegründe sich in Kategorien einteilen lassen: Funktionseinschränkung und Krankheit, fehlende Motivation, Aktivität reicht aus, keine Zeit und fehlende Möglichkeiten durch die Umgebung. Signifikante Unterschiede in der Verteilung gab es für die ersten drei Kategorien. Auffallend hoch war der Anteil der Personen des Typus mit Aktivitätsverlust, die angaben, aufgrund von Krankheit und Funktionseinschränkung keine weiteren Aktivitäten ausführen zu können. Bei der Kategorie der fehlenden Motivation stach vor allem der passive Typus deutlich hervor. Außerdem konnte festgehalten werden, dass die aktiven Typen häufiger angaben, dass ihre ausgeführte Aktivität bereits ausreicht.

Im dritten Teil der Untersuchung wurden die Ergebnisse der beiden Teile zusammengeführt. In einem ersten Untersuchungsschritt ergab ein Mittelwertvergleich, dass sich die Mittelwerte der Aktivitätstypen bezüglich der Variablen Eigenverantwortung signifikant voneinander unterscheiden. Die beiden aktiven Typen bewerten ihre Eigenverantwortung höher als die passiven Typen. Am geringsten erwies sich der Mittelwert des Typus, der mit steigendem Lebensalter einen Aktivitätsverlust hinnehmen muss.

Zwar ergibt sich kein statistischer Zusammenhang zwischen der Zugehörigkeit der Verantwortungstypen und der Aktivitätstypen, es zeigt sich aber in der Tendenz, dass Personen des Typus mit Aktivitätsverlust im Alter zum Verantwortungstypen tendieren, der Verantwortung auf mehrere Institutionen verteilt.

8 Ergebnisse der qualitativen Untersuchung

Im Rahmen der qualitativen Phase der Studie wurden 18 problemzentrierte Interviews mit älteren Menschen durchgeführt, die im Anschluss inhaltsanalytisch ausgewertet wurden. Das Design der qualitativen Untersuchung wurde bereits in Kapitel 6.2.2 ausführlich dargestellt.

8.1 Die Zusammensetzung der Stichprobe

Zu Beginn der Untersuchung wurde ein Stichprobenplan erstellt, um die Kriterien für die Auswahl der Stichprobe festzulegen.

Tabelle 50: Stichprobenplan der qualitativen Untersuchung

Einschlusskriterien		
Kriterium	**Ausprägung**	**Beschreibung**
Geschlecht	Weiblich	Die Stichprobe soll sowohl Frauen als auch Männer beinhalten.
	Männlich	
Alter	Drittes Lebensalter	Die Stichprobe soll sowohl Personen beinhalten, die zu den „jungen Alten" zählen, als auch hochaltrige Personen.
	Viertes Lebensalter	
Gesundheitszustand	Gesund	Die Stichprobe soll sowohl Personen beinhalten, die gesund sind oder an keiner ernsthaften Erkrankung leiden, als auch Personen, die an altersbedingten Funktionseinschränkungen und/oder Multimorbidität leiden.
	Eine oder mehrere Erkrankungen	
Haushaltsstruktur	Lebt allein	Es sollen sowohl Personen berücksichtigt werden, die allein leben, als auch Personen, die in einer Partnerschaft oder Mehrpersonenhaushalten leben.
	Mehrpersonenhaushalt	
Ausschlusskritierien		
Die Person ist jünger als 55 Jahre.		
Die Person ist kognitiv nicht in der Lage, dass Interview zu führen.		
Es besteht eine Sprachbarriere, so dass eine Verständigung nicht möglich ist.		

Quelle: Eigene Darstellung

P. Enste, *Gesundheitliche Eigenverantwortung im Kontext der Lebensspanne*,
https://doi.org/10.1007/978-3-658-23082-1_8

Die Auswahl der Befragten erfolgte anhand des Stichprobenplans, nach erster telefonischer Kontaktaufnahme mit ausführlicher Erläuterung des geplanten Vorhabens und Zusicherung von Anonymität, waren alle Personen bereit, an der Untersuchung mitzuwirken. Zur Rekrutierung wurden sogenannte vermittelnde Dritte eingesetzt, die einen direkten Kontakt zur Zielgruppe haben. Hierzu wurden im Vorfeld der Untersuchung Gespräche mit Seniorenvertretern aus mehreren Kommunen geführt. Die Stichprobe der qualitativen Untersuchung umfasst insgesamt 18 Personen, die zwischen 56 und 87 Jahre alt sind.

Tabelle 51: Stichprobe der qualitativen Untersuchung (n=18)

Nr.	Person	Geschlecht	Alter	Lebenssituation	Dauer
1	IP1w	weiblich	75	Wohnt mit Ehemann im eigenen Haus in ländlicher Region, leidet seit Jahren an Depressionen und hat eine Krebserkrankung hinter sich.	0:45
2	IP2m	männlich	79	Wohnt mit der Ehefrau in einer Großstadt, vor einigen Jahren ist bei ihm Darmkrebs festgestellt worden.	1:14
3	IP3m	männlich	65	Lebt mit der Ehefrau in einer Wohnung in einer Großstadt, hatte vor einigen Jahren einen schweren Herzinfarkt.	1:09
4	IP4w	weiblich	68	Wohnt nach der Scheidung alleine in einer Wohnung in der Großstadt, leidet an keiner chronischen Erkrankung.	1:01
5	IP5w	weiblich	81	Wohnt alleine in einer Wohnung in einer Großstadt, hat sich vor vielen Jahren vom Ehemann getrennt, ist nie ernsthaft krank gewesen.	1:14
6	IP6w	weiblich	56	Lebt alleine in einer Wohnung, hat seit vielen Jahren Beschwerden im Knie.	1:27
7	IP7w	weiblich	83	Wohnt allein in einer Seniorenwohnung, seit vielen Jahren geschieden, bereits mehrfach ernsthaft erkrankt (z.B. Herzinfarkt, Krebs).	1:52
8	IP8m	männlich	68	Lebt mit Partnerin in einer gemeinsamen Wohnung in einer Großstadt, bislang nicht ernsthaft krank gewesen.	1:06
9	IP9m	männlich	87	Lebt mit seiner Frau, die er pflegt, in der eigenen Wohnung, für längere Wegstrecken benutzt er ein Elektromobil.	0:40

10	IP10w	weiblich	80	Lebt mit ihrem Ehemann im eigenen Haus und versorgt sich selbstständig, seit einigen Jahren Probleme mit Osteoporose.	1:10
11	IP11m	männlich	87	Wohnt mit seiner Ehefrau im eigenen Haus, leidet seit mehreren Jahren an einer Nervenerkrankung.	1:20
12	IP12w	weiblich	74	Wohnt mit ihrem Ehemann in einem kleinen Dorf auf dem Land, leidet seit mehreren Jahren an einer chronischen Speiseröhrenerkrankung.	0:55
13	IP13m	männlich	74	Lebt mit seiner Ehefrau zusammen und hat den größten Teil seiner Lebens gesund verbracht, im Alter kamen Funktionseinschränkungen (z. B Bandscheiben-OP).	0:54
14	IP14w	weiblich	75	Ist verwitwet und lebt alleine in ihrem Haus in ländlicher Region. Bislang ist sie nie ernsthaft krank gewesen.	0:32
15	IP15m	männlich	86	Lebt mit seiner Ehefrau zusammen im eigenen Haus. Ist gehbehindert aufgrund einer Kinderlähmung und eines leichten Morbus Parkinson. Kann sich selbstständig versorgen.	0:56
16	IP16m	männlich	74	Wohnt mit seiner Ehefrau im Haus in ländlicher Region. Bislang nicht ernsthaft krank gewesen.	0:51
17	IP17m	weiblich	80	Wohnt mit ihrem Ehemann im eigenen Haus. Ist bislang nicht ernsthaft erkrankt gewesen.	0:48
18	IP18w	weiblich	74	Lebt mit ihrem Ehemann im eigenen Haus. Hat vor zwei Jahren einen leichten Schlafanfall gehabt, der allerdings erst im MRT festgestellt worden ist und keine bleibenden Schäden hinterlassen hat.	0:41

Quelle: Eigene Darstellung

8.2 Das Kategoriensystem

Das Kategoriensystem bildet das Kernstück der qualitativen Inhaltsanalyse und beinhaltet sowohl deduktive als auch induktive Kategorien. Es wurden insgesamt zwölf Oberkategorien und 26 Unterkategorien gebildet, die sich wie folgt beschreiben lassen.

Tabelle 52: Das Kategoriensystem der qualitativen Inhaltsanalyse

Code	Subcode	Beschreibung	Ankerbeispiel
Verantwortung	Definition	Deduktiv	„Das heißt, ich beobachte mich, ich gucke was ich habe, ob ich mich richtig ernähre, ich gehe regelmäßig zu Vorsorgeuntersuchungen, die angeboten werden und lasse mich da von den Ärzten vernünftig beraten, und was das wichtigste ist: Ich richte mich dann danach, was die mir sagen. Es ist nicht so, dass man sagt 'Heute tu ich etwas für meine Gesundheit.' Das muss ein permanenter Prozess sein." (IP13m: 21)
	Motivation	Induktiv	„Es macht mir einfach Spaß und ich weiß, dass es mir gut tut. Ich muss mich da gar nicht überwinden oder so, das gehört einfach zur täglichen Routine." (IP14w: 13)
	Attribution	Deduktiv	„Für meine Gesundheit ist auch nach meinem Staatsverständnis der Staat verantwortlich." (IP2m: 48)
	Für Andere	Induktiv	„Wenn ich sage, ich muss auf bestimmte Dinge achten, dann hab ich nicht nur die Verantwortung mir gegenüber, sondern auch die Verantwortung meiner Familie gegenüber. Man kann natürlich sagen, man ist nur für sich selber verantwortlich. Das würde ich aber nicht sagen." (IP3m: 19)
	Umsetzung	Induktiv	„Verantwortung für Gesundheit heißt auch für mich regelmäßig die Medikamente nehmen, nach Anordnung des Arztes ganz konsequent. Nicht selber sagen, das mach ich

			nicht...GANZ konsequent! Und das hab ich wirklich die ganze Zeit meiner Krankheit so gemacht." (IP1w: 8)
Selbstwirksamkeit	Positiv	Deduktiv	„Das habe ich ja eben schon gesagt, man kann viel selber tun und dazu beitragen dass man gesund bleibt" (IP16m: 13)
	Negativ	Deduktiv	„Ich war auch, war ein völlig unsportlicher Mensch. Ich habe in der Kindheit und Jugend gerne Fußball gespielt - ja, aber sonst nichts. Also wenn es an schulischen Sport ging. Ich war immer einer der Kleinsten in der Klasse und da war ich irgendwie schon in die Richtung orientiert ´Du kannst sowieso nichts also du bist sowieso, gehörst zu den Sportschwachen.´" (IP8m: 5)
Gesundheitsbezogene Erinnerungen	Kindheit	Induktiv	„Ja, Gesundheit hat bei uns insofern eine Rolle gespielt…ich bin Jahrgang 35, also vor Kriegszeit noch geboren und eigentlich kenne ich nur die berühmten Kinderkrankheiten, Masern, ansonsten kann ich mich an Kinderkrankheiten nicht erinnern, das kam immer mal vor." (IP2m: 2)
	Mittleres Alter	Induktiv	„Ich war in meinem Berufsleben unheimlich viel unterwegs, von daher gesehen...ich weiß nicht, ob das widerstandsfähig macht. Auf jeden Fall habe ich nie große Beschwerden gehabt. Gut, in den Tropen mal Durchfall, aber das gehört ja eigentlich dazu." (IP13m: 3)
	Seniorenalter	Induktiv	„Jetzt im Alter...da muss man natürlich auch noch sagen, dass es wieder

			kommt und mich in der Bewegung einschränkt, außerdem kommt noch dazu, dass ich leicht Parkinson habe. Aber früher habe ich das in den Griff bekommen.“ (IP15m: 3)
Biografisches		Deduktiv	„Ja, dann bin ich zu meiner Schwiegermutter, damals kriegte man ja keine Wohnung zu der Zeit. Da wo mein Mann dann angefangen hat im Bergbau zu arbeiten, der besuchte da die Schule.“ (IP7w: 23)
Wahrnehmung von Gesundheit	Selbst	Deduktiv	„Summierend würde ich erst mal o-der in der Summe würde ich sagen, dass ich mich als ausgesprochen privilegiert fühle, dass ich mit gesundheitlichen Problemen bisher in meinem Leben ausgesprochen wenig behelligt wurde.“ (IP8m: 3)
	Andere	Induktiv	„Ich hatte eine Mutter, die ist nie krank gewesen, mein Vater war auch etwas anfälliger. Aber meine Mutter kenn ich überhaupt nicht krank.“ (IP1w: 30)
Wahrnehmung von Krankheit	Selbst	Deduktiv	„Ich hab vorher keine Anzeichen gehabt, ich hab überhaupt nichts gehabt. Ich bin zum Kieser Training gegangen, zum Sport...nichts. Und plötzlich wie aus dem All kam dieser Herzinfarkt an...Zack! Man denkt ja immer man hat irgendwelche Beschwerden oder man kriegt keine Luft mehr...stimmte bei mir überhaupt nicht.“ (IP3m: 3)
	Andere	Induktiv	„Mein Vater war sehr eingeschränkt in seinen Möglichkeiten. Er wusste nie, ob es klappt mal aus dem Haus zu kommen, mal zu Besuch zu kommen. Wenn die Wetterlage mal luft-

			mäßig nicht so war, musste er umgehen, weil es nicht mehr ging und die Luft dann wegblieb." (IP4w: 9)
Wahrnehmung von Gesundheitsrisiken		Induktiv	„Ich muss also sagen unter dem Aspekt Gesundheit habe ich also wirklich überzogen geraucht." (IP2m: 12)
Motivation zum Gesundheitsverhalten	Positiv	Deduktiv	„Ich hab schon durchaus Spaß an der Bewegung. Ich hatte immer schon Spaß am Tanzen, ich habe sämtliche Tanzkurse mitgemacht und nochmal unentgeltlich, weil sie in der Tanzschule nicht genug Mädchen hatten. Das hat mir Spaß gemacht." (IP4w: 13)
	Negativ	Induktiv	„Aber damals ist das so gewesen, dass mich das veranlasst hat, bewusster zu leben, auf sich aufzupassen. Nach dem der mir gesagt hat, ich soll gnädiger zu meinem Körper sein, war das für mich wichtig, sich in manchen Dingen anders zu verhalten." (IP2m: 30)
Bewältigungsstrategien		Deduktiv	„Ich musste dann immer viele Übungen machen, damit es wieder besser wurde. Es ist auch besser geworden und deshalb ist das auch so bei mir hängen geblieben: Man soll sich nicht so anstellen und die Zähne zusammen beißen, dann kann man viel erreichen." (IP15m: 3)
Selbstwahrnehmung	Positiv	Deduktiv	„Wenn man auf Gesundheit zurückkommt, ich hatte nie das Gefühl, dass mein Beruf mich belastet. Das einzige ist der Stress mit dem Jetlag." (IP13m: 15)

	Negativ	Deduktiv	„Meine Sorge, die ich habe, weil ich mich intellektuell sehr betätige und interessiere, ist natürlich, dass das Wahrnehmungsvermögen nachlässt. Das sind natürlich Probleme, die kommen bezüglich der Vergesslichkeit hinzu." (IP2m: 34)
Kritisches Lebensereignis	Wahrnehmung	Induktiv	„Wir waren auf dem Schiff und es gingen die Schießereien los und es kamen auch Einschläge. Was sollten wir machen?" (IP11m: 5)
	Umgang	Deduktiv	„Da sind sie in irgendeiner Welt und die Welt war für mich so nach dem Motto: Gehst Du nach rechts, bist Du hin. Gehst Du nach links, lebst Du noch. Dann hab ich so in meiner Art gedacht, das weiß ich noch: Ich hab noch eine Menge vor. Und das war´s dann eigentlich." (IP3m: 9)
Alter	Selbstbild	Deduktiv	„Ich nehme die Phase sehr gelassen war. Ich muss ja das nicht mehr leisten, was ich früher leisten musste. Ich kann mir erlauben zu sagen, dass ich heute gar nichts tue und mich in die Ecke setze und lese. Das empfinde ich als sehr positiv." (IP12w: 35)
	Fremdbild	Deduktiv	„Schlecht aussehen...man hat immer die alten Leute von früher im Blick: Schwarz angezogen, einen ollen Dutt auf dem Kopf, vielleicht ein bisschen vergesslich...natürlich gibt es ja in unserem Alter schonlange welche, aber gottseidank nicht jeder." (IP17w: 31)
	Produktivität	Deduktiv	„Wir haben beispielsweise einen Gesprächskreis ins Leben gerufen, einer sagt ein Thema und macht ein paar Bemerkungen und dann mal

			schauen, was die andere dazu sagen.“ (IP2m: 42)
	Endlichkeit	Induktiv	„Natürlich macht man sich auch Gedanken, wenn man mitbekommt, wie viele aus meinem Freundes- und Bekanntenkreis sterben, oder man liest es in der Zeitung. Da gibt es schwere Krankheiten und oft sind die Leute auch noch viel jünger als ich.“ (IP14w: 33)
	Selbstbestimmung	Induktiv	„Aber dahinsiechen will ich nicht. Das will ich auf gar keinen Fall! Also ich bin dankbar dafür, dass ich noch so viele Jahre hatte, wo es mir gutgegangen ist. Und da muss ich auch bereit sein zu sagen: Jetzt reicht's.“ (IP5w: 77)
	Planung	Deduktiv	„Wir planen überhaupt nicht. Wir sagen, wenn es so ist, wollen wir es möglichst lange so halten und erhalten und etwas daran tun. Wir sagen aber nicht, im nächsten Jahr muss das und im übernächsten Jahr muss das...weil wir genau wissen, dass man das gar nicht kann. Wir haben ja vor drei Jahren erlebt, dass es von einem Tag auf den anderen Tag anders sein. Wir nehmen es so wie kommt und sind dankbar, wenn es gut läuft und hoffen, dass es lange so läuft.“ (IP13m: 33)

Quelle: Eigene Darstellung

8.3 Darstellung der Kategorien

Im folgenden Teil der Untersuchung werden die Kategorien und ihre Unterkategorien näherbeschrieben und analysiert.

8.3.1 Eigenverantwortung

Wenn die Thematik nicht im Interview von den Befragten angesprochen wurde, wurden sie im Nachfrageteil konkret mit der Frage konfrontiert, was sie unter gesundheitlicher Eigenverantwortung verstehen. Es zeigt sich anhand der Aussagen der Befragten, dass Eigenverantwortung übernehmen immer einher geht mit dem Ausführen einer aktiven Handlung. In den Interviews werden dabei die Faktoren Bewegung und Ernährung genannt. Es kann zwischen Aussagen zur Definition von Eigenverantwortung und Aussagen zum Attributionsverhalten unterschieden werden.

8.3.1.1 Definition von Eigenverantwortung

Es zeigt sich, dass Eigenverantwortung deutlich über das bloße Ausführen einer Handlung hinaus geht:

> „Das heißt, ich beobachte mich, ich gucke was ich habe, ob ich mich richtig ernähre, ich gehe regelmäßig zu Vorsorgeuntersuchungen, die angeboten werden und lasse mich da von den Ärzten vernünftig beraten, und was das wichtigste ist: Ich richte mich dann danach, was die mir sagen. Es ist nicht so, dass man sagt ´Heute tu ich etwas für meine Gesundheit.´ Das muss ein permanenter Prozess sein." (IP13m: 21)

Für den Befragten ist Eigenverantwortung als Verinnerlichung von gesundheitsrelevantem Verhalten zu verstehen. Gleichzeitig kommt zum Ausdruck, dass unter Eigenverantwortung zum einen die Selbstbeobachtung und Verinnerlichung gehört, zum anderen aber auch die Kooperation und die damit verbundene Compliance mit professionellen Institutionen aus dem Bereich des Gesundheitssystems. Damit geht einher, dass man informiert sein muss, welche Faktoren die eigene Gesundheit bestimmen, um bei Abweichungen professionelle Hilfe in Anspruch zu nehmen, wie in der folgenden Textzeile zum Ausdruck gebracht wird:

> „Ich bring das einfach mal auf den Punkt. Wie der Arztfreund mir gesagt hat: Du musst gnädiger sein zu deinem Körper. Und wenn du gnädiger zu deinem Körper sein willst, musst du über deinen Körper Bescheid wissen. Das halte ich für eine ganz wichtige Voraussetzung. Also nicht auf jeden Mückenstich sofort panikartig zu reagieren, sondern zu sagen...achja...ich hab im Zug gesessen, deshalb habe ich die Kopfschmerzen. So in etwa! Ich glaube, das ist ein ganz wesentlicher Gesichtspunkt: Ein Bewusstsein zu haben für seinen Körper. Das halte ich für eine ganz zentrale Geschichte, sich also wach zu halten, so gut es geht." (IP2m: 46)

In engem Zusammenhang dabei steht das folgende Zitat, das verdeutlicht, dass Eigenverantwortung ebenfalls bedeutet, sich nicht selbst zu überschätzen und im Sinne von Zielveränderung und Selektion seine Verhaltensweisen an sein Alter und seine Leistungsfähigkeit anpasst, wie der gleiche Befragte im weiteren Verlauf des Gesprächs beschreibt:

> „Gnädig zu seinem Körper sein und ein Gefühl immer noch dafür zu haben, was man kann uns was man nicht kann, also dass man auch im Alter ganz bestimmte Dinge weglässt." (IP2m: 46)

Gleichzeitig bedeutet Eigenverantwortung aber auch, im Sinne des Solidargedankens zu handeln:

> „Aus der logischen Sicht ist für mich Eigenverantwortung tatsächlich sich darum zu kümmern, dass die eigenen Potenziale getragen und gelebt werden, dass sie überhaupt erkannt werden. Und dass das, was für mich wichtig ist...dass ich das nicht hinter dem Berg halte, sondern weiter gebe." (IP9m: 21)

Primär steht für den Befragten im Vordergrund, für sein eigenes Wohlergehen zu sorgen. Er sieht sich selbst dabei allerdings in der Pflicht, seine Potenziale an andere weiter zu geben. Er betont in diesem Fall, dass Menschen auch im höchsten Lebensalter produktiv sein können, indem sie Erfahrungswissen an jüngere Generationen weiter geben. Der Solidaritätsgedanke wird auch in einem anderen Interview thematisiert, es wird allerdings eine andere Stoßrichtung verfolgt:

> „Eigenverantwortung bedeutet für mich...es ist ja kein Spaß, wenn man krank wird. Ich kann ja nicht in mich rein fressen, was ich will und das geht dann nachher alles auf Kosten der Krankenkasse. Die erhöhen dann die Beiträge und es müssen alle ausbaden, das finde ich nicht gut. Wenn einer krank wird und es ist nicht abwendbar, alles hat man nicht im Griff, dann soll die Krankenkasse das bezahlen, aber sonst...dieser Solidargedanke ist mir so ein wichtiger Gedanke." (IP10w: 31)

Die Befragte zielt in diesem Textausschnitt auf die retrospektive Eigenverantwortung ab. Sie spricht an, dass nach ihrer Auffassung im Sinne der Solidargemeinschaft die Folgen von selbstverschuldeten Krankheiten durchaus negativ sanktioniert werden sollten, gleichzeitig macht sie aber auch deutlich, dass im Falle von unverschuldeten Erkrankungen die Solidargemeinschaft zur Verfügung stehen muss.

Ein weiterer Blick von Eigenverantwortung wird mit dem folgenden Textauszug vorgenommen:

> „Ja vielleicht, dass in meinen Zusammenhängen Mögliche zu tun um mich wohl zu fühlen. Also durchaus in einem weiteren Sinne von Gesundheit. (...) Das mir Mögliche. Was dann auch durchaus heißen kann, eben auch

> auf Verhältnisse einzuwirken, die die Gesundheit gefährden. Also nicht nur Verhaltensänderung, sondern eben auch Verhältnisänderung ins Auge zu fassen: Verkehrsverhältnisse, Umweltbedingungen natürlich, dass es gute Nachbarschaft gibt, dass es freundlichen Umgang miteinander gibt, dass man sich sicher fühlen kann, dass man sozial eingebunden ist, dass man sich gebraucht fühlen kann. Ja. Das beizutragen, was man selbst tun kann und einzufordern, was man von anderen erwartet und was Gesellschaft bereitstellen müsste.“ (IP8m: 36)

Für den Befragten ist gesundheitliche Eigenverantwortung nicht allein auf die individuelle physische und psychische Gesundheit beschränkt. Das Zitat spiegelt das weiter oben beschriebene Zusammenspiel von Subsidiarität und Solidarität im Kontext von Eigenverantwortung treffend wider. Als kleinste Einheit steht das Individuum in der Pflicht, für sich selbst zu sorgen, soweit es ihm möglich ist. Ziel soll es sein, dafür zu sorgen, sich selbst wohl zu fühlen. Hier tritt der erweiterte Gesundheitsbegriff in den Vordergrund, der Gesundheit nicht alleine als Abwesenheit von Krankheit definiert, sondern einen umfassenderen Blickwinkel einnimmt: Demnach steht das Individuum in der Pflicht, neben gesundheitsrelevantem Verhalten auch seinen Beitrag zu leisten, dass die Verhältnisse so sind, dass ein möglichst großer Teil der Gesellschaft in Gesundheit leben kann. Wenn das Individuum diesen Beitrag leistet, kann es seinerseits auch Unterstützung von der Gesellschaft einfordern. Gerade dieses Zusammenspiel von Verhalten und Verhältnissen wird in dem folgenden Zitat thematisiert:

> „Dass man in sich rein hört und darauf achtet, was der Körper einem sagt. Dann ist es natürlich auch wichtig, dass man sich ausreichend bewegt und darauf achtet, dass man sich gut ernährt. Man sollte nach Möglichkeit nicht rauchen und wenig Alkohol trinken. Natürlich trinkt man mal ein Glas Wein, manchmal auch ein Glas zu viel. Man sollte aber aufpassen, dass es nicht regelmäßig wird, wenn man täglich eine halbe Flasche Wein oder mehr trinkt, ist das nicht richtig. Dann ist es auch noch wichtig, dass man gut und ausreichend schläft. Dazu gehört eine gute Matratze und nach Möglichkeit auch öfter vor 12 Uhr ins Bett, damit die Tiefschlafphase ausreichend und erholsam ist. Und natürlich auch Erholung, zum Beispiel in den Urlaub fahren.“ (IP16m: 9)

Zum einen wird die Selbstbeobachtung betont, bei der man lernen soll, die Signale seines Körpers zu deuten. Zum anderen werden sowohl aktive als auch passives Verhaltensweisen angesprochen: Gesunde Ernährung und ausreichend Bewegung sind genauso wichtig wie das Weglassen von gesundheitsschädigenden Noxen. Dass man zudem für gute Verhältnisse sorgen muss, damit gesundheitsrelevantes Verhalten wirken kann, wird am Beispiel der Matratze beschrieben, die dafür sorgt, dass es zu erholsamen Ruhephasen kommt.

Zusammenfassend kann festgehalten werden, dass sich die Vielschichtigkeit und die Komplexität des Begriffes in den Aussagen der Befragten widerspiegelt. Während Eigenverantwortung einerseits mit dem Ausführen einer bestimmten gesundheitsbezogenen Handlung in Verbindung gebracht wird (sich ausreichend bewegen, auf die Ernährung achten etc.), wird sie andererseits als eine Art innere Einstellung verstanden. Auf der individuellen Ebene bedeutet dies insbesondere für die Lebensphase Alter das Bewusstsein, seine Ziele auf seine eigene Leistungsfähigkeit anzupassen. Somit ist Eigenverantwortung im Sinne der SOK-Theorie als wichtiger Regulator für ein erfolgreiches Altern anzusehen. Auf der sozialen Ebene beschreibt Eigenverantwortung das Bewusstsein, sein Verhalten im Sinne der Solidargemeinschaft auszurichten. Dieser Aspekt geht einher mit der Attribution von Verantwortung, der in der folgenden Kategorie näher beleuchtet wird.

8.3.1.2 Attribution von Verantwortung

Bezugnehmend auf die Attribution von Verantwortung auf anderen Personen oder Instanzen, betonen alle Befragten, dass sie sich primär selbst für ihre Gesundheit verantwortlich fühlen. Eine Wahrnehmung von Eigenverantwortung bei gleichzeitiger Attribution auf andere Akteure ist nicht als Widerspruch zu sehen, vielmehr kann die Attribution zur Stärkung der Eigenverantwortung führen, wie der folgende Gesprächsausschnitt zeigt. Die Befragte sieht sich in hohem Maße selbst verantwortlich:

> „Sonst, vom Prinzip her hab ich mir erst immer gesagt: Du bist für deine Gesundheit in erster Linie selber verantwortlich. Das war eigentlich immer so mein Leitgedanke. Du musst was für deine Gesundheit tun. (IP1w: 2)“

Die Befragte leidet allerdings an einer chronischen depressiven Erkrankung, die immer wieder in Episoden auftritt. Im Gespräch gibt sie an, dass ihr in diesen akuten Phasen der Depression so gut wie keine eigenständigen Handlungen möglich sind:

> **Interviewer:** „Sie haben ja gesagt, dass ihr Motto war 'Ich bin selber für mich verantwortlich'. War das in solchen Phasen weg?“
>
> **IP1w:** „Ja, da ging nichts, da konnte ich nicht. Ich hatte auch keine Kraft, etwas zu tun.“ (IP1w: 5-6)

Im weiteren Verlauf betont sie, dass sie nur mit Hilfe des medizinischen Fachpersonals aus diesen schweren Phasen der Depression rausgekommen ist. Eine Attribution von Verantwortung ist für sie deshalb in bestimmten Situationen lebenswichtig, da ihre Erkrankung es ihr nicht möglich macht, ihre Eigenverantwortung in schweren depressiven Episoden wahrzunehmen. Erst durch professionelle Hilfe kann ihre Eigenverantwortung wieder aktiviert werden. Das Zusammenspiel von Eigenverantwortung und Übertragung eines gewissen Grades an Verantwortung an den Arzt, beschreibt das folgende Zitat aus einem anderen Interview:

> „Ich hab einen guten Draht zu einem Kardiologen. Ich bin für den auch eine Art Muster-Patient, der seine Werte aufschreibt. Ich mach das sehr konsequent. Ich muss ja immer einmal im Jahr zum Kardiologen. Dann fragt der mich nach Blutdruckwerten, dann kann ich dem das sofort zeigen. Ich bin da relativ konsequent.“ (IP3m: 13)

Da der Befragte unter einer Herzkrankheit leidet, ist es für ihn selbstverständlich, dass auch sein Arzt ein gewisses Maß an Verantwortung für seine Gesundheit hat. Das Zusammenspiel zwischen Eigenverantwortung und Verantwortung durch den Arzt drückt sich in der Compliance aus, die durch die Kooperation zwischen Arzt und dem Individuum in der Rolle des Patienten gekennzeichnet ist. Neben den medizinischen Institutionen wird Verantwortung an den Staat abgegeben:

> „Für meine Gesundheit ist auch nach meinem Staatsverständnis der Staat verantwortlich. Die Öffentlichkeit ist ein wunderschöner Begriff. Aber die Öffentlichkeit bedarf aber auch durchaus der staatlichen Fürsorge. Wenn der Staat nicht in der Öffentlichkeit mit bestimmten Dingen aktiv bleibt, dann geht es nicht gut. […] Es gibt Möglichkeiten, ich bin da ganz zuversichtlich, was den Fortschritt betrifft. Ich bin aber der Meinung, es gibt bestimmte Vor- und Fürsorgemaßnahmen, die müssen öffentlich reglementiert werden. Zum Schutze der gesamten Öffentlichkeit, zum Schutze einer Bevölkerung innerhalb eines staatlichen Systems.“ (IP2m: 48)

Der Befragte bringt im Gespräch zum Ausdruck, dass er es für selbstverständlich hält, dass in erster Linie das Individuum selbst für seine Gesundheit verantwortlich ist. Der Staat allerdings muss die Rahmenbedingungen vorgeben, so dass es möglichst allen Teilen der Gesellschaft möglich ist, Eigenverantwortung zu realisieren. Hier spiegelt sich abermals das Zusammenspiel von Verhaltens- und Verhältnisprävention wider. Eine starke Fokussierung auf die Eigenverantwortung ist aus dem folgenden Textausschnitt zu erkennen:

> „Weil ich für mich selber erst mal verantwortlich bin. Ich möchte nicht irgendeinem anderen die Verantwortung übertragen, dann habe ich ja keinen Einblick mehr und keine Macht mehr. Das möchte ich schon so lange es geht selber bestimmen.“ (IP12w: 25)

Die Befragte, die an einer schwerwiegenden chronischen Erkrankung leidet, die sie stark in zahlreichen Alltagssituationen einschränkt, bringt einen weiteren Aspekt der Eigenverantwortung ins Spiel, die Autonomie. Für sie ist es wichtig, nicht die gesamte Verantwortung an jemand anderes abzugeben, da sie nicht die Kontrolle über sich selbst komplett abgeben möchte. Für sie bedeutet dies ein Verlust an Selbstbestimmung. Im Umkehrschluss sind Selbstbestimmung und Autonomie wichtige Aspekte der Eigenverantwortung. Dieser Erhalt an Selbstbestimmung bedeutet für sie aber nicht, dass sie nicht Verantwortung an ihr soziales Umfeld abgeben kann:

> „Meine Familie ja. Mein Mann tut alles für mich, der fährt mich überall hin und meine Tochter ist auch sehr besorgt. Wenn was ist kommt sie auch. Dann scheiden sich aber auch die Geister...welches gute Freunde sind und auf welche man am besten verzichtet. Das habe ich ganz drastisch gemerkt: Ich konnte nichts mehr essen wie die und ich konnte ja auch keinerlei Alkohol mehr trinken." (IP12w: 29)

Im zweiten Teil des Textes spricht sie eine Barriere an, die sie hindert, Verantwortung auch an weitere Personen aus ihrem sozialen Umfeld abzugeben. Aufgrund ihrer Erkrankung trinkt sie keinen Alkohol mehr, was in ihrem dörflichen Umfeld häufig auf Unverständnis stößt. Sie selbst fühlt sich in solchen Situationen nicht ernstgenommen, so dass sie diesen Personen auch kein Vertrauen schenken und Verantwortung übertragen möchte.

In den Interviews wird das unmittelbare familiäre Umfeld sehr häufig im Zuge der Verantwortungsübertragung genannt:

> „Meine Frau, die passt mit auf. Wenn ich zu viele Süßigkeiten esse, sagt die schon: ′Guck mal auf die Waage.′ Wenn ich früher abends mal drei Flaschen Bier getrunken habe, hat sie auch gesagt, ob es nicht besser wäre jetzt aufzuhören. Es ist ja überhaupt wichtig, dass man gegenseitig auf sich achtet und sich dabei unterstützt aber auch durchaus auch mal sagt, wie es sein muss." (IP13m: 23)

Dieser Textausschnitt bringt zum Ausdruck, dass in einer Partnerschaft gegenseitig Verantwortung übernommen wird. Dies geht damit einher, den Partner auf vermeintliches Fehlverhalten hinzuweisen. Im Rahmen der familiären Mitverantwortung benennt eine Befragte die Rolle ihrer Kinder:

> „Ja, wer trägt Verantwortung? Ich hoffe meine Kinder mal...ich habe ja die Patientenverfügung gemacht. Ich möchte, dass meine Töchter das beide bestimmen. Da steht für uns beide, dass wir keine lebensverlängernden Maßnahmen haben möchten, aber eine Schmerzbehandlung bekommen. Ich finde es gut, wenn beide Kinder das zu entscheiden haben. Im Grunde sind wir beide ja erst mal gegenseitig verantwortlich. Aber es kann ja eine Zeit kommen, wo keiner von uns beiden das entscheiden kann." (IP18w: 19)

Mit diesem Zitat kommt eine weitere Form der gesundheitlichen Verantwortung ins Spiel. Bislang wurde Verantwortung unter dem Aspekt der Gesunderhaltung diskutiert. Die Befragte beschreibt eine potenzielle Situation, die eine weitere Grenze der gesundheitlichen Verantwortung aufzeigt, die mit einer Übertragung von Verantwortung einhergeht: Ist eine Person am Ende des Lebens nicht mehr in der Lage, über seine weitere Behandlung zu bestimmen, kann durch die Patientenverfügung die Übertragung der Verantwortung geregelt werden. In dieser Rolle sieht die Befragte ihre Kinder. Wenn sie allerdings selbst auf die Hilfe bei gesundheitlicher Versorgung angewiesen ist, sieht sie ihre Kinder nicht in der Verantwortung:

> „Da möchte ich auch nicht, dass ich mich auf meine Kinder verlassen will. Die haben ihren Beruf, da muss man dann eine andere Lösung finden mit Pflege oder Pflegeheim, das geht gar nicht anders. Obwohl das ja so teuer ist, das ist Wahnsinn, da kann ja so ein Haus für draufgehen. Aber wenn es nicht anders geht, was will man machen? Bevor meine Kinder dafür aufkommen müssen..." (IP18w: 37)

Im Rahmen der Interviews wurden mehrfach Barrieren bei der Übertragung von Verantwortung an den Arzt angesprochen, die sich unter dem Aspekt des Misstrauens zusammenfassen lassen. So berichtet eine Befragte:

> „Wenn wir jetzt in das Thema gehen, wie man sich ärztlich vertreten fühlt, da bin ich nicht ganz so begeistert. Mein Allgemeinmediziner arbeitet ganzheitlich, es ist anthroposophisch ausgerichtet und bei dem wären ja auch andere Dinge möglich. Ich hatte mir das so vorgestellt, als ich den gewählt hatte, dass der so den ganzen Körper im Blick hat, aber nicht, dass der mich relativ schnell zu Fachärzten schickt. Und das vermiss ich so. Ich fühle mich da nicht anders, als bei jedem schulmedizinischen Arzt auch..." (IP5w: 29)

Es kommt zum Ausdruck, dass der Mediziner die Erwartungshaltung der Befragten nicht erfüllt. Vor allem mit dem letzten Satz bringt die Befragte zum Ausdruck, dass aufgrund ihrer negativen Erfahrungen, die sie im Laufe des Lebens mit medizinischen Behandlungen gesammelt hat, ihre Erwartungshaltung an die Schulmedizin relativ niedrig ist. Umso grösser ist für sie die Enttäuschung, dass auch ein speziell auf ihre Bedürfnisse gewählter Mediziner ihre Erwartungen nicht erfüllen kann. Eine ähnliche Situation kommt in dem folgenden Zitat zum Ausdruck:

> „Ich finde das schwierig zu sage Arzt. Ich hab eine TCM Therapeutin oder andere Leute, wo ich hingehe, denen vertraue ich, dass sie eine gewisse Kompetenz haben. Fehler machen Menschen. Es ist immer meine Mitentscheidung, ob ich irgendwo mitgehe oder nicht. Insofern, ich kann nicht wirklich eine Verantwortlichkeit abgeben. Klar, wenn mich jemand mich falsch berät, weil dumm oder nicht willens, dann ist das ärgerlich, solange ich aber nicht gezwungen bin, das mitzumachen...da bin ich glaube ich zu

> amerikanisch für. Ich habe zum Beispiel das Problem mit dem Zahnarzt. Wenn ich jetzt in D. wäre, wo ich einen Zahnarzt habe, dem ich auch voll vertraue und der gute Arbeit gemacht hat in der Vergangenheit, dann wäre ich schon längst beim Zahnarzt. Jetzt weiß ich, ich muss eigentlich dringend hin, aber den ich habe...dem vertraue ich nicht so ganz, weil der sehr schnell dabei war, mir ´ne Brücke aufzureden und mit mir ein Verkaufsgespräch geführt hat.“ (IP6w: 31)

Es zeigt sich, dass die Abgabe von Verantwortung sehr eng einhergeht mit dem Vertrauen in die Person, der Verantwortung übergeben werden soll. In diesem Fall kann die Befragte kein Vertrauen aufbauen, weil sie denkt, der Zahnarzt wäre vorrangig an finanziellen Aspekten bei ihrer Behandlung interessiert. Das Vertrauen in den behandelnden Arzt kann teilweise nachhaltig beschädigt sein, wie eine Befragte berichtet:

> „Wir haben jetzt einen neuen Hausarzt, da war ich erst einmal. Der alte Hausarzt...wenn ich die Gelegenheit gehabt hätte, woanders hinzugehen...ich wäre aber gelaufen! Der hat sich um mich überhaupt nicht gekümmert, der hat nicht einmal gefragt, wie es mir geht. Wenn ich da hin musste, habe ich nur noch gesagt, was ich haben muss.“ (IP12w: 27)

Sie gibt an, dass durch verschiedene Vertrauensbrüche des Arztes das Verhältnis nachhaltig belastet gewesen ist. Da sie an einer chronischen Krankheit leidet, somit auf regelmäßige medizinische Versorgung angewiesen ist, es in der gesamten Region aber nur den einen Arzt gegeben hat, war sie auf seine Leistung angewiesen. Erst mit dem Wechsel des Praxisbesitzers hat sich die Situation deutlich verbessert. Bis zu diesem Schwerpunkt fiel es der Befragten schwer, Verantwortung an eine Person abzugeben, der sie nicht vertraut.

Zusammenfassend kann festgehalten werden, dass sich die in der quantitativen Untersuchung identifizierten Attributionsmuster auch in den qualitativen Daten wiederfinden. Eine wichtige Funktion in diesem Prozess nimmt der Hausarzt ein. Hier zeigt sich in den Interviews, dass eine Verantwortungsabgabe an den Hausarzt nur möglich ist, wenn eine vertrauensvolle Arzt-Patienten-Beziehung vorliegt. Die Interviews liefern zudem Hinweise, dass Verantwortungsabgabe und –übertragung sehr eng an das Vertrauen in die jeweilige Person gekoppelt ist. Daher wird Verantwortung meist an Personen aus dem engen sozialen Umfeld abgegeben. Gleichzeitig kann es auch zu einer Verantwortungsübernahme für die andere Person kommen. Besonders in Partnerschaften berichten die Interviewten, dass eine gegenseitige Verantwortungsübernahme selbstverständlich ist.

8.3.2 Selbstwirksamkeit

In den theoretischen Vorüberlegungen und der quantitativen Befragung konnte ausgemacht werden, dass Selbstwirksamkeit ein Korrelat zur Eigenverantwortung ist. In den Interviews zeigte sich, dass die allgemeine Selbstwirksamkeit durchaus Einfluss auf die Übernahme von gesundheitlicher Eigenverantwortung hat, wie sich am Beispiel einer Befragten zeigt, die an schweren depressiven Episoden leidet. Sie gibt an, dass ein erneuter Ausbruch der Krankheit bei ihr zu schweren Selbstzweifeln führt:

> „Ich habe aber auch natürlich sehr, sehr häufig gezweifelt, weil ich eigentlich meinte, ich würde schon viel tun und es mich dann aber doch wieder erwischt hat." (IP1w: 2)

Es ist zu erkennen, dass es Situationen gibt, in denen sie kein Vertrauen in ihre Fähigkeiten hat. Sie betont allerdings ausdrücklich, dass sich diese negative Denkweise ausschließlich auf Situationen in der akuten Depression oder bei schweren Schicksalsschlägen bezieht. Ansonsten ist in ihrer Denkweise ein hohes Maß an Selbstwirksamkeit zu erkennen:

> „Ich habe aber immer für mich feststellen können: Was kannst du tun? Was kannst Du jetzt tun, damit du aus dieser Misere jetzt rauskommst? Das war ganz stark bei den Depressionen aber auch ganz stark bei der Brustkrebs-Geschichte. Meine Frage war immer: Was kann ich jetzt tun? Was kann ich dazu tun, dass es mir besser geht?" (IP1w:2)

Diese Sichtweise bezieht sich auch auf die Bewältigung von Krisen. Sie reflektiert, was sie selber tun kann, um die Krisen zu bewältigen. Durch die positiven Erfahrungen, die sie mit dieser Vorgehensweise in der Bewältigung gesammelt hat, wird ihr Vertrauen in die eigenen Fähigkeiten gestärkt und die Wahrnehmung von Eigenverantwortung gefördert.

Eine weitere Befragte gibt an, dass sie in der Überfürsorge, die ihr in der Kindheit widerfahren ist, einen Grund für ihre zu Beginn des Erwachsenenlebens niedrige Selbstwirksamkeit sieht:

> „Ich bin mit so viel Fürsorge aufgewachsen, allerdings das hat lange gedauert bis ich dann überhaupt selbstständig war, weil ich so behütet worden bin." (IP5w:2)

Im weiteren Verlauf ihres Lebens ging sie eine abhängige Beziehung zu einem gewalttätigen Ehemann ein. Erst mit der Trennung und dem anschließenden Aufbau einer eigenständigen Existenz, konnte sich ein positives Vertrauen in die eigenen Fähigkeiten entwickeln. Trotz Hochaltrigkeit leidet sie an keiner Erkrankung und kümmert sich sehr um ihre eigene Gesundheit. Dass der Grundstock für ein positives Vertrauen in die eigenen Fähigkeiten mit direktem Bezug auf gesundheitsrelevantes Verhalten in der Kindheit gelegt wird und große Auswirkungen bis ins höhere Lebensalter mit sich ziehen kann, zeigt das folgende Beispiel:

> „Ich war auch, war ein völlig unsportlicher Mensch. Ich habe in der Kindheit und Jugend, na gerne Fußball gespielt - ja, aber sonst nichts. Also wenn es an schulischen Sport ging. Ich war immer einer der Kleinsten in der Klasse und da war ich irgendwie schon in die Richtung orientiert ´Du kannst sowieso nichts, also du bist sowieso, gehörst zu den Sportschwachen´. Und damals gab es ja auch so besonders pädagogisch geschulte Turnlehrer, die das auch immer noch mal gut unterstützt haben, dass man sich auch nichts zugetraut hat und die dann mit so Bemerkungen ´Na, Sie hängen ja da wieder rum wie ein nasser Sack´ oder sowas, einen gut stimuliert haben und freundlich begleitet haben." (IP5w: 5)

Die Befragte gibt an, dass sie die negativen Erlebnisse in Form von Demütigungen im Sportunterricht geprägt haben und in ihr eine negative Selbstwirksamkeit ausgelöst haben. Der ironische Unterton im zweiten Abschnitt des Zitates verleiht der Aussage noch zusätzlich an Bedeutung. Sie glaubt, dass sie diese Verhaltensmuster langfristig verinnerlicht hat, bis heute findet sie kein Interesse an sportlichen Aktivitäten. Ein konkreter Bezug zwischen Selbstwirksamkeit, gesundheitsrelevantem Verhalten und Eigenverantwortung wird in dem folgenden Textausschnitt beschrieben:

> „Also wenn ich das Gefühl habe, ich kann an meiner Situation etwas verändern, dann kann ich überhaupt erst anfangen zu überlegen, was kann ich tun, damit ich irgendwo nicht lande. Das ist für mich bei Eigenverantwortung ganz wichtig. Es bedeutet banal, wie gehe ich mit etwas um. Jetzt beim Thema Bewegung: Mir ist schon etwas länger klar, dass ich etwas mehr für meine Gesundheit tun dürfte, als Bewegung und Ernährung kommt mit dazu. Also fängt das wieder an, ich mach mir erst mal klar, wo stehe ich da, bin ich zufrieden oder nicht zufrieden damit, was ist mein Eindruck und was tu ich mir da an. Und dann die Überlegung, ok, wie kann ich das ändern und wie kann ich mein Leben so ändern, dass ich das hinkriege. Es bedeutet mir selber, mir klar zu werden, was möchte ich...das kann man Zielformulierung nennen. Und dann versuchen, Änderungen zu machen, damit ich da hinkomme." (IP6w: 27)

Die Befragte sieht in der Selbstwirksamkeit eine wesentliche Vorrausetzung, um überhaupt erst eigenverantwortlich handeln zu können. Sie verdeutlicht dies am Beispiel der Bewegung. Nur wenn man selbst davon überzeugt ist, mit Bewegungstraining seinen gesundheitlichen Zustand zu halten oder zu verbessern, kann man ein geplantes Verhalten auch in die Tat umsetzen.

8.3.3 Wahrnehmung von Gesundheit

Diese Kategorie fasst Ereignisse im gesamten Lebenslauf zusammen, in denen die Befragten bewusst ihre eigene Gesundheit oder die Gesundheit von anderen wahrgenommen haben. Das Wahrnehmen von Gesundheit kann als zentrale Grundvoraussetzung für gesundheitliche Eigenverantwortung gesehen werden und stellt einen direkten Bezug zwischen Verantwortungssubjekt und Verantwortungsobjekt dar. Eine Befragte erinnert sich an ihre Kindheit und stellt fest, dass sie ihre Mutter immer als gesunde Person wahrgenommen hat:

> „Ich hatte eine Mutter, die ist nie krank gewesen, mein Vater war auch etwas anfälliger. Aber meine Mutter kenn ich überhaupt nicht krank." (IP1w: 30)

Ihre Mutter beschreibt sie im Gespräch als starke Person. Sich selbst vergleicht sie bezüglich ihrer Anfälligkeit für Krankheiten eher mit ihrem Vater, bei dem sie häufiger Krankheiten wahrgenommen hat. Im gleichen Interview wird ein weiterer Vergleich zu anderen Familienmitgliedern gezogen:

> „Ja...ich war klein, weil ich auch so starke Geschwister hatte. Ich war die Jüngste, ich hab zum Beispiel eine Schwester, die ist noch nie krank gewesen. Da war ich auch immer so ein bisschen neidisch. Da hab ich gedacht: Die läuft da rum, die ist rank und schlank, der fehlt nichts und macht kein Sport und tut gar nichts dafür." (IP1w: 10)

In diesem Gesprächsausschnitt erinnert sie sich an ihre Schwester, die ebenfalls immer gesund gewesen ist. Sie gibt an, ein wenig neidisch auf sie gewesen zu sein, weil sie selbst sich immer bemüht hat und trotzdem krank geworden ist und ihre Schwester sich nicht um ihre Gesundheit gekümmert hat, aber auch keine Probleme bekommen hat. Für einen anderen Befragten gehört das bewusste Wahrnehmen von Gesundheit zu einen Tagesritual:

> „Ich habe einen Fixpunkt am Tage bekommen, da mach ich nix anders als durchatmen und entspannen. Ich kann das nicht so weit treiben, dass ich dann schlafe. Ich kann das autogene Training nicht benutzen, um einzuschlafen. Ich kann normalerweise am Tage nicht schlafen, das krieg ich nicht hin, brauch ich auch nicht. Wenn ich mich dann voll entspanne und es auflösen, dann bin ich fit. Es geht auch am Schreibtisch oder in der Sitzung, da kann man das auch machen, das ist kein Problem. Ich muss da nicht verzichten, wenn ich mich mittags nicht hinlegen kann, aber ich hab es normalerweise so gemacht, dass ich in die Flachlage gehe, um den ganzen Körper zu entlasten. Das sind so meine Erfahrungen, die ich ganz persönlich gemacht habe, was die Gesundheit betrifft." (IP2m: 22)

Er benutzt das autogene Training einmal am Tag und setzt sich in dieser Situation gewollt mit seinem Körper und seiner Gesundheit auseinander. Mit dieser Methode hat er einen Weg gefunden, seine Kräfte zu regenerieren. Eine Befragte, die bislang nicht ernsthaft krank gewesen ist, beschreibt mit folgendem Zitat die Selbstverständlichkeit, mit der sie Gesundheit in ihrem Leben wahrgenommen hat:

> „Gesundheit war für mich irgendwie immer da, das hat sich so durch mein ganzes Leben gezogen." (IP14w: 3)

In mehreren Gesprächen stellt sich allerdings heraus, dass sich das Wahrnehmen von Gesundheit über den Lebenslauf verändert. Mit steigendem Lebensalter kommt es zu einer Akzentverschiebung:

> „Also ich glaub, wenn man in die Kindheit und Jugendzeit geht, dann ist das Bewusstsein über die eigene Gesundheit in dem Sinne nicht so stark ausgeprägt. Ich hab als Kind und als Jugendlicher Sport getrieben, Leichtathletik Verein und solche Dinge. Das hat sich dann fortgepflanzt. Das wirkliche Bewusstsein im Verhältnis zur eigenen Gesundheit, zur Betrachtung, kommt eigentlich in einer wesentlich späteren Phase bezogen vielleicht auf Personen, die aus der eigenen Familie stammen." (IP3m: 3)

Es wird deutlich, dass in den jungen Lebensjahren Gesundheit nicht bewusst wahrgenommen wird, sondern einfach als gegeben hingenommen wird. Da in dieser Lebensphase Störungen der Gesundheit über einen längeren Zeitraum nicht der Normalität entsprechen, werden allenfalls Phasen von Krankheit wahrgenommen. Aus dem Zitat wir ebenfalls deutlich, dass der Befragte sportliche Aktivitäten in jüngeren Lebensjahren vornehmlich nicht aus gesundheitsrelevanten Aspekten ausgeübt hat, sondern eher der Freizeitbeschäftigung und den gesellschaftlichen Aspekten zugerechnet hat. Erst mit dem bewussten Wahrnehmen von Gesundheit, oftmals verbunden mit dem Wahrnehmen von Krankheit, treten gesundheitsrelevante Aspekte in den Vordergrund. Eine ähnliche Sichtweise wird in dem folgenden Textausschnitt deutlich:

> „Ja, aber es ist die Frage altersbezogen...dann hat das etwas mit Bewusstsein zu tun, dann sehe ich den Unterschied zwischen Anfang 20, 30 und 40 sein. Also mein Bewusstsein in dem, wie ich wirke und die Möglichkeiten, die ich habe, haben sich geändert. Mit 20 war das alles egal, da ging es darum, die Welt zu verändern, das war ein Wirken im Außen, das hatte wenig erst mal mit mir selber direkt zu tun. Klar sollte ich davon profitieren, wenn die Welt gesünder ist, aber es hatte nichts mit Selbstwahrnehmung zu tun. Das hat sich geändert in den letzten Jahren. Es ist nicht so sehr die 50er Grenze, vielmehr in der Familie mitzukriegen, die gehen jetzt auf die 80 zu. Bis vor kurzem hätte ich noch gesagt, das ist alles noch machbar. Ganz

plötzlich passiert etwas, es kommt irgendeine Erkrankung oder irgendetwas ist und es ist auf einmal Knall auf Fall, wo man merkt, da gibt es eine Stufe, da verändert sich was und da gibt es kein zurück. Das habe ich auch nicht in der Pflege meiner Großmutter so deutlich wahrgenommen. Das heißt, irgendetwas in mir hat sich auch geändert, dass ich jetzt in der Lage bin, das wahrzunehmen. Das hab ich vor 20 Jahren noch nicht gehabt. Da hab ich das sehen können und theoretisch denken können, ich habe es aber noch verinnerlicht gehabt. Und jetzt erzählt man mir das und ich kann es sehr viel mehr nachvollziehen, wovon die reden. Da hat sich in der Qualität des Nachvollziehens etwas geändert. Früher konnte man eine Nacht durchmachen und man ist am nächsten Tag arbeiten gegangen, das gibt es schon seit 10 Jahren nicht mehr. Jetzt sagt man, ich mach eine Nacht durch und hänge eine Woche dran, um wieder auf die Beine zu kommen. Ich denke gar nicht darüber nach, die Nacht durchzumachen und dann arbeiten zu gehen...insofern ist schon klar, zu 20 hat sich schon ganz viel verändert. Das kriegt jetzt noch einmal eine andere Qualität, das war mit 30 oder 40 egal, ich brauchte keinen Sport machen, wenn ich eine Bahn kriegen musste, konnte ich los laufen und war halbwegs in der Puste. Jetzt ist es schon eher so, dass ich denke, hält das Knie durch, hält meine Puste durch, da hat sich schon mit dem Alter etwas geändert. Aber es ist noch einmal auf einer anderen Ebene, als das was ich weiß, was noch kommen wird.“ (IP6w: 41)

Die Befragte beschreibt einen Veränderungsprozess, den sie bei sich wahrgenommen hat. Dieser Prozess ist in erster Linie durch die Veränderung ihrer Einstellung zum eigenen Körper zu sehen. Durch das Wahrnehmen und die Akzeptanz der eigenen Verletzlichkeit steigen gleichzeitig die Achtung vor der eigenen Gesundheit und der damit verbundenen Achtsamkeit, Signale des Körpers wahrzunehmen und zu befolgen. Die veränderte Wahrnehmung über den Lebenslauf und mögliche Ursachen für diesen Prozess werden in dem folgenden Textausschnitt beschrieben:

„Also im Grunde genommen war für mich in den meisten Fällen Gesundheit immer eigentlich das, was nebenher lief, das wo ich mich nie besonders bewusst daran erinnert habe, weil es einfach da war.“ (IP13m: 3)

Aus dem gesamten Gespräch geht allerdings hervor, dass sich durch verschiedene Ereignisse diese Sichtweise im Laufe des Lebens deutlich geändert hat:

„Ja, das sind zwei Ursachen. Einmal weil man ja nun schon einige Male etwas hatte und zum anderen, wenn man dann in der Familie sieht, dass es nicht selbstverständlich ist, dann sieht man das etwas anders, dann achtet man darauf. Früher war die einfach da, das ist dann doch schon ein Unterschied, man wird vom Leben darauf hingewiesen, dass man das mit anderen Augen wahrnimmt und nicht als selbstverständlich nimmt. Und auch, dass man merkt, dass man was davon hat und auch dafür etwas tun muss, um es so zu erhalten, wie es gerade ist. Wir sagen schon immer morgens beim

> Frühstück: Wenn es so bleibt, ist es ja gut. Ich glaube, das ist ein Entwicklungsprozess, den macht jeder im Leben mit. Dinge, die man früher im Überfluss hatte, sind einem nicht bewusst geworden, und erst wenn es dann nicht mehr so gut läuft...dann merkt man erst, was einem fehlt." (IP13m: 31)

Die veränderte Wahrnehmung von Gesundheit sieht er vor allem durch Krankheiten begründet, die er selbst oder seine Ehefrau durchlebt haben. Aufgrund dieser Sichtweise hat sich nicht nur seine Wahrnehmung von Gesundheit geändert, vielmehr sieht er sie auch als Anreiz, um wahrzunehmen, dass er selbst etwas dafür tun kann, seinen Zustand zu verbessern oder aufrechtzuerhalten.

8.3.4 Wahrnehmung von Krankheit

Bei der Wahrnehmung von Krankheiten lassen sich einerseits Situationen ausmachen, bei der eigene Krankheiten aufgetreten sind und andererseits Situationen, in denen die Krankheiten von anderen Personen wahrgenommen worden sind.

8.3.4.1 Selbstwahrgenommene Krankheiten

Bei den selbst wahrgenommenen Krankheiten beziehen sich die Aussagen in diesem Kapitel nicht auf lebensbedrohliche Krankheiten, diese werden in Kapitel 8.4 unter dem Aspekt der nicht-normativen Einflüsse auf die Entwicklung von Eigenverantwortung thematisiert. Sehr häufig liegen die Erinnerungen an erste Konfrontationen mit Krankheit in der frühen Kindheit. Eine Befragte schildert Probleme mit den Ohren, an die sie sich schon seit frühster Kindheit erinnern kann:

> „Ich hatte so viel Schwierigkeiten mit den Ohren, ich hatte viele Mittelohrentzündungen, und das Ende vom Lied ist, dass ich jetzt schwerhörig durch die Gegend laufe, dass ich ein Loch im Trommelfeld operiert bekommen habe, die vielen Narben auf dem Trommelfell haben mein Gehör beeinflusst. Ja..ich denke heute würd das vielleicht so schnell nicht passieren, wenn man Kinder hat, dass man das so irgendwie...ja verschludert." (IP4w: 5)

Ohrenschmerzen werden noch in einem anderen Interview als bleibende Erinnerung an Krankheiten in der Kindheit genannt:

> „Oh ja! Als kleines Kind hatte ich immer Ohrenschmerzen, da musste ich mit meiner Mutter immer zum Ohrenarzt. Da erinnere ich mich noch sehr gut. Da wurde dann das Trommelfell durchgestochen und so etwas, da habe ich unheimlich viel Schmerzen gehabt, da war ich aber so drei oder vier Jahre und dann war das weg. Ich hab auch immer gehört wie ein Luchs, nur

> im letzten halben Jahr...jetzt habe ich auch so ein Knopf im Ohr. Aber ansonsten...keine Kinderkrankheiten." (IP13m: 5)

Obwohl die Krankheiten damals keine bleibenden Schäden hinterlassen haben, kann der Befragte sich noch sehr detailliert an die damaligen Behandlungssituationen erinnern. Anders ist es in dem folgenden Textausschnitt verlaufen:

> „Ich hatte im Alter von drei Jahren Kinderlähmung, da kann ich mich noch daran erinnern. Ich musste damals ins Krankenhaus und habe viele Infusionen bekommen. Das betraf die rechte Seite, sowohl der Arm als auch das Bein waren stark eingeschränkt." (IP15m: 3)

Die Auswirkungen der Krankheit im Kindesalter haben sich über den gesamten Lebenslauf bemerkbar gemacht und haben dazu geführt, dass er sich intensiv um seine Gesundheit und um ausreichend Muskeltraining kümmern muss. Der Befragte gibt an, dass er mit diesen Methoden die Auswirkungen sehr gut in den Griff bekommen hat und sie ihn im Verlauf des Lebens nicht schwerwiegend beeinträchtigt haben. Im höheren Lebensalter verspürt er allerdings wieder mehr Symptome.

Eine Befragte leidet seit vielen Jahren an Depressionen. Sie erinnert sich an ihre Grundstimmung, die sie in immer wieder auftretenden depressiven Episoden wahrnimmt:

> „Da konnte ich nicht lachen. Nein. Da konnte ich nicht lachen. Wenn man so tief in der Depression ist, sieht alles nur noch schwarz aus. TIEFSCHWARZ. Da denkt man auch nicht: ´Du musst was für die Gesundheit tun.´ Weil es einfach nicht geht. Und das braucht ganz ganz langen Atem, bis es wieder geht." (IP1w: 36)

Es ist zu erkennen, dass in diesen Phasen gesundheitsrelevantes Verhalten nicht möglich ist, weil die Motivation dazu fehlt. Gleichzeitig beschreibt die Befragte, dass es ein sehr beschwerlicher Weg ist, aus den depressiven Phasen heraus zu kommen. Während es in den beschriebenen Fällen oftmals wiederkehrende Wahrnehmungsmuster sind, können es in anderen Fällen einzelne Situationen sein, die nachhaltig wirken:

> „Also irgendwann hat mein Blutdruck dann vor ein paar Jahren verrückt gespielt und der ging über 200 hoch und ich fühlte mich schlecht und hab dann 112 angerufen und da kam der Notarzt auch sofort mit. Da hat er mir gleich so eine Kanüle gelegt und eine Infusionsflasche und dann ins Krankenhaus. Und da war ich nach ein paar Tagen aber wieder raus [...] also ich fühlte mich dann wieder wohl, das war wieder in Ordnung, allerdings ab da...ab dem Zeitpunkt muss ich dann regelmäßig zur Kontrolle mit meinem

> Blutdruck und so weiter. Damit der auf einem Level gehalten wird, der Blutdruck, also das mach ich schon." (IP5w: 20)

Für die Betroffene hat dieser Zwischenfall zwar keine gesundheitlichen Schäden mit sich gezogen, sie gibt allerdings an, dass sie seit dieser Situation regelmäßig ihren Blutdruck kontrolliert. Ähnlich ist die folgende Situation zu interpretieren:

> „Und das erste Mal, wo ich mich sozusagen gesundheitlich eingeschränkt gefühlt habe, das war, da war ich so zwischen vierzig und fünfzig irgendwann. Da hatte ich mal einen Hexenschuss und konnte mich nicht mehr bewegen. Und musste dann sozusagen durch die Gegend robben. Und das war zum ersten Mal so ein wirklicher gesundheitlicher Einbruch, wo ich sagen kann, ja da habe ich mich eingeschränkt gefühlt, in dem was ich getan habe." (IP8m: 5)

Auch hier wurde der Betroffene, der bis zu diesem Zeitpunkt niemals krank ernsthaft krank gewesen ist, plötzlich mit der Krankheit und der damit verbundenen Angewiesenheit auf Hilfe bei einfachen Tätigkeiten konfrontiert. Plötzliche Veränderungen treten ebenfalls im späteren Lebensalter auf, wie aus dem folgenden Textausschnitt deutlich wird:

> „Vor fünf Jahren bin ich hier vorm Haus beim ersten Schnee unglücklich gefallen, ich fiel auf den Hintern und die Hüfte war durch. Ich hatte vorher nie Probleme, dann kriegte ich eine Hüfte. Das sind eigentlich meine ganzen Krankheiten...und jetzt leben wir herrlich und in Freude." (IP17w: 3)

Dass Krankheiten in der späteren Lebensphase anders wahrgenommen werden als vorher, verdeutlicht dieses Zitat:

> „Man denkt mehr dran. Wenn einem früher mal was weh tat, hat man eine Tablette genommen und es war gut. Heute denkt man eher an die Folgen. Was können Kopfschmerzen sein? Kann das was anderes sein? Kann das ein Vorbote vom Schlaganfall sein? Man macht sich mehr Gedanken, weil eben die Krankheiten schneller kommen im Alter und auch stärker. Man denkt eher an Krankheiten. Ich bin jetzt kein Typ der immer schreit...ich bin kein Hypochonder, ich verdräng das eher. Man überlegt sich aber schon, was es sein könnte?" (IP18w: 27)

Die Befragte beschreibt, dass sie sich im höheren Lebensalter deutlich mehr mit möglichen Ursachen von auftretenden Symptomen beschäftigt.

8.3.4.2 Wahrgenommene Krankheiten bei anderen Personen

Auf der anderen Seite stehen die Erfahrungen, die im Laufe des Lebens durch die Wahrnehmung von Krankheiten anderer Personen gesammelt wurden. In mehreren Interviews zeigte sich, dass bereits in früher Kindheit die Befragten mit Krankheiten konfrontiert wurden, weil die Eltern an schwerwiegenden Gesundheitsstörungen litten. So berichtet eine Befragte, dass die Erkrankung des Vaters einen großen Einfluss auf das Familienleben gehabt hat:

> „Mein Vater hatte aus dem Krieg aus der ganzen schlechten Zeit eine chronische Bronchitis und das ist zum Asthma geworden. Ich hab als Kind schon viel mitgekriegt von Atemnot, wirklich lebensbedrohliche Situationen. Dann ist er einmal verschüttet worden im Schützengraben und da ist ein Panzer drüber gerollt. Da hat er an der Wirbelsäule eine Verletzung gehabt, die zu dauerhaften Schmerzen und zu Bewegungsschwierigkeiten geführt hat. Er lebte dauerhaft mit Schmerzen und das ist nicht anerkannt worden als Kriegsleiden. Das hat ihm sehr zu schaffen gemacht, mit Reichsbund und so, da war wohl ein Verfahrensfehler, ich weiß das noch, ich war zwar Kind, aber ich habe das ja mitgekriegt, die ganze Situation." (IP4w: 7)

Die Kriegsverletzung des Vaters hat dazu beigetragen, dass das Familienleben sehr durch die gesundheitlichen Probleme des Vaters geprägt wurde. Sie gibt im weiteren Interview an, dass oftmals die Probleme der Kinder in den Hintergrund geraten sind, weil die Krankheit des Vaters teilweise lebensbedrohliche Züge aufwies. So wurde sie schon sehr früh in ihrem Leben durch die Atemnotanfälle des Vaters mit der Endlichkeit des Lebens konfrontiert. In anderen Fällen sind es konkrete Situation, die in früher Kindheit erlebt wurden und heute noch sehr sichtbar sind:

> „Meine erste Erinnerung ist die Krankheit von meinem Vater. Der hat durch einen Arbeitsunfall ein Auge verloren. Das war 1947. Das sind meine ersten Erinnerungen an Krankheit und Krankenhaus. Er lag im Krankenhaus und hatte beide Augen zu und nur das gesunde Auge, da war im Verband so ein kleines Loch. Ich erinnere mich wie eine Fotografie an dieses Bild. Er hatte etwas zu essen, ein einfaches Graubrot mit Rübenkraut und das Rübenkraut sickerte durch das Brot, das fand ich so schlimm. Das waren meine ersten Erinnerungen an ein Krankenhaus." (IP12w: 3)

Wie die Befragte selbst beschreibt, hat sich diese Situation in ihr wie ein Bild verfestigt. Unter anderem ist ihr diese Situation noch heute so greifbar, weil sie neben dem Anblick und der ungewohnten Krankenhausatmosphäre noch zusätzlich Angst hatte, dass ihr Vater den Unfall nicht überlebt oder an bleibenden Schäden leiden muss.

Bei einer weiteren Befragten hat die plötzliche Erkrankung der Mutter zu einem Zeitpunkt, als die Befragten und ihre Geschwister noch sehr klein gewesen sind, dazu geführt, dass sich die gesamte Lebenssituation nachhaltig verändert hat:

> „Als ich vier war, da hat man festgestellt, dass meine Mutter Tb hatte. Das hatte sie während des Krieges mit fünf Jahren gehabt und das war wohl wieder aufgeflammt. Dann gab es die Untersuchung und es war klar, dass dringender Handlungsbedarf war. Wir sind dann erst mal zu meiner Großmutter in Amerika gekommen und sie ist sofort ins Krankenhaus gekommen. Da war keine Planungszeit, nix. Dann wurde das langsam klarer, dass das länger wird. Dann hat sich die deutsche Seite auch soweit formiert, meine Tante hat ihr Studium unterbrochen und wir sind alle wieder zurück nach Deutschland und haben mit meiner Tante zusammen bei meiner Großmutter gewohnt. Meine Eltern sind drüben geblieben." (IP6w: 3)

Zu diesem Zeitpunkt war die Familie gerade in die USA ausgewandert, wo ihr Vater an einer Universität eine Arbeitsstelle bekommen hatte. Durch die Krankheit der Mutter, die sich über einen längeren Zeitraum hingezogen hat, wurde die Familie temporär auseinandergerissen. Ein anderer Befragter gib an, dass die Krankheit des Vaters sein Verhalten bezüglich Vorsorgeuntersuchungen maßgeblich beeinflusst hat:

> „Nochmal: Wenn ich zur Darmspiegelung gehe und der da was sieht, dann kann er schon etwas machen. Als ich das letzte Mal da war, da war einer, da ging die Kamera gar nicht mehr durch, der war auch ein paar Tage später tot. Mein Vater zum Beispiel ist an Darmkrebs verstorben und ist obwohl er es wusste, ein Jahr lang nicht zum Arzt gegangen. Der würde heute auch noch leben." (IP3m: 23)

Das Fehlverhalten seines Vaters nimmt er nun zum Anlass, regelmäßig zur Kontrolluntersuchung zu gehen. Im weiteren Verlauf des Gesprächs berichtet er, dass er in seinem Freundeskreis animiert, zur Kontrolle zu gehen, weil er es als seine Pflicht sieht, dass Fehlverhalten von Personen, die ihm nahestehen, zu korrigieren.

Im mittleren Lebensalter verlagern sich die Erinnerungen, die nachhaltigen Eindruck hinterlassen, häufig auf Erkrankungen des Partners, der Geschwister oder sonstigen Personen aus dem nahen Umfeld. Den Tod der Eltern beschreiben die meisten Befragten zwar als traurige Gegebenheit, der allerdings zum Leben dazu gehört und akzeptiert werden muss. Bleibenden Erinnerungen entstehen hier meistens an Situationen, die mit einem langen Leidensweg oder längeren Krankheitsphasen am Lebensende verbunden sind:

> „Meine Frau und ich hatten zu ihr eine persönliche Beziehung, meine Frau hat sie betreut. Wir gehen beide in der Familie mit Alter ganz normal um. Wir kennen schreckliche Schicksale, wenn eine Frau mit 60 Jahren total dement wird und durchdreht, wenn meine Frau die im Krankenhaus trifft, weiß sie nicht wie sie mit ihr umgehen soll, weil sie sie nicht mehr erkennt. Mit der 97-jährigen Frau kam sie gut zurecht, man konnte sich gut mit ihr unterhalten und wir sind immer einkaufen gefahren. Wir sind damit vertraut und haben erlebt, wie die Leute zu Tode gekommen sind...alle eigentlich auf normale Art und Weise. Meine Schwiegereltern waren beide zuckerkrank und haben sehr krankheitsbewusst gelebt, die haben danach gelebt und hatten die Sache im Griff.“ (IP2m: 38)

Eine andere Befragte berichtet über den schmerzvollen Verlust ihres Lebenspartners:

> „Wir waren knapp 7 Jahre verheiratet. Die ganzen Jahre durch. Nach drei Jahren wie wir geheiratet hatten krieg ich die Diagnose…also zwecks mein Mann. Er war in der Klinik, überall, keiner hat das festgestellt. Und das war dann schon, wie der Schub kam, war das ziemlich die letzte Phase wohl weil. Bei dem fing das dann mit dem Laufen, so Trippelschritte [...] ewig zum Arzt gegangen. Das ist ja so…ältere Leute sind manchmal so Stur. Meine Tochter hat sich erkundigt, weil sie an der Uniklinik in F. arbeitet, 16, 17 Jahre ist sie da. Dass er in die richtige Klinik käme, für Parkinson. Da war irgendwo…im Schwarzwald ist da sowas, sie hat sich so eingesetzt und der wollte nicht, er hat sich nachher selber aufgegeben. Das Schlimme ist, dass er die letzten sechs Wochen ins Krankenhaus musste, von da aus ins Pflegeheim, der Arzt und der Chefarzt von der Klinik haben gesagt, also es müssen ja nicht zwei kaputt sein.“ (IP7w: 68)

Der Verlust des Partners traf die Befragte besonders hart, weil ihre erste Ehe sehr unglücklich mit Gewalterfahrungen verlaufen ist. Mit dem neuen Partner hat sie viele glückliche Jahre verbracht. Da sie sich ihr ganzes Leben immer um ihre Mitmenschen gekümmert hat, macht sie sich bis heute Vorwürfe, dass sie ihren Partner nicht bis zum Ende selbst gepflegt hat. Eine Befragte berichtet über die Erkrankung des Bruders, die für sie völlig unerwartet aufgetreten ist. Ihr Bruder hat im Alter von 40 Jahren einen schweren Herzinfarkt erlitten. Diese Situation hat sie sehr mitgenommen und beschäftigt sie bis heute:

> „Das war schlimm. [...] Aber ich war ja nicht mehr zu Hause. Für mich war das wie eine Lebensbedrohung, für mich war das richtig schlimm. Es kam ohne Ankündigung, man kriegte das nicht mit. Ich fand das aber schon...es verfolgt mich auch immer noch: Ich habe bei mir Einschränkungen oder Herzprobleme nie gemerkt, aber ich habe permanentes Vorhofflimmern.“ (IP10w: 23)

Wie sie selbst beschreibt, sieht sie in der Erkrankung des Bruders eine Bedrohung ihrer eigenen Gesundheit. Im weiteren Gespräch berichtet sie, dass ihr Bruder mittlerweile an der Herzkrankheit verstorben ist und die gesamte Erkrankung des Bruders für sie großen Einfluss darauf genommen hat, regelmäßig die Funktion ihres Herzens zu überprüfen. In einem anderen Fall führten die Erkrankung und der darauf folgende Tod einer Person aus dem nahen sozialen Umfeld zu einer Veränderung der bisherigen Familiensituation:

> „Dann wurde die Mutter ihrer [Tochter der Befragten] besten Freundin sehr krank, sie starb dann auch an Schilddrüsenkrebs, da hatte ich dann auf einmal zwei Kinder. Das hat mir aber sehr viel Freude gemacht, weil K. ein sehr problemloses Kind war, das war richtig schön. Die hat dann bei uns Schulaufgaben gemacht und hat essen bekommen und abends ging sie dann nach Hause. Die war so schlecht dran, der Vater hat gesoffen. Wenn Elternsprechtag für sie war, ist mein Mann dann da hingegangen, weil der Alte besoffen war oder gesagt hat: ´Geht mich nichts an.´ Das waren für mich auch schlimme Erfahrungen, die Frau war zwei Jahre älter als ich...das macht mir heute noch Schwierigkeiten." (IP12w: 11)

Der Tod der Mutter der Freundin ihrer Tochter hat dazu geführt, dass sie die Tochter der Verstorbenen in die Familie aufgenommen und sich um sie gekümmert haben. Obwohl ihr die neu gewonnene Aufgabe sehr viel Freude bereitet hat, beschäftigt sie der frühe Tod und die schwierigen Umstände in der Familie der Verstorbenen bis heute nachhaltig.

Ferner kommt es im beruflichen Umfeld zu Konfrontationen mit Krankheiten und gesundheitsbedrohlichen Situationen. So berichtet eine Befragte aus ihrer Arbeit in einem Entwicklungsland:

> „Das hat etwas gebraucht nach dem ersten Schock, dass man so überhaupt mit Gesundheit und Krankheit umgehen kann. Dann war das aber auch dieses Mitkriegen, was die Nöte sind und wie sich Leute dabei versuchen, zu helfen. Da war eben das wichtigste vom Arzt zu hören, das Kind stirbt nicht, also gehen wir nicht ins Krankenhaus. Das habe ich bei der Arbeit auch erlebt, eine Kollegin hat auch ein Kind zum Gesundheitsamt gebracht mit über 40° Fieber, sie mussten fünf Stunden warten, in der Zeit wurden einige Leichen an denen vorbei transportiert. Nach fünf Stunden war eigentlich Dienstschluss und dann hat man geguckt, wie man die Eltern dahin kriegt um die Ablöse zu machen, bis das Kind mal behandelt wurde. Das sind so Momente...also dieses zuverlässige Versorgungssystem, was wir von hier kennen, war plötzlich nicht mehr da. Es hat gebraucht...ich war ja vier Jahre drüben...dieses mitkriegen, wenn mir hier etwas passiert, bin ich ziemlich dran." (IP6w: 3)

Aus diesem Zitat lassen sich zwei Kernaussagen ableiten: Zum einen ist zu erkennen, dass der Umgang mit Krankheiten in einem Entwicklungsland die Befragte vor neue Herausforderungen gestellt hat. Der Gedanke, eine gesundheitsbezogene Einrichtung erst zu besuchen, wenn eine akute Lebensbedrohung vorliegt, war für sie neu und erforderte eine Gewöhnungszeit. Zum anderen ist der Befragten durch diese Situationen ihre Gefahrenlage bewusst geworden, in der sie sich befunden hat, weil ein gut funktionierendes Gesundheitssystem nicht als selbstverständlich angenommen werden kann und für ihre medizinische Sicherheit nicht gesorgt ist.

Resümierend bewertet eine Befragte die Rolle von Krankheiten in ihrem näheren Umfeld wie folgt und bringt damit eine andere Sichtweise ins Spiel:

> „Es bei einzelnen Familienmitgliedern schon so eine Geschichte über Krankheit Aufmerksamkeit zu kriegen, also auch innerhalb des Familiensystems. Das hat für mich sehr lange gebraucht - ich würd mal sagen in den 90er Jahren- dass ich das soweit gecheckt habe oder angefangen habe, mich damit auseinanderzusetzen, dass das nicht für mich eine Option ist, die ich interessant finde, diesen Weg zu gehen." (IP6w: 7)

Die Befragte hat festgestellt, dass in ihrer Familie Krankheiten mehrmals benutzt worden sind, um Aufmerksamkeit zu bekommen. Resümierend stellt sie fest, dass sie diese Strategie ebenfalls in früheren Jahren eingesetzt hat:

> „Ich hatte eine Phase mit Kopfschmerzen und zu der Zeit auch die Röteln. Krankheit war da immer so ein bisschen...Krankheit bedeutete man musste nicht zur Schule gehen, man bekam extra Aufmerksamkeit, man ging auch auf eine Krankenstation. Oder mit den Kopfschmerzen, ich konnte meine Ferien verlängern und länger zu Hause bleiben. Also Krankheit war da auch immer etwas, was einem was ermöglicht hat. Also Funktionalisieren war da sehr gut." (IP6w: 3)

Die Befragte beschreibt das Funktionalisieren der Krankheit, um einen Krankheitsgewinn zu erreichen. Sie beschreibt, dass es bei ihr ein Lernprozess gewesen ist, diese Strategie zu durchschauen und für sich selbst zu nutzen. Offen bleibt dabei die Frage, ob durch das Funktionalisieren der Krankheit die Krankheitssymptome verstärkt wahrgenommen wurden.

8.3.6 Wahrnehmung von Gesundheitsrisiken

Bei der Kategorie Wahrnehmung von Gesundheitsrisiken lassen sich zwei Betrachtungsweisen ausmachen. Zum einen werden Risiken genannt, die in einer Situation erkannt wurden und in der Regel zu einer Verhaltensänderung geführt haben. Zum anderen lassen sich Risiken ausmachen, die im Rückblick als Gesundheitsrisiko identifiziert werden, in der damaligen Situation aber nicht erkannt worden sind.

8.3.6.1 Erkannte Gesundheitsrisiken

Ein Gesundheitsrisiko, dass von mehreren Befragten angesprochen wurde, ist das Rauchen. In dem Textausschnitt wird deutlich, dass es bei dem Befragten ein längerer Prozess war, etwas dagegen zu unternehmen:

> „Ich muss also sagen unter dem Aspekt Gesundheit habe ich also wirklich überzogen geraucht. Als ich dann hier in den Job gekommen war, also meine Tätigkeit im politischen Bereich, da habe ich viel geraucht und da ist mir das so aufgefallen, eigentlich rauche ich zu viel und das sagte mir dann auch der Arzt, ich rauchte zu viel. Da fragte er mich: „Wie viel rauchen sie täglich?“ Ich sagte: „Eine Packung.“ Da sagte er: „Eineinhalb oder zwei, ne?“ Das habe ich immer im Kopf gehabt und dann bin ich mal dienstlich in Hannover gewesen, das werde ich nie vergessen, und hatte mir noch ´ne Schachtel Zigaretten gekauft, als ich in Bonn ausgestiegen bin, habe ich die letzte angesteckt, es hat mich nachdenklich gemacht und dann habe ich versucht das einzuschränken, das ging aber nicht. Also ich war da ziemlich drauf abgefahren und habe dann aber für mich gesagt, das kannst du nicht mehr so weiter machen, du musst das einschränken und habe verschiedene Dinge gemacht, also bin zum Alternativmediziner gegangen, der dann also, na wie heißt das, Homöopathischen Maßnahmen versucht hat, das hat super geklappt.“ (IP2m: 12)

Dem Befragten war relativ schnell bewusst, dass er mit seinem Verhalten seine eigene Gesundheit gefährdet und dass er sein Verhalten schnellstmöglich ändern muss. Das Aufhören bezeichnet er allerdings als einen schwierigen Prozess, weil die Sucht bei ihm sehr groß war. Er beschreibt zudem sehr anschaulich, dass ihm in seiner Phase als starker Raucher nicht bewusst war, wie viele Zigaretten er wirklich am Tag geraucht hat. Erst als er in einer konkreten Situation bemerkt hat, dass sein tatsächliches Rauchverhalten sich stark von der wahrgenommenen Anzahl der Zigaretten unterscheidet, hat er sich bewusst mit dem Aufhören befasst.

Ein anderer Befragter gibt an, dass er sich daran erinnern kann, dass seine Eltern immer darauf geachtet haben, dass die Ernährung ausgeglichen ist. Von daher erkennt er bis heute Risiken, die mit falscher Ernährung einhergehen:

> „Das mit der Ernährung ist auch noch bis heute hängen geblieben. Wenn ich heute mit meinen Freunden unterwegs bin Fahrradfahren und wenn wir dann irgendwo einkehren und was essen, dann sagen die: ´Man, war das

gut, es gab riesige Schnitzel, das Essen war richtig gut.´ Dann sage ich: ´Was war das? Der letzte Scheiß war das. Das Schnitzel war viel zu groß und viel zu fettig, das ist doch nicht gut.´ Man muss eben nach der Qualität gehen und nicht nach der Menge.“ (IP16m: 5)

Es ist zu erkennen, dass er versucht, sein Wissen über gesunde Ernährung weiterzugeben und dabei auch nicht den Konflikt mit seinen Freunden scheut. Eine andere Befragte versucht aufgrund ihrer Krebserkrankung bewusst Gesundheitsrisiken zu vermeiden:

„Was natürlich immer im Hinterkopf ist: Kommt was wieder oder bricht irgendwo etwas auf? Da wird man ganz ganz hellhörig.“ (IP1w: 54)

Sie beschreibt weiter, dass sie aufgrund ihrer Erfahrungen Krankheitssymptome und Gesundheitsrisiken anders bewertet als vor der Erkrankung:

„Man beobachtet sich auch natürlich etwas mehr. Wenn man Magenprobleme oder irgendetwas hat, dann denkt man...es wird doch nicht da etwas sein. Das ist so.“ (IP1w: 56)

Für sie bildet die Selbstbeobachtung ein zentrales Element bei der Umsetzung von gesundheitlicher Eigenverantwortung. Im weiteren Gesprächsverlauf beschreibt sie, dass es oftmals ein schwerer Prozess ist, sich nicht in Symptome rein zu steigern und eine objektive Sicht auf die Dinge zu entwickeln.

8.3.6.2 Rückblickend erkannte Gesundheitsrisiken

Gesundheitsrisiken, die erst im Rückblick erkannt wurden, werden in dem folgenden Textausschnitt beschrieben:

„Das Schiff wurde damals mit Teeröl gefahren, das ist eigentlich ziemlich gesundheitsschädigend, aber wir haben das wohl alle gut überstanden.“ (IP11m: 5)

Der Befragte hat seine Kindheit und Jugend auf einem Schiff verbracht und war dementsprechend den oben beschriebenen Gesundheitsrisiken ausgesetzt. Aus dieser Situation wird zudem deutlich, dass es nicht möglich ist, sich allen Gesundheitsrisiken zu entziehen und dass, die eigentliche Gefahr zum Teil erst später erkannt wird, weil zum Zeitpunkt der Konfrontation die gesundheitsschädigenden Aspekte noch nicht bekannt waren.

Eine ähnliche Form von Nicht-Erkennen der gesundheitlichen Risiken beschreibt ein weiterer Befragter:

„Dieser so genannte positive Stress, wo wir glauben, das ist gut, das ist überhaupt nicht gut. Das weiß so gut wie keiner: 99 % der Menschen glauben, positiver Stress tut einem auch gut. Das ist völlig falsch. Die Arterien

> werden nur frei, wenn sie sich in einer bestimmten Situation sehr wohl fühlen. Wenn sie jetzt als Geschäftsführer jeden Montag nach Berlin fliegen und freitags zurück, sie haben eine Verantwortung, ich war noch irgendwo im Vorstand...das war schone eine geballte Ladung, vielleicht zu groß, ist schwer zu beurteilen." (IP3m: 11)

Er gibt an, dass ihm das stressbelastete Leben zu seiner Berufszeit scheinbar nichts ausgemacht hat, im Nachhinein ist ihm durchaus bewusst, dass sein Verhalten damals als gesundheitsgefährdend einzuordnen ist. Er selber hat sich sehr mit seinen Verhaltensweisen der Vergangenheit beschäftigt, weil er einen schweren Herzinfarkt überlebt hat und weitere Gesundheitsrisiken in seinem Leben versucht auszuschließen.

Während bei mehreren Befragten ihre Beziehung als stabilisierender Faktor für Gesundheit und Wohlbefinden genannt wurden, beschreiben zwei Befragte das Gegenteil, weil ihre Beziehungen durch Gewalt und Demütigungen geprägt waren:

> „Nee, ich bin eigentlich froh, dass ich den ganzen Beziehungsballast, denn ich ja nun hatte, los bin. Das ohne Zweifel. Dadurch sind die strapaziösen Zeiten vorbei. Ich denke das hat auch körperlich Auswirkungen gebracht. Im Nachhinein kann man sich ja auch selber vorwerfen, dass man sich nicht aus so einer Situation befreit hat, weil man da ja selber verantwortlich ist für sich." (IP5w: 19)

Sie empfindet resümierend ihre Ehe als Ballast, der ihr auch körperlich zugesetzt hat. Die Befragte zieht eine direkte Verbindung zur Eigenverantwortung: Sie wirft sich vor, sich nicht schon früher aus der Ehe gelöst zu haben, weil sie es als eine Form von Eigenverantwortung sieht, für ihr eigenes Wohlbefinden zu sorgen. Aus diesem Zitat wird deutlich, dass für die Befragte gesundheitliche Eigenverantwortung sich nicht nur auf die objektive Gesundheit bezieht, sondern ebenso die subjektive Gesundheit beinhaltet. Die zweite Befragte mit Beziehungsproblemen sieht einen direkten Zusammenhang zwischen Krankheit und ihrer Ehe:

> „Ja doch, in der Ehe, in der Ehe, da war ich öfter krank, ja...war alles nicht so dramatisch aber, da war ich öfter krank und das war darauf zurückzuführen, dass eben bei uns so viel Spannungen waren, ja...aber war alles nix, nix ernsthaftes oder das heißt...am Unterleib bin ich operiert worden...das war wohl da aber...aber ansonsten, in der Ehe, wo es da so chaotisch zuging, war ich öfter krank, das stimmt, ja das stimmt...jaja, das stimmt. Aber nachdem ich dann nachher auf eigenen Füßen stand, war ich nie mehr krank, [lacht] kann ich erinnern." (IP5w: 40)

An dieser Stelle ist anzumerken, dass die Befragte diesen Zusammenhang erst im Gespräch entwickelt hat. Im Gesprächsverlauf resümierte sie über ihre Ehe und bemerkte, dass sich ihre Sorgen und Probleme in der damaligen Zeit häufig durch körperliche Beschwerden bemerkbar gemacht haben. Nach der Scheidung hat sie keine gesundheitlichen Probleme gehabt.

8.3.7 Motivation zum Gesundheitsverhalten

Generell lassen sich positive und negative Anreize ausmachen, die zum Gesundheitsverhalten der Befragten beitragen.

8.3.7.1 Positive Anreize zum Gesundheitsverhalten

So wird beispielsweise berichtet, dass neben den gesundheitlichen Aspekten auch der Spaßfaktor bei sportlichen Aktivitäten eine große Rolle spielt:

> „Ich mache das auch gerne. Man treibt sich natürlich auch selber an: ´Du warst heute noch nicht laufen, jetzt drehst du mal ´ne Runde!´ Aber ich gehe auch gerne schwimmen, das mach ich auch gerne. Ich bin auch gerne in so einer Gemeinschaft...also einer Sportgemeinschaft. [...] Kochen tu ich auch gerne, nur nicht putzen! [lacht]." (IP1w: 26)

Sie beschreibt, dass es ihr nicht schwerfällt, sich zur Bewegung zu motivieren, weil es ihr einerseits Spaß macht und sie andererseits weiß, dass ihr die Bewegung und der Kontakt zur Natur sehr gut tun. Die Befragte betont weiter die gemeinschaftliche Komponente, die ihr bei sportlichen Aktivitäten sehr wichtig ist. Häufig besteht die Liebe zu sportlichen Aktivitäten schon über die gesamte Lebensspanne:

> „Ja, ich habe immer gerne Sport gemacht und mich viel bewegt. Schon in der Schule. Ich habe immer gerne gelaufen, sprinten konnte ich nicht so gut, aber lange Stecken...da waren die anderen schon lange fertig und konnten nicht mehr, dann lief ich immer noch meine Runden." (IP16m: 15)

Der Befragte verdeutlicht, dass er schon immer ein sehr sportlicher Mensch gewesen ist und regelmäßige sportliche Aktivitäten auch heute noch für ihn eine Entspannungsmethode sind. Der folgende Textausschnitt verdeutlicht, dass Bewegung nicht unmittelbar mit sportlichen Aktivitäten verbunden ist:

> „Also ich liebe es mit dem Hund zu gehen, ich geh dann ja auch stramm durch. Wir haben hier ja direkt den Wald, da kann ich laufen und die Natur tut mir gut dabei. Es ist für mich so eine Art Meditation, wenn ich mit meinem Hund gehe. Ich bin also einfach glücklich, ich sehe meinen Hund an und bin glücklich, ich bin in der Natur, die Vögel zwitschern, ich guck in die Bäume, ich bin einfach glücklich." (IP4w: 13)

Die Befragte gibt an, dass sie eigentlich keinen Sport mag, aber die Bewegung in der Natur liebt. Prinzipiell ist es die Verbundenheit zur Natur, die sie zur Bewegung animiert. Durch den Kontakt und die intensive Wahrnehmung von Natur kann sie zu sich selbst finden und Energie für den Alltag sammeln. Im weiteren Verlauf des Gesprächs verdeutlicht sie dies am Beispiel der Gartenarbeit.

Das Element der Entspannung in dem Kontakt zur Natur verdeutlicht ein weiterer Befragter, der ebenfalls angibt, nicht besonders sportlich zu sein:

> „Und, ja. Sport. Ja ich habe…was ich allerdings seit Kindheit mache und gerne mache, ist wandern und spazieren gehen und mich bewegen. Und zu Fuß gehen. Und das gehört also zu meinem Leben absolut dazu. Und das hat auch nie aufgehört. Im Urlaub zu wandern oder sowas, das ist mir immer eine große Freude. Oder auch wenn ich ordentlich in der Arbeit angespannt war, dann noch mal abends eine Runde durch den Wald zu drehen oder sowas. Das war für mich immer ganz wichtig." (IP8m: 5)

Aus diesem Zitat wird deutlich, dass die regelmäßige Bewegung für den Befragten ein Bestanteil einer zufriedenstellenden Lebensqualität ist. Die Motive sind für ihn einerseits die Freude an der Bewegung und der Natur, andererseits aber auch der Aspekt des Stressabbaus. Letzterer Aspekt wird rückblickend von einem Befragten genannt, als er berichtet, welche gesundheitlichen Aspekte für ihn im Leben wichtig gewesen sind:

> „Wir haben jedes Jahr zweimal Urlaub gemacht. Einmal in der Schweiz und einmal in Dänemark, regelmäßig, das hat uns sehr gut getan. Wir haben viel Sport getrieben, zwar kein Leistungssport, aber immer gute Bewegung. So sitze ich jetzt hier [lacht]." (IP11m: 11)

Der Befragte hat lange in einer Führungsposition gearbeitet und gibt an, durch den regelmäßigen Urlaub immer wieder genug Energie für das stressige Arbeitsleben gewinnen zu können. Um dem Ausgleichsaspekt Kontinuität zu verleihen, hat er mit seiner Frau zusammen regelmäßigen Ausgleichssport betrieben. In dem folgenden Textausschnitt kommt ein weiterer positiver Aspekt zum Ausdruck:

> „Ernährung ohne Fleisch, also vegetarisch. Wir haben hier in der Stadt ja auch Bioläden. Die Leute, die bei mir damals im Kurs waren, sind heute als Bedienung in den Bioläden. Ich werde auch heute immer noch angesprochen und mein Mann sagt dann immer: ´Woher kennst Du die Leute?´ Wenn man so "viele Kurse gemacht hat...das hatte sich nachher richtig rund gesprochen. Ich hab das gerne gemacht." (IP10w: 7)

Die Befragte befasst sich intensiv seit vielen Jahren mit dem Thema der gesunden Ernährung. Der Auslöser lag ursprünglich darin, dass bei ihr ein rheumatisches

Leiden diagnostiziert wurde, sämtliche Therapieversuche aber keine Wirkung gezeigt haben. Erst eine komplette Ernährungsumstellung auf vegetarische Kost hat bei ihr zum Erfolg und zur Schmerzfreiheit geführt. Seitdem hat sie sich intensiv mit dem Thema beschäftigt und ihr Fachwissen in Kursen weitergegeben. Die positive Anerkennung, die sie von vielen Menschen in der Region bekommen hat, hat sie motiviert, die Arbeit weiter zu machen und auszubauen.

8.3.7.2 Negative Anreize zum Gesundheitsverhalten

Sehr häufig sind es allerdings negative Aspekte, die das gesundheitsrelevante Verhalten auslösen:

> „Nur kommt beim Mittagessen noch eins dazu, durch meine Darmoperation, bin ich noch mal darauf aufmerksam gemacht worden, da ist ja nun einiges weggefallen und dann musste ich das auch ein zweites Mal machen lassen, nachdem ein Polyp gefunden wurde, den man nicht endoskopisch entfernen konnte, weil der am anderen Ende lag und nicht in der Nähe des Ausgangs, sondern auf der anderen Seite, in der Nähe des Blinddarms. Das mussten sie leider operieren und aufschneiden und da ist noch ein Stück Darm weggefallen, es hat lange gedauert, bis ich dann meine Verdauung im Griff hatte. Das hat mich einfach gezwungen, mich anders zu verhalten und darauf einzustellen, also regelmäßiger zu essen, um wieder die Verdauung unter Kontrolle zu kriegen. Ich konnte zum Beispiel lange Zeit nicht irgendwo auswärts essen, ich musste meistens sofort auf die Toilette und das habe ich jetzt alles in den Griff bekommen." (IP2m: 18)

Der Befragte musste aufgrund einer Darmoperation seine Ernährung umstellen. Der auslösende Faktor ist in diesem Fall in den negativen Auswirkungen zu sehen, die sich ergaben, als er seine Ernährung nicht umgestellt hat. Er hat festgestellt, dass seine Lebensqualität maßgeblich beeinflusst wurde, so dass er sich gezwungen sah, zu handeln. Da sich nach der Ernährungsumstellung die Situation schnell verbessert hat, hat er das gesundheitsrelevante Verhalten beibehalten und somit seine Lebensqualität verbunden mit gesellschaftlicher Teilhabe deutlich verbessert. Resümierend stellt er fest, dass die Motivation nicht immer von ihm ausging, sondern dass es Situationen gab, in denen er einen Anstoß von außen benötigte:

> „Aber damals ist das so gewesen, dass mich das veranlasst hat, bewusster zu leben, auf sich aufzupassen. Nach dem der [ein Arzt aus dem Bekanntenkreis] mir gesagt hat, ich soll gnädiger zu meinem Körper sein, war das für mich wichtig, sich in manchen Dingen anders zu verhalten." (IP2m: 30)

In manchen Fällen können akute Beschwerden oder Symptome der Auslöser sein, seine Verhaltensweisen zu ändern und gesundheitsbewusster zu leben:

> „Der Anlass war, wenn ich morgens aufstand, hatte ich Schmerzen im Bein, regelmäßig nach dem Unfall. Durch die Übungen konnte ich die Schmerzen weitestgehend neutralisieren. Es ist also die Erfahrung, die ich gemacht habe und die ich jetzt weitergebe. Ich fordere jetzt auch die Teilnehmer meiner Kurse auf, vor dem Aufstehen etwas zu machen." (IP9m: 5)

Er betont, dass es für ihn wichtig ist, seine positiven Erfahrungen an andere Menschen weiterzugeben, damit sie ebenfalls von den Methoden profitieren können. Das Bewusstsein, zu wissen, dass die Übungen gut für die Gesundheit sind und Schmerzen lindern können, führt allerdings nicht automatisch dazu, dass das Verhalten regelmäßig ausgeführt wird, wie aus dem folgenden Textausschnitt zu erkennen ist:

> „Aber wie gesagt, was ich tun müsste...ja, da ich ja mein Leben lang kein sportlicher Mensch war, ist es schwierig für mich regelmäßig meine Muskulatur aufzubauen. Das IST FÜR MICH...ich vergess es immer. Ich hab mir jetzt schon gesagt, ich muss hier so Schilder anbringen, wo ich vorbei komme in meinem Tagesablauf. Ich denke immer "Das machste nachher" und es ist nicht zu glauben: Ein Tag geht rum, der nächste Tag geht rum, eine Woche geht rum...ich weiß ja, was ich machen muss. Ich hatte eine Physiotherapie vor nicht allzu langer Zeit, da wird man natürlich eingewiesen, was man tun kann. Mir fällt das furchtbar schwer, die Übungen auf dem Boden zu machen, weil ich dann nicht gut hochkomme. Weil dann alles durch diese Übungen auch noch angesprochen wird in dem entsprechenden Bereich und im Bett soll es nicht so effektiv sein, weil man nicht den Widerstand hat. Schon alleine der Gedankte, nicht mehr alleine hoch zu kommen, macht mich ganz kirre. Ich muss das leider zu geben, ich krieg das irgendwie nicht geregelt. Und es tät mir gut, es würde diese Lendenwirbelgeschichte etwas entspannen. Es würde nicht weggehen, aber so Attacken wären vielleicht nicht ganz so stark." (IP4w: 11)

Trotz dem Wissen und der Erfahrung, dass sich die Symptome bessern, wenn die Übungen regelmäßig ausgeführt werden, sind bei der Befragten die Hürden so groß, dass sie sich sehr oft nicht aufraffen kann, zu trainieren. Es ist allerdings zu erkennen, dass die Befragte ein schlechtes Gewissen hat, dass sie sich nicht an die Anweisungen des medizinischen Fachpersonals hält.

Im nächsten Fall ist sich der Befragte den negativen Konsequenzen bewusst, wenn er sich nicht an die Vorgaben seiner Ärzte hält. Nur durch die regelmäßige Einnahme von Medikamenten kann er seine Lebensqualität aufrechterhalten:

> „Die Gefahr ist enorm groß. Ich weiß das, weil ich mich damit beschäftige. Bei dem Thema Tabletten sind es wirklich nur 12 %, die die Tabletten, die

> verschrieben wurden noch kontinuierlich weiter nehmen. 12 %! Ich kenne einen Apotheker, der ist im Marketing-Bereich aktiv. Der weiß, dass gerade bei Männern nur 10 % die Tabletten weiter einnehmen, die anderen schmeißen sie weg. Das hab ich schon in der Reha erlebt, dass einige ihre Tabletten nicht genommen haben und einer ist auch gestorben. Der war in meinem Alter, der hat sich so wohl gefühlt, weil die Medizin setzt sie ja relativ schnell wieder in Gang, dann denken die Menschen, die Welt ist wieder in Ordnung. Der hat mit den Medikamenten aufgehört und eine Woche später war er tot.“ (IP3m: 5)

Hier ist es nicht nur das theoretische Wissen, dass eine Nicht-Einnahme Konsequenzen für seine Gesundheit haben kann. Durch den Zwischenfall mit dem Mit-Patient während der Kur hat er die Auswirkungen eines Fehlverhaltens aktiv mitbekommen. Einen weiteren Motivationsaspekt benennt eine Befragte, die sich vor mehreren Jahren von ihrem Mann getrennt hat:

> „Das fing eigentlich damit an, als ich mich von meinem Mann getrennt hatte, da hab ich gedacht, du musst dich ablenken, du musst dich ablenken, du wirst verrückt, nur immer nachdenken darüber: Wie wird mein Leben aussehen? Ich hab kein Geld, ich hab keine Wohnung, ich hab...ich hab nichts mehr, wie soll das werden? Und da hab ich gedacht, ich muss mich ablenken…ich muss mich ablenken.“ (IP5w: 24)

Die neue Lebenssituation stellte die Befragte in der damaligen Zeit vor große Herausforderungen, so dass sie von einer allgemeinen Zukunftsangst geplagt war. Um sich in dieser Situation abzulenken, hat sie wieder begonnen, sich sportlich zu betätigen. Während ihrer Ehe wurden ihr dies Aktivitäten von ihrem Ehemann verboten. Aus einer allgemeinen Unzufriedenheit hat eine weitere Befragte gehandelt:

> „Ich war nicht ganz glücklich, ich hätte auch gerne studiert. Wir hatten aber nun mal zwei Kinder und mein Mann war beruflich viel unterwegs. Es wäre für mich nicht in Frage gekommen, die Kinder alleine zu lassen oder außer Haus zu geben. Dann kam noch dazu, dass der Schwiegervater gestorben war und meine Schwiegermutter nicht mehr alleine leben konnte. Dann haben wir die zu uns nach B. geholt. […] Wir haben dann im gleichen Haus eine kleine Wohnung gekauft, wir wollten sie nichts in ein Heim tun, wir hätten es sowieso bezahlen müssen. Dann haben wir die Oma sechs Jahre gepflegt.“ (IP10w: 5)

Da sie aufgrund ihrer Lebenssituation nicht studieren konnte, hat sie nach einer Möglichkeit gesucht, sich im späteren Leben selbst zu verwirklichen. Sie hat eine neue Aufgabe gefunden, indem sie sich intensiv mit dem Thema gesunde Ernährung beschäftigt hat und im Anschluss eine Aufgabe darin gesehen hat, ihr Fachwissen an andere Personen weiter zu geben.

8.3.8 Bewältigungsstrategien

In dieser Kategorie kann zwischen Strategien unterschieden werden, die sich einerseits direkt auf die Bewältigung von bestimmten Krankheitsbildern beziehen, andererseits auf Strategien, die sich auf die Bewältigung von Funktionseinschränkungen beziehen, die mit steigendem Lebensalter eintreten.

8.3.8.1 Krankheitsbezogene Bewältigungsstrategien

In dem folgenden Textausschnitt beschreibt die Befragte ihren Bewältigungsprozess von depressiven Episoden:

> „Ich hab das nicht erfasst, dann hab ich mir oft so eine Kurve gemacht, damit ich gesehen habe, was ich heute schon geschafft hab. Und wenn es nur aufstehen und Betten machen war...für Essen sorgen. Damit ich sehen konnte: Ein kleines bisschen hast Du ja doch geschafft. Das hatte man mir damals so empfohlen...so richtig mit Kurven, dann sah man, dass es aufwärts ging, manchmal ging die Kurve auch wieder runter, dass es nicht so klappte. Aber wenn man die Tage dann so verglich...dann ging das wieder.“ (IP1w: 8)

Es ist zu erkennen, dass es für die Befragte wichtig ist, sich die positiven Fortschritte erkennbar vorzuführen, da sie aufgrund der depressiven Erkrankung nicht in der Lage war, ein positives Gefühl von Selbstwirksamkeit zu entwickeln. Durch das Visualisieren ihrer Leistung in Form einer Kurve, die im Ganzen betrachtet eine Steigung aufwies, konnte sie lernen und akzeptieren, dass sie selbst in der Lage war, einen großen Teil zur Genesung beizutragen. Dazu gehört auch der richtige Umgang mit Rückschritten:

> „Das lernt man. Wenn man öfters schlecht zu recht war, dann lernt man das. Und dann lernt man es auch zu schätzen, wenn man es wieder kann. Ich hab häufig den Fehler gemacht, wenn ich wieder konnte...och...dann hab ich gewühlt, dann kriegt man am nächsten Tag wieder einen Schlag, das es zu viel war. Diese Waage muss man finden, dass man nicht zu viel und nicht zu wenig macht.“ (IP1w: 46)

Es ist zu erkennen, dass die Befragte einen Lernprozess durchschritten hat. Für sie ist es wichtig, sich auch an das positive Erleben langsam zu gewöhnen und nicht zu schnell in aktive Verhaltensmuster überzugehen, da es dann zu einer Überforderung kommt. Diese Form der Selbsteinschätzung kann als ein wichtiger Aspekt im Rahmen der Übernahme von Eigenverantwortung für die Gesundheit gesehen werden und weist einen direkten Bezug zur realistischen Zielanpassung auf.

Für einen anderen Befragten gehört zu einer erfolgreichen Bewältigung einer Erkrankung das Ausschöpfen aller möglichen Formen von medizinischer Behandlung. Er leidet an einer Trigeminus-Reizung, die in Schüben sehr große Schmerzen verursacht:

> „Ich habe es zuerst mit Homöopathie versucht, die Ärztin hat es fast ein Jahr versucht, es klappte nicht. Ich bin Nächte lang hier durch den Garten gelaufen und immer wieder kamen dies Schmerzen. Mein Sohn ist Arzt und hat mir ein Krankenhaus im Ruhrgebiet empfohlen. Ich war aber zuerst hier in einer Schmerzambulanz, dort bin ich auch sofort genommen worden. Mir wurde dann durch den Mund gestochen und das ganze Gebiet wurde betäubt, dann ging das eigentlich gut. Ich habe dort oft in der Praxis gesessen und geheult wie ein Schlosshund. Der hat mich rausgeschmissen und gesagt, dass er für mich nichts mehr tun kann. Ich habe dann gezweifelt, ob er wirklich das letzte Wissen hat. Ich bin dann zu der Klinik ins Ruhrgebiet gefahren, im Grunde haben die nichts Anderes gemacht, aber trotzdem sind wir über Monate...vielleicht waren es auch Jahre, ich weiß es nicht, dorthin gefahren. Eigentlich ist das durch Medikamente zurückgegangen, wenn ich die Tabletten nicht nehme, käm das wieder. Wir haben dann weitere Versuche gemacht, ob man nicht irgendwas operieren kann. Wir haben einen Arzt aufgesucht, der auf Nerven-OP spezialisiert ist. Der hat gesagt, dass er den Nerv blockieren kann, wenn ich ihm zeigen würde, wo genau es ist. Aber ich wusste ja nicht wo. Dann sind wir zu einer anderen Klinik, die haben dann andere Untersuchungen gemacht und konnten mir sagen, wo die Stelle sitzt. Die haben mir aber dringend von einer OP abgeraten, weil die Infektionsgefahr sehr hoch sei. Die haben mir dazu geraten, lieber Medikamente zu nehmen, wenn ich damit zurechtkomme. Mit chinesischer Medizin haben wir es auch versucht, bei einem richtigen Chinesen. Der hat dann die Nadeln auch richtig tief gesetzt...das hat auch nichts genutzt. Was genutzt hat, waren die scharfen Medikamente, die aber auch erfordern, dass regelmäßig die Nieren- und Leberwerte überprüft werden müssen." (IP11m: 11)

Der Bewältigungsprozess zog sich über mehrere Jahre hin. Die teils widersprüchlichen Aussagen der unterschiedlichen Mediziner haben den Befragten zum Teil stark verunsichert und nicht dazu beigetragen, dass der Befragte Vertrauen in das Gesundheitssystem aufbauen konnte. Diese teilweise skeptische Haltung gegenüber der Schulmedizin zeigt sich auch in anderen Teilen des Interviews. Letztendlich haben ihm aber Medikamenten zur Schmerzlinderung geholfen, er weiß allerdings, dass er auf diese Medikamente angewiesen ist und sie erhebliche Nebenwirkungen haben. Er hat für sich selbst entschieden, dass er lieber das Risiko der Nebenwirkungen in Kauf nimmt, als dass er weiter an den starken Schmerzen leidet. Das Austesten unterschiedlicher Behandlungsmethoden und das Entscheiden für die individuell beste Methode betrachtet er als ein Aspekt der gesundheitlichen Eigenverantwortung.

Dass zur Bewältigung von bestimmten Krankheiten eine Anpassung im Lebensalter gehört, zeigt das folgende Beispiel:

> „Im Alter hat sich dann auch noch eine Lebensmittelunverträglichkeit eingestellt, da muss man halt mit leben, da muss man sich darauf einstellen und seinen Speisezettel entsprechend einstellen, dann kann man mit so etwas gut leben.“ (IP13m: 3)

Bei dem Befragten ist im Laufe seines Lebens eine Lebensmittelunverträglichkeit aufgetreten, die diagnostiziert worden ist. Er sieht kein großes Problem in dem Umgang mit der Krankheit. Um sich auf die Situation einzustellen, ist im ersten Schritt eine Information über die Zusammensetzung der Lebensmittel notwendig, um in der Folge seinen Nahrungsplan anzupassen und die betroffenen Produkte zu vermeiden.

8.3.8.2 Altersbezogene Bewältigungsstrategien

Wie bereits mehrfach erwähnt, ist Alter nicht gleichbedeutend mit Krankheiten. Dennoch steigt die Gefahr von altersbedingten Funktionseinschränkungen. Wie die Befragten damit umgehen, zeigen folgende Textausschnitte:

> „Ich habe normalerweise früher immer frei geredet. Das könnte ich eigentlich heute auch noch. Wenn ich so mit ihnen spreche, habe ich damit keine Probleme. Wenn ich aber zum Beispiel eine Einführung mache, dann schreibe ich mir das auf. Dann lese ich lieber den Text vor, das ist aber eine Grundsache dem Publikum gegenüber.“ (IP2m: 36)

Der Betroffenen deutet an, dass er eine Abnahme bestimmter kognitiver Fähigkeiten verspürt. Dass von ihm früher praktizierte freie Reden, fällt ihm mit steigendem Lebensalter immer schwerer. Er verschafft sich aber Abhilfe, indem er nicht auf das Reden verzichtet, sondern auf Hilfsmittel zurückgreift. Diesen Prozess sieht er als natürlich an und warnt gleichzeitig davor, ein unrealistisches Altersbild zu zeichnen:

> „Aber die Gelassenheit des Alters muss man einfach auch ernst nehmen und sich darauf einstellen, dass ganz bestimmte Dinge einfach nicht mehr so laufen, wie zu Jugendzeiten. Das scheint mir ein großes Problem zu sein. Den Leuten die ewige Jugend zu versprechen, halte ich für HÖCHST gefährlich. Ich finde der Lebenskreis muss bewusst bleiben, wenn man im Alter ist.“ (IP2m: 44)

Für ihn gehört die Akzeptanz der Funktionseinschränkungen zum Leben dazu und kann als ein wichtiger Aspekt der Eigenverantwortung im Alter gesehen werden. Den Umgang mit Einschränkungen, die sich im Alter bemerkbar machen, beschreibt ein weiterer Befragter wie folgt:

> „Ganz einfach...ich mach langsamer. Ich lass mir mehr Zeit dabei, ich hab ja auch mehr Zeit. Was ich früher an einem Tag gemacht habe, mache ich dann halt an zwei oder drei Tagen. Das ist eben so. Ich versuche vor allem keinen Druck aufkommen zu lassen. Was ich schaffe, schaffe ich. Und was ich nicht schaffe, mache ich am nächsten Tag. Wenn ich heute um 8 Uhr wach werde, dann ist das gut und wenn ich morgen früh denke, dass ich noch müde bin, dann schlafe ich bis 9 oder halbzehn, dann ist es auch gut. Das lasse ich mir nicht nehmen, vor allem nach dem Berufsleben nicht. Früher musste man konzentriert und diszipliniert arbeiten und jetzt mache ich genau das Gegenteil. Man merkt, dass man vieles nicht mehr so kann wie sonst, aber vieles kann man sich auch erlauben, was man früher nicht konnte. Ich finde, dass ist so ein gewisser Ausgleich." (IP13m: 29)

Ein wesentlicher Aspekt ist auch hier die Akzeptanz, dass die Leistungskapazität mit dem steigenden Alter einfach abnimmt. Als Kompensationsmethode wird auf das langsamere Ausführen der Tätigkeiten zurückgegriffen, mit dem positiven Aspekt im Hintergrund, dass er im Alter über deutlich mehr Zeit verfügt, als in jüngeren Jahren. Dieser Aspekt ist für ihn sehr wichtig, um keinen unnötigen Druck aufkommen zu lassen. Für ist das Alter selbstverständlich mit bestimmten Verlusten verbunden, es existieren allerdings auch zahlreiche Gewinne, denen man sich allerdings bewusstwerden muss. In einem anderen Zitat wird beschrieben, dass das Arbeitspensum im steigenden Lebensalter auf die eigene Leistungskraft angepasst werden muss:

> „Natürlich geht nicht mehr alles so wie früher, gerade bei der Gartenarbeit merke ich das. Hinten der große Garten, das Rasenmähen tue ich mir nicht mehr an, das lass ich mittlerweile von jemand machen, das ist mir zu anstrengend. Im Vorgarten das kleine Stück, das mache ich noch selber, solange es geht." (IP14w: 29)

Durch die Akzeptanz der verminderten Leistungsfähigkeit, wird das Arbeitspensum angepasst und Hilfe geholt, für die Arbeiten, die nicht mehr selbstständig durchgeführt werden können. Ähnlich beschreibt der folgende Textausschnitt den Umgang mit Funktionseinschränkungen im Alter:

> „Ich nehme sie hin. Was habe ich für Einschränkungen? Ich kann nicht mehr so schnell laufen, ich kann mich nicht so schnell bücken, ich kann nicht mehr auf die Knie, dann tun mir die Knie weh und ich komm nicht mehr hoch, das sind die Einschränkungen, die nehme ich halt so hin, weil

es so ist. Ich knie mich halt nicht mehr in den Garten und zupfe Unkraut, das geht nicht mehr. (IP18w: 33)

Auch in dieser Aussage ist zu erkennen, dass die Befragte die Verluste im Alter akzeptiert. Arbeiten, die ihr Schwierigkeiten bereiten, führt sie nicht mehr aus. Dass man sich auf mögliche Gefahren im Alter vorbereiten und somit präventive Bewältigungsstrategien entwickeln kann, zeigt das folgende Beispiel:

> „Ich gehe auch zur Gymnastik zum Felgenkrais, das ist Gymnastik für alte Leute. Da sind ungefähr 20 Frauen und drei Männer. Dort wird uns beigebracht, wie wir uns im Alter richtig bewegen können, wenn wir hinfallen: Zum Telefon kriechen oder wieder aufstehen [macht die Übung vor]. Das lernen wir dort, das finde ich so toll. Hier wird nicht groß Gymnastikübungen vermittelt. Es gibt ja auch Apparate, die einem helfen sollen. Hierbei geht es aber darum, dass man sich selbst helfen kann vom Körper her. Fürs Alter ist das die beste Methode: Zum einen bleibt man beweglich, zum anderen weiß man sich zu helfen.“ (IP11m: 11)

Der Befragte nimmt an der Gymnastikgruppe teil und wird dadurch zum einen zur Bewegung animiert und zum anderen auf mögliche Notfallsituationen vorbereitet, die im Alter auftreten können. Der Befragte sieht in diesem Vorgehen eine sinnvolle Methode, einen eigenen Beitrag zu leisten, sich mit den altersbedingten Funktionseinschränkungen und möglichen Kompensationsmöglichkeiten auseinanderzusetzen.

Die genannten Beispiele verdeutlichen sehr gut den in der Theorie beschriebenen Prozess der Selektion, Optimierung und Kompensation. Um adäquat auf Verluste im Alter zu reagieren wird sich auf bestimmte Arbeiten konzentriert, andere Arbeiten werden entweder an andere Menschen delegiert oder es werden mögliche Hilfsmittel hinzugezogen, die die eigenen Verluste kompensieren können. Eine andere Form der Bewältigung beschreibt die folgende Befragte:

> „Das hab ich jetzt bei der neuen Gruppe auch eingeführt und die wissen das auch und die halten sich auch daran, die halten sich auch daran. Nein, ich vertrage es auch nicht, ich vertrage es nicht, wenn jemand seine Krankengeschichte erzählt. Dann wird mir übel, dann macht mein Kreislauf schlapp. Ich vertrage es nicht. Sie können mir ihre Probleme erzählen, mit Kindern oder was auch immer, ich würde nie sagen ′das brauchst du mir nicht zu sagen′, sondern ich versuche da auch Lösungen zu finden, das ist auch in Ordnung, weil ich ja weiß, wie sowas ist, aber... über Krankheiten muss man doch ..nein muss man nicht reden. Dazu sind andere da, da sind Ärzte da und wer weiß wer, aber ich nicht! Aber ich nicht!“ (IP5w: 52)

Sie selbst ist hochaltrig und hat bislang noch an keiner schwerwiegenden Krankheit gelitten. Sie engagiert sich sehr in ihrem sozialen Umfeld und animiert somit viele Gleichaltrige zu mehr Bewegung. In dieser Funktion fühlt sie sich mitverantwortlich für die Beteiligten und hilft in unterschiedlichen Problemlagen. Sie selber möchte aber nicht, dass über Krankheiten gesprochen wird, weil sie sich dann unwohl fühlt. Die anderen Personen akzeptieren dies und halten sich an diese Vorgabe.

8.3.9 Alter

Vor dem Hintergrund der Fragestellung bildet das Alter eine zentrale Kategorie. Es lassen sich sechs Aspekte identifizieren, die mit gesundheitlicher Eigenverantwortung in Verbindung gebracht werden können.

8.3.9.1 Selbstbild im Alter

Wie bereits im theoretischen Teil der Arbeit beschrieben, zeigt sich in den Interviews, dass ein Teil der Befragten sich subjektiv jünger fühlt, als das jeweilige chronologische Alter ist:

> „Aber ich muss ehrlich sagen, dass ich mich gar nicht alt in dem Maße fühle. Ich gehe gerne noch unter meistens jüngere Leute, da fühle ich mich wohler als bei den Älteren. Aber nicht so ganz sprunghaft runter, die haben wieder ganz andere Interesse. Meinesgleichen und etwas jünger. Das ist auch der Kreis, in dem ich mich bewege." (IP17: 25)

Die Befragte fühlt sich nicht nur jünger als sie ist, sondern bewegt sich auch in einem jüngeren sozialen Umfeld. Sie gibt an, dass sich mit etwas jüngeren Leuten wohler fühlt. Sie gibt aber auch an, dass der Altersunterschied nicht zu groß sein darf. Im weiteren Gespräch begründet sie ihr Verhalten damit, dass ihre Interessen sich eher mit den jüngeren Personen decken und die Gespräche der älteren Menschen zumeist Krankheiten und Defizite des Alters thematisieren. Ein weiterer Befragter fühlt sich deutlich jünger, als er ist und seine Wahrnehmung wird von außen bestätigt:

> „Dass ich 65 bin glaube ich selber manchmal nicht. Wenn ich manchmal Leute im Seminar hab, frage ich mich manchmal, wer ist hier eigentlich wie alt. Da kommt ja manchmal gar nichts. Wenn ich irgendwo geschätzt werde, dann bin ich meistens so 55 oder 58. Da kann ich mit Leben." (IP3m: 17)

Dass diese Außensicht allerdings nicht immer so ist, beschreibt er an einer Situation, die ihm vor kurzem widerfahren ist:

„Obwohl…jetzt in Berlin waren wir in der S-Bahn, wir waren sechs Mann. Fünf von uns hatten Platz und ich stand. Da ist so ein junger Türke aufgestanden. Da hab ich gedacht, jetzt geht es los. Ein paar Minuten später stand ein junger Spanier auf für meinen anderen Freund. Da haben wir gesagt, das müssen wir in unserem Tagebuch notieren, dass der erste aufgestanden ist [lacht].“ (IP3m: 17)

Obwohl er die Situation mit Humor genommen hat, kommt in dem Gespräch zum Ausdruck, dass er sich damit beschäftigt, inwieweit sein subjektiv wahrgenommenes Alter von seinem wirklichen Alter abweicht. In einigen Fällen ist es ein bestimmtes chronologisches Alter, das Einfluss auf das Altersselbstbild hat:

„Ich hatte selber kein Problem mit dem Alter. Aber als die 80 davor stand - ich bin ja im Februar 80 geworden- da bin ich schon morgen schlecht gelaunt aufgestanden. Ich habe unten im Keller mein Bügelbrett stehen, dann bügel ich Oberhemden und denke: ʹMensch, bist du doof! Mit 80 bügelst Du noch acht Oberhemden.ˊ [lacht] Oder manchmal erwische ich mich, da denke ich: 80!? Aber jetzt habe ich ein paar Wochen hinter mir, jetzt kann ich da ganz gut mit weiterleben, es macht mir nichts mehr aus. Es war aber erst eine Hürde für mich.“ (IP10w: 45)

Die Befragte hat bis zum 80. Lebensjahr ihr eigenes hohes Lebensalter nicht bewusst wahrgenommen. Mit dem Überschreiten dieser Grenze hat sie sich plötzlich alt gefühlt, obwohl sie keine physiologischen Veränderungen wahrgenommen hat. Eine andere Befragte setzt die Grenze zehn Jahre früher an und beschreibt, dass mit dem Überschreiten der chronologischen Grenze die Zunahme von körperlichen Beschwerden einhergegangen ist:

„Ich hab die bis 70 Jahre überhaupt nicht wahrgenommen. Aber seit ungefähr 70 fing das an, dass einem schon mal der Rücken weh tat oder die Schulter. Dann kam das auch mit dem Zucker. Seitdem denke ich schon eher daran, was man alles kriegen kann. Bis 70 habe ich da gar nicht dran gedacht.“ (IP18w: 29)

Die Befragte sieht einen Zusammenhang zwischen dem chronologischen Alter und dem Einsetzen von altersbedingten Funktionseinschränkungen. Das Wahrnehmen von diesen Beschwerden hat bei ihr dazu geführt, dass sich das positive Altersbild relativiert hat. Vor allem für die Zukunft sieht sie ein eher negativ gefärbtes Altersselbstbild, wenn sie daran denkt, dass sich die Beschwerden verschlimmern werden. Diese beiden Beispiele zeigen den Zusammenhang von Altersfremdbild und Altersselbstbild. Es ist davon auszugehen, dass beide Personen unbewusst ein negatives Altersfremdbild verinnerlicht haben, das einem bestimmten chronologischen Alter zugeordnet werden kann. Mit Überschreiten dieser Altersgrenze haben sie dieses Fremdbild auf ihr Selbstbild attribuiert.

Wie das Altersfremdbild sich auf die eigene Wahrnehmung der Lebensphase auswirkt, zeigt das folgende Beispiel:

> „Eigentlich gar nicht SO negativ. Früher hat man immer anders gedacht. Da waren die Alten immer ganz schwarz angezogen und gingen langsam daher, man hat sich eher lustig gemacht. Heute ist das jetzt ganz anders, da hat sich viel geändert. Heute kann ich sehen, dass es gar nicht so schlimm ist. Ich bin jetzt 84 Jahre, früher sind viele gar nicht so alt geworden." (IPm15: 17)

Aus der Aussage wird deutlich, dass der Befragte ein Bild vom Alter entwickelt hat, dass durch seine eigenen Beobachtungen in deutlich jüngeren Lebensjahren entstanden ist. Dieses defizitorientierte Bild vom Alter hat sich aber mit dem Eintritt und dem damit verbundenen Erleben der Lebensphase Alter gewandelt. Da er trotz bereits auftretenden altersbedingten Funktionseinschränkungen sehr zufrieden mit seiner Lebenssituation ist, bewertet er die Lebensphase überwiegend positiv. Im Vergleich zu früheren Generationen, sieht er es als persönlichen Gewinn, dass er durch den Anstieg der allgemeinen Lebenserwartung ein so hohes Lebensalter erleben darf. Eine ähnliche Sichtweise wird in der nachstehenden Aussage verfolgt:

> „Man denkt beim Alter immer nur ans Negative, aber bis jetzt muss ich ja sagen, bin ich von schweren Krankheiten verschont geblieben, so dass man alles noch mitmachen kann." (IPw17: 27)

Auch hier hat ein defizitorientiertes Altersbild die negative Einstellung auf das eigene Alter geprägt. Mit dem eigenen Erleben des Alters hat sich diese Sichtweise verändert. Generell wird die Altersphase allerdings in den Interviews überwiegend positiv bewertet, wie folgende Textbeispiele zeigen:

> „Ich nehme die Phase sehr gelassen war. Ich muss ja das nicht mehr leisten, was ich früher leisten musste. Ich kann mir erlauben zu sagen, dass ich heute gar nichts tue und mich in die Ecke setze und lese. Das empfinde ich als sehr positiv. Ich kann auch sagen, ich fahre in die Stadt und laufe mit einer Freundin den ganzen Tag rum...also wie gesagt, ich empfinde mein Alter sehr positiv." (IP12w: 35)

Obwohl die Befragte an einer chronischen Krankheit leidet, die sie stark im Alltag beeinträchtigt, beschreibt sie positive Aspekte des Alters in Form von Gelassenheit. Vor allem die gewonnene Zeit und die damit verbundenen Freizeitaktivitäten empfindet eine weitere Befragte sehr positiv:

> „Wunderbar, wunderbar, wunderbar! Ich kann das nicht anders sagen. Wenn ich mir vorstelle, wie meine Großmutter gelebt hat, meine Eltern…dass ich ins Theater gehe und da spielt eine Jazzband und da treten drei Leute auf. Der eine spielt den Frank Sinatra, der andere den Sammy Davis Junior und der dritte, da fällt mir der Name jetzt nicht ein. Alle diese Jazztitel, die zu meiner Jugend gehören. [kurzes Gespräch über den dritten Musiker] Im Theater sind die aufgetreten, war eine einmalige Aufführung, war ich zu eingeladen. Und das war…ja das war sensationell, das war sensationell." (IP5w: 67)

Aus der Aussage ist zu erkennen, dass sie dankbar ist, für die Möglichkeiten, die sie heute nutzen kann. Nach ihrer Meinung haben sich diese Gestaltungsmöglichkeiten für die heutige Generation der älteren Menschen deutlich verbessert. Ein Befragter beschreibt die Situation, wie er sich über die positive Sicht des Alters mit anderen Menschen austauscht:

> „Positiv, ganz positiv! Ich fühle mich viel freier, ich kann auch mehr quatschen [lacht], das tu ich dann auch. Bei den Senioren wird viel gequatscht, denen erzähl ich viel, ich versuche immer den Einstieg zu finden durch eines meiner Erlebnisse und interessanterweise kommen die dann auch. Wir haben am Mittwoch über Gelassenheit gesprochen und ich habe gefragt, was passiert, wenn ein Brief vom Finanzamt kommt. Einer von den Teilnehmern hat so reagiert: ´Wenn Briefe am Wochenende kommen, die mach ich gar nicht auf. Die leg ich weg und öffne sie erst am Montag.´" (IP9m: 37)

In diesem Zitat ist ein besonderer Aspekt zu erkennen. Der Befragte ist selber hochaltrig, arbeitet aber als Yoga-Lehrer in einem Seniorenheim. Obwohl einige in seiner Gruppe deutlich jünger sind als er, spricht er von seiner Gruppe als „die Senioren". Im Gespräch ist zu erkennen, dass die Arbeit sich sehr positiv auf seinen Selbstwert auswirkt und dieser Aspekt dazu beiträgt, dass er ein positives Altersselbstbild entwickelt hat.

Im folgenden Textausschnitt wird beschrieben, dass der Eintritt in die Lebensphase Alter sich unbewusst vollzogen hat und nicht durch das Überschreiten einer Altersgrenze fixiert werden kann:

> „Ich entdecke eigentlich keine wirklichen qualitativen Veränderungen. Jetzt, also was jetzt sich verändert hat, nach der Rente, ist eben diese berühmte Freiheit des Alters. Das erlebe ich als ganz schön. Ich kann weniger Rücksicht nehmen zum Beispiel. Wenn mir irgendwas nicht gefällt, dann kann ich eben sagen, ´Ich mache bei diesem Projekt nicht mehr mit.´ und fertig. Das juckt keinen und das ist gut." (IP8m: 23)

Lediglich der Austritt aus dem Berufsleben kennzeichnet für den Befragten einen markanten Punkt, weil er damit von den beruflichen Pflichten entbunden ist. Trotzdem ist für ihn das Ausscheiden aus dem Berufsleben eher ein schleichender Prozess, da er in dem gleichen Bereich weiter in ehrenamtliche Projektarbeit eingebunden ist. Hier genießt er aber die Freiheit, selbst zu entscheiden, in welchem Maße er sich einbringen kann.

Was das positive Altersbild bestimmt, sind in erster Linie der wegfallende Druck, der vor allem Personen betrifft, die viel Stress in ihrem Berufsleben erlebt haben, und die gewonnene Freizeit, die für eigene Interesse und das Ausweiten von Interesse genutzt werden können.

In den Interviews beschreiben die Befragten an mehreren Stellen die negativen Aspekte, die mit dem Alter in Verbindung gebracht werden:

> „Man merkt, dass man wackliger wird auf den Beinen, will jetzt nicht sagen schwindelig, aber wackeliger. Die Straßenbahnen merke ich jetzt, wenn sie rappelt. Das Altern ist für mich ein ganz normaler Vorgang." (IP2m: 38)

Der Befragte spricht altersbedingte Funktionseinschränkungen an, bringt allerdings zum Ausdruck, dass diese Wahrnehmung bei ihm nicht zu einem negativen Altersselbstbild führt, weil er die körperlichen Veränderungen als normalen Entwicklungsprozess ansieht. Ein deutlich negatives Bild vom Alter allgemein und vom individuellen Altern zeichnet die folgende Befragte:

> „Aber je mehr man an Alterszipperlein dazu bekommt, desto weniger habe ich das Gefühl beschäftige ich mich damit. Da kommt bei mir jetzt so ein Gefühl auf, dass ich mich gar nicht damit beschäftigen will. Das ist mir alles viel zu viel. Ich werd dann daran erinnert, dass ich alt werde." (IP4w: 9)

Die Befragte beschreibt einen Verdrängungsprozess, da sie sich nicht mit dem Thema Alter beschäftigen möchte. Die Gründe hierfür sind in ihrem negativen Altersbild zu sehen, dass sie im Laufe der Lebensspanne aufgebaut hat. Für sie ist Alter in erster Linie mit Defiziten verbunden:

> „Mit Alter verbinde ich sterben, das ist schon nicht so einfach für mich. Ich hatte so für 5,6,7 Jahren das Gefühl noch nicht so, aber durch die zunehmenden Schmerzen rückenmäßig und verschleißteilmäßig, werde ich manchmal ziemlich niedergedrängt und dann kann ich das nicht tun, was ich eigentlich tun möchte. Wenn das nicht so abrufbar ist bei mir, dann macht mir das schon Schwierigkeiten. Ich hab jetzt praktisch dauerhaft Schmerzen von meiner Verschleißstelle am Lendenwirbel." (IP4w: 11)

Im weiteren Gespräch mit der Befragten zeigt sich, dass sie große Angst davor hat, im Alter auf Hilfe angewiesen zu sein. Da es noch nicht so lange her ist, dass sie sich von ihrem Mann getrennt hat, hat sie noch nicht genug Zeit gehabt, sie intensiv mit dem Thema auseinanderzusetzen und sieht es momentan ausschließlich problembehaftet. Daher sieht sie in dem momentanen Verlust von Funktionsfähigkeiten ebenfalls einen Verlust in ihrer Selbstständigkeit.

Ein ähnlich negativ gefärbtes Bild zeichnet die folgende Aussage, es ist allerdings ein höheres Maß an Zufriedenheit mit der Situation zu erkennen:

> „Ich bin froh, dass ich das bis jetzt so geschafft hab alles. Jede zweite oder dritte Woche hab ich jemand, die kommt putzen. Das Grobe eben. Und ehm...das bisschen Staubwischen, das mach ich alleine, sonst hätte ich ja gar nichts zu tun. Soll ich verrückt werden im Alter? Es ist sowieso alles schon so prekär." (IP7w: 86)

Die Befragte hat viele Schicksalsschläge und schwere Krankheiten in ihrem Leben erlebt und ist froh über die Selbstständigkeit, die sie sich bislang bewahrt hat. Gleichzeitig sieht sie in der Arbeit, die sie im Haushalt eigenständig durchführt, eine sinnvolle Aufgabe, um sich zu beschäftigen.

8.3.9.2 Fremdbild im Alter

Wie an den vorhergehenden Aussagen zu erkennen ist, lässt sich das Selbstbild oftmals nicht trennscharf vom Fremdbild abgrenzen. Die Ergebnisse haben bislang gezeigt, dass das Fremdbild, das die Befragten im Laufe ihres Lebens entwickelt haben, sehr häufig großen Einfluss auf das eigene Erleben des Alters hat. In den weiter oben beschriebenen Ausführungen waren es meist defizitorientierte Altersbilder, die die Befragten im Laufe ihres Lebens entwickelt haben. Aus den Interviews können zwei Situationen identifiziert werden, die beschreiben, wie sich bereits im Laufe des Lebens eine defizitäre Wahrnehmung verfestigt hat. So beschreibt ein Befragter seine Sicht auf alte Menschen, die er in seiner Kindheit entwickelt hat:

> „...und dann habe ich früh gelernt, dass ältere Menschen, wenn die sich verletzt hatten, wenn die gestürzt waren, was ja im Alter vorkommt, Oberschenkelhalsbruch hieß, dass wenn sie dann ins Krankenhaus kamen, staben sie meistens spätestens in vier Wochen an der Lungenentzündung. Daran kann ich mich erinnern, was Krankheiten betrifft, das war mir nicht unvertraut, aber es gehörte zum Alltag dazu. Es war nichts außergewöhnlich Dramatisches, es gehörte zum Alltag dazu." (IP2m: 2)

Hier besteht ein unmittelbarer Zusammenhang zwischen Alter und Krankheit und letztendlich auch Tod. An diesem Beispiel wird zudem deutlich, dass Altersbilder auch durch zeitgeschichtliche Entwicklung geprägt sein können: Durch den medizinischen Fortschritt konnte die Letalitätsquote bei älteren Menschen mit Oberschenkelhalsfraktur deutlich gesenkt werden (Kaack 2000), so dass die Diagnose nicht mehr als direkter Weg in die Pflegebedürftigkeit oder in den Tod gesehen werden kann. Bemerkenswert an dieser Stelle ist die Tatsache, dass der Befragte zur damaligen Zeit eine direkte Verbindung der Krankheitsdiagnose mit dem Tod gesehen hat. Ein ähnlich defizitär orientiertes Altersbild beschreibt eine Befragte in dem folgenden Textausschnitt:

> „Schlecht aussehen...man hat immer die alten Leute von früher im Blick: Schwarz angezogen, einen ollen Dutt auf dem Kopf, vielleicht ein bisschen vergesslich...natürlich gibt es ja in unserem Alter schonlange welche, aber gottseidank nicht jeder. Früher wurden die vielleicht auch ein wenig belächelt, heute sind wir selber in dem Alter, dann denkt man auch, dass man das nicht darf, weil jeder alt werden will. Ein bisschen lässt es dann bei jedem nach und spüren tut man es dann auch, wenn man an die Seite geschoben würde. Von daher sollte man doch ein bisschen geduldig sein." (IP17w: 31)

Die Befragte beschreibt das Bild, das alte Menschen in ihrer Jugendzeit vermittelt haben. Demnach waren alte Menschen einheitlich dunkel angezogen und wurden aufgrund von Vergesslichkeit und Langsamkeit nicht ernstgenommen. Selbstverständlich können sich diese Einstellungen zum Alter im Laufe des Lebens verändern. Hier sind es vor allem individuelle Erlebnisse, die die Sichtweise auf das Alter in verschiedenen Zeitpunkten des Lebens prägen können. Mit steigendem Lebensalter hat beispielsweise die Befragte des letztgenannten Beispiels die eindimensionale Sichtweise korrigiert, letztendlich hat ihr eigener Alterungsprozess dazu beigetragen, die Heterogenität des Alters zu erkennen.

Festzuhalten bleibt allerdings, dass das Bild von alten Menschen, das ein großer Teil der Befragten in jüngeren Lebensjahren entwickelt hat, defizitär gefärbt war und dem damaligen geschichtlich-kulturell geprägten Altersbild entsprach. Dass sich dieses Altersbild allerdings mit den letzten Generationen deutlich geändert hat, wird aus dem folgenden Zitat deutlich:

> „Ich weiß auch nicht mehr, wie ich als 30-Jähriger einen 65-Jährigen gesehen habe, ich hab da glaube ich gar nicht drüber nachgedacht. Die Leute sahen einfach anders aus. Mein Vater ist mit 58 Jahren gestorben, der sah auch schon alt aus." (IP3m: 17)

Gleichzeitig bringt der Befragte aber zum Ausdruck, dass dieses neue nicht ausschließlich defizitorientierte Altersbild in weiten Teilen der Gesellschaft noch nicht angekommen ist:

> „Die Gruppe der Generation 65plus wird ja immer leistungsfähiger. Das Problem ist ja nur, dass die Gesellschaft noch nicht so weit ist. Wenn sie sich heute mit 60 als Geschäftsführer bewerben, also sie waren Geschäftsführer und wollen wieder Geschäftsführer mit 60 werden, nimmt sie kein Mensch. Die Gesellschaft, speziell die Firmen, hat noch nicht verstanden, dass es gar nicht mehr so lange dauern wird, dann fehlen diese Leute, weil die Jugend nicht nachkommt. Wir haben nicht umsonst hier in NRW seit Jahren über eine Millionen Langzeitarbeitslose, die kriegen sie nicht weg. Die Gesellschaft verdrängt das. Wenn sie als Frau 55 sind, nimmt sie kein Mensch mehr, mit 50 geht das schon los. Das heißt, die Gesellschaft auf der einen Seite wird immer älter...da hat man ja mit 50 Jahren noch mal die Hälfte vor sich. Was machen die Leute dann eigentlich? Das wird aber völlig von der Wirtschaft ignoriert." (IP3m: 17)

Der Befragte verdeutlicht die Potenziale des Alters, die sich für den Arbeitsmarkt ergeben, durch den Anstieg der älteren Mitarbeiter, merkt aber gleichzeitig an, dass diese Potenziale bislang nicht erkannt werden. Eine Befragte erinnert sich, dass sie schon in jüngeren Jahren ein sehr positives Bild von alten Menschen gehabt hat:

> „Ich weiß es nicht...ich würde auch nicht sagen, dass ich ein großes Vorbild hätte. Väterlicherseits sind meine Onkel und Tanten alle sehr alt geworden...und was mich immer fasziniert hat, sie sind ganz rege im Alter gewesen. Ich hatte eine Patentante, die wurde 90 und kaufte sich als erstes eine elektrische Nähmaschine. Die war Berufsschullehrerin und sagte: 'Das wollen wir doch mal wissen, ob ich das nicht noch in meinen Kopf reinkriege!' Das sind auch immer so eine Art Vorbilder für mich gewesen, die ging auch immer auf Neues zu, die begleitete auch in der Verwandtschaft die junge Generation und nicht immer nur von früher reden, das hat mich bei der Tante immer fasziniert." (IP1w: 24)

Sie beschreibt, dass für sie Alter nicht mit Krankheit und Langsamkeit verbunden war. Grund dafür waren ihre eigenen Erlebnisse, die sie mit alten Menschen in ihrem familiären Umfeld gehabt hat. Besonders fasziniert hat sie die Offenheit ihrer 90-jährigen Tante, die auch im hohen Lebensalter sich nicht verschlossen hat und immer offen und aufgeschlossen für neue Dinge gewesen ist. Ein anderer Befragter beschreibt, dass er in jüngeren Jahren die Gelassenheit von älteren Menschen bewundert hat:

> „Es war für mich eigentlich immer ein Erlebnis, wenn alte Leute in ihrer Gelassenheit da saßen und gar nichts mehr machten: Einfach da saßen und staunten und spielten. Früher kannte man Demenz nicht, vielleicht waren sie ja auch dement, ich weiß es nicht.“ (IP2m: 44)

Während die Befragte zuvor die Aktivität von älteren Menschen fasziniert hat, ist es in diesem Beispiel die Ruhe der alten Menschen, die das Altersbild des Befragten geprägt hat. Er ist mittlerweile selber hochaltrig und im weiteren Gesprächsverlauf ist zu erkennen, dass er noch heute die Gelassenheit als eine besonders positive Eigenschaft des Alters herausstellt.

Sehr häufig werden in den Interviews Vergleiche zu anderen Personen gezogen, die ein ähnliches Lebensalter aufweisen, wie die beiden folgenden Beispiele verdeutlichen:

> „Ich wunder mich immer...von meinem Mann die Schwester und ihr Mann, die sind 84 und 90 Jahre, die haben eine kleine Wohnung und wenn wir fragen, was sie machen, sagen sie: ´Wir sitzen hier rum.´ Die machen nichts und schaffen es trotzdem so alt zu werden. Ich weiß, wenn ich mich nicht danach richte, dann klappte das nicht, da bin ich von überzeugt.“ (IP10w: 31)

Die Befragte beschreibt ein Ehepaar aus der Verwandtschaft, dass sie als inaktiv bezeichnet. Sie selber kann nicht verstehen, dass sie so alt geworden sind, ohne dabei das Alter aktiv mitzugestalten. Für sie ist es selbstverständlich, dass sie nur ein hohes Lebensalter in ausreichender Gesundheit erreichen kann, wenn sie auf eine gesundheitsbewusste Lebensführung achtet. Im zweiten Beispiel vergleicht sich die Befragte mit anderen Personen aus ihrem Bekanntenkreis:

> „Das ist ja anders, als wenn man stark gehandicapt ist. Ich habe genug in meinem Jahrgang, die richtig krank sind, ob nun steifes Bein oder Schlaganfall oder Herzinfarkt, so dass sie vieles gar nicht mehr machen können, was sie machen möchten. So gesehen darf ich sagen, dass ich mich jünger fühle, als ich bin, weil ich diese Entbehrungen noch nicht habe.“ (IP17w: 27)

In dieser Textpassage wird eine Verbindung zwischen dem Altersselbstbild und dem generellen Altersbild gezogen. Sie sagt, dass ihr subjektiv gefühltes Alter nicht ihrem tatsächlichen chronologischen Alter entspricht, da sie nicht an schwerwiegenden Krankheiten leidet, wie andere Gleichaltrige. Somit wird deutlich, dass sie ein negatives Altersbild verinnerlicht hat, da sie Alter und Krankheit in unmittelbarem Zusammenhang sieht.

8.3.9.3 Planung im Alter

In der Kategorie Planung werden in erster Linie Aussagen zusammengefasst, die sich mit der Zukunftsplanung und eventuell auftretenden gesundheitlichen Einschränkungen befassen. Ein befragter beschreibt seine Zukunftsplanung folgendermaßen:

> „Ich bin ein strukturierter Mensch. Ich habe genau wie meine Frau eine Patientenverfügung. Weil ich strukturiert bin, habe ich bestimmte Dinge bereits festgelegt. Ich weiß, dass ich nicht verbrannt werden will. Ich hab sogar schon einen Sarg. Diese Dinge habe ich schon geregelt. Ich habe eigentlich noch vor, auf die Gesundheit zu achten und kreativ weiter zu arbeiten. Ich kann auch noch mit 92 ein Buch schreiben." (IP3m: 37)

Einerseits beziehen sich seine Pläne auf eine gesunde und bewusste Art zu leben, andererseits hat er bereits sein Lebensende geplant. Eine weitere Befragte beschreibt wie folgt ihre Zukunftsplanung:

> „Ja, was plane ich? Ich plan einfach, dass ich denke, ich koch noch so lange wie ich kann, wie ich Lust hab. Worauf ich Appetit hab. Das sind eben meine Genüsse, meine Erwartungen. Die anderen gehen da essen und meckern. Das kann man ja nicht im ganz großen Stil wie die in Häuser, die müssen ja alle wirtschaften. Es geht ja nun nicht anders. Jeder muss wirtschaften, auch im eigenen Haushalt aber…ich bin einfach zufrieden, wissen sie. Und wenn man das im Alter sagen kann…ich kenne einige, meine Tochter auf jeden Fall und mein Sohn, die sagen, geh doch in eine Gruppe. Ich sag ihnen ehrlich, da wird nur über Krankheiten gesprochen, die haben wir alle selber. Wir sind alte Leute. Und dann wird noch nebenbei gelästert. Und böse alte Menschen gibt es auch. Dass sie zänkisch sind und ich will nicht so sein. Meinem Schicksal ergeben. Mir bleibt auch gar nichts anders über jetzt." (IP7w: 94)

Es sind deutliche Unterschiede in den beiden Aussagen zu erkennen. Während die erste Aussage sehr strukturiert ist und konkrete Maßnahmen für einen längeren Zeitraum beschreibt, beschäftigt sich die zweite Befragte eher mit kurzfristigen Planungen. Sie sieht die Freude in den kleinen Dingen und ist froh, dass sie sich noch selbst versorgen kann. Sie kann sich auch in der Zukunft kein Leben in einem Altenheim vorstellen und möchte so lange es geht sich selbst versorgen. Ein weiterer Befragter konnte sich ebenfalls lange Zeit ein Leben in einem Altenheim nicht vorstellen. Doch das Beispiel zeigt, dass sich Pläne im Verlauf des Lebens durchaus ändern können:

> „Ich hab mir natürlich auch vorgestellt, was ich im Alter mache. Gehe ich in ein Heim, wo ich komplette Versorgung und Hilfe habe, wenn etwas ist?

> Ich wollte nicht in ein Heim. Aber jetzt bin ich doch anderer Meinung. Das Bild hat sich geändert, jedenfalls in diesem Haus. Meine Frau ist MS-krank, wenn ich also Seminare gebe am Wochenende, bringe ich sie in ein Heim zur Pflege. Da habe ich festgestellt, dass die Heime sehr unterschiedlich sind.“ (IP9m: 7)

Für den Befragten war es viele Jahre lang klar, dass er die späten Lebensjahre nicht in einem Heim verbringen möchte, weil er ein sehr negatives Bild von Altenheimen hatte. Durch seine freiwillige Arbeit in einem Altenheim hat er sehr positive Erfahrungen gesammelt und kann sich nun durchaus vorstellen, in ein Heim zu ziehen, wenn er vollständig auf fremde Hilfe angewiesen ist. Mit ähnlicher Thematik beschäftigt sich die folgende Textstelle:

> „Man hofft, dass das an einem vorbeigeht. Sicher beschäftige ich mich damit. Mein Mann sagt immer, dass er im Haus bleiben will, er will nicht ins Heim. Aber ich weiß nicht...ich habe schon einmal gedacht, dass man das Haus hier verkauft und sich eine Wohnung im Pflegeheim kauft...aber wir hoffen, dass es erst mal noch gut geht. Und wenn es nicht gut geht, dann müssen wir eine Lösung finden. Ich glaub, da findet man auch eine, da sind wir nicht vor gefeit, man weiß es nicht...man weiß nicht, ob man vielleicht dement wird, dann kann man nicht auf die Dauer zu Hause bleiben, das geht nicht.“ (IP18w: 37)

Für eine andere Befragte haben Pläne die Funktion, ihren Alltagsablauf zu strukturieren:

> „Und was auch ganz wichtig ist...ich brauch immer Pläne. Dass ich was Planen kann, mich darauf freuen kann, dass ich überlegen kann...oder wenn ein Familienfest ansteht, wie können wir das machen?´, das war für mich auch immer ganz wichtig...Ideen sammeln.“ (IP1w: 48)

Diese Pläne beziehen sich in der Regel allerdings auf sehr konkrete Angelegenheiten, die sich über einen kurz- bis mittelfristigen Zeitraum erstrecken. Wie sie ihre langfristige Zukunft planen soll, weiß sie noch nicht:

> „Wie geht es weiter, wenn du nicht mehr kannst? Oder wenn wir das mit dem Haus nicht mehr hinkriegen? Wenn man nicht mehr so fit ist, um die Arbeit zu erledigen, das denkt man schon. Aber ich hab noch nicht den Plan...oder mein Mann und ich haben beide den Plan noch nicht...was wird wenn? Manche habe das ja schon...haben wir nicht, muss ich ehrlich zu geben. Wir haben die Lösung nicht parat, was wir machen, wenn es nicht mehr geht.“ (IP1w: 40)

Eine ähnliche Sichtweise beschreibt folgende Textpassage:

> „Ich lasse alles kommen. Manchmal denke ich: ´Mensch, wir haben keine Kinder. Wie soll das mal werden wenn einer stirbt oder einer nicht mehr

> kann?´ Aber wir lassen alles auf uns zukommen, ein bisschen Gottvertrauen muss man auch haben. Es wird schon irgendwie gehen. Wenn es gar nicht geht ins Heim oder solange es geht in den eigenen vier Wänden." (IP17w: 35)

Beide Aussagen bestätigen, dass sie sich durchaus mit der Thematik der Pflegebedürftigkeit befassen, aber noch keine konkreten Handlungsansätze gefunden haben und hoffen, dass es noch lange so weitergeht, wie bisher. Es besteht der zentrale Wunsch, so lange wie möglich in den eigenen vier Wänden zu bleiben, es zeigt sich aber auch, dass die Befragten sich mit der Thematik um den Tod des Partners auseinandersetzen.

Mit der Wohnsituation im Alter befassen sich die beiden folgenden Zukunftsplanungen:

> „Ich plane nichts Besonderes, außer dass wir uns hiermit auseinandersetzen müssen, dass diese Wohnung nicht barrierefrei zu erreichen ist. Und wo wir immer mal Anläufe machen uns um was anderes anzugucken. Das ist aber im Prinzip das Einzige, was wir an Zukunftsplanungen nochmal gesondert unternehmen. Ansonsten haben wir den Eindruck, wir führen unser Leben, so wie wir das führen, gut. Und wir sind zufrieden damit und fühlen uns ganz glücklich. Und hoffen sozusagen, dass es ein gutes Stück so weiter geht. Was sein würde, wenn wir hilfebedürftig werden, wenn wir pflegebedürftig werden, werden wir dann sehen. […] Ich habe fast den Eindruck, dass es leichter ist in einem ganz normalen Wohnhaus wie diesem hier Nachbarschaft zu pflegen. Und ´geben und nehmen´ zu machen. Es war auch hier, unten die Dame, die hat immer die Pakete angenommen und sowas. Die war bisher die Älteste und hat dafür gesorgt und wir haben dann sie entlastet. Also sie brauchte kein Schnee zu schippen und keine Mülltonnen vorzurücken und sowas. Da also mal die Nachbarn zu fragen wenn sie Einkaufen fahren ´Bringt ihr uns was mit?´ oder sowas. Das kann man auch in solchen Strukturen entwickeln und braucht dafür nicht irgendwelche Wohnprojekte zu machen." (IP8m: 27)

Obwohl der Befragte angibt, seine Zukunft nicht zu planen, äußert er konkrete Pläne, wie seine Wohnsituation im Alter aussehen sollte. Er möchte nach Möglichkeit selbstständig leben und kann sich dies in einem normalen Wohnhaus vorstellen, auch wenn sich sein gesundheitlicher Zustand verschlechtert. Die Lösung sieht er in einer gut funktionierenden Nachbarschaft, in der jeder seine Potenziale einbringt und von der Hilfe der anderen profitiert. In seinem jetzigen Wohnhaus kann er sich ein solches Zukunftsszenario vorstellen. Ein ähnliches Konzept, das auf gegenseitiger Nachbarschaftshilfe beruht, beschreibt eine weitere Befragte:

> „Was ein richtiger Plan von mir ist...ob ich dabei bleibe, weiß ich noch nicht...ich sage immer zu meinem Mann: ′Der der übrig bleibt, ist nicht zu beneiden.′ Wir haben ja keinen hier. Mein ältester Sohn, dem geht es gesundheitlich auch nicht gut, der sagt immer, wir sollen das Haus verkaufen und in seine Stadt ziehen. Das kann und will ich nicht machen. Da sitze ich ja alleine im Haus oder Heim, ins Heim will ich sowieso nicht. Hier ist das für mich so übersichtlich, bis jetzt machen wir noch alles selber, aber wenn es nicht mehr geht, kann man auch alles machen lassen. Hier gibt es eine Bürgergenossenschaft, da habe ich mich angemeldet. Mein Nachbar ist auch darin. Wenn er in den Urlaub fährt, achte ich auf das Haus. Dann wird das auf meinem Konto gutgeschrieben, für uns brauchte der noch nicht viel machen. Aber der könnten ja zum Beispiel mal Rasen mähen, wenn ich alleine wäre uns es nicht mehr kann. Man kann so etwas ja auch nicht planen, aber hier möchte ich so schnell nicht raus. Es wird ja auch immer bessere Einrichtungen geben, wenn man mal nicht mehr einkaufen kann, dass die einem das dann bringen oder man findet man hier aus der Nachbarschaft jemand, der einem was mitbringt.“ (IP10w: 51)

Es ist zu erkennen, dass die Befragte mit ihrem Ehemann möglichst lange in den eigenen vier Wänden leben möchte. Um dieses Ziel zu verwirklichen, hat sie bereit erste Schritte unternommen und sich in einem Nachbarschaftshilfe-Projekt angemeldet, obwohl sie bislang noch für sich und ihren Ehemann selber sorgen kann.

In zwei Interviews wird explizit gesagt, dass die Befragten bewusst keine Pläne für die Zukunft haben. Beide begründen ihre Aussage:

> „Ich hab immer wieder Brüche erlebt aufgrund von Gesundheit, Krankheit oder Lebensveränderung und Situationsveränderungen. Ich kann dieses Gefühl von ich kann wirklich vorweg planen gar nicht haben, das passt in mein Leben gar nicht rein. Es kommt anders als man denkt. Mit gewissen Dingen werde ich dann vielleicht anders umgehen können, ich kann großzügig sein, wie ich mit irgendetwas umgehe, aber wenn es mich dann betrifft, wenn ich dann jeden Morgen die Knochenschmerzen habe und irgendwas, aber wie werde ich das dann in der Situation erleben? Das kann ich nicht vorwegnehmen. Und Planung ist nicht etwas, was in meinem Leben vorkommt.“ (IP6w: 44)

Da die Befragte bislang eine Reihe von Brüchen in ihrem Leben erlebt und somit nicht das Gefühl einer Kontinuität entwickelt hat, kann sie sich auch nicht vorstellen, dass der weitere Verlauf ihres Lebens planbar ist. Ein Befragter begründet die Nicht-Planbarkeit mit den Erfahrungen, die er zusammen mit seiner Ehefrau in den letzten Jahren erlebt hat:

> „Wir planen überhaupt nicht. Wir sagen, wenn es so ist, wollen wir es möglichst lange so halten und erhalten und etwas daran tun. Wir sagen aber nicht, im nächsten Jahr muss das und im übernächsten Jahr muss das...weil wir genau wissen, dass man das gar nicht kann. Wir haben ja vor drei Jahren erlebt, dass es von einem Tag auf den anderen Tag anders sein. Wir nehmen es so wie kommt und sind dankbar, wenn es gut läuft und hoffen, dass es lange so läuft. Wir müssen uns über die Versorgung keine Gedanken machen, wir haben ein bisschen gespart, wir haben unser Haus und wenn wir mal in die Pflege müssen, können wir immer noch das Haus verkaufen und sind dann noch ganz gut dran. Aber so wie es so ist...wir planen nicht groß." (IP13m: 33)

Er ist mit seiner jetzigen Situation sehr zufrieden und möchte, dass es möglichst lange so bleibt. Da seine Ehefrau aufgrund einer Komplikation bei einer Operation eine lebensbedrohliche Situation überlebt hat, ist er sich bewusst, wie schnell sich eine Situation ändern kann. Da er in einer guten finanziellen Situation lebt, macht er sich über mögliche Kosten für Pflege in der Zukunft keine Sorgen. Dieser Aspekt kommt ebenfalls in folgender Textstelle zum Ausdruck:

> „Klar, als erstes haben wir unsere Vollmachten ausgefüllt und hinterlegt, ich denke auch darüber nach, was mal ist, wenn einer nicht mehr kann. Wir wollen natürlich möglichst lange zusammen sein. Wir haben hier im Dorf ein Fall gehabt, wo die Frau ins Altenheim ging und der Mann noch zu Hause war...das ist doch alles Scheiße! Da denkt man schon nach, was man machen kann. Konkrete Pläne, dass man sich in ein Heim einkauft oder das Haus verkauft und in die Stadt zieht, weil es dann näher zum Arzt ist...das haben wir nicht. Wenn ich hier meinen Garten nicht mehr pflegen kann, dann such ich mir jemand, der mir dabei hilft. Und wenn ich nicht mehr Auto fahren kann, dann bestell ich mir ein Taxi. Dann fahre ich halt nicht mehr jeden Tag dorthin, sondern nur noch einmal die Woche. Wir wollen möglichst lange in unserer gewohnten Umgebung bleiben, darüber hinaus...wer weiß das?" (IP13m: 35)

Hier wird deutlich, dass der Befragte sich mit verschiedenen Zukunftsszenarien auseinandersetzt. Für mögliche Verschlechterungen von altersbedingten Funktionseinschränkungen hat er sich bereits Kompensationsstrategien zurechtgelegt. Diese Überlegungen reichen allerdings nicht bis zu dem Punkt, an dem er oder seine Frau vollständig auf Hilfe angewiesen sind. Fest steht für ihn allerdings, dass er in dieser Situation nicht von seiner Frau getrennt sein möchte, sondern dass sie auch beim Eintritt von Pflegebedürftigkeit ihre Zukunft zusammen verbringen möchten.

Zusammenfassend kann festgehalten werden, dass sich die Pläne für die Zukunft in der Regel nicht auf eine Veränderung der Situation beziehen, sondern meistens darauf abzielen, die jetzige Situation möglichst lange aufrechtzuerhalten.

8.3.9.4 Produktivität im Alter

Produktivität im Alter wurde in der Theorie als ein Aspekt beschrieben, der weitaus mehr beinhaltet, als die Potenziale, über die ältere Menschen im Rahmen der Erwerbsarbeit verfügen. Vor diesem Hintergrund zeichnet sich in den Interviews ein breites Spektrum ab, das die Produktivität von älteren Menschen beschreibt. So berichtet eine Befragte:

> „Das mach ich regelmäßig, ich laufe gerne, ich wandere gerne. Ich hab auch sehr viel kreative Sachen gemacht. Früher Töpferkurse und was es so an Kursen in der Volkshochschule gab, da hab ich eigentlich eine ganze Menge mit gemacht. Und Engagement in der Pfarrgemeinde, um Kontakte zu bekommen. Das ist für mich ganz wichtig, Kontakte zu haben. Also nicht nur zu Hause meinen kleinen Krempel, sondern wirklich auch Kontakte und meine Arbeit in der Caritas. Das hab ich jetzt etwas reduziert, mach es aber noch jede Woche Krankenhausbesuchsdienst. Ganz einfacher Besuch, keine grüne Dame, sondern einfache Besuche, und einen Gruß aus der Gemeinde übermitteln und wenn einer dann etwas erzählen will, ist es gut und wenn nicht, ist es auch gut." (IP1w: 12)

Für sie gehören auf der einen Seite Dinge zur Produktivität, die sie für sich und ihre Gesundheit unternimmt. Auf der anderen Seite zeichnet sich ihre Produktivität auch durch soziale Aspekte aus, in dem sie ihre freie Zeit nutzt, um anderen Menschen zu helfen. Der soziale Aspekt der Produktivität im Alter kommt ebenfalls in dem folgenden Statement zum Ausdruck:

> „Das geht auch in andere Bereiche ich arbeite auch mit einem Hospiz zusammen, ich sag immer, ich bin die IKEA Generation, also Veränderung? Um Gottes Willen. Der Ernährungsplan in einer Pflegeeinrichtung ist eigentlich eine Katastrophe. Ich hab mal eine Speisekarte in einer Pflegeeinrichtung fotografiert, da ging das los montags Rinderroulade, Kasseler...die ganze Woche. Ich habe die Leiterin dann gefragt, ob die alle im Steinbruch arbeiten. Wieso, hat sie gefragt. Ich habe gefragt, warum da keine Minestrone und kein Salat dabei ist. Da sagt die zu mir, dass die Leute das nicht wollen. Ich habe gefragt, ob das ihr Klischee ist oder ob das wirklich so ist. Und auch die Musik, das ist so Schubidubi-Musik. Die Leute, die da sitzen…auch der 80-Jährige Opa, der kennt die Beatles. Da müssen sie unheimlich viel im Kopf bewegen und da gehört unheimlich viel Energie dazu, es anders zu machen. Die Menschen wollen meistens alles so lassen. Das ist auch in Pflegeheimen ganz extrem." (IP3m: 15)

Der Befragte möchte mit seiner Tätigkeit seine Kreativität an andere Menschen weitergeben. Das Beispiel zeigt, dass der Befragte dabei durchaus in Kauf nimmt, Konflikte auszutragen, um Leute zum Nachdenken über Altersstereotypen zu bringen. Nach seiner Meinung und Erfahrung sorgen Altersstereotypen in pflegerischen Einrichtungen dazu, dass ältere Menschen nicht adäquat und zeitgemäß versorgt werden. Ein anderer Befragter beschreibt die Beweggründe, warum er im Alter aktiv ist:

> „Ich lebe da in meinem Bücherkäfig und mache die Dinge, die mir noch Spaß machen. Ich bin nicht mehr beruflich tätig, wenn mich aber mal ein Künstler bittet, dann mach ich das. Aber ich verdiene kein Geld mehr. Ich hab das immer abgelehnt, mit dem Ehrenamt habe ich meine Probleme. […].Ich mache das, was mich interessiert. Ich beschäftige mich inzwischen damit [lacht] mein Leben zu verstehen, was abgelaufen ist politisch und historisch verstehen. Ich versuche mich mit der Geschichte dieser Zeit auseinanderzusetzen, um manche Vorgänge, die man ja miterlebt hat, im Nachhinein zu reflektieren und zu verstehen. Dabei mache ich schöne Erfahrungen und gewinnen eine Menge an Aufklärung über Manches." (IP2m: 40)

Für ihn zeichnet sich Produktivität im Alter in erster Linie dadurch aus, dass er seine freie Zeit dafür nutzt, Dinge zu tun, die ihm Spaß machen. Er nutzt die freie Zeit, um sein Leben zu resümieren und zu reflektieren. Diese produktiven Handlungen tragen in erheblichem Maße dazu bei, dass er ein selbstbestimmtes und erfülltes Leben im Alter führen kann. Eine andere Befragte beschreibt, dass sie ihre Produktivität schon geplant hat, bevor sie die Lebensphase Alter erreicht hat:

> „Dann bin Ruhestand gegangen und da hatte ich aber vorher schon…meine Tochter war auch schon selbstständig, mein Sohn sowieso und dann (…) muss mich erst nochmal konzentrieren… achso…dann bin ich in den Ruhestand gegangen, wie gesagt, drei Berufsschulen hatte ich dann hinter mir und dann hatte ich aber vorher schon mir immer mal wenn ich irgendwas in der Zeitung gelesen hab oder irgendwelche Angebote gelesen habe, was man so machen kann, wenn man nicht mehr berufstätig ist und da hab ich mir das dann immer alles fein säuberlich abgeheftet, da hatte ich ein Angebot von einem Seniorentheater, dann hatte ich ein Angebot von der Volkshochschule und dann das Angebot von der Uni Dortmund, das hab ich alles schon abgeheftet und hab dann das einzeln abgearbeitete [lacht] und dann hab ich Theater gespielt im Seniorentheater, das hat mir unheimlich Spaß gemacht und dann hab ich angefangen in der Seniorenzeitung von der Volkshochschule zu schreiben, schreib ich auch heute noch[...] dann hab ich, wie gesagt, Theater gespielt, aber das Theater… das waren zwei junge Männer, der eine war Pfarrer und der hatte eine Zusatzausbildung als Schauspieler gemacht und das war ein toller Regisseur und der hat dann mit

> uns Stücke eingearbeitet und OCH...das war toll, das war eine ganz tolle Zeit, hat mir auch unheimlich Spaß gemacht. Ja und so hab ich so eins nach dem anderen abgearbeitet und ja...dann nachher, der Höhepunkt war natürlich dann der Abschluss in Dortmund, mit sechs Leuten haben wir dann den Abschiedsabend gestaltet, wir haben uns um alles gekümmert, haben die Einladungen formuliert geschrieben, Buffet bestellt, was da so zu organisieren ist...und Räumlichkeiten, wie man das so macht und das war ein toller Erfolg, wir haben dann vorher nicht erzählt, was wir uns da alles ausgedacht haben, was wir da an Programmpunkten machen. Dadurch, dass ich ja auch ein bisschen Theater gespielt hab, sind mir ja auch verschiedene Sketche so eingefallen und dann haben wir den Abschiedsabend dann gefeiert und dann sind die Leute eigentlich ziemlich unlustig dahin gekommen, die sind eigentlich nur dahin gekommen um ihr Zertifikat abzuholen.“ (IP5w: 16)

Sie hat bereits vorher geplant, dass sie im Alter so lange wie möglich aktiv sein möchte und sich auf konkrete Angebote vorbereitet. Neben dem kulturellen und kreativen Aspekt gehört bei ihr das lebenslange Lernen zur Produktivität im Alter. Bei allen Aktivitäten, die sie im Alter wahrgenommen hat und auch zum jetzigen Zeitpunkt noch wahrnimmt, hat sie immer eine Art Führungsrolle übernommen, bei der sie sich um die Organisation der unterschiedlichen Rahmenbedingungen gekümmert hat. Im Gespräch stellt sich heraus, dass sie es besonders wertschätzt, für ihre Arbeit Anerkennung von ihren Mitmenschen zu erhalten.

Zusammenfassend zeigt sich, dass Produktivität im Alter eine Reihe von Facetten beinhaltet und die Heterogenität des Alters widerspiegelt.

8.3.9.5 Selbstbestimmung im Alter

Im theoretischen Teil wurde Selbstbestimmung als ein zentraler Aspekt der Eigenverantwortung definiert. Selbstbestimmung wurde als Grundlage für eigenverantwortliches Handeln gesehen. An diese Definition schließt sich folgender Textausschnitt an:

> „Ich habe dann immer gesagt: Man muss alten Menschen das geben, was sie in ihrem Arbeitsleben möglicherweise nicht hatten - Selbstbestimmung. Ein nicht selbstbestimmtes Alter ist das schlimmste was es gibt. Die Fremdbestimmung, die wir im Augenblick mit der Spaßgesellschaft haben, halte ich für unerträglich. Die Geschäftemacherei mit der Freizeit halte ich für unerträglich. Die Menschen, die jetzt wirklich Freizeit haben und dies auch genießen können, die müssen selbst- und mitbestimmte Möglichkeiten bekommen. Da habe ich immer drauf beharrt, dass das so sein muss. Schon in der Erwachsenenbildung halte ich es für falsch, wenn die Leute belehrt werden. Erwachsene Menschen zu belehren, habe ich immer für unerträglich

gehalten. Man muss sie motivieren, man muss sie dazu bringen, ihre Erkenntnisse und Erfahrungen einzubringen und sie zu benutzen, um mehr zu lernen und ihr Leben bewusster zu gestalten." (IP2m: 42)

In diesem Abschnitt werden mehrere Aspekte der Selbstbestimmung angesprochen. Zum einen wird die Wichtigkeit der Selbstbestimmung für die Lebensphase Alter herausgestellt. Der Befragte merkt an, dass Selbstbestimmung eine besondere Rolle im Alter spielt, weil durch die vorherige Berufsphase ein großer Teil der Menschen nicht selbstbestimmt leben konnte. Gleichzeitig beschreibt er, was Selbstbestimmung für ihn im Alter bedeutet. Den alten Menschen müssen Möglichkeiten gegeben werden, ihre vorhandenen Potenziale zu entdecken und zu verwirklichen. Für ihn bedeutet dies nicht, dass ihnen Angebote vorgesetzt werden, vielmehr müssen sie unterstützt werden, ihr Leben im Alter bewusst selbst zu gestalten. Die angesprochene Schwierigkeit, die Selbstbestimmung im Alter zu akzeptieren und umzusetzen, kommt in diesem Textausschnitt zur Sprache:

> „Ja, man ist jetzt freier, obwohl ich diese Freiheit in dem Maße gar nicht genieße. Ich bin immer noch zu sehr durch Arbeit eingeschränkt, aber das liegt wohl an mir, an meiner Genauigkeit...dass ich immer meine, ich müsste alles immer noch so sorgfältig wie früher machen. Manches muss man einfach nicht mehr, wenn man nicht will. Früher musste man zum Dienst, ich habe auch selten gefehlt und krankgefeiert." (IP17w: 33)

Die Befragte beschreibt, dass ihr zwar bewusst ist, dass sie mittlerweile über viel freie Zeit verfügt, diese aber nicht wirklich genießen kann. Obwohl ihr Berufsleben nun schon viele Jahre zurückliegt, kann sie sich noch immer nicht von ihrer Einstellung, ihre Arbeit pflichtbewusst zu erledigen, lösen und überträgt sie auf ihre Hausarbeit. Dieses Beispiel zeigt, dass die Ablösung vom beruflichen Leben oftmals mit Schwierigkeiten und Problemen belastet ist. Dass dieser Prozess durchaus gelingen kann, wenn er bewusst gestaltet wird, zeigt dieses Beispiel:

> „Das hat wunderbar geklappt. Als ich 2000 selbstständig wurde, habe ich mir zu Hause ein Büro eingerichtet und hab dann zu Hause gearbeitet, die letzten drei Jahre wurde das immer weniger und irgendwann war es vorbei. Es war ein schleichender und gleitender Übergang. Und das war gut so, denn wenn man von 100 % auf einmal nichts mehr tun soll...das stell ich mir unheimlich schwer vor." (IP13m: 13)

Der Befragte hat sich bewusst für einen schleichenden Übergang entschieden und die letzten Berufsjahre selbstbestimmt gestaltet. Durch das langsame Zurücksetzen seines Arbeitspensums konnte er sich gut an die neuen Freiheiten, die mit der

Lebensphase Alter verbunden sind, gewöhnen und hat gelernt, sein Leben selbstbestimmt zu gestalten.

In vielen Interviews wird Selbstbestimmung in direktem Zusammenhang mit dem Themen Pflegebedürftigkeit, Krankheit und Tod gesehen:

> „Abhängigkeit ist nicht toll, aber was bedeutet Abhängigkeit? Ich kann ja abhängig von jemand sein, z.B. in einer Beziehung kann man abhängig sein, aber die Beziehung ist so dermaßen gut und die Abhängigkeit ist darin in einer Form so getragen, dass sie für mich vollkommen in Ordnung ist. Dann macht sie mir keine Angst. Ich kann zwar mein eigenes Geld haben und mir ein Pflegeheim aussuchen, aber ich brauch ein Pflegeheim und die Leute im Pflegeheim sind dann Scheiße drauf, das sind Dinge, die mir Angst machen. Wenn ich das mit 20 vergleiche...diese Gedanken hatte ich nicht. Also kann ich sie auf das Alter zurückführen.“ (IP6w: 46)

Die Befragte spricht den Umgang mit Abhängigkeit an, der in der Gerontologie unter dem Aspekt der bewusst angenommenen Abhängigkeit (Kruse 2005) diskutiert wird. Somit sieht sie keinen Gegensatz zwischen Selbstbestimmung und Abhängigkeit, wenn letztere durch eine von beiden Seiten positiv erlebten Beziehung getragen wird. Angst bereitet ihr die Vorstellung, im hohen Alter auf Pflege angewiesen zu sein, bei gleichzeitiger Atmosphäre, in der die Abhängigkeit zur pflegenden Person schwer auszuhalten und zu akzeptieren ist. Im weiteren Verlauf beschreibt sie den Lernprozess der bewusst angenommenen Abhängigkeit:

> „Wir sind eigentlich von unserer Art und wie wir als Gesellschaft leben...und dann ja auch noch einmal so eine Komponente mit Eigenständigkeit, damit können wir sehr schwer umgehen. Wir haben weder gut gelernt danach zu fragen, noch sich selber darin auszuhalten oder andere darin auszuhalten. Also wenn ich Alter unter dem Thema Bedürftigkeit sehe, dann ist es etwas, wo ich denke: Oh ja, da würde ich gerne noch etwas Zeit haben zu lernen, weil wenn es mich heute oder morgen treffen würde, wäre ich nicht gut vorbereitet.“ (IP6w: 46)

Sie beschreibt das Verhältnis zwischen Abhängigkeit und Selbstbestimmung und weist daraufhin, dass es im Laufe des Lebens wenige Gelegenheiten gibt, sich mit dem Verhältnis auseinanderzusetzen. Für sie selbst bedeutet dies, dass es ein Lernprozess werden wird, in den man langsam reinwachsen wird. Daher hofft sie, dass der Fall der Pflegebedürftigkeit bei ihr nicht plötzlich auftreten wird.

Selbstbestimmung am Lebensende wird in den folgenden zwei Aussagen thematisiert:

> „Also es passiert schon, dass ich auch drüber nachdenke. Aber wenn es denn kommen sollte, dann bin ich auch bereit, ich möchte auf keinen Fall, wenn man bei mir jetzt noch eine Krankheit feststellen würde, woran ich

> sterben könnte…ich würde mich nicht mehr operieren lassen, ich würde nichts mehr machen lassen, ich würde sagen, macht so, dass ich damit leben kann, egal wie. Und wenn ich mich mit Tabletten vergifte, ist auch egal! Ist auch egal! Aber dahinsiechen will ich nicht. Das will ich auf gar keinen Fall! Also ich bin dankbar dafür, dass ich noch so viele Jahre hatte, wo es mir gutgegangen ist. Und da muss ich auch bereit sein zu sagen: Jetzt reicht's." (IP5w: 77)

Für sie gehört zur Selbstbestimmung, dass sie beim Auftreten einer schweren unheilbaren Krankheit selbst über ihr Schicksal entscheiden darf. Ein selbstbestimmtes Leben in dieser Situation zeichnet sich durch den Wunsch nach Schmerzfreiheit aus. Für sie bedeutet Selbstbestimmung im Alter in der letzten Konsequenz auch das Recht auf Suizid. Ein ähnliches Bild beschreibt die folgende hochaltrige Person:

> „Ja natürlich, da denk ich jeden Tag dran. Ich denk, Mensch, lieber Gott gut, dass ich morgens noch aufstehen kann. Ich nehm mir auch Zeit, ich hab ja Zeit. Mehr Zeit wie Geld, sag ich mal so lustig [lacht] Und nein…Erwartung? Man kann höchstens dumme Gedanken kriegen. Wenn man so viel erlebt hat…einiges sag ich mal…man hat nie genug gelernt also. Ich weiß nicht, ich glaub, ich würd mir das Leben nehmen, wirklich." (IP7w: 96)

Im Gesprächsverlauf wird deutlich, dass für sie ein selbstbestimmtes Leben durch die eigene Entscheidungsfreiheit gekennzeichnet ist. Dieser Aspekt bestimmt auch die Möglichkeit, selber zu entscheiden, aus dem Leben zu treten.

8.3.9.6 Konfrontation mit der Endlichkeit

Bei dieser Kategorie lassen sich Unterschiede bei den Aussagen der Befragten anhand des Lebensalters treffen. Befragte, die dem dritten Lebensalter zuzurechnen sind, thematisieren eher den Umgang mit Verlusten im eigenen Netzwerk oder setzen es in den Kontext eines Lebensresümees:

> „Das Problem ist, dass wenn man älter wird, das Netzwerk wegstirbt. Diese Dinge reduzieren sich automatisch. Das erschreckende ist, dass in den letzten Jahren mindestens sechs Personen gestorben sind. Alles Männer und keiner ist über 60 geworden. Das hat mich unheimlich erschrocken. Das sind so Dinge...dieses Netzwerk bricht so langsam zusammen und das kann schon ein Problem geben, weil ich ja nicht alles machen kann." (IP3m: 37)

Durch den Verlust aus dem nahen Umfeld von Personen, die ähnliche Merkmale wie er selbst erfüllen, wird er mit der eigenen Endlichkeit konfrontiert, was ihm in dieser Situation Angst bereitet. Im weiteren Verlauf des Gesprächs wird deutlich, dass es bei ihm nicht die Angst vor dem Tod generell ist, sondern vielmehr die Angst, zu früh und plötzlich aus dem Leben zu treten. Eine weitere Befragte bringt den Tod in erster Linie mit Abschied nehmen in Verbindung:

> „Ich hab mit Sterbenden gearbeitet...habe ich Angst vor dem Tod ist ja so eine zentrale Frage. (…) Kann ich die wirklich beantworten? Also diese Vorstellung, ich kann ja glauben, ich bin im Himmel, ich kann glauben, ich werd zur Ameise...das ist mir alles Wurscht. Als die Person, die ich im Moment bin, so in dem Umfeld, in dem ich im Moment bin, werd ich -egal, was ich glaube, ob ich Ameise oder Engel bin- nicht mehr sein. So, das bedeutet sehr viel Abschied nehmen, da kann ich mal mehr mal weiter weg von sein." (IP6w: 46)

Da sie in ihrem Berufsleben mit Sterbenden gearbeitet hat, ist ihr der eigentliche Prozess des Sterbens nicht unbekannt. Durch die Erfahrungen, die sie während ihrer Arbeitszeit gesammelt hat, sieht sie sich allerdings nicht in der Lage, die Frage zu beantworten, ob sie selbst Angst vor dem Tod hat. Für sie bedeutet der Tod das tatsächliche Ende, weil sie nicht an ein Leben nach dem Tod glaubt. Somit bedeutet für sie der Tod das Verlassen ihres gewohnten sozialen Umfelds und dem damit verbundenen Abschiedsprozess.

Im folgenden Textausschnitt beschäftigt sich ein Befragter mit der eigenen Einflussnahme auf seinen Todeszeitpunkt:

> „Die Haupteinflussmöglichkeit ist aber sozusagen ja ohnehin mit meinem sozialen Status (lachend) verbunden. Eben nicht zu denjenigen zu gehören, die also schlechte Gesundheitschancen haben. Aber ich bin auch nicht so überheblich zu denken, ich kann das letztlich alles steuern. Ich habe jetzt auch in letzter Zeit genügend Erfahrungen damit gemacht, dass Leute sozusagen Holta di Polta gestorben sind, von denen ich den Eindruck hatte, dass sie von sich aus erst mal alles getan haben, um gesund zu leben. Die also sportlich waren, die soziale Kontakte hatten, die Interessen hatten, die sich engagiert haben und so weiter. Auch für sich gesorgt haben, Bewegung, Ernährung. Und trotzdem. ′Zack′. Irgendwie…vielleicht da oder dort übertrieben haben. Da musste einer noch unbedingt irgendwie sich auf den nächsten Marathon vorbereiten oder was." (IP8m: 21)

Er ist sich bewusst, dass er aufgrund seines sozialen Status eigentlich eine höhere Lebenserwartung hat, als Menschen, die sozial schlechter gestellt sind. Dies löst in ihm allerdings keine trügerische Sicherheit aus, dass es in seiner eigenen Kontrolle liegt, den Todeszeitpunkt nach hinten zu verschieben. Hierzu tragen Erfahrungen bei, die er im Laufe der letzten Zeit gesammelt hat. Mehrere Menschen aus seinem sozialen Umfeld sind plötzlich verstorben, obwohl sie gesundheitsbewusst gelebt haben. Im weiteren Gesprächsverlauf setzt er sich konkret mit dem eigenen Tod auseinander:

> „Ich habe den Eindruck, ich habe ein gutes Leben geführt. Und wenn es jetzt zu Ende, irgendwann ist es zu Ende und wenn es jetzt auch bald zu Ende wäre, hätte ich nichts wo ich sagen würde, ´Oh dann hast du aber das verpasst oder das musst du aber, hättest du doch machen müssen. Und jetzt warst du gar nicht in China.´“ (IP8m: 29)

Resümierend zeigt er sich sehr zufrieden mit seinem Leben und seiner Lebenssituation, so dass er bei dem Gedanken an seine Endlichkeit sich nicht damit auseinandersetzt, etwas in seinem Leben verpasst zu haben.

Bei einigen der Befragten sind es konkrete Situationen in ihrem Leben, in denen sie mit der Endlichkeit konfrontiert worden sind. So berichtet ein Befragter:

> „Bis vor drei Jahren habe ich mir darüber nie Gedanken gemacht. Ich habe immer gedacht, ich kann an der Dachrinne hochklettert und über´s Dach laufen und hinten wieder runterspringen. Dann hatte ich aber die Sache mit dem Vorhofflimmern und da habe ich das erste Mal daran gedacht, dass es auch mal vorbei sein kann. Ich weiß auf jeden Fall, dass ich keine Qualen leiden möchte, da habe ich bei meinen nahen Angehörigen miterlebt. Mein Schwiegersohn ist sehr früh gestorben und beim Tod meiner Mutter habe ich das auch miterlebt, wie sie im Altenheim da so lag. Beide mussten entsetzlich leiden, dass möchte ich nicht. Wir haben das ja schon geregelt mit der Patientenverfügung, mit den lebensverlängernden Maßnahmen.“ (IP16m: 19)

Da er selbst immer ein sehr sportlicher Mensch gewesen ist, hat er sich bis ins Alter nicht mit dem Gedanken auseinandergesetzt, dass sich diese Situation ändern könnte. Erst eine konkrete Situation, in der er ein Vorhofflimmern entwickelt hat, hat ihn mit der eigenen Endlichkeit konfrontiert. Gleichzeitig ist es für ihn wichtig, alles im Vorfeld getan zu haben, damit ihm ein langer Leidensprozess am Ende des Lebens erspart wird. Auch hier spielen Erfahrungen im unmittelbaren familiären Umfeld eine zentrale Rolle. Eine andere Befragte beschreibt eine Erfahrung, in der sie sich nach einem Zwischenfall bei einer Operation sehr nah mit dem Tod konfrontiert sah:

> „Ja, das muss ich sagen. Seit ich dieses Erlebnis hatte, hab ich keine Angst mehr davor. Für mich ist da alles getan worden und das habe ich auch gespürt. Ich hatte keine Angst. Ich habe wirklich gedacht: Das war´s! Und dann habe ich gemerkt, dass ich ganz ruhig wurde. Das war für mich...ja,

> kein schönes Erlebnis, aber ein positives Erlebnis. Ich war mit mir im Reinen und ich war ganz ruhig. Als ich dann merkte, es geht doch weiter, ja da musste ich mich dann anstrengen und durchkämpfen. Das war dann ein Kampf." (IP12w: 45)

Da die Befragte in der beschriebenen Situation mit dem Leben abgeschlossen hatte und dieser Gedanke keine Angst ausgelöst hat, bewertet sie diese Erfahrung mit dem Tod als ein positives Erlebnis, das ihr die Angst vor dem Tod genommen hat.

Die Befragten, die anhand ihres chronologischen Alters dem vierten Lebensalter zuzurechnen sind, thematisieren das Vorbereiten auf den Tod und setzen sich konkret mir der Situation des Sterbens auseinander:

> „Ich habe noch nicht die richtige Philosophie. (...) Ich bin Ingenieur und kein Philosoph. Ich habe mir auch schon Bücher angeschafft...ich werde ja jetzt 87 Jahre. Ich kann mir das nicht vorstellen. Es ist ja eigentlich kindlich, dass ein alter Mann so denkt. Normalerweise müsste man sich ja auf den Tod vorbereiten, denn so weit ist der ja nicht weg...zwei Jahre noch, vielleicht noch fünf...zehn wären schon viel. So müsste man das doch sehen, eigentlich. Man müsste sich darauf vorbereiten und vielleicht besonders lieb und nett sein. Wir gehen ja jetzt auch in die Kirche [lacht]. Eigentlich müsste ich etwas anders leben." (IP11m: 19)

Da der Befragte bereits ein sehr hohes Lebensalter erreicht hat und der Tod nach seiner Auffassung in absehbarer Zeit auf ihn zukommt, hat er versucht, sich mit der Thematik des Sterbens und der Vorbereitung auf den Tod auseinanderzusetzen. Aus seinen Worten ist zu erkennen, dass er von sich selbst erwartet, besser auf diese Situation vorbereitet zu sein und sich beispielsweise nett zu seinen Mitmenschen verhält, bislang aber noch nicht den richtigen Weg gefunden hat, sich mit seiner Endlichkeit intensiv auseinanderzusetzen. Eine weitere Befragte hat konkrete Wünsche und Vorstellungen:

> „Ich möchte nicht sterben, wenn ich noch gesund bin. Ich möchte keinen Unfall haben oder so. Wenn ich aber schlecht dran bin...es trifft einen Krebs oder so...dann möchte ich nicht mehr lange leben. Es ist noch keiner davor hergekommen, ich möchte auch mehr darüber wissen...wir müssen das wohl in Erwartung der Dinge sehen." (IP10w: 55)

Sie möchte nicht plötzlich aus dem Leben gerissen werden, gleichzeitig wünscht sie sich keine lange Leidensphase, wenn eine unheilbare Krankheit aufgetreten ist. Auch für sie gehört es im hohen Alter dazu, sich mit der Thematik der eigenen Endlichkeit intensiv zu beschäftigen. Im nächsten Statement wird beschrieben, wie sich eine Befragte den eigenen Tod wünscht:

> „Am liebsten möchte man ja zu Hause sterben. Das überlass ich dem Herrgott...ich bete schon manchmal, dass man einen guten Tod hat, mehr kann man doch nicht tun."
>
> **Interviewer:** Was macht einen guten Tod aus?
>
> „Dass man nicht allzu viel leiden muss, aber auch nicht zu abrupt. Ich möchte nicht im Straßenverkehr sterben. Ich möchte zu Hause zwischen meinen Lieben kurz und bündig die Augen schließen, gut vorbereitet." (IP17w: 39-41)

Sie selbst ist der Meinung, dass sie ihr eigenes Schicksal wenig beeinflussen kann. Da sie an Gott glaubt, sieht sie im Gebet die Möglichkeit, sich mit dem Sterben auseinanderzusetzen. Ein guter Tod ist auch für sie gekennzeichnet durch eine Vorbereitungsphase, die nicht mit Leiden verbunden ist. Den eigentlichen Prozess des Sterbens wünscht sie sich im Beisein ihrer Angehörigen.

8.4 Die Entwicklung von gesundheitlicher Eigenverantwortung

Wie in Kapitel 5 beschrieben, verlaufen Entwicklungsprozesse innerhalb der gesamten Lebensspanne und werden dabei durch mehrere Faktoren beeinflusst. In diesem Teil der Arbeit werden die Einflüsse anhand des Dreifaktorenmodells beschrieben, die den Entwicklungsprozess von gesundheitlicher Eigenverantwortung beeinflussen. Anhand der Analyse der Interviews konnten folgende Faktoren extrahiert werden:

Abbildung 43: Entwicklungseinflüsse auf gesundheitliche Eigenverantwortung

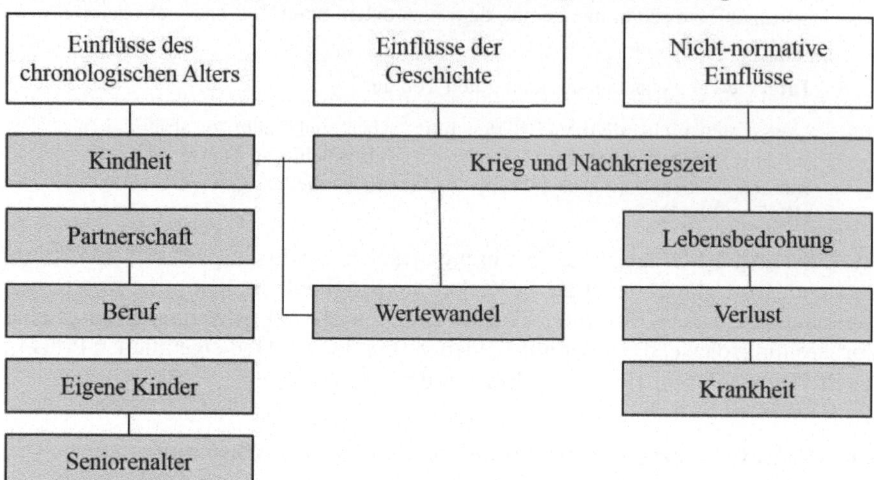

Quelle: Eigene Darstellung

Aus der Abbildung ist zu erkennen, dass sich für alle drei Faktoren unterschiedliche Ereignisse identifizieren lassen, die einen konkreten Bezug zur Entwicklung von gesundheitlicher Eigenverantwortung aufweisen. Die Querverbindungen verdeutlichen, dass die Faktoren nicht immer trennscharf sind und in direktem Zusammenhang stehen. Im Folgenden werden die jeweiligen Ereignisse anhand der Faktoren näher analysiert und beschrieben.

8.4.1 Einflüsse des chronologischen Alters

Einflüsse dieser Kategorie weisen einen starken Bezug zum chronologischen Alter des Individuums auf und sind aufgrund der zeitlichen Abfolge gut vorhersagbar. Biologische Reifungsprozesse (Pubertät) und altersgestufte Sozialisationsereignisse (Eintritt in den Ruhestand) sind typische Beispiele, die altersbedingte Einflüsse beschreiben. Für den Bereich der gesundheitlichen Eigenverantwortung lassen sich anhand der Daten fünf altersbedingte Einschnitte beschreiben, die in der Folge näher beleuchtet werden.

8.4.1.1 Kindheit

Wie in der Theorie beschrieben, wird in der Kindheit die Basis für die individuelle Gesundheitsgeschichte verfestigt. Eine besondere Bedeutung spielt in diesem Zusammenhang die Gesundheitserziehung. Dieser Aspekt darf allerdings nicht losgelöst vom historischen Kontext betrachtet werden, somit ergeben sich Parallelen zu den Einflüssen der Geschichte. Ein großer Teil der Befragten hat den zweiten Weltkrieg und die sich anschließende Nachkriegszeit erlebt, die konkreten Einflüsse werden in Kapitel 8.4.2.1 detailliert beschrieben. Für den Bereich der Gesundheitserziehung muss allerdings beachtet werden, dass die Befragten größtenteils in einer mehr oder weniger bewusst wahrgenommenen Notlage groß geworden sind. Dieser Aspekt spiegelt sich beispielsweise in der folgenden Aussage wider:

> „Eigentlich war das kein Thema, ich lebte ja nun in einer Arbeiterfamilie in ziemlich bescheidenen Verhältnissen. Aber ich hatte kein Grund zur Klage, es gab immer zu Essen und Trinken. Die Versorgung war gewährleistet, wir hatten einen eigenen Garten, im Sommer gab es Früchte und Gemüse. Aber ich bin nicht in besonderer Weise erzogen worden, was man gesundes Essen nennt." (IP2m: 24)

Der Befragte gibt an, dass er sich nicht daran erinnern kann, dass Gesundheit in seiner Erziehung eine besondere Rolle gespielt hat. Er begründet dies mit der finanziell eher prekären Situation der Familie. Unter gesunder Ernährung wurde in diesem geschichtlichen Kontext zunächst ein ausreichendes Maß an Ernährung verstanden, was teilweise durch Formen der Subsistenzwirtschaft erreicht wurde. Der Umgang mit dem Aspekt der Ernährung wird in dem folgenden Textsegment näher beschrieben:

> „Nein, fettarme Ernährung kam von ganz alleine in der Kindheit, weil es einfach nicht viel gab. Gemüse wurde auch viel gegessen, damit man satt wurde. Aber Gesundheitserziehung in dem Sinne...ne, auch in der Schule nicht, überhaupt nicht. Die haben uns halt ein wenig durch die Gegend gescheucht, damit wir uns bewegt haben und nachmittags haben wir uns von alleine bewegt. Wenn ich überlege...als ich eingeschult wurde, hatte ich 32 Pfund. Es gab ja noch Schulspeisung zu der Zeit, das heißt wir gingen mit unseren Tornister los, hatten einen Becher an der Seite und um 10 Uhr kamen die großen Jungs mit großen Thermokübeln und dann gab es Suppe für alle." (IP13m: 7)

In diesem Textausschnitt wird ebenfalls thematisiert, dass Gesundheitserziehung in der Nachkriegszeit keine Rolle gespielt hat. Ernährung wurde nicht unter dem Aspekt von gesunder Zusammensetzung gesehen, vielmehr wurden Maßnahmen eingeleitet, um Unterernährung entgegenzuwirken. Durch die Schulspeisung in der Nachkriegszeit haben gewissermaßen der Staat und die Verwaltung der Besatzungszonen die Verantwortung für diesen Teil der Gesundheit übernommen. Eine Befragte, die später geboren ist, beschreibt, dass Gesundheitserziehung in den 60er Jahren bereits eine größere Rolle gespielt hat:

> „Ich komm aus einer Kindheit, da hat man Lebertran und Sanostol gekriegt, wir haben es gehasst. Lebertran war ja nun echt grauenhaft. So Dinge waren immer Thema, von ´man muss was tun für Gesundheit, um nicht krank zu werden´. Im Bereich Gesundheit war es immer wichtig, Sport machen, bewegen. Waschen! Das sind ja ganz einfache Sachen, aber es hat was damit zu tun, dass ich gesund bleibe und nicht weil man stinkt." (IP6w: 11)

Es wird deutlich, dass der Befragten schon in der Kindheit vermittelt worden ist, dass sie einerseits ihren Gesundheitszustand aktiv steuern kann, andererseits aber auch dazu verpflichtet ist, Maßnahmen umzusetzen, um nicht krank zu werden. Sie kann sich daran erinnern, dass sich die Erziehung vor allem auf die Aspekte Bewegung und Hygiene konzentriert haben. Im weiteren Gespräch beschreibt sie, wer im familiären Umfeld die Erziehung übernommen hat:

> „Ich hab eine ein Jahr ältere Schwester, wir sind dann wieder zurück nach München. Dann hat mein Vater seine Dissertation abgeschlossen und ist dann schon einmal vorgefahren in die USA und wir sind dann wieder zu meiner Großmutter und haben da gewohnt, bis er dort soweit alles klar hatte, Job und Ähnliches. Dann sind wir rüber nach Amerika. Ich war da um die zwei Jahre alt." (IP6w: 3)

Es ist zu erkennen, dass die Befragte schon in früher Kindheit mehrere Brüche erlebt hat, so dass die Personen, die ihre Erziehung übernommen haben, mehrfach gewechselt haben. Ein weiterer Befragter beschreibt, dass die Erziehung hauptsächlich von seiner Mutter übernommen wurde:

> „Für diese Dinge war ja in erster Linie meine Mutter zuständig, weil mein Vater gearbeitet hat. Ich kann mich daran erinnern, dass bei uns immer schon damals sehr viel Wert auf Ernährung und Hygiene gelegt wurde. Es wurde immer frisch gekocht und es war wichtig, dass sich vor dem Essen die Hände gewaschen wurden." (IP16m: 5)

In diesem Beispiel konzentriert sich die Gesundheitserziehung ebenfalls auf die Bereiche Ernährung und Hygiene. Im weiteren Gespräch beschreibt der Befragte, dass die Aspekte, die ihm damals vermittelt worden sind, ihn geprägt haben und heute noch eine wichtige Größe bei seinem Gesundheitsverhalten ausmachen. So setzt er die damals vermittelten Hygienemaßnahmen heute noch um und achtet in der Regel auf eine gesunde Ernährung. Durch den frühen Tod der Mutter, wurde bei einem weiteren Befragten die Erziehung von der Großmutter übernommen:

> „Ich hab schon sehr früh die Sache Gesundheit wahrgenommen, weil ich als Kind sehr anfällig für Lungenkrankheiten war. Ich hatte eine empfindliche Lunge und meine Mutter ist sehr früh gestorben. Meine Großmutter war sehr ängstlich, weil sie selbst ein Kind und ihren Mann durch Tuberku-

> lose verloren hat. Da ich selbst sehr anfällig war, war sie unheimlich vorsichtig mit mir, so dass sie den behandelnden Arzt aufgefordert hat, mir doch das Schwimmen zu verbieten. Dann hat der gesagt: ′Ne, das ist genau das, was ihn stabilisiert.′ Das ist mir dann gefolgt, bis ich in meiner Lehrzeit auf einer Baustelle arbeiten musste. Ich war also auch als Jugendlicher sehr viel krank. Dann habe ich neun Monate auf der Baustelle gearbeitet und siehe da: Danach hatte ich so gut wie keine Lungenentzündung mehr. Das waren so die Berührungspunkte mit Krankheit in den frühen Jahren." (IP9m: 3)

Die Ängste der Großmutter vor schwerwiegenden Erkrankungen hat sie in ihrem Erziehungsstill so umgesetzt, dass sich der Befragte in der Kindheit möglichst keinen potenziellen Gefahren aussetzen durfte. Dies hat dazu geführt, dass er in der Kindheit jede Form von körperlicher Aktivität vermieden hat und sehr häufig krank gewesen ist. Erst die eigenen Erfahrungen, dass er durch körperliche Aktivität eine Form von Resistenz entwickeln kann, haben dazu geführt, dass er ein Vertrauen in seine eigenen Fähigkeiten entwickeln konnte. Der Aspekt der Überfürsorge wird in zwei weiteren Interviews thematisiert:

> „Das hatte bei meinem Vater zur Folge, dass wir immer mal wieder zu Ärzten geschickt wurden, um zu schauen, ob wir irgendetwas mit Zucker haben. Die Angst war bei ihm immer da, dass wir zuckerkrank werden könnten, dass wir da irgendetwas geerbt hätten, das saß einfach in den Knochen. Und bei meiner Mutter war das eher so die Lungengeschichte." (IP6w: 9)

Auch hier haben negative Erfahrungen aus dem familiären Umfeld einen konkreten Einfluss auf die Gesundheitserziehung gehabt. Die Angst, die Kinder können an Krankheiten leiden, die im familiären Umfeld auftreten, führte zu einer verhältnismäßig hohen Anzahl an präventiven Untersuchungen. Der folgende Textausschnitt zeigt, dass sich diese Angst auf die Befragte übertragen hat:

> „Irgendwann in der Zeit...ich kann mich erinnern, dass ich schon immer einen schwachen Magen hatte und mit Übelkeit zu kämpfen hatte als Kind. Das war auch in der Zeit mit der Lungenentzündung, da hatten alle Schiss, ob ich Tb hatte. Dann hatte ich irgendwann ein ausgerenktes Knie und das war ziemlich massiv. Das hat bedeutet, dass ich recht lange im Krankenhaus war und fast ein halbes Jahr nicht in der Schule war, das war in der zehnten Klasse. Das ist dann auch in Deutschland operiert worden, war aber danach eigentlich nicht gut." (IP6w: 3)

Das Beispiel zeigt zudem, dass eine in der Kindheit erlittene Krankheit durchaus Auswirkungen auf die Wahrnehmung von gesundheitlicher Eigenverantwortung in der gesamten Lebensspanne haben kann. Durch die Einschränkungen, die sich durch das kranke Knie ergeben haben, war die Befragte im weiteren Verlauf ihres Lebens in Bewegungsaktivitäten eingeschränkt.

Eine andere Befragte sieht in der Überbehütung vor allem durch den Vater eine positive Auswirkung auf ihre Gesundheit:

> „Dann hat Vater mich wie seinen Augapfel behütet und ich [...] meine großen Brüder, die haben schon mal ´ne Tracht Prügel gekriegt aber nein, das Kind, dem Kind tun wir nichts, nein nein, also das Kind wurde nur noch behütet und das führe ich auch darauf zurück, dass ich heute in meinem Alter noch relativ gesund bin.“ (IP5w: 2)

Im weiteren Gespräch wird allerdings deutlich, dass die Behütung sich nicht durch Verboten und Kontrollen äußerste, sondern vielmehr durch ein hohes Maß an Fürsorge und Liebe.

Eine weitere Befragte beschreibt, dass sie sich erinnern kann, dass bei ihrer Erziehung ebenfalls kein besonderer Wert auf Gesundheit gelegt worden ist und erläutert dies anhand eines Beispiels:

> „Dann war das Blicke auf die Gesundheit des Kindes...ja, es hatte nicht so viel Priorität. Ich erinnere mich an eine Situation, als meine Mutter mit mir zum Zahnarzt war, wegen der Zahnfehlstellung. Da hat der Zahnarzt gemeint, es wäre schon gut so, wenn ich eine Spange bekäme. Dann ist meine Mutter mit mir zum Kieferorthopäden gefahren und da wurde ihr gesagt, mein Kiefer wäre unten zu klein für die vielen Zähne, da müssten mir erst ein paar Zähne gezogen werden. Dann wieder zurück zum Zahnarzt...und der hat dann gesagt, weil mir wohl offensichtlich immer so schlecht geworden ist, auch schon bei einer Spritze oder so, ich wäre viel zu empfindlich für das ganze Prozedere. Das war der springende Punkt, das hat meine Mutter dann abgeschreckt, mit mir diesen Weg zu gehen, ob nötig oder nicht. Ich hab keine Zahnspange gekriegt, die Zähne wurden nicht gezogen und dann konnte ich mein Leben mit diesen kusseligen Zähnen verbringen. Also...auch dann in so schwierigen Fällen nicht nochmal für das Kind dann überlegen oder eine andere Meinung einholen, zum anderen Zahnarzt zu gehen. Ja…ich denke auch es sind viele Sachen verschludert worden.“ (IP4w: 5)

Resümierend stellt die Befragte fest, dass bei ihrer Erziehung unter gesundheitlichen Aspekten viele Dinge vernachlässigt worden sind. Besonders verfestigt hat sich bei ihr der Aspekt, dass durch die Aussagen des Zahnarztes, sie sei zu empfindlich für die Behandlung, der Eindruck bei ihr entstanden ist, dass sie selbst schuld an der Situation gewesen ist. Unter den Folgen, dass die Zähne nicht korrigiert worden sind, leidet sie heute noch.

Der Bereich der durchlebten eigenen Krankheiten wird von den Befragten nur nebensächlich thematisiert. In der Regel bestehen keine bleibenden Erinnerungen an Kinderkrankheiten, nur die Tatsache, dass dies damals als normaler Entwicklungsprozess akzeptiert worden ist. Die Phase der Jugend wird in den Interviews ebenfalls wenig thematisiert. So gibt ein Befragter geben an, dass diese Phase in der Entwicklung dadurch gekennzeichnet war, dass der Aspekt der Gesundheit eher eine untergeordnete Rolle gespielt hat und andere Aspekte wie Identitätsfindung, Ausprobieren und Erfahrungen sammeln die Entwicklungsphase bestimmt haben. Dass dies in bestimmten Fällen durchaus konträr zu gesundheitlicher Eigenverantwortung laufen kann, zeigen die folgenden Beispiele:

> „Ich habe eigentlich nie gerne geraucht. Nur so in der Jugend, da gehörte es dazu. Bei uns im Kino gab es so eine lange hohe Treppe. Ich bin dann dorthin und habe mir die Hollywood-Filme angeschaut. Und wenn der Film dann vorbei war, hatte ich meinen Trenchcoat an, offen und der Kragen wurde hochgestellt und natürlich die Zigarette im Mund, das gehörte dazu (lacht)...da wollte ich dann posieren." (IP16m: 13)

Der Befragte schildet die Situation, dass er in der Jugend eigentlich das Rauchen nicht aus Aspekten des Genusses angefangen hat, sondern vielmehr, um Idole seiner Jugend zu imitieren. Zur damaligen Zeit verkörperte für ihn das Rauchen eine Form von Weltoffenheit und Zeitgeist. Eine ähnliche Verhaltensweise wird in der folgenden Textpassage beschrieben:

> „Mein Vater hat auch geraucht wie ein Schlot. Das hat mich aber nicht angemacht, das Selbe zu tun. Das war eine ganz andere Ursache: Die lockere Lebensart in dem Alter von 23-24 Jahren, da hat das dann begonnen. Es war kein Druck, die Leute rauchten ja alle in meiner Umgebung, alle! Die soffen auch alle Schnaps und zwar eigentlich auch relativ regelmäßig, allerdings nicht in großen Mengen, das kann ich von meiner Nachbarschaft oder von meiner Familie nicht sagen." (IP2m: 24)

Bemerkenswert an dieser Stelle ist, dass der Befragte schon früh durch den Vater mit dem Rauchen konfrontiert worden ist, ihn dies aber nicht negativ beeinflusst und zum Rauchen animiert hat. Erst als Heranwachsender wurde er durch sein soziales Umfeld beeinflusst, den scheinbaren Trend mitzugehen.

8.4.1.2 Partnerschaft

Für viele Befragte ist eine gut funktionierende Partnerschaft eine wichtige Stütze bei der Umsetzung von gesundheitlicher Eigenverantwortung. Besonders in gesundheitlichen Krisen und deren Bewältigung erfahren die Betroffenen durch den Partner ein hohes Maß an Verständnis und Unterstützung:

> „...bin ich rausgekommen mit eiserner Energie und mit Bewegung, mit frischer Luft, natürlich auch mit sehr viel Verständnis vom Partner, das gehört auch dazu. Mein Mann hat mich immer in all den Zeiten, wo ich krank war sehr gestützt. Das hat mir natürlich auch sehr geholfen, da Verständnis zu finden." (IP1w: 8)

Die Befragte gibt an, dass sie die Bewältigung in erster Linie selbst gesteuert hat, allerdings war die Unterstützung durch den Partner notwendig und hat zu zusätzlicher Motivation geführt. In anderen Interviews beschreiben die Befragten, dass eine gut funktionierende Partnerschaft eine zentrale Basis für die Ausübung von gesundheitlicher Eigenverantwortung ist. Zum einen wird angesprochen, dass in der Partnerschaft ein gegenseitiges aufeinander Achten umgesetzt wird. Zum anderen wird betont, dass mit dem Eingehen einer Partnerschaft auch Verantwortung gegenüber dem Partner besteht, möglichst gesund zu leben.

Die negativen Auswirkungen, die eine belastende Beziehung mit sich führen kann, wurden in der Theorie unter der Thematik „bad marriage" diskutiert. Diese Aspekte finden sich auch in mehreren Aussagen der Befragten wieder:

> „Nee, ich bin eigentlich froh, dass ich den ganzen Beziehungsballast, denn ich ja nun hatte, los bin. Das ohne Zweifel. Dadurch sind die strapaziösen Zeiten vorbei. Ich denke das hat auch körperlich Auswirkungen gebracht. Im Nachhinein kann man sich ja auch selber vorwerfen, dass man sich nicht aus so einer Situation befreit hat, weil man da ja selber verantwortlich ist für sich." (IP4w: 19)

Die Befragte gibt an, dass die Beziehung sehr belastend für sie gewesen ist und sie daher auch keine Motivation in dieser Zeit gefunden hat, besonders auf sich und ihre Gesundheit zu achten. Resümierend geht sie davon aus, dass die Belastungen in der Ehe sich negativ auf ihren Gesundheitszustand ausgewirkt haben. Erst mit der Trennung vom Partner hat sie wieder Zeit für sich selbst gefunden. Gleichzeitig beschreibt sie, dass durch die Trennung weitere Ängste und Sorgen entstanden sind:

> „Kurz nach Beendigung meiner Berufslaufbahn habe ich mich von meinem Ehemann getrennt. Das ist natürlich...das wirkt sich natürlich auch...die ganzen Ängste und das Leben so alleine und dann wie klappt das jetzt. Im

> Laufe der Jahre setzt man sich auch damit auseinander, alleine alt zu werden." (IP4w: 17)

Die neue Lebenssituation bereitet ihr neben den positiven Aspekten Angst, weil sie sich damit auseinandersetzt, den weiteren Teil ihres Lebens alleine zu verbringen. Auf unterstützende Aspekte einer Beziehung kann sie nicht zählen und sie ist sich bewusst, dass sie Eigenverantwortung für alle Bereiche ihres Lebens übernehmen muss. Eine andere Befragte beschreibt die Trennung von ihrem Partner als durchweg positives Ereignis in ihrem Leben:

> „Aber dann hat sich das nachher so eskaliert, dass ich gedacht hab, jetzt muss ich irgendeine Entscheidung treffen, meine Kinder waren auch schon so weit, dass die das selbst entscheiden konnten, mein Sohn war schon im Studium und meine Tochter stand kurz vorm Abitur und dann hab ich gedacht jetzt oder nie und dann hat sich das so per Zufall ergeben, dass ich da mit acht Stunden in der Woche angefangen hab Sekretariat und dann hinterher immer aufgebaut, so dass ich hinterher noch die Chefsekretärin war also das war…weiß nicht, was das war…Glück? Weiß ich nicht, kann ich ihnen nicht sagen und da hab ich gar keine Zeit gehabt, krank zu werden, hab ich nicht. Ich musste mich einarbeiten, ich musste noch stenographieren. Steno lernen, ich musste noch mit der Schreibmaschine umgehen können ich musste mich rein denken in eine pubertierende Tochter…und was für eine, da hatte ich keine Zeit, krank zu werden, aber es ging auch, hab auch nichts gehabt. Und das ist eigentlich auch der Grund dafür…wenn man etwas mit Spaß und Freude macht, dann wirkt sich das auch aus auf das Verhalten, das wirkt sich ja auch auf die Gesundheit aus, das [...] naja, jedenfalls bin ich dann bis zur Rente im Sekretariat geblieben." (IP5w: 12)

Im weiteren Verlauf des Gesprächs wird deutlich, dass die Befragte in den Jahren ihrer Ehe unterdrückt worden ist und ihr jegliche Form von eigenständigem Handeln untersagt worden ist. Dies bezog sich auch auf gesundheitsrelevantes Verhalten, was nach ihren Aussagen dazu geführt hat, dass sie sich nicht mehr um sich selbst gekümmert hat. Obwohl die neue Lebenssituation nach der Trennung mit zahlreichen neuen Aufgaben und Herausforderungen verbunden war, hat sie sich gesünder gefühlt, als in der Zeit der Partnerschaft. Sie begründet dies durch die wiedergewonnene Lebensfreude und sie betrachtet die Trennung vom Partner als positiven Wendepunkt in ihrem Leben.

In der folgenden Textpassage kommt zum Ausdruck, dass eine Krise in der Partnerschaft nachhaltige Folgen auf die weiteren Lebensabschnitte haben kann:

> „Der Auslöser war schon früher...das war 1968, da hatten wir eine Partnerkrise. Ich war beruflich überbelastet, weil wir damals große Vorbereitung

> für den Katholikentag hatten, ich war beim Bistum beschäftigt. Zu der Tagarbeit kam dann noch sehr viel Abendarbeit und irgendwo sind wir dann sehr stark kritisiert worden, das habe ich dann wohl nicht verkraftet. Dann habe ich gedacht: ′Jetzt machst du erst mal Schluss und sorgst für dich selber.′ Dann hab ich mit Yoga angefangen.“ (IP9m: 19)

Die Krise in der Partnerschaft und das scheinbare Versagen im Beruf trotz übermäßigem Einsatz haben den Befragten veranlasst, sein Leben zu überdenken und neuzuordnen. Ab diesem Zeitpunkt hat er sich intensiver um sich und seine Partnerschaft gekümmert und Gesundheit und Wohlbefinden in den Mittelpunkt seines Lebens gesetzt.

8.4.1.3 Beruf

Anhand des Datenmaterials zeigen sich unterschiedliche Entwicklungseinflüsse auf Gesundheit und gesundheitliche Eigenverantwortung, die sich durch die berufliche Situation der Befragten im Laufe der Lebensspanne ergeben haben. Zum einen wird der Zeitfaktor angesprochen:

> „Ich habe Ingenieurswissenschaften und Betriebswirtschaft studiert und ich hab dann ab dem 35. Lebensjahr eine Karriere gemacht, eine sehr steile Karriere. Ich bin in relativ kurzer Zeit Geschäftsführer geworden und dann Geschäftsführer von sieben Gesellschaft.“ (IP3m: 11)

Durch die Konzentration auf seine berufliche Karriere im mittleren Lebensalter ist dem Befragten in dieser Phase wenig Zeit geblieben, sich um seine Gesundheit zu kümmern. Rückblickend geht er davon aus, dass der berufliche Stress in erheblichem Maße dazu beigetragen hat, dass er einen schweren Herzinfarkt erlitten hat. Das Überleben der Krankheit bildet in seinem Leben einen Wendepunkt, weil er sich danach sehr auf die Wiederherstellung und den Erhalt seiner Gesundheit gekümmert hat. Eine weitere Befragte beschreibt die Schwierigkeiten, die sich aus der Doppelfunktion zwischen Hausfrau und Berufsleben ergeben haben:

> „Es ist alles immer seinen Weg gegangen...ob es immer richtig war, das stell ich mal dahin, aber wir wurden einfach mitgezogen. Auch zu Hause, wenn man einen Wirtschaftsbetrieb hat mit vielen Veranstaltungen und Hochzeiten, Geburtstage...dann hatten wir Touristenverkehr mit Fremdenbetten, da gab es immer Arbeit...da gab es auch kein ′Ich kann nicht′ oder ′Ich will nicht′ wir haben alle mitgezogen, solange wir konnten. Auch als wir anfangs verheiratet waren, da kriegte ich manches Mal einen Anruf, dass ich kommen müsste, weil so viel zu tun war. Das war auch alles nach meinem Feierabend, da konnte ich nicht sagen, dass ich keine Lust habe oder so. In den Jahren hatte ich GANZ wenig Zeit für mich privat. Ich hatte

> selten Zeit zum Lesen gehabt, auch wenig Ferngesehen, wenig unternommen, außer dass ich zum Turnen ging, da hab ich für nichts privates Zeit gehabt.“ (IP17w: 21)

Durch die starke Einbindung in Beruf und Familie ist ihr in dieser Phase des Lebens sehr wenig Zeit geblieben, sich um sich und ihre Gesundheit zu kümmern. Berufliche Erfolge können andererseits dazu beitragen, dass die Lebenszufriedenheit eines Menschen steigt, wie das folgende Beispiel zeigt:

> „Weil ich ja da eine schöne Lehrzeit hatte, ich war ja damals so…ich kann gar nicht sagen, wie glücklich ich war, als ich diesen Lehrvertrag von Karstadt in der Hand hatte. Und jetzt hab ich dann auch noch…unser Jahrgang, der hat besonders gut abgeschnitten als wir die Prüfung gemacht haben, wir haben alle, glaub ich, mit gut abgeschnitten und dann haben wir von der Geschäftsführung ein ledergebundenes Lexikon bekommen, mit einer handschriftlichen Widmung drin, weil der Lehrgang so gut ausgefallen war. Das war auch eine schöne Zeit, wir hatten einen Personalchef …und dann muss ich sagen, mir sind immer Menschen begegnet, die mich geprägt haben. Das war damals als ich in der Ausbildung war, die Phase…der Personalchef von Karstadt. Das war für mich…das war ein idealer Mensch für mich. Und so hab ich eigentlich immer Menschen gefunden an denen ich mich orientieren konnte.“ (IP5w: 62)

Die Befragte kam aus einfachen Verhältnissen und hat es nicht für möglich gehalten, diese Lehrstelle zu erhalten. Die Erfolge, die sie dann im Verlauf ihrer Ausbildung erlebt hat, haben in hohem Maße dazu beigetragen, dass sich ihr Vertrauen in die eigenen Fähigkeiten und damit verbunden auch ihr Selbstwertgefühl verbessert haben. Die Befragte verweist dabei auf die Tatsache, dass es ihr in ihrem gesamten Leben immer sehr wichtig gewesen ist, sich an bestimmten Menschen, die für sie eine Vorbildfunktion verkörpert haben, zu orientieren. Von ähnlichen positiven Effekten berichtet eine andere Befragte:

> „Ich habe die Zeit, wo ich gearbeitet habe, in sehr sehr guter Erinnerung. Wir haben hier mit den Kindergärten und Grundschulen rundherum zusammen gearbeitet. Uns wurde auch bestätigt, dass wir die Kinder in einem guten Zustand in die Schule geschickt, wenn man das so sagen kann. Ich vergesse es nicht...einmal habe ich eine Lehrerin getroffen, die kam auf mich zu: ′Was glauben Sie, was die Kinder jetzt können? Die können nichts! Die können nicht mal ihren Ranzen packen, die können sich nicht anziehen...was machen die da?′ Ich habe gesagt: ′Ich bin da nicht mehr für zuständig.′ Wir haben immer Wert darauf gelegt, dass sie selbstständig wurden. Das habe ich 25 Jahre gemacht.“ (IP12w: 11)

In diesem Beispiel wird ebenfalls deutlich, dass die Bestätigungen in ihrem beruflichen Handeln dazu beigetragen haben, ihren Selbstwert zu erhöhen und ihr positives Lebensgefühl zu unterstützen.

Eine Befragte ist über weite Strecken ihres Lebens im Gesundheitsbereich tätig. Die Erfahrungen, die sie in dieser Zeit gesammelt hat, haben ihre Einstellung zur Gesundheit, zum Gesundheitsverhalten und zu Institutionen des Gesundheitswesens maßgeblich beeinflusst. Ihre Tätigkeit in Entwicklungsländern hat dazu geführt, ihre kritische Einstellung zum deutschen Gesundheitssystem teilweise zu revidieren:

> „Das ist ernüchternd, denn es bedeutet die Klarheit, wir haben ein verdammt gutes System, ich kann davon halten was ich will. Ich habe aber hier ein System, ich muss nicht auf der Straße verrecken. In vielen Ländern der Erde bedeutet das, ich hab die Freiheit auf der Straße zu verrecken. Es gibt einfach nichts. Wir hatten den Fall in Haiti, da sind die Eltern mit dem kranken Kind da gewesen und wir haben gesagt, wir können das Kind nicht behandeln. Dann haben die Eltern das Kind über die Mauer geschmissen, von dem Kloster...Ja, da werden Kinder mit zwei drei Jahren auf die Straße gesetzt, weil die Eltern die nicht ernähren können. Die haben uns teilweise die Tür eingerannt, teilweise weil es einfach nur Hunger war. Es war teilweise einfach klar, dass sie die Sorge für die Kinder nicht übernehmen können und dann war da die Hoffnung, dass da jemand mit Geld ist. Das war die einzige Chance, dass ein Kind überleben kann." (IP6w: 24)

Bei dieser Arbeit ist sie mit Situationen konfrontiert worden, die ihr verdeutlicht haben, dass in anderen Ländern mit weniger solidarisch ausgelegten Gesundheitssystemen, die Problemlagen der ärmeren Menschen existenz- und lebensbedrohlich sein können, wenn sie nicht über die finanziellen Mittel einer Behandlung verfügen. Die Erfahrungen aus dieser Arbeit haben bei ihr zu einer intensiven Auseinandersetzung mit der Funktionsweise von Gesundheitssystemen geführt.

Dass die Berufsfindung dazu beitragen kann, die Selbstfindung im Entwicklungsprozess zu unterstützen, zeigt das folgende Beispiel:

> „Volkschule, dann hat man bestimmte Wünsche...Lokomotivführer und LKW-Fahrer [lacht]. Ich hatte auch eine Lehrstelle bei der Deutschen Bahn, um Lokomotivführer zu werden. Aber da hätte ich immer eine weite Strecke jeden Tag mit der Bahn fahren müssen, das war mir dann doch zu weit und dann habe ich ganz einfach Schlosser gelernt. Nach einem viertel Jahr wusste ich aber auch, dass das nicht mein Beruf für´s Leben wird, das stand fest. Ich wollte immer mal zur See fahren und bin dann zum Arbeitsamt gegangen zur Berufsberatung ´Ich will zur See fahren, was muss ich machen?´. Da hat der Berufsberater gesagt ´Wenn Du zur See fahren willst, musst Du erst einmal zur Schule gehen. Mach erst einmal die Abendschule,

> dann hast Du alle Möglichkeiten, dann kannst Du studieren.´ Dann habe ich neben der Lehre die mittlere Reife nachgemacht über drei Jahre. Dann war auch die Lehre abgeschlossen und bin dann nach Hamburg gefahren, und habe mir eine Stelle auf dem Schiff besorgt. Nach sechs Monaten habe ich gesagt: ´Ein schöner Traum, aber auf Dauer will ich das auch nicht machen.´" (IP13m: 9)

Der Befragte hat seine beruflichen Kindheitsträume verwirklicht und mehrmals festgestellt, dass es Unterschiede zwischen Traum und Realität gibt. An diesen Wendepunkten hat er jeweils seine Zielsetzung aktualisiert und auf die neue Situation angepasst. Letztendlich hat er eine berufliche Karriere in leitender Position absolviert. Trotz mehrmonatiger Auslandsaufenthalte im Jahr hat er seinen Beruf nie als Stress empfunden.

8.4.1.4 Eigene Kinder

In mehreren Interviews wurde angesprochen, dass die Geburt und die anschließende Erziehung der eigenen Kinder dazu geführt haben, sich vermehrt mit dem Thema Gesundheit auseinanderzusetzen. Neben der eigentlichen Eigenverantwortung wird ab diesem Zeitpunkt zusätzlich Verantwortung für die eigenen Kinder übernommen:

> „Das Bewusstsein fängt dann glaube ich selber an, wenn man Kinder hat. Ich hab einen Sohn, meine Generation hat dann schon darauf geachtet, aber noch nicht so extrem wie heute. Heute gehe ich schon wesentlich bewusster in einen Supermarkt." (IP3m: 15)

Der Befragte beschreibt, dass die Geburt seines Sohnes dazu geführt hat, sich intensiver mit Gesundheitserziehung zu befassen, um ihm zentrale Aufgaben des gesundheitsrelevanten Verhaltens zu vermitteln. Er relativiert seine Aussage allerdings, weil er der Meinung ist, dass das Wissen zu damaligen Zeit noch nicht so ausgereift war, wie es heute ist. Auf welche Aspekte sich die Gesundheitserziehung der eigenen Kinder bezogen hat, wird in der nachstehenden Textpassage erläutert:

> „Wir haben einen Sohn. Da haben wir das dann auch so weitergeben, Hygiene und die üblichen Dinge. Bei der Ernährung haben wir natürlich schon darauf geachtet, dass es nichts Ungesundes gab. Er war da aber auch relativ unproblematisch und hat da selber drauf geachtet, soweit ich weiß, ist das auch heute noch so." (IP14w: 7)

Die Gesundheitserziehung umfasst im Wesentlichen die Aspekte der Ernährung und Hygiene. Die Durchführung ihrer Aufgabe bewertet sie rückblickend positiv, weil sie der Auffassung ist, dass ihr Sohn ein eigenverantwortliches Gesundheitsverhalten entwickelt hat und es bis zur heutigen Zeit umsetzt.

Dass gesundheitliche Probleme bei den Kindern Ängste auslösen können und den Alltag mitbestimmen können, zeigt das folgende Beispiel:

> „Mein ältester Sohn...als Kinder hatten die eigentlich beide Probleme. Mein ältester war neun Jahre, das hatte er eine Gehirnhautentzündung, das hat eine längere Zeit gedauert. Aber es hat sich nie wieder ausgeweitet und es ist auch nichts geblieben. Aber die Angst war eigentlich immer bei uns da. Und unser Jüngerer, der hatte mal ne Mandelentzündung, aber beide hatten kein besonderes Leiden." (IP10w: 26)

Die Befragte beschreibt beide Kinder als krankheitsanfällig. Der ältere Sohn hat eine längere Krankheitsphase mit Gehirnhautentzündung durchstehen müssen. Im weiteren Verlauf des Interviews beschreibt die Befragte, dass die Krankheit bei ihr Ängste ausgelöst haben, die sich zum einen auf das Durchstehen der Krankheit und zum anderen auf mögliche Folgeschäden beziehen. Da der zweite Sohn anfällig für Erkältungskrankheiten war, hat sie sich intensiv mit Methoden der alternativen Behandlung und Gesundheitsförderung beschäftigt. Auch sie bewertet ihr Handeln rückblickend positiv, weil ihre mittlerweile erwachsenen Kinder weitestgehend gesund leben.

8.4.1.5 Seniorenalter

Der Eintritt in die Lebensphase Alter hat in mehrfacher Weise Einfluss auf gesundheitliche Eigenverantwortung. Mit dem Austritt aus dem Berufsleben, bewertet eine Befragte die Regeneration von körperlicher Fitness unter neuen Voraussetzungen:

> „Mit der Verrentung kam natürlich ein ganz neuer Lebensabschnitt, man war nicht mehr dem regelmäßigen Arbeitsleben ausgesetzt, um für jeden Preis für die Arbeit fit zu sein, wenn es einem mal nicht so gut ging. Die Wochenenden waren ja dann dafür da, dass man sich wieder fit machte für den Montag. Also Freitags Abend, als ich noch berufstätig war, da war ich schlapp und kaputt. Ich hab hinterher vermieden, mich Freitagsabends zu verabreden, weil ich da zu kaputt war." (IP4w: 17)

Sie beschreibt, dass sie zur Zeit der Erwerbstätigkeit die Wochenenden ausschließlich zur Regeneration genutzt hat, um am Beginn der Woche wieder fit für das Berufsleben zu sein. Mit der Beendigung der beruflichen Laufbahn entfällt für sie diese Pflichtfunktion und sie kann sich durch die neu gewonnene Freiheit vermehrt um sich selbst und ihre Gesundheit kümmern. Somit erhält die Umsetzung von gesundheitlicher Eigenverantwortung für sie einen neuen Stellenwert.

Des Weiteren können altersbedingte Funktionseinschränkungen einen direkten Einfluss auf die Umsetzung von gesundheitlicher Eigenverantwortung haben, wie das Beispiel verdeutlicht:

> „Ja...was ist Alter? Zurückstecken muss man. Ich fahre zum Beispiel gerne Fahrrad, jetzt habe ich aber vier oder fünf Jahre kein Rad mehr gefahren, ich möchte aber trotzdem versuchen. Ich habe aber etwas Angst, weil ich mir denke, wenn ich stürze...dann ist es gefährlich. Man hat dann im Alter nicht mehr ganz so das Gleichgewicht. Ich habe auch beim letzten fahren gemerkt, dass ich schlecht über den Einstieg kam, wegen der Hüfte. Da muss man dann eben irgendwelche Abstriche machen, es geht eben nicht mehr, man ist alt und muss sich damit abfinden. So gesehen muss man auch auf einiges verzichten." (IP17w: 27)

Das Beispiel zeigt, dass die altersbedingten Veränderungen des Bewegungsapparates und des Gleichgewichtssinns dazu führen, dass sie momentan kein Fahrrad mehr fährt. Da sie diese Tätigkeit sehr gerne ausgeführt hat, ist für sie das Alter verbunden mit Verzicht, den sie akzeptieren muss. Ein weiterer Befragter stellt fest, dass im Alter mögliche Kompensationsmuster nicht mehr funktionieren oder auf die neue Lebenssituation angepasst werden müssen:

> „Jetzt im Alter...da muss man natürlich auch noch sagen, dass es wieder kommt und mich in der Bewegung einschränkt, außerdem kommt noch dazu, dass ich leicht Parkinson habe. Aber früher habe ich das in den Griff bekommen." (IP15m: 3)

Der Befragte litt in jungen Jahren unter Kinderlähmung und hat Spätfolgen in der Beweglichkeit der Extremitäten beibehalten. Er hat gelernt, die Beweglichkeit durch Training der Extremitäten weitestgehend aufrechtzuerhalten. Mit steigendem Lebensalter stellt er allerdings fest, dass das Training an Effizienz verliert und er somit in seiner Bewegung eingeschränkt ist.

8.4.2 Einflüsse der Geschichte

Geschichtlich bedingte Einflüsse werden im Kontext der historischen Zeit betrachtet. Sie wirken in der Regel auf eine gesamte Generation innerhalb einer Gesellschaft. Typische Beispiele für Deutschland sind etwa der Zweite Weltkrieg und die Wiedervereinigung. Anhand der Interviews können folgende Einflussfaktoren identifiziert werden.

8.4.2.1 Krieg und Nachkriegszeit

Der Zweite Weltkrieg hat die Entwicklung der Befragten in mehrfacher Weise beeinflusst, wie bereits in Kapitel 8.3.4.2 gezeigt wurde. Im zeitgeschichtlichen Kontext hat der Krieg beispielsweise die Zusammensetzung der Familie bestimmt, wie ein Befragter in einem Textsegment beschreibt:

> „Mein Vater ist 1939 zum Militärdienst eingezogen worden, ich war zehn Jahre alt, obwohl er jahrgangsmäßig eigentlich schon längst darüber lag, aber er war in unserem Stadtteil aufgefordert worden, in die Partei einzutreten oder in die SA, das hat er aber nicht gemacht und dann ist er schon vor dem Kriege eingezogen worden. Er ist dann noch in Kriegsgefangenschaft gewesen und ist dann aus dem Krieg wiedergekommen, da waren wir schon selbstständig. Mein Bruder und ich, wir wohnten schon in einer eigenen Wohnung. Die mütterliche Großmutter und eine Schwester meiner Mutter haben quasi unsere Erziehung übernommen." (IP9m: 11)

Durch die Teilnahme am Krieg ist der Vater als Erziehungsperson über einen Zeitraum von mehreren Jahren ausgefallen. Besonders nachhaltige Auswirkungen werden in dem beschriebenen Fall deutlich, weil zu diesem Zeitpunkt die Mutter des Befragten bereits verstorben war. Somit wurde die komplette Erziehung von älteren Personen in der Verwandtschaft übernommen. Im Gespräch beschreibt der Befragte, dass in vielen Erziehungsfragen er gemerkt hat, dass seine Großmutter aus einer früheren Generation mit anderen Ansichten und Wertvorstellungen stammt.

Eine andere Befragte beschreibt, wie sie zwar nicht direkt von den Auswirkungen des Krieges betroffen war, allerdings kann sie sich an Situationen während dieser Zeit erinnern, die sie als ängstlich empfunden und wahrgenommen hat:

> „Den Krieg habe ich in Berlin erlebt und ich kann mich an die Bomben erinnern. Mein Vater wurde dann auch eingezogen, er hat aber als Arzt gearbeitet und hat dort nichts Schlimmes erlebt. Aus den Erzählungen von anderen weiß ich, dass einige Väter auch direkt an den Kampfhandlungen beteiligt waren, da war das natürlich etwas ganz Anderes. An eine Sache kann ich mich aber immer noch erinnern. Da waren immer diese LKW und dann konnte man das Stiefelgetrampel hören. Dann sagten die Erwachsenen dann immer, dass sie wieder irgendwo Juden abgeholt haben." (IP14w: 3)

Obwohl sie selber nicht betroffen war, kann sie sich erinnern, dass mehrere ihrer Freunde sehr große Angst um ihre Väter hatten, weil sie direkt an Kampfhandlungen beteiligt waren. Ein Befragter, der als Kind mit seinen Eltern den Krieg am Rande des Ruhrgebietes erlebt hat, kann sich noch sehr gut an mehrere konkrete Situationen während des Krieges erinnern:

> „Ich bin am östlichen Rand des Ruhrgebiets geboren, daher habe ich die Kriegszeit noch in genauer Erinnerung, ich war ja noch ein Kind, aber vieles ist hängen geblieben. An eine Situation kann ich mich noch erinnern: Nach einem Bombenangriff haben sie auf dem Feld eine nicht gezündete Bombe gefunden und dann wurde die erst mal umgraben. Das mussten Strafgefangene machen und ich war als Kind natürlich neugierig und habe einen gefragt, warum er eigentlich im Gefängnis ist. Er hat dann gesagt...das habe ich heute noch im Ohr...´Ich habe Stachelbeeren rasiert und als Weintrauben verkauft.´ Als Kind war ich damit zufrieden, heute weiß ich natürlich, dass er mir nicht sagen wollte, warum er im Gefängnis sitzt (lacht). Auf jeden Fall hatten die gedacht, die Bombe hätte zwei Zünder, sie hatte aber drei und sie haben knapp daneben gebohrt, das wäre beinahe ganz schön danebengegangen." (IP15m: 3)

Das Beispiel zeigt eindrucksvoll, dass der Befragte während seiner Kindheit unmittelbar Gefahren ausgesetzt war, bei denen er hätte sterben können. Als Kind hat er damals den Ernst der Situation nicht erkannt, erst im Nachhinein ist ihm klargeworden, dass während des Krieges in mehreren Situationen sein Leben ernsthaft bedroht worden ist. In einem weiteren Beispiel beschreibt er, dass zu dieser Zeit der Umgang mit Tod und toten Menschen auch für ihn als Kind zu einer Art Normalität geworden ist.

> „Und an die Möhnekatastrophe kann ich mich gut erinnern. Das Ruhrtal ist bei uns ca. einen Kilometer breit gewesen, nach der Bombardierung, als das Wasser kam war da ein kompletter See und ich kann mich erinnern, dass viele Leichen und Kadaver angespült worden sind. Und auch später noch wurde immer wieder etwas gefunden: Immer wenn es wieder stank, musste gegraben werden, dann war es entweder eine Leiche oder ein Kadaver. Unter der Staumauer hatten sie ja auch ein Lager mit 1.000 russischen Kriegsgefangenen, das war wohl Absicht, damit die Feinde nicht den Damm angreifen sollten. Die Engländer hat das aber nicht davor abgehalten, man hat wohl einen Russen noch lebend aus dem Wasser gezogen, alle anderen sind ertrunken." (IP15m: 3)

Es zeigt sich, dass es große Unterschiede in der Wahrnehmung von Kriegserlebnisse zwischen Personen, die in ländlicher Region leben und Personen, die den Krieg in der Großstadt erlebt haben, gibt. Eine Befragte, die in einer ländlichen Region groß geworden ist, beschreibt die Kriegszeit wie folgt:

> „Von gesunder Ernährung konnte man damals ja nicht reden, wir sind ja Kriegskinder! Da konnte man ja nicht von reden! Oder von Vitaminen...außer einem Apfel gab es ja nichts. Ich kann mich erinnern, wie ich Kind die

> erste Orange gesehen habe, wir wussten ja gar nicht, was wir damit anfangen sollten.“ (IP1w: 32)

Es wird deutlich, dass sie den Krieg in erster Linie durch die Entbehrung bestimmter Dinge im Leben wahrgenommen hat. Ähnliches berichtet eine Befragte, die auch auf dem Land groß geworden ist:

> „Dann in den Kriegsjahren waren wir zwar glücklich, aber wir haben einiges auch entbehrt, wir haben nie gehungert. Wir hatten selbstständige Landwirtschaft, der Vater war im Krieg. Im Krieg haben wir dann die Post im Ort übernommen, die Tante im Haus machte das dann, die war noch unverheiratet. Ja, die Kinderjahre waren eigentlich glücklich und zufrieden, wir waren alle schön zusammen und an Krankheiten kann ich mich nicht erinnern.“ (IP17w: 3)

Durch Subsistenzwirtschaft haben sie gemeinsam in der Familie erreicht, dass sie nie hungern mussten. Im Großen und Ganzen beschreibt sie ihre Kindheit trotz Krieg als glücklich. Ein anderer Befragter, der seine Kindheit im Ruhrgebiet und auf einem Binnenschiff verbracht hat, hat die Auswirkungen des Krieges deutlicher miterlebt:

> „Im Krieg war ja die Gesundheit anders, da ging es ja nur ums Essen, dass man was zum Futtern hatte, ganz gleich wie das war. Wie waren ja auf dem Schiff, die Leute auf dem Schiff waren ja clever, wenn die mal Zucker fahren musste, haben die was abgefüllt und haben dann getauscht, mal gegen ein Drahtseil oder so etwas. Und so bekamen wir Zucker, aber auch nichts Anderes als Zucker. Der wurde dann in der Pfanne geröstet...es war ungesund bis zum gehtnichtmehr, aber es war etwas zu essen.“ (IP11m: 17)

Er kann sich daran erinnern, dass die Beschaffung von Nahrung zum Überleben zur damaligen Zeit dazu gehört hat. Damals stand nicht die Qualität der Nahrung im Vordergrund, es ging eher um die Frage, überhaupt irgendetwas zu essen zu bekommen. Im weiteren Verlauf des Gesprächs zeigt er Fotos von sich aus der damaligen Zeit und beschreibt sich selbst als deutlich untergewichtig. Zusammenfassend stellt er fest, dass für ihn in seiner Kindheit der Krieg zur Normalität geworden ist:

> „Die Situation war damals so: Ich konnte mir einmal das Ende des Krieges nicht vorstellen und ich konnte mir auch keinen Schinken oder so etwas vorstellen. Ich wusste als Kind überhaupt nicht, wie der aussah. Nach dem Krieg kam dann die Zeit, wo meine Mutter hamstern gehen musste. Sie ist dann viel in die ländlichen Gegenden gegangen, wir sind dann oft mitgekommen, um Bauern zu bewegen, uns Nahrungsmittel zu geben.“ (IP11m: 3)

Gleichzeitig beschreibt er, dass mit dem Ende des Krieges die Zeit der Nahrungsknappheit nicht vorbei war, sondern sich über mehrere Jahre hingezogen hat. Auch hier verdeutlicht er an einem Foto, dass er noch als Heranwachsender untergewichtig gewesen ist.

8.4.2.2 Wertewandel

Des Weiteren lassen sich Einflüsse beschreiben, die durch ein verändertes gesellschaftliches Gesundheitsbewusstsein gekennzeichnet sind. Wie bereits in Kapitel 4.3.4 beschrieben, wird das eigene Gesundheitsbewusstsein unter anderem von gesellschaftlichen Gesundheitsvorstellungen beeinflusst, die einem stetigen Wandlungsprozess unterliegen. Wie die Interviews gezeigt haben, wurde Gesundheit in der Kriegs- und frühen Nachkriegszeit in erster Linie durch Überleben definiert, während mit steigendem Wohlstand ein Wandel zu einem nachhaltig gesundheitsorientierten Lebensstil zu beobachten ist:

> „Ich glaube es wurde nicht unbedingt vernachlässigt, aber es hat nicht so eine große Rolle gespielt. Mein Vater war Lehrer, der hat nicht unvernünftig gelebt, aber man hat früher wohl bei Speisen und Getränken weniger an die Ernährung gedacht, als ich das heute tue. Da wurden die klassischen Dinge gekocht, bei der Rinderroulade angefangen, und dann wurde auch Bier getrunken und Schnäpse getrunken. Das Thema hat sich ja verändert.“ (IP3m: 15)

Der Befragte beschreibt den Wandlungsprozess anhand der Einstellung zur gesunden Ernährung. Während es in seiner Jugendzeit als normal angesehen wurde, überwiegend auf Fett basierte Ernährung zu sich zu nehmen, hat sich im Laufe der Zeit diese Einstellung hin zu einer vollwertigen Ernährung geändert. Im weiteren Gesprächsverlauf beschreibt er, dass er sich nicht erst seit seiner Herzerkrankung intensiv mit dieser Thematik beschäftigt hat.

Des Weiteren sind Einflüsse dieser Kategorie häufig als Querschnittthema in anderen Kategorien der Entwicklungseinflüsse wiederzufinden, wie sich an zwei Beispielen aus dem Kapitel 8.4.1.1 beschreiben lässt. Auch hier beschreibt ein Befragter, dass es in seiner Zeit als Heranwachsender dazu gehörte, dass in der Freizeit viel geraucht und Alkohol getrunken wurde. Er kann sich erinnern, dass im familiären Umfeld die erwachsenen Personen kein gesundheitsrelevantes Verhalten vorgelebt haben. Er merkt allerdings an, dass die Verhaltensweisen für ihn nie eine Vorbildfunktion erfüllt haben und sein eigenes gesundheitliches Risikoverhalten eher durch den gesellschaftlichen Druck der Gleichaltrigen zu erklären sei.

Das zweite Beispiel thematisiert diese Vorbildfunktion. Der Befragte beschreibt, dass er als Jugendlicher durch Hollywood-Filme animiert worden ist, ebenfalls zur Zigarette zu greifen, um seinen damaligen Idolen nachzueifern.

Das folgende Beispiel zeigt, dass die Initiative zur Änderung der Verhaltensweise nicht immer vom Individuum selbst ausgeht und der gesundheitliche Aspekt nicht zwangsläufig im Vordergrund stehen muss:

> „Gesundheit hat für mich bis vierzig bestimmt gar keine Rolle gespielt. Es war so, wann habe ich aufgehört zu rauchen? Neunzehnhundertsiebenundachtzig. Der Grund des Aufhörens war nicht die Gesundheitsfrage, sondern dass damals meine Freundin gesagt hat, 'Ich finde das stinkt so und ist ekelig'. Es war also eine ästhetische Frage." (IP8m: 25)

Während in dem vorangegangenen Beispiel aus den 50er Jahren das Rauchen einen Ausdruck von Coolness vermittelt hat, hat mit den 80er Jahren bereits ein Veränderungsprozess eingesetzt, so dass der Befragte angibt, aus ästhetischen Gründen aufgehört zu haben.

8.4.3 Nicht-normative Einflüsse

Unter den nicht-normativen Einflüssen sind alle Einflussarten zusammengefasst, die weder einen altersbedingten noch einen historischen Kontext aufweisen. Sie betreffen in der Regel nicht den überwiegenden Teil einer Population, sondern verlaufen sehr individuell, weswegen sie sehr schwer vorhersagbar sind.

8.4.3.1 Lebensbedrohung

Gleichwohl die gesamte Bevölkerung den Zweiten Weltkrieg erlebt hat und in unterschiedlicher Weise von den Auswirkungen betroffen war, ist es nicht in jedem Fall zu einer akuten Lebensbedrohung gekommen. Daher werden Erlebnisse, bei denen die Betroffenen sich an die lebensbedrohliche Situation konkret erinnern können, als nicht-normatives Ereignis beschrieben. Dies deckt sich auch mit der Aussage der Betroffenen, dass der Krieg in der Kindheit für viele als Normalität erlebt worden ist, während bestimmte Ereignisse, bei denen es zu einer lebensgefährlichen Situation im Krieg gekommen ist, als Besonderheit beschrieben werden:

> „Allerdings hat der Krieg natürlich auch dazu geführt [...] Kinderlandverschickung, meine große Schwester, die ja schon verheiratet war, die hat mich mit nach Sachsen geholt, weil die da in Sachsen ihrer Schwägerin auf dem Bauernhof geholfen hat, weil die Männer alle im Krieg waren und ich mochte dann nicht in die Kinderlandverschickung wo ich gar keine Bezüge hatte und ja dann haben wir da also bis Kriegsende gelebt, hab ich da das

> Kriegsende erlebt und das war nicht gerade toll in Torgau. Ich weiß nicht ob ihnen das was sagt, Torgau, da haben sich die Amerikaner 1945 und die Russen getroffen an der Elbe und wir wohnten gleich in dem nächsten Dorf also von Torgau, Bölser war das nächste Dorf und weil auf unserem Bauernhof nur Frauen waren also Bäuerinnen, meine Schwester und noch ein paar Hilfskräfte, ein paar ausländische Hilfskräfte, war dieser Bauernhof eigentlich dazu ausersehen, den zu überfallen und ja das war ganz schlimm, Vergewaltigung, also ich nicht, weil ich noch zu klein war. Man hat mich unterm Bett rausgeholt und gefragt, wie alt ich denn bin, ich hab gesagt, ich bin acht Jahre, stimmte nicht weil ich sah immer so klein und zierlich aus, war schon ein bisschen älter und ich durfte mich wieder ins Bett legen. Naja also jedenfalls, die Bäuerin ist [...] mehrmals vergewaltigt worden, meine Schwester hat sich am Betttuch aus dem Fenster raus gelassen, gleich nebenan war der Friedhof und dann hat sie sich hinterm Grabstein versteckt, die ist ohne Vergewaltigung da durchgekommen." (IP5w: 2)

Die erlebte Bedrohung wird von der Befragten in zweifacher Weise beschrieben. Zum einen wurde die gesamte Zeit als bedrohlich erlebt, weil sie durch die Kinderlandverschickung einerseits von ihren Eltern getrennt aufgewachsenen ist und andererseits, weil sie sich bewusst war, dass ihre Eltern noch in der Heimat der lebensbedrohlichen Gefahr durch die Bombenangriffe ausgesetzt waren. Zum anderen wurde sie durch den Überfall des Bauernhofes selber traumatisiert, weil sie die Situation als sehr belastend und lebensbedrohlich wahrgenommen hat. In der Gesprächssituation ist an der Stimmlage und den Gesprächspausen zu erkennen, dass sie diese Situation noch heute beim Erzählen emotional sehr berührt. Von einem ähnlichen traumatischen Erlebnis berichtet ein anderer Befragter:

> „Dazwischen war natürlich noch eine ganze Menge. Ich bin ja ein Kriegskind, ich gehörte zur Kirchengemeinde, die ganz in der Nähe von Krupp liegt. Ich hab dort mit dem Küster den Luftschutzwart gemacht. Da bin ich einige Male in direkte Lebensgefahr gekommen, einfach dadurch...meine Oma musste ich erst in den Keller bringen. Da war zwar noch meine Tante, mein Bruder war schon zur Flak eingezogen und meine ältere Schwester zum RAD, ich war dann der einzige Junge und hab darauf geachtet, dass meine Oma in den Keller kam. Damit kam ich aber erst spät zum Luftschutz. Meistens war schon voller Alarm. Dann ist mir passiert, dass ich raus kam aus dem Haus und die Leitflugzeuge der Bombergeschwader hatten um das Kruppgelände schon Lichtsignale gesetzt. Das waren Leuchtbomben und die Bomber schmissen dann einfach in das Quadrat ihre Bomben ab. Ich war auf dem Weg zur Kirche und ich war von der Sakristei durch das Längsschiff der Kirche durchgegangen und wir stellten und hinten im Turm in die Wendeltreppe, weil die die dicksten Wände hatte. Ich hatte die Tür noch nicht zu, da schlug eine Bombe im Chorraum ein und die

> ganzen Gewölbe stürzten ab...fünf Sekunden später und ich hätte unter den Gewölben gelegen. Ich will nicht sagen, dass ich das damals locker weggesteckt habe...aber wir waren ja so belastet durch die Alarme, wie hatten ja teilweise zwei- oder dreimal in der Nacht Fliegeralarm, mussten aufstehen und in den Luftschutzkeller, so dass die Wahrnehmung von uns sehr eingeschränkt war. Ich war damals 15 Jahre alt." (IP9m: 17)

Der Befragte berichtet, dass er schon in sehr jungem Lebensalter Verantwortung für das Leben seiner Großmutter übernommen hat, in Situationen in denen er selbst eine akute Lebensbedrohung wahrgenommen hat. Er beschreibt, dass er in der damaligen Situation die Bedrohung nicht bewusst wahrgenommen hat, da die Bombenangriffe in der Großstadt zur Normalität für ihn geworden sind. Gleichzeitig beschreibt er die damalige Zeit als eine dauerhafte Belastung. Im weiteren Verlauf seines Lebens war er schon in sehr jungen Jahren direkt in Kriegshandlungen eingebunden und beschreibt ein traumatisierendes Erlebnis wie folgt:

> „Kurz vor meinem Geburtstag bin ich noch eingezogen worden, da wurde ich 16. Da mussten sich alle Jugendlichen des Jahrgangs 28 und 29 melden, wir mussten unsere Pässe abgeben, damit wir nicht abhauen. Wir sollten noch eingesetzt werden und ausgebildet werden in der Gegend von Brilon. Als wir da ankamen hieß es, wir sind in einem Kessel und wir müssen sofort weiter marschieren. Dann sind wir in Nachtmärschen in Richtung Berlin und wir hatten ständig unterwegs Angriffe. Ein Angriff war in Soest, da hatten wir ungefähr 35 Tote und über 90 Verletzte, der Zug in dem wir gefahren wurden ist angegriffen und bombardiert worden. Ja...da hatte ich eine schreckliche Erfahrung: Mein Vater war in Soest Leiter in einem Gefangenenlager, da bin ich hin marschiert, in der Hoffnung, dass ich erlöst werde. Dann sagt er: 'Ich kann mit dir nichts machen, du musst zurück.' Das war eine sehr gravierende Sache für mich, dass ich da irgendwo alleine stand, in der Situation, wo geht es jetzt hin. Dann sind wir in Nachtmärschen in Richtung Berlin marschiert. Wir sind bis Bismarck gekommen, dann sagte der Führer... -wir waren noch so 60-70 Jungs- 'Die Russen und die Amerikaner treffen sich hier und die Russen erschießen alle. Wir müssen sofort weiter, sonst sind wir verloren.' Dann bin ich abgehauen und hab mich irgendwo in einer Scheune pennen gelegt. Am nächsten Morgen knirschte es hier und knisterte es da...da hatten sich zehn von uns in die Scheune begeben und wir sind dann zurück marschiert worden...auch wieder mit Problemen. Wir sind dann noch zweimal gefangengesetzt worden, obwohl vom Alter her denen wohl klar war, dass wir keine Soldaten waren. Dann haben wir von einem amerikanischen Offizier ein Schreiben bekommen, dass man uns durchlassen sollte." (IP9m: 17)

Auch in dieser Situation wurde das Leben des damals Sechszehnjährigen mehrfach akut bedroht. Gleichzeitig hat er die Situation mit seinem Vater als große Belastung wahrgenommen. Der eigentliche elterliche Schutz wurde ihm verwehrt und er wurde damit konfrontiert, in einer lebensbedrohlichen ungewissen Situation Verantwortung für sein eigenes Leben zu übernehmen.

In den Interviews schilderten die Befragten auch andere Situationen außerhalb des Krieges, in denen sie schon in jüngeren Jahren mit akuten Lebensbedrohungen konfrontiert worden sind. So schildert eine Befragte:

> „Wir waren als Kinder in Mallorca im Urlaub, es gab Fisch zum Abendessen, die Mutter hat versucht, die Gräten rauszumachen und wir Kinder haben gegessen. Sie hat dann gesagt: ´Kinder passt auf, da können noch Gräten dran sein.´ Meine Schwester schluckt und verschluckt eine. Wir sind sofort mit ihr zum Klo, kotzen, hat aber nichts geholfen. Die sind nach nachts noch mit ihr ins Krankenhaus nach Palma, da hat man dann irgendetwas gemacht, am nächsten Tag ist sie wieder nach Hause gekommen. Sie haben dann extra im Hotel Nudeln für sie aufgehoben, sie hat aber nur geheult und gesagt, dass sie nicht schlucken kann. Es war also klar, den nächsten Flieger organisiert und rüber nach Deutschland nach Duisburg in die Klinik. Die haben dann nachgeschaut und die Gräte hing da noch voll drin. Das sind schon so Erlebnisse, dass sich so ein System schon ganz schön verpeilen kann. Ich war aber noch sehr systemgläubig. Die pflanzliche Geschichte kam dann erst mit dem Aufkommen der ganzen Ökobewegung.“ (IP6w: 7)

Die Befragte war in dieser Situation nicht selbst akut gefährdet, sie hat allerdings die Lebensbedrohung ihrer Schwester erlebt, da bei ihr die Gefahr bestand, an der verschluckten Gräte zu ersticken. Die Situation wurde durch die unterlassene Hilfe des ausländischen Krankenhauses noch verstärkt. Sie beschreibt dieses Erlebnis als ein weiteres Element, das dazu beigetragen hat, dass sich ihrerseits eine sehr kritische Haltung gegenüber dem Gesundheitssystem entwickelt hat.

8.4.3.2 Verlust

Als eine weitere nicht-normative Einflussgröße kann der Verlust einer nahestehenden Person identifiziert werden. Eine Befragte erinnert sich konkret an die Situation, in der sie ihren Sohn verloren hat:

> „Da geht das Telefon, 6:29 Uhr, die Zeit vergisst man nicht. Oh, sagt er, bei dir zwitschern die Vögel. Das Haus von meiner Tochter ist so an einem Fluss, der fließt am Haus vorbei. Sagt er: ´Mama, entschuldige, hab ich dich geweckt?´. Ich sag: ´Ja, ist nicht schlimm, du weißt, du kannst mich Tag und Nacht anrufen. Jetzt komm ich ja bald…hab die Fahrkarte.´ Und dann sagt er nochmal: ´Ich hab dich so lieb!´. Dann war das Gespräch weg. Und da hab ich gedacht, es geht auf halb sieben zu, die werden wohl auf der

> Station zu tun haben. Aber der hatte nie ein Telefon, der hatte immer ein Handy. Und das ging überhaupt nicht, war immer besetzt, besetzt. Ich hab dann halt gewartet und dachte, dann ruf ich nochmal an kurz vor sieben. War noch besetzt. Und dann ist eine Putzfrau da ins Zimmer gekommen und hat dann natürlich auf der Station Bescheid gesagt, mit dem Herrn A. stimmt etwas nicht, das Telefon geht. Da ist der so eingeschlafen. Hat mit mir gesprochen [fängt erneut an zu weinen] Entschuldigung." (IP7w: 76)

Die Situation war für die Befragte in zweifacher Hinsicht belastend: Zum einen hat der plötzliche Tod ihres Sohnes einen natürlichen Trauerprozess ausgelöst, den sie als Belastung empfunden hat. Zum anderen fühlte sie sich für ihren Sohn verantwortlich, da dieser durch die Krankheit sehr geschwächt war, so dass sie sich entschieden hatte, ihrem Sohn in der letzten Phase der Krankheit beizustehen. Sie hatte für die kommende Woche die Reise zu ihrem Sohn geplant. Im weiteren Verlauf des Gesprächs wird deutlich, dass die Befragte sich bis heute Vorwürfe macht, dass sie in der damaligen Situation nicht erkannt hat, dass ihr Sohn verstorben ist und sie somit keinen wirklichen Abschied von ihm gefunden hat. Sie kommt im Gespräch mehrfach auf die Situation zu sprechen und bricht mehrmals in Tränen aus.

Ein anderer Befragter berichtet über den Tod seines Vaters:

> „Ich kann mich auch noch sehr gut an den Tod meines Vaters erinnern, der kam sehr plötzlich. Mir hatte zwar der Arzt schon vorher gesagt, dass das nicht lange mehr gut geht...aber dann war es Weihnachten und wir waren noch da und haben zusammen gefeiert und als wir dann zu Hause ankamen, rief meine Mutter an, dass der Vater im Sterben liegt. Ich bin dann schnell zurückgefahren und leider zu spät gekommen, er war schon tot. Ich habe dann noch versucht, ihn wiederzubeleben, es hat aber nicht mehr geklappt. Im Nachhinein war es für ihn sicher gut, dass es so schnell und plötzlich und ohne großes Leiden gegangen ist." (IP16m: 17)

Auch wenn der Befragte aufgrund des Allgemeinzustandes des Vaters in gewisser Weise auf den baldigen Tod seines Vaters vorbereitet war, hat er die Sachlage als plötzlich und unerwartet empfunden. Der Befragte hat in dieser Situation seine eigene Hilfslosigkeit erlebt, was sich in dem gescheiterten Wiederbelebungsversuch ausdrückt. Auch hier ist die Situation entstanden, dass kein richtiger Abschied von einer geliebten Person erfolgen konnte. Eine andere Befragte gibt an, dass sie einen direkten Zusammenhang zwischen dem Verlust einer nahestehenden Person und ihrem eigenen Gesundheitszustand beobachten konnte:

> „Was mich schwer belastet hat, war der Tod meines Schwiegersohns. Er ist sehr jung an Darmkrebs gestorben, das hat mich sehr mitgenommen. Danach habe ich auch Diabetes bekommen, ein halbes Jahr später. Ein halbes

> Jahr davor habe ich noch testen lassen, da hatte ich nichts...das ist aber minimal, da habe ich ja im Griff." (IP18w: 9)

Die Befragte geht davon aus, dass durch die seelische Belastung ihr Körper eine Reaktion hervorgerufen hat und den Diabetes gebildet hat. Diese Erkrankung hat Auswirkungen auf ihr gesamtes Leben, da sie ihre Lebensgewohnheiten bezüglich der Ernährung auf den Diabetes anpassen muss.

8.4.3.3 Krankheit

Im weiteren Verlauf werden Krankheiten beschrieben, die einen tiefen Einschnitt im Leben der Befragten hervorgerufen haben, weil sie sich entweder im Laufe der Lebensspanne chronifiziert haben oder die Auswirkungen und Erinnerungen bis ins späte Lebensalter nachhaltig bestehen. Im anschließenden Kapitel 9 werden anhand von Fallbeispielen individuelle Lebensläufe beschrieben, in denen schwere Krankheitsverläufe tiefe Einschnitte im Lebenslauf der Befragten gebildet haben. Um Redundanzen zu vermeiden wird auf die Darstellung dieser Krankheiten an dieser Stelle verzichtet. Es wird sich auf Ereignisse konzentriert, die nicht in den Fallbeispielen beschrieben werden. So berichtet eine Befragte über eine Erkrankung, die sie in sehr jungen Jahren durchlebt hat. Sie ist früh von zu Hause ausgezogen und in die Schweiz gegangen, wo sie gearbeitet hat:

> „Dann hatte ich einen echten Schicksalsschlag. Ich habe über einen entzündeten Finger und eine Wischinfektion unter den Armen richtig schwere Entzündungen bekommen. Ich wollte das nicht sage, weil ich nicht zum Arzt wollte, das war mir zu doof. Um es kurz zu machen: Nach Weihnachten haben mich Bekannte besucht und mir gesagt, dass ich sofort nach Hause muss. Dann kam ich zu Hause ins Krankenhaus und dort haben die Ärzte meinem Vater gesagt, wenn ich acht Tage später gekommen wäre, hätte ich eine totale Blutvergiftung gehabt...das hätte ich nicht überlebt. Wir hatten die Mitgliedschaft in der Krankenkasse gottseidank ruhen lassen, sonst hätte das ja keiner bezahlt. Ich war dann ein viertel Jahr im Krankenhaus, das war mein schlimmstes Erlebnis." (IP10w: 13)

Im weiteren Gesprächsverlauf berichtet die Befragte, dass es damals ein großer Wunsch von ihr gewesen ist, sehr früh das dörfliche Umfeld ihrer Heimat zu verlassen, um etwas von der Welt zu sehen. Ihr Verhalten beschreibt sie im Nachhinein als ihre eigene Dickköpfigkeit, die beinahe dazu geführt hat, dass sie die Krankheit nicht überlebt hätte. Nur durch das Zureden von Bekannten, konnte sie sich dazu durchringen, in ihre Heimat zurückzukehren, um sich in ärztliche Behandlung zu begeben. Sie gibt an, dass dieses Erlebnis sich nachhaltig auf ihr Gesundheitsverhalten ausgewirkt hat und sie seitdem auf die Warnsignale ihres Körpers achtet und bei Anzeichen einer Erkrankung ihre eigenen Interessen zugunsten ihrer Gesundheit zurückstellt.

Eine andere Befragte beschreibt, dass sie ihr ganzes Leben weitestgehend in guter Gesundheit verbracht hat, bis zu dem Zeitpunkt, als sie Probleme beim Schlucken in der Speiseröhre bemerkt hat:

> „Bis ich meine Probleme mit der Speiseröhre bekommen habe, war ich eigentlich nicht krank. Ich habe das 1986 zum ersten Mal gespürt. Ich habe immer gesagt, dass da was ist. Da hat mir aber kein Arzt geglaubt, die haben alle gesagt, dass Frauen in meinem Alter so etwas haben. Sie haben gesagt: 'Das sind ihre inneren Ängste.' Und ich war bei vielen Ärzten und keiner hat mir geglaubt. Das wurde dann so schlimm, dass ich kaum noch schlucken konnte. Dann habe ich zu meinem Hausarzt gesagt, dass ich zur medizinischen Hochschule nach Hannover will. Da habe ich dann einen Arzt gefunden, der gesagt hat: 'Die Frau spinnt nicht, die hat wirklich was.' Der hat dann entdeckt, dass da etwas ist, das da nicht hingehört." (IP12w: 5)

Der Zeitraum zwischen den ersten Symptomen und anschließendem Arztbesuch und der abschließenden Diagnose in der Universitätsklinik betrug insgesamt über vier Jahre. Besonders schwer zu schaffen hat es ihr gemacht, dass sie von ärztlicher Seite und von Teilen ihres sozialen Umfeldes sich nicht ernstgenommen gefühlt hat. Besonders durch diffamierende Kommentare von ihrem damaligen Hausarzt, konnte sie zu ihm kein Vertrauen aufbauen und fühlte sich nicht in der Lage, ihm ein Teil der Verantwortung für ihre Gesundheit zu übertragen. Verständnis für ihre Problematik haben nur ihr familiäres Umfeld und der engste Freundeskreis aufgebracht. Gleichzeitig haben sich in diesem Zeitraum die Symptome immer weiter verschlechtert, so dass sie keine festen Speisen mehr zu sich nehmen konnte. Erst durch die Behandlung in der Universitätsklinik konnte ihr geholfen werden, da es sich allerdings um eine chronische Erkrankung handelt, muss sie Ihre Lebensgewohnheiten an die Symptome der Erkrankung anpassen. Außerdem muss sie in regelmäßigen Abständen ins Krankenhaus, damit die Engstelle in der Speiseröhre geweitet wird. Im Rahmen dieses Routineeingriffs ist es vor einiger Zeit zu einer schweren Komplikation gekommen:

> „Da wird mir auch gut geholfen, bis vor zweieinhalb Jahren, da gab es einen Zwischenfall. Vor der Weitung wird ein Führungsdraht mit Kamera eingeführt, um die Engstellen zu sehen. Der hat sich verkanntet und ist dann längs durch meinen Körper gesaust. Er hat die Speiseröhre verletzt, den Magen, die Milz, die Leber und den Darm. Das musste dann in einer Notoperation zusammengeflickt werden. Da ging es mir sehr, sehr schlecht. Da habe ich gedacht: 'Das war's.'" (IP12w: 7)

Dur das Durchleben dieses kritischen Lebensereignisses wurde sie direkt mit der eigenen Endlichkeit konfrontiert. Den anschließenden Kampf zurück ins Leben beschreibt sie als einen sehr schwierigen Prozess, den sie nur mit Unterstützung ihres engen familiären Umfeldes geschafft hat. Zusammenfassend stellt sie fest, dass sie es geschafft hat, mit ihrer Krankheit zu leben, indem sie Kompensationsstrategien entwickelt hat. Sie muss sich sehr diszipliniert an bestimmten Vorschriften halten, damit sich das Krankheitsbild nicht verschlechtert. Sie gibt an, dass sie sich nicht in ihrer Lebensqualität eingeschränkt sieht, weil sie im Laufe der Krankheit gelernt hat, die Krankheit und ihre Symptome zu akzeptieren, um das Beste aus der Situation zu machen.

8.5 Zusammenfassung der qualitativen Ergebnisse

Die qualitative Untersuchung gliedert sich in drei Untersuchungsschritte. Im ersten Untersuchungsschritt wurden mit einer qualitativen Inhaltsanalyse aus dem Textmaterial Textsegmente den sowohl deduktiv auch induktiv gebildeten Schlüsselkategorien zugeordnet. Es wurden insgesamt 12 Schlüsselkategorien mit 26 Subcodes identifiziert. Im zweiten Untersuchungsschritt wurden die Schlüsselkategorien detailliert erörtert. Für den Bereich der Eigenverantwortung konnte identifiziert werden, dass die Befragten den Begriff weiter fassen als das bloße Ausüben einer gesundheitsbezogenen Handlung. Eigenverantwortung beinhaltet demnach eine innere Einstellung, die einen starken Bezug zum Solidargedanken aufweist. Die Befragten sehen sich in erster Linie selbst für ihre Gesundheit verantwortlich. Neben dem Lebenspartner oder näheren Familienangehörigen sehen sie ihren Hausarzt für ihre Gesundheit mitverantwortlich. Dies gilt vor allem für Befragte, die an einer chronischen Krankheit leiden und regelmäßig zur ärztlichen Kontrolle müssen. Das Zusammenspiel zwischen Hausarzt und Patient ist gekennzeichnet durch den eigenverantwortlichen Umgang mit Medikamenten, das selbstständige Kontrollieren von Vitalparametern und das Einhalten von gesundheitsbezogenen Verhaltensregeln in enger Abstimmung mit dem Arzt. Wenn das Zusammenspiel auf einer Basis beiderseitigem Vertrauen steht, bildet es eine wesentliche Grundlage für gesundheitliche Eigenverantwortung im höheren Lebensalter. Es zeigt sich allerdings auch, dass fehlendes Vertrauen dazu führen kann, dass eine kritische Haltung gegenüber dem Gesundheitssystem eingenommen wird. Speziell für die Lebensphase Alter wird angemerkt, dass ein Faktor der Eigenverantwortung darin besteht, seinen Körper genau zu beobachten und dabei zu lernen, seine eigenen Ziele auf mögliche altersbedingte Einschränkungen anzupassen.

Für den Bereich der Selbstwirksamkeit konnte einerseits identifiziert werden, dass bestimmte Krankheitsbilder (z.B. Akutphase der Depression) dazu führen, dass die Selbstwirksamkeit deutlich abnimmt, andererseits können bestimmte Ereignisse in frühen Lebensjahren Einfluss auf die Entwicklung der generellen Selbstwirksamkeit nehmen (z.B. Überfürsorge im Elternhaus, Hänseleien im Sportunterricht) und letztendlich den Umgang mit gesundheitsrelevantem Verhalten nachhaltig beeinflussen.

Des Weiteren konnte anhand des Datenmaterials festgestellt werden, dass sich die Wahrnehmung von Gesundheit im Laufe des Lebens verändert. Während in den frühen Lebensjahren die Befragten beschreiben, dass Gesundheit in der Regel nicht bewusst wahrgenommen wurde, weil es der Normalzustand war, ändert sich mit steigendem Lebensalter der Blickwinkel. Besonders die Befragten, die bereits eine längere Krankheitsphase hinter sich haben, beschreiben eine bewusste Wahrnehmung von Gesundheit in der späteren Lebensphase. Gleichzeitig kann diese Wahrnehmung als Indikator benutzt werden, um das Leben und sein Verhalten auf altersbedingte Funktionseinschränkungen anzupassen. Sie bildet demnach eine wichtige Grundfunktion für die Übernahme von gesundheitlicher Eigenverantwortung. Somit stellt sich auch nicht die Frage, ob eine Person, die objektiv nicht gesund ist, überhaupt Verantwortung für die Gesundheit übernehmen kann, vielmehr erfolgt ein stärkerer Fokus auf den subjektiven Gesundheitszustand.

Bei der Wahrnehmung von Krankheit kann einerseits von der Wahrnehmung eigener Krankheiten und andererseits von der Wahrnehmung Krankheiten anderer Personen unterschieden werden. Bei den eigenen Krankheiten spielt es eine besondere Rolle, inwieweit die Krankheit Auswirkung auf das weitere Leben gehabt hat. Chronische Krankheiten beispielsweise haben einen besonderen Einfluss auf die Eigenverantwortung, weil sich die Gesundheitsziele durch die Krankheit oftmals maßgeblich verändern. Krankheiten, die in der Kindheit durchlebt wurden (z.B. Ohrenschmerzen, Kinderkrankheiten) werden von den meisten Befragten noch sehr gut erinnert, wenn sie mit starken Schmerzen einhergegangen sind. Krankheiten von anderen Personen werden zu verschiedenen Zeitpunkten des Lebens wahrgenommen. In frühen Lebensjahren können Krankheiten von Elternteilen dazu führen, dass der betroffene Elternteil die Erziehung nicht oder nur zum Teil wahrnehmen kann. Krankheiten der Eltern können ebenfalls dazu führen, dass im späteren Lebensalter mehr Wert auf Vorsorgeuntersuchungen gelegt wird, um den erblichen Risikofaktor zu minimieren (z.B. Krebserkrankungen). Chronische Erkrankungen im näheren familiären Umfeld können zu jeder Phase des Lebens dazu führen, dass Lebensgewohnheiten auf die Krankheit des Betroffenen angepasst werden müssen. Außerdem beschreiben Betroffene, dass sie sich in einer solchen Situation nicht nur für sich selbst, sondern auch für den Partner mit verantwortlich fühlen.

Bei der Wahrnehmung von Gesundheitsrisiken kann zwischen in der Situation erkannten und rückblickend erkannten Risiken unterschieden werden. Sehr häufig gehen diese Risiken mit gesundheitsbezogenem Fehlverhalten einher. Mehrere Befragte geben beispielsweise an, im Laufe ihres Lebens erkannt zu haben, dass es sich lohnt, das Rauchen aus gesundheitlichen Gründen aufzugeben. In einigen Fällen stellen die Befragten erst rückblickend fest, dass sie sich im früheren Lebensalter bestimmten gesundheitlichen Gefahren ausgesetzt haben (z.B. Mangelernährung im Krieg, Stress durch Beruf oder belastende Beziehung). Für die Ausübung von Eigenverantwortung spielt das Erkennen eines Risikos und der damit verbundenen Gefahr für die Gesundheit eine zentrale Rolle.

Eng einher damit gehen die Anreize und Gründe, die ein gesundheitsrelevantes Verhalten hervorrufen. Diese können sowohl positiv als auch negativ sein. Positive Anreize bestehen dann, wenn das gesundheitsrelevante Verhalten nicht nur aus gesundheitlichen Gründen ausgeführt wird, sondern auch Faktoren wie Spaß und Geselligkeit Motivationsgründe sind. Hierzu zählt auch die bewusste Wahrnehmung, dass durch die Verhaltensweise ein unmittelbares Verbesserungsgefühl eintritt (z.B. Ernährungsumstellung). Negative Anreize sind ein zunehmender Leidensdruck oder das bewusste Erleben negativer Konsequenzen bei sich selbst oder einer anderen Person.

Bewältigungsstrategien können als direkte Handlungen im Zusammenhang mit gesundheitlicher Eigenverantwortung gesehen werden. Sie beziehen sich einerseits auf die konkrete Bewältigung einer bestehenden Krankheit. Hier werden Selbstaktivierungsprozesse und das Ausschöpfen aller medizinischen Leistungen und Behandlungsangebote als Beispiele genannt. Sie können in jeder Phase des Lebens stattfinden. Andererseits werden Bewältigungsstrategien eingesetzt, um altersbedingte Funktionseinschränkungen zu kompensieren. Als wichtige Voraussetzung, um überhaupt Bewältigungsstrategien entwickeln zu können, wird die Akzeptanz des Alterungsprozesses und den damit einhergehenden körperlichen Veränderungen und Defiziten genannt.

Die abschließende Kategorie bildet das Alter. Hier kann zwischen Altersselbstbild und Fremdbild unterschieden werden. Die meisten Befragten geben an, dass sie sich nicht so alt fühlen, wie sie eigentlich sind. Einige Befragte merken an, dass das Überschreiten eines bestimmten chronologischen Alterspunkt dazu geführt hat, altersbedingte Funktionseinschränkungen vermehrt zu registrieren. Zum Altersfremdbild lässt sich festhalten, dass die meisten Befragten in jüngeren Jahren eine negative Sicht auf das Alter verspürt haben und sich diese Sichtweise mit dem eigenen Eintritt in die Lebensweise verändert hat. Generell beschreiben die Befragten eine positive Veränderung des Altersfremdbildes innerhalb der letzten Jahrzehnte. Ein großer Teil der Befragten macht keine konkreten Lebenspläne für die nächsten Jahre. Hier besteht die einheitliche Meinung, dass durch unkalkulierbare Schicksalsschläge oder Krankheiten das Leben im hohen Alter sehr schlecht zu planen ist. Beim Blick in die Zukunft werden Themen wie Pflegebedürftigkeit, Hilfe bei Dingen des alltäglichen Bedarfs und altersgerechtes Wohnen angesprochen. Es fällt allerdings auf, dass diese Themen in der Regel nur angeschnitten und nicht konkretisiert werden. Ein wichtiges Thema im Bezug auf Eigenverantwortung für die Gesundheit ist die Selbstbestimmung, die im extremsten Falle auch das Recht auf die eigene Bestimmung über den Todeszeitpunkt beinhaltet. Damit einher geht der Aspekt der Konfrontation mit der Endlichkeit des eigenen Lebens. Mit zunehmendem Lebensalter ist eine intensivere Beschäftigung mit dem Thema zu erkennen. Die meisten Befragten haben kein Problem, offen über den Tod zu sprechen. Der Tod ist nicht generell mit negativen Gedanken verbunden, allerdings geben alle Befragten an, dass sie sich ein Lebensende ohne lange Leidensphase wünschen.

Der abschließende dritte Teil der qualitativen Untersuchung verfolgte das Ziel, Entwicklungseinflüsse für gesundheitliche Eigenverantwortung in der Lebenspanne anhand des Dreifaktoren-Modell zu identifizieren. Als chronologische Einflüsse lassen sich fünf Kategorien identifizieren: In der Kindheit und Jugend wird die Basis für die Ausbildung von Gesundheitsnormen gelegt. Besonders erlebte Krankheiten oder der Erziehungsstil der Eltern sind Beispiele, wie die Entwicklung von Eigenverantwortung in dieser Phase beeinflusst werden kann. Die Partnerschaft kann in zweierlei Hinsicht Einfluss nehmen. Zum einen kann eine harmonische Beziehung Halt auch in Phasen von Krankheit geben, zum anderen kann eine als Belastung empfundene Partnerschaft sich negativ auf die Gesundheit und den Selbstwert auswirken. Die berufliche Phase hat ebenfalls mehrere Anknüpfungspunkte, die die Wahrnehmung von Eigenverantwortung beeinflussen. So kann ein zeitaufwändiger Beruf dazu führen, dass gesundheitsrelevantes Verhalten vernachlässigt wird. Auf der anderen Seite kann ein Beruf im Bereich des Gesundheitssystems dazu führen, dass man sich intensiver mit der Thematik auseinandersetzt. Die Befragten mit eigenen Kindern geben an, dass die Elternschaft ein weiterer Punkt im Leben ist, an dem das Konzept der gesundheitlichen Eigenverantwortung überarbeitet wird. Es wird neben der Eigenverantwortung zusätzlich Verantwortung für die Kinder übernommen, das heißt bestimmte Alltagshandlungen haben nicht nur Einfluss auf die Gesundheit des Individuums, sondern betreffen auch die Kinder (z.B. Ernährung, Bewegung). Weitere wichtige Punkte sind die

Gesundheitserziehung (z.B. Hygiene) und die Vorbildfunktion (z.B. Rauchen, Alkohol). Im Seniorenalter wirken sich vor allem die Wahrnehmung von altersbedingten Funktionseinschränkungen und die damit verbundene Akzeptanz des Alterungsprozesses darauf aus, inwieweit das Individuum in der Lage ist seine Lebensziele zu optimieren. Dazu gehört auch die Attribution von Verantwortung auf Fachpersonal oder Personen aus dem sozialen Netzwerk.

Unter den historischen Einflüssen lassen sich der Zweite Weltkrieg und der postmaterielle Wertewandel identifizieren. Der Zweite Weltkrieg und die sich anschließende Nachkriegszeit haben dafür gesorgt, dass ein Großteil der Befragten unter schwierigen Bedingungen aufgewachsen ist: Zum Teil fiel der Vater durch Kriegseinsätze und anschließende Gefangenschaft als Erziehungsteil über längeren Zeitraum aus, ein Teil der Befragten hat unter Nahrungsmittelknappheit gelitten und den Krieg als unmittelbare Bedrohung wahrgenommen. Diese Erlebnisse haben sich teilweise nachhaltig auf die Entwicklung von gesundheitlicher Eigenverantwortung ausgewirkt. Der Wertewandel und die damit verbundene veränderte Einstellung zur Gesundheit und gesundheitsrelevanten Verhalten bilden einen weiteren Einflussfaktor, die das Verantwortungssubjekt direkt beeinflussen und verändern. Die intensive Auseinandersetzung mit einem nachhaltig gesunden Lebensstil hat dazu geführt, dass sich beispielsweise Nahrungsverhalten, Bewegungsverhalten und Risikoverhalten positiv verändert haben.

Den Abschluss bilden die nicht-normativen Einflussfaktoren, die zu jedem Zeitpunkt des Lebens unerwartet auftreten können. Als erster Faktor kann die Lebensbedrohung identifiziert werden. In den Interviews schilderten die Befragten zu verschiedenen Zeitpunkten ihres Lebens Situationen, in denen sie eine lebensbedrohliche für sich oder andere Personen erlebt haben. Vor allem die Befragten, die in Großstädten aufgewachsen sind, haben bereits in der Kindheit lebensbedrohliche Situationen im Zweiten Weltkrieg durch Bombenangriffe erlebt. Der zweite Faktor beschreibt den Verlust einer nahestehenden Person, der dazu führt, sich mit der eigenen Endlichkeit auseinander zu setzen und bewusst die eigene Gesundheit wahrzunehmen. Den dritten Faktor bildet das Erleben einer schwerwiegenden Krankheit bei sich oder einer anderen Person. Die Befragten beschreiben Situationen, in denen sie mit einer schwerwiegenden Diagnose konfrontiert worden sind und Gegebenheiten, bei denen die Krankheit einen maßgelblichen Einfluss auf die Lebensführung genommen hat.

9 Zusammenführung der Ergebnisse

Die quantitative Untersuchung hat anhand der Verantwortungszuweisung der Befragten drei Verantwortungstypen identifiziert. Durch das Zusammenführen der quantitativen und qualitativen Untersuchung soll an dieser Stelle der Arbeit erreicht werden, dass anhand der Biografie der Befragten die Entwicklung von Eigenverantwortung und damit verbunden die Ursachen von Verantwortungsübertragung näher hinterfragt werden. Um dieses Ziel zu erreichen, werden jedem Verantwortungstypus zwei Fallbeispiele zugeordnet und miteinander verglichen. Das genaue Vorgehen der Fallauswahl und des Fallvergleichs wurde bereits in Kapitel 6.3 ausführlich erläutert.

9.1 Verantwortungstypus „Ich und alles um mich herum"

Die Ergebnisse der quantitativen Untersuchung haben gezeigt, dass dieser Verantwortungstypus neben sich selbst, die Institutionen des Gesundheitssystems und sein soziales Umfeld für seine Gesundheit verantwortlich sieht.

9.1.1 Fallbeschreibung IP1w

IP1w ist zum Zeitpunkt des Interviews 75 Jahre alt. Sie verbrachte ihre Kindheit in einem kleinen Dorf. Rückblickend beschreibt sie schon ihre Kindheit aus gesundheitlicher Sicht mit Problemen behaftet:

> „Wenn ich jetzt mal ganz vorne anfange, kann ich von mir sagen, dass ich immer ein ganz kleines zerbrechliches Kind war, was also auch sehr schmächtig war, was auch als Baby Probleme gemacht hat. Also immer so ein bisschen, nicht klein, aber schmächtig, will ich mal so sagen. Und auch empfindlich und öfter auch als Kind krank gewesen. Das hat sich eigentlich auch so durchgezogen durch mein Leben, ich bin also sehr häufig krank gewesen." (IP1w: 1)

Sie kann sich daran erinnern, dass ihre Mutter nie ernsthaft krank gewesen ist, ihr Vater war allerdings anfälliger für Krankheiten. Sie selbst hat nicht alle Kinderkrankheiten gehabt, trotzdem war sie „immer so ein kleines zartes Wesen" (IP1w: 12). Sie kann sich nicht erinnern, dass Gesundheit in ihrem Elternhaus eine besondere Rolle gespielt hat:

> „Ich glaube, da konnte man noch nicht von Gesundheitserziehung reden. Bei uns im Dorf gab es ja auch keinen Doktor und gar nichts. Da musste man ja weiß Gott wie weit fahren. Da glaube ich nicht, dass man da von Gesundheitserziehung redete. Das spielte eigentlich nicht so eine Rolle.

P. Enste, *Gesundheitliche Eigenverantwortung im Kontext der Lebensspanne*,
https://doi.org/10.1007/978-3-658-23082-1_9

> Man ernährte sich von dem, was man hatte. Von gesunder Ernährung konnte man damals ja nicht reden, wir sind ja Kriegskinder! Da konnte man ja nicht von reden! Oder von Vitaminen...außer einem Apfel gab es ja nichts. Ich kann mich erinnern, wie ich Kind die erste Orange gesehen habe, wir wussten ja gar nicht, was wir damit anfangen sollten.“ (IP1w: 32)

Sie berichtet, dass sie in ihrer Kindheit kein Sport getrieben hat, weil zum einen die Prioritäten in der Nachkriegszeit anders gesetzt wurden und zum anderen Sport in dem Dorf, in dem sie aufgewachsen ist, keine größerer Rolle gespielt hat und somit es auch so gut wie keine Gelegenheiten gegeben hat. Mit regelmäßigem Sport hat sie erst angefangen, als sie verheiratet war und ihre Kinder zur Welt kamen. So hat sie erst mit 40 Jahren schwimmen gelernt. Seitdem führt sie regelmäßig unterschiedliche sportliche Aktivitäten aus, dabei ist es ihr wichtig, dass sie in Gemeinschaft ist.

Ihre gesundheitlichen Probleme ziehen sich durch ihr ganzes Leben. So hat sie bei der Geburt ihrer drei Kinder Probleme gehabt und seit vielen Jahren leidet sie an Depressionen, die in unregelmäßigen Schüben auftreten. Sie hat zwischenzeitlich 20 Jahre Ruhe gehabt, aber die Krankheit ist immer wieder aufgetreten. In diesen Perioden ist sie auf professionelle Hilfe angewiesen, weil sie selbst nicht dazu in der Lage ist, Verantwortung für ihre Gesundheit zu übernehmen:

> „Wenn man so tief in der Depression ist, sieht alles nur noch schwarz aus. TIEFSCHWARZ. Da denkt man auch nicht: `Du musst was für die Gesundheit tun.` Weil es einfach nicht geht. Und das braucht ganz ganz langen Atem, bis es wieder geht. Heute legt man in der Depressionsabteilung auch ganz viel Wert auf Aktivität. Das hat man vor vielen Jahren noch nicht gemacht. Heute müssen sie, auch wenn es ihnen noch so schlecht geht, aufstehen und am Frühstückstisch erscheinen, auch wenn es ihnen noch so dreckig geht. Der Tag ist strukturiert. Die holen die Leute vom Zimmer, die müssen. Manchmal war es für mich ganz schrecklich, aber ich musste da hin, da war ganz furchtbar.“ (IP1w: 36)

Bei der Bewältigung ihrer Krankheitsphasen sieht sie in ihrem Mann eine große Stütze. Gleichzeitig vertraut sie selbst in ihre Fähigkeiten, mit einfachen kleinen Schritten die positive Sicht auf das Leben zurückzuholen:

> „Mein Mann hat mich immer in all den Zeiten, wo ich krank war sehr gestützt. Das hat mir natürlich auch sehr geholfen, da Verständnis zu finden. Ja...auch sich wieder freuen können, war für mich auch immer sehr wichtig. Sich wieder über Kleinigkeiten freuen können...das ist mir eigentlich bis heute gut erhalten geblieben. Da bin ich auch sehr dankbar für, ich sehe so ein wenig als Geschenk an, dass ich das kann. Das kann ja nicht jeder.“ (IP1w: 8)

Vor fünf Jahren ist bei ihr Brustkrebs diagnostiziert worden. Diese Diagnose war für sie ein tiefer Einschnitt in ihre positive Sicht und die damit verbundene Selbstwirksamkeit:

> „Vertrauen in die eigenen Fähigkeiten kommt nicht so schnell. Das ist nicht sofort da. Erstmal ist man von der Diagnose sowas von erschlagen, weil es ja auch so plötzlich ist und man nicht mit gerechnet hat. Und dann dauert es erst, dann kann man so langsam sagen "So, ist gut. Was muss ich jetzt machen? Jetzt muss ich das angehen mit der Bestrahlung, das muss gemacht werden." Auch nicht in Frage stellen. Dann hab ich mir aber auch immer gesagt, ich bin vor der Chemotherapie ja noch her gekommen, also ist das ja noch etwas Gutes. Im Nacken hat man das immer, das noch einmal was wieder kommt. Das kann einem auch keiner nehmen und vor jeder Routineuntersuchung ist man 1-2 Tage angeschlagen. Das ist so.“ (IP1w: 58)

Durch die Krebserkrankung sieht sie sich selber mit der Endlichkeit konfrontiert und diese Gedanken beschäftigen sie regelmäßig vor den Kontrolluntersuchungen. Die Erkrankung hat zudem dazu geführt, dass sie sich selber und ihren Körper aufmerksamer wahrnimmt:

> „Was natürlich immer im Hinterkopf ist: Kommt was wieder oder bricht irgendwo etwas auf? Da wird man ganz ganz hellhörig. […] Man hofft natürlich, dass es nicht so heftig wird und die Hoffnung, dass es nicht wieder kommt. Man beobachtet sich auch natürlich etwas mehr. Wenn man Magenprobleme oder irgendetwas hat, dann denkt man...es wird doch nicht da was sein. Das ist so.“ (IP1w: 54f)

Kompensation gelingt ihr in der Regel durch eine Reihe von Freizeitaktivitäten. Sie hat sich schon immer sehr für kreative Dinge interessiert, früher hat sie beispielsweise Töpferkurse an der Volkshochschule besucht. Auch heute noch interessiert sie sich für Kultur: Wenn sie beispielsweise eine Ausstellung besucht, informiert sie sich im Vorfeld ausführlich über den Künstler mit Hilfe des Internets oder tauscht sich regelmäßig über Literatur mit ihrer Freundin aus. Weiter engagiert sie sich in der Pfarrgemeinde. Dabei ist ihr der Kontakt zu anderen Leute sehr wichtig:

> „Das ist für mich ganz wichtig, Kontakte zu haben. Also nicht nur zu Hause meinen kleinen Krempel, sondern wirklich auch Kontakte und meine Arbeit in der Caritas. Das hab ich jetzt etwas reduziert, mach es aber noch jede Woche Krankenhausbesuchsdienst. Ganz einfacher Besuch, keine grüne Dame, sondern einfache Besuche, und einen Gruß aus der Gemeinde übermitteln und wenn einer dann etwas erzählen will, ist es gut und wenn nicht, ist es auch gut.“ (IP1w: 12)

Bei dieser Arbeit ist es ihr wichtig, auch etwas für andere zu tun. Noch deutlicher kommt dieser soziale Aspekt bei der Beschreibung von Freundschaften zum Tragen, wo sie einen direkten Bezug zur Verantwortung herstellt:

> „Ganz wichtig sind auch Freundschaften! Freundschaften muss man haben, Freundschaften muss man pflegen. Das ist wichtig im Alter, finde ich ganz, ganz wichtig! Man ist auch für den anderen mitverantwortlich, wenn es dem mal nicht gut geht. Wenn man schöne Dinge zusammen erlebt, dann ist man auch für den anderen verantwortlich, wenn es dem nicht gut geht. Soweit, wie es im Rahmen ist." (IP1w: 46)

Trotz ihrer langen Krankheitsgeschichte motiviert sie sich immer wieder zu einer positiven Sicht auf das Leben:

> „Ich habe versucht, positiv zu leben, die Dinge auch positiv zu sehen. Heute zum Beispiel diesen Tag, wenn man rausschaut, positiv zu sehen. Das mir immer auch in den schweren Zeiten geholfen. Es hat auch Zeiten gegeben, wo gar nichts ging. Ich hab mich aber immer wieder...ja, ich hab mich rausgezogen, wie auch immer und kämpfe eigentlich das ganze Leben, damit ich einigermaßen stabil bleibe." (IP1w: 2)

Woher sie die Kraft für diese positive Sicht nimmt, kann sie nicht genau erklären. Sie gibt an, dass sie schon in jüngeren Jahren die älteren Menschen für ihre Energie und Offenheit gegenüber neuen Dingen bewundert hat. Eine bedeutende Rolle spielte dabei ihre Patentante:

> „Ich hatte eine Patentante, die wurde 90 und kaufte sich als erstes eine elektrische Nähmaschine. Die war Berufsschullehrerin und sagte: 'Das wollen wir doch mal wissen, ob ich das nicht noch in meinen Kopf reinkriege! Das sind auch immer so eine Art Vorbilder für mich gewesen, die ging auch immer auf Neues zu, die begleitete auch in der Verwandtschaft die junge Generation und nicht immer nur von früher reden, das hat mich bei der Tante immer fasziniert." (IP1w: 24)

Da sie schon mehrere Situationen hatte, in denen sie auf die Hilfe von medizinischen Fachberufen angewiesen war, da sie selbst an ihre Grenzen gestoßen ist, sieht sie auch die Akteure des Gesundheitssystems für sich verantwortlich. In erster Linie sieht sie aber die Verantwortung bei sich selbst:

> „Ich habe aber immer für mich feststellen können: Was kannst du tun? Was kannst Du jetzt tun, damit du aus dieser Misere jetzt rauskommst? Das war ganz stark bei den Depressionen aber auch ganz stark bei der Brustkrebs-Geschichte. Meine Frage war immer: Was kann ich jetzt tun? Was kann ich dazu tun, dass es mir besser geht? Ich habe aber auch natürlich sehr sehr häufig gezweifelt, weil ich eigentlich meinte, ich würde schon viel tun und es mich dann aber doch wieder erwischt hat. Sonst, vom Prinzip her hab ich

> mir erst immer gesagt: Du bist für deine Gesundheit in erster Linie selber verantwortlich. Das war eigentlich immer so mein Leitgedanke.“ (IP1w: 2)

Das Alter nimmt sie generell sehr positiv wahr. Sie stellt zwar fest, dass manche Dinge nicht mehr so gut funktionieren wie in jüngeren Jahren, sie sieht das allerdings als normalen Entwicklungsprozess an. Zu dieser Einstellung hat sie unter anderem durch die Konfrontation mit ihrer eigenen Krankheitsgeschichte gefunden:

> „Wenn man öfters schlecht zurecht war, dann lernt man das. Und dann lernt man es auch zu schätzen, wenn man es wieder kann. Ich hab häufig den Fehler gemacht, wenn ich wieder konnte...och...dann hab ich gewühlt, dann kriegt man am nächsten Tag wieder einen Schlag, das es zu viel war. Diese Waage muss man finden, dass man nicht zu viel und nicht zu wenig macht. Ich bin mit meiner Situation momentan sehr zufrieden, muss ich wirklich sagen.“ (IP1w: 46)

Für sie ist es wichtig, Pläne zu machen, damit sie sich auf Anstehendes vorbereiten und freuen kann. Außerdem geben ihr diese Pläne Sicherheit und helfen bei der Bewältigung unerwarteter Schwierigkeiten. Für die spätere Lebensphase, die eventuell mit Gebrechlichkeit und Pflegebedürftigkeit verbunden ist, hat sie gemeinsam mit ihrem Ehemann allerdings noch nicht den richtigen Plan gefunden:

> „Wie geht es weiter, wenn du nicht mehr kannst? Oder wenn wir das mit dem Haus nicht mehr hinkriegen? Wenn man nicht mehr so fit ist, um die Arbeit zu erledigen, das denkt man schon. Aber ich hab noch nicht den Plan...oder mein Mann und ich haben beide den Plan noch nicht...was wird wenn? Manche habe das ja schon...haben wir nicht, muss ich ehrlich zu geben. Wir haben die Lösung nicht parat, was wir machen, wenn es nicht mehr geht.“ (IP1w: 40)

9.1.2 Fallbeschreibung IP11m

IP11m ist zum Zeitpunkt des Interviews 87 Jahre alt. Er wohnt gemeinsam mit seiner Ehefrau (80 Jahre) in einem eigenen Haus in einem Vorort einer mittleren Großstadt. Er hat zwei Söhne, die jeweils mit eigenen Familien nicht in unmittelbarer Reichweite leben. Bislang können sie sich selbstständig versorgen. Er fährt noch Auto, so dass die keine Probleme haben, die Dinge für den täglichen Bedarf einzukaufen. Seine frühe Kindheit hat er im Ruhrgebiet verbracht. Seine Eltern kommen beide aus Schiffer-Familien, der Schiffer-Betrieb wurde von seinen Eltern fortgeführt, so dass er einen großen Teil seiner Kindheit auf dem Schiff verbracht hat. Im Anschluss hat er als Schiffsjunge seine Lehre gemacht. Die Kriegszeit hat er auf dem Schiff verbracht und er kann sich erinnern, dass der Stellenwert von Gesundheit zur damaligen Zeit eine ganz andere Rolle gespielt hat:

> „Im Krieg war ja die Gesundheit anders, da ging es ja nur ums Essen, dass man was zum futtern hatte, ganz gleich wie das war. Wie waren ja auf dem Schiff, die Leute auf dem Schiff waren ja clever, wenn die mal Zucker fahren musste, haben die was abgefüllt und haben dann getauscht, mal gegen ein Drahtseil oder so etwas. Und so bekamen wir Zucker, aber auch nichts anderes als Zucker. Der wurde dann in der Pfanne geröstet...es war ungesund bis zum Gehtnichtmehr, aber es war etwas zu essen." (IP11m: 17)

Er kann sich erinnern, dass er in den frühen Jahren seines Lebens bis auf die üblichen Kinderkrankheiten nie ernsthaft krank gewesen ist. Er berichtet von einer konkreten Situation, in der er das erste Mal mit einer gesundheitlichen Beeinträchtigung konfrontiert worden ist. Als der Krieg zu Ende ging und es absehbar wurde, dass die Kapitulation von Deutschland unmittelbar bevorstand, haben seine Eltern versucht, das Schiff zu retten und sind in Richtung Osten aufgebrochen. Auf diesem Weg kam es zu einem Zwischenfall:

> „1945 ging der Krieg dann ja dem Ende entgegen und wir lagen auf der Elbe und dann kamen wir in die Kriegswirren: Wir lagen auf der Elbe unterhalb von Meißen, das Schiff war entladen und lag ziemlich weit aus dem Wasser. Auf der einen Seite war der Russe und auf der anderen Seite die deutsche Waffen-SS. Der Maschinist war mit seiner Familie da und wir waren dann zu viert, mein Vater, meine Mutter, meine Schwester und ich. Wir waren auf dem Schiff und es gingen die Schießereien los und es kamen auch Einschläge. Was sollten wir machen? Wir haben dann besprochen, dass wir an Land wollten, auf der Seite war die Waffen-SS. Wir sind dann tagsüber zu einer Straße gelaufen. Zuerst sind die Frauen mit den kleinen Kindern gelaufen, ich galt mit 15 schon als Mann. Wir sind dann anschließend gelaufen: Der Maschinist, mein Vater und ich. Die Russen haben hinter uns her geschossen. Ich will mal jetzt behaupten, dass die uns nicht treffen wollten, sonst hätten sie uns getroffen. Wir haben dann in einem Haus übernachtet, mit toten Pferden davor...naja, am nächsten Tag sind wir dann höher in den Berg in eine Villa. Aus diesem Haus kam dann noch eine Polin dazu und wir hörten schon, dass der Russe auf dieser Seite war. Am nächsten Tag kam dann schon der erste Russe in das Haus. Die Frauen hatten sich schon schwarz gemacht, es ging ja das Gerücht um, dass der Russe so mit den Frauen so umging...der erste Russe kam also in den Keller, wo wir uns verbarrikadiert hatten. Die Polin hat dann mit dem Russen gesprochen, erst mal war also nichts. Dann kamen die russischen Kosaken. Der Offizier hatte sich in dieser Villa niedergelassen und mein Vater sollte die Russen mit dem Schiff über die Elbe fahren und die Frauen sollten Kartoffeln schälen, es war also noch nichts passiert. Wir können nichts Schlechtes über Russen

> sagen. Am nächsten Tag war die Waffen-SS wieder da, weil sie die Russen zurückgeschlagen hatten. Sie haben uns den Rat gegeben, dass wir abhauen sollten. Inzwischen hatte ich aber eine Nervenlähmung, ich konnte mich also nicht mehr bewegen. Wahrscheinlich die ganze Aufregung. Meine Eltern hatten mich ins Lazarett gebracht und die wussten nicht, was sie mit dem Jungen machen sollten. Meine Mutter hat dann einen Kinderwagen organisiert und sie haben mich als großen Jungen in den Kinderwagen gepackt. Die Beine wurden festgebunden und wir haben uns dann aufgemacht und sind dann als Flüchtlinge durch Deutschland gewandert.“ (IP11m: 5)

Er kann sich nicht mehr genau erinnern, wie lange die Lähmung angehalten hat. Irgendwann ist es aber besser geworden, so dass er selbst wieder laufen konnte. Sie sind dann zu Fuß bis nach Kassel geflohen und wurden dort von einem Kohlenzug aufgenommen, der sie mit ins Ruhrgebiet genommen hat. Die Lähmungserscheinungen sind dann nicht mehr aufgetreten. Die erste Zeit nach dem Krieg war vor allem durch Hunger und den Kampf, etwas zu essen zu bekommen, geprägt. Er empfindet sich in dieser Zeit als sehr dünn und abgemagert:

> „Also wie gesagt...wir waren alle schlank, weil wir wenig zu essen bekamen, viele sind ja verhungert dabei. Uns ging es auch nicht besonders gut, aber im Nachhinein gesehen...[lacht] vielleicht sind wir deshalb alle etwas älter geworden.“ (IP11m: 5)

Im weiteren Verlauf hat er die Ingenieursschule besucht und in einem Betrieb in einer ländlichen Region gearbeitet. Dort hat er seine spätere Ehefrau kennengelernt. Nach der Hochzeit hat er mehrmals die Stelle gewechselt und war bis zum Ende seiner beruflichen Karrieren in einer hohen leitentenden Position. Den Verlust seiner Arbeit noch vor dem Renteneintrittsalter hat er als eine große persönliche Enttäuschung erlebt:

> „Ich bin 1994 in Rente gekommen, ohne dass ich es wollte. Man hat mich im Grunde rausgeschmissen, obwohl ich eine ganz besonders rausgestellte Stellung hatte. Ich war der Leiter der Gesamtabteilung. Es sollten aber Leute entlassen werden, und es hieß, es sollte auch mal einer von oben gehen und weil ich der älteste war, traf es dann mich. Ich war 64 Jahre und stand vor der Altersrente...aber trotzdem kam das doch sehr sehr überraschend für mich und ich hab das auch nicht so verkraftet, das muss ich schon sagen.“ (IP11m: 7)

Nach dem abrupten Ende hat er aber schnell eine neue Anstellung an einer Technischen Universität bekommen, an der er noch weitere neun Jahre als Lehrbeauftragter gearbeitet hat. Im Jahr 2003 ist er dann in den Ruhestand gegangen. Er kann sich nicht daran erinnern, bis dahin jemals ernsthaft krank gewesen zu sein.

Ab diesem Zeitpunkt beginnt allerdings für ihn ein längerer Leidensweg, an deren Anfang er sich noch sehr konkret erinnern kann:

> „Im Jahr 2003...wir waren gerade bei einer Wanderung, wir haben ja viel gemacht, gewandert, getanzt mit vielen Abzeichen...da passiert es plötzlich, dass ich mein Brot in den Mund gesteckt habe und den Mund gar nicht mehr zu bekommen habe. Ich kam nicht von der Stelle. Ich hatte so unheimliche Schmerzen, ich hatte eine Trigeminusneuralgie. Das sind mit die schrecklichsten Schmerzen, die man haben kann. Die meisten springen aus dem Fenster, wenn das eintritt. Ab dem Zeitpunkt habe ich über Jahre dieses Problem gehabt.“ (IP11m: 9)

Ab diesem Zeitpunkt haben die Schmerzen nicht mehr nachgelassen. Häufig waren sie so unerträglich, dass er nicht mehr schlafen konnte. Er ist dann voller Verzweiflung nachts im Garten hin und her gelaufen. Zuerst hat er eine homöopathische Behandlung in Anspruch genommen, diese hat allerdings nicht geholfen. In den folgenden Jahren hat er immer wieder versucht, Hilfe zu bekommen:

> „Ich war aber zuerst hier in einer Schmerzambulanz, dort bin ich auch sofort genommen worden. Mir wurde dann durch den Mund gestochen und das ganze Gebiet wurde betäubt, dann ging das eigentlich gut. Ich habe dort oft in der Praxis gesessen und geheult wie ein Schlosshund. Der hat mich rausgeschmissen und gesagt, dass er für mich nichts mehr tun kann. Ich habe dann gezweifelt, ob er wirklich das letzte Wissen hat.“ (IP11m: 11)

In dieser Zeit hat er teilweise auch widersprüchliche Aussagen zu Behandlungstechniken bekommen: So wurde ihm in einer Klinik zu einer Operation geraten, in einer anderen Klink wurde ihm aber dringend von dieser Operation aufgrund der hohen Risiken abgeraten. Letztendlich führte eine medikamentöse Behandlung zur Besserung der Symptomatik. Diese Medikamente muss er nun regelmäßig nehmen, aufgrund der starken Nebenwirkungen muss er regelmäßig seine Nieren- und Leberwerte kontrollieren lassen.

Trotz der beschriebenen gesundheitlichen Probleme, die sich über viele Jahre hinziehen und in Etappen immer wieder auftreten können, bewertet er seine Lebenssituation sehr positiv. Er sagt, dass er im gesamten Leben immer darauf geachtet habe, ausreichend Ausgleich neben der Arbeit zu bekommen:

> „Wir haben jedes Jahr zweimal Urlaub gemacht. Einmal in der Schweiz und einmal in Dänemark, regelmäßig, das hat uns sehr gut getan. Wir haben viel Sport getrieben, zwar kein Leistungssport, aber immer gute Bewegung. So sitze ich jetzt hier.“ (IP11m: 11)

Auch heute ist er noch aktiv und nimmt regelmäßig an Bewegungskursen teil, diese Übungen drücken für ihn Eigenverantwortung für die Gesundheit in besonderem Maße aus, weil ihnen hier Hilfe zur Selbsthilfe in alltäglichen Problemsituationen vermittelt wird:

> „Ich gehe auch zur Gymnastik nach Feldenkrais, das ist Gymnastik für alte Leute. Da sind ungefähr 20 Frauen und drei Männer. Dort wird uns beigebracht, wie wir uns im Alter richtig bewegen können, wenn wir hinfallen: Zum Telefon kriechen oder wieder aufstehen [macht die Übung auf dem Fußboden vor]. Das lernen wir dort, das finde ich so toll. Hier wird nicht groß Gymnastikübungen vermittelt. Es gibt ja auch Apparate, die einem helfen sollen. Hierbei geht es aber darum, dass man sich selbst helfen kann vom Körper her. Fürs Alter ist das die beste Methode: Zum einen bleibt man beweglich, zum anderen weiß man sich zu helfen.“ (IP11m: 11)

Pläne für die Zukunft hat er nicht. Er möchte so lange es möglich ist mit seiner Frau zusammen im eigenen Haus leben. Auch wenn der Sohn schon öfters geraten hat, sie sollen sich eine seniorengerechte Wohnung bei ihm in der Nähe suchen, kommt das zur jetzigen Situation nicht in Frage. Über das Altwerden und Sterben hat er sich bislang wenig Gedanken gemacht:

> „Ich habe noch nicht die richtige Philosophie. [...] Ich bin Ingenieur und kein Philosoph. Ich habe mir auch schon Bücher angeschafft...ich werde ja jetzt 87 Jahre. Ich kann mir das nicht vorstellen. Es ist ja eigentlich kindlich, dass ein alter Mann so denkt. Normalerweise müsste man sich ja auf den Tod vorbereiten, denn soweit ist der ja nicht weg...zwei Jahre noch, vielleicht noch fünf...zehn wären schon viel. So müsste man das doch sehen, eigentlich. Man müsste sich darauf vorbereiten und vielleicht besonders lieb und nett sein.“ (IP11m: 19)

Konkret gefragt, was er unter Eigenverantwortung für seine Gesundheit versteht, antwortet er, dass die Lebensweise seiner Frau dabei eine große Rolle spielt. Sie ernährt sich schon seit vielen Jahren vegetarisch und legt einen großen Wert auf vollwertige Nahrungsmittel:

> „Sie werden lachen, im Grunde ist das bei mir die Nacheiferung, so wie meine Frau das macht. Sie ist ja vorbildlich. Ich kaufe mir natürlich auch mal Blutwurst, wir kaufen aber immer soweit es geht im Bioladen oder beim Direkterzeuger. Sie hält das durch und ich mache das weitestgehend mit. Aber wenn meine Frau mal verstirbt und ich bleibe übrig, das nehme ich so etwas wie mobiles Essen. Da würd ich dann nicht mehr groß für mich einkaufen. Wenn das mal so sein sollte, was ich ja nicht hoffe...es ist ja hoffentlich so, dass der Mann zuerst verstirbt...dann wäre das für mich zu aufwendig.“ (IP11m: 13)

Neben seiner Frau sieht er zudem die behandelnden Ärzte für seine Gesundheit verantwortlich. Allerdings empfindet er die Position der Ärzte nicht unkritisch:

> „Meine Ärzte, soweit sie die Verantwortung übernehmen...man weiß ja nie. Ein Krankenhaus ist eine Fabrik, und Ärzte müssen ja auch Geld verdienen...es muss was dabei rauskommen. Die Gesundheit der Patienten ist die eine Seite, auf der anderen Seite will der Arzt auch Geld verdienen. Ja sicher kann man sagen, der er dann auch Verantwortung dafür hat. Ich habe den Eindruck, dass meine Ärzte die Verantwortung ganz gut übernommen haben, aber da kann man auch nicht hinter gucken." (IP11m: 15)

Er bringt im weiteren Gespräch zum Ausdruck, dass er den Ärzten vertrauen muss, ohne allerdings eine Garantie zu bekommen, dass sie wirklich das richtige für seine Gesundheit tun.

9.1.3 Fallkontrastierung

Die folgende Tabelle zeigt die zentralen Merkmale und deren Ausprägung, die im Rahmen der quantitativen Untersuchung für den Verantwortungstypus I „Ich und alles um mich herum" identifiziert worden sind. Die beiden rechten Spalten geben an, inwieweit die Merkmalsausprägung auf die jeweiligen Fallbeispiele zutrifft.

Tabelle 53: Fallvergleich Verantwortungstypus I

Merkmal	Ausprägung in der quantitativen Untersuchung	IP1w	IP11m
Eigenverantwortung	Weist sich selbst trotz Attribution ein hohes Maß an Eigenverantwortung zu.	++	+
Eigenverantwortung Definition	Bei der Definition von Eigenverantwortung legt er einen besonderen Wert auf den Faktor der sozialen Verantwortung, Selbstbestimmung ist weniger wichtig.	+	0
Lebensalter	Ist im Durchschnitt älter als die anderen Verantwortungstypen.	+	++
Wohnsituation	Lebt eher mit mindestens einer weiteren Person im Haushalt.	++	++
Objektive Gesundheit	Leidet eher an Multimorbidität.	++	+
Subjektive Gesundheit	Bewertet trotz seiner Krankheiten seine Lebensqualität hoch.	++	++
Selbstwirksamkeit	der Wert der Selbstwirksamkeitsskala ist unterdurchschnittlich.	(+)	0
Umsetzung	Bei gesundheitsbezogenen Handlungen legt er weniger Wert auf Ernährung und Bewegung als die anderen Verantwortungstypen, dafür spielen soziale Kontakte eine wichtige Rolle.	+	-
Aktivität in der Lebensspanne	Ein überdurchschnittlich hoher Anteil war in den früheren Lebensjahren aktiv und mit zunehmendem Alter passiv.	-	++

Quelle: Eigene Darstellung

Beide Fallbeispiele weisen sich selbst ein hohes Maß an Eigenverantwortung zu, geben aber gleichzeitig an, dass sie sich nicht ausschließlich allein für ihre Gesundheit verantwortlich fühlen. Sie weisen den behandelnden Institutionen des Gesundheitssystems (Krankenhaus und niedergelassene Arztpraxen) ein hohes Maß an Verantwortung zu. Es lassen sich allerdings unterschiedliche Attributionsmuster ausmachen: Während IP1w schon seit vielen Jahren an einer chronischen Krankheit leidet, ist sie dementsprechend schon seit einem längeren Zeitraum auf medizinische Hilfe angewiesen. IP11m hingegen gibt an, bis zu seinem 73. Lebensjahr nie ernsthaft krank gewesen zu sein. Erst mit dem Eintritt in den beruflichen Ruhestand haben bei ihm gesundheitliche Probleme begonnen. Die Krankheitsgeschichte der beiden Befragten weist eine Reihe von Unterschieden auf:

IP1w leidet an in unregelmäßigen Abständen auftretenden Schüben einer Depression, wobei sie sich in einer Akutphase unmittelbar in medizinische Behandlung begibt. In diesen Momenten ist sie auf die Hilfe der professionellen Behandlung angewiesen, da sie selbst aufgrund der Erkrankung nicht in der Lage ist, aktiv Eigenverantwortung in Form von Handlungen für ihre Gesundheit zu übernehmen. In der qualitativen Untersuchung hat sich gezeigt, dass gesundheitliche Eigenverantwortung allerdings mehr als nur den Prozess der Selbsthilfe, sondern auch Selbstbeobachtung und Erkennen der eigenen Grenzen beinhaltet. Vor diesem Hintergrund kann der Prozess des Hilfesuchens als Form der gesundheitlichen Eigenverantwortung angesehen werden. Dies setzt voraus, dass IP1w ihrem behandelnden Team vertrauen kann. Durch die positiven Erfahrungen, die sie in den absolvierten Behandlungen gewonnen hat, fällt es ihr mittlerweile leicht, dieses Vertrauen aufzubringen. Durch die Behandlung und die Kooperation mit dem medizinischen Fachpersonal gelingt es ihr in den Krisen, ihre Selbstwirksamkeit zu stärken und eine aktivere Rolle bei der Übernahme von gesundheitlicher Eigenverantwortung einzunehmen. Diese Bewältigungsstrategie hat ihr ebenfalls geholfen, ihre Krebserkrankung zu überwinden. Hier zeigen sich deutliche Unterschiede zu IP11m. Im Alter von 73 Jahren erkrankte er an einer Trigeminus-Reizung, die ihm in unregelmäßigen Abständen sehr starke Schmerzen bereitet. Im Sinne der gesundheitlichen Eigenverantwortung hat er ebenfalls seine eigenen Grenzen erkannt und sehr schnell professionelle Hilfe aufgesucht. Er hat allerdings eine Reihe von negativen Erfahrungen im Verlauf seines Behandlungsprozesses gemacht. Die teilweise widersprüchlichen Aussagen der unterschiedlichen Mediziner bezüglich der Behandlungsmethoden haben dazu beigetragen, dass es ihm schwerfällt, Vertrauen in die medizinische Behandlung zu entwickeln. Eine Kooperation im Sinne von Stärkung der eigenen Ressourcen findet bei ihm dementsprechend nicht statt.

Beide Befragte geben an, große Unterstützung durch ihr soziales Umfeld zu bekommen. Während IP1w beschreibt, neben dem Ehepartner Stärkung durch einen großen Freundeskreis zu erhalten, bezieht sich die Unterstützung bei IP11m im Wesentlichen auf die Hilfe der Ehefrau. Beide Befragte geben an, dass durch diese Unterstützungsleistungen gesundheitliche Verantwortung übertragen wird. Bei IP1w bezieht sich die Unterstützung vor allem auf die Bewältigung der krankheitsbedingten Krisen, während IP11m Unterstützung durch seine Ehefrau eher im Bereich des generellen gesundheitlichen Verhaltens erhält. Da seine Frau im Bereich der Ernährung sehr gesundheitsbewusst lebt, kann IP11m davon profitieren.

In der quantitativen Untersuchung wies der Verantwortungstypus im Durchschnitt ein höheres Lebensalter auf. Dies zeigt sich ebenfalls in der qualitativen Untersuchung, weil beide Befragte älter als 75 Jahre sind. Es kann allerdings festgehalten werden, dass sich vor allem bei IP1w das Attributionsverhalten eher durch die Dauer der Krankheitsgeschichte als durch das höhere Lebensalter erklären lässt.

Die quantitative Untersuchung hat ebenfalls gezeigt, dass der Verantwortungstypus eher in Paarhaushalten lebt. Dieses Ergebnis wird durch die qualitative Untersuchung bekräftigt, da beide Befragte zusammen mit ihrem Ehepartner leben.

Bezüglich der Anzahl der Erkrankungen bestätigt IP1w das Ergebnis der quantitativen Untersuchung. Neben der seit vielen Jahren bestehenden Depressionserkrankung, hat sie vor wenigen Jahren eine schwerwiegende Krebserkrankung durchgemacht. Mit Blick auf die Lebensspanne beschreibt sie sich generell als kränkliche Person. In diesem Punkt lässt sich ein Unterschied zu IP11m ausmachen, der sich eher als gesunde Person beschreibt, mit Ausnahme der Trigeminus-Erkrankung. Beide geben allerding an, dass der objektive Gesundheitszustand sich nicht mit dem subjektiven Gesundheitszustand deckt. Wenn bei beiden Befragten keine Akutphase der Erkrankung vorliegt, empfinden sie eine sehr hohe Lebensqualität.

Für den Bereich der Selbstwirksamkeit konnte in der quantitativen Untersuchung ein unterdurchschnittlich hoher Wert festgestellt werden. Im Interview mit IP11m wird das Thema nicht direkt angesprochen, es ergeben sich allerdings einige Hinweise in der Biographie. In seinem beruflichen Leben war er sehr erfolgreich. Seine Firma hat ihm allerdings den vorzeitigen Ruhestand nahegelegt, den er selbst als „Rausschmiss“ bezeichnet hat. Dieser Punkt hat einen Einschnitt in seinem Leben gesetzt, verbunden mit einem Absinken seiner Selbstwirksamkeit. Eine ähnliche Hilflosigkeit hat er bei dem Auftreten seiner Erkrankung erlebt, dem ein langer Prozess der erfolglosen Behandlung folgte. IP1w geht direkt auf die Thematik ein und beschreibt, dass ihr Vertrauen in die eigenen Fähigkeiten ihr sehr bei der Bewältigung ihrer Erkrankungen geholfen hat und somit eng einhergeht mit der Ausübung von gesundheitlicher Eigenverantwortung. Sie gibt allerdings an, dass die Krankheit in der Akutphase dazu führt, dass ihre Selbstwirksamkeit deutlich herabgesetzt wird und nur durch professionelle Hilfe wiederaufgebaut werden kann.

Aufgrund der quantitativen Ergebnisse kann für den Verantwortungstypus ausgemacht werden, dass er beim gesundheitsrelevanten Verhalten weniger Wert auf Bewegung und Ernährung setzt, dafür die soziale Komponente sehr betont. IP1w vernachlässigt zwar nicht den Punkt der Ernährung, bezeichnet sich aber selbst nicht als „Gesundheitsapostel“. Bewegung spielt allerdings bei ihr eine sehr große Rolle, hier bevorzugt sie die Ausübung in Gemeinschaft, weil ihr die sozialen Kontakte wichtig sind. Vor diesem Hintergrund decken sich ihre Aussagen mit den quantitativen Ergebnissen. Bei IP11m lassen sich deutliche Abweichungen ausmachen. Er legt sehr viel Wert auf Ernährung und Bewegung. Soziale Kontakte außerhalb des familiären Umfelds spricht er im Interview nicht an.

9.2 Verantwortungstypus „Ich und das Gesundheitssystem"

In der quantitativen Untersuchung zeichnet sich der Verantwortungstypus dadurch aus, dass er neben sich selbst den Akteuren des Gesundheitssystems Verantwortung für seine Gesundheit zuweist. Sein soziales Umfeld sieht er weniger verantwortlich.

9.2.1 Fallbeschreibung IP3m

IP3m ist zum Zeitpunkt des Interviews 65 Jahre alt. Er kann sich daran erinnern, dass der Gedanke an Gesundheit in seinen früheren Lebensjahren keine große Rolle gespielt hat. Diese Einstellung hat sich später geändert, verbunden mit der Wahrnehmung von Krankheiten im persönlichen Umfeld:

> „Also ich glaub, wenn man in die Kindheit und Jugendzeit geht, dann ist das Bewusstsein über die eigene Gesundheit in dem Sinne nicht so stark ausgeprägt. Ich hab als Kind und als Jugendlicher Sport getrieben, Leichtathletik Verein und solche Dinge. Das hat sich dann fortgepflanzt. Das wirkliche Bewusstsein im Verhältnis zur eigenen Gesundheit, zur Betrachtung, kommt eigentlich in einer wesentlich späteren Phase bezogen vielleicht auf Personen, die aus der eigenen Familie stammen. Also zum Beispiel Dinge wie Vorsorge entstehen dadurch, dass mein Vater an Darmkrebs gestorben. Aus dem Grunde gehe ich seit über 10 Jahren zur Vorsorge." (IP3m: 3)

In seinem Elternhaus spielte Gesundheit keine zentrale Rolle, wobei sie allerdings nicht vernachlässigt wurden, die Zeit aber eben eine andere gewesen ist:

> „Mein Vater war Lehrer, der hat nicht unvernünftig gelebt, aber man hat früher wohl bei Speisen und Getränken weniger an die Ernährung gedacht, als ich das heute tue. Da wurden die klassischen Dinge gekocht, bei der Rinderroulade angefangen, und dann wurde auch Bier getrunken und Schnäpse getrunken. Das Thema hat sich ja verändert." (IP3m: 15)

Nach dem Studium hat er eine berufliche Karriere gemacht und als Geschäftsführer mit über 400 Mitarbeitern gearbeitet. Zu dieser Zeit musste in der Woche über eine weite Strecke mit dem Flugzeug pendeln. Obwohl die Arbeit sehr stressig gewesen ist, hat er sie nicht als Belastung wahrgenommen. Zum Ausgleich hat er sich schon immer sehr viel mit Kunst und Kultur beschäftigt. Heute nimmt er an:

> „Dieser so genannte positive Stress, wo wir glauben, das ist gut, das ist überhaupt nicht gut. Das weiß so gut wie keiner: 99 % der Menschen glauben, positiver Stress tut einem auch gut. Das ist völlig falsch. Die Arterien werden nur frei, wenn sie sich in einer bestimmten Situation sehr wohl fühlen.“ (IP3m: 11)

Im Alter von 60 Jahren hat er einen schweren Herzinfarkt erlitten und wurde in dieser Situation von jetzt auf gleich mit der Endlichkeit seines Lebens konfrontiert. Vorher ist er nie ernsthaft krank gewesen und hat auch keine Beschwerden wahrgenommen:

> „Ich kann mich erinnern, dass ich an dem Tage vor fünf Jahren sogar noch beim Arzt war und ein Belastungs-EKG gemacht habe, weil ich dachte, da ist irgendwas, es war aber nichts zu sehen. Ich habe irgendetwas gemerkt und nachts fing das dann an und es war so intensiv, dass wir dann so gegen halb drei den Notarzt gerufen haben und ich mich von meiner Frau verabschiedet habe...VERABSCHIEDET! Das heißt, ich hab gedacht, jetzt ist Schluss!“ (IP3m: 9)

Gleichzeitig beschreibt er diese Situation als einen Wendepunkt in seinem Leben, der dazu geführt hat seine Verhaltensweisen maßgeblich zu verändern:

> „Oft brauchen wir Menschen irgendeinen Anlass. Wir sind ja nicht nur immer rational behaftet, sonder wir brauchen oft irgendetwas, bei mir ist das ziemlich haften geblieben und äh...ich bin nicht wieder in die alten Strukturen verfallen, sondern achte relativ konsequent darauf, dass ich die Dinge durchführe. Also Thema Ernährung, Alkohol, Sport. Mit einem relativ hohen Vernunftanteil. […] Da bin ich glaub ich mustergültig. Viele fallen auch wieder zurück, fangen wieder an zu rauchen oder zu trinken...sehr gefährlich, sehr gefährlich!“ (IP3m: 4)

Ab diesem Zeitpunkt hat er sich sehr intensiv und bewusst um seine Gesundheit und Gesunderhaltung gekümmert. Die regelmäßige Bewegung führt er fast ausschließlich aus gesundheitlichen Aspekten durch, was dazu führt, dass er sich manchmal überwinden muss, aktiv zu sein:

> „Ja, den regelmäßigen Sport zu betreiben ist schon nicht einfach. Ich geh zweimal die Woche hin und mach das auch zu einem sehr hohen Prozentsatz. Aber manchmal hat man auch einfach keine Lust. Ich mache das ja als gesundheitlichen Ausgleich, damit die Werte ok sind. In der Reha hat man mir gesagt, wenn ein 60-Jähriger anfängt Sport zu treiben, kann der auch noch Werte eines 40-Jährigen haben. Da hab ich gedacht, dass der spinnt. Aber es stimmt tatsächlich, ich bin selber der Beweis.“ (IP3m: 31)

Die regelmäßige ärztliche Kontrolle spielt für ihn eine besonders wichtige Rolle. Er nimmt alle üblichen Vorsorgeuntersuchungen wahr und geht mindestens einmal im Jahr zur Kontrolle beim Kardiologen. Zu diesem hat er ein sehr gutes Verhältnis und bezeichnet sich selbst als „Musterpatient". Hierzu gehört neben der regelmäßigen Einnahme der Medikamente die selbstständige Information über gesundheitsrelevanten Themen, die das eigene Krankheitsbild betreffen. Er sieht sich auch in der sozialen Verantwortung, seine Freunde zu überzeugen, regelmäßig zu Vorsorgeuntersuchungen zu gehen:

> „Ich bin ja ein sehr direkter Vogel...eine sehr direkte Person. So eine Untersuchung einmal im Jahr beim Urologen dauert 15 Minuten, das ist lächerlich. Da muss man die Prioritäten so setzen, dass das einem möglich ist. Aber wir Menschen verdrängen alles immer unheimlich gerne, alles wird immer verdrängt. Und ich sage, dieses Verdrängen wird irgendwann zum Bumerang. Nochmal: Wenn ich zur Darmspiegelung gehe und der da was sieht, dann kann er schon etwas machen. Als ich das letzte Mal da war, da war einer, da ging die Kamera gar nicht mehr durch, der war auch ein paar Tage später tot. Mein Vater zum Beispiel ist an Darmkrebs verstorben und ist obwohl er es wusste, ein Jahr lang nicht zum Arzt gegangen. Der würde heute auch noch leben. Wenn man das Risiko minimieren kann, dann sollte man es machen und wenn man zu Menschen eine freundschaftliche Beziehung hat, da hab ich das ein paar Mal deutlich rübergebracht, mit dem Ergebnis, dass zwei Leute auch gegangen sind." (IP3m: 23)

Neben der regelmäßigen Bewegung gehört nach seiner Auffassung vor allem die geistige Auseinandersetzung mit dem Thema Alter zur erfolgreichen Gestaltung eines verantwortungsvollen Lebens:

> „Ich glaube, dass neben der Bereitschaft auf seinen Körper zu hören, das Thema der geistigen Aktivität nicht zu unterschätzen ist. Das spielt eine enorme Rolle. […] Ich würde diese Dinge nicht unterschätzen, wenn man sich mit Dingen beschäftigt, ist das für einen unheimlich gut. Vor allem konzentriert man sich nicht auf Dinge, die vielleicht da sind. Manche setzten sich ja auf die Couch und bejammern sich von morgens bis abends. Es gibt einfach Dinge, die sich im Laufe der Jahre verändern, die sind dann so. Ich komm zwar noch relativ locker hier die Treppe rauf, da hab ich kein Problem mit, aber es gibt schon irgendwelche Dinge...ein Freund von mir, der ist zwei Jahre älter, der sagt immer: Die Pausen sind länger als die Arbeitszeiten, wenn er was macht. Und da ist irgendwie was dran, selbst wenn sie fit sind, gibt es einfach Dinge in ihrem Leben, die sie annehmen müssen." (IP3m: 17)

Die Lebensphase Alter nimmt er bislang sehr positiv wahr. Da er in den letzten Jahren freiberuflich als Künstler tätig war, kann er diese Tätigkeit weiterhin gut ausüben. Finanzielle Interessen stehen in der jetzigen Berufsphase nicht mehr im

Mittelpunkt, so dass er sich nun auf Dinge konzentrieren kann, die ihm Spaß machen und ihn interessieren. Hierbei erkennt er selbst eine Verschiebung von materiellen zu immateriellen Werten:

> „Ich arbeite anders, noch freier, zu 95 % setze ich meine eigenen Ideen um und bekomme auch noch Geld dafür. Das ist eigentlich optimal. Der Vorteil ist, wenn man morgens im Bett liegt und denkt du musst jetzt da und da hin fahren. Ich bin früher 60.000 km im Jahr mit dem Auto gefahren, war alles ok. Das brauche ich gar nicht mehr, ich hab meine Prioritäten auch verändert. Ich brauch natürlich auch Geld. Aber: Ich hab eine Bang & Olufsen Anlage, aber ich brauch nicht noch eine. Man hat irgendwo seinen Bedarf gedeckt und die Finanzen stehen da nicht im Vordergrund. Ich versuche Ideen von mir umzusetzen in verschiedene Richtungen.“ (IP3m: 35)

Er ist im Bereich der Erwachsenenbildung tätig und arbeitet in diesem Zusammenhang in Hospizen und Altenheimen. Er ist manchmal verwundert, welche Altersbilder dort von professioneller Seite vorliegen. So ist er verwundert, dass in manchen Heimen Singrunden angeboten werden, bei denen die Lieder nicht mehr zeitgemäß sind. Er ist der Meinung, dass sich das Bild der alten Menschen mittlerweile komplett geändert hat und die Wünsche und Bedürfnisse sehr heterogen sind. So sieht er sich in der sozialen Verantwortung, diese starren Muster aufzubrechen:

> „Und auch die Musik, das ist so Schubidubi-Musik. Die Leute, die da sitzen, auch der 80-Jährige Opa, der kennt die Beatles. Da müssen sie unheimlich viel im Kopf bewegen und da gehört unheimlich viel Energie dazu, es anders zu machen. Die Menschen wollen meistens alles so lassen. Das ist auch in Pflegeheimen ganz extrem. Was ich damit sagen will, viele Menschen, die auch gut gebildet sind, denken immer das die Alterspyramide, also die Veränderung, irgendwann kommt...irgendwann. Nein, die kommt nicht irgendwann, die ist schon lange da.“ (IP3m: 17)

Seine eigene Zukunft sieht er sehr positiv:

> „Ich hab mal gesagt, dass ich 105 Jahre alt werden will. Ich glaube, dass es sehr sehr wichtig ist, dass man im Kopf fit bleibt. Die Menschen brauchen ja auch Kommunikation. Wenn jemand sagt: Rente, verdienter Ruhestand. Damit kann ich nichts anfangen. 85 % der Führungskräfte haben ein Problem, wenn sie in Rente sind. Die werden nämlich krank. Sie können sich nicht auf einmal nur noch zu Hause mit ihrer Frau unterhalten, dann wird man irgendwann blöd. Ich werde so lange kreativ agieren, wie ich dazu in der Lage bin.“ (IP3m: 40)

Er möchte möglichst lange mit seiner Frau zusammen in den eigenen vier Wänden leben. Er beschäftigt sich auch mit der Endlichkeit des eigenen Lebens, zumal er durch seine Erfahrung im Rahmen des Herzinfarkts direkt mit dem eigenen Tod konfrontiert war. Das Bewusstsein, dass sein Leben irgendwann einmal zu Ende ist, hält ihn aber nicht davon ab, neue Dinge zu beginnen. Er stellt sich nicht die Frage, ob es sich überhaupt noch lohnt, ein neues Projekt zu starten.

9.2.2 Fallbeschreibung IP7w

IP7w ist zum Zeitpunkt des Interviews 83 Jahre alt und wohnt alleine in einer Wohnung, die einem Seniorenheim angeschlossen ist. Ihre Kindheit war sehr durch die Geschehnisse des Krieges gezeichnet. Sie kann sich an die unmittelbare Bedrohung ihres Lebens erinnern und das Leben und Tod offen in ihrer Familie thematisiert wurden:

> „Zwar fingen die damals an unter dem Wasserwerk einen Stollen zu bauen, unterirdisch. Da hab ich ja auch ein paar Jahre immer wieder wenn Alarm war so auch verbracht. Wir sind dann nachdem wir auch teils mal ausgebombt waren…sind wir aufs Land geschickt worden, auf einen Bauernhof. Meine Mutter mit drei Kindern und ich war bei einem alten Ehepaar gegenüber vom Hof, wo wir evakuiert waren. Und irgendwann sind wir dann zurück, mein Vater sagte, wenn sterben, dann alle zusammen und nicht so getrennt sein.“ (IP7w: 23)

Sie kann sich außerdem erinnern, dass einer ihrer älteren Brüder eingezogen worden ist und nach dem Krieg noch für vier Jahre in Gefangenschaft blieb und mit einem sehr schweren Nierenleiden und in schlechter Allgemeinverfassung zurückgekehrt ist und im Elternhaus über Jahre versorgt werden musste. Er ging zur Dialyse, ist aber später an den Folgen der Nierenerkrankung verstorben. Sie kann sich daran erinnern, dass ihr Vater sehr streng gewesen ist:

> „Mein Vater…oh der war SEHR streng. Ja ich kriegte noch drei Tage bevor es zum Standesamt ging…das war der 21.12.50. …da hab ich noch ein paar Backpfeifen gekriegt, dass ich...also mein Vater war sehr streng. Der hatte eine lose Hand gehabt, sag ich mal so salopp.“ (IP7w: 23)

Nach der Schule hat sie die Hauswirtschaftschule besucht. Im Alter von 17 Jahren hat sie ihren späteren Ehemann kennen gelernt und ein Jahr später ihr erstes Kind bekommen. Insgesamt hat sie acht Kinder. In den ersten Jahren hat sie neben ihrem eigenen Haushalt noch den Haushalt der Eltern geführt, da ihre Mutter durch einen starken Diabetes nicht belastungsfähig war. Später hat sie ihre Eltern gepflegt und sich um ihre eigene Familie gekümmert. Da ihre Mutter früh verstorben ist, fühlte sie sich für ihre Geschwister und ihren Vater mit verantwortlich. Trotz der körperlichen und finanziellen Belastung legt sie sehr großen Wert darauf, dass sie nicht auf die Hilfe des Staates angewiesen war zu dieser Zeit:

> „Ich hatte immer so einen gewissen Stolz, ich wollte einfach nicht, wollte allen beweisen, dass man auch mit den Kindern...denn zwischendurch die Zeit war manchmal nicht leicht. Selbst meine Geschwister, die haben alle nur ein Kind und der eine hatte drei. Ich war die Einzige, die auch katholisch geworden ist. Aber ich hab es irgendwie gepackt.“ (IP7w: 27)

Ein Bruch in ihrem Leben ereignete sich 1986, als einer ihrer Söhne im Alter von 25 Jahren tödlich verunglückt ist. Ab diesem Zeitpunkt kam es in ihrer Ehe zu massiven Problemen, die letztendlich zur Trennung und Scheidung geführt haben:

> „Meine Tochter konnte mir ein Sprungbrett verschaffen, denn mit meinem Mann wurde das immer schlimmer, wie gesagt…39, 40 Jahre Ehe gibt man nicht so leicht auf, aber mein Mann hat sich dem...Alkohol mehr hingegeben. Der hat das nicht verkraftet… der A. [tödlich verunglückter Sohn], der war sein Liebling, weil der auch so mit dem Werkzeug so mit allem, so wie der Vater.“ (IP7w: 39)

Anfangs hat sie versucht, die Probleme vor anderen Menschen verborgen zu halten und hat ihren Mann in Schutz genommen. Nach und nach wurde sie allerdings mit unkontrollierten Gewaltausbrüchen konfrontiert:

> „Ich sag es ungern, aber ich hatte von meinem Mann im Garten einen Bohrer nachgeschmissen gekriegt. Ich hab da ´ne Flasche Schnaps entdeckt und hab die genommen und hab die so ausgegossen und dann war er so wütend. Und ich hab die ganze Brust damals blau gehabt. Dann bin ich endlich zum Arzt gegangen. Und das hab ich dann auch gesagt, ich sag, ich sollte mit schwimmen gehen, die hatten ein Schwimmbad im Haus im Sauerland. Bin aber nicht gegangen, meine Tochter hat das dann gesehen.“ (IP7: 64)

Diese Zeit hat ihr gesundheitlich sehr zu schaffen gemacht. Sie hat einen Herzinfarkt erlitten, der allerdings erst Jahre später diagnostiziert worden ist. Aufgrund dieser Diagnose wurden bei ihr 2001 und 2007 Stentimplantationen durchgeführt. Mit Hilfe ihrer Kinder hat sie es geschafft, sich von ihrem Mann zu trennen und sich ein neues Leben aufzubauen. Ein paar Jahre später hat sie einen neuen Mann kennen gelernt, mit dem sie sehr glücklich gewesen ist. Sie haben geheiratet und nach drei Jahren wurde bei ihrem Mann Morbus Parkinson diagnostiziert, woran er letztendlich vier Jahre später gestorben ist.

Ein weiterer Schicksalsschlag ereignete sich im weiteren Verlauf. Ihr jüngster Sohn war häufig sehr krank, lebte aber in einer anderen Stadt. Als er erneut ins

Krankenhaus kam, entschied sie sich, ihn vor Ort zu versorgen, wenn er wieder aus dem Krankenhaus entlassen wird. Sie kann sich sehr gut erinnern, dass er an einem Morgen bei ihr angerufen hat und ihr gesagt hat, dass er sie sehr liebe und dann habe sie nichts mehr am Ende der anderen Leitung gehört:

> „Dann war das Gespräch weg. Und da hab ich gedacht, es geht auf halb sieben zu, die werden wohl auf der Station zu tun haben. Aber der hatte nie ein Telefon, der hatte immer ein Handy. Und das ging überhaupt nicht, war immer besetzt, besetzt. ich hab dann halt gewartet und dachte, dann ruf ich nochmal an kurz vor sieben. War noch besetzt. Und dann ist eine Putzfrau da ins Zimmer gekommen und hat dann natürlich auf der Station Bescheid gesagt, mit dem Herr A. stimmt etwas nicht, das Telefon geht. Da ist der so eingeschlafen. Hat mit mir gesprochen… [fängt erneut an zu weinen] Entschuldigung." (IP7w: 76)

Heute kümmert sie sich um die Grabpflege, sie gibt an, dass dies einer der Hauptgründe ist, warum sie noch in dieser Stadt lebt und nicht in einem Pflegeheim in der Nähe ihrer Tochter. Im Jahr 2012 ist sie an Brustkrebs erkrankt, nach einer Operation hat sie keine weitere Behandlung mehr in Anspruch nehmen müssen. Die Lebensphase Alter nimmt sie trotz ihrer Schicksalsschläge positiv wahr. Wenn es ihr psychisch schlecht geht, schafft sie es, sich wieder zu motivieren und hat dabei ihr eigenes „Ritual" entwickelt:

> „Warum soll ich sagen, ich bin nicht glücklich? Ich bin glücklich, dass ich die noch habe. Ich hab genug im tiefen Tal gesessen und das hat man ja auch, dass man immer so Schübe kriegt. Dann bin ich gern alleine und ich sag ihnen ganz ehrlich, können sie von mir denken, was sie wollen, dann rauch ich sogar gerne eine Zigarette. Setze mich draußen da hin, trink einen Tee oder einen Kaffee, je nachdem und die schimpfen zwar mit mir. Ich sag, das ist die leichteste, die R1. Früher hab ich auch mal stärker geraucht, das war so mein Trost, da hab ich mich an etwas klammern müssen. Es ist so. Das ist die Wahrheit." (IP7w: 90)

Weiteren Lebensmut bekommt sie von ihren Kindern, die ihr häufig versichern, dass sie eine gute und zuverlässige Mutter ist. Das gibt ihr immer wieder Kraft, obwohl sie ihre Kinder aufgrund der weiten Entfernung nicht sehr häufig sieht. Es ist ihr besonders wichtig, ihren Kindern nicht zu Last zu fallen. Sie ist sehr stolz darauf, dass sie alle sieben Kinder großgezogen hat, rückblickend stellt sie allerdings fest:

> „Manchmal wiederholt sich etwas, aber ich finde das ist gut, dass die Jugend aufgeklärt ist. Manchmal nicht! Weil das manchmal zu früh ist, dann wird man erst neugierig, ist meine Meinung. Aber ansonsten, ich wär froh gewesen wenn ich besser aufgeklärt worden wär…ist man gar nicht. Meine Mutter war verstorben, man denkt immer wieder so viel nach und holt dann

> die Zeit zurück in Gedanken, ich hätte so viele Fragen meiner Mutter stellen können, aber man hat sich das zu meiner Zeit gar nicht getraut." (IP7w: 29)

Besonders stolz ist sie darauf, dass sie bislang ohne Hilfe ein selbstbestimmtes Leben führen kann:

> „Also finanziell…einen Haufen hab ich nicht. Ich bin froh, dass ich meine Rente habe und nirgends hingehen muss, keinen Zuschuss brauche von den Ämtern. Das macht mich schon froh, macht mich glücklich. Genauso wie ich im Leben immer gedacht hab, nicht von anderen abhängig sein zu müssen...ich hatte jetzt die Waschmaschine kaputt. Ich hab mir eine kaufen müssen und damit ist gut. Gestern hat mein Fernseher gestreikt, da denk ich, oh Gott bloß nicht, jetzt kann ich mir gar nix erlauben, muss erst wieder warten. Aber ich komm mit meiner Rente aus, ich hab meine und die von meinem verstorbenen Mann, also von dem Vater meiner Kinder. Da hab ich ja über die Jahre Müttergeld noch gekriegt. Und ich bin zufrieden damit, ich hab zum Leben genug." (IP7w: 88)

Einen Plan für die Zukunft hat sie nicht, weil sie der Meinung ist, dass das Leben nicht planbar ist und sie nicht weiß, was noch alles auf sie zukommt. Sie ist sich durchaus bewusst, dass sich ihr körperlicher Zustand von heute auf morgen deutlich verschlechtern kann:

> „Ja natürlich, da denk ich jeden Tag dran. Ich denk, Mensch, lieber Gott gut, dass ich morgens noch aufstehen kann. Ich nehm mir auch Zeit, ich hab ja Zeit. Mehr Zeit wie Geld, sag ich mal so lustig [lacht] Und nein…Erwartung? Man kann höchstens dumme Gedanken kriegen. Wenn man so viel erlebt hat […] Ich weiß nicht, ich glaub, ich würd mir das Leben nehmen, wirklich, [...] ich möchte nicht so dahinvegetieren. Das möcht ich nicht." (IP7w: 96-98)

Sie findet, dass sie auch in ihrem Alter noch Verantwortung für ihre Gesundheit trägt, allerdings dabei auf die Hilfe der Ärzte angewiesen ist. Gleichzeitig ist sie der Meinung, dass ihr Alter sie nicht von der sozialen Verantwortung für andere Menschen befreit. Hierbei muss berücksichtigt werden, dass aufgrund ihrer altersbedingten Funktionseinschränkungen die soziale Verantwortung nicht mehr so ausgeführt werden kann, wie in jüngeren Jahren.

9.2.3 Fallkontrastierung

Die folgende Tabelle zeigt die zentralen Merkmale und deren Ausprägung, die im Rahmen der quantitativen Untersuchung für den Verantwortungstypus II „Ich und das Gesundheitssystem“ identifiziert worden sind. Die beiden rechten Spalten geben an, inwieweit die Merkmalsausprägung auf die jeweiligen Fallbeispiele zutrifft.

Tabelle 54: Fallvergleich Verantwortungstypus II

Merkmal	Ausprägung in der quantitativen Untersuchung	IP3m	IP7w
Eigenverantwortung	Sieht sich selbst in hoher Verantwortung für die eigene Gesundheit, denkt aber auch, dass die behandelnden Ärzte und die Krankenkassen mitverantwortlich sind.	++	++
Eigenverantwortung Definition	Keine besonderen Auffälligkeiten.	0	0
Lebensalter	Kann eher dem Übergang zwischen drittem und viertem Alter zugeordnet werden.	-	-
Wohnsituation	Lebt eher alleine.	-	++
Objektive Gesundheit	Leidet eher an mindestens einer Erkrankung.	+	++
Subjektive Gesundheit	Empfindet eine relativ hohe Lebensqualität, wobei die Subskala Umwelt einen niedrigen Wert einnimmt.	++(-)	0
Selbstwirksamkeit	Der Wert der Selbstwirksamkeitsskala liegt im mittleren Bereich.	-	+
Umsetzung	Legt bei gesundheitsrelevanten Verhalten besonders viel Wert auf Ernährung und Bewegung	++	+
Aktivität in der Lebensspanne	War eher in seinem gesamten Leben bezüglich der Bewegung passiv.	-	+

Quelle: Eigene Darstellung

Die beiden Fallbeispiele unterscheiden sich nicht nur bezüglich der Merkmale Geschlecht und Lebensalter deutlich voneinander. Beide Befragten weisen sich selbst und den Akteuren des Gesundheitssystems ein hohes Maß an Verantwortung zu. Die Gründe für dieses Attributionsmuster sind allerdings sehr unterschiedlich: IP3m ist körperlich eigentlich sehr fit, hat allerdings vor ein paar Jahren einen sehr schweren Herzinfarkt erlitten. Diese Erkrankung lässt sich als Wendepunkt in seinem Leben beschreiben. Während er vorher sich sehr auf seine erfolgreiche berufliche Karriere konzentriert und dabei seine Gesundheit vernachlässigt und sich einer Reihe von Risiken ausgesetzt hat, lebt er heute sehr gesundheitsbewusst. Er gibt an, dass ihm dies nur gelingen kann, wenn er sehr eng mit seinen behandelnden Ärzten kooperiert. Eigenverantwortung bedeutet für ihn in diesem Prozess, dass er sich an die Vorgaben seiner Ärzte hält und seine Vitalzeichen regelmäßig kontrolliert, um bei Auffälligkeiten sofort seinen Arzt einschalten zu können. Dies setzt voraus, dass er sich umfassend über sein Krankheitsbild und die damit verbundenen Therapie- und Präventionsmöglichkeiten informiert. IP7w hingegen leidet an mehreren schweren Erkrankungen und altersbedingte Funktionseinschränkungen haben dazu geführt, dass ihr Bewegungsradius stark eingeschränkt ist. Sie hat in ihrem Leben mehrere schwere Schicksalsschläge hinnehmen müssen (z.B. Gewalt in der Ehe, Tod zweier Kinder und des Lebenspartners), die letztendlich dazu beigetragen haben, dass bei ihr in unregelmäßigen Abständen depressive Krisen auftreten. Aufgrund ihrer Krankheiten und ihres Allgemeinzustandes wäre es sinnvoll, wenn IP7w mehr Hilfe von außen in Anspruch nehmen würde und vor diesem Hintergrund die Hilfestrukturen ihres sozialen Umfeldes nutzen würde. Sie ist allerdings der Meinung, dass sie sich den Bewältigungsaufgaben alleine stellen muss und möchte niemandem zur Last fallen. Dieses Attributionsmuster findet sich in ihrem gesamten Lebenslauf wieder. Trotz der vielen Schicksalsschläge hat sie niemals Hilfe von außen angenommen und immer versucht, sich den Schwierigkeiten des Alltags zu stellen. Mit steigendem Lebensalter und wachsenden körperlichen Beschwerden gelingt diese Bewältigungsstrategie allerdings immer weniger.

Die quantitative Untersuchung hat gezeigt, dass ein großer Anteil des Verantwortungstypus an der Grenze zwischen drittem und viertem Lebensalter zu verorten ist. Diese Merkmalsbeschreibung passt auf beide Fallbeispiele nicht. Mit 65 Jahren gehört IP3m zu den jungen Alten und IP7w ist der Gruppe der Hochaltrigen zuzuordnen.

Des Weiteren lebt der Verantwortungstypus eher allein. Dies passt nur bedingt auf die beiden Fallbeispiele: IP3m lebt in einer Partnerschaft mit seiner Ehefrau. IP7w hingegen passt in das quantitative Muster, da sie seit vielen Jahren alleine lebt. Im Interview ergeben sich Hinweise, dass die Wohnsituation bei ihr einen direkten Einfluss auf das Attributionsmuster hat: Sie berichtet, dass sie keine Hilfe von ihrem sozialen Umfeld annehmen möchte, weil sie alleine lebt und es für die Angehörigen mit einer weiteren Fahrstrecke verbunden wäre, zu ihr zu kommen. Diese Belastungen möchte sie ihrem sozialen Umfeld nicht zumuten.

In der quantitativen Untersuchung hat sich herausgestellt, dass Personen des Verantwortungstypus II eher an einer oder mehreren Krankheiten leiden. Dies trifft auf beide Fallbeispiele zu, da sie seit mehreren Jahren an verschiedenen Krankheiten leiden, die regelmäßige ärztliche Kontrollen mit sich ziehen.

Der Bereich der subjektiven Gesundheit, der in der quantitativen Untersuchung relativ hoch ausgeprägt war, allerdings niedrige Werte auf der Subskala Umwelt verzeichnet, muss in den Fallbeispielen differenziert betrachtet werden. IP3m beschreibt seine Lebensqualität als sehr hoch. Er lebt in einer glücklichen Partnerschaft, mit seinem Beruf als Künstler verbindet er Selbstverwirklichung, Kreativität und Geld verdienen, durch seine gesunde Lebensweise fühlt er sich in keinerlei Hinsicht in seinem Alltag eingeschränkt. Außerdem verfügt er über ein großes soziales Netzwerk, das er sowohl beruflich als auch privat nutzen kann. Auf ihn trifft eine niedrige Bewertung seiner Umwelt nicht zu. IP7w gibt an, mit ihrer Lebenssituation zufrieden zu sein. Im Gespräch stellt sich allerdings heraus, dass es mehrere Momente im Alltag gibt, in denen sie nicht mehr weiterweiß. Ihre innere Einstellung zur Bescheidenheit zwingt sie dazu, sich mit der Situation abzufinden und keine Hilfe in Anspruch zu nehmen. Da sie wenige Kontakte hat, triff auf sie eine niedrige Bewertung der Umwelt zu.

Der Wert für das Vertrauen in die eigenen Fähigkeiten liegt in der quantitativen Befragung im mittleren Bereich. Dies trifft auf beiden Fallbeispiele nur bedingt zu. IP3m steht aktiv im Leben und weist in seinen Tätigkeiten ein hohes Maß an Selbstwirksamkeit auf. Wenn keine weiteren krankheitsbedingten Einschränkungen auftreten, ist er davon überzeugt, sein Leben genauso wie er es momentan führt, auch im hohen Lebensalter zu leben. Anhand seiner Biografie ist zu erkennen, dass er in seinem gesamten Leben ein hohes Maß an Vertrauen in seine Fähigkeiten gesetzt hat. Seine beruflichen Erfolge haben den Ausbau der positiven Selbstwirksamkeitsüberzeugung gefördert. Auch der Herzinfarkt hat diesen Entwicklungsprozess nicht negativ beeinflusst, er hat vielmehr dazu geführt, dass IP3m sich mehr auf seine Eigenverantwortung für die Gesundheit konzentriert hat. IP7w vertraut ebenfalls ihren eigenen Fähigkeiten. Sie betont im Gespräch mehrfach, dass sie sehr stolz darauf ist, bislang alle Schwierigkeiten im Leben alleine gemeistert zu haben und nicht auf fremde Hilfe angewiesen zu sein. Besonders stolz ist sie auf die Leistung, alle Kinder zu selbstständigen Personen erzogen zu haben, obwohl die Lebensumstände in der damaligen Zeit zwischenzeitlich prekär gewesen sind. Die Tatsache, dass ihre Fähigkeiten im Alter nachlassen, hat sie zwar akzeptiert. Bislang schafft sie es allerdings nicht, Hilfe von außen zu akzeptieren.

In Bezug auf die Umsetzung von Eigenverantwortung zeigt sich in der quantitativen Befragung eine Konzentration auf die Faktoren Bewegung und Ernährung. In den Fallbeispielen kann die Frage nach der Umsetzung differenzierter beantwortet werden. IP3m bedient ein breites Spektrum von gesundheitsrelevantem Verhalten, was die beiden genannten Faktoren beinhaltet. In dem Gespräch zeigt sich allerdings, dass es für ihn wichtig ist, aufgrund seiner Erkrankung seine Zielsetzungen kontinuierlich mit medizinischem Fachpersonal abzustimmen und auf eventuelle körperliche Veränderungen anzupassen. Dabei legt er einen besonderen Wert auf den sozialen Faktor, da er es als eine Aufgabe der Verantwortung sieht, sein Wissen an sein soziales Umfeld weiter zu geben. IP7w´s Bewegungsradius konzentriert sich in erster Linie auf die Wohnung. Ein Rollator ermöglicht ihr es, kurze Strecken auch außerhalb der Wohnung zurückzulegen. Sie legt einen besonderen Wert auf ihre Ernährung, da sie ihr Essen immer selber frisch zubereitet. Die Faktoren Bewegung und Ernährung sind für sie ein wichtiger Indikator für ihre Selbstbestimmung im höheren Lebensalter. Sie gibt an, beim Verlust einer dieser Faktoren, nicht mehr in der eigenen Wohnung leben zu wollen, sondern unter diesen Umständen in ein Pflegeheim zu ziehen.

In der quantitativen Untersuchung ist der Verantwortungstypus eher durch ein passives Bewegungsverhalten in der gesamten Lebensspanne gekennzeichnet. Für IP3m trifft dieser Aspekt nicht zu. Er kann sich erinnern, in seiner Jugend sehr aktiv gewesen zu sein. Während der Zeit seiner beruflichen Karriere hat er aus Zeitgründen seine sportlichen Aktivitäten reduzieren müssen. Nach dem Herzinfarkt gehören sportliche Aktivitäten in sein Routineprogramm zur Umsetzung gesundheitlicher Eigenverantwortung. IP7w spricht in dem Interview wenig über Aktivitäten. Sie gibt an, dass sie in der Nachkriegszeit keine Zeit für bewusst geplante Aktivitäten gehabt hat, ihre familiäre Situation mit acht Kindern allerdings dazu geführt hat, dass sie ständig aktiv gewesen ist. Im höheren Alter ist sie aufgrund ihrer Erkrankungen und den altersbedingten Funktionseinschränkungen stark eingeschränkt in ihrem Bewegungsverhalten.

9.3 Verantwortungstypus „Ich allein“

Auf der Basis der Ergebnisse der quantitativen Untersuchung ist der Verantwortungstypus dadurch gekennzeichnet, dass er sich allein für seine Gesundheit verantwortlich fühlt und keine Verantwortung an andere Akteure abgibt.

9.3.1 Fallbeschreibung IP5w

IP5w ist zum Zeitpunkt des Interviews 81 Jahre alt. Sie berichtet, dass sie das jüngste Kind von sechs Kindern gewesen ist und ihre Mutter bei ihrer Geburt bereits vierzig Jahre alt gewesen ist. Aufgrund der katholischen Einstellung ihrer Eltern sei es aber keine Frage gewesen, ob man das Risiko der Schwangerschaft eingehen würde. Ihre Kindheit sei durch die Überbehütung vor allem des Vaters geprägt gewesen. Rückblickend auf ihre Gesundheit sieht sie dies sowohl positiv als auch negativ:

> „Dann hat Vater mich wie seinen Augapfel behütet und ich [...] meine großen Brüder, die haben schon mal ´ne Tracht Prügel gekriegt aber nein, das Kind, dem Kind tun wir nichts, nein nein, also das Kind wurde nur noch behütet und das führe ich auch darauf zurück, dass ich heute in meinem Alter noch relativ gesund bin. Ich bin mit so viel Fürsorge aufgewachsen, allerdings das hat lange gedauert bis ich dann überhaupt selbstständig war, weil ich so behütet worden bin.“ (IP5w: 2)

Sie kann sich erinnern, dass sie während des Krieges das Ruhrgebiet verlassen hat und im Rahmen der Kinderlandverschickung zu ihrer dreizehn Jahre älteren Schwester nach Sachsen gekommen ist. Dort hat sie auf einem Bauernhof gelebt. Dieser Bauernhof ist zum Ende des Krieges von Soldaten überfallen worden, an diese traumatische Situation kann sie sich noch sehr genau erinnern:

> „Man hat mich unterm Bett rausgeholt und gefragt, wie alt ich denn bin, ich hab gesagt, ich bin acht Jahre, stimmte nicht weil ich sah immer so klein und zierlich aus, war schon ein bisschen älter und ich durfte mich wieder ins Bett legen. Naja also jedenfalls, die Bäuerin ist [...] mehrmals vergewaltigt worden, meine Schwester hat sich am Betttuch aus dem Fenster raus gelassen, gleich nebenan war der Friedhof und dann hat sie sich hinterm Grabstein versteckt, die ist ohne Vergewaltigung da durchgekommen. Naja, also es war alles ganz schlimm und dann kam auch der Mann von der Bäuerin, der kam aus dem Krieg zurück und meine Schwester hatte natürlich da mitgeholfen, die ganze Geschichte am Laufen zu halten, aber dann war sie also dann nicht mehr gern gesehen.“ (IP5w: 2)

Sie hat ihre ältere Schwester immer bewundert und zu ihr aufgeschaut. Mit ihr hat sie nach dem Krieg eine Zeit lang in Sachsen gelebt, als die Teilung Deutschlands absehbar wurde, ist sie im Rahmen der Familienzusammenführung zurück ins Elternhaus ins Ruhrgebiet gebracht worden. Ihre Schwester hatte zu diesem Zeitpunkt ein Kind bekommen und ist heimlich über die Grenze zurück ins Ruhrgebiet geflohen. Sie kann sich zudem erinnern, dass ihre Schwester sich um die ganze Familie gekümmert hat und sie in Hungerszeiten mit Lebensmitteln versorgt hat. Zu diesem Zeitpunkt ist sie das erste Mal mit einer Erkrankung in der Familie konfrontiert worden. Das Kind ihrer Schwester erkrankte an Kinderlähmung und wäre beinah gestorben. Diese Zeit war für die gesamte Familie sehr belastend. Nach dem Krieg hat sie das Leben in dem Koloniehaus als sehr positiv wahrgenommen, weil sie die Gemeinschaft sehr genossen hat. Nach der Schule hat sie eine Lehre in einem Kaufhaus begonnen, was damals eine sehr angesehene Position war. Sie kann sich daran erinnern, dass sie bei der Bewerbung nicht damit gerechnet hat, diese Lehrstelle zu bekommen. Sie hat dann geheiratet und zwei Kinder bekommen. Um die Kinder groß zu ziehen, hat sie die Arbeit aufgegeben:

> „Ich hab das eigentlich auch gerne gemacht, ich war gerne Mutter und ich hab auch gerne den Haushalt gemacht aber dann nachher, als die Kinder selbstständiger geworden sind und ich nur noch in der Küche gestanden hab, der eine kam um halb eins zum Essen, der andere kam um halb zwei zum Essen, der dritte kam um halb drei, halb vier. Da hab ich gesagt das kann jetzt nicht mein Leben sein, das kann jetzt nicht mein Leben sein." (IP5w: 12)

Ihre Ehe ist von Anfang an problematisch verlaufen, weil ihr Mann sehr eifersüchtig gewesen ist und es häufig zu Gewaltausbrüchen seinerseits kam. Ihr Mann hat ihr damals sehr viel verboten, so durfte sie zum Beispiel nicht den Führerschein machen, an einer Sportgruppe teilnehmen oder arbeiten gehen. Als der Zustand für sie unerträglich geworden ist, fasste sie den Entschluss, sich von ihrem Mann zu trennen:

> „Da hab ich nur noch hin und her überlegt, wie mach ich das? Wie komm ich hier jetzt aus dieser Ehe raus? Und dann bin ich heimlich ausgezogen. Ich hab mit meiner Schulleiterin damals in der Grundschule, in der ich gearbeitet hab, da hab ich verabredet, dass ich an dem Tag, an dem ich immer kam, also nicht kommen würde, dafür an einem anderen Tag und damit mein Mann denkt, ich bin arbeiten. Und das hat sie mitgetragen, die Schulleiterin. Und dann bin ich ausgezogen, mein Neffe stand dann schon mit einem, als mein Mann weg war...zur Arbeit, dann stand mein Neffe schon mit nem´ großen Lastwagen vor der Tür, der hat mir geholfen und hat das Notwendigste, wirklich, das aller Notwendigste nur…innerhalb von 2 Stunden war ich raus mit allem, ohne dass er das gemerkt hatte." (IP5w: 36)

Im Nachhinein kann sie feststellen, dass die Belastungen der Ehe sich sehr negativ auf ihren Gesundheitszustand ausgewirkt haben:

> „Ja doch, in der Ehe, in der Ehe, da war ich öfter krank, ja…war alles nicht so dramatisch aber, da war ich öfter krank und das war darauf zurückzuführen, dass eben bei uns so viel Spannungen waren, ja…aber war alles nix, nix ernsthaftes oder das heißt...am Unterleib bin ich operiert worden…das war wohl da aber…aber ansonsten, in der Ehe, wo es da so chaotisch zuging, war ich öfter krank, das stimmt, ja das stimmt…jaja, das stimmt. Aber nachdem ich dann
>
> nachher auf eigenen Füßen stand, war ich nie mehr krank, [lacht] kann ich erinner." (IP5w: 40)

Die Zeit nach der Trennung war zwar schwer, zumal eine Scheidung zur damaligen Zeit gesellschaftlich anderes angesehen wurde als heute. Doch ihr war von Anfang an klar, dass es der richtige Schritt gewesen ist. Geholfen hat ihr, dass sie immer Personen im Leben gefunden hat, die für sie eine Vorbild- und Orientierungsfunktion eingenommen haben:

> „Und dann muss ich sagen, mir sind immer Menschen begegnet, die mich geprägt haben. Das war damals als ich in der Ausbildung war, die Phase…der Personalchef von Karstadt. Das war für mich…das war ein idealer Mensch für mich. Und so hab ich eigentlich immer Menschen gefunden an denen ich mich orientieren konnte.“ (IP5w: 62)

Nach der Trennung von ihrem Mann hat sie wieder begonnen, aktiv am gesellschaftlichen Leben teilzunehmen. Sie hat eine Spaziergangruppe gegründet, die bis heute aktiv ist. Nachdem sie in Rente gegangen ist, hat sie ein Seniorenstudium absolviert, das ihr sehr viel Freude bereitet hat. Bei diesen Aktivitäten hat sie immer eine Leitungsfunktion übernommen, so wurden beispielsweise Abschlussfeiern oder Vereinsfeste von ihr organisiert und geplant. Rückblickend glaubt sie, dass die Bewältigungsprozesse der Schwierigkeiten in ihrem Leben dazu geführt haben, dass sie im Alter zu einer starken Persönlichkeit gereift ist:

> „Mit allen Katastrophen, die ja auch da waren...aber die, ich muss auch sagen, diese Katastrophen haben mich eigentlich stärker gemacht. Es ist ja nicht so, dass ich diese Katastrophen, die ich hinter mir habe, dass ich danach lechzte. Überhaupt nicht! Auf der anderen Seite denk ich immer, wenn ich das nicht gehabt hätte, wär ich das heute nicht. Ich wär noch die Frau, die am Herd steht und darüber weinte, weil ich schon wieder Kartoffeln kochen musste und nichts anderes im Leben mehr habe.“ (IP5w: 77)

Die Lebensphase Alter nimmt sie sehr positiv wahr:

> „Wunderbar, wunderbar, wunderbar! Ich kann das nicht anders sagen. Wenn ich mir vorstelle, wie meine Großmutter gelebt hat, meine Eltern…dass ich ins Theater gehe und da spielt eine Jazzband und da treten drei Leute auf. Der eine spielt den Frank Sinatra, der andere den Sammy Davis Junior und der dritte, da fällt mir der Name jetzt nicht ein. Alle diese Jazztitel, die zu meiner Jugend gehören. [kurzes Gespräch über den dritten Musiker] Im Theater sind die aufgetreten, war eine einmalige Aufführung, war ich zu eingeladen. Und das war…ja das war sensationell, das war sensationell. Also das kann ich dann so genießen, das kann ich so und...und das hab ich eigentlich während der ganzen Trennungsphase oder überhaupt seitdem ich alleine bin.“ (IP5w: 67)

Gesundheit spielt in ihrem Leben eine wichtige Rolle. Sie bewegt sich viel, achtet auf ihre Ernährung und legt großen Wert auf soziale Kontakte. Hierbei ist er ihr wichtig, dass die Gespräche mit Freunden sich nicht um das Thema Krankheit drehen, sondern die positiven Dinge des Lebens thematisieren. Mit Tod und Sterben ist sie mehrfach in ihrem Leben konfrontiert worden. Sie hat den Tod ihres

Vaters, der an Krebs verstoben ist und den Tod ihrer Mutter, die an den Folgen eines Schlaganfalls verstorben ist, sehr nah miterlebt. Bei ihrer Nichte, die mit 45 Jahren an Krebs verstorben ist, hat sie die Sterbebegleitung durchgeführt. Diese Erfahrungen haben ihr gezeigt, dass „sie sachte hinübergegangen sind“. Daher hat sie keine Angst vor ihrem eigenen Tod, wünscht sich allerdings Autonomie bis zum Lebensende:

> „Also es passiert schon, dass ich auch drüber nachdenke. Aber wenn es denn kommen sollte, dann bin ich auch bereit, ich möchte auf keinen Fall, wenn man bei mir jetzt noch eine Krankheit feststellen würde, woran ich sterben könnte…ich würde mich nicht mehr operieren lassen, ich würde nichts mehr machen lassen, ich würde sagen, macht so, dass ich damit leben kann, egal wie. Und wenn ich mich mit Tabletten vergifte, ist auch egal! Ist auch egal! Aber dahinsiechen will ich nicht. Das will ich auf gar keinen Fall! Also ich bin dankbar dafür, dass ich noch so viele Jahre hatte, wo es mir gutgegangen ist. Und da muss ich auch bereit sein zu sagen: Jetzt reicht's.“ (IP5w: 77)

Da sie alleine lebt und nicht weiß, wie sich in Zukunft ihre Gesundheit entwickelt, hat sie die notwendigen Dinge in der Patientenverfügung geregelt.

9.3.2 Fallbeschreibung IP6w

IP6w ist zum Zeitpunkt des Interviews 56 Jahre alt. Sie wurde in einer Großstadt geboren. Sie erinnert sich, dass ihre Kindheit sehr durch die Krankheiten der Mutter geprägt worden ist. Ihr Vater war Amerikaner und ihre Eltern haben sich während des Studiums in Süddeutschland kennengelernt. Als die Mutter erkrankte, sind sie ins Ruhrgebiet gezogen, weil ihre Oma dort lebte und sich um die Kinder kümmern konnte. Durch die Erkrankung der Mutter ist der geplante Umzug in die USA verschoben worden, nach der erfolgreichen Promotion des Vaters, ist dieser in die USA gezogen und hat den Umzug der gesamten Familie organisiert. Als sie zwei Jahre alt war, sind sie in die USA umgezogen. Sie kann sich daran erinnern, dass die Erziehung des Vaters sehr durch große Angst vor Krankheiten geprägt war:

> „In der Familie von meinem Vater ist Diabetes. Der Bruder ist mit 18 ins Krankenhaus gebracht worden von seinen Kommilitonen, weil er so komisch war. Im Krankenhaus haben sie gesagt, er hat getrunken. Seine Freunde haben aber gesagt, dass er nichts trinkt. Die haben aber darauf bestanden, dass er getrunken hat und ihn darauf behandelt und den Diabetes vollkommen ignoriert, das hat er nicht überlebt und ist mit 18 gestorben.

> Das hatte bei meinem Vater zur Folge, dass wir immer mal wieder zu Ärzten geschickt wurden, um zu schauen, ob wir irgendetwas mit Zucker haben. Die Angst war bei ihm immer da, dass wir zuckerkrank werden könnten, dass wir da irgendetwas geerbt hätten, das saß einfach in den Knochen.“ (IP6w: 9)

In den USA ist bei der Mutter eine Tuberkulose festgestellt worden, die längerfristig im Krankenhaus behandelt worden ist. Die Kinder wurden zunächst von der Großmutter väterlicherseits in den USA versorgt. Als sich abzeichnete, dass die Behandlung längere Zeit in Anspruch nehmen würde, sind die Kinder zurück zu der Großmutter nach Deutschland gekommen. Sie ist auf ein Internat gegangen und kann sich daran erinnern, dass es aufgrund einer schweren Lungenentzündung eine längere schulische Unterbrechung gegeben hat. Sie kann sich außerdem an eine Knieverletzung erinnern, die ihr heute noch Probleme bereitet:

> „Dann hatte ich irgendwann ein ausgerenktes Knie und das war ziemlich massiv. Das hat bedeutet, dass ich recht lange im Krankenhaus war und fast ein halbes Jahr nicht in der Schule war, das war in der zehnten Klasse. Das ist dann auch in Deutschland operiert worden, war aber danach eigentlich nicht gut. An mehr kann ich mich nicht erinnern, ich weiß aber, dass ich von der Konstitution eher kränkelnd war. Aber wie gesagt, das hatte auch viel mit dem Funktionalisieren über Krankheit zu tun.“ (IP6w: 3)

Nach der Schule ist sie wieder zurück in die USA auf ein College gegangen. Da sie aber aufgrund von Sprachproblemen das Lernpensum nicht zufriedenstellend bewältigen konnte, hat sie das College abgebrochen, hat das Land bereist und war in unterschiedlichen Positionen ehrenamtlich tätig. In einer Tagesstätte ist sie an einer Hepatitis, woran sie sich noch sehr gut erinnern kann:

> „Hepatitis ist heftig! Man muss erst mal damit klarkommen, dass man gar nichts mehr kann. Es ist einem immer nur schlecht, und wenn es einem nicht mehr schlecht ist, ist die Kraft auch nicht da. Und ein bisschen auch die Sorge -es gab eine Kollegin, die hatte dadurch einen richtig massiven Leberschaden bekommen dadurch- also waren auch noch die Ängste dabei, dass es richtig bedrohlich werden kann. Was auch noch unangenehm war, ich habe zwar damals schon alleine gelebt aber ich musste auch zu meiner Großmutter gehen und sagen: Ich hab eine Hepatitis, ich kann euch angesteckt haben. Die war damals schon über 80 und es waren auch noch zwei Kinder im Haus, das war sehr unangenehm. Das hatte Jahre gedauert, ich habe auch nach Jahren, wenn ich mich schlapp gefühlt habe, vorm Spiegel gestanden und geguckt, ob meine Augen gelb werden.“ (IP6w: 3)

Des Weiteren ist ihr bewusstgeworden, dass das amerikanische Gesundheitssystem in direktem Zusammenhang mit der ökonomischen Situation des jeweiligen Individuums steht:

> „Ich hab es im Bekanntenkreis mitgekriegt, die hatten einen Sohn, der hat sehr hoch Fieber gehabt, so um die 39-40°. Die sind mit dem zum Arzt, der hat gesagt es ist eine normale Grippe und er braucht Antibiotika. Dann sind sie nach Hause gefahren und haben das Kind ins Bett gelegt, für Antibiotika war kein Geld da, dann sind sie arbeiten gegangen und das Kind lag allein zu Haus. Das war nach meinem deutschkulturellen Verständnis ein Unding. Das hat etwas gebraucht nach dem ersten Schock, dass man so überhaupt mit Gesundheit und Krankheit umgehen kann. Dann war das aber auch dieses Mitkriegen, was die Nöte sind und wie sich Leute dabei versuchen, zu helfen. Da war eben das wichtigste vom Arzt zu hören, das Kind stirbt nicht, also gehen wir nicht ins Krankenhaus.“ (IP6w: 3)

Später ist sie nach Deutschland zurückgekehrt. Dort hat sie eine Ausbildung im Krankenhaus begonnen. In dieser Zeit hat sie eine kritische Einstellung zum Gesundheitssystem und den beteiligten Akteuren entwickelt, die sich aufgrund ihrer Erfahrungen im Laufe des Lebens gefestigt hat:

> „Als ich dann im Krankenhaus die Ausbildung gemacht habe, war die Hierarchie mitzukriegen, nicht besonders hilfreich. Also um so etwas wie Vertrauen zu erwecken ist das Mitkriegen von wie viel mal eben schieflaufen kann, wie sehr sich mal jemand vertun kann oder wie sehr auch Meinungen konträr sein können und zu erleben, dass ein Krankenhaus kulturelle Geschichten zum Beispiel überhaupt nicht wahrnimmt und vollkommen drüber weggeht, nicht hilfreich. Es war eine Distanzschaffung zu dem institutionell Gewöhnlichen, was es in medizinischer Richtung gab. Hinzu kam die Patientenorientierung, die mir unheimlich wichtig war.“ (IP6w: 3)

Um nicht vom Gesundheitssystem und den damit verbundenen Institutionen abhängig zu sein, hat sie angefangen, sich mit alternativen Heilmethoden zu beschäftigen. Rückblickend relativiert sich die kritische Einstellung zum deutschen Gesundheitssystem, weil sie im Verlauf ihres Lebens mehrfach im Bereich der Entwicklungshilfe in afrikanischen Ländern und in Haiti tätig war. Ihre dort gesammelten Erfahrungen im Vergleich zum deutschen Gesundheitssystem beschreibt sie folgt:

> „Das ist ernüchternd, denn es bedeutet die Klarheit, wir haben ein verdammt gutes System, ich kann davon halten was ich will. Ich habe aber hier ein System, ich muss nicht auf der Straße verrecken. In vielen Ländern der Erde bedeutet das, ich hab die Freiheit auf der Straße zu verrecken. Es gibt einfach nichts. Wir hatten den Fall in Haiti, da sind die Eltern mit dem kranken Kind da gewesen und wir haben gesagt, wir können das Kind nicht behandeln. Dann haben die Eltern das Kind über die Mauer geschmissen, von dem Kloster...Ja, da werden Kinder mit zwei drei Jahren auf die Straße

gesetzt, weil die Eltern die nicht ernähren können. Die haben uns teilweise die Tür eingerannt, teilweise weil es einfach nur Hunger war." (IP6w: 24)

Für sich selbst stellt sie fest, dass sich ihre Einstellung zur Gesundheit im Laufe ihres Lebens verändert hat. Beeinflusst wurde dieser Prozess durch ihre Erfahrungen, die sie im Ausland gesammelt hat, aber auch durch die Beobachtungen bezüglich der Wahrnehmung von Gesundheit und Krankheit, die sie in ihrem sozialen Umfeld in den letzten Jahren gemacht hat:

> „Mit 20 war das alles egal, da ging es darum, die Welt zu verändern, das war ein Wirken im Außen, das hatte wenig erst mal mit mir selber direkt zu tun. Klar sollte ich davon profitieren, wenn die Welt gesünder ist, aber es hatte nichts mit Selbstwahrnehmung zu tun. Das hat sich geändert in den letzten Jahren. Es ist nicht so sehr die 50er Grenze, vielmehr in der Familie mitzukriegen, die gehen jetzt auf die 80 zu. Bis vor kurzem hätte ich noch gesagt, das ist alles noch machbar. Ganz plötzlich passiert etwas, es kommt irgendeine Erkrankung oder irgendetwas ist und es ist auf einmal Knall auf Fall, wo man merkt, da gibt es eine Stufe, da verändert sich was und da gibt es kein Zurück. Das habe ich auch nicht in der Pflege meiner Großmutter so deutlich wahrgenommen. Das heißt, irgendetwas in mir hat sich auch geändert, dass ich jetzt in der Lage bin, das wahrzunehmen. Das hab ich vor 20 Jahren noch nicht gehabt." (IP6w: 41)

Um etwas für ihre Gesundheit zu tun, achtet sie auf eine gesunde Ernährung und ausreichend Bewegung, macht allerdings deutlich, dass gerade der erste Punkt sehr mit der persönlichen finanziellen Situation zusammenhängt. In Zeiten von Arbeitslosigkeit konnte dieser Aspekt nur unter Einschränkungen umgesetzt werden. Ihr Bewegungsverhalten ist aufgrund ihrer Problematik mit dem Knie eingeschränkt: Zwar hat ihr als Kind Sport immer Spaß bereitet, seit die Probleme schon in frühen Jahren aufgetreten sind, kommt es in diesem Bereich zu Einschränkungen. Für die Lebensphase Alter hat sie keine besonderen Pläne, weil sie der Meinung ist, dass ihr Leben nicht planbar ist:

> „Ich hab immer wieder Brüche erlebt aufgrund von Gesundheit, Krankheit oder Lebensveränderung und Situationsveränderungen. Ich kann dieses Gefühl von ich kann wirklich vorweg planen gar nicht haben, das passt in mein Leben gar nicht rein. Es kommt anders als man denkt. Mit gewissen Dingen werde ich dann vielleicht anders umgehen können, ich kann großzügig sein, wie ich mit irgendetwas umgehe, aber wenn es mich dann betrifft, wenn ich dann jeden Morgen die Knochenschmerzen habe und irgendwas, aber wie werde ich das dann in der Situation erleben? Das kann ich nicht vorweg nehmen." (IP6w: 44)

Demzufolge hat sie keine Angst vor dem alt werden generell, vielmehr sind es bestimmte nicht vorhersehbare Aspekte, vor denen sie sich fürchtet. Hierzu zählen beispielsweise die Konfrontation mit Altersarmut oder der Verlust von Selbstbestimmung und Autonomie.

9.3.3 Fallkontrastierung

Die folgende Tabelle zeigt die zentralen Merkmale und deren Ausprägung, die im Rahmen der quantitativen Untersuchung für den Verantwortungstypus I „Ich und alles um mich herum“ identifiziert worden sind. Die beiden rechten Spalten geben an, inwieweit die Merkmalsausprägung auf die jeweiligen Fallbeispiele zutrifft.

Tabelle 55: Fallvergleich Verantwortungstypus III

Merkmal	Ausprägung in der quantitativen Untersuchung	IP5w	IP6w
Eigenverantwortung	Sieht sich in erster Linie selbst für seine Gesundheit verantwortlich.	++	++
Eigenverantwortung Definition	Legt viel Wert auf passives Gesundheitsverhalten, dafür ist der Wert der sozialen Verantwortung niedriger als bei den anderen Typen.	+(-)	+(-)
Lebensalter	Gehört eher dem jungen Alter an, im vierten Lebensalter deutlich unterdurchschnittlich vertreten.	--	++
Wohnsituation	Keine Besonderheiten zu erkennen.	/	/
Objektive Gesundheit	Leidet eher an keiner Erkrankung.	++	+
Subjektive Gesundheit	Bewertet seine Lebensqualität relativ hoch, besonders hoch fällt die Subskala Umwelt aus.	++	+
Selbstwirksamkeit	Verfügt über ein breites Vertrauen in die eigenen Fähigkeiten.	++	+
Umsetzung	Umfassendes Muster an Umsetzungsstrategien.	++	+
Aktivität in der Lebensspanne	Überdurchschnittlich oft ist die Aktivität durch eher passives Verhalten in frühen Lebensjahren gekennzeichnet, dass sich im Alter zu einem aktiven Lebensstil wandelt.	+	0

Quelle: Eigene Darstellung

Beide Befragte sehen sich in hohem Maße für die eigene Gesundheit verantwortlich und nennen keine weiteren Akteure, die diese Funktion ebenfalls wahrnehmen. Es lassen sich allerdings Unterschiede in der Begründung für dieses Attributionsmuster ausmachen. IP5w sieht keinen Grund dafür, Verantwortung an andere Personen oder Institutionen abzugeben, weil sie trotz ihres hohen Lebensalters bislang nie ernsthaft krank gewesen ist. Mit Blick auf ihre Lebensgeschichte zeigt sich, dass auch dort keine bedeutenden Brüche oder Einschnitte zu erkennen sind, die durch eine eigene Krankheit oder eine Krankheit einer Person im nahen familiären Umfeld ausgelöst wurden. Anders verhält es sich bei IP6w: Bei ihr hat die Krankheit der Mutter schon in der frühen Phase der Kindheit für Brüche in ihrer Biographie gesorgt. Sie musste beispielsweise mehrmals in der Kindheit grenzübergreifend umziehen, so dass es ihr schwergefallen ist, sich an einem bestimmten Platz heimisch zu fühlen. Gleichzeitig haben Krankheiten im familiären Umfeld dazu geführt, dass im Rahmen der Gesundheitserziehung sehr viel Wert auf regelmäßige Kontrollen bestimmter Parameter gelegt wurde, um potenzielle erbliche Dispositionen möglichst frühzeitig zu erkennen. Obwohl Krankheiten in der Biographie von IP6w eine große Rolle gespielt haben, sieht sie sich ausschließlich selber für ihre Gesundheit verantwortlich. Die Gründe für diese Einstellung sind in dem Wunsch nach Autonomie zu sehen, der sich aus ihrer kritischen Einstellung zum Gesundheitssystem entwickelt hat. Durch ihre jahrelangen Erfahrungen in verschiedenen Institutionen im Gesundheitssystem sind ihr viele negative Aspekte aufgefallen, so dass sie für sich entschieden hat, möglichst systemunabhängig zu leben.

Im Rahmen der quantitativen Befragung konnte festgestellt werden, dass der Typus einen besonderen Wert auf passives Gesundheitsverhalten legt, gleichzeitig aber dem Aspekt der sozialen Verantwortung weniger Aufmerksamkeit schenkt. Dieses Ergebnis deckt sich nur teilweise mit den Daten aus der qualitativen Untersuchung. IP5w gibt an, einmal in eine hypertone Krise geraten zu sein. Seit diesem Zeitpunkt kontrolliert sie ihren Blutdruck und geht regelmäßig zur ärztlichen Kontrolle. Des Weiteren nimmt sie an allen empfohlenen Vorsorgeuntersuchungen teil. Somit nimmt sie die Aufgaben des passiven Gesundheitsverhaltens sehr ernst. Sie legt allerdings sehr großen Wert auf den sozialen Aspekt des Verantwortungsgedankens. Sie leitet beispielsweise eine Bewegungs- und Wandergruppe und animiert ihren Freundes- und Bekanntenkreis zum aktiven Mitmachen. IP6w nimmt ebenfalls an regelmäßigen Kontroll- und Vorsorgeuntersuchungen teil. Sie begründet dies zum einen durch die weiter oben schon angeführten erblichen Dispositionen und zum anderen durch den Aspekt, dass aktives Gesundheitsverhalten bei ihr nur eingeschränkt möglich ist, da sie seit der frühen Jugend an einer Knieverletzung leidet, die ihre Bewegungsaktivitäten stark einschränkt. Auch für sie ist der soziale Aspekt der Gesundheitsverantwortung sehr bedeutend. Hier spielen ihre Erfahrungen mit ausländischen Gesundheitssystemen, die nicht auf dem Solidarprinzip aufgebaut sind, eine zentrale Rolle, weil sie in mehreren Situationen erlebt hat, dass gesundheitliche Behandlungen nicht durchgeführt werden konnten, weil kein Versicherungsschutz bestand.

Bezüglich des Lebensalters waren die Personen der quantitativen Stichprobe des Verantwortungstypus III eher dem jungen Alter zuzuordnen. Dieser Aspekt trifft nur teilweise zu. Während IP6w die jüngste Person der qualitativen Stichprobe ist, ist IP5w mit über 80 Jahren der Gruppe der Hochaltrigen zuzurechnen. Es ergibt sich ein direkter Zusammenhang zu dem Kriterium der objektiven Gesundheit. In der quantitativen Stichprobe zeigte sich ein Zusammenhang zwischen objektiver Gesundheit und Verantwortungstypus: Personen, die gesund sind, lassen sich eher dem Verantwortungstypus III zuordnen. Dieses Kriterium deckt sich mit den Ergebnissen der qualitativen Befragung. IP5w leidet trotz ihres hohen Lebensalters an keiner ernsthaften Erkrankung und nimmt bislang altersbedingte Funktionseinschränkungen nur in sehr geringem Ausmaß wahr. IP6w hat mit Blick auf ihren Lebenslauf bereits einige schwerwiegende Krankheiten durchgemacht, die allerdings alle geheilt werden konnten, so dass sie keine bleibenden Schäden davongetragen hat. Bis auf ihre Knieverletzung ist sie zum Zeitpunkt des Interviews gesund.

Dem Verantwortungstypus III konnte in der quantitativen Untersuchung ein relativ hoher Durchschnittswert in der Lebensqualitätsskala zugewiesen werden, besonders hoch fiel der Wert der Subskala Umwelt aus. Dieses Ergebnis wird durch die beiden Fallbeispiele bestätigt: IP5w gibt an, dass sie sich sehr wohl fühlt, was sie einerseits durch ihren guten körperlichen Gesundheitszustand erklärt. Andererseits empfindet sie ihr Umfeld als sehr positiv, was dazu beiträgt, ihre Lebensqualität insgesamt sehr positiv zu beurteilen. Sie beschreibt einen direkten Zusammenhang zwischen Umsetzung von gesundheitsrelevantem Verhalten und dem subjektiven Gesundheitszustand, der sich gegenseitig bedingt: Weil sie sich regelmäßig bewegt, in Gesellschaft ist und kulturelle Veranstaltung besucht, empfindet sie eine hohe Lebensqualität. Die Wahrnehmung dieser positiven Gedanken motivieren sie wiederum, weitere Aktivitäten zu unternehmen. Auch IP6w bewertet ihren subjektiven Gesundheitszustand sehr gut. Sie weist allerdings darauf hin, dass sowohl die Umsetzung von Eigenverantwortung und gesundheitsrelevantem Verhalten als auch das subjektive Gesundheitsempfinden mit Blick auf ihr Leben durch zahlreiche Faktoren bestimmt worden ist. Da sie mehrere Brüche in ihrer Biographie aufweist, gab es Phasen der Arbeitslosigkeit in ihrem Leben, verbunden mit finanziellen Einschnitten. In diesen Phasen ist es ihr schwergefallen, besonderen Wert auf gesunde Ernährung und kulturellen Ausgleich zu legen, weil sie nicht über die finanziellen Ressourcen verfügt hat. Sie gibt an, dass ihr subjektives Gesundheitsempfinden ebenfalls durch diese Faktoren maßgeblich beeinflusst wird. Wenn sie von existenziellen Sorgen geplagt wird, schlägt sich dies auch auf ihr subjektives Wohlempfinden negativ nieder.

Bezüglich der Aktivitätsmuster in der Lebensspanne zeigte die quantitative Untersuchung, dass der Verantwortungstyp III sehr häufig in den früheren Lebensphasen eher passiv agiert und im späteren Lebensalter seine Aktivität gesteigert hat. Dieses Muster spiegelt den Aktivitätsgrad von IP5w wider. Sie hat erst im späteren Lebensalter begonnen, Aktivität umzusetzen und ihre eigenen Ziele dabei zu verfolgen. Der Grund dafür ist in der Trennung von ihrem Ehemann zusehen. Die Loslösung von ihrem Ehemann verbunden mit der anschließenden Scheidung, kann als Wendepunkt in ihrem Leben angesehen werden. Durch die Eifersucht und die damit einhergehende Unterdrückung durch ihren Mann, hat sie keine eigenen Ziele verfolgt und hat ein weitaus passives Leben geführt. Als sie sich von diesem Druck eigenständig befreien konnte, hat sie wieder Vertrauen in ihre eigenen Fähigkeiten entwickelt, persönliche Ziele gebildet und eigene Interesse in den Vordergrund gestellt. Daraus resultierte ein sehr aktiver Lebensstil in der zweiten Hälfte ihres Lebens.

9.4 Zusammenfassung der Fallkontrastierung

Durch das Zusammenführen der quantitativen und qualitativen Daten konnte das Attributionsmuster der unterschiedlichen Verantwortungstypen näher beleuchtet und analysiert werden. So zeigte sich, dass die Abgabe von gesundheitlicher Verantwortung an Akteure aus dem Bereich des Gesundheitssystems in erster Linie durch das Vorliegen einer (meist chronischen) Krankheit begründet werden kann. Die Abgabe der Verantwortung ist nicht im Sinne von gleichzeitiger Reduzierung der eigenen Verantwortung zu verstehen. Vielmehr wird Verantwortung abgegeben, weil Gesundheit und körperliches Wohlbefinden nicht mit eigenen Ressourcen erreicht werden kann. Bei der Abgabe von Verantwortung an medizinische Akteure lasse sich zwei Muster ausmachen: Zum einen lässt sich eine Abgabe beschreiben, die durch ein vertrauensvolles Verhältnis gekennzeichnet ist. Durch diese Basis entsteht eine gegenseitige Kooperation, die medizinische Verantwortung kann als kompensierende Ergänzung zur Eigenverantwortung gesehen werden. Zum anderen lassen sich Formen der Zuweisung an medizinische Akteure ausmachen, bei denen diese Vertrauensbasis nicht gegeben ist. Das mangelnde Vertrauen entsteht durch negative Erfahrungen und widersprüchliche Aussagen, die von medizinischen Akteuren im Rahmen des Behandlungsprozesses getätigt wurden.

Des Weiteren zeigten sich Ursachen für die Verantwortungszuweisungen an das soziale Umfeld. Zum einen konnte festgestellt werden, dass Verantwortung in der Regel an das nahe familiäre Netzwerk abgegeben wird. In dem Fallvergleich bedeutete dies eine Zuweisung an den Ehepartner. Mit der Verantwortungsabgabe geht eine emotionale Unterstützung einher sowie die Hilfe bei täglichen Dingen im Alltag. Es zeigt sich allerdings auch in einem Fallbeispiel, dass die Hilfe der Familie nicht in Anspruch genommen wird, obwohl diese notwendig wäre, weil die Befragte ihr Umfeld nicht belasten möchte und sich im Laufe ihres Lebens eine Einstellung entwickelt hat, dass sie ihre Probleme selber lösen muss.

Der Fallvergleich zeigt, dass die alleinige Zuweisung von Eigenverantwortung durch den positiven Gesundheitszustand begründet werden kann, da beide Befragte an keiner schwerwiegenden Krankheit leiden. Das weiter oben beschriebene fehlende Vertrauen kann zudem als Begründung ausgemacht werden, warum Verantwortung erst gar nicht abgeben wird: Aufgrund von schlechter Erfahrungen wird zur Beibehaltung der Autonomie die alleinige Eigenverantwortung bewahrt. Dieses Muster lässt sich allerdings nur umsetzen, wenn keine schwerwiegende Erkrankung vorliegt und man somit nicht auf medizinische Versorgung im Notfall angewiesen ist.

10 Diskussion der Ergebnisse

Den abschließenden Teil der Arbeit bildet die Diskussion, die sich in vier Schritten darstellen lässt. Im ersten Schritt werden die Forschungsfragen beantwortet und diskutiert. Im Anschluss erfolgt eine Bewertung der gewählten Methode der Arbeit. Daran schließen sich die Hypothesengenerierung und die Einordnung in den Forschungsstand ein. Zum Abschluss erfolgt eine Zusammenfassung der zentralen Ergebnisse mit Schlussfolgerungen für Wissenschaft und Praxis.

10.1 Beantwortung der Forschungsfragen

Auf der Basis der Ergebnisse lassen sich die in Kapitel 6.1 beschriebenen Forschungsfragen wie folgt beantworten:

FI: Was verstehen ältere Menschen unter gesundheitlicher Eigenverantwortung?

Der Fragenblock I lässt sich auf der Basis der Ergebnisse der quantitativen und qualitativen Befragung beantworten. Im Rahmen der quantitativen Untersuchung wurden die Befragten in einer offenen Frage gebeten, den Begriff der gesundheitlichen Eigenverantwortung zu definieren. Bei der Auswertung ergaben sich insgesamt sieben Kategorien, die gesundheitliche Eigenverantwortung kennzeichnen: Aktives und passives Gesundheitsverhalten, Gewissenhaftigkeit, Planung, Information, Compliance und Selbstbestimmung. Fünf dieser Kategorien stehen in Zusammenhang mit einer direkten Handlung (Aktives und passives Gesundheitsverhalten, Planung, Information, Compliance) die anderen beiden Kategorien (Gewissenhaftigkeit, Selbstbestimmung) lassen sich als Eigenschaften beschreiben. Gesundheitliche Eigenverantwortung bildet demnach ein mehrdimensionales Konstrukt, das durch das Zusammenwirken unterschiedlicher Faktoren gekennzeichnet ist. Dieses Zusammenwirken lässt sich mit dem Ergebnis der qualitativen Untersuchung näher beschreiben. So kann gesundheitliche Eigenverantwortung als innere Einstellung verstanden werden, im Rahmen seiner Möglichkeiten das Beste zu tun, um seinen Gesundheitszustand positiv zu beeinflussen. Vor allem für die Lebensphase Alter und den damit verbundenen körperlichen und geistigen Abbauprozessen bedeutet dies, seine persönlichen Ziele auf Realisierbarkeit zu überprüfen und gegebenenfalls anzupassen. Mit steigendem Lebensalter geht damit die Akzeptanz einher, bei bestimmten Dingen im Alltag auf Hilfe angewiesen zu sein.

P. Enste, *Gesundheitliche Eigenverantwortung im Kontext der Lebensspanne*,
https://doi.org/10.1007/978-3-658-23082-1_10

FI.1: Steht gesundheitliche Eigenverantwortung auch im höheren Lebensalter in direktem Zusammenhang mit einer Handlung?

Dreiviertel der schriftlich Befragten gaben an, dass Eigenverantwortung mit einer Komponente des aktiven Gesundheitsverhaltens einhergeht. 40 % bringen gesundheitliche Eigenverantwortung mit passivem Gesundheitsverhalten in Verbindung. In der quantitativen Befragung werden in der Regel Handlungen wie Bewegung und Ernährung genannt, auf der Basis der qualitativen Untersuchung lassen sich diese Ergebnisse weiter spezifizieren. So zeigt sich, dass mit steigendem Lebensalter oftmals aktive Handlungen wie Bewegung aufgrund altersbedingter Funktionseinschränkungen in den Hintergrund treten. Andere Aktivitäten wie Gedächtnistraining, selbstständiges Kontrollieren von Vitalparametern oder Wissensvermittlung an andere Generationen treten vermehrt in den Vordergrund und können angesichts des in der Theorie erörterten erweiterten Produktivitätsbegriffs durchaus als aktive Handlungen angesehen werden, die einen Beitrag zur gesundheitlichen Eigenverantwortung leisten. Demnach kann die Frage, ob Eigenverantwortung auch im höheren Lebensalter in direktem Zusammenhang mit einer Handlung steht, eindeutig mit Ja beantwortet werden.

FI.2: Welche Rolle spielt die soziale Komponente?

Nahezu die Hälfte der Befragten der quantitativen Untersuchung stellt eine enge Verbindung zur Gewissenhaftigkeit her. Gewissenhaftigkeit ist charakterisiert durch das Vorhandensein einer moralischen Verpflichtung und kann vor diesem Hintergrund als Ausdruck der sozialen Komponente von gesundheitlicher Eigenverantwortung verstanden werden. In der qualitativen Untersuchung können zwei Aspekte der sozialen Komponente ausgemacht werden: Einerseits spielt der soziale Aspekt bei der Ausübung von gesundheitlicher Eigenverantwortung eine bedeutende Rolle. Mehrere Befragte geben an, dass das Ausüben von gesundheitsrelevantem Verhalten sehr häufig mit sozialen Kontakten in Verbindung steht, die als motivationsfördernde Komponenten angesehen werden können. In diesem Zusammenhang ist ebenfalls der Unterstützungsgedanke durch das soziale Umfeld bei der Bewältigung von krankheitsbedingten Krise zu sehen. Andererseits wird die soziale Komponente im Sinne des Solidaritätsgedankens gesehen. Hierbei stehen Aspekte wie Vermeidung von unnötigen Kosten für das Gesundheitssystem und Reduzierung der Gefahren für die Gesundheit anderer im Vordergrund. Gleichzeitig zeigt sich, dass sowohl in der quantitativen als auch in der qualitativen Untersuchung die negative Sanktionierung von gesundheitsschädigendem Verhalten entweder nicht genannt oder abgelehnt wird. Demnach kann zusammenfassend der Einfluss der sozialen Komponente als hoch bewertet werden.

FII: Welche Faktoren stehen in Zusammenhang mit gesundheitlicher Eigenverantwortung?

Die Fragen des zweiten Fragenblocks lassen sich in erster Linie auf der Basis der Ergebnisse der quantitativen Untersuchung beantworten und erhalten Ergänzungen durch den qualitativen Teil. Allgemein kann festgehalten werden, dass die Rolle der gesundheitlichen Eigenverantwortung in der Stichprobe sehr hoch eingeordnet wird. Die Befragten wurden gebeten, eine Einschätzung abzugeben, in wieweit sie sich für ihre Gesundheit verantwortlich fühlen. Mit 97,5 % fiel die tendenzielle Zustimmung sehr hoch aus.

FII.1: Welchen Einfluss haben sozio-demografische Faktoren wie Alter, Geschlecht, Bildung, Einkommen und Haushaltsgröße?

Auf der Basis der quantitativen Untersuchung kann festgehalten werden, dass das Alter einen signifikanten Einfluss auf die Beurteilung der Eigenverantwortung für die Gesundheit hat. Vor allem im Bereich der vollen Zustimmung sind die Unterschiede deutlich ausgeprägt: Während in den Altersgruppen 60 – 69 Jahre und 70 – 79 Jahre die volle Zustimmung bei über 80 % liegt, fällt der Wert in der Gruppe der Hochaltrige auf 63,4 % ab. Dementsprechend umgekehrt verhält sich das Bild bei der Ablehnung: Während der Anteilswert in den anderen Altersgruppen vernachlässigbar klein ist, steigt der Wert der tendenziellen Ablehnung in der Gruppe der Hochaltrigen auf annähernd 10 %. Dieses Ergebnis wird durch die qualitativen Daten relativiert. In den Interviews ergeben sich keine Hinweise, dass das Alter einen direkten Einfluss auf die Beurteilung der Eigenverantwortung hat. Vielmehr ergeben sich Hinweise, dass dieser Zusammenhang eher durch den Faktor objektiver Gesundheitszustand beeinflusst wird. Somit entsteht ein indirekter Zusammenhang zum Faktor Alter, weil im Alter das Risiko steigt, an einer oder mehreren Krankheiten zu leiden. Ein ähnliches Bild zeichnet sich beim Faktor Einkommen ab: Während Personen mit hohem Einkommen der These in sehr hohem Maße zustimmen, sinkt der Anteilswert mit herabsinkendem Einkommen. Diese Unterschiede sind ebenfalls statistisch signifikant. Obwohl in der Regel ein Zusammenhang zwischen Einkommen und Bildung hergestellt werden kann, lässt sich kein statistischer Zusammenhang zwischen der Beurteilung der Eigenverantwortung und dem Bildungsniveau feststellen. Bei der Haushaltsstruktur hingegen lässt sich ein statistischer Zusammenhang erkennen. Bei der vollen Zustimmung liegt der Wert von Befragten, die in Mehrpersonen-Haushalten leben mit 85 % deutlich höher als der Wert der allein lebenden Personen (75 %). Betrachtet man allerdings die tendenzielle Zustimmung, relativieren sich diese Unterschiede wieder. Für das

Geschlecht ergeben sich keine signifikanten Unterschiede im Antwortverhalten. Auch die qualitative Untersuchung liefert keine Hinweise für geschlechtsspezifische Unterschiede.

FII.2: Welchen weiteren Akteuren wird gesundheitliche Verantwortung im Alter zugewiesen?

Auf der Basis der quantitativen Befragung kann die Aussage getroffen werden, dass die Befragten neben sich selbst Akteure des Gesundheitssystems (behandelnde Ärzte, Krankenkassen, Staat) und das soziale Umfeld (Angehörige, Freunde und Bekannte) für ihre Gesundheit verantwortlich sehen. Die Zuweisungsstrukturen verlaufen dabei differenziert. Prinzipiell lassen sich drei unterschiedliche Attributionsmuster erkennen: (1) Verantwortungstypus „Ich und alles um mich herum" sieht neben sich selbst alle oben genannten Akteure in der Verantwortung, (2) Verantwortungstypus „Ich und das Gesundheitssystem" sieht die Verantwortung nicht bei seinem sozialen Umfeld, weist allerdings den Akteuren des Gesundheitssystems Verantwortung zu, (3) Verantwortungstypus „Ich allein" sieht sich selbst in der alleinigen Verantwortung für seine Gesundheit. Dabei ist anzumerken, dass die Übertragung der Verantwortung auf andere Akteure nicht mit einem Rückgang der selbstempfundenen Verantwortung verbunden ist. Die Gründe für diese Attributionsmuster lassen sich aus den Ergebnissen der qualitativen Untersuchung herleiten. Hier zeigt sich, dass eine Verantwortungsübertragung zumeist dann erfolgt, wenn eine oder mehrere Krankheiten oder fortgeschrittene altersbedingte Funktionseinschränkungen vorliegen. Eine erfolgreiche Verantwortungszuweisung ist gekennzeichnet durch eine vertrauensvolle Kooperation zwischen Individuum und den Akteuren des Gesundheitssystems, eine besondere Rolle nimmt in diesem Zusammenhang der Hausarzt ein. Trotz Übertragung von Verantwortung trägt das Individuum ein hohes Maß an Eigenverantwortung, es überträgt Verantwortung für die Aspekte von Gesundheit und Krankheit, die er eigenständig nicht erfüllen kann und professionelle Hilfe benötigt. Vor diesem Hintergrund kann die Übertragung von Verantwortung selbst als eigenverantwortliche Handlung für die Gesundheit angesehen werden. Gleichzeitig zeigt sich, dass eine erfolgreiche Verantwortungszuweisung auf andere Akteure einhergeht mit einer relativ hoch eingeschätzten Lebensqualität. Durch die Ergebnisse der qualitativen Untersuchung ergeben sich Hinweise darauf, dass Defizite beim objektiven Gesundheitszustand durch die Verantwortungsübertragung zumindest teilweise kompensiert werden können, was dazu beiträgt, dass der subjektive Gesundheitszustand höher bewertet wird, als der objektive Gesundheitszustand ist. Auf der Basis der qualitativen Untersuchung können Hemmnisse und Barrieren identifiziert werden, die eine erfolgreiche Verantwortungsübertragung negativ beeinflussen. Hierzu zählen in erster Linie fehlendes Vertrauen in medizinisches Akteure, das zumeist durch negative Erfahrungen begründet werden kann, und über die Lebensspanne entwickelte Persönlichkeitseigenschaften, die eine Inanspruchnahme von Hilfeleistungen erschweren.

FII.3: Welchen Einfluss haben Konstrukte wie Lebensqualität, Gesundheitszustand und Selbstwirksamkeitserwartung?

Die Lebensqualität wurde in der quantitativen Befragung mit der EUROHIS-QoL Skala ermittelt. Dabei ergaben sich keine signifikanten Unterschiede für die einzelnen Verantwortungscluster. Dieser Befund bestätigt die weiter oben beschriebene Annahme, dass eine erfolgreiche Übertragung von Verantwortung als eine Teildimension des erfolgreichen Alterns gesehen werden kann. Des Weiteren zeigt die schriftliche Befragung, dass es einen signifikanten Zusammenhang zwischen dem objektiven Gesundheitszustand und dem Zuweisungsmuster von Verantwortung gibt. Personen, die an keiner Krankheit leiden, finden sich häufiger in dem Typus „Ich allein“, als Personen, die an einer oder mehreren Krankheiten leiden. Dementsprechend lässt sich auch umgekehrt feststellen: Liegt eine oder mehrere Krankheiten vor, lässt sich die Person eher den Verantwortungstypen zurechnen, die einen Teil der Verantwortung übertragen. Wie bereits weiter oben festgehalten, bestätigt sich der Zusammenhang durch die qualitativen Interviews. Hier zeigt sich, dass in sehr vielen Fällen das Vorliegen einer oder mehrerer Erkrankungen als Grund für die Verantwortungsübertragung ausgemacht werden kann. Selbstwirksamkeit wurde im Rahmen der quantitativen Befragung mit der standardisierten Selbstwirksamkeitsskala SD-10 erhoben. Hier zeigt sich ein signifikanter Unterschied, der sich wie folgt beschreiben lässt: Je größer die Anzahl der Akteure, auf die Verantwortung übertragen wird, desto niedriger der Wert auf der Selbstwirksamkeitsskala. An dieser Stelle muss allerdings darauf hingewiesen werden, dass auch der niedrige Wert für den Verantwortungstypus „Ich und alles um mich herum“ im ermittelten standardisierten Normbereich der Skala SD-10 liegt. Anhand der biografischen Anamnese im Rahmen der qualitativen Interviews lassen sich potenzielle Gründe für diese Entwicklung finden: Zum einen können akute Krisen einer vorliegenden Krankheit dazu führen, dass die Selbstwirksamkeit sinkt. Zum anderen können Ereignisse im Lebenslauf (Überbehütung in der Kindheit, Demütigung im Sportunterricht, Repressalien in der Ehe) die Entwicklung einer generellen Selbstwirksamkeit negativ beeinflussen, was sich wiederum auf das Ausüben von gesundheitsrelevantem Verhalten auswirken kann: Die Überzeugung, dass die eigenen Fähigkeiten dazu beitragen, den Gesundheitszustand zu verbessern, kann als Grundvoraussetzung für erfolgreiches gesundheitsrelevantes Verhalten angesehen werden.

FII.4: Besteht ein Zusammenhang zwischen Eigenverantwortung und gesundheitsrelevantem Verhalten?

In der quantitativen Befragung wurden die Befragten mit einer offenen Frage gebeten, anzugeben, was sie selbst zum Erhalt ihrer eigenen Gesundheit beitragen. Die inhaltsanalytische Auswertung brachte insgesamt acht Kategorien harvor, mit denen sich das gesundheitsrelevante Verhalten der Stichprobe abbilden lässt. In Reihenfolge der häufigsten Nennungen ergeben sich die Kategorien Bewegung, Ernährung, Erholung, Weglassen toxischer Noxen, Vorsorge, soziale Kontakte, Gewichtskontrolle und positives Lebensgefühl. Signifikante Unterschiede im Antwortverhalten der Verantwortungstypen zeigen sich für die Kategorien Bewegung, Ernährung und soziale Kontakte. Bei der Bewegung lässt sich feststellen, dass mit wachsender Anzahl der Akteure, an die Verantwortung übertragen wird, der Anteilswert für Bewegungsaktivitäten sinkt. Die Gründe hierfür lassen sich anhand der qualitativen Befragung identifizieren: Sehr häufig waren Personen, die Verantwortung auf mehrere Institutionen übertragen, durch Krankheitsfolgen oder altersbedingte Funktionseinschränkungen sehr stark in ihren Bewegungsaktivitäten reduziert. Für den Bereich der Ernährung zeichnet sich ein differenziertes Bild ab. Der Verantwortungstypus „Ich und das Gesundheitssystem“ nimmt den höchsten Wert ein, gefolgt von dem Verantwortungstypus „Ich allein“. Am wenigsten nimmt der Verantwortungstypus „Ich und alles um mich herum“ ernährungsbezogene Aktivitäten war. Erklärungen für dieses Ergebnis liefert ebenfalls die qualitative Befragung: Der Verantwortungstypus „Ich und das Gesundheitssystem“ leidet in der Regel an mindestens einer (meist chronischen) Erkrankung, bei der sehr häufig bestimmte Nahrungsgewohnheiten sich positiv auf die Behandlung auswirken. Durch das Einhalten diätetischer Vorschriften kann der Gesundheitszustand positiv beeinflusst werden. Des Weiteren ergeben sich Hinweise, dass der Verantwortungstypus „Ich und alles um mich herum“ oftmals in einem sozialen Umfeld lebt, in dem er sich nicht um die Zubereitung des Essens kümmern muss. Bei dem Aspekt der sozialen Kontakte zeigt die quantitative Untersuchung, dass eine höhere Verantwortungsübertragung einhergeht mit einem höheren Anteilswert in der Kategorie der sozialen Kontakte. Hier kann auf Basis der qualitativen Befunde angenommen werden, dass soziale Kontakte als Kompensation von anderen gesundheitsbezogenen Tätigkeiten, die aufgrund von körperlichen Einschränkungen nicht ausgeübt werden können, genutzt werden. Auf der Basis der beschriebenen

Ergebnisse kann zusammenfassend festgehalten werden, dass es durchaus Zusammenhänge zwischen den Verantwortungsübertragungsmustern und Teilaspekten des gesundheitsrelevanten Verhaltens gibt.

FIII: Wie entwickelt sich gesundheitliche Eigenverantwortung in der Lebensspanne?

Zur Beantwortung des dritten Frageblocks können im Wesentlichen die Ergebnisse der qualitativen Befragung herangezogen werden. Anhand der quantitativen Befragung konnte identifiziert werden, dass es bestimmte lebenslaufbezogene Verhaltensmuster für den Bereich der Bewegung gibt. Eine besondere Auffälligkeit zeigte sich darin, dass sich der Eintritt in die Lebensphase Alter als Wendepunkt für Aktivitäten ausmachen lässt. Hierbei lassen sich zwei Muster unterscheiden. Zum einen zeigen sich Aktivitätsverläufe, die in den jüngeren Lebensphasen eher durch wenig Aktivität gekennzeichnet sind und im Alter an Aktivität zunehmen. Zum anderen lassen sich gegenläufige Trends unterscheiden, in denen aktive Lebensstile in jüngeren Lebensjahren mit zunehmendem Lebensalter passiv werden. Da ein Zusammenhang zwischen Bewegungsverhalten und Verantwortungszuweisungsmuster nachgewiesen werden konnte, erfolgt die Annahme, dass diese Wendepunkte sich ebenfalls auf das Attributionsverhalten übertragen lassen.

FIII.1: Welche Ereignisse im Leben prägen die Einstellung zu Gesundheit und Krankheit?

Diese Frage lässt sich auf der Basis des in Kapitel 5.2 vorgestellten Dreifaktorenmodells beantworten. Demnach werden Entwicklungsprozesse durch chronologische, historische und nicht normative Einflussfaktoren gesteuert. Dieses Modell lässt sich auf die Entwicklung von Einstellungen zu Gesundheit, Krankheit und Eigenverantwortung übertragen. Bereits in der Kindheit werden durch das Elternhaus im Rahmen der Gesundheitserziehung zentrale Normen und Werte vermittelt. Bei diesem chronologischen Entwicklungseinfluss kommt es im Rahmen der qualitativen Befragung zu einer Vermischung mit historisch bedingten Entwicklungseinflüssen durch den Krieg und die sich anschließende Nachkriegszeit. Die damit verbundenen Einflüsse prägen die gesamte Generation der heutigen Senioren und haben nachhaltige Auswirkungen auf die Entwicklung der Individuen. So rückten bei der Gesundheitserziehung im Bereich der Ernährung zunächst Faktoren wie Vermeidung von Unterernährung und Sicherung der Existenz in den Vordergrund. Aspekte wie Vermeidung von Fehlernährung und Berücksichtigung von vollwertigen Nahrungsmitteln rückten erst in späteren Lebensphasen in den Vordergrund (z. B. Gesundheitserziehung bei den eigenen Kindern). In der Phase des jungen und mittleren Lebensalters kann der Beruf einen großen Einfluss auf die Gesundheit ausüben. Eine Konzentration auf die berufliche Karriere geht oftmals einher mit vermehrter Stressbelastung und Zeitknappheit, was dazu führen kann, dass gesundheitsbezogene Tätigkeiten vernachlässigt werden. Die Partnerschaft kann sowohl positive als auch negative Auswirkungen auf die Gesundheit haben. Eine harmonische Partnerschaft bildet auch in Phasen der Krankheit eine Ressource zu Wiederherstellung von Gesundheit und Regeneration. Eine Ehe, die durch Streit und Demütigungen geprägt ist, kann die Gesundheit stark belasten. Nicht-normative Einflussfaktoren können zu jedem Zeitpunkt des Lebens auftreten und können sowohl positiven als auch negativen Einfluss haben. Meist sind es individuelle Erlebnisse, wie Erinnerungen an eine Notfallbehandlung aufgrund selbstverschuldetem Verhalten oder Kriegserinnerungen verbunden mit akuter Lebensbedrohung, die dazu geführt haben, seine Einstellung zum Leben positiver zu gestalten. Andererseits können beispielsweise berufliche Enttäuschungen oder persönliche Kränkungen dazu führen, dass körperliche Beschwerden vermehrt auftreten oder wahrgenommen werden. Hierzu zählen ebenfalls erlebte Grenzsituationen, wie zum Beispiel der plötzliche Verlust einer nahestehenden Person (Sohn, Ehemann), die dazu führen können, dass in Phasen des Trauerprozesses der Lebenswille sinkt und kein Wert auf Gesundheit gelegt wird. Andererseits kann die Trennung von einem Lebenspartner im Rahmen einer Scheidung dazu führen, dass neuer Lebenswille entsteht, weil die vorangegangene Ehe sehr belastend war.

FIII.2: Ändert sich die Bewertung der Eigenverantwortung im Laufe eines Lebens und was können dafür Ursachen sein?

Anhand der biografischen Erzählungen der Befragten lassen sich zwei grundlegende Entwicklungsverläufe beschreiben. Zum einen lässt sich eine zunehmende bewusst wahrgenommene Eigenverantwortung mit steigendem Lebensalter beschreiben. Hierbei zeigt sich, dass Eigenverantwortung für die Gesundheit in den jüngeren Lebensjahren zumeist nicht wahrgenommen wird, was einhergeht mit einer generell fehlenden bewussten Wahrnehmung von Gesundheit. In diesen Phasen des Lebens erfolgt eine Konzentration auf Jugend und Pubertät, im weiteren Verlauf treten berufliche Karriere und Familie in den Vordergrund. Die Biografien zeigen, dass Gesundheit als gegebener Zustand wahrgenommen wird und nur registriert wird, wenn es zu Einschränkungen durch Krankheit bei sich oder nahestehenden Personen kommt. Erst mit zunehmenden Einschränkungen und ersten körperlichen Abbauprozessen erfolgt eine Fokussierung, die sich auf Erhalt von Gesundheit und Kompensation von Defiziten konzentriert. Zum anderen lassen sich akute Ursachen ausmachen, die dazu führen, dass Gesundheit und Eigenverantwortung stärker in den Mittelpunkt treten. Sie können zu jedem Zeitpunkt des Lebens auftreten und lassen sich schwer vorhersagen. So kann eine schwerwiegende Krankheit beispielsweise dazu führen, seinen Lebensstil zu überdenken und den Fokus spezieller auf gesundheitsrelevantes Verhalten auszurichten. Je nach Schwere der Krankheit kann sogar eine komplette Lebensstiländerung zwingend erforderlich werden. Auch die Konfrontation mit der Endlichkeit des Lebens durch den Verlust einer nahestehenden Person kann dazu führen, dass beispielsweise das Vorsorgeverhalten stärker wahrgenommen wird.

FIII.3: Wie wird die Lebensphase Alter wahrgenommen?

Generell überwiegen die positiven Aussagen und Beschreibungen über das Alter. Die Befragten geben an, dass die positiven Aspekte, die die Lebensphase Alter mit sich bringt, die negativen Aspekte überlagern. Als positiv wird von fast allen Befragten der gewonnene Zeitfaktor genannt, der durch den Wegfall von beruflichen, gesellschaftlichen und familiären Pflichten gekennzeichnet ist. Damit einhergehend wird eine Druckentlastung beschrieben, die sich positiv auf die Gesundheit auswirkt. Die gewonnene Zeit wird von vielen älteren Menschen für Aktivitäten genutzt, die in früheren Lebensphasen beispielsweise aus beruflichen Gründen nicht ausgeübt werden konnten. Dieser Aspekt bildet eine wichtige Ressource zur Umsetzung von gesundheitlicher Eigenverantwortung, setzt allerdings voraus, dass neben zeitlichen Ressourcen auch finanzielle Ressourcen im ausreichenden Maße vorhanden sind. Die mit dem Alter verbundenen körperlichen und geistigen Defizite werden von der überwiegenden Anzahl als normaler Entwicklungsprozess angesehen, den man im Laufe des Lebens gelernt hat, zu akzeptieren. Ein wichtiger Aspekt spielt dabei, inwieweit Kompensationsmechanismen und Bewältigungsstrategien entwickelt und umgesetzt werden können, was nicht selten von der Art und Ausprägung der wahrgenommenen altersbedingten Funktionseinschränkungen abhängt. Mit steigendem Lebensalter gerät immer mehr die Auseinandersetzung mit der eigenen Endlichkeit in den Fokus der Betrachtung. Vor diesem Hintergrund ist anzumerken, dass ein großer Teil der Befragten auch den Tod als natürlichen Prozess am Ende der Lebensspanne sieht. Angst bereite in diesem Zusammenhang der Gedanke an einen langen Leidensprozess, verbunden mit dem Verlust von Selbstbestimmung und Autonomie. Bei der Beschreibung der momentanen Lebenssituation der Phase Alter fällt auf, dass mehrere Befragte angeben, dass ihre Situation nicht so schlimm ist, wie sie sich in jüngeren Lebensjahre das Alter vorgestellt haben. Hier zeigt sich, dass negative Altersbilder in früheren Lebensjahren die generelle Einstellung zur Lebensphase Alter geprägt haben. Die positiven Erlebnisse kompensieren die früheren negativen Vorstellungen und führen zu einem positiven Altersselbstbild. Es zeigt sich ferner, dass die subjektive Lebensqualität sehr hoch wahrgenommen wird, auch wenn eine oder mehrere Erkrankungen vorliegen, wenn auf einer vertrauensvollen Basis Verantwortung für die eigene Gesundheit an professionelle Akteure abgegeben werden kann, ohne dabei Selbstbestimmung und Autonomie zu verlieren.

10.2 Methodenkritik

Das Untersuchungsdesign der vorliegenden Arbeit wurde bereits ausführlich in Kapitel 6.2 dargestellt. Dort wurde umfangreich die Logik des MM-Designs erläutert und die grundlegende Vorgehensweise der Datenerhebung, Auswertung und Zusammenführung der quantitativen und qualitativen Teilstudien beschrieben. Im Nachgang ergeben sich methodische Einschränkungen, die in der Folge näher beleuchtet werden.

Bei der Rekrutierung der quantitativen Stichprobe wurde ein Online-Befragungsinstrument in Zusammenhang mit der Nutzung eines Online-Panels eingesetzt. Bereits in Kapitel 6.2.1.2 wurde auf die Problematik des Einsatzes eines Online-Panels hingewiesen. Mit besonderem Fokus auf die Zielgruppe der älteren Menschen, die im Rahmen der quantitativen Befragung erreicht werden sollte, ist davon auszugehen, dass ein großer Teil der Stichprobe eine Affinität zur Nutzung des Internets aufweist. Hierbei ist anzumerken, dass vor allem bei älteren Menschen ein positiver Zusammenhang zwischen Bildungsniveau und Internetnutzung besteht. Vor diesem Hintergrund ist davon auszugehen, dass die Teilnehmer der Online-Befragung ein überdurchschnittlich hohes Bildungsniveau aufweisen. Obwohl durch den eingesetzten Medienbruch dieser Entwicklung entgegengewirkt wurde, bestätigt sich die Annahme des überdurchschnittlichen Bildungsniveaus in der Beschreibung der Stichprobe in Kapitel 7.1. Vor diesem Hintergrund kann die Stichprobe nicht als repräsentativ angesehen werden und die Ergebnisse der quantitativen Befragung besitzen nur eingeschränkte Gültigkeit. Sie lassen dementsprechend keine Verallgemeinerungen auf die Gesamtbevölkerung zu. Dem kann allerdings entgegengehalten werden, dass die quantitative Auswertung gezeigt hat, dass kein statistischer Zusammenhang zwischen dem Bildungsniveau und dem Attributionsmuster von gesundheitlicher Verantwortung festgestellt werden konnte.

Eine Generalisierbarkeit der Ergebnisse war aus qualitativer Forschungslogik nicht intendiert. Die qualitativen Ergebnisse geben dabei vielmehr individuelle Entwicklungsverläufe und Einflussfaktoren wieder, die im jeweiligen Kontext interpretiert werden müssen. Die Methode der inhaltlich-strukturierenden Inhaltsanalyse ermöglicht dabei eine breit gefasste thematische Darstellung, die aufgrund des dichten Datenmaterials als Methode der Wahl angesehen werden kann. Eine Tiefenanalyse einzelner Fälle könnte weitere Hinweise für bestimmte Entwicklungspfade geben. Die Fallkontrastierungen in Kapitel 9 greift Aspekte dieser Methode auf, bleibt allerdings vor dem Hintergrund der Fragestellung eher oberflächig. Dieser Aspekt ist an dieser Stelle weniger als Methodenkritik zu verstehen, sondern vielmehr als Hinweis auf weiteren Forschungsbedarf, der mit dem umfangreich generierten qualitativen Datenmaterial bearbeitet werden kann.

Trotz der beschriebenen methodischen Schwächen kann das im Vorfeld beschriebene Forschungsdesign als valides Konzept zur Erfassung der für die Fragestellung relevanten Aspekte beurteilt werden. Durch die Kombination von quantitativen und qualitativen Forschungselementen konnten die zuvor als Ziel ausgemachte erweiterte Perspektivdarstellung der Thematik der Eigenverantwortung sinnvoll umgesetzt werden. Besonders hervorzuheben ist in diesem Fall der Einsatz des problemzentrierten Interviews. Durch die Kombination von narrativer biografischer Erzählung und leitfadengestütztem Nachfrageteil, entstand in vielen Fällen der Interviews ein Diskurs, der durch eine sich im Gespräch eigendynamisch entwickelnde Auseinandersetzung mit der Thematik Eigenverantwortung durch die Befragten, gekennzeichnet war.

10.3 Hypothesengenerierung und Einordnung

Im letzten Schritt der Interpretation der Ergebnisse werden die aufgedeckten Sinn- und Wirkungszusammenhänge der Studie in Form von Forschungshypothesen formuliert (Mayring 2010b). Bislang gibt es keine dem Autor bekannten empirischen Arbeiten zu der Thematik, so dass davon auszugehen ist, dass mit der vorliegenden Arbeit „wissenschaftliches Neuland" betreten wird. Die Arbeit hat gezeigt, dass durch die multidimensionale Beschaffenheit des Begriffes Aspekte der Philosophie, Medizinethik, Gesundheitssoziologie, Sozial- und Entwicklungspsychologie und Sozialpolitik betrachtet werden müssen, um den Sachverhalt und die Komplexität der Thematik zu erfassen. Die Ergebnisse der Arbeit werden daher an dieser Stelle noch einmal in Form von acht zentralen Hypothesen zusammengefasst und auf bisherige allgemeine Forschungsbefunde zum Thema Eigenverantwortung und anderen relevanten Konstrukten bezogen.

Hypothese 1: *Ältere Menschen bewerten den Faktor der gesundheitlichen Eigenverantwortung sehr hoch. Es lassen sich nur geringfügige Differenzen anhand von soziodemografischen Faktoren ermitteln.*

Die Ergebnisse der quantitativen und qualitativen Studie haben gezeigt, dass der Faktor der gesundheitlichen Eigenverantwortung von älteren Menschen im Durchschnitt sehr hoch bewertet wird und sich bei den meisten soziodemografischen Faktoren lediglich Unterschiede in der Ausprägung der positiven Skala feststellen lassen. Diese Ergebnisse decken sich nicht mit den Untersuchungen, die der Autor der Arbeit mit der Zielgruppe der Personen im mittleren Lebensalter durchgeführt hat. Hierbei stellte sich ein deutlicher Zusammenhang zwischen dem subjektiven Gesundheitszustand, gesundheitsrelevantem Verhalten und der Bewertung der Eigenverantwortung für die Gesundheit heraus. Gleichzeitig zeigten sich Differenzen beim Antwortverhalten bei der differenzierten Betrachtung der Faktoren Einkommen und Bildung (Enste 2011b). Eine Erklärung hierfür liefern die Forschungsarbeiten von BIERHOFF (2003) und SPECHT, EGLOFF & SCHMUKLE (2011), aus denen abzuleiten ist, dass einerseits Eigenverantwortung eine positive Korrelation zu dem Persönlichkeitsmerkmal Gewissenhaftigkeit aufweist und andererseits mit steigendem Lebensalter ein Anstieg der positiven Ausprägung des Merkmals zu beobachten ist. Vor diesem Hintergrund ist es nicht verwunderlich, dass mit steigendem Lebensalter eine hohe Bewertung der gesundheitlichen Eigenverantwortung einhergeht. Eine weitere Erklärung liefern die Ergebnisse der qualitativen Befragung, aus denen hervorgeht, dass mit steigendem Lebensalter das bewusste Wahrnehmen der eigenen Gesundheit ansteigt. Hier lässt sich an die Forschungsarbeiten zum Gesundheitsbewusstsein anschließen. FALTERMAIER (1994) wies in seinen Arbeiten darauf hin, dass Krankheit individuell häufig sehr viel bewusster wahrgenommen wird, als die subjektive Bedeutung von Gesundheit, beide Aspekte aber zentrale Komponenten des Gesundheitsbewusstseins bilden. In diesem Zusammenhang konnten DREHER & DREHER (1999) nachweisen, dass Gesundheit in vielen Phasen des Lebens eher unterbewusst als Normalzustand wahrgenommen wird und erst bei Problemen oder Abweichungen ins Bewusstsein tritt. Diese Aspekte liefern Hinweise, dass die bewusste Wahrnehmung von Gesundheit mit steigendem Lebensalter zunimmt, was dazu führt, dass die Bewertung der Eigenverantwortung ebenfalls auf einem sehr hohen Niveau angegeben wird. Gleichzeitig zeigt sich allerdings, dass die Wahrnehmung von Eigenverantwortung nicht gleichzusetzen ist mit dem Ausführen von gesundheitsrelevanten Handlungen. Diese Tatsache führt zur Generierung der zweiten Hypothese.

Hypothese 2: *Das Wahrnehmen von gesundheitlicher Eigenverantwortung geht nicht einher mit der Umsetzung von gesundheitsrelevantem Verhalten.*

Während die Wahrnehmung von gesundheitlicher Eigenverantwortung nicht durch Determinanten sozialer Ungleichheit beeinflusst wird, zeigt sich für die Umsetzung von gesundheitsrelevanten Handlungen ein deutlicher Zusammenhang in der Stichprobe. Exemplarisch wurde an den Determinanten Bildung und Lebensalter nachgewiesen, dass mit steigendem Lebensalter und sinkendem Bildungsniveau weniger gesundheitsbezogene Handlungen ausgeführt werden. Dieser Zusammenhang wurde an den Beispielen Bewegung, Vorsorge und Ernährung berechnet und stellte sich in allen Fällen als signifikant heraus. Diese Ergebnisse decken sich mit zahlreichen Studien, die soziale Ungleichheiten im Gesundheitsverhalten nachgewiesen haben. So kann anhand der Daten der GEDA Erhebung des RKI nachgewiesen werden, dass sozialbenachteiligte Menschen und Hochaltrige signifikant weniger an verhaltenspräventiven Maßnahmen teilnehmen (Robert Koch-Institut 2015). Mit besonderem Blick auf die Gruppe der älteren Menschen bestätigt der DEAS diese Ergebnisse (Spuling et al. 2017). In der vorliegenden Arbeit erklärt sich der Zusammenhang zwischen Bewegungsverhalten und Hochaltrigkeit primär durch die Wahrnehmung altersbedingter Funktionseinschränkungen und Gesundheitsverlust. Eine zentrale Rolle spielt demzufolge die Akzeptanz der Alterungsprozesse und die damit verbundene Fähigkeit zur Kompensation und Zielanpassung. Vor diesem Hintergrund ergibt sich ein direkter Bezug zum Faktor Bildung: Den Zusammenhang zwischen Bildung und Gesundheit stellen beispielsweise die Armuts- und Reichtumsberichte der Bundesregierung dar: Zum einen erhöht Bildung die Teilnahmechancen am Arbeitsmarkt und hat einen zentralen Einfluss auf den ökonomischen Status einer Person, zum anderen drückt sich Bildung in Form von Wissen und Handlungskompetenzen in gesundheitlichen Fragen aus, um eine gesundheitsbezogene Lebensweise einhergehend mit dem Aufbau von Kompensationsstrategien zu unterstützen. Zentrale Größe dabei bilden Einstellungen, Überzeugungen und Werthaltungen, die sich im Verlauf des Lebens unter maßgeblichen Einfluss der Bildung entwickelt haben (Bundesministerium für Arbeit und Soziales 2008, 2017). Eng einher damit geht die Gesundheitskompetenz: Diese beschreibt „die Fähigkeit des Einzelnen, im täglichen Leben Entscheidungen zu treffen, die sich positiv auf die Gesundheit auswirken (Robert Koch-Institut 2015: 365).“ REISI et al. (2014) konnten zeigen, dass das Verstehen und Umsetzen von medizinischen Informationen bei älteren Menschen geringer ausgeprägt ist. Auch für Deutschland konnten SCHAEFFER, BERENS & VOGT (2017) nachweisen, dass unter anderem ein hohes Lebensalter mit einer eingeschränkten Gesundheitskompetenz assoziiert ist. Ein ähnliches Bild zeigt die GAS 2017, in der ältere Menschen einschätzen sollten, wie gut sie sich darüber informiert fühlen, was sie für ihre Gesundheit tun können. Mit sinkendem sozioökonomischem Status sinkt auch der Anteilswert der positiven Bewertungen

(Generali Deutschland AG 2017). Vor allem die Ergebnisse der qualitativen Befragungen verweisen auf Bedeutsamkeit von Gesundheitskompetenz im Zusammenhang mit gesundheitlicher Eigenverantwortung. Das gilt insbesondere für Personen, die an einer Krankheit leiden. Um in diesem Fall Eigenverantwortung zu übernehmen, sind Informationen über Krankheitsbild und Behandlungsmethoden bei gleichzeitiger Kooperation mit den behandelnden Ärzten notwendig.

Hypothese 3: *Die bipolare Grundstruktur des Begriffes Eigenverantwortung lässt sich im Gesundheitsbereich zum einen durch den Bezug zu gesundheitsrelevanten Handlungen und zum anderen durch innere Einstellungen und Überzeugungen darstellen.*

Schon der Theorieteil der Arbeit hat gezeigt, dass der Verantwortungsbegriff eine bipolare Grundstruktur aufweist, die zum einen durch den Aspekt der aktiven Übernahme und zum anderen durch den Aspekt der passiven Übertragung von Verantwortung gekennzeichnet ist. Dem ursprünglichen juristischen Sinn, jemand retrospektiv Verantwortung zuzuweisen, ist der prospektive Aspekt hinzugekommen, der sich mit einer aktiven Verantwortung für Dinge, die in der Zukunft liegen, auseinandersetzt. Diese philosophischen Grundannahmen lassen sich problemlos auf den Bereich der gesundheitlichen Eigenverantwortung übertragen. Eine zentrale Rolle spielt dabei das Dreieicksmodell Subjekt - Objekt - Instanz, das beschreibt, dass *jemand* für eine *Sache* vor einer *Instanz* verantwortlich ist. Für den Bereich der Gesundheit ergibt sich die Besonderheit, dass das Verantwortungsobjekt (Gesundheit) als Bestandteil oder Zustandsbeschreibung des Verantwortungssubjektes zu sehen ist (Individuum). Gleichzeitig zeigt sich, dass Verantwortung immer einhergeht mit einer Handlung. Die zeigt auch die Theorie: So benennt beispielsweise SOMBETZKI (2014) Handlungsfähigkeit als eine der drei Grundvoraussetzung für die Übernahme von Verantwortung. Und auch AUHAGEN (1999) sieht in der Handlung einen zentralen Aspekt der Verantwortungsübernahme. Für den Bereich der gesundheitlichen Eigenverantwortung lässt sich demnach ein konkreter Bezug zu gesundheitsrelevantem Handeln ausmachen. In zahlreichen einschlägigen Modellen findet Eigenverantwortung allerdings keine Berücksichtigung. Lediglich in den Arbeiten von KALS (2002) findet sich der Aspekt der Eigenverantwortung, wo er als Grundvoraussetzung von gesundheitsrelevantem Verhalten ausgemacht wird. Mit Blick auf die Zielgruppe von älteren Menschen muss ferner beachtet werden, dass mit zunehmenden altersbedingten Funktionseinschränkungen der Handlungsspielraum eingeschränkt werden kann. Trotz diesen Einschränkungen zeigt die Untersuchung, dass auch Hochaltrige ihre Eigenverantwortung hoch einschätzen. Die Ergebnisse der qualitativen Untersuchung zeigen, dass im Falle von krankheitsbedingter Inaktivität aktive Verhaltensmuster durch eher passive Verhaltensmuster abgelöst werden. In Anknüpfung an die Arbeiten von BALTES (1996) und STAUDINGER (1996) zur Produktivität von älteren Menschen, können die eher passiven Verhaltensmuster trotzdem als eine Form von Produktivität beschrieben werden. Neben der klassischen manuellen Produktivität lassen sich demnach Formen der geistigen, emotionalen und motivationalen Produktivität beschreiben, so dass die Übernahme von Verantwortung auch bei einem eingeschränkten körperlichen Handlungsspielraum ausgeübt werden kann. Gleichzeitig zeigt sich, dass die Reduzierung von Eigenverantwortung ausschließlich auf den Faktor des gesundheitsrelevanten Verhaltens nicht ausreichend ist. Vor allem die Ergebnisse der qualitativen Befragung beschreiben Eigenverantwortung als innere Überzeugung, die die Basis bildet, etwas für seine Gesundheit zu tun. Auch die Arbeiten von BIERHOFF (2005) und KOCH, KASCHUBE & FISCH (2003) aus dem Bereich der Arbeitsorganisation liefern Hinweise, dass Eigenverantwortung neben dem Handlungsbezug Aspekte von Einstellungen und Kontrollüberzeugungen beinhaltet. Der in der vorliegenden Arbeit nachgewiesene Zusammenhang zum Konstrukt der Selbstwirksamkeitserwartung konnte ferner in den Arbeiten von KALS & MONTADA (2001) und BIERHOFF (2005) festgestellt werden.

Hypothese 4: *Der soziale Aspekt von Eigenverantwortung spielt für den überwiegenden Teil der älteren Menschen eine bedeutende Rolle.*

Der soziale Aspekt der Eigenverantwortung zeigt sich in der quantitativen Untersuchung durch den Aspekt der Gewissenhaftigkeit, der eine Kategorie in der Inhaltsanalyse der offenen Frage zur Definition von Eigenverantwortung bildet. Mit 45,7 % ist für annähernd jeden zweiten Befragten gesundheitliche Eigenverantwortung in enger Verbindung mit sozialer Verantwortung zu sehen. Diese Verschmelzung der individuellen und sozialen Ebene von Eigenverantwortung beschreibt ebenfalls NULLMEIER (2006) in seinen Ausführungen zur Eigenverantwortung, Solidarität und Subsidiarität. BIERHOFF (1995) bezeichnet Verantwortung als moralisches Verpflichtungsgefühl bezogen auf gesellschaftliche Normen. Bezieht man diese Definition auf die Ergebnisse der vorliegenden Arbeit, lässt sich ein direkter Bezug zum Solidaritätsprinzip erkennen. Auch die in der quantitativen Befragung ermittelten Attributionsmuster von Verantwortung lassen Grundzüge des Solidaritätsgedankens erkennen. Wenn eine bestimmte Handlung nicht mehr alleine erbracht werden kann, wird ein Teilaspekt auf andere übertragen, um in Kooperation die Aufgabe zu bewältigen. Die Übertragung geht dementsprechend nicht mit einer Reduzierung von Eigenverantwortung einher. Dieser

Aspekt erscheint besonders interessant, wenn man ihn in Verbindung mit dem vorgestellten Modell von KALS sieht, in dem die soziale Komponente als wichtiger Prädiktor für gesundheitliche Eigenverantwortung ausgemacht wurde: Sowohl in der quantitativen als auch in der qualitativen Untersuchung hat sich gezeigt, dass die Befragten sich ebenfalls für ihr soziales Umfeld verantwortlich fühlen. Vor dem Hintergrund des Solidargedankens geht damit zwar einerseits die Pflicht einher, auch mit steigendem Lebensalter Verantwortung für sein Umfeld zu übernehmen, dabei entsteht aber gleichzeitig das Recht, selber Hilfe durch das soziale Umfeld in Anspruch zu nehmen. Betrachtet man Eigenverantwortung im Bereich der Gesundheit also nicht ausschließlich unter dem Aspekt der Eigenfinanzierung von gesundheitlichen Leistungen, löst sich der scheinbare Widerspruch von Eigenverantwortung und Solidarität auf. Gleichzeitig werden Parallelen zur Subsidiarität erkennbar, die nach HEINZE, KLIE & KRUSE (2015) das Verhältnis zwischen Bürger und Staat regelt. Die Aufgabe des Staates, die Rahmenbedingungen zu schaffen, die es den Individuen erst ermöglichen, Eigenverantwortung zu übernehmen, wurde in der qualitativen Erhebung von den Befragten mehrfach angesprochen und für wichtig empfunden. Im Weiteren zeigt die Befundlage, dass mit steigendem Lebensalter der Aspekt der Gewissenhaftigkeit in Bezug auf gesundheitliche Eigenverantwortung nicht abnimmt, was sowohl für den Bereich der prospektiven als auch der retrospektiven Eigenverantwortung Gültigkeit besitzt. Dies wird durch den Exkurs der Arbeit, der die Auswertung von ALLBUS Daten beinhaltet, bestätigt. Hier stellten vor allem die älteren Befragten ihre eigenen Interessen zu Gunsten der Solidargemeinschaft in den Hintergrund.

Hypothese 5: *Es zeigen sich drei Attributionsmuster von Verantwortungsübernahme bzw. –übertragung. Als primärer Grund, Verantwortung zu übertragen, lässt sich der objektive Gesundheitszustand ausmachen.*

Im Rahmen der quantitativen Untersuchung konnten drei unterschiedliche Attributionsmuster von gesundheitlicher Verantwortung identifiziert werden. Alle drei Verantwortungstypen weisen sich selbst ein hohes Maß an Verantwortung zu. Der Verantwortungstypus I weist zusätzlich den Akteuren des Gesundheitssystems und seinem sozialen Umfeld Verantwortung für seine Gesundheit zu. Das Attributionsmuster von Verantwortungstypus II ist dadurch gekennzeichnet, dass er seine Verantwortungsübertragung ausschließlich auf die Akteure des Gesundheitssystems fokussiert. Verantwortungstypus III gibt keine Verantwortung für seine Gesundheit ab und sieht sich ausschließlich selbst verantwortlich. Hierbei kann festgehalten werden, dass eine Übertragung von Verantwortung auf andere Akteure nicht einhergeht mit der Reduzierung von Eigenverantwortung. Dieses

Muster ist demzufolge nicht gleichzusetzen mit der von BIERHOFF (2006) beschriebenen Verantwortungsdiffusion, die als eine Art Trittbrettverhalten zu bezeichnen ist. Sie ist vielmehr im Zusammenhang von möglichen Grenzen bei der Verantwortungsübernahme zu sehen, der in zahlreichen Arbeiten beschrieben worden ist. Schon WEBER (1904) liefert mit seinen Arbeiten Hinweise auf mögliche Grenzen von Verantwortung: Der Einzelne muss jeweils sein Bestes geben, er muss allerdings nur so viel investieren, wie es für ihn möglich ist. Überträgt man diese Definition auf den Bereich der Gesundheit, zeigt sich, dass mit steigendem Gesundheitsverlust die Potenziale verschwinden können und Attributionsmuster notwendig werden. Dies deckt sich mit den Ergebnissen der quantitativen und qualitativen Befragung, die zeigen, dass eine Verantwortungsübertragung in der Regel notwendig wird, wenn eine oder mehrere Krankheiten vorliegen, die nicht mit den eigenen Ressourcen bewältigt werden könne. Durch eine Übertragung erfolgt eine Kombination von Eigenverantwortung und Übertragung an professionelle Akteure aus dem Bereich des Gesundheitssystems, die im Idealfall durch eine wechselseitige Kooperation geprägt ist. Die Grenzsetzung von Verantwortung und die damit verbundene Verhaltensanpassung zeigen Parallelen zu den Forschungsarbeiten von BALTES (1980) und HECKHAUSEN & SCHULZ (1995), mit denen die Zielerreichung von älteren Menschen als Bewältigungs- und Kompensationsprozesse beschrieben werden können. Vor diesem Hintergrund kann Verantwortungsübertragung als erfolgreicher Kompensationsprozess und Ausdruck eines erfolgreichen Alterns gesehen werden. Hierfür spricht zudem die in der Untersuchung festgestellte hohe subjektive Lebensqualität, die sich bei Personen mit Übertragungsverhalten ausmachen lässt. Ferner kann eine erfolgreiche Übertragung von Verantwortung an andere Akteure im Zusammenhang mit der von KRUSE (2005) beschriebenen bewusst angenommenen Abhängigkeit gesehen werden: Ein Verlust von objektiver Gesundheit wird akzeptiert und es werden Strategien entwickelt, um die subjektive Gesundheit auf einem möglichst hohen Maß zu halten.

Hypothese 6: *Das Aktivitätsverhalten im menschlichen Lebenslauf lässt sich anhand von vier unterschiedlichen Profilen beschreiben. Bei diskontinuierlichen Verläufen bildet die Lebensphase Alter sowohl einen positiven als auch einen negativen Wendepunkt.*

Die quantitative Befragung hat gezeigt, dass sich das Aktivitätsverhalten der Befragten in vier unterschiedlichen Verlaufsformen darstellen lässt. Während zum einen zwei Cluster sich beschreiben lassen, in denen die Befragten sich jeweils über die gesamte Lebensphase als eher aktiv oder eher passiv beschreiben, lassen sich zum anderen zwei Verlaufsformen abbilden, die durch einen im Alter ansteigenden oder im Alter absteigenden Aktivitätsverlauf gekennzeichnet sind. Diese Ergebnisse weisen Parallelen zu den Forschungsarbeiten von FROGNER (1991) auf, der Verlaufsformen von sportlicher Aktivität untersucht hat. Hier zeigten sich mit vorwiegend aktiven, passiven und diskontinuierlichen Mustern drei Verlaufsformen, die sehr ähnliche Muster aufweisen. Ferner stellt die vorliegende Arbeit heraus, dass Personen, die im Alter ihre Aktivität erhöhen, eine signifikant bessere Lebensqualität wahrnehmen, als Personen mit passiven Aktivitätsmustern. Dass es sich durchaus lohnt, seine körperliche Aktivität auch in späteren Lebensphasen zu trainieren, zeigt sich auch in den Ergebnissen von BYBERG et al. (2009): Über einen langen Zeitraum wurden die Sterblichkeitsraten von Menschen mit unterschiedlichem Aktivitätsniveau untersucht. Unter anderem wurde festgestellt, dass Personen der Altersgruppe 50 – 60 Jahre, die ihre Aktivität zu diesem Zeitpunkt erhöhen, in den ersten fünf Jahren keine Senkung des Mortalitätsrisikos erzielen. Nach zehn Jahren sinkt die Mortalitätsrate allerdings auf das Niveau der Gruppe, die dauerhaft eine hohe Aktivität verfolgt hat. Es stellt sich die Fragen nach den Ursachen für die unterschiedlichen Aktivitätsverläufe. Bislang gibt es relativ wenige Daten, die Informationen über Ursachen und Beweggründe von Inaktivität im Alter liefern. MOSCHNY et al. (2011) können als drei Hauptgründe „gesundheitliche Probleme“, „fehlende Begleitung“ und „mangelndes Interesse“ ausmachen. Die vorliegende Forschungsarbeit kommt zu sehr ähnlichen Ergebnissen: Die Hauptgründe für Inaktivität sind in der Stichprobe ebenfalls Krankheit und Funktionseinschränkungen, Zeitmangel und fehlendes Interesse. Hierbei fallen signifikante Unterschiede im Antwortverhalten der einzelnen Aktivitätstypen auf. So gibt annähernd jeder zweite Befragte des im Alter Aktivität abbauenden Typus an, aufgrund von Funktionseinschränkungen und Krankheit, den Aktivitätsgrad einzuschränken. Es zeigt sich allerdings, dass sehr wohl auch in den aktiven Aktivitätstypen sich Personen mit einer oder mehreren Krankheiten befinden. Somit lässt sich vermuten, dass die Wahrnehmung von Krankheit und der Lebensphase Alter einen prägnanten Einfluss auf das Aktivitätsverhalten hat. Die Ergebnisse der qualitativen Befragung liefern konsistente Hinweise, dass ein positives Altersselbstbild einhergeht mit einer hohen Aktivitätsrate im Alter. Dieses Ergebnis schließt sich an bestehenden Forschungsarbeiten zum Altersselbstbild und Gesundheit an. LEVY et a. (2002) konnten nachweisen, dass ältere Menschen mit einem positiven Selbstbild signifikant länger leben als Personen mit einem negativen Altersselbstbild. Das negative Altersselbstbild ist geprägt durch Bedeutungs- und Sinnverlust, was für eine geminderte Motivation für gesundheitsrelevantes Verhalten spricht. Gleichzeitig zeigen die Untersuchungen von THIEL (1994), dass regelmäßige körperliche Aktivität bei älteren Menschen sich positiv auf das Selbstbild auswirkt.

Hypothese 7: *Die Bewertung der gesundheitlichen Eigenverantwortung ändert sich im Lebenslauf und wird durch unterschiedliche Entwicklungseinflüsse geprägt.*

Die Befundlage der qualitativen Untersuchung zeigt, dass sich die Bewertung der gesundheitlichen Eigenverantwortung in sehr vielen Fällen im Laufe des Lebens ändert. Dies kann darauf zurückgeführt werden, dass in jüngeren Lebensjahren die Wahrnehmung von Gesundheit in der Regel eher unterbewusst verläuft. Hier ergeben sich Parallelen zu den Arbeiten von FALTERMAIER (1994) zum Gesundheitsbewusstsein, in denen das subjektive Wahrnehmen von Gesundheit eine zentrale Komponente bildet. Erst mit steigendem Lebensalter, wenn gesundheitliche Einschränkungen zum Tragen kommen, erfolgt ein gesteigertes Bewusstsein für die Komponenten Gesundheit und Krankheit. In den führen Phasen des Alters stehen Aspekte wie Gesunderhaltung und Verzögerung von körperlichem Verschleiß im Mittelpunkt. Auch wenn der Gesundheitszustand in späteren Lebensphasen stark angegriffen ist, heißt das allerdings nicht, dass die jeweilige Person keine Eigenverantwortung mehr übernehmen kann. Es kommt vielmehr mit steigendem Lebensalter zu einer Akzentverschiebung weg von der Gesunderhaltung hin zur Kompensation von Einschränkungen, Akzeptanz von Hilfe und Abhängigkeit bis hin zur Auseinandersetzung mit der eigenen Endlichkeit. Das Verantwortungsobjekt fokussiert nicht mehr alleine den Faktor Gesundheit, sondern wird zu einem ganzheitlichen Lebenskonzept im Sinne von Selbstverantwortung. Ähnliche Ergebnisse beschreiben die Arbeiten von KRUSE & WAHL (2010). Gleichzeitig ergeben sich aber auch Hinweise auf lebensphasenüberdauernde konsistente Verhaltensmuster: Es zeigt sich, dass Verhaltensregeln, die im Rahmen der Erziehung vermittelt worden sind, einen Einfluss auf Verhaltensweisen ausüben, die das Attributionsverhalten von Verantwortung in späteren Lebenslagen bestimmen. Wenn beispielsweise in der Kindheit durch die Eltern vermittelt wurde, dass es nicht gut ist, fremde Hilfe anzunehmen, kann diese eingeübte Verhaltensweise bis ins hohe Alter die Verantwortungsübertragung auf andere Akteure negativ beeinflussen. Diese Ergebnisse schließen an die Forschungsarbeiten von AEBLI (1989) und MONTADA (2008) an. In Anlehnung an das Dreifaktorenmodell von BALTES (1980) lassen sich chronologische, historische und nicht-normative Entwicklungseinflüsse ausmachen, die die Entwicklung von gesundheitlicher Eigenverantwortung prägen. Vor allem die nicht-normativen Ereignisse, die unvorhergesehen eintreten und in der Regel nicht planbar sind, bilden oftmals Wendepunkte im Leben der Betroffenen. So kann der Verlust einer nahestehenden Person oder die Konfrontation mit einer schwerwiegenden Krankheit dazu führen, dass Lebenspläne überarbeitet und Einstellungen zur Gesundheit neu gedacht werden. Darüber hinaus zeigt die Befundlage, dass die Partnerschaft eine besondere Rolle für den Bereich der gesundheitsbezogenen Eigenverantwortung einnimmt. Es zeigt sich, dass eine harmonische Partnerschaft die Wahrnehmung von gesundheitlicher Eigenverantwortung positiv unterstützen und zur generellen positiven Lebensbewertung trotz vorliegender Krankheit beitragen kann. Einen ähnlich protektiven Effekt der Ehe beschreiben KUHLMEY, MOLLENKOPF & WAHL (2007). Die Kehrseite der Medaille zeigt sich, wenn die Ehe disharmonisch verläuft und als starke Belastung empfunden wird. In der Folge können soziale Rückzugstendenzen entstehen, verbunden mit Inaktivität, so dass die Übernahme von gesundheitlicher Eigenverantwortung zurückgedrängt wird. Die negativen Effekte wurde von BIRMINGHAM et al. (2015) und LIU & WAITE (2015) unter dem Phänomen „bad marriage" beschrieben. Gleichzeitig zeigen die Ergebnisse der vorliegenden Studie, dass die Trennung vom Partner als Wendepunkt genutzt werden kann, gesundheitliche Eigenverantwortung verstärkt zu übernehmen. Abschließend zeigt sich, dass sich bei der Analyse auf der Basis des Dreifaktorenmodells Parallelen zu soziologischen Konzepten im Rahmen der Lebens(ver)laufsforschung ergeben. CLEMENS (2010), KOHLI (1985), MAYER (1990) und SACKMANN (2013) weisen in diesem Zusammenhang auf den gesellschaftlich geprägten Wandel der Lebensläufe und den damit verbundenen Strukturwandel des Alters hin. So müssen bei der Überprüfung der Hypothese mögliche Kohorteneffekte berücksichtigt und getestet werden, was zur Generierung neuer Hypothesen führt: Das gemeinsame Erleben der Notsituation im Krieg kann beispielsweise zu einem verstärkten Solidargefühl geführt haben, welches in heutigen durch Individualisierung geprägten Generation eventuell nicht mehr so ausgeprägt ist.

Hypothese 8: *Die Wahrnehmung der Lebensphase Alter hat einen zentralen Stellenwert für die Umsetzung von gesundheitlicher Eigenverantwortung.*

Die Hypothese lässt sich sowohl mit den quantitativen als auch mit den qualitativen Ergebnissen begründen. Die quantitativen Ergebnisse verdeutlichen, dass die Ausübung eines aktiven Lebensstils und Fokussierung auf gesundheitsrelevante Verhaltensweisen einhergeht mit einer hohen subjektiven Lebensqualität. Im Rahmen der Berechnung der Aktivitätstypen konnte ein Profil identifiziert werden, das durch einen Aktivitätsgewinn in der Altersphase gekennzeichnet ist. Die Analyse der biografischen Erzählung im Rahmen der qualitativen Befragung liefert Anhaltspunkte, welche Aspekte ein solches Aktivitätsprofil beeinflussen können. So können Brüche in der Erwerbsbiografie dazu führen, dass Zukunftsängste im Hinblick auf die finanzielle Situation entstehen und die drohende Gefahr der Altersarmut die Einschätzung der Lebenssituation negativ beeinflusst. Gleichzeitig zeigen die Ergebnisse aus den Interviews, dass Brüche im Lebenslauf, Konfrontationen mit Grenzsituationen und starke Belastungserfahrungen zur Stärkung protektiver Faktoren führen können. Hier ergeben sich Parallelen zu den Arbeiten von STAUDINGER & GREVE (2007) auf dem Gebiet der Resilienzforschung. Wie solche Situationen wahrgenommen werden hängt von mehreren Faktoren ab: Zum einen spielen Persönlichkeitseigenschaften wie Selbstwirksamkeitserwartung und Offenheit eine wichtige Rolle, zum anderen wirken sich Aspekte der sozialen Teilhabe und der Integration in soziale Netzwerke positiv auf die Bildung adäquater Kompensationsstrategien aus. Diese Ergebnisse finden sich ebenfalls in aktuellen Studien von FREUND & STAUDINGER (2015) und BENNETT & WINDLE (2015) wieder. Somit kann Gesundheit im Sinne von ERHART, HURRELMANN & RAVENS-SIEBERER (2008) als Ausmaß des produktiven Umgangs mit lebensgeschichtlich spezifischen Bewältigungsanforderungen gesehen und interpretiert werden. Demzufolge entstehen über den Lebenslauf betrachtet lebensphasenspezifische Aufgaben und Anforderungen. Eine dieser Bewältigungsanforderungen ist in der Akzeptanz des Alterns und den damit einhergehenden Funktionsverlusten zu sehen. Die Ergebnisse der qualitativen Untersuchung zeigen, dass vor diesem Hintergrund zum einen das selbst wahrgenommene Erleben der Altersphase eine wichtige Rolle spielt, zum anderen gesellschaftlich geprägte Vorstellungen vom Alter die eigene Wahrnehmung beeinflussen. Es ergeben sich Parallelen zu den Forschungsarbeiten zum Verhältnis von Alter und Gesellschaft (Backes 2005, 2013). Es zeigt sich, dass das positive Wahrnehmen der Phase Alter durch hinzugewonnene Freiheiten und wegfallenden Leistungsdruck gekennzeichnet ist, und dazu führen kann, eine häufig schon in frühen Lebensjahren verfestigte Sicht über das Alter zu korrigieren. GÖCKENJAN (2000) zeigt in diesem Zusammenhang, dass zum einen Altersbilder einen zeitlichen Bezug haben und zum anderen differenziert auftreten können. Damit einher geht das Erleben einer subjektiv hohen Lebensqualität, selbst wenn gesundheitliche Funktionseinschränkungen den objektiven Gesundheitszustand merklich beeinflussen. Um dieses positive Lebensgefühl möglichst lange aufrechtzuerhalten, werden präventive Maßnahmen umgesetzt. Im Sinne der Eigenverantwortung wird dieser Prozess nicht nur durch individuelle selbstbezogene Motive gesteuert, vielmehr spielen durch den Solidargedanke getragene Motive eine Rolle. Gleichzeitig zeigt sich allerdings, dass eine positive Sichtweise auf das Alter geknüpft ist an sichere Rahmenbedingungen. Unsichere, meist finanzielle und gesundheitliche Lebensbedingungen, können zur Entstehung und Festigung von ambivalenten und negativ geprägten Altersbildern führen. Diese Ergebnisse decken sich mit den Forschungsarbeiten von PELZÄUS-HOFFMEISTER (2015). Die Interviews haben gezeigt, dass eine solche negative Sichtweise dazu führen kann, dass die Umsetzung von gesundheitlicher Eigenverantwortung nur eingeschränkt ausgeführt wird.

Auf der Basis der vorgestellten acht Hypothesen und den Ergebnissen der vorliegenden Studie werden im anschließenden Abschnitt der Arbeit Schlussfolgerungen für Wissenschaft und Praxis gezogen.

10.4 Schlussfolgerungen für Wissenschaft und Praxis

Bereits in der Einleitung wurde auf die beiden gesellschaftlichen Trends des demografischen Wandels und der Digitalisierung und die damit verbundenen Chancen und Herausforderungen hingewiesen.

Es wurde betont, dass mit wachsendem finanziellem Druck auf das Gesundheitssystem, der Begriff Eigenverantwortung in gesellschaftlichen und politischen Debatten sehr hoch im Kurs steht. Unter Hinzuziehung der Befunde der vorliegenden Studie zeigt sich eine Diskrepanz in der öffentlichen Wahrnehmung der Begrifflichkeit: In gesundheitspolitischen Debatten wird Eigenverantwortung meist unter den Aspekten der Kostenbeteiligung an Gesundheitsdienstleistungen und der Förderung des gesundheitsrelevanten Verhaltens diskutiert. Die empirische Auseinandersetzung mit dem Konstrukt hat allerdings gezeigt, dass eine Reduzierung von Eigenverantwortung nur auf diese Bereiche dem multidimensionalen Konstrukt nicht gerecht wird. Aspekte der Solidarität und Produktivitätsformen außerhalb des Manuellen, die vor allem für Hochaltrige und pflegebedürftige Personen von besonderer Bedeutung sind, werden bei einer solchen eindimensionalen Betrachtungsweise nicht berücksichtigt. Vor dem Hintergrund der wachsenden Anzahl von Hochaltrigen, scheint es daher sinnvoll, gesundheitsrelevantes Verhalten und Eigenverantwortung nicht synonym zu verwenden. Eine solche Reduzierung lässt den Eindruck entstehen, dass mit schwindenden Möglichkeiten der aktiven Ausübung von gesundheitlichem Verhalten auch die eigenständige Übernahme von Verantwortung nicht mehr möglich ist. Gleichzeitig zeigt sich, dass das Zusammenwirken von individuellen und gesellschaftlichen Altersbildern und dessen Einfluss auf den Gesundheitszustand von älteren Menschen erkennen lassen, dass es nicht sinnvoll ist, die oftmals noch vorherrschenden negativen Altersstereotypen schlichtweg durch positive Bilder des Alters zu ersetzen. Vielmehr müssen realistische Altersbilder entstehen, die der Heterogenität des Alters entsprechen und sowohl die positiven Ressourcen des Alters als auch Einschränkungen und Verluste thematisieren. Hier bietet die mehrdimensionale Betrachtung der Eigenverantwortung gute Anknüpfungspunkte und Entwicklungsperspektiven.

Damit einher geht zudem die Rolle des Staates in der Debatte um Eigenverantwortung. Eine oben beschriebene Reduzierung auf gesundheitsrelevantes Verhalten hinterlässt den Eindruck, dass der prospektive Aspekt der Eigenverantwortung ausschließlich auf den Bereich der Verhaltensprävention fokussiert. Die ganzheitliche mehrdimensionale Betrachtung zeigt allerdings, dass Eigenverantwortung sehr wohl zentrale Komponenten der Verhältnisprävention miteinschließt. Auch im Hinblick auf wachsende soziale Ungleichheiten und der damit verbundenen Zunahme von vulnerablen Gruppen, ist es die Aufgabe des Staates, im Sinne der Daseinsfürsorge für Verhältnisse zu sorgen, in denen das Individuum seine Eigenverantwortung für Gesundheit umsetzen kann. Hierbei sollte die in der vorliegenden Arbeit identifizierte Tatsache, dass sozial schwächere Gruppen ebenfalls ein hohes Maß an Eigenverantwortung für ihre Gesundheit verspüren, diese aber nicht in die Tat umsetzen, nicht als Defizit gesehen werden, sondern vielmehr als Potenzial, das genutzt werden kann, um gesundheitliche Ungleichheiten abzubauen. Vor allem der Auf- und Ausbau von Angeboten, die dazu beitragen, die Gesundheitskompetenz zu erhöhen, kann als wichtiger Beitrag identifiziert werden, der von staatlicher Seite geleistet werden muss. Vor dem Hintergrund, dass Entwicklung zu jedem Zeitpunkt des Lebens möglich ist, sollten sich diese Angebote nicht nur auf die Kindheit und Jugend konzentrieren. Unter dem Aspekt des lebenslangen Lernens müssen vielmehr altersspezifische Angebote entwickelt werden, die auf die Wünsche und Bedürfnisse der älteren Menschen eingehen und diese berücksichtigen.

Des Weiteren ergibt sich durch den demografischen Wandel, dass mit wachsendem Anstieg der Anzahl der Hochaltrigen ein Anstieg von dementiell erkrankten Personen einhergeht. Aus diesem Befund ergeben sich Konsequenzen in der Diskussion um mögliche Grenzen im Bereich der gesundheitlichen Eigenverantwortung. Das Problem der Entscheidungsautonomie wurde im theoretischen Teil der Arbeit diskutiert. Mit fortschreitender Demenz ist davon auszugehen, dass die kognitiven Fähigkeiten so stark reduziert werden, dass die Entscheidungsautonomie stark reduziert bis nicht mehr vorhanden sein kann. Diese Aspekte und die damit verbundenen juristischen und ethischen Konsequenzen müssen in die zukünftige Diskussion um gesundheitliche Eigenverantwortung vermehrt Einzug erhalten.

Vor dem Hintergrund der zunehmenden Digitalisierung zeigen sich Chancen und Herausforderungen für den Bereich der gesundheitlichen Eigenverantwortung. Die Digitalisierung hat längst in weite Teile des Gesundheitssektors Einzug erhalten. Digitale Kommunikations- und Informationsformen, das eigenständige Sammeln von gesundheitsbezogenen Daten verbunden mit der Übermittlung an den Arzt oder die digitale Unterstützung im Rahmen von Medikamenteneinnahmen bieten neue Möglichkeiten, die Arzt-Patientenbeziehung zu stärken. Dies gilt vor allem für den Verantwortungstypus, der Verantwortung für seine Gesundheit auf seine behandelnden Ärzte überträgt. Es setzt allerdings voraus, dass sich sowohl Arzt und Patient auf diese Technologien einlassen. Unklare Abrechnungsmodalitäten, rechtliche Grauzonen oder das Fehlen der notwendigen technischen Infrastruktur sind Barrieren, die den Entwicklungsprozess auf ärztlicher Seite hemmen. Vor allem mit Blick auf die Zielgruppe der älteren Menschen zeigt sich, dass zum jetzigen Zeitpunkt das Nutzungsverhalten digitaler Technologien sehr durch Ungleichheitskriterien wie Alter, Bildung, Einkommen, Haushaltsstruktur und Geschlecht bestimmt ist. Somit besteht die Gefahr, dass durch den vermehrten Einsatz von digitaler Technik im Behandlungsprozess gesundheitliche Ungleichheiten gefördert werden können, wenn keine Maßnahmen entwickelt werden, die digitale Nutzungskluft abzubauen.

Die Studie hat weiter gezeigt, dass sich Übernahme von Eigenverantwortung und gleichzeitige Übertragung von Verantwortung an andere Akteure nicht gegenseitig ausschließen. Die positive subjektive Beurteilung der Lebensqualität der unterschiedlichen Verantwortungstypen, die im Rahmen der quantitativen Untersuchung identifiziert werden konnten, zeigt vielmehr, dass eine Übertragung der Verantwortung nicht mit einem Verlust von Eigenverantwortung einhergeht und als Prozess des gelingenden Alterns angesehen werden kann. Die erfolgreiche Übertragung an professionelle Akteure aus dem Gesundheitsbereich ist allerdings an bestimmte Bedingungen geknüpft. Hierzu zählt vor allem ein vertrauensvolles Verhältnis zwischen Arzt und Patient, in dem der Hausarzt eine Schlüsselfunktion einnimmt. Unter Hinzuziehung der Befunde der qualitativen Befragung kann festgehalten werden, dass die Arzt-Patienten-Beziehung hinsichtlich gelungener Patientenkommunikation in vielfacher Hinsicht ausbaufähig ist. Das fehlende Vertrauen zu behandelnden Ärzten, das in der Regel aus schlechten Erfahrungen und widersprüchlichen Informationen im Rahmen der medizinischen Behandlung resultiert, wird von mehreren Befragten als Barriere genannt, Verantwortung an medizinisches Fachpersonal abzugeben. Diese Vertrauensbasis ist allerdings zwingend erforderlich, damit das auf Kooperation beruhende Attributionsmuster des zweiten Verantwortungstypus erfolgreich umgesetzt werden kann. Somit bieten die Ergebnisse der Studie konsistente Hinweise, dass eine stärkere Integration von Lerninhalten, die sich mit dem Bereich der Patientenkommunikation befassen, in der medizinischen Ausbildung dringend anzuraten ist.

Abschließend kann in der Gesamtschau der Betrachtung der Ergebnisse explizit betont werden, dass Eigenverantwortung als Priorisierungskriterium wenig sinnvoll erscheint. Die Ergebnisse der vorliegenden Arbeit liefern Hinweise, dass eine solche Vorgehensweise mehrheitlich von der Bevölkerung abgelehnt wird. Zudem ist aufgrund der Multidimensionalität und der damit verbundenen Schwierigkeiten, Eigenverantwortung trennscharf zu operationalisieren, eine Messbarkeit im Sinne von Evidenzbasierung –zumindest zum jetzigen Zeitpunkt– nicht möglich.

11 Literaturverzeichnis

Aebli, H., 1989: Verantwortung und Handlung. S. 191–202 in: E.-J. Lampe (Hrsg.), Verantwortlichkeit und Recht. Opladen: Westdeutscher Verlag.

Ajzen, I., 2002: Perceived Behavioral Control, Self-Efficacy, Locus of Control, and the Theory of Planned Behavior1. Journal of Applied Social Psychology 32: 665–683.

Akremi, L., 2014: Stichprobenziehung in der qualitativen Sozialforschung. S. 265–282 in: N. Baur & J. Blasius (Hrsg.), Handbuch Methoden der empirischen Sozialforschung. Wiesbaden: Springer.

Alber, K. & B. Bayerl, 2013: Das Kriterium Eigenverantwortung in der Allokationsdebatte – Wie frei sind wir in Bezug auf unser Gesundheitsverhalten wirklich? S. 205–213 in: B. Schmitz-Luhn & A. Bohmeier (Hrsg.), Priorisierung in der Medizin. Berlin, Heidelberg: Springer.

Amaducci, L., S. Maggi, J. Langlois, N. Minicuci, M. Baldereschi, A. Di Carlo & F. Grigoletto, 1998: Education and the Risk of Physical Disability and Mortality Among Men and Women Aged 65 to 84: The Italian Longitudinal Study on Aging. The Journals of Gerontology Series A: Biological Sciences and Medical Sciences 53A: M484-M490.

Asendorpf, J., 2011: Persönlichkeitspsychologie - für Bachelor. Mit 40 Abb. und 46 Tabellen. Heidelberg: Springer.

Asendorpf, J.B. & F.J. Neyer, 2012: Psychologie der Persönlichkeit. Berlin, Heidelberg: Springer.

Auhagen, A.E., 1999: Die Realität der Verantwortung. Göttingen: Hogrefe.

Auhagen, A.E., 2001: Responsibility in evewryday life. S. 61–77 in: A.E. Auhagen & H.W. Bierhoff (Hrsg.), Responsibility. The many faces of a social phenomenon. London, New York: Routledge.

Aust, J., S. Bothfeld & S. Leiber, 2006: Eigenverantwortung - Eine sozialpolitische Illusion? WSI Mitteilungen: 186–193.

Backes, G.M., 2005: Soziologie des Alters. S. 346–365 in: V. Schumpelick & B. Vogel (Hrsg.), Alter als Last und Chance. Beiträge des Symposiums vom 30. September bis 3. Oktober 2004 in Cadenabbia. Freiburg: Herder.

P. Enste, *Gesundheitliche Eigenverantwortung im Kontext der Lebensspanne*,
https://doi.org/10.1007/978-3-658-23082-1

Backes, G.M., 2013: Grundlagen der soziologischen Lebenslaufforschung. S. 39–50 in: A. Kruse & H.-W. Wahl (Hrsg.), Lebensläufe im Wandel. Sichtweisen verschiedener Disziplinen. Stuttgart: Kohlhammer.

Backhaus, K., B. Erichson, W. Plinke & R. Weiber, 2016: Multivariate Analysemethoden. Eine anwendungsorientierte Einführung. Berlin: Springer.

Baltes, M.M., 1996: Produktives Lebens im Alter: Die vielen Gesichter des Alters - Resumee und Perspektiven für die Zukunft. S. 393–408 in: M.M. Baltes & L. Montada (Hrsg.), Produktives Leben im Alter. Frankfurt am Main, New York: Campus.

Baltes, P.B., 1990: Entwicklungspsychologie der Lebensspanne: Theoretische Leitsätze. Psychologische Rundschau: 1–24.

Baltes, P.B., 1997: Die unvollendete Architektur der menschlichen Ontogenese: Implikationen für die Zukunft des vierten Lebensalters. Psychologische Rundschau 48: 191–210.

Baltes, P.B. & M.M. Baltes, 1990: Psychological perspectives on successful aging: The model of selective optimization with compensation. S. 1–34 in: P.B. Baltes & M.M. Baltes (Hrsg.), Successful aging. Cambridge: Cambridge University Press.

Baltes, P.B., H.W. Reese & L.P. Lipsitt, 1980: Life-Span Developmental Psychology. Annual review of psychology: 65–110.

Bandura, A., 1977: Self-efficacy: Toward a Unifying Theory of Behavioral Change. Psychological Review 84: 191–215.

Bandura, A., 1997: Self-efficacy. The exercise of control. New York: W.H. Freeman.

Bandura, A., 2001: Social cognitive theory: an agentic perspective. Annual review of psychology 52: 1–26.

Bandura, A., 2004: Health promotion by social cognitive means. Health education & behavior : the official publication of the Society for Public Health Education 31: 143–164.

Banzhaf, G. (Hrsg.), 2002: Philosophie der Verantwortung. Entwürfe, Entwicklungen, Perspektiven. Heidelberg: Winter.

Baur, N., 2011: Das Ordinalskalenproblem. S. 211–222 in: L. Akremi, N. Baur & S. Fromm (Hrsg.), Datenanalyse mit SPSS für Fortgeschrittene 1. Datenaufbereitung und uni- und bivariate Statistik. Wiesbaden: VS Verlag für Sozialwissenschaften.

Baur, N., 2012: Mittelwertvergleiche und Varianzanalysen. S. 12–52 in: S. Fromm (Hrsg.), Datenanalyse mit SPSS für Fortgeschrittene. Multivariate Verfahren für Querschnittsdaten. Wiesbaden: VS Verlag für Sozialwissenschaften.

Baur, N., U. Kelle & U. Kuckartz, 2017: Mixed Methods – Stand der Debatte und aktuelle Problemlagen. KZfSS Kölner Zeitschrift für Soziologie und Sozialpsychologie 69: 1–37.

Becker, S. & S. Schneider, 2005: Analysen zur Sportbeteiligung auf der Basis des repräsentativen Bundes-Gesundheitssurveys. Ausmaß und Korrelate sportlicher Betätigung bei bundesdeutschen Erwerbstätigen. Sport und Gesellschaft: 173–204.

Bennett, K.M. & G. Windle, 2015: The importance of not only individual, but also community and society factors in resilience in later life. The Behavioral and brain sciences 38: e94.

Benyamini, Y., 2011: Why does self-rated health predict mortality? An update on current knowledge and a research agenda for psychologists. Psychology & health 26: 1407–1413.

Bertelsmann Stiftung (Hrsg.), 2004: Eigenverantwortung. Ein gesundheitspolitisches Experiment. Gütersloh: Verlag Bertelsmann-Stiftung.

Beyer, A.-K., S. Wurm & J.K. Wolff, 2017: Älter werden - Gewinn oder Verlust? Individuelle Altersbilder und Altersdiskriminierung. S. 329–343 in: K. Mahne, J.K. Wolff, J. Simonson & C. Tesch-Römer (Hrsg.), Altern im Wandel. Zwei Jahrzehnte Deutscher Alterssurvey (DEAS). Wiesbaden: Springer.

Bierhoff, H.W., 1995: Verantwortungsbereitschaft, Verantwortungsabwehr und Verantwortungszuschreibung. Sozialpsychologische Perspektive. S. 217–240 in: K. Bayertz (Hrsg.), Verantwortung. Prinzip oder Problem? Darmstadt: Wissenschaftliche Buchgesellschaft.

Bierhoff, H.-W., 2003: Eigenverantwortung als Merkmal der Persönlichkeit. S. 47–60 in: S. Koch, J. Kaschube & R. Fisch (Hrsg.), Eigenverantwortung für Organisationen. Göttingen: Hogrefe.

Bierhoff, H.-W., 2006: Sozialpsychologie. Ein Lehrbuch. Stuttgart: Kohlhammer.

Bierhoff, H.-W., J. Wegge, T. Bipp, U. Kleinbeck, C. Attig-Grabosch & S. Schulz, 2005: Entwicklung eines Fragebogens zur Messung von Eigenverantwortung oder: "Es gibt nichts Gutes, außer man tut es". Zeitschrift für Personalpsychologie 4: 4–18.

Birmingham, W.C., B.N. Uchino, T.W. Smith, K.C. Light & J. Butner, 2015: It's Complicated: Marital Ambivalence on Ambulatory Blood Pressure and Daily Interpersonal Functioning. Annals of behavioral medicine : a publication of the Society of Behavioral Medicine 49: 743–753.

Birnbacher, D., 1995: Grenzen der Verantwortung. S. 143–183 in: K. Bayertz (Hrsg.), Verantwortung. Prinzip oder Problem? Darmstadt: Wissenschaftliche Buchgesellschaft.

Birnbacher, D., 2001: Philosophical foundations of responsibility. S. 9–22 in: A.E. Auhagen & H.W. Bierhoff (Hrsg.), Responsibility. The many faces of a social phenomenon. London, New York: Routledge.

Birnbacher, D., 2003: Verantwortung für zukünftige Generationen - Reichweite und Grenzen. S. 81–104 in: J. Tremmel (Hrsg.), Handbuch Generationengerechtigkeit. München: Ökom Verlag.

Blasius, J. & N. Baur, 2014: Multivariate Datenanalyse. S. 997–1016 in: N. Baur & J. Blasius (Hrsg.), Handbuch Methoden der empirischen Sozialforschung. Wiesbaden: Springer.

Böger, A., M. Wetzel & O. Huxhold, 2017: Allein unter vielen oder zusammen ausgeschlossen: Einsamkeit und wahrgenommene Exklusion in der zweiten Lebenshälfte. S. 273–285 in: K. Mahne, J.K. Wolff, J. Simonson & C. Tesch-Römer (Hrsg.), Altern im Wandel. Zwei Jahrzehnte Deutscher Alterssurvey (DEAS). Wiesbaden: Springer.

Bortz, J., 1999: Statistik. Für Sozialwissenschaftler. Berlin: Springer.

Bortz, J. & N. Döring, 2016: Forschungsmethoden und Evaluation. Für Human- und Sozialwissenschaftler. Heidelberg: Springer.

Bortz, J. & C. Schuster, 2010: Statistik für Human- und Sozialwissenschaftler. Mit ... 163 Tabellen. Berlin: Springer.

Brach, M., F. Nieder, U. Nieder & H. Mechling, 2009: Implementation of preventive strength training in residential geriatric care: a multi-centre study protocol with one year of interventions on multiple levels. BMC geriatrics 9: 51.

Brähler, E., H. Mühlan, C. Albani & S. Schmidt, 2007: Teststatistische Prüfung und Normierung der deutschen Versionen des EUROHIS-QOL Lebensqualität-Index und des WHO-5 Wohlbefindens-Index. Diagnostica 53: 83–96.

Brand, R. & W. Schlicht, 2009: Körperliche Aktivität. S. 196–203 in: J. Bengel & M. Jerusalem (Hrsg.), Handbuch der Gesundheitspsychologie und Medizinischen Psychologie. Göttingen: Hogrefe.

Brandtstädter, J., 2007: Entwicklungspsychologie der Lebensspanne: Leitvorstellungen und paradigmatische Orientierungen. S. 34–66 in: J. Brandtstädter & U. Lindenberger (Hrsg.), Entwicklungspsychologie der Lebensspanne. Ein Lehrbuch. Stuttgart: Kohlhammer.

Brandtstädter, J. & U. Lindenberger (Hrsg.), 2007: Entwicklungspsychologie der Lebensspanne. Ein Lehrbuch. Stuttgart: Kohlhammer.

Breuer, C. & P. Wicker, 2007: Körperliche Aktivität über die Lebensspanne. S. 89–107 in: R. Fuchs, W. Göhner & H. Seelig (Hrsg.), Aufbau eines körperlich-aktiven Lebensstils. Theorie, Empirie und Praxis. Göttingen: Hogrefe.

Brinkmann, H. & M. Schnee, 2003: Eigenverantwortung im Gesundheitswesen. S. 85–98 in: B. Braun, J. Böcken & M. Schnee (Hrsg.), Gesundheitsmonitor 2003. Die ambulante Versorgung aus Sicht von Bevölkerung und Ärzteschaft. Gütersloh: Verlag Bertelsmann Stiftung.

Brunstein, J.C., G.W. Maier & a. Dargel, 2007: Persönliche Ziele und Lebenspläne: ubjektives Wohlbefinden und proaktive Entwicklung im Lebenslauf. S. 270–304 in: J. Brandtstädter & U. Lindenberger (Hrsg.), Entwicklungspsychologie der Lebensspanne. Ein Lehrbuch. Stuttgart: Kohlhammer.

Bundesärztekammer, 2008: Gesundheitspolitische Leitsätze der Ärzteschaft. Ulmer Papier. Köln.

Bundesministerium für Arbeit und Soziales, 2008: 3. Armuts- und Reichtumsbericht der Bundesregierung. Berlin.

Bundesministerium für Arbeit und Soziales, 2017: 5. Armuts- und Reichtumsbericht der Bundesregierung. Berlin.

Buyx, A., 2005: Eigenverantwortung als Verteilungskriterium im Gesundheitswesen. Ethik in der Medizin 17: 269–283.

Byberg, L., H. Melhus, R. Gedeborg, J. Sundström, A. Ahlbom, B. Zethelius, L.G. Berglund, A. Wolk & K. Michaëlsson, 2009: Total mortality after changes in leisure time physical activity in 50 year old men: 35 year follow-up of population based cohort. BMJ (Clinical research ed.) 338: b688.

Cappelen, A.W. & O.F. Norheim, 2005: Responsibility in health care: a liberal egalitarian approach. Journal of medical ethics 31: 476–480.

Clemens, W., 2008: Zur „ungleichheitsempirischen Selbstvergessenheit" der deutschsprachigen Alter(n)ssoziologie. S. 17–30 in: H. Künemund & K.R. Schroeter (Hrsg.), Soziale Ungleichheiten und kulturelle Unterschiede in Lebenslauf und Alter. Fakten, Prognosen und Visionen. Wiesbaden: VS Verlag für Sozialwissenschaften.

Clemens, W., 2010: Lebensläufe im Wandel - Gesellschaftliche und sozialpolitische Perspektiven. S. 86–109 in: G. Naegele (Hrsg.), Soziale Lebenslaufpolitik. Wiesbaden: VS Verlag für Sozialwissenschaften.

Costa, P.T., J.H. Herbst, R.R. McCrae & I.C. Siegler, 2000: Personality at Midlife: Stability, Intrinsic Maturation, and Response to Life Events. Assessment 7: 365–378.

Coyne, I.T., 1997: Sampling in qualitative research. Purposeful and theoretical sampling; merging or clear boundaries? Journal of advanced nursing 26: 623–630.

Creswell, J.W., 2014: Research design. Qualitative, quantitative, and mixed methods approaches. Thousand Oaks: SAGE Publications.

Creswell, J.W. & V.L. Plano Clark, 2007: Designing and conducting mixed methods research. Thousand Oaks: SAGE Publications.

Diederich, A. & M. Schreier, 2010: Zur Akzeptanz von Eigenverantwortung als Posteriorisierungskriterium. Eine empirische Untersuchung. Bundesgesundheitsblatt, Gesundheitsforschung, Gesundheitsschutz 53: 896–902.

Dinkel, R.H., 2008: Was ist demographische Alterung? Der Beitrag der Veränderung der demographischen Parameter zur demografischen Alterung in den alten Bundesländern seit 1950. S. 97–118 in: U.M. Staudinger & H. Häfner (Hrsg.), Was ist Alter(n)? Neue Antworten auf eine scheinbar einfache Frage. Berlin: Springer.

Dlugosch, G.E., 1994: Modelle in der Gesundheitspsychologie in: P. Schwenkmezger & L.R. Schmidt (Hrsg.), Lehrbuch der Gesundheitspsychologie. Stuttgart: Ferdinand Enke Verlag.

Dörries, A. & D. Arnold, 2013: Kurzzeitiger Spaß? Langfristige Zufriedenheit! Eigenverantwortung und Solidarität am Beispiel von Übergewicht. S. 197–203 in: B. Schmitz-Luhn & A. Bohmeier (Hrsg.), Priorisierung in der Medizin. Berlin, Heidelberg: Springer.

Dreher, E. & M. Dreher, 1999: Konzepte von Krankheit und Gesundheit in Kindheit, Jugend und Alter. S. 623–653 in: R. Oerter, C. von Hagen, G. Röper & G. Noam (Hrsg.), Klinische Entwicklungspsychologie. Ein Lehrbuch. Weinheim: Beltz.

Dresing, T. & T. Pehl, 2010: Transkription. S. 723–733 in: G. Mey & K. Mruck (Hrsg.), Handbuch Qualitative Forschung in der Psychologie. Wiesbaden: VS Verlag für Sozialwissenschaften.

Dunn, J., 1988: The beginnings of social understanding. Oxford: Basil Blackwell.

Dzewaltowski, D.W., J.M. Noble & J.M. Shaw, 1990: Physical Social cognitive theory versus the theory versus the theories of reasoned action and planned behaviour. Journal of Sport & Excercise: 388–405.

Engstler, H. & D. Klaus, 2017: Auslaufmodel "traditionelle Ehe"? Wandel der Lebensformen un deren Arbeitsteilung von Paaren inder zweiten Lebenshälfte. S. 201–213 in: K. Mahne, J.K. Wolff, J. Simonson & C. Tesch-Römer (Hrsg.), Altern im Wandel. Zwei Jahrzehnte Deutscher Alterssurvey (DEAS). Wiesbaden: Springer.

Enste, P., 2011a: Einkommensentwicklung und Konsumverhalten älterer Menschen in Deutschland. S. 13–21 in: R. Fretschner, J. Hilbert & B. Maelicke (Hrsg.), Jahrbuch Seniorenwirtschaft 2011. Baden-Baden: Nomos.

Enste, P., 2011b: Zwischen Ausgewogenheit und Verweigerung: Präventionsverhalten im mittleren Lebensalter. Forschung Aktuell 07/2011. Gelsenkirchen.

Erhart, M., K. Hurrelmann & U. Ravens-Sieberer, 2008: Sozialisation und Gesundheit. 442-432 in: K. Hurrelmann, M. Grundmann & S. Walper (Hrsg.), Handbuch Sozialisationsforschung. Weinheim: Beltz.

Faller, H. & H. Lang, 2010: Medizinische Psychologie und Soziologie. Berlin: Springer.

Faltermaier, T., 1994: Gesundheitsbewußtsein und Gesundheitshandeln. Weinheim: Beltz.

Faltermaier, T., 2002: Entwicklungspsychologie des Erwachsenenalters. Stuttgart, Berlin, Köln: Kohlhammer.

Faltermaier, T., 2009: Gesundheit: körperliche, psychische und soziale Dimension. S. 46–57 in: J. Bengel & M. Jerusalem (Hrsg.), Handbuch der Gesundheitspsychologie und Medizinischen Psychologie. Göttingen: Hogrefe.

Filipp, S.-H., 2007: Kritische Lebensereignisse. S. 337–366 in: J. Brandtstädter & U. Lindenberger (Hrsg.), Entwicklungspsychologie der Lebensspanne. Ein Lehrbuch. Stuttgart: Kohlhammer.

Flick, U., 2016: Qualitative Sozialforschung. Eine Einführung. Reinbek bei Hamburg: rowohlts enzyklopädie im Rowohlt Taschenbuch Verlag.

Franzen, A., 2014: Antwortskalen in standardisierten Befragungen. S. 701–709 in: N. Baur & J. Blasius (Hrsg.), Handbuch Methoden der empirischen Sozialforschung. Wiesbaden: Springer.

Freund, A.M., 2007a: Selektion, Optimierung und Kompensation im Kontext persönlicher Ziele: Das SOK-Modell. S. 367–388 in: J. Brandtstädter & U. Lindenberger (Hrsg.), Entwicklungspsychologie der Lebensspanne. Ein Lehrbuch. Stuttgart: Kohlhammer.

Freund, A.M., 2007b: Strategien der Lebensbewältigung im Alter. S. 602–611 in: M. Hasselhorn & W. Schneider (Hrsg.), Handbuch der Entwicklungspsychologie. Göttingen: Hogrefe.

Freund, A.M. & P.B. Baltes, 2005: Entwicklungsaufgaben als Organisationsstrukturen von Entwicklung und Entwicklungsoptimierung. S. 35–78 in: S.-H. Filipp & U.M. Staudinger (Hrsg.), Entwicklungspsychologie des mittleren und höhreren Erwachsenenalters. Enzyklopädie der Psychologie. Göttingen: Hogrefe.

Freund, A.M. & U.M. Staudinger, 2015: The value of "negative" appraisals for resilience. Is positive (re)appraisal always good and negative always bad? The Behavioral and brain sciences 38: e101.

Friedrichs, J., 1990: Methoden empirischer Sozialforschung. Wiesbaden: VS Verlag für Sozialwissenschaften.

Fries, J.F., 1980: Aging, natural death, and the compression of morbidity. The New England journal of medicine 303: 130–135.

Fries, J.F., B. Bruce & E. Chakravarty, 2011: Compression of morbidity 1980-2011: a focused review of paradigms and progress. Journal of aging research 2011: 261702.

Frogner, E., 1991: Sport im Lebenslauf. Eine Verhaltensanalyse zum Breiten- und Freizeitsport. Stuttgart: Ferdinand Enke Verlag.

Fuchs, C., 2010: Demografischer Wandel und Notwendigkeit der Priorisierung im Gesundheitswesen: Positionsbestimmung der Ärzteschaft. Bundesgesundheitsblatt, Gesundheitsforschung, Gesundheitsschutz 53: 435–440.

Fuchs, C., E. Nagel & H. Raspe, 2009: Rationalisierung, Rationierung und Priorisierung - was ist gemeint? Deutsches Ärzteblatt 106: 554–557.

Generali Deutschland AG (Hrsg.), 2012: Generali Altersstudie 2013: Wie ältere Menschen leben, denken und sich engagieren. Frankfurt am Main: Fischer Taschenbuch Verlag.

Generali Deutschland AG (Hrsg.), 2017: Generali Altersstudie 2017: Wie ältere Menschen in Deutschland denken und leben. Berlin: Springer.

Gilleard, C. & P. Higgs, 2008: The Third Age and the Baby Boomers. Two Approaches to the Social Structuring of Later Life. International Journal of Ageing and Later Life 2: 13–30.

Göckenjan, G., 2000: Altersbilder und die Regulierung der Generationenbeziehungen. Einige systematische Überlegungen. S. 93–108 in J. Ehmer & P. Gutschmer (Hrsg.): Das Alte im Spiel der Generationen. Historische und sozialwissenschaftliche Beiträge. Wien: Böhlau Verlag

Goodnow, J.J. & P.M. Warton, 1992: Understanding responsibility: Adolescents' views of delegation and follow-through within the family. Social Development 1: 89–106.

Göritz, A.S. & K. Moser, 2000: Repräsentativität im Online Panel. Journal für Marketing (der markt) 39: 156–162.

Greif-Higer, G., 2015: Alkoholabstinenz vor Lebertransplantation - Pro. Deutsches Ärzteblatt 112: A2078.

Häder, M., 2015: Empirische Sozialforschung. Eine Einführung. Wiesbaden: VS Verlag für Sozialwissenschaften.

Hafen, M., 2013: Ethik in Prävention und Gesundheitsförderung. Prävention und Gesundheitsförderung 8: 284–288.

Hansens, A., 2010: Gesundheit und Biographie - eine Gratwanderung zwischen Selbstoptimierung und Selbstsorge als gesellschaftliche Kritik. S. 89–104 in: B. Paul & H. Schmidt-Semisch (Hrsg.), Risiko Gesundheit. Über Risiken und Nebenwirkungen der Gesundheitsgesellschaft. Wiesbaden: VS Verlag für Sozialwissenschaften.

Hartung, S., 2011: Was hält uns gesund? Gesundheitsressourcen: Von der Salutogenese zum Sozialkapital. S. 235–256 in: T. Schott & C. Hornberg (Hrsg.), Die Gesellschaft und ihre Gesundheit. 20 Jahre Public Health in Deutschland: Bilanz und Ausblick einer Wissenschaft. Wiesbaden: VS Verlag für Sozialwissenschaften.

Heckhausen, J. & R. Schulz, 1995: A Life-Span Theory of Control. Psychological Review 102: 284–304.

Heckhausen, J., C. Wrosch & R. Schulz, 2010: A motivational theory of lifespan development. Psychological Review 117: 32–60.

Heidbrink, L., 2003: Kritik der Verantwortung. Zu den Grenzen verantwortlichen Handelns in komplexen Kontexten. Weilerswist: Velbrück.

Heidbrink, L., 2006: Verantwortung in der Zivilgesellschaft: Zur Konjunktur eines widersprüchlichen Prinzips. S. 13–35 in: L. Heidbrink & A. Hirsch (Hrsg.), Verantwortung in der Zivilgesellschaft. Zur Konjunktur eines widersprüchlichen Prinzips. Frankfurt am Main, New York: Campus.

Heidbrink, L., 2007: Marktwirtschaft und Moral. Das Verantwortungsprinzip als Reflexionskategoerie ökonomischer Prozesse. Workingpaper 1. Essen.

Heidbrink, L., 2010: Die Rolle des Verantwortungsbegriffs in der Wirtschaftsethik. Working Papers des CRR Jahrgang 03 Nr. 9. Essen.

Heidbrink, L., 2011: "Verantwortung entsteht im Handeln". Interview mit Prof. Dr. Heidbrink. Haysworld.

Heidbrink, L., 2017: Definitionen und Voraussetzungen der Verantwortung. S. 3–33 in: L. Heidbrink, C. Langbehn & J. Loh (Hrsg.), Handbuch Verantwortung. Wiesbaden: VS Verlag für Sozialwissenschaften.

Heigl, A., 2002: Aktive Lebenserwartung: Konzeptionen und neuer Modellansatz. Zeitschrift für Gerontologie und Geriatrie 35: 519–527.

Heinze, R.G., 2017: Wohnen und Wohnumfeld - der Lebensmittelpunkt im Alter. S. 213–229 in: Generali Deutschland AG (Hrsg.), Generali Altersstudie 2017: Wie ältere Menschen in Deutschland denken und leben. Berlin: Springer.

Heinze, R.G. & J. Hilbert, 2016: Digitalisierung und Gesundheit: Transforming the way we live. S. 323–340 in: G. Naegele, E. Olbermann & A. Kuhlmann (Hrsg.), Teilhabe im Alter gestalten. Aktuelle Themen der Sozialen Gerontologie. Wiesbaden: VS Verlag für Sozialwissenschaften.

Heinze, R.G., T. Klie & A. Kruse, 2015: Subsidiarität revisited. Sozialer Fortschritt 64: 131–138.

Heinze, R.G., G. Naegele & K. Schneiders, 2011: Wirtschaftliche Potentiale des Alters. Stuttgart: Kolhammer.

Hinz, A., J. Schumacher, C. Albani, G. Schmid & E. Brähler, 2006: Bevölkerungsrepräsentative Normierung der Skala zur Allgemeinen Selbstwirksamkeitserwartung. Diagnostica 52: 26–32.

Höffe, O., 1993: Moral als Preis der Moderne. Ein Versuch über Wissenschaft, Technik und Umwelt. Frankfurt am Main: Suhrkamp.

Höfling, W., 2009: Gesundheitliche Eigenverantwortung. Anmerkung zu einer schwierigen Kategorie. S. 514–526 in: Schumpelick, Volker et al. (Hrsg.), Volkskrankheiten. Gesundheitliche Herausforderungen in der Wohlstandsgesellschaft ; Beiträge des Symposiums vom 4. bis 7. September in Cadenabbia. Freiburg: Herder.

Hoppe, J.-D., 2011: Priorisierung im Gesundheitswesen: Positionspapier. S. 119–120 in: A. Diederich, C. Koch, R. Kray & R. Sibbel (Hrsg.), Priorisierte Medizin. Ausweg oder Sackgasse der Gesundheitsgesellschaft? Wiesbaden: Gabler Verlag.

Hurrelmann, K. & M. Richter, 2013: Gesundheits- und Medizinsoziologie. Eine Einführung in sozialwissenschaftliche Gesundheitsforschung. Weinheim, Basel: Beltz Juventa.

Huster, S., 2010: Eigenverantwortung im Gesundheitsrecht. Ethik in der Medizin 22: 289–299.

Huster, S., 2011: Soziale Gesundheitsgerechtigkeit. Sparen, umverteilen, vorsorgen? Berlin: Verlag Klaus Wagenbach.

Huy, C. & A. Thiel, 2009: Altersbilder und Gesundheitsverhalten. Zeitschrift für Gesundheitspsychologie 17: 121–132.

Janssen, J. & W. Laatz, 2016: Statistische Datenanalyse mit SPSS: Eine anwendungsorientierte Einführung in das Basissystem und das Modul Exakte Tests. Wiesbaden: Springer.

Jaspers, K., 1973: Philosophie. Berlin.

Johnson, R.B., A.J. Onwuegbuzie & L.A. Turner, 2007: Toward a Definition of Mixed Methods Research. Journal of Mixed Methods Research 1: 112–133.

Jonas, H., 1979: Das Prinzip Verantwortung. Versuch einer Ethik für die technologische Zivilisation. Frankfurt am Main: Insel Verlag.

Kaack, U., 2000: Die proximale Femurfraktur des alten Menschen. Therapiekonzepte und Ergebnisse einer retrospektiven Studie. Bochum.

Kaiser, H.J., 2008: Sozialpsychologie des Alterns. S. 79–101 in: W.D. Oswald, G. Gatterer & U.M. Fleischmann (Hrsg.), Gerontopsychologie. Grundlagen und klinische Aspekte zur Psychologie des Alterns. Wien, New York: Springer.

Kals, E., 1998: Übernahme von Verantwortung für den Schutz von Umwelt und Gesundheit. S. 101–118 in: E. Kals (Hrsg.), Umwelt und Gesundheit. Die Verbindung ökologischer und gesundheitlicher Ansätze. Weinheim: Beltz.

Kals, E., 2001: Responsibility appraisals of health protection. S. 127–138 in: A.E. Auhagen & H.W. Bierhoff (Hrsg.), Responsibility. The many faces of a social phenomenon. London, New York: Routledge.

Kals, E. & L. Montada, 2001: Health behavior: an interlocking personal and social task. Journal of Health Psychology 6: 131–148.

Kals, E., F.H. Müller & R. Becker, 2010: Ernährungsverhalten und Umwelt. S. 461–487 in: V. Linneweber, E.-D. Lantermann & E. Kals (Hrsg.), Spezifische Umwelten und Umweltprobleme. Göttingen: Hogrefe.

Kaschube, J., 2006: Eigenverantwortung - eine neue berufliche Leistung. Chance oder Bedrohung für Organisationen?. Göttingen: Vandenhoeck & Ruprecht.

Kaufmann, F.-X., 1989: Über die soziale Funktion von Verantwortung und Verantwortlichkeit. S. 204–224 in: E.-J. Lampe (Hrsg.), Verantwortlichkeit und Recht. Opladen: Westdeutscher Verlag.

Kelle, U., 2008: Die Integration qualitativer und quantitativer Methoden in der empirischen Sozialforschung. Theoretische Grundlagen und methodologische Konzepte. Wiesbaden: VS Verlag für Sozialwissenschaften.

Kelle, U., 2014: Mixed Methods. S. 153–166 in: N. Baur & J. Blasius (Hrsg.), Handbuch Methoden der empirischen Sozialforschung. Wiesbaden: Springer .

Kelle, U. & S. Kluge, 2010: Vom Einzelfall zum Typus. Fallvergleich und Fallkontrastierung in der qualitativen Sozialforschung. Wiesbaden:.

Kessler, E.-M., U. Lindenberger & U.M. Staudinger, 2009: Stichwort: Entwicklung im Erwachsenenalter. Konsequenzen für Lernen und Bildung. Zeitschrift für Erziehungswissenschaften 12: 361–381.

Kickbusch, I. & S. Hartung, 2014: Die Gesundheitsgesellschaft. Konzepte für eine gesundheitsförderliche Politik. Bern: Huber.

Klein, T. & S. Becker, 2012: Age and exercise. A theoretical and empirical analysis of the effect of age and generation on physical activity. Journal of Public Health 20: 11–21.

Klöckner, J. & J. Friedrichs, 2014: Gesamtgestaltung des Fragebogens. S. 675–685 in: N. Baur & J. Blasius (Hrsg.), Handbuch Methoden der empirischen Sozialforschung. Wiesbaden, s.l.: Springer Fachmedien Wiesbaden.

Knäuper, B. & R. Schwarzer, 1999: Gesundheit über die Lebensspanne. S. 711–727 in: R. Oerter, C. von Hagen, G. Röper & G. Noam (Hrsg.), Klinische Entwicklungspsychologie. Ein Lehrbuch. Weinheim: Beltz, Psychologie Verl.-Union.

Koch, H., 2014: Verantwortung. S. 157–165 in: R. Ammicht Quinn (Hrsg.), Sicherheitsethik. Wiesbaden: Springer Fachmedien Wiesbaden.

Koch, S., 2003: Das Konzept der Eigenverantwortung. S. 17–30 in: S. Koch, J. Kaschube & R. Fisch (Hrsg.), Eigenverantwortung für Organisationen. Göttingen [u.a.]: Hogrefe.

Koch, S. & J. Kaschube, 2000: Eigenverantwortliches Handeln in Organisationen. Konzeptualisierung des Phaenomens und Exploration am Beispiel von Fuehrungskraeften. Zeitschrift für Personalforschung 14: 5–27.

Koch, S., J. Kaschube & R. Fisch, 2003: Eigenverantwortung für Organisationen - Einführung und Überblick. S. 3–12 in: S. Koch, J. Kaschube & R. Fisch (Hrsg.), Eigenverantwortung für Organisationen. Göttingen [u.a.]: Hogrefe.

Köcher, R. & O. Bruttel, 2012: Generali Altersstudie 2013. Wie ältere Menschen leben, denken und sich engagieren. Frankfurt am Main: Fischer.

Koerber, A. & L. McMichael, 2008: Qualitative Sampling Methods. Journal of Business and Technical Communication 22: 454–473.

Kohli, M., 1985: Die Institutionalisierung des Lebenslaufs. Historische Befunde und theoretische Argumente. Köln Z Kölner Zeitschrift für Soziologie und Sozialpsychologie: 1–29.

Kolland, F. & A. Wanka, 2014: DIe neue Lebensphase Alter. S. 185–200 in: H.-W. Wahl & A. Kruse (Hrsg.), Lebensläufe im Wandel. Entwicklung über die Lebensspanne aus Sicht verschiedener Disziplinen. Stuttgart: Kohlhammer.

Krampen, G. & W. Greve, 2008: Persönlichkeits- und Selbstkonzeptentwicklung über die Lebensspanne. S. 652–686 in: R. Oerter & L. Montada (Hrsg.), Entwicklungspsychologie. Weinheim, Basel: Beltz.

Kruse, A., 1994: Alter im Lebenslauf. S. 331–355 in: P.B. Baltes, J. Mittelstraß & U.M. Staudinger (Hrsg.), Altern und Alter: Ein interdisziplinärer Studientext zur Gerontologie. Berlin: de Gruyter.

Kruse, A., 1999: Regeln für gesundes Älterwerden. Wissenschaftliche Grundlagen.

Kruse, A., 2000: Zeit, Biographie und Lebenslauf. Zeitschrift für Gerontologie und Geriatrie 33: 90–97.

Kruse, A., 2005: Selbstständigkeit, bewusst angenommene Abhängigkeit, Selbstverantwortung und Mitverantwortung als zentrale Kategorien einer ethischen Betrachtung des Alters. Zeitschrift für Gerontologie und Geriatrie 38: 273–287.

Kruse, A., 2007a: Chancen und Grenzen der Selbstverantwortung im Alter. S. 335–377 in: N. Brieskorn, W. Brugger, A. Dietz, H. Dreier, J. Fischer, W. Härle, E. Herms, D. Horster, A. Kruse, U. Neumann, G. Robbers, E. Schockenhoff, R. Spaemann & B. Vogel (Hrsg.), "Vom Rechte, das mit uns geboren ist". Aktuelle Probleme des Naturrechts. Freiburg: Herder.

Kruse, A., 2007b: Prävention und Gesundheitsförderung im Alter. S. 81–90 in: K. Hurrelmann, T. Klotz & J. Haisch (Hrsg.), Lehrbuch Prävention und Gesundheitsförderung. Bern: Hüber.

Kruse, A., 2011: Der Mensch in seinen Beziehungen: Eine Verantwortungsethik und Verantwortungspsychologie des hohen Erwachsenenalters. S. 289–307 in: C. Polke & W. Härle (Hrsg.), Niemand ist eine Insel. Menschsein im Schnittpunkt von Anthropologie, Theologie und Ethik : Festschrift für Wilfried Härle zum 70. Geburtstag. Berlin, Boston: de Gruyter.

Kruse, A., 2017a: Das Alter im Schnittpunkt von Chancen, Einschnitten und Aufgaben: Selbst- und mitverantwortliches Leben älterer Menschen. S. 1–8 in: Generali Deutschland AG (Hrsg.), Generali Altersstudie 2017: Wie ältere Menschen in Deutschland denken und leben. Berlin: Springer.

Kruse, A., 2017b: Lebensphase hohes Alter. Verletzlichkeit und Reife. Berlin: Springer.

Kruse, A. & H.-W. Wahl, 2010: Zukunft Altern. Individuelle und gesellschaftliche Weichenstellungen. Heidelberg: Spektrum.

Kuckartz, U., 2010: Einführung in die computergestützte Analyse qualitativer Daten. Wiesbaden: VS Verlag für Sozialwissenschaften.

Kuckartz, U., 2011: Mixed Methods. Methodologie, Forschungsdesigns und Analyseverfahren. Wiesbaden: VS Verlag für Sozialwissenschaften.

Kuckartz, U., 2016: Qualitative Inhaltsanalyse. Methoden, Praxis, Computerunterstützung. Weinheim: Beltz.

Kuhlmey, A., H. Mollenkopf & H.-W. Wahl, 2007: Gesund altern - ein lebenslauforientierter Entwurf. S. 265–274 in: H.-W. Wahl & H. Mollenkopf (Hrsg.), Alternsforschung am Beginn des 21. Jahrhunderts. Alterns- und Lebenslaufkonzeptionen im deutschsprachigen Raum. Berlin: Akademische Verlags-Gesellschaft.

Kuhn, O.E. (Hrsg.), 2014: Alltagswissen in der Krise. Wiesbaden: Springer.

Kühn, T., 2017: Die Kombination von Lebenslauf- und Biografieforschung. KZfSS Kölner Zeitschrift für Soziologie und Sozialpsychologie 69: 459–481.

Küsters, I., 2009: Narrative interviews. Grundlagen und Anwendungen. Wiesbaden: VS Verlag für Sozialwissenschaften.

Lampert, T., B. Kuntz & KiGGS Study Group, 2015: Gesund aufwachsen - Welche Bedeutung kommt dem sozialen Status zu? Berlin.

Lange, C., 2014: Daten und Fakten. Ergebnisse der Studie "Gesundheit in Deutschland aktuell 2012". Berlin: Robert-Koch-Institut.

Laslett, P., 1995: Das dritte Alter. Weinheim: Juventa-Verlag.

Lauerer, M., C. Baier, K. Alber & E. Nagel, 2013: Berücksichtigung der Erfolgsaussicht bei der Allokation von Spenderlebern. S. 161–174 in: B. Schmitz-Luhn & A. Bohmeier (Hrsg.), Priorisierung in der Medizin. Berlin, Heidelberg: Springer.

Lautenschlager, G.J. & V.L. Flaherty, 1990: Computer administration of questions: More desirable or more social desirability? Journal of Applied Psychology 75: 310–314.

Lawton, M.P., 1991: A Multidimensional View of Quality of Life in Frail Elders. S. 3–27 in: J.E. Birren, J.E. Lubben, J.C. Rowe & D.E. Deutchman (Hrsg.), The concept and measurement of quality of life in the frail elderly. National conference : Papers: Academic Press.

Lejeune, C., Romeu Gordo, Laura & J. Simonson, 2017: Einkommen und Armut in Deutschland: Objektive Einkommenssituation und deren subjektive Bewertung. S. 97–110 in: K. Mahne, J.K. Wolff, J. Simonson & C. Tesch-Römer (Hrsg.), Altern im Wandel. Zwei Jahrzehnte Deutscher Alterssurvey (DEAS). Wiesbaden: Springer.

Lenk, H., 1992: Zwischen Wissenschaft und Ethik. Frankfurt am Main: Suhrkamp.

Leonhardt, C. & M. Laekeman, 2010: Schmerz und Bewegungsangst im Alter. Notwendigkeit zur interdisziplinären Herangehensweise. Schmerz (Berlin, Germany) 24: 561–568.

Levy, B.R., M.D. Slade, S.R. Kunkel & S.V. Kasl, 2002: Longevity increased by positive self-perceptions of aging. Journal of Personality and Social Psychology 83: 261–270.

Lindenberger, U., 2007: Historische Grundlagen: Johann Niclaus Tetens als Wegbereiter des Lebensspannen-Ansatzes in der Entwicklungspsychologie. S. 9–33 in: J. Brandtstädter & U. Lindenberger (Hrsg.), Entwicklungspsychologie der Lebensspanne. Ein Lehrbuch. Stuttgart: Kohlhammer.

Lindenberger, U. & P.B. Baltes, 1999: Die Entwicklungspsychologie der Lebensspanne (Lifespan-Psychologie): Johann Nicolaus Tetens (1736-1807) zu Ehren. Zeitschrift für Psychologie: 299–323.

Lindenberger, U. & S. Schaefer, 2008: Erwachsenenalter und Alter. S. 366–409 in: R. Oerter & L. Montada (Hrsg.), Entwicklungspsychologie. Weinheim, Basel: Beltz.

Lindenberger, U. & U.M. Staudinger, 2012: Höheres Erwachsenenalter. S. 283–309 in: U. Lindenberger & W. Schneider (Hrsg.), Entwicklungspsychologie. Vormals Oerter & Montada. Mit Online-Materialien. Weinheim: Beltz.

Lippke, S. & B. Renneberg, 2006: Theorien und Modelle des Gesundheitsverhalten. S. 35–60 in: B. Renneberg & P. Hammelstein (Hrsg.), Gesundheitspsychologie. Heidelberg: Springer.

Liu, H. & L. Waite, 2014: Bad marriage, broken heart? Age and gender differences in the link between marital quality and cardiovascular risks among older adults. Journal of health and social behavior 55: 403–423.

Lohaus, A. & J. Klein-Heßling, 2009: Besondere Lebensabschnitte. S. 164–171 in: J. Bengel & M. Jerusalem (Hrsg.), Handbuch der Gesundheitspsychologie und Medizinischen Psychologie. Göttingen: Hogrefe.

Luszczynska, A., B. Gutiérrez-Doña & R. Schwarzer, 2005: General self-efficacy in various domains of human functioning: Evidence from five countries. International Journal of Psychology 40: 80–89.

Manns, M.P., 2013: Liver cirrhosis, transplantation and organ shortage. Deutsches Arzteblatt international 110: 83–84.

Marckmann, G., 2010: Präventionsmaßnahmen im Spannungsfeld zwischen individueller Autonomie und allgemeinem Wohl. Ethik in der Medizin 22: 207–220.

Marckmann, G., 2015: Alkoholabstinenz vor Lebertransplantation - Contra. Deutsches Ärzteblatt 112: A2079.

Marckmann, G., 2016: Gerechtigkeit und Gesundheit. S. 139–151 in: M. Richter & K. Hurrelmann (Hrsg.), Soziologie von Gesundheit und Krankheit. Wiesbaden: Springer.

Marckmann, G., M. Möhrle & A. Blum, 2004: Gesundheitliche Eigenverantwortung. Möglichkeiten und Grenzen am Beispiel des malignen Melanoms.

Der Hautarzt; Zeitschrift für Dermatologie, Venerologie, und verwandte Gebiete 55: 715–720.

Mayer, K.U. (Hrsg.), 1990: Lebensverläufe und sozialer Wandel. Opladen: Westdeutscher Verlag.

Mayer, K.U. & M. Diewald, 2007: Die Institutionalisierung von Lebensverläufen. S. 510–539 in: J. Brandtstädter & U. Lindenberger (Hrsg.), Entwicklungspsychologie der Lebensspanne. Ein Lehrbuch. Stuttgart: Kohlhammer.

Mayring, P., 2010a: Design. S. 225–237 in: G. Mey & K. Mruck (Hrsg.), Handbuch Qualitative Forschung in der Psychologie. Wiesbaden: VS Verlag für Sozialwissenschaften.

Mayring, P., 2010b: Qualitative Inhaltsanalyse. S. 601–613 in: G. Mey & K. Mruck (Hrsg.), Handbuch Qualitative Forschung in der Psychologie. Wiesbaden: VS Verlag für Sozialwissenschaften.

Mayring, P., 2010c: Qualitative Inhaltsanalyse. Grundlagen und Techniken. Weinheim: Beltz.

Mayring, P. & T. Fenzl, 2014: Qualitative Inhaltsanalyse. S. 543–556 in: N. Baur & J. Blasius (Hrsg.), Handbuch Methoden der empirischen Sozialforschung. Wiesbaden: Springer.

McAuley, E., G.J. Jerome, S. Elavsky, D.X. Marquez & S.N. Ramsey, 2003: Predicting long-term maintenance of physical activity in older adults. Preventive Medicine 37: 110–118.

McAuley, E., K.S. Morris, R.W. Motl, L. Hu, J.F. Konopack & S. Elavsky, 2007: Long-term follow-up of physical activity behavior in older adults. Health psychology : official journal of the Division of Health Psychology, American Psychological Association 26: 375–380.

McCrae, R.R. & P.T. Costa, 2008: The Five-Factor Theory of Personality. S. 159–181 in: O.P. John, R.W. Robins & Pervin, Lawrence A. (Hrsg.), Handbook of Personality, Third Edition. Theory and Research. New York: Guilford Publications.

Mey, G. & K. Mruck, 2010: Interviews. S. 423–435 in: G. Mey & K. Mruck (Hrsg.), Handbuch Qualitative Forschung in der Psychologie. Wiesbaden: VS Verlag für Sozialwissenschaften.

Michalos, A.C., 1980: Satisfaction and happiness. Social Indicators Research 4: 385–422.

Mirowsky, J. & C.E. Ross, 1998: Education, Personal Control, Lifestyle and Health: A Human Capital Hypothesis. Research on Aging 20: 415–449.

Mirowsky, J. & C.E. Ross, 2015: Education, Health, and the Default American Lifestyle. Journal of health and social behavior 56: 297–306.

Montada, L., 2001: Denial of responsibility. S. 79–92 in: A.E. Auhagen & H.W. Bierhoff (Hrsg.), Responsibility. The many faces of a social phenomenon. London, New York: Routledge.

Montada, L., 2008: Moralische Entwicklung und Sozialisation. S. 572–606 in: R. Oerter & L. Montada (Hrsg.), Entwicklungspsychologie. Weinheim, Basel: Beltz.

Moschny, A., P. Platen, R. Klaassen-Mielke, U. Trampisch & T. Hinrichs, 2011: Barriers to physical activity in older adults in Germany: a cross-sectional study. The international journal of behavioral nutrition and physical activity 8: 121.

Mossey, J.M. & E. Shapiro, 1982: Self-Related Health: A Predictor of Mortality Among the Elderly. American Journal of Public Health 72: 800–808.

Motel-Klingenbiel, A., D. Klaus & J. Simonson, 2014: Befragung von älteren Menschen. S. 781–786 in: N. Baur & J. Blasius (Hrsg.), Handbuch Methoden der empirischen Sozialforschung. Wiesbaden: Springer.

Mundt, C., 2013: Grenzsituation, Lebensereignis, Situation, Trauma: Zum Zusammenwirken von Persönlichkeit und Situation bei der Entstehung psychischer Störungen. S. 105–132 in: T. Fuchs (Hrsg.), Karl Jaspers - Phänomenologie und Psychopathologie. Freiburg: Alber.

Netuveli, G. & D. Blane, 2008: Quality of life in older ages. British medical bulletin 85: 113–126.

Noll, H.-H., 2000: Konzepte der Wohlfahrtsentwicklung: Lebensqualität und "neue" Wohlfahrtskonzepte. WZB - discussion papers P00-505. Berlin.

Nolting, H.-D., E.-G. Hagenmeyer & B. Häussler, 2004: Einführung. S. 11–22 in: Bertelsmann Stiftung (Hrsg.), Eigenverantwortung. Ein gesundheitspolitisches Experiment. Gütersloh: Verlag Bertelsmann-Stiftung.

Nowossadeck, S. & H. Engstler, 2017: Wohnungn und Wohnkosten im Alter. S. 287–300 in: K. Mahne, J.K. Wolff, J. Simonson & C. Tesch-Römer

(Hrsg.), Altern im Wandel. Zwei Jahrzehnte Deutscher Alterssurvey (DEAS). Wiesbaden: Springer.

Nullmeier, F., 2006: Eigenverantwortung, Gerechtigkeit und Solidarität - Konkurrierende Prinzipien der Konstruktion moderner Wohlfahrtsstaaten? WSI Mitteilungen: 175–180.

Nunner-Winkler, G., 1989: Kollektive, individuelle und solidarische (fürsorgliche) Verantwortung. S. 169187 in: E.-J. Lampe (Hrsg.), Verantwortlichkeit und Recht. Opladen: Westdeutscher Verlag.

Nunner-Winkler, G., 2007: Moralentwicklung. S. 315–325 in: M. Hasselhorn & W. Schneider (Hrsg.), Handbuch der Entwicklungspsychologie. Göttingen: Hogrefe.

Pelizäus-Hoffmeister, H., 2015: Altersbilder als gesellschaftliche Konstruktionen im Kontext von (Un-)Sicherheit. Journal für Psychologie 23: o.S.

Plano Clark, V.L., A.L. Garrett & D.L. Leslie-Pelecky, 2010: Applying Three Strategies for Integrating Quantitative and Qualitative Databases in a Mixed Methods Study of a Nontraditional Graduate Education Program. Field Methods 22: 154–174.

Porst, R., 2014: Frageformulierung. S. 687–698 in: N. Baur & J. Blasius (Hrsg.), Handbuch Methoden der empirischen Sozialforschung. Wiesbaden.: Springer.

Reichertz, J., 2014: Empirische Sozialforschung und soziologische Theorie. S. 65–80 in: N. Baur & J. Blasius (Hrsg.), Handbuch Methoden der empirischen Sozialforschung. Wiesbaden: Springer.

Reichertz, J., 2016: Qualitative und interpretative Sozialforschung. Eine Einladung. Wiesbaden: Springer.

Reineke, J., 2014: Grundlagen der standardisierten Befragung. S. 601–617 in: N. Baur & J. Blasius (Hrsg.), Handbuch Methoden der empirischen Sozialforschung. Wiesbaden: Springer.

Reisi, M., S.H. Javadzade, A.B. Heydarabadi, F. Mostafavi, E. Tavassoli & G. Sharifirad, 2014: The relationship between functional health literacy and health promoting behaviors among older adults. Journal of education and health promotion 3: 119.

Remmers, H., 2014: Neue Lebenslaufkonzeptionen im Hinblick auf körperliche Gesundheit und Prävention. S. 238–259 in: H.-W. Wahl & A. Kruse (Hrsg.),

Lebensläufe im Wandel. Entwicklung über die Lebensspanne aus Sicht verschiedener Disziplinen. Stuttgart: Kohlhammer.

Renner, B. & U.M. Staudinger, 2008: Gesundheitsverhalten alter Menschen. S. 193–206 in: A. Kuhlmey & D. Schaeffer (Hrsg.), Alter, Gesundheit und Krankheit. Bern: Huber.

Resnik, D.B., 2007: Responsibility for health: personal, social, and environmental. Journal of medical ethics 33: 444–445.

Reuter, H.-R., 2011: Das ethische Stichwort. Verantwortung. Zeitschrift für Evangelische Ethik 55: 301–304.

Reuter, T. & R. Schwarzer, 2009: Verhalten und Gesundheit. S. 34–45 in: J. Bengel & M. Jerusalem (Hrsg.), Handbuch der Gesundheitspsychologie und Medizinischen Psychologie. Göttingen: Hogrefe.

Richter, M. & K. Hurrelmann, 2016: Die soziologische Perspektive auf Gesundheit und Krankheit. S. 3–22 in: M. Richter & K. Hurrelmann (Hrsg.), Soziologie von Gesundheit und Krankheit. Wiesbaden: Springer.

Ried, J., 2008: Eigenverantwortung und Konsumverhalten. Sozialethische Anmerkungen zu einem vermeintlichen Paradoxon und einer offenen Frage im Verbraucherleitbild. S. 47–68 in: A. Hilbert, P. Dabrock & W. Rief (Hrsg.), Gewichtige Gene. Adipositas zwischen Prädisposition und Eigenverantwortung. Bern: Huber.

Robert Koch-Institut (Hrsg.), 2015: Gesundheit in Deutschland.

Rogers, R.G., 1996: The effects of family composition, health, and social support linkages on mortality. Journal of health and social behavior 37: 326–338.

Ropohl, G., 1994: Das Risiko im Prinzip Verantwortung. Ethik und Sozialwissenschaften 5: 109–120.

Rosenthal, G., 2005: Interpretative Sozialforschung. Eine Einführung. Weinheim: Juventa.

Rossow, J., 2012: Einführung: Individuelle und kulturelle Altersbilder. S. 9–24 in: F. Berner, J. Rossow & K.-P. Schwitzer (Hrsg.), Individuelle und kulturelle Altersbilder. Wiesbaden: VS Verlag für Sozialwissenschaften.

Rothgang, G.W., 2008: Entwicklungspsychologie: Kohlhammer.

Sackmann, R., 2013: Lebenslaufanalyse und Biografieforschung. Eine Einführung. Wiesbaden: Springer.

Schaeffer, D., E.-M. Berens & D. Vogt, 2017: Health Literacy in the German Population. Deutsches Arzteblatt international 114: 53–60.

Schelling, H.R. & M. Martin, 2008: Einstellungen zum eigenen Altern: eine Alters- oder eine Ressourcenfrage? Zeitschrift fur Gerontologie und Geriatrie 41: 38–50.

Schiffersdecker, M. & L. Schiffersdecker, 2016: Spezifische psychotherapeutische Konzepte in der gerontopsychiatrischen Arbeit. S. 347–362 in: S.V. Müller & C. Gärtner (Hrsg.), Lebensqualität im Alter. Wiesbaden: Springer.

Schilling, O. & H.-W. Wahl, 2014: Herausforderungen am Ende der Lebensspanne - Facetten von Hochaltrigkeit zwischen bedeutsamer Anpassung und hoher Verletzlichkeit. S. 201–214 in: H.-W. Wahl & A. Kruse (Hrsg.), Lebensläufe im Wandel. Entwicklung über die Lebensspanne aus Sicht verschiedener Disziplinen. Stuttgart: Kohlhammer.

Schlenker, B.R., 1997: Personal responsibility: Applications of the traingle model. S. 241–301 in: L.L. Cummings & B.M. Staw (Hrsg.), Research in organizational behaviour, volume 19,1997. An annual series in analytical essays and critical reviews. Greenwich, Conn., London: JAI.

Schlenker, B.R., T.W. Britt, J. Pennington, R. Murphy & et al, 1994: The triangle model of responsibility. Psychological Review 101: 632–652.

Schmidt, B., 2007: Von der Gesundheitsförderung zur Gesundheitsforderung. S. 83–93 in: B. Schmidt & P. Kolip (Hrsg.), Gesundheitsförderung im aktivierenden Sozialstaat. Präventionskonzepte zwischen Public Health, Eigenverantwortung und Sozialer Arbeit. Weinheim: Juventa-Verlag.

Schmidt, B., 2008: Eigenverantwortung haben immer die Anderen. Der Verantwortungsdiskurs im Gesundheitswesen. Bern: Huber.

Schmidt, B., 2010: Die Sanierung der Eigenverantwortung. Oder: Vom Gesundheitsgehorsam zur Gesundheitsermächtigung. S. 51–68 in: U. Bauer, U. Bittlingmayer, A. Dieterich, R. Geene, T. Gerlinger, D. Hahn, M. Herrman, J. Holst, Kümpers, Susanne, Lenhardt, Uwe, C. Schwarz, M. Simon & K. Stegmüller (Hrsg.), Verantwortung, Schuld, Sühne. Zur Individualisierung von Gesundheit zwischen Regulierung und Disziplinierung. Hamburg: Argument-Verlag.

Schmidt, H., 2009: Just health responsibility. Journal of medical ethics 35: 21–26.

Schmidt, H., 2012: Anreize für Eigenverantwortung: Begriffsbestimmung und Evidenzlage. Zeitschrift für Evidenz, Fortbildung und Qualität im Gesundheitswesen 106: 185–194.

Schmidt-Petri, C., 2011: Glücksegalitarismus im Gesundheitswesen. Ludwig-Maximilians-Universität München.

Schmitt, M., L. Montada & C. Dalbert, 1991: Struktur und Funktion der Verantwortlichkeitsabwehr. Zeitschrift für Diffenrentielle und Diagnostische Psychologie 12: 203–214.

Schneider, D., 2008: Eigenverantwortung im Krankenversicherungsrecht. S. 69–81 in: A. Hilbert, P. Dabrock & W. Rief (Hrsg.), Gewichtige Gene. Adipositas zwischen Prädisposition und Eigenverantwortung. Bern: Huber.

Schreier, M., 2010: Fallauswahl. S. 238–251 in: G. Mey & K. Mruck (Hrsg.), Handbuch Qualitative Forschung in der Psychologie. Wiesbaden: VS Verlag für Sozialwissenschaften.

Schreier, M., 2014: Varianten qualitativer Inhaltsanalyse: Ein Wegweiser im Dickicht der Begrifflichkeiten. Forum Qualitative Sozialforschung 15.

Schreier, M. & Ö. Odag, 2010: Mixed Methods. S. 263–277 in: G. Mey & K. Mruck (Hrsg.), Handbuch Qualitative Forschung in der Psychologie. Wiesbaden: VS Verlag für Sozialwissenschaften.

Schütze, F., 1983: Biographieforschung und narratives Interview. Neue Praxis 13: 283–293.

Schwarzer, R., 2004: Psychologie des Gesundheitsverhaltens. Einführung in die Gesundheitspsychologie. Göttingen: Hogrefe.

Schwarzer, R. & M. Jerusalem, 1995: Generalized Self-Efficacy scale in: J. Weinman, S. Wright & M. Johnston (Hrsg.), Measures in health psychology: A user´s portfolio. Causal and control beliefs.

Schwarzer, R. & M. Jerusalem, 2002: Das Konzept der Selbstwirksamkeit. Zeitschrift für Pädagogik: 28–53.

Seeman, T.E., J.B. Unger, G. McAvay & de Leon, C. F. M., 1999: Self-Efficacy Beliefs and Perceived Declines in Functional Ability: MacArthur Studies of

Successful Aging. The Journals of Gerontology Series B: Psychological Sciences and Social Sciences 54B: P214-P222.

Seiffge-Krenke, I., 1994: Gesundheitspsychologie: Die entwicklungspsychologische Perspektive. S. 29–45 in: P. Schwenkmezger & L.R. Schmidt (Hrsg.), Lehrbuch der Gesundheitspsychologie. Stuttgart: Ferdinand Enke Verlag.

Seiffge-Krenke, I., 2008: Gesundheit als aktiver Gestaltungsprozess im menschlichen Lebenslauf. S. 822–836 in: R. Oerter & L. Montada (Hrsg.), Entwicklungspsychologie. Weinheim, Basel: Beltz.

Siegrist, J., 2015. Gesundheitsverständnis und Verantwortung für die Gesundheit. S. 53–62 in: A.K. Weilert (Hrsg.), Gesundheitsverantwortung zwischen Markt und Staat. Interdisziplinäre Zugänge. Baden-Baden: Nomos.

Sombetzki, J., 2014: Verantwortung als Begriff, Fähigkeit, Aufgabe. Eine Drei-Ebenen-Analyse. Wiesbaden: Springer.

Specht, J., B. Egloff & S.C. Schmukle, 2011: Stability and change of personality across the life course: the impact of age and major life events on mean-level and rank-order stability of the Big Five. Journal of personality and social psychology 101: 862–882.

Spuling, S.M., J.P. Ziegelmann & J. Wünsche, 2017: Was tun wir für unsere Gesundheit? Gesundheitsverhalten in der zweiten Lebenshälfte. S. 139–156 in: K. Mahne, J.K. Wolff, J. Simonson & C. Tesch-Römer (Hrsg.), Altern im Wandel. Zwei Jahrzehnte Deutscher Alterssurvey (DEAS). Wiesbaden: Springer.

Stahl, B.C., 2000: Das kollektive Subjekt der Verantwortung. Zeitschrift für Wirtschafts- und Unternehmensethik 1: 225–236.

Statistisches Bundesamt, 2015: Bevölkerung Deutschlands bis 2060. 13. koordinierte Bevölkerungsvorausberechnung. Wiesbaden.

Statistisches Bundesamt, 2016: Bevölkerung und Erwerbstätigkeit. Bevölkerungsfortschreibung auf Grundlage des Zensus 2011. Wiesbaden.

Statistisches Bundesamt, 2017: Pflegestatistik 2015. Pflege im Rahmen der Pflegeversicherung. Deutschlandergebnisse. Wiesbaden.

Staudinger, U.M., 1996: Psychologische Produktivität und Selbstentfaltung im Alter. S. 344–373 in: M.M. Baltes & L. Montada (Hrsg.), Produktives Leben im Alter. Frankfurt am Main, New York: Campus.

Staudinger, U.M., 2000: iele Gründe sprechen dagegen, und trotzdem geht es vielen Menschen gut: Das Paradox des subjektiven Wohlbefindens. Psychologische Rundschau 51: 185–197.

Staudinger, U.M., 2003: Das Altern(n): Gestalterische Verantwortung für den Einzelnen und die Gesellschaft. Aus Politik und Zeitgeschichte: 35–42.

Staudinger, U.M., 2007: Lebensspannen-Psychologie. S. 71–82 in: M. Hasselhorn & W. Schneider (Hrsg.), Handbuch der Entwicklungspsychologie. Göttingen: Hogrefe.

Staudinger, U.M., 2008: Was ist das Alter(n) der Persönlichkeit? EIne Antwort aus verhaltenswissenschaftlicher Sicht. S. 83–94 in: U.M. Staudinger & H. Häfner (Hrsg.), Was ist Alter(n)? Neue Antworten auf eine scheinbar einfache Frage. Berlin: Springer.

Staudinger, U.M., 2012: Fremd- und Selbstbild im Alter. S. 187–200 in: P. Kielmansegg & H. Häfner (Hrsg.), Alter und Altern. Wirklichkeit und Deutungen. Berlin, Heidelberg: Springer.

Staudinger, U.M. & P.B. Baltes, 2001: Entwicklungspsychologie der Lebensspanne. S. 3–16 in: H. Helmchen, F.A. Henn, H. Lauter & N. Sartorius (Hrsg.), Psychiatrie der Gegenwart. Psychiatrie spezieller Lebenssituationen. Berlin: Springer.

Staudinger, U.M. & W. Greve, 2007: Resilienz im Alter aus der Sicht der Lebensspannenpsychologie. S. 116–134 in: G. Opp & D. Bender (Hrsg.), Was Kinder stärkt. Erziehung zwischen Risiko und Resilienz. München: Reinhardt.

Staudinger, U.M. & E.-M. Kessler, 2012: Produktives Leben im Alter. S. 733–746 in: U. Lindenberger & W. Schneider (Hrsg.), Entwicklungspsychologie. Vormals Oerter & Montada. Mit Online-Materialien. Weinheim: Beltz.

Staudinger, U.M., M. Marsiske & P.B. Baltes, 1995: Resilience and reserve Resilience and reserve capacity in later adulthood: Potentials and limits of development across the life span. S. 801–847 in: D. Cicchetti & D.J. Cohen (Hrsg.), Developmental psychopathology. Risk, disorder and adaption. New York: John Wiley.

Steigleder, S., 2008: Die strukturierende qualitative Inhaltsanalyse im Praxistest. Eine konstruktiv kritische Studie zur Auswertungsmethodik von Philipp Mayring. Marburg: Tectum-Verlag.

Stein, P., 2014: Forschungsdesigns für die quantitative Sozialforschung. S. 135–151 in: N. Baur & J. Blasius (Hrsg.), Handbuch Methoden der empirischen Sozialforschung. Wiesbaden: Springer.

Steinbrook, R., 2006: Imposing personal responsibility for health. The New England journal of medicine 355: 753–756.

Stroebe, W. & M.S. Stroebe, 1998: Lehrbuch der Gesundheitspsychologie. Ein sozialpsychologischer Ansatz. Eschborn bei Frankfurt am Main: Klotz.

Strübing, J., 2014: Grounded Theory und Theoretical Sampling. S. 457–472 in: N. Baur & J. Blasius (Hrsg.), Handbuch Methoden der empirischen Sozialforschung. Wiesbaden: Springer.

Symmank, C. & S. Hoffmann, 2017: Leugnung und Ablehnung von Verantwortung. S. 949–972 in: L. Heidbrink, C. Langbehn & J. Loh (Hrsg.), Handbuch Verantwortung. Wiesbaden: Springer.

Terracciano, A., P.T. Costa & R.R. McCrae, 2006: Personality plasticity after age 30. Personality & social psychology bulletin 32: 999–1009.

Tews, H.P., 1993: Neue und alte Aspekte des Strukturwandels des Alters. S. 15–42 in: G. Naegele & H.P. Tews (Hrsg.), Lebenslagen im Strukturwandel des Alters. Wiesbaden: VS Verlag für Sozialwissenschaften.

Thiel, A., 1994: Körperbild und Sport im späteren Erwachsenenalter. Empirische Untersuchung am Beispiel männlicher Personen im Alter von 60-74 Jahren. Bielefelder Beiträge zur Sportwissenschaft 18.

Unger, R., 2007: Gesundheit im Lebenslauf. Zur relativen Bedeutung von Selektions- gegenüber Kausaleffekten am Beispiel des Familienstands. SOEP-papers on Multidisciplinary Panel Data Research. Berlin.

Vita, A.J., R.B. Terry, H.B. Hubert & J.F. Fries, 1998: Aging, health risks, and cumulative disability. The New England journal of medicine 338: 1035–1041.

von dem Knesebeck, O. & I. Schäfer, 2009: Gesundheitliche Ungleichheiten im höheren Lebensalter in: M. Richter & K. Hurrelmann (Hrsg.), Gesundheitliche Ungleichheit. Grundlagen, Probleme, Perspektiven. Wiesbaden: VS Verlag für Sozialwissenschaften.

Wagner, P. & L. Hering, 2014: Online-Befragung. S. 661–673 in: N. Baur & J. Blasius (Hrsg.), Handbuch Methoden der empirischen Sozialforschung. Wiesbaden: Springer.

Wahl, H.-W. & V. Heyl, 2004: Gerontologie - Einführung und Geschichte. Stuttgart: Kohlhammer.

Wahl, H.-W. & A. Kruse (Hrsg.), 2014: Lebensläufe im Wandel. Entwicklung über die Lebensspanne aus Sicht verschiedener Disziplinen. Stuttgart: Kohlhammer.

Walach, H., Meyer-Abich & W. Belschner, 2005: Eigenverantwortung und gesunde Lebensweise. Thesen zu einer verantwortlichen Gesundheitspolitik für mündige Bürger. Freiburg.

Weber, M., 1904: Die protestantische Ethik und der Geist des Kapitalismus. Archiv für Sozialwissenschaft und Sozialpolitik 20: 1–54.

Weber, M., 1988: Politik als Beruf. S. 505–560 in: M. Weber (Hrsg.), Gesammelte politische Schriften. Tübingen.

Weichbold, M., 2014: Pretest. S. 299–304 in: N. Baur & J. Blasius (Hrsg.), Handbuch Methoden der empirischen Sozialforschung. Wiesbaden: Springer.

Werner, M.H., 2002: Verantwortung in: M. Düwell, C. Hübenthal & M.H. Werner (Hrsg.), Handbuch Ethik. Stuttgart: J.B. Metzler.

WHO, 1946: Constitution of the World Health Organization. http://apps.who.int/gb/bd/PDF/bd47/EN/constitution-en.pdf?ua=1 (12.6.2014).

Wienke, A., 2009: Eigenverantwortung der Patienten/ Kunden. Wohin führt der Rechtsgedanke des $52 Abs. 2 SGB V? S. 169–178 in: A. Wienke, H.-J. Kramer & K. Janke (Hrsg.), Die Verbesserung des Menschen. Tatsächliche und rechtliche Aspekte der wunscherfüllenden Medizin. Berlin, Heidelberg: Springer.

Williamson, R.C., A.D. Rinehart & T.O. Blank, 1992: Early retirement. Promises and pitfalls. New York: Insight Books.

Winkel, S., F. Petermann & U. Petermann, 2006: Lernpsychologie. Paderborn: Schoningh.

Witzel, A., 1985: Das problemzentrierte Interview in: G. Jüttemann (Hrsg.), Qualitative Forschung in der Psychologie. Grundfragen, Verfahrensweisen, Anwendungsfelder. Weinheim, Basel: Beltz.

Witzel, A., 2000: Das problemzentrierte Interview. Forum Qualitative Sozialforschung 1.

Wolff, J.K. & C. Tesch-Römer, 2017: Glücklich bis ins hohe Alter? Lebenszufriedenheit und depressive Symptome in der zweiten Lebenshälfte. S. 171–184 in: K. Mahne, J.K. Wolff, J. Simonson & C. Tesch-Römer (Hrsg.), Altern im Wandel. Zwei Jahrzehnte Deutscher Alterssurvey (DEAS). Wiesbaden: Springer.

Wrosch, C. & A.M. Freund, 2001: Self-Regulation of Normative and Non-Normative Developmental Challenges. Human Development 44: 264–283.

Wrosch, C. & J. Heckhausen, 1999: Control processes before and after passing a developmental deadline: Activation and deactivation of intimate relationship goals. Journal of Personality and Social Psychology 77: 415–427.

Wurm, S., F. Berner & C. Tesch-Römer, 2013: Altersbilder im Wandel. Aus Politik und Zeitgeschichte, 21.01.2013: 3–8.

Wurm, S. & O. Huxhold, 2012: Sozialer Wandel und individuelle Entwicklung von Altersbildern. S. 27–69 in: F. Berner, J. Rossow & K.-P. Schwitzer (Hrsg.), Individuelle und kulturelle Altersbilder. Wiesbaden: VS Verlag für Sozialwissenschaften.

Wurm, S., T. Lampert & S. Menning, 2009: Subjektive Gesundheit. S. 79–91 in: K. Böhm, C. Tesch-Römer & T. Ziese (Hrsg.), Gesundheit und Krankheit im Alter. Berlin: Robert Koch-Institut.

Wurm, S. & A.-C. Saß, 2015: Gesundes Leben im Alter - geht mit dem Alter alles nur bergab? Der Bürger im Staat 65: 130–137.

Wurm, S., C. Tesch-Römer & M.J. Tomasik, 2007: Longitudinal findings on aging-related cognitions, control beliefs, and health in later life. The journals of gerontology. Series B, Psychological sciences and social sciences 62: P156-64.

Zank, S., H.-U. Wilms & M.M. Baltes, 1997: Gesundheit und Alter. S. 245–266 in: R. Schwarzer (Hrsg.), Gesundheitspsychologie. Ein Lehrbuch. Göttingen: Hogrefe.

Züll, C. & N. Menold, 2014: Offene Fragen. S. 713–719 in: N. Baur & J. Blasius (Hrsg.), Handbuch Methoden der empirischen Sozialforschung. Wiesbaden: Springer.

12 Rechtsquellenverzeichnis

Sozialgesetzbuch (SGB V) Fünftes Buch Gesetzliche Krankenversicherung

P. Enste, *Gesundheitliche Eigenverantwortung im Kontext der Lebensspanne*,
https://doi.org/10.1007/978-3-658-23082-1